局部极大值。中心的梯 零，但是黑塞矩阵是负

为 。

碗形函数。中心的梯度为零，黑塞矩阵为正定。这是一个局部极小值。

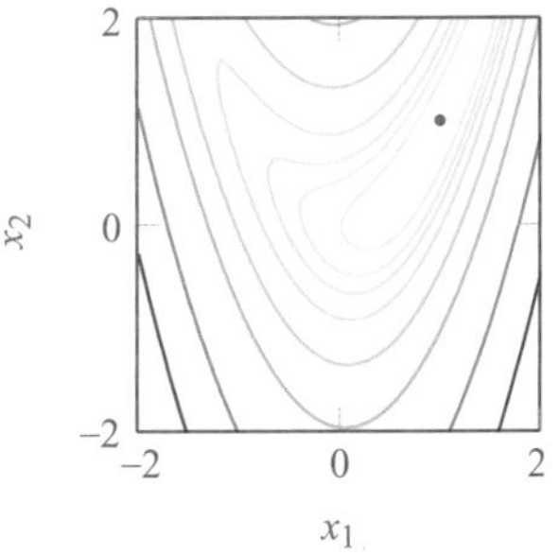

例 1.1

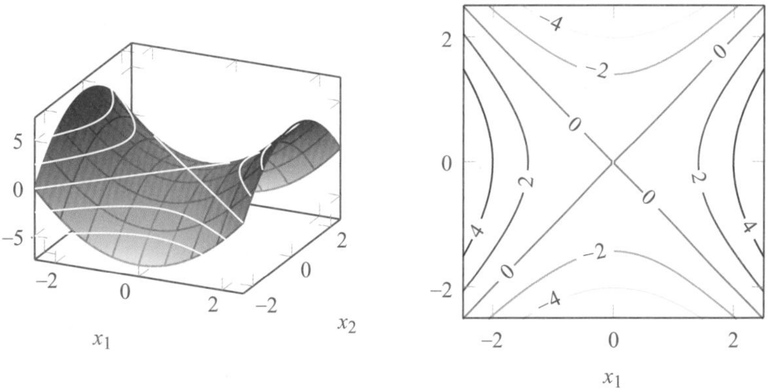

例 1.2

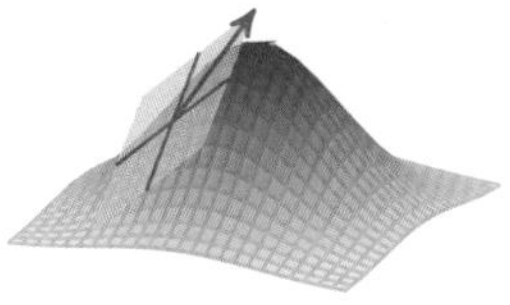

图 2.3

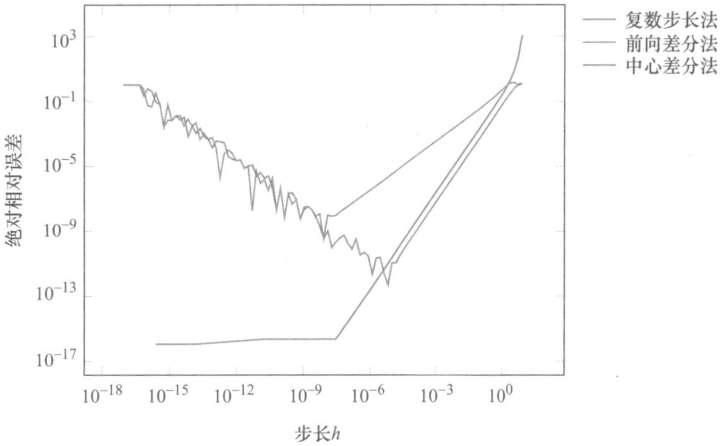

图 2.4

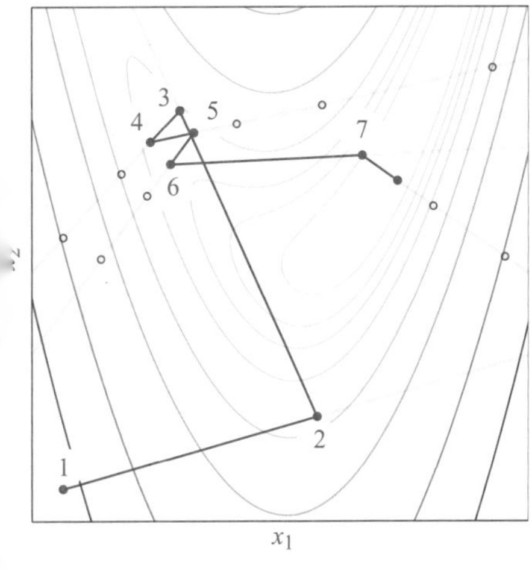

图 4.2

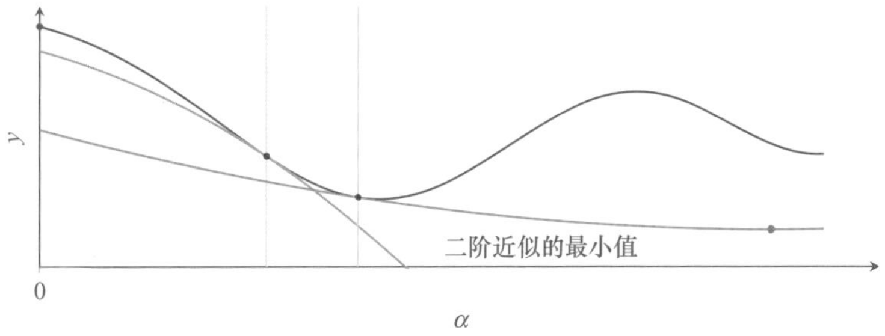

图 4.3

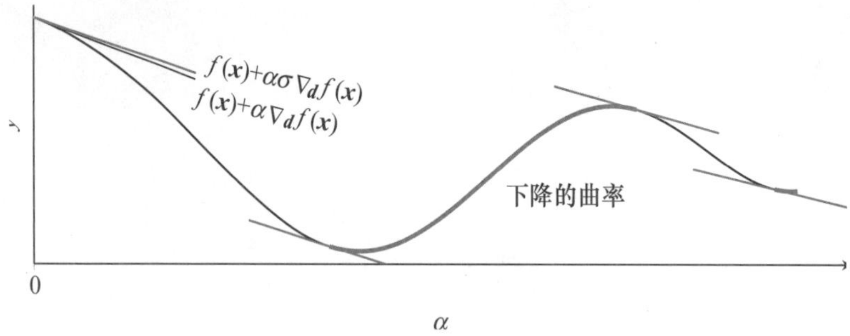

图 4.4

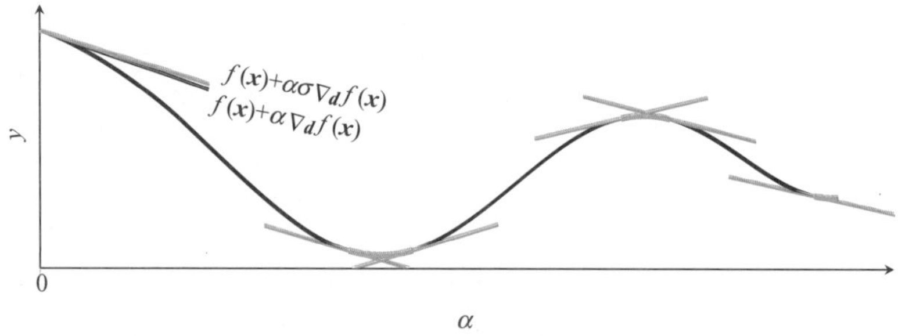

图 4.5

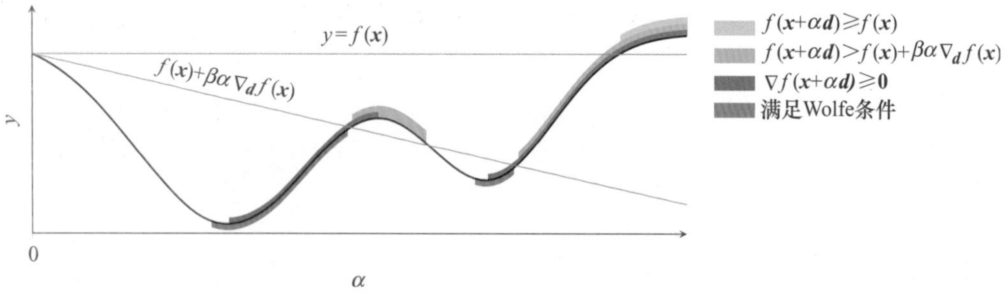

图 4.6

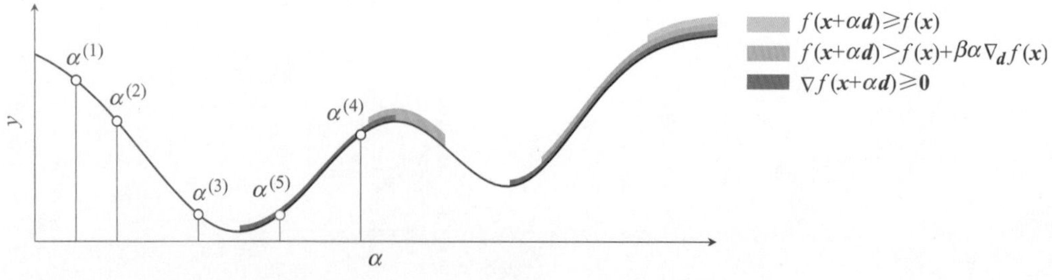

图 4.7

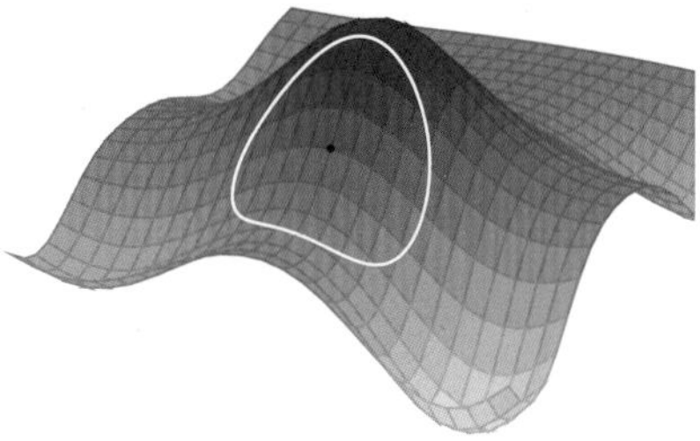

图 4.8

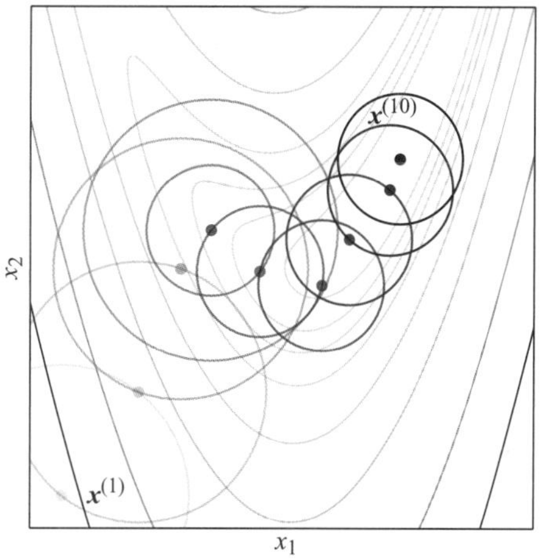

图 4.9

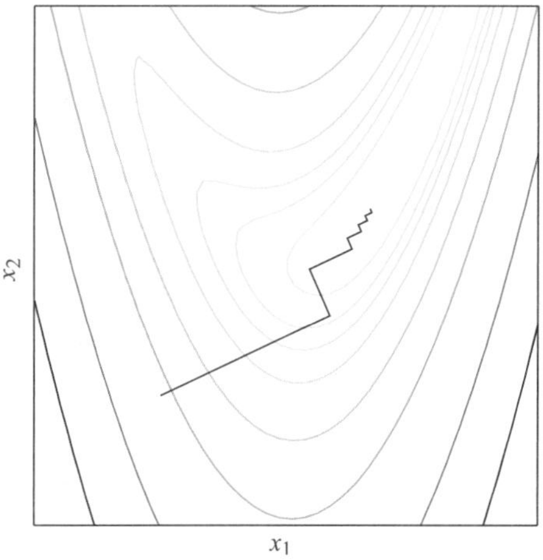

图 5.1

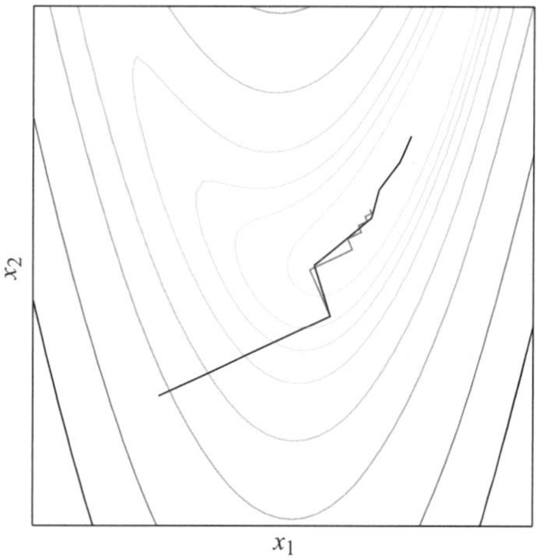

图 5.3

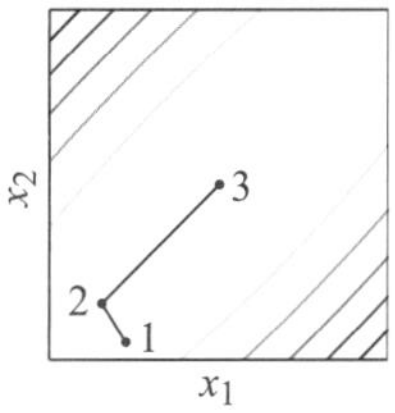

图 5.2

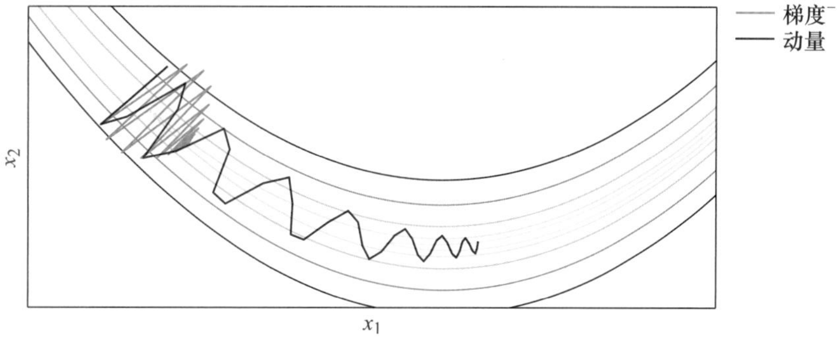

图 5.5

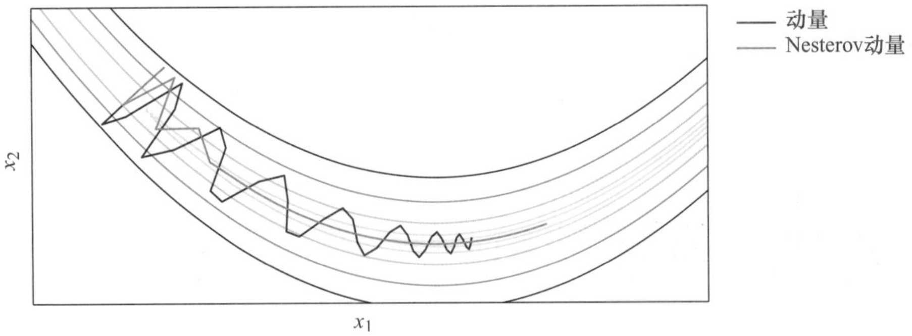
动量
Nesterov动量
x_2
x_1
图 5.6

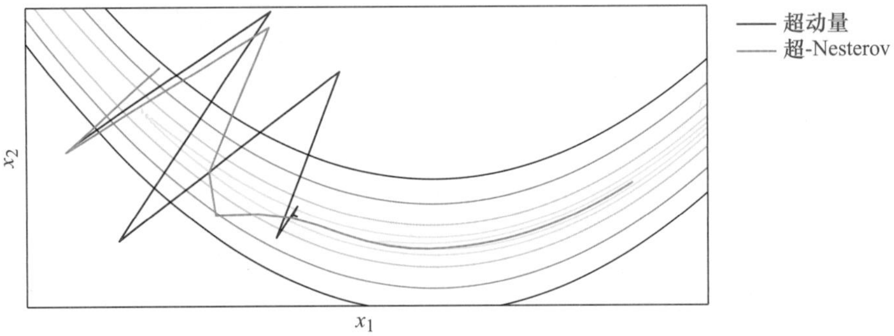
超动量
超-Nesterov
x_2
x_1
图 5.7

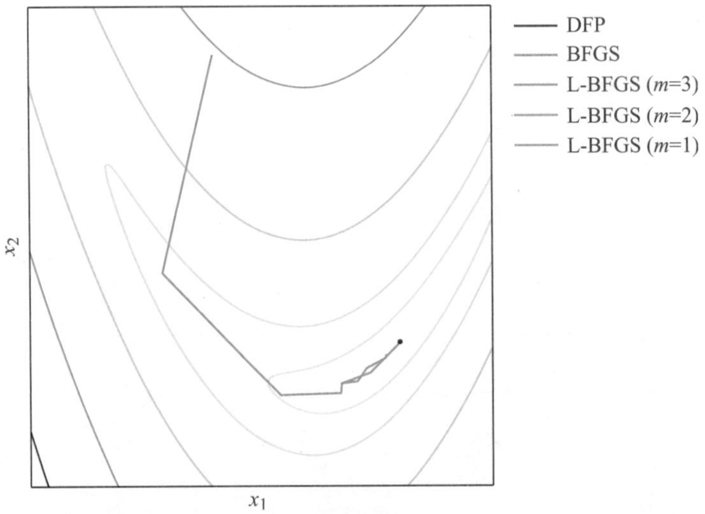
DFP
BFGS
L-BFGS (m=3)
L-BFGS (m=2)
L-BFGS (m=1)
x_2
x_1
图 6.4

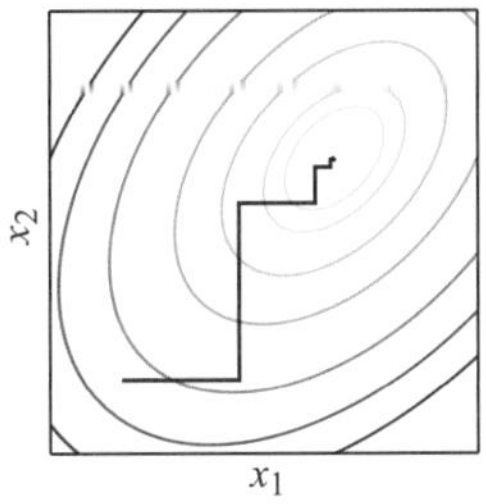

图 7.1

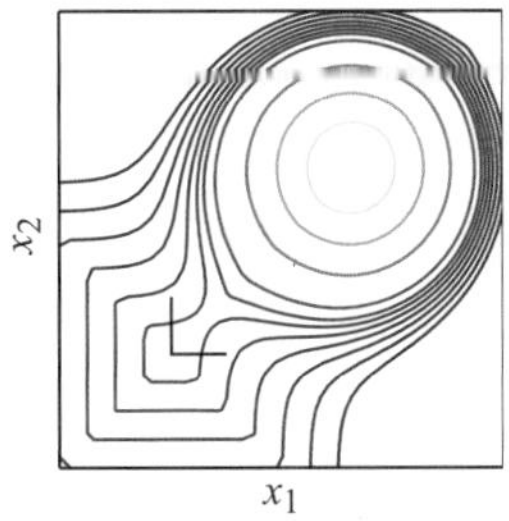

图 7.2

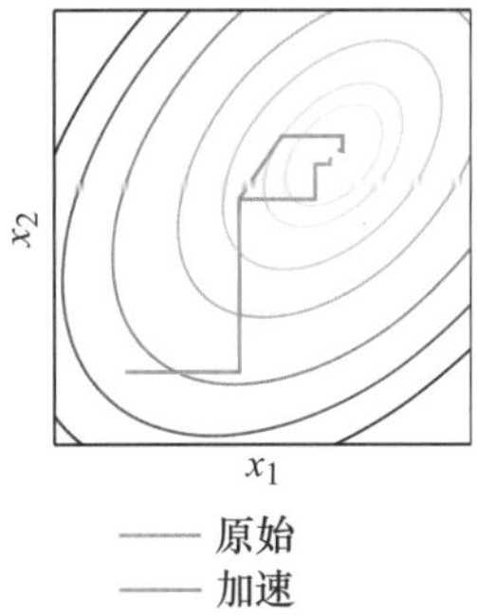

图 7.3

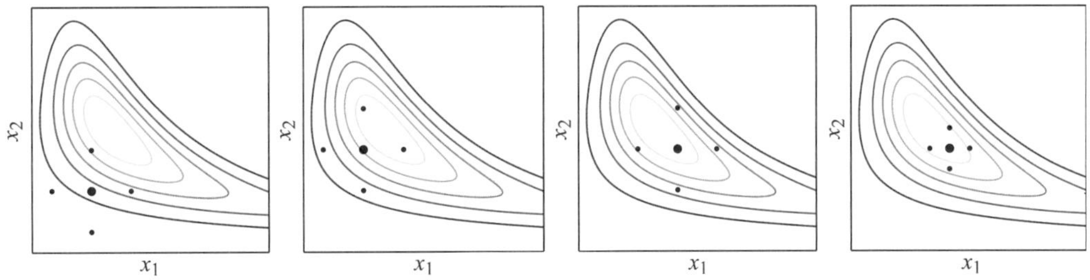

图 7.5

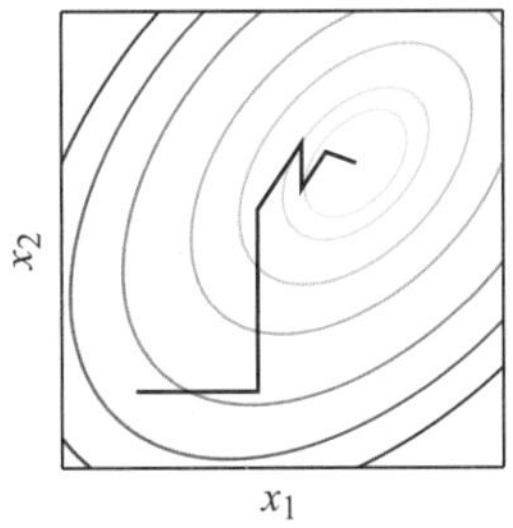

图 7.4

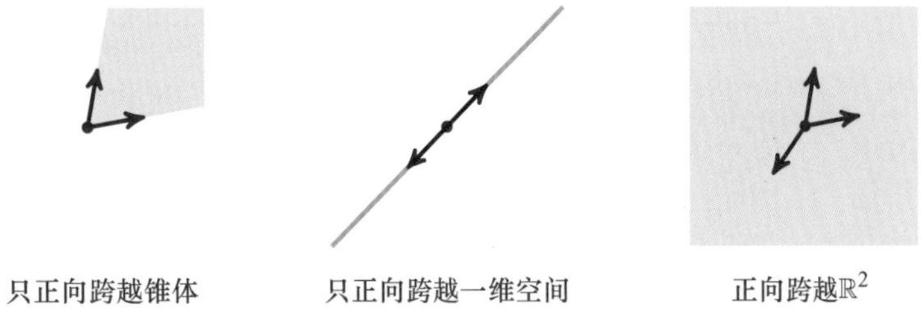

图 7.6

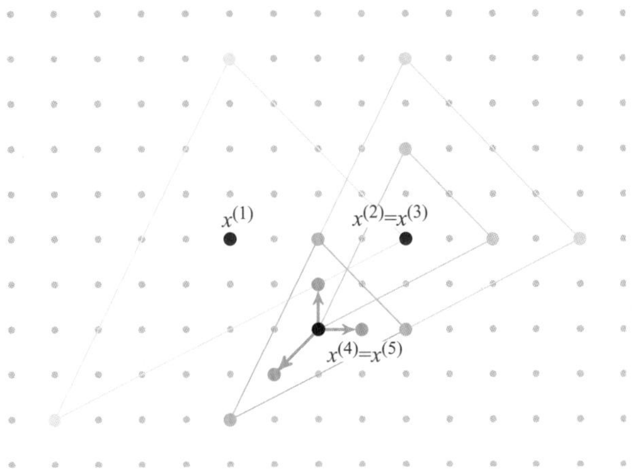

图 7.7

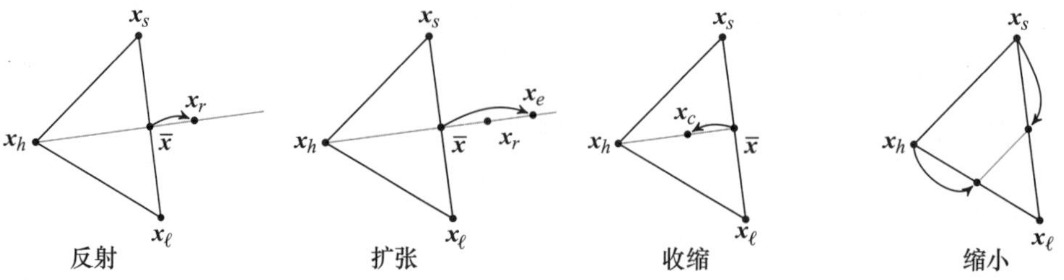

x_s
x_r
x_h
$\bar{x}$
x_ℓ
反射
x_s
x_e
x_h
$\bar{x}$
x_r
x_ℓ
扩张
x_s
x_c
x_h
$\bar{x}$
x_ℓ
收缩
x_s
x_h
x_ℓ
缩小

图 7.10

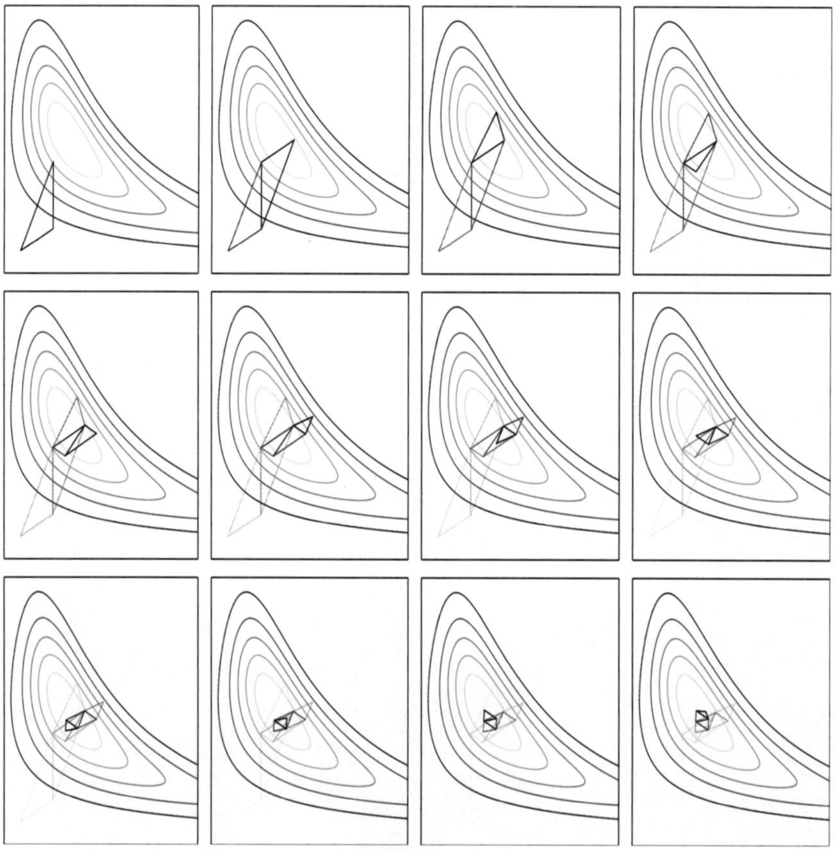

图 7.11

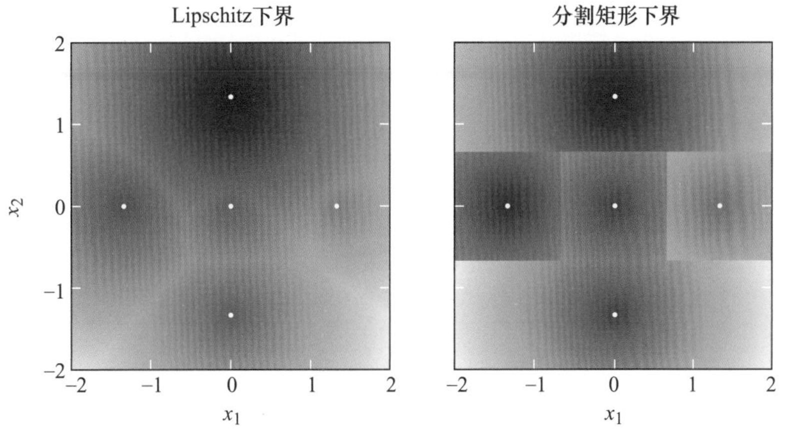

图 7.12

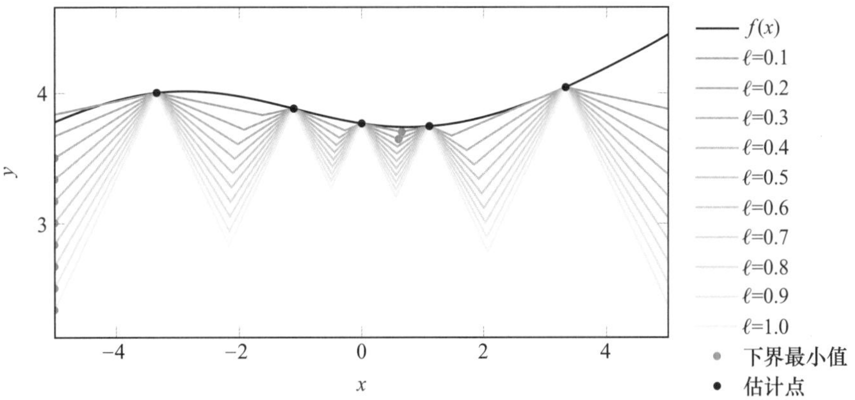

图 7.13

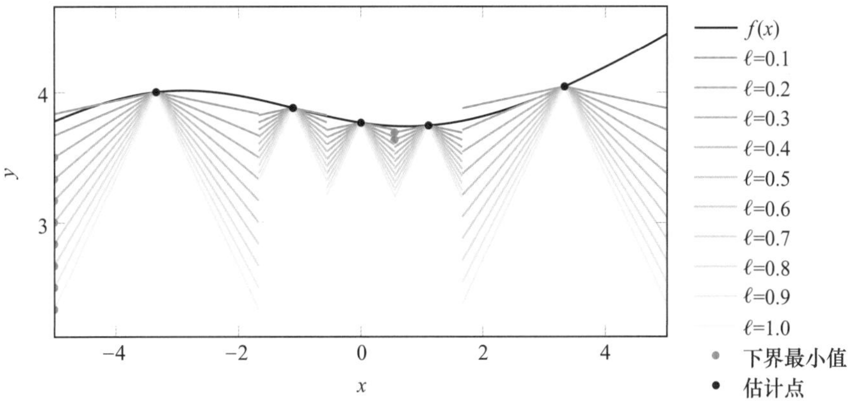

图 7.14

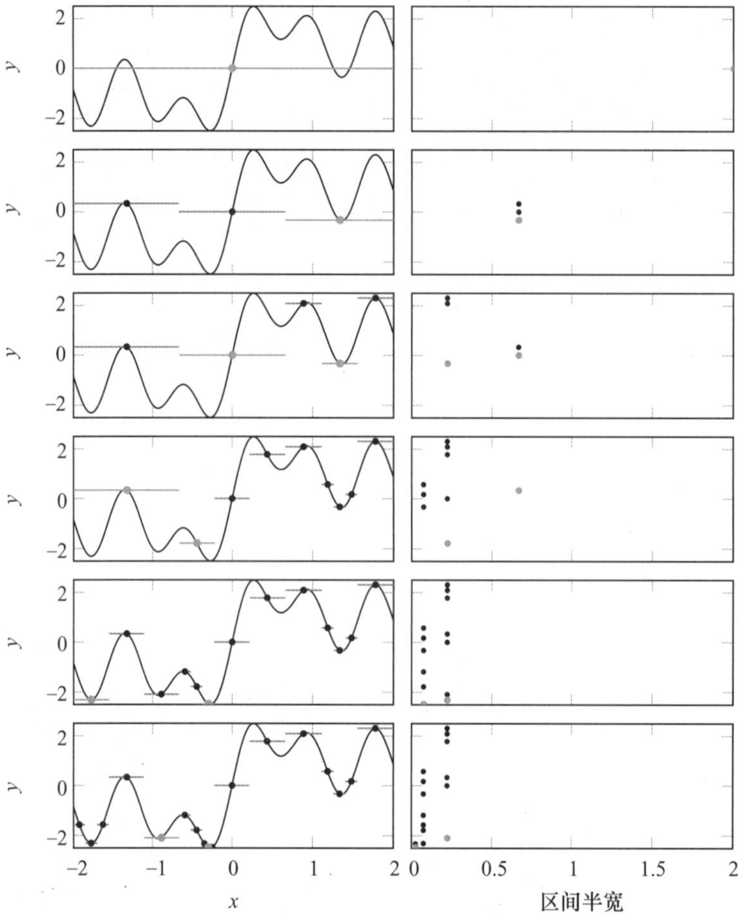

例 7.1

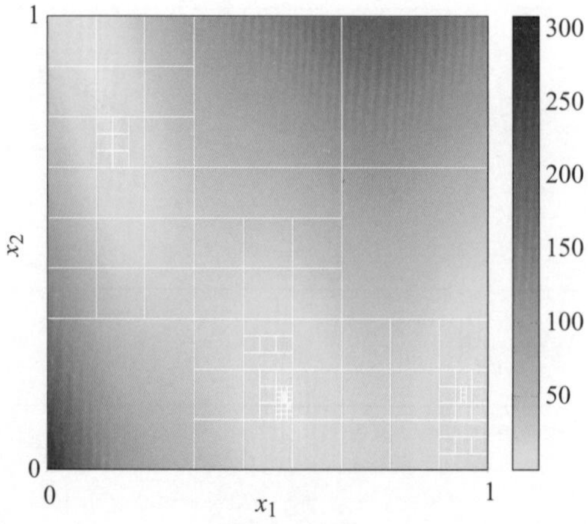

图 7.20

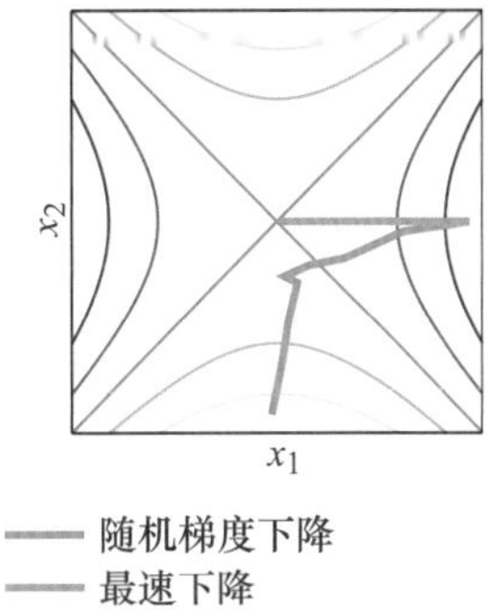

图 8.1

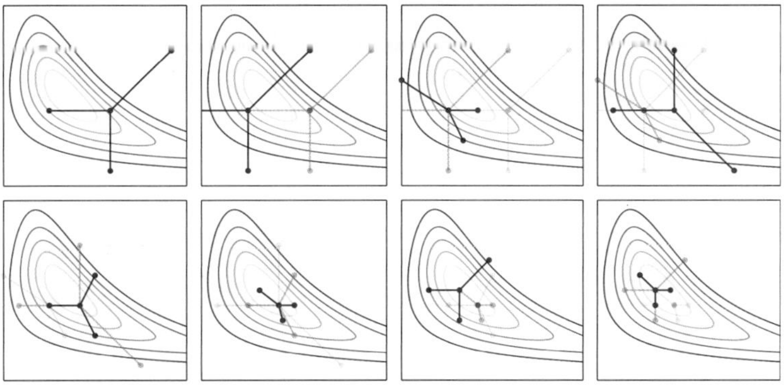

图 8.2

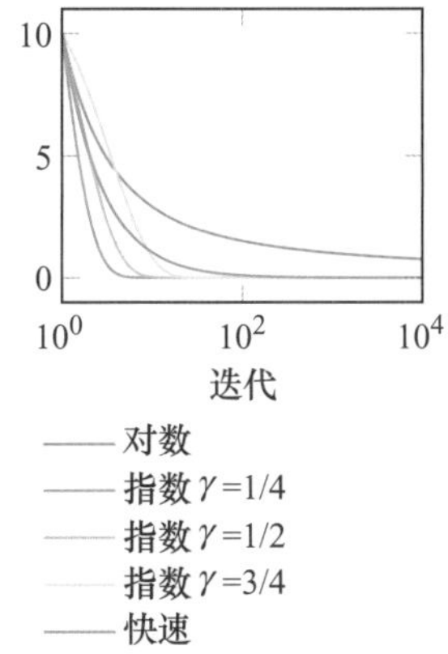

图 8.3

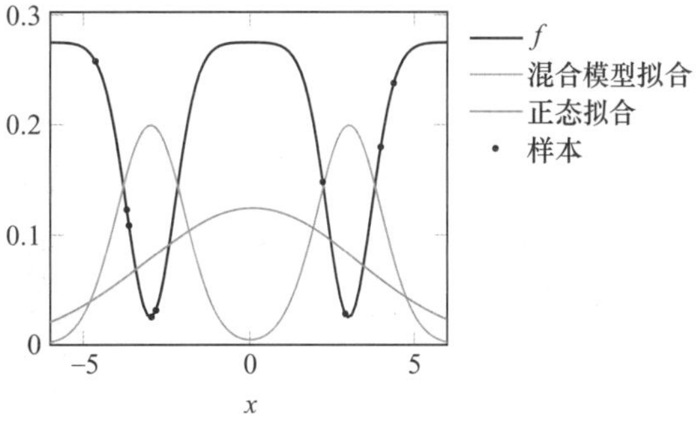

例 8.4

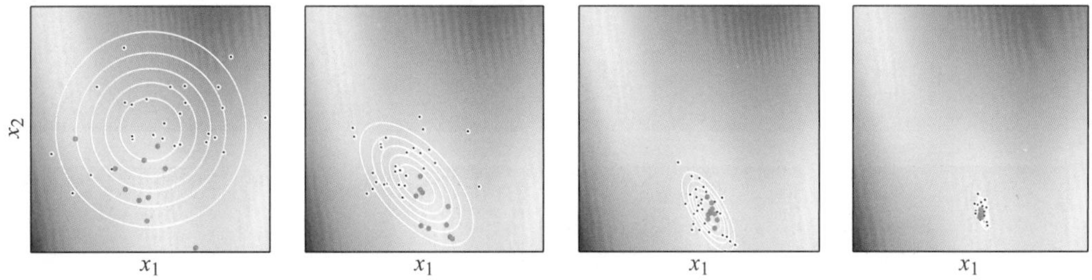

图 8.6

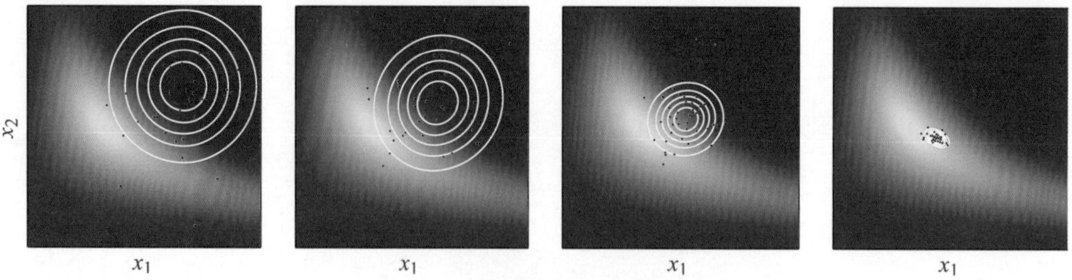

图 8.7

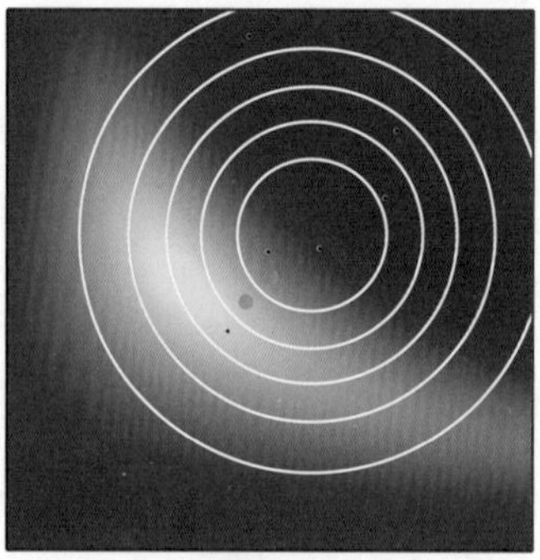

图 8.8

图 8.9

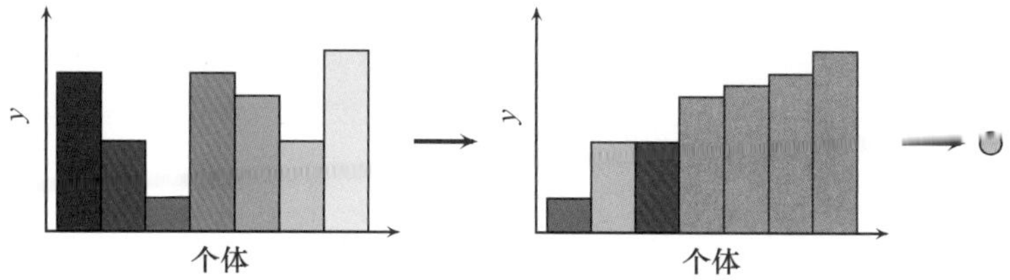

图 9.4

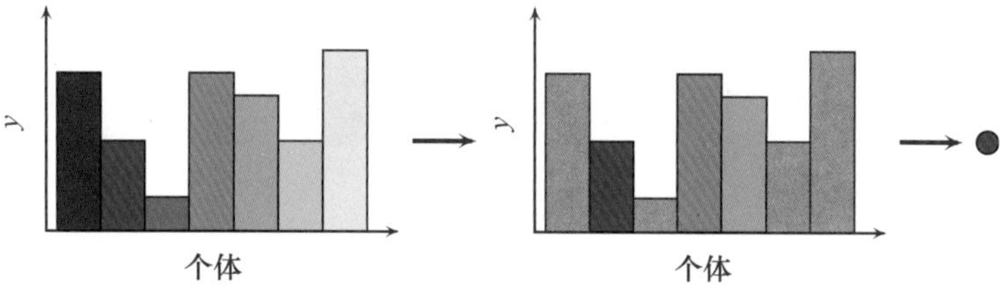

图 9.5

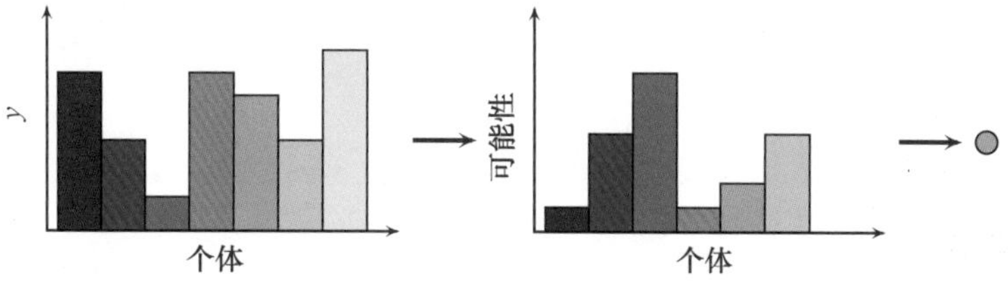

图 9.6

父A
母B
孩子
交叉点

图 9.7

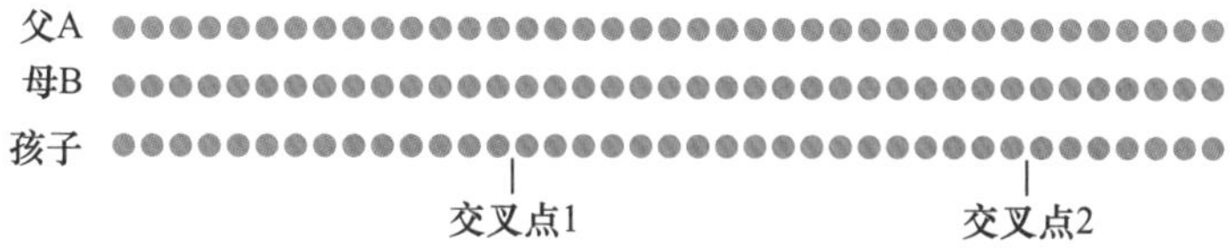
父A
母B
孩子
交叉点1
交叉点2

图 9.8

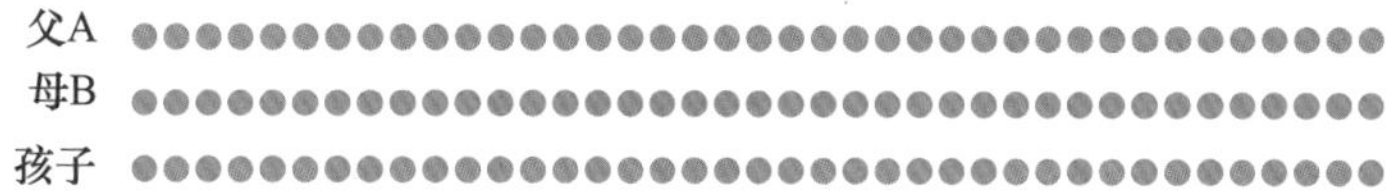
父A
母B
孩子

图 9.9

图 9.10

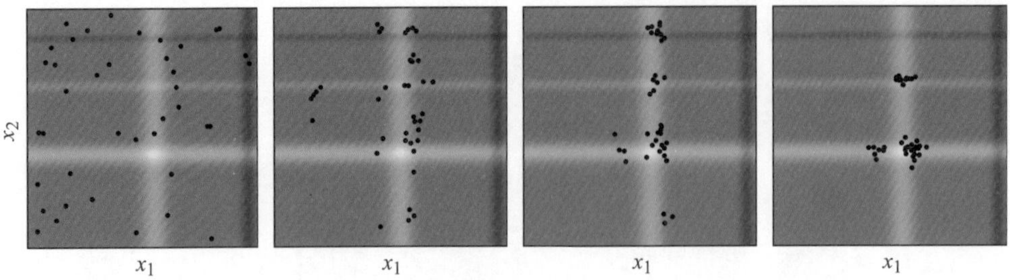

图 9.11

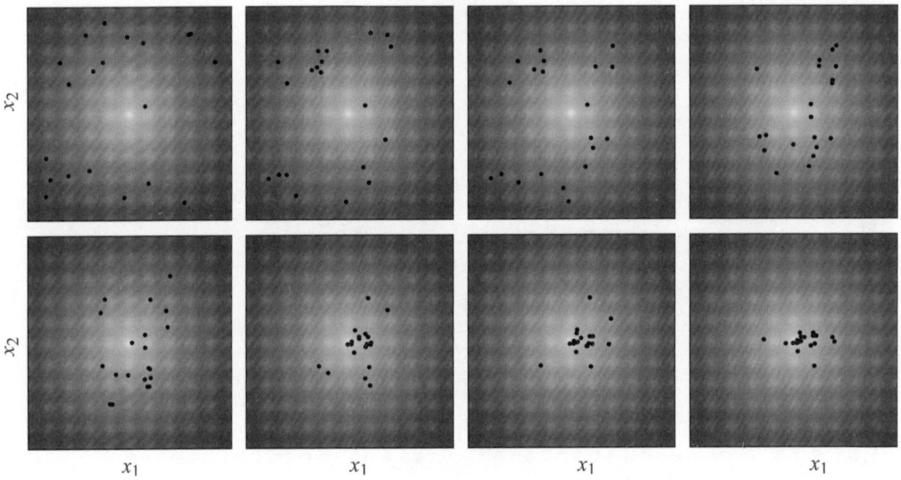

图 9.13

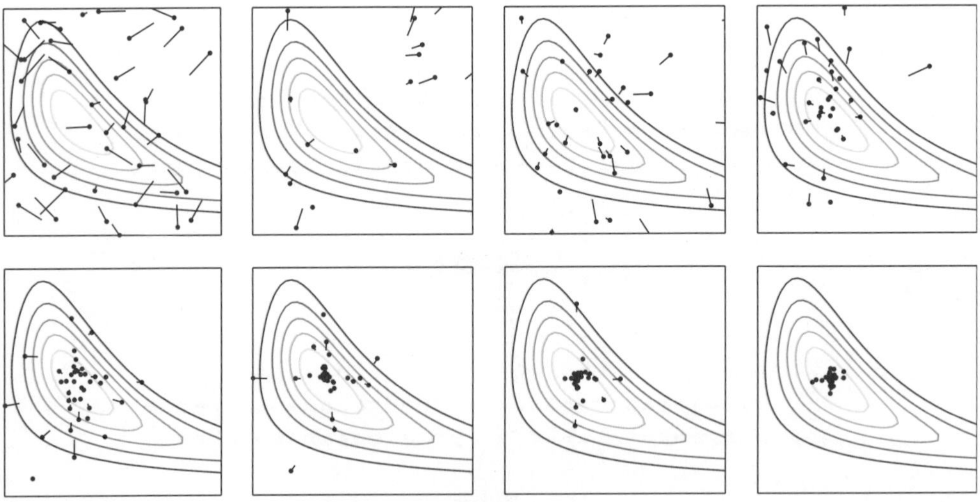

图 9.14

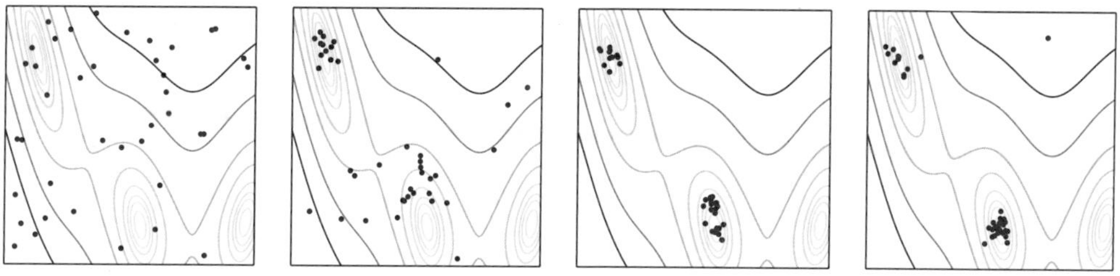

图 9.15

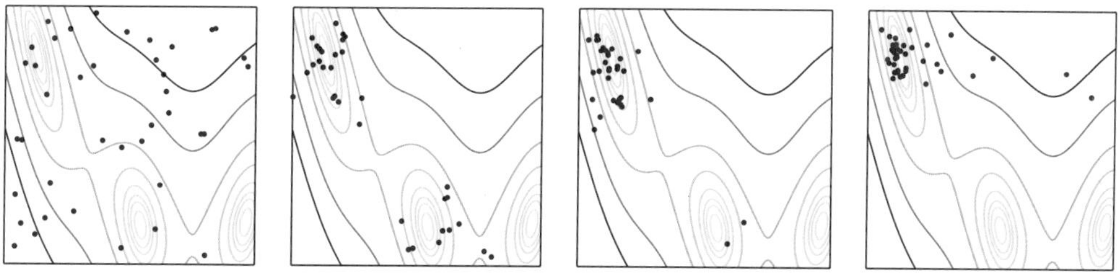

图 9.16

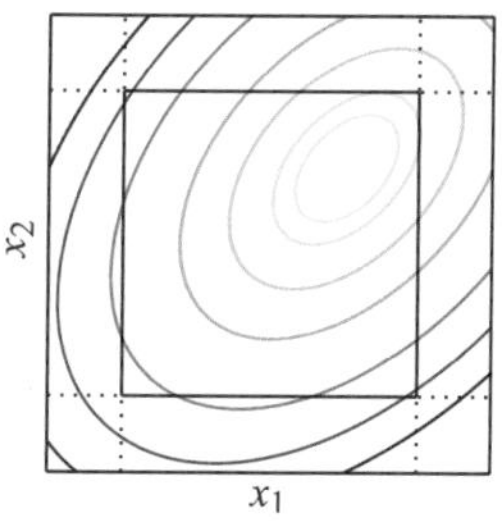

图 10.2

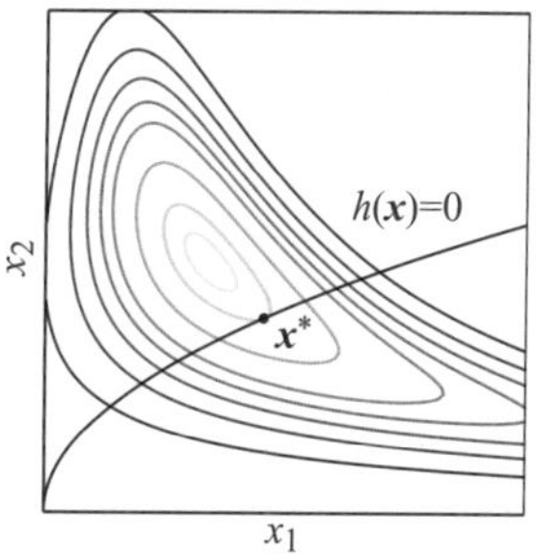

例 10.3

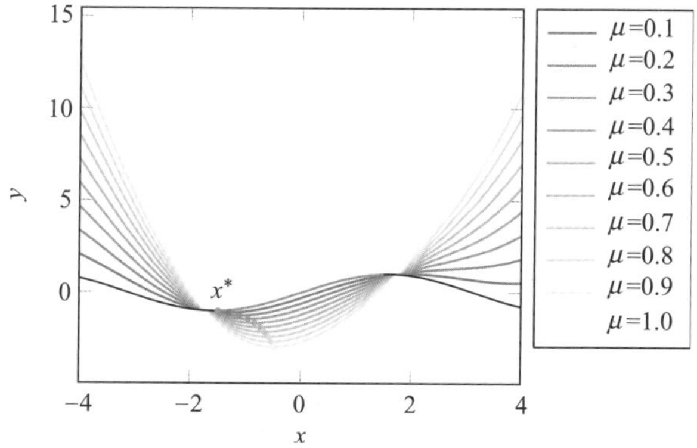

例 10.5

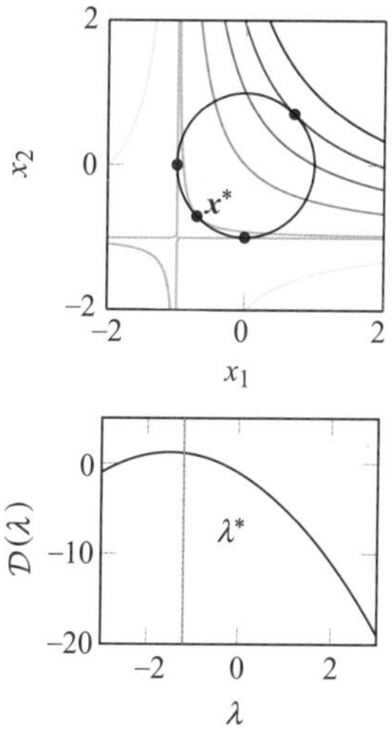

例 10.6

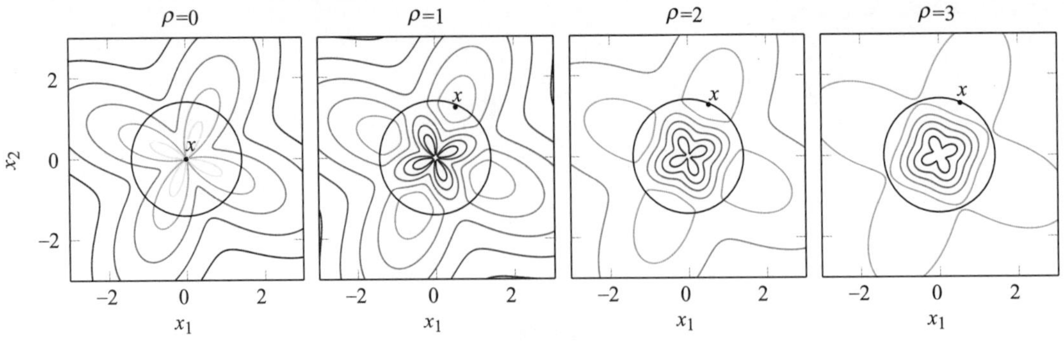

图 10.11

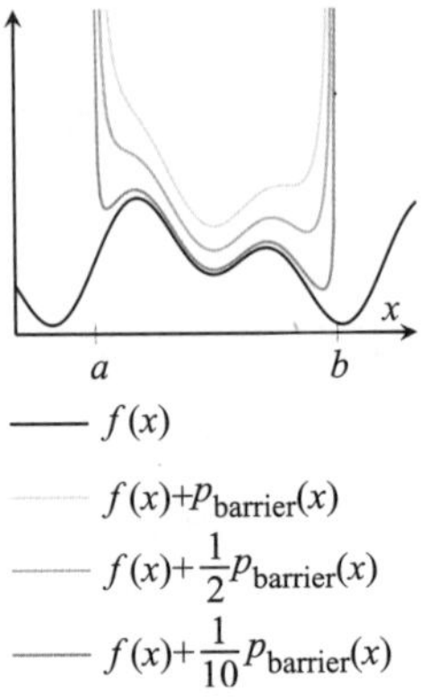

图 10.12

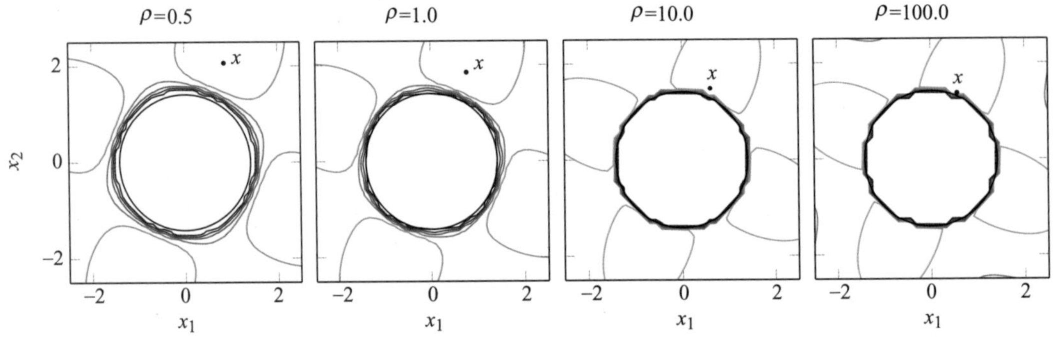

图 10.13

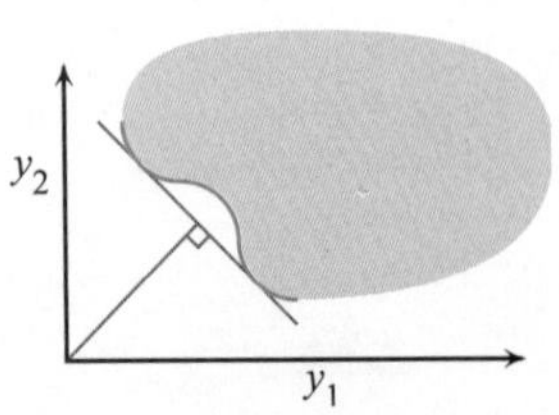

图 12.8

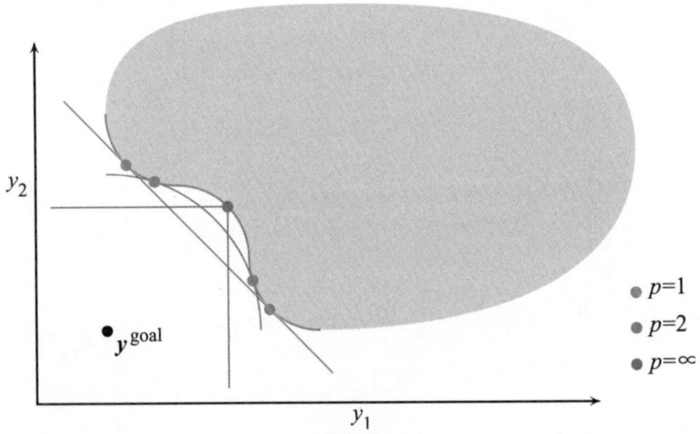

图 12.9

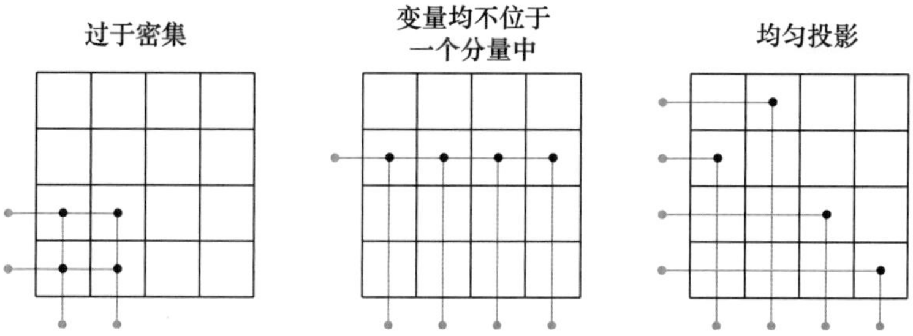

图 13.2

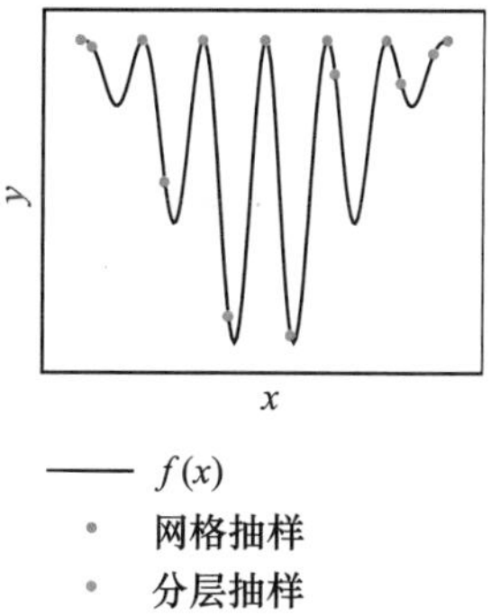

图 13.5

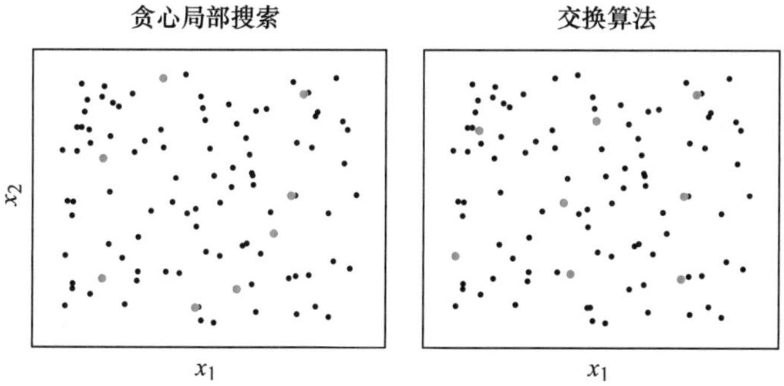

图 13.9

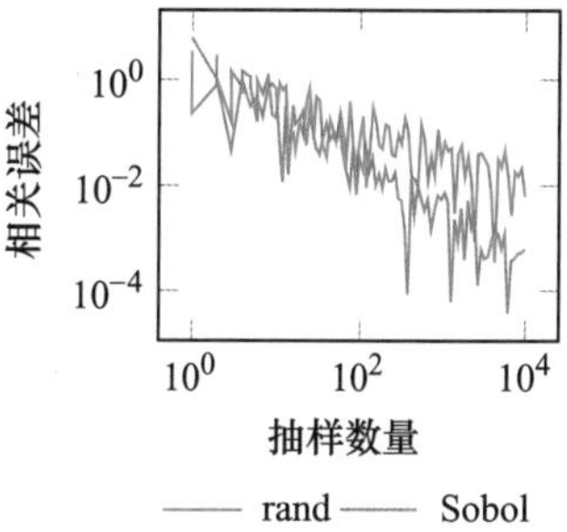

图 13.10

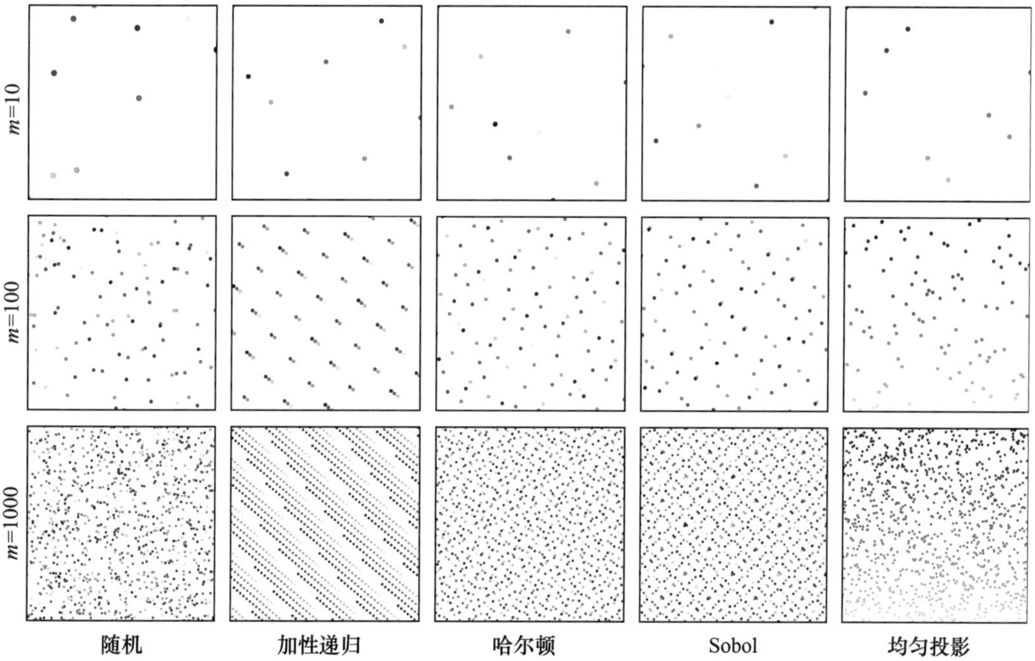

图 13.12

图 14.6

训练　　　测试

train(●) ——→ test($\hat{f}$, ●) ——→ 泛化误差估计

图 14.8

f
$\hat{f}$
● 训练样本
● 保留样本

图 14.9

$\mathcal{D}_1$ $\mathcal{D}_2$ $\mathcal{D}_3$ $\mathcal{D}_4$ $\mathcal{D}_5$

train(●●●●) ——→ test($\hat{f}$, ●) ——→ 泛化误差估计
train(●●●●) ——→ test($\hat{f}$, ●) ——→ 泛化误差估计
train(●●●●) ——→ test($\hat{f}$, ●) ——→ 泛化误差估计
train(●●●●) ——→ test($\hat{f}$, ●) ——→ 泛化误差估计
train(●●●●) ——→ test($\hat{f}$, ●) ——→ 泛化误差估计

↓

泛化误差 μ 和 σ

图 14.10

$$\boldsymbol{\Sigma} = \begin{bmatrix} 1 & 0 \\ 0 & 1 \end{bmatrix}$$
$$\boldsymbol{\Sigma} = \begin{bmatrix} 3 & 0 \\ 0 & 0.5 \end{bmatrix}$$
$$\boldsymbol{\Sigma} = \begin{bmatrix} 1 & 0.9 \\ 0.9 & 1 \end{bmatrix}$$

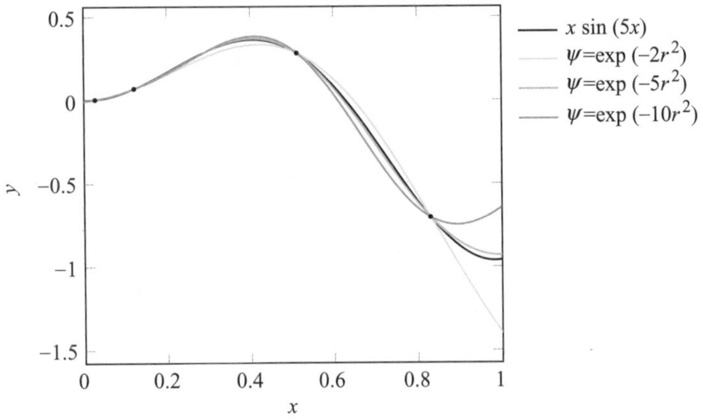

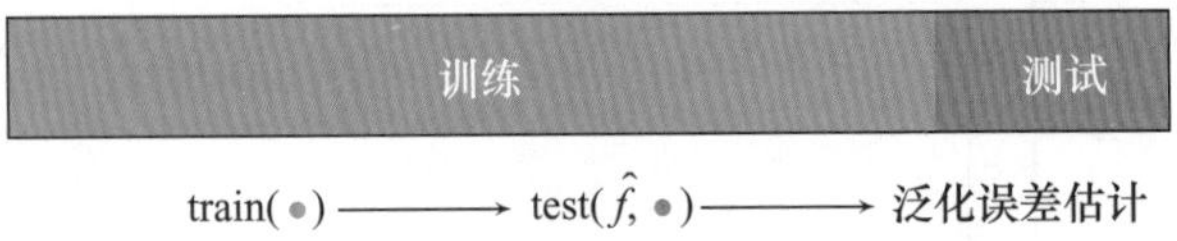

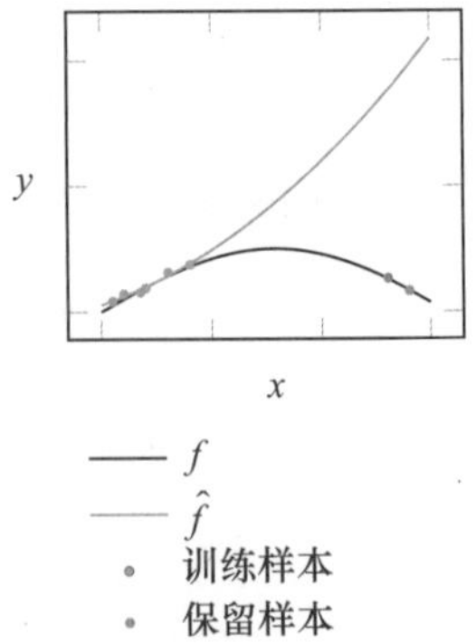

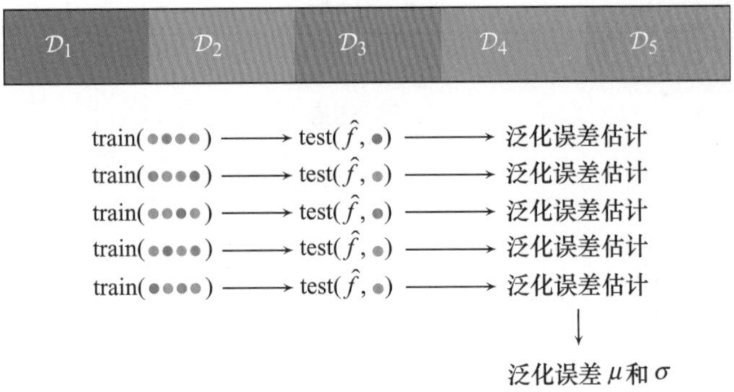

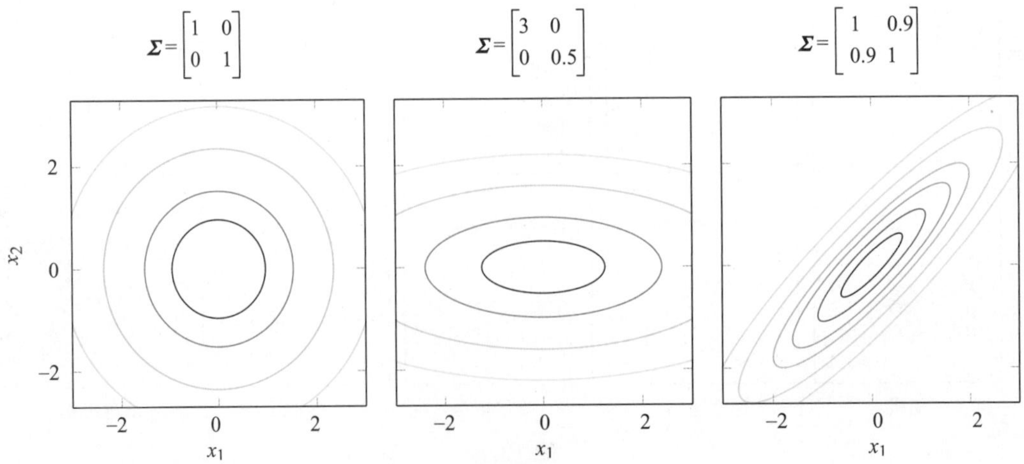

图 15.1

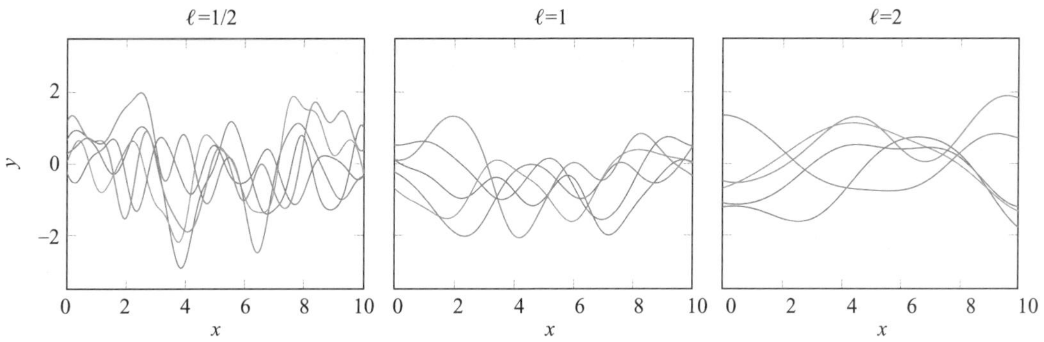

ℓ=1/2
ℓ=1
ℓ=2
y
x

图 15.2

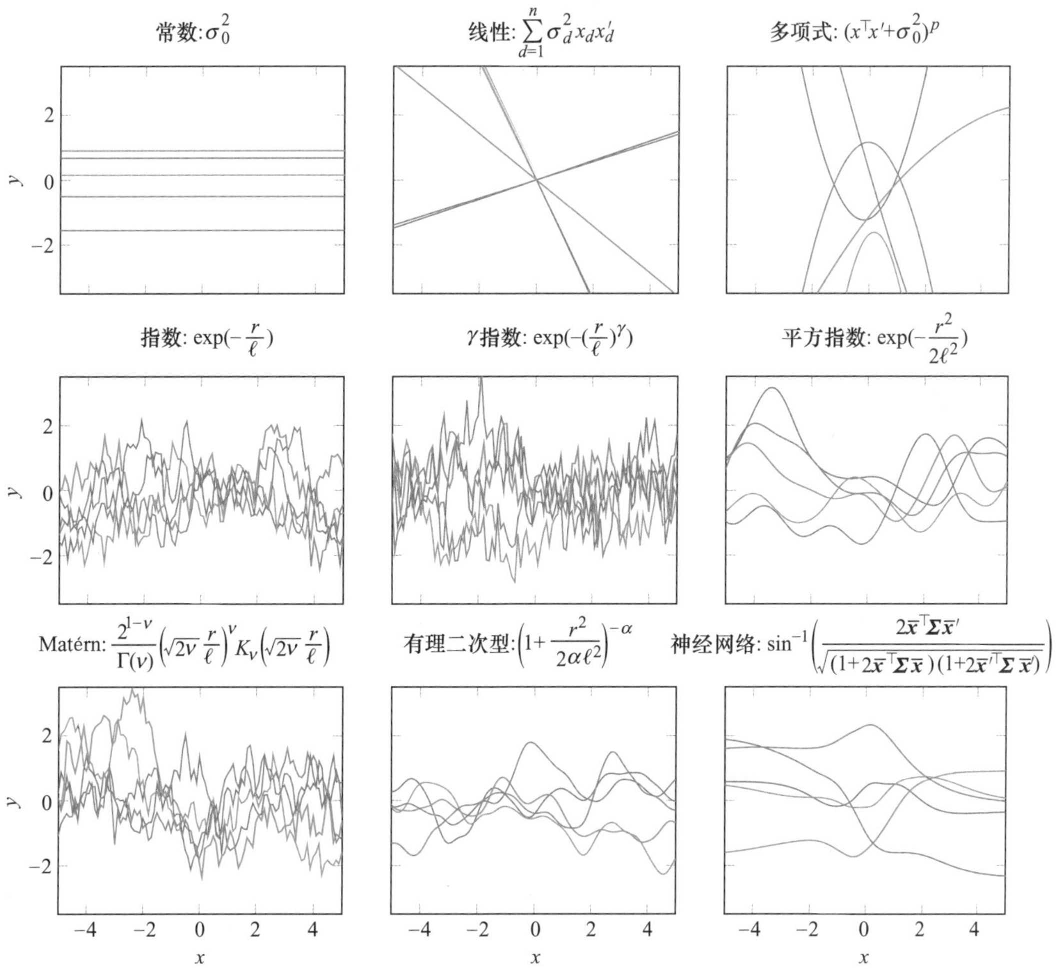

常数:σ_0^2
线性: $\sum_{d=1}^{n}\sigma_d^2 x_d x'_d$
多项式: $(x^\top x'+\sigma_0^2)^p$
指数: $\exp(-\frac{r}{\ell})$
γ指数: $\exp(-(\frac{r}{\ell})^\gamma)$
平方指数: $\exp(-\frac{r^2}{2\ell^2})$
Matérn: $\frac{2^{1-\nu}}{\Gamma(\nu)}\left(\sqrt{2\nu}\,\frac{r}{\ell}\right)^\nu K_\nu\left(\sqrt{2\nu}\,\frac{r}{\ell}\right)$
有理二次型:$\left(1+\frac{r^2}{2\alpha\ell^2}\right)^{-\alpha}$
神经网络: $\sin^{-1}\left(\frac{2\bar{x}^\top\Sigma\bar{x}'}{\sqrt{(1+2\bar{x}^\top\Sigma\bar{x})(1+2\bar{x}'^\top\Sigma\bar{x}')}}\right)$
y
x

图 15.3

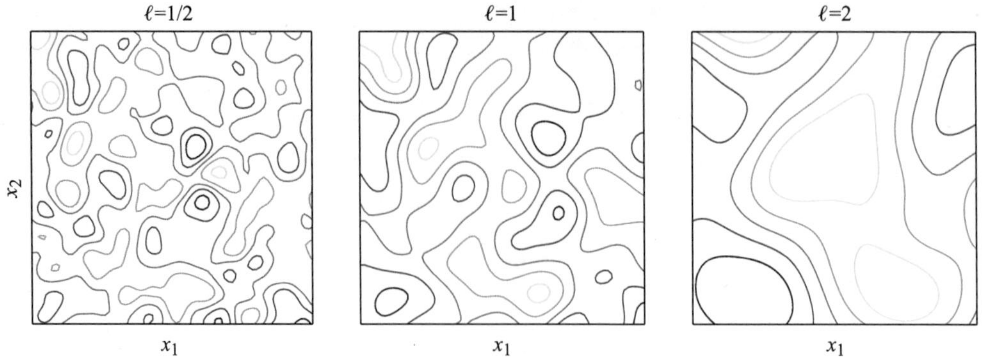

图 15.4

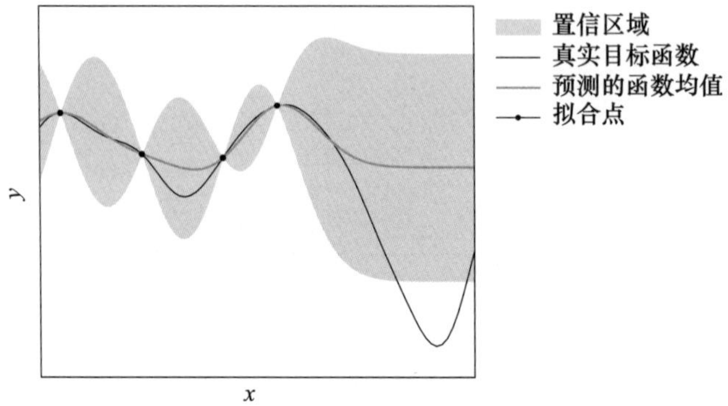

图 15.5

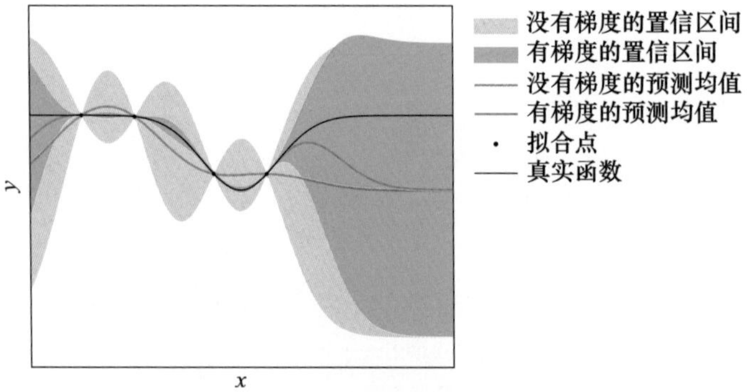

图 15.6

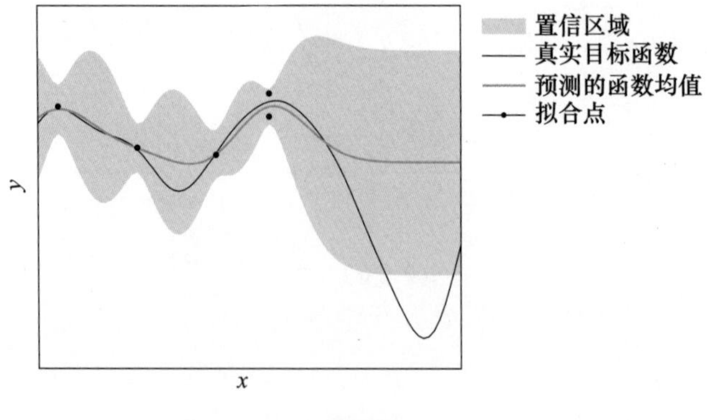

图 15.7

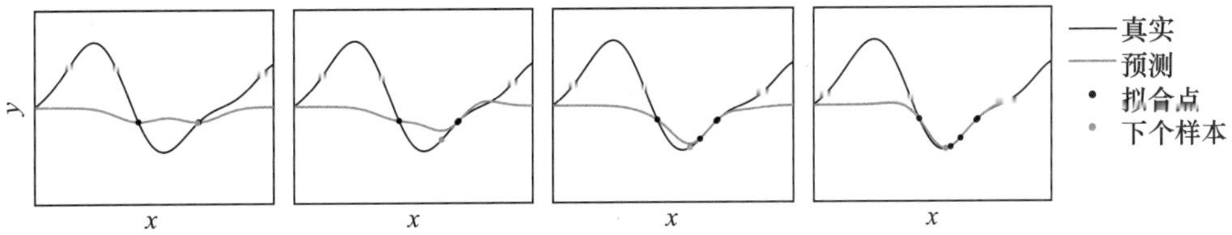

图 16.1

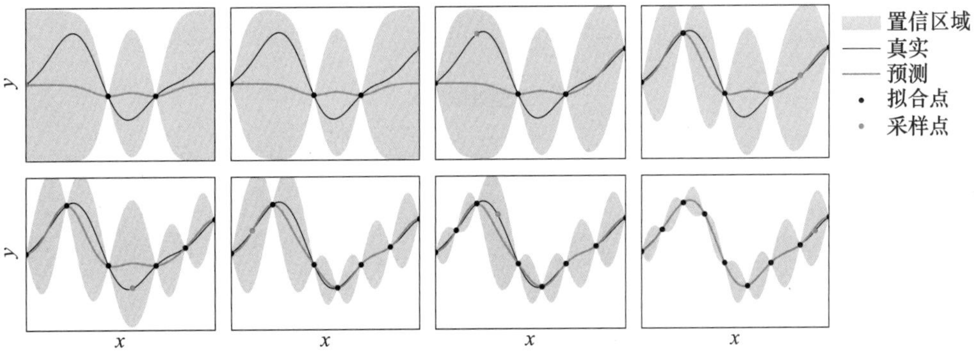

图 16.2

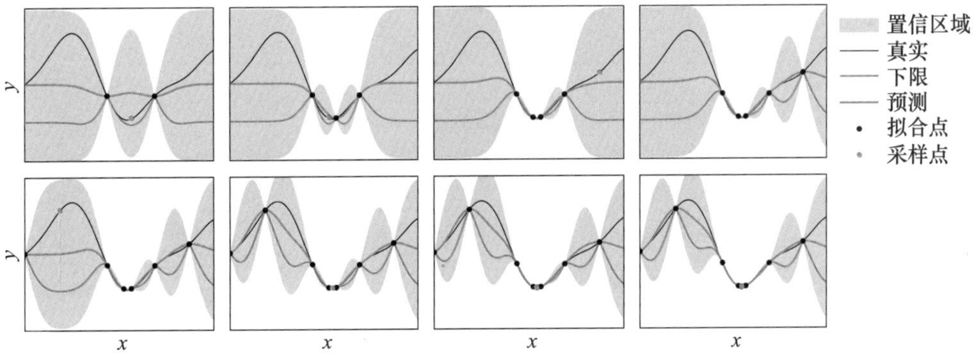

图 16.3

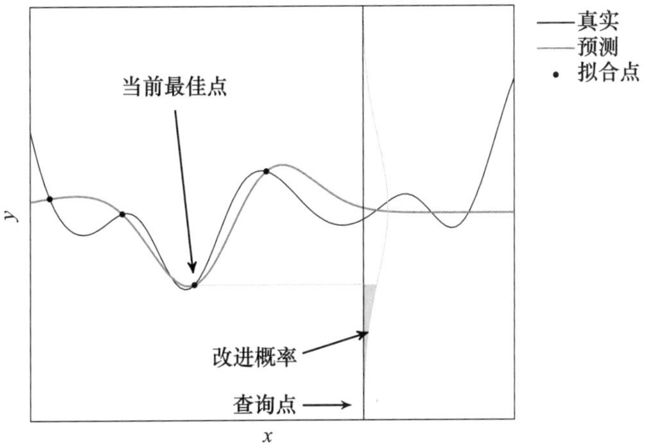

图 16.4

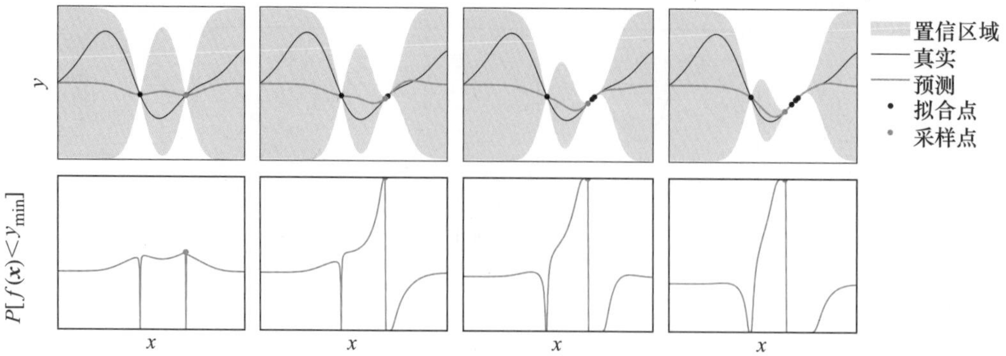

图 16.5

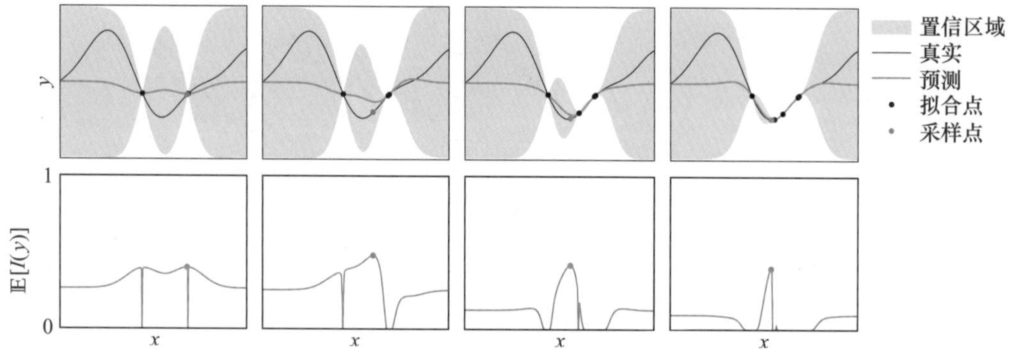

图 16.6

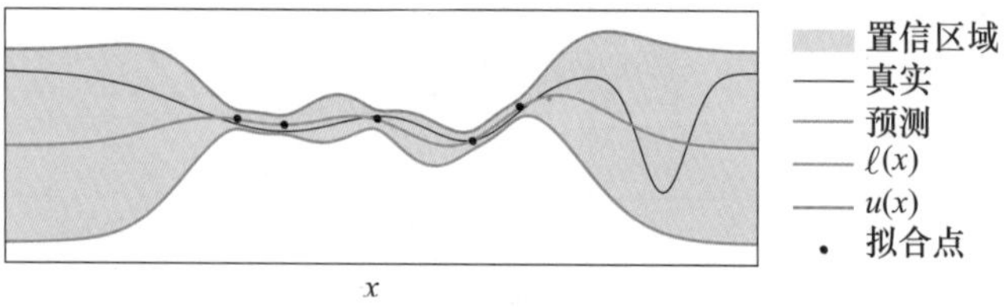

图 16.8

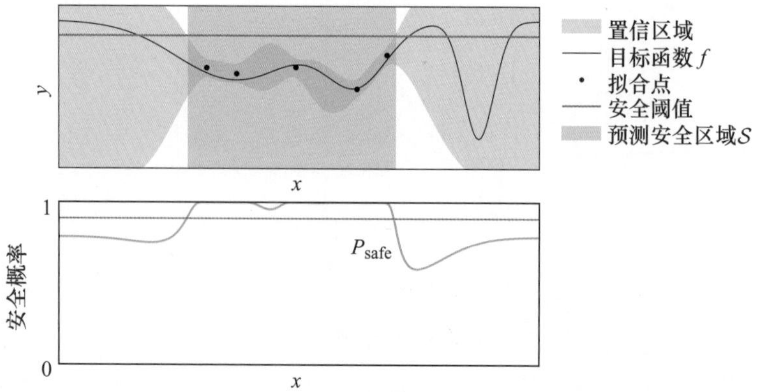

图 16.9

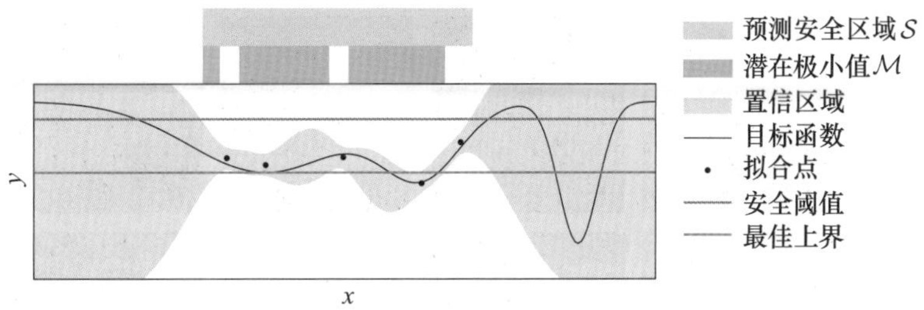

图 16.10

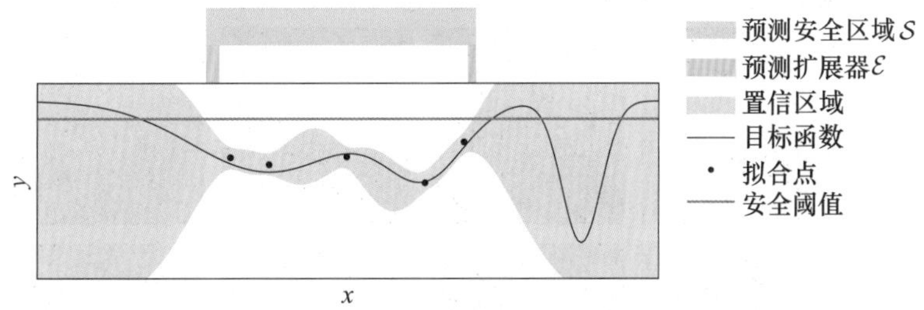

图 16.11

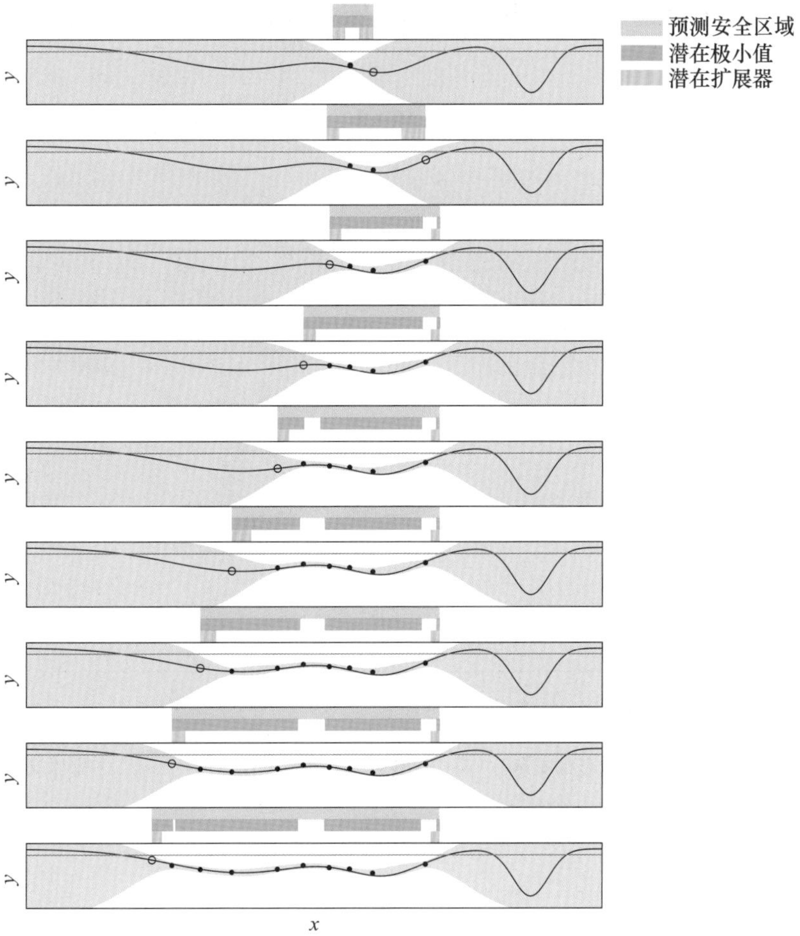

图 16.12

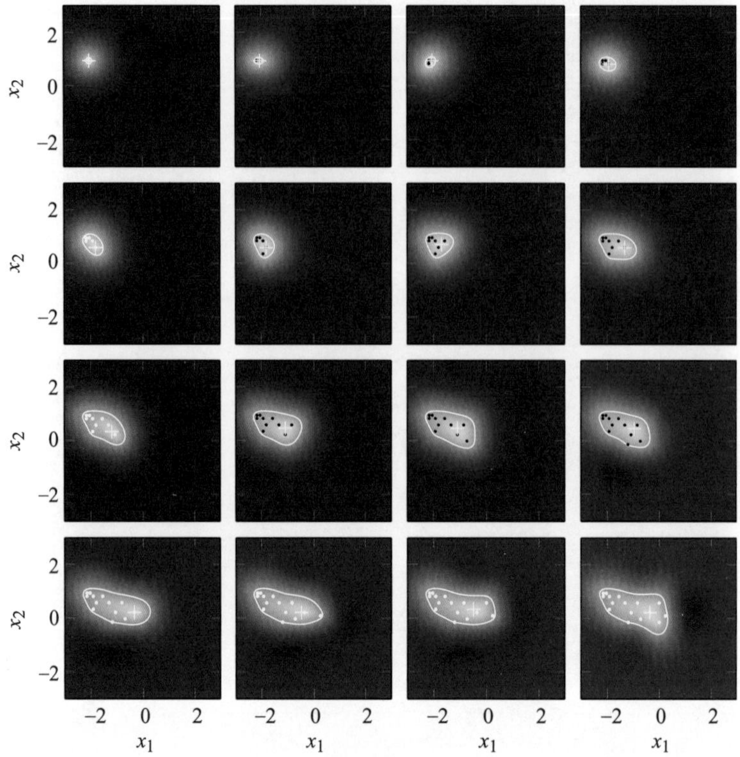

图 16.13

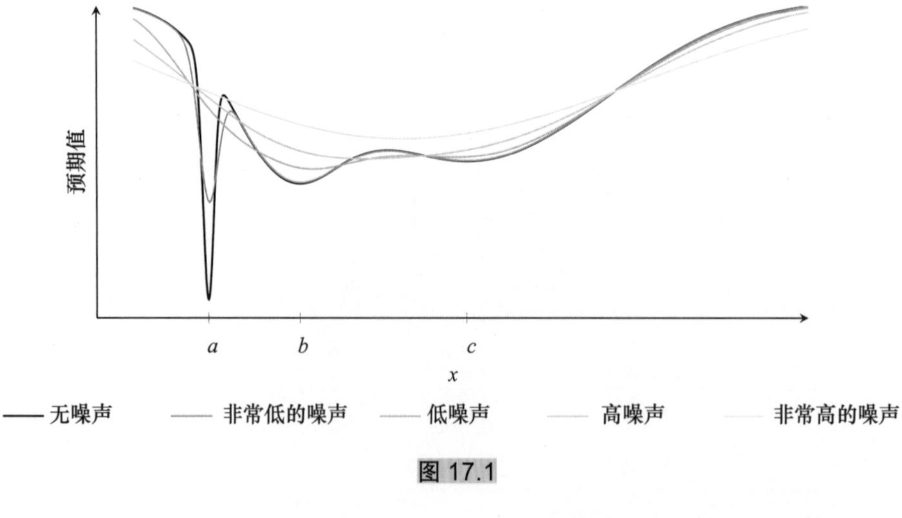

图 17.1

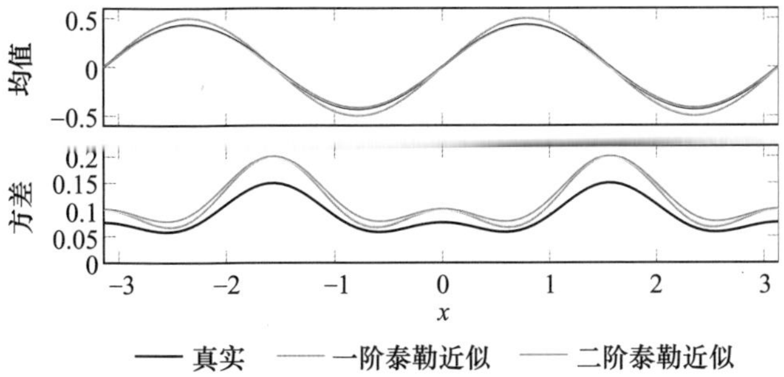

例 18.1

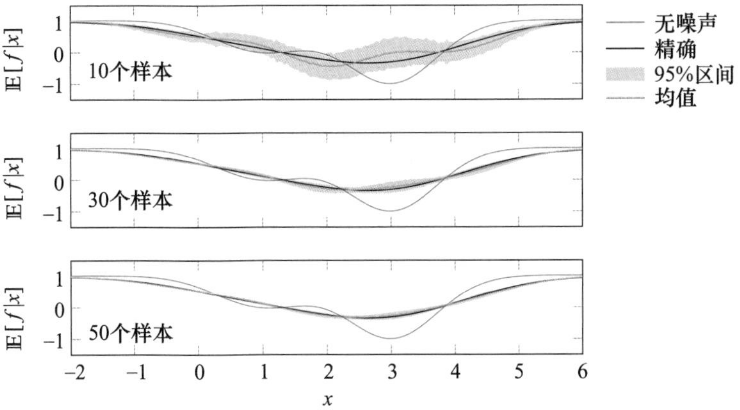

例 18.2

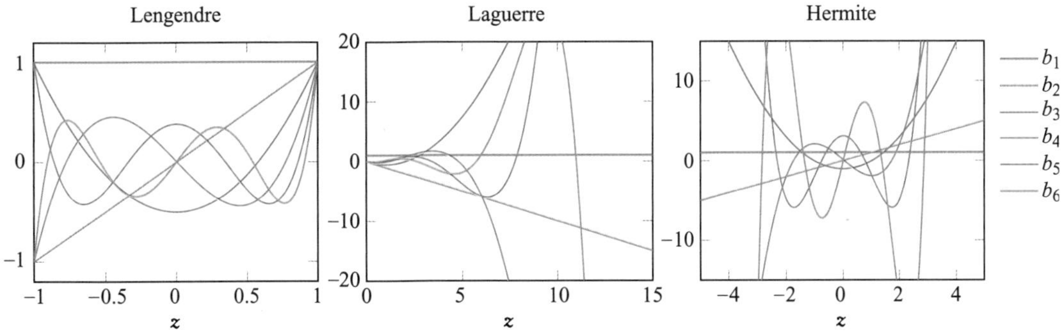

图 18.1

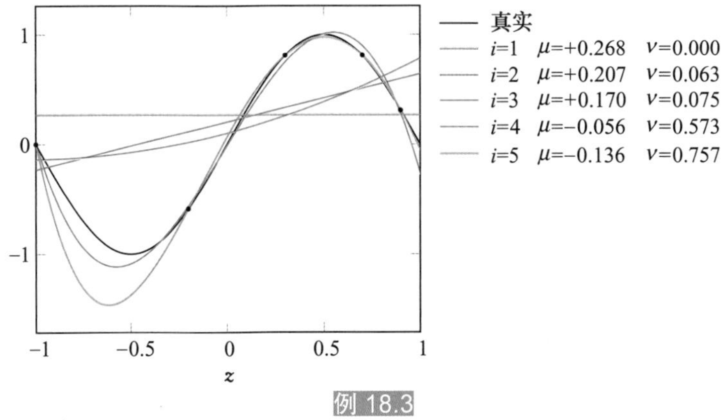

例 18.3

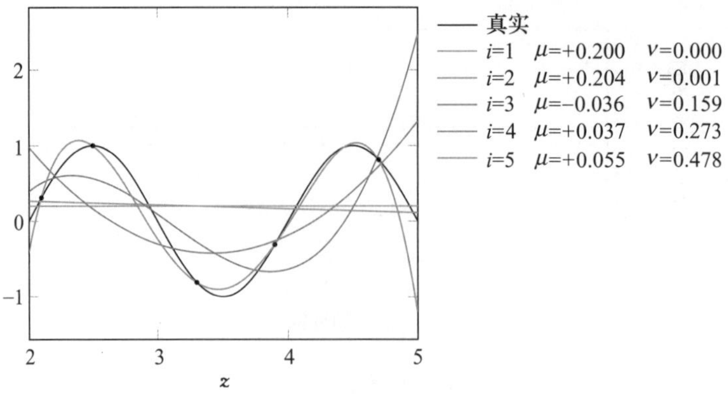

例 18.4

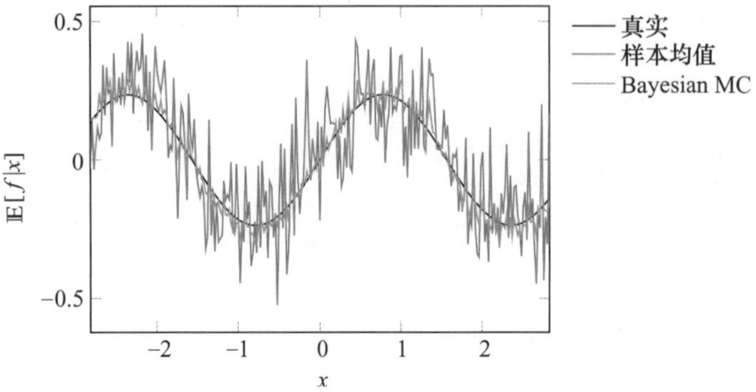

例 18.6

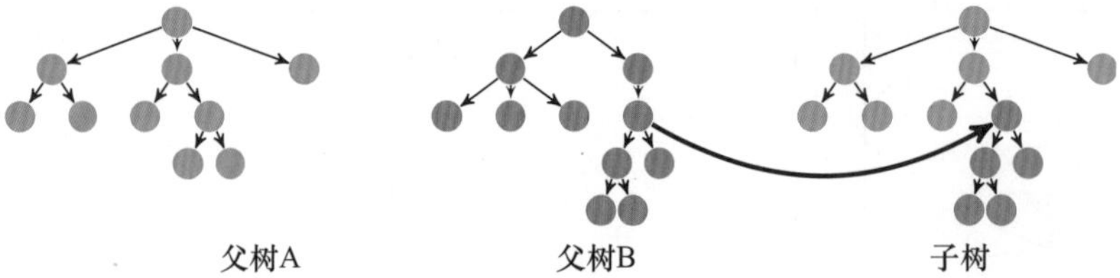

图 20.4

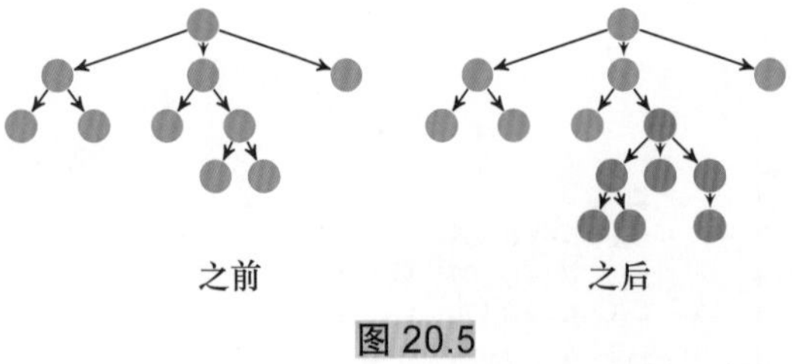

图 20.5

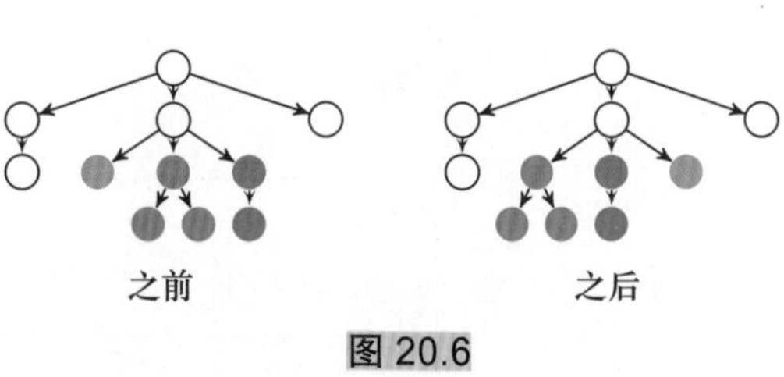

图 20.6

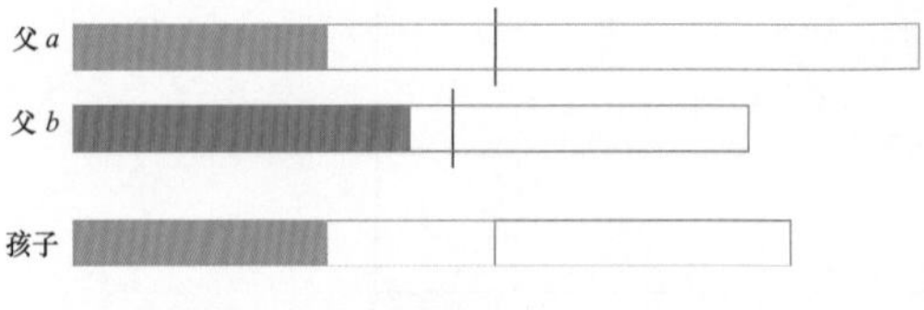

图 20.7

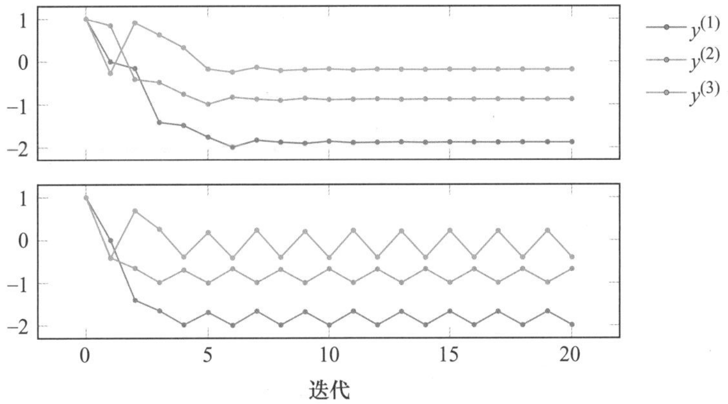

例 21.2

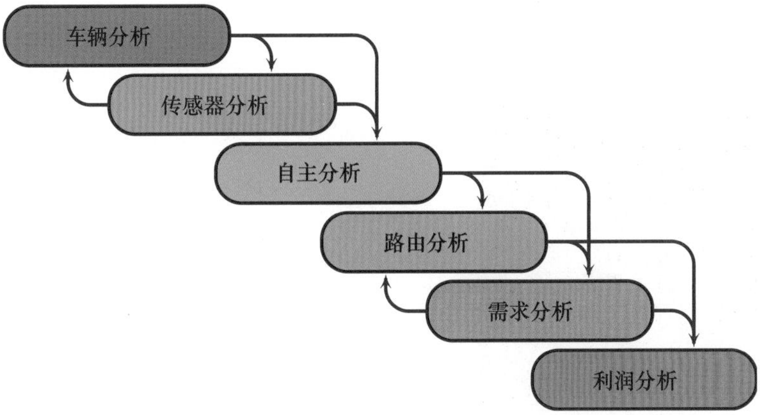

例 21.3

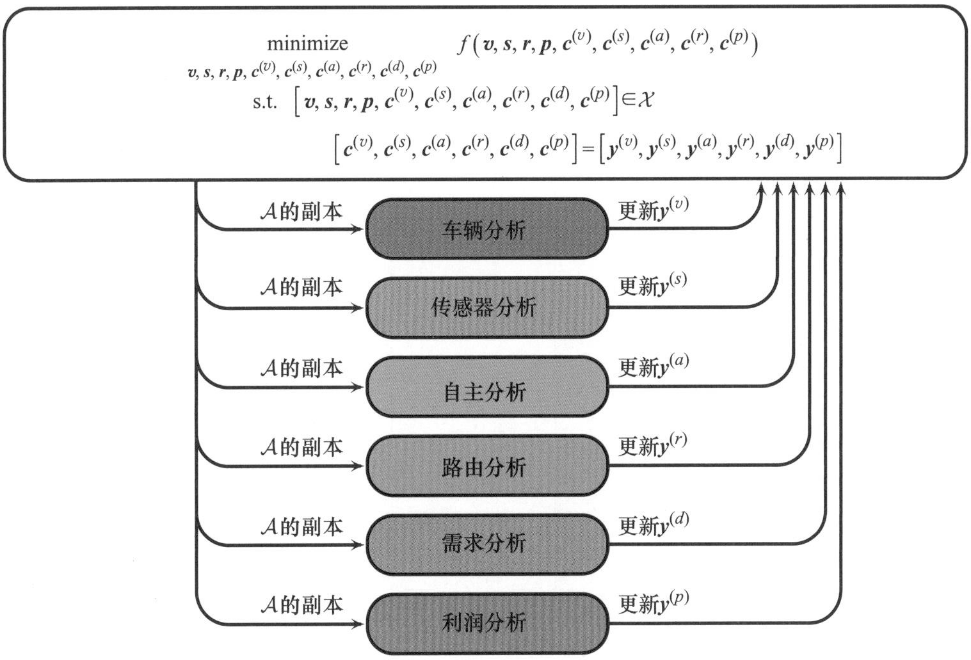

图 21.11

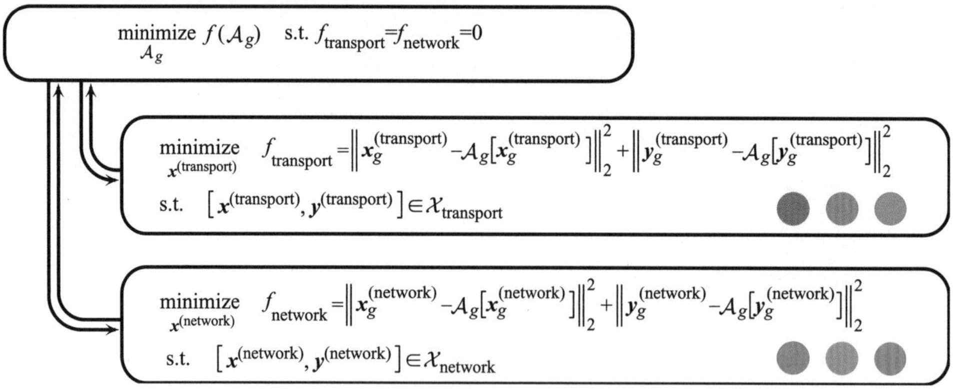

图 21.13

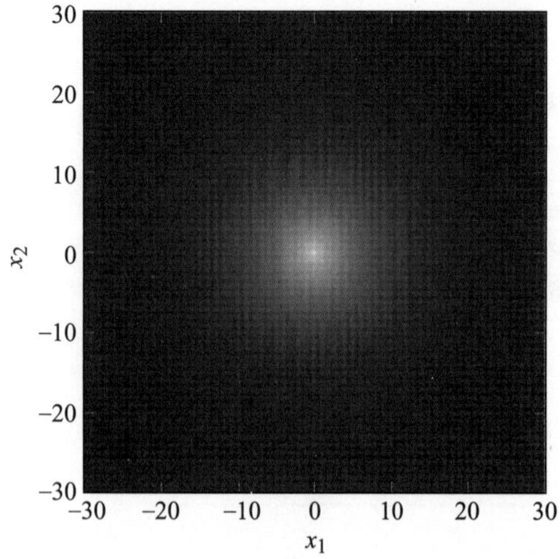

图 B.1

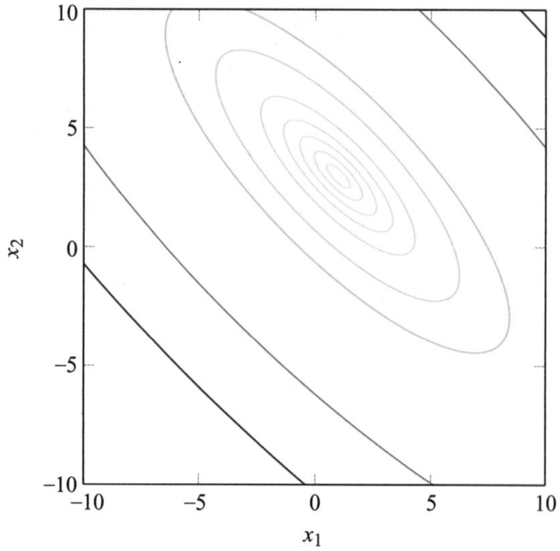

图 B.2

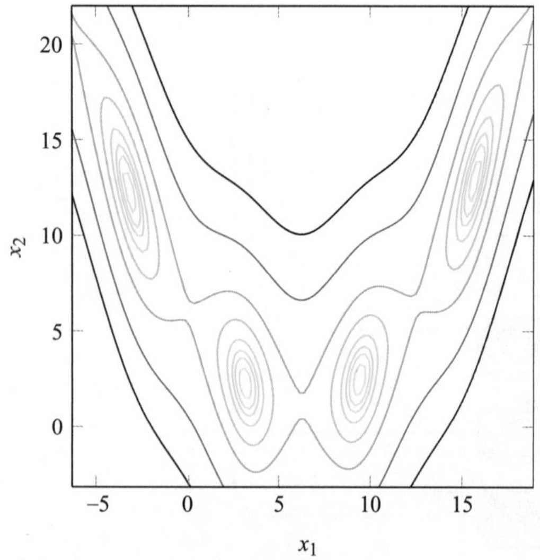

图 B.3

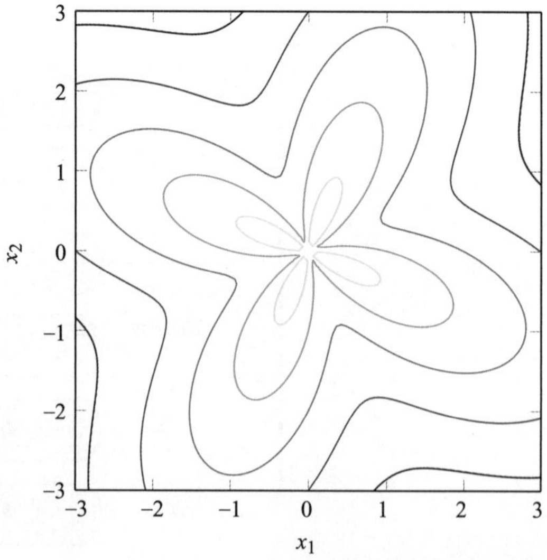

图 B.4

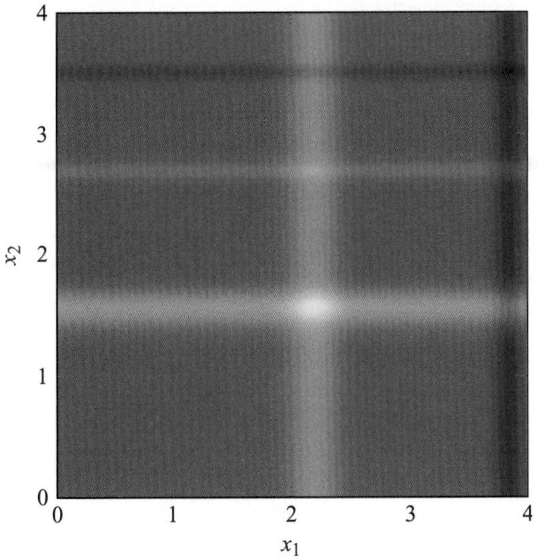

图 B.5

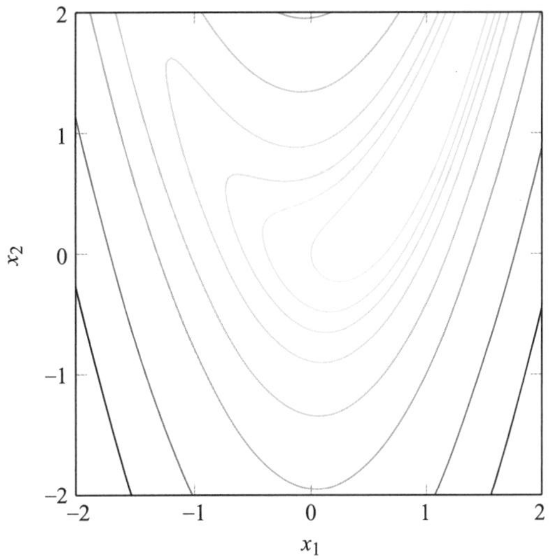

图 B.6

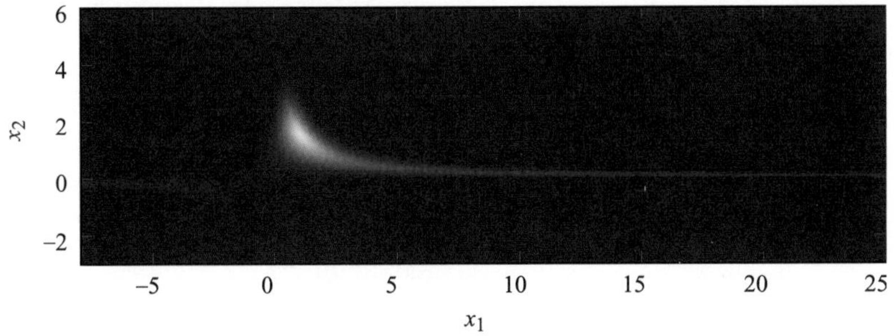

图 B.7

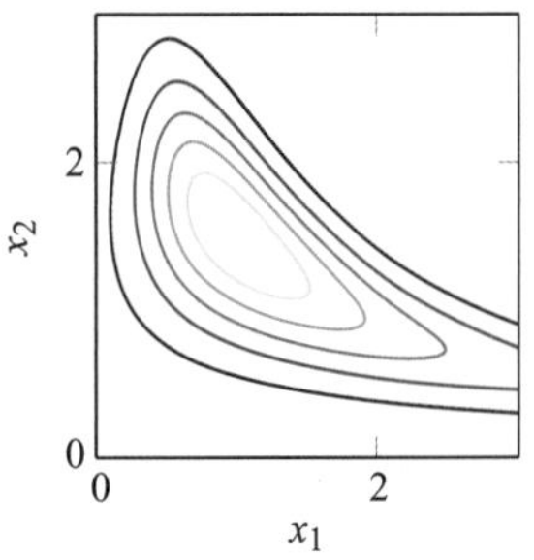

图 B.8

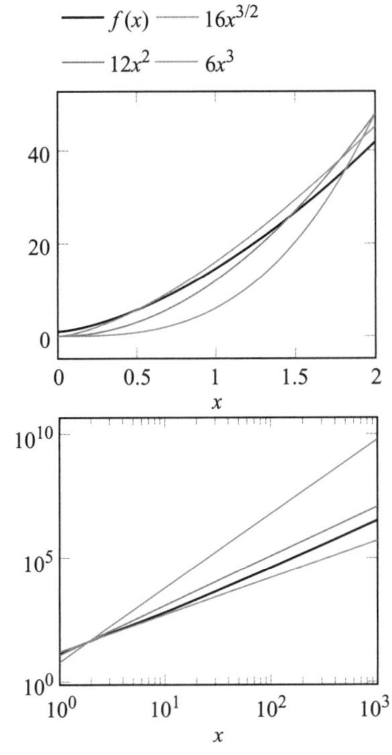

例 C.2

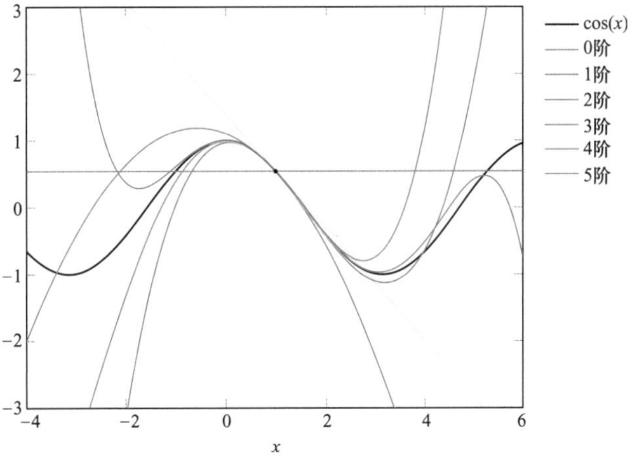

图 C.1

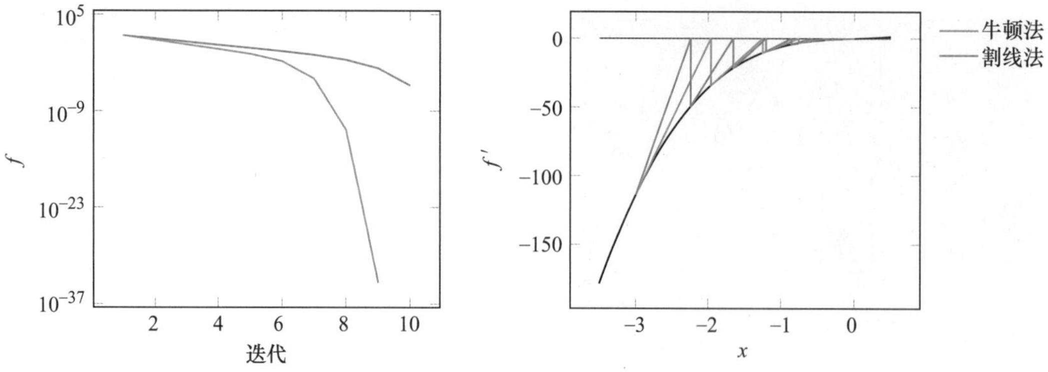

练习 6.5

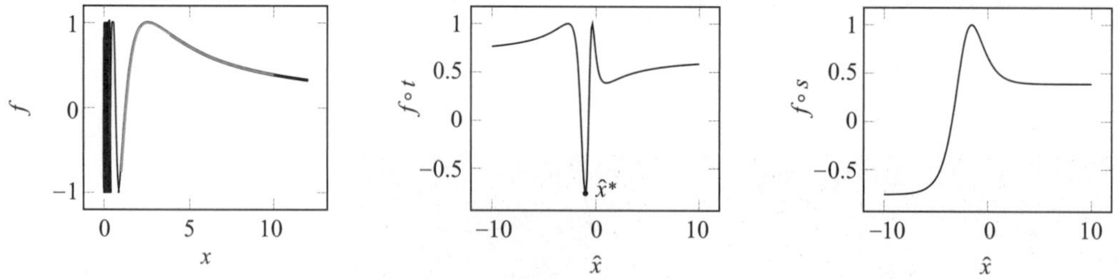

练习 10.9

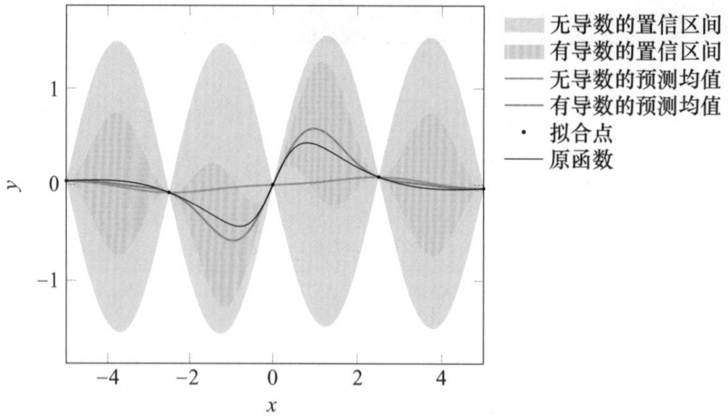

练习 15.3

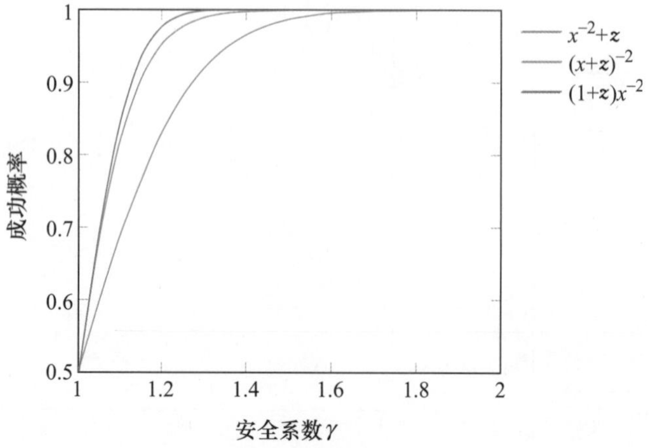

练习 17.2

智能科学与技术丛书

优化理论与实用算法

[美] 米凯尔·J. 科申德弗（Mykel J. Kochenderfer）
蒂姆·A. 惠勒（Tim A. Wheeler） 著

吴春国 高尚 杨博 时小虎 译

ALGORITHMS FOR OPTIMIZATION

机械工业出版社
CHINA MACHINE PRESS

图书在版编目（CIP）数据

优化理论与实用算法 /（美）米凯尔·J. 科申德弗（Mykel J. Kochenderfer），（美）蒂姆·A. 惠勒（Tim A. Wheeler）著；吴春国等译. -- 北京：机械工业出版社，2022.6（2024.12 重印）
（智能科学与技术丛书）
书名原文：Algorithms for Optimization
ISBN 978-7-111-70862-9

I. ① 优… II. ① 米… ② 蒂… ③ 吴… III. ① 最优化算法 IV. ① O242. 23

中国版本图书馆 CIP 数据核字（2022）第 088052 号

北京市版权局著作权合同登记 图字：01-2020-3817 号。

本书全面深入地介绍了实用算法优化的相关内容，讲述了解决各种问题的计算方法，包括搜索高维空间、处理存在多个竞争目标的问题以及兼顾指标中的不确定性。全书主要涵盖以下主题：多维导数及其生成，局部下降和一阶、二阶方法，将随机性引入优化过程的随机方法，目标函数和约束都为线性时的线性约束优化，基于种群的方法，代理模型、概率代理模型以及使用代理模型进行优化的方法，不确定性下的优化，不确定性传播，表达式优化，多学科优化。附录简要介绍了本书使用的 Julia 编程语言、评估算法性能的测试函数、与导数和优化方法相关的数学概念。

本书适合高等院校数学、统计学、计算机科学等专业的本科生和研究生学习，也可用作相关领域的参考资料。

出版发行：机械工业出版社（北京市西城区百万庄大街 22 号 邮政编码 100037）

责任编辑：姚 蕾	责任校对：殷 虹
印 刷：北京建宏印刷有限公司	版 次：2024 年 12 月第 1 版第 4 次印刷
开 本：185mm×260mm 1/16	印 张：21.5 插 页：14
书 号：ISBN 978-7-111-70862-9	定 价：129.00 元

客服电话：（010）88361066 68326294

译者序

优化问题是现实生产和生活中广泛存在的一类共性问题。从个人支出的简单规划到投资理财的精心设计，从企业生产规划到尖端航天器系统的优化设计，都可以体现出优化问题的普遍存在性和重要性。因此，对于希望在生活或者工作中精益求精地利用现有资源，以期达到更优使用效能的读者来说，掌握一套适用于各种常见场景的优化算法是降低随机风险、提升成功概率的必要技能。但是面对众多繁杂而高深的优化方法，如何才能找到一条简捷的学习途径，以便达到提纲挈领、举一反三的最佳效果呢?

幸运的是，斯坦福大学 Kochenderfer 博士和 Wheeler 博士的这本书较为系统地介绍了用于求解优化问题的算法思想与核心步骤，通过优雅的逻辑表述与取材的有序组织为读者呈现了当前优化算法的完整体系结构。从依托于目标函数梯度信息的经典方法到以群体信息分享为特征的随机方法，从无约束的“简单”优化方法到求解约束问题的框架性方法，从单目标问题的优化方法到多目标优化的典型方法，从目标函数能够高效计算的问题到目标函数需要通过代理模型近似的复杂问题，从被强假设简化的“确定性”方法到更加贴近现实问题的不确定性方法，从源于数学结构的经典方法到源于自然启发的进化方法，原书作者通过精心有序的材料组织为读者呈现了一场思想的盛宴。最后作者介绍了多学科优化架构、协作优化、同步分析和设计等概念，为读者迈向更加广阔的领域进行了铺垫。译者希望读者能够更多地通过各章内容的对照领悟到优化算法体系的优美结构。

为了增强中译本的可读性，译者在力争保留原书语言色彩的基础上进行了中式表述。邱春艳、谷嘉伟、李守峰、刘潇、夏日婷、于东然、刘书奇、郭宏研、赵晓霞、宋佳悦等（以上排名不分先后）对本书的翻译工作提供了很大的帮助，投入了巨大精力，在此对他们表示感谢。本译著能够在新年伊始、万象更新之际得以完成，离不开出版社编辑的支持与帮助，也对他们表示衷心的感谢。最后希望本译著对中文读者有所启迪，若能借此书开启读者对优化算法的领悟之路，我们将备感欣慰。

囿于译者水平及学科范围，书中不足之处在所难免，欢迎广大读者斧正与交流。

译　者

2022 年 1 月 1 日

前 言

Algorithms for Optimization

本书全面介绍优化技术，重点关注工程系统设计中的实用算法。书中涵盖丰富多彩的优化主题，介绍基本的数学公式以及解决数学问题的算法，并提供了图形、示例和习题来深入解析各种优化方法。

阅读本书需要有一定的数学基础，并了解多元微积分、线性代数和概率概念，附录C中提供了一些复习材料。本书适合高等院校数学、统计学、计算机科学、航空航天、电气工程、运筹学专业的本科生和研究生阅读，也适合作为相关技术人员的参考书。

本书的基础是算法，所有算法均以Julia编程语言实现。Julia语言是以人类可读的形式详细说明算法的理想语言。在注明代码来源的前提下，允许读者免费使用与本书相关的代码段。希望读者可以用其他编程语言实现书中的算法，我们会在本书网页（http://mitpress.mit.edu/algorithms-for-optimization）上给出链接。

Mykel J. Kochenderfer

Tim A. Wheeler

2018年10月30日于加州斯坦福

致谢

本书源于斯坦福大学的工程设计优化课程。首先，感谢过去五年来帮助规划这门课程的学生和助教。其次，感谢曾在我们系教授相关课程的老师，他们基于 Joaquim Martins、Juan Alonso、Ilan Kroo、Dev Rajnarayan 和 Jason Hicken 的讲义进行授课，本书讨论的许多话题均受到该讲义的启发。

最后，衷心感谢许多为本书的早期草稿提供宝贵反馈意见的人，包括：Mohamed Abdelaty、Atish Agarwala、Piergiorgio Alotto、David Ata、Rishi Bedi、Felix Berkenkamp、Raunak Bhattacharyya、Hans Borchers、Maxime Bouton、Abhishek Cauligi、Mo Chen、Vince Chiu、Jonathan Cox、Katherine Driggs-Campbell、Thai Duong、Hamza El-Saawy、Sofiane Ennadir、Tamas Gal、Christopher Lazarus Garcia、Michael Gobble、Robert Goedman、Jayesh Gupta、Aaron Havens、Bogumił Kamiński、Walker Kehoe、Petr Krysl、Jessie Lauzon、Ruilin Li、Iblis Lin、Edward Londner、Charles Lu、Miles Lubin、Marcus Luebke、Jacqueline Machesky、Ashe Magalhaes、Zouhair Mahboubi、Jeremy Morton、Robert Moss、Santiago Padrón、Harsh Patel、Derek Phillips、Sidd Rao、Andreas Reschka、Alex Reynell、Per Rutquist、Orson Sandoval、Jeffrey Sarnoff、Sumeet Singh、Nathan Stacey、Alex Toews 、Pamela Toman 、Rachael Tompa 、Zacharia Tuten 、Yuri Vishnevsky、Julie Walker、Zijian Wang、Patrick Washington、Adam Wiktor、Robert Young 和 Andrea Zanette。另外，很高兴能与 MIT 出版社的 Marie Lufkin Lee 和 Christine Bridget Savage 合作出版本书。

本书的风格受到 Edward Tufte 的启发。本书的排版基本上使用的是 Kevin Godby、Bil Kleb 和 Bill Wood 开发的 Tufte-LaTeX 软件包。Donald Knuth 和 Stephen Boyd 所著的结构清晰的教科书也给我们带来了灵感。

过去几年与 Julia 核心开发人员 Jeff Bezanson、Stefan Karpinski 和 Viral Shah 的讨论使我们受益匪浅。本书所使用的各种开源软件包也为我们提供了极大的便利（参见 A.4 节）。

本书使用由 Geoffrey Poore 维护的 pythontex 进行代码排版，并使用由 Christian Feuersänger 维护的 pgfplots 进行绘图处理。本书的配色方案[⊖]是根据 Jon Skinner 的 Monokai 主题改编而成的。对于图形，我们使用 Stéfanvan der Walt 和 Nathaniel Smith 定义的 viridis colormap（维里迪斯色图）。

⊖ 这是指原英文书。——编辑注

目 录
Algorithms for Optimization

引　言

许多学科都以优化为核心。在物理学中，系统根据物理定律达到其最低能量状态。在商业中，企业旨在最大化股东价值。在生物学中，适者更可能存活。本书侧重于从工程角度进行优化，其目标是设计一个系统来优化一组受约束的指标。该系统可以是像飞机那样复杂的物理系统，也可以是像自行车架那样的简单结构。该系统甚至可能不是物理系统，例如，我们可能对设计自动车辆控制系统或检测肿瘤活检图像是否癌变的计算机视觉系统感兴趣。我们希望这些系统尽可能地发挥作用。根据不同的应用，相关指标可能包括效率、安全性和准确性。设计时的约束条件可能包括成本、重量和结构稳固性。

本书所讨论的是算法，或者称之为计算过程。给定有关系统设计的一些特征（要求），例如一组用来表示机翼几何形状的参数，算法将告诉我们如何在可能的设计范围内找到最好的方案。根据不同的应用，相关探索可能涉及进行物理实验（例如风洞测试），也可能涉及评估分析表达式或运行计算机模拟。我们将讨论处理各种挑战的计算方法，例如如何搜索高维空间，如何处理存在多个竞争目标的问题，以及如何兼顾指标中的不确定性。 1

1.1　优化算法的历史

我们首先讨论一下优化的历史[一]。毕达哥拉斯定理的提出者毕达哥拉斯（公元前569—公元前475，萨摩斯人）声称“数学之理亦是万物之理（万物皆数）”[二]，并提出了数学可以模拟世界的观点。柏拉图（公元前427—公元前347）和亚里士多德（公元前384—公元前322）将推理用于社会优化[三]。他们考虑了最佳的人类生活方式，包括个人生活方式和国家运作方式的优化。亚里士多德的逻辑学是一种早期的正式推理流程，它可以被看作一种算法。

数学抽象的优化也可以追溯到几千年前。欧几里得（公元前325—公元前265，亚历山大人）解决了几何学中的早期优化问题，包括如何找到从一个点到圆周的最短和最长的线。他还表明，正方形是具有固定周长的面积最大的矩形[四]。古希腊数学家芝诺多罗斯（公元前200—公元前140）研究了迪多的问题，如图1.1所示。

还有人证明大自然似乎同样进行着最优化。海伦（10—75，亚历山大人）表明，光通过两点之间最短的路径传播。帕普斯（290—350，亚历山大人）对优化做出了许多贡献，他认为蜂窝中重复的六边形是用于储存蜂蜜的最佳正多边形，它的六边形结构使用最少的材料在平面上创建细胞晶格[五]。

㊀ 这个讨论并不全面，X.-S. Yang提供了更详细的历史，参见：
“A Brief History of Optimization,” *Engineering Optimization*. Wiley，2010，pp. 1-13.

㊁ Aristotle，*Metaphysics*，trans. by W. D. Ross. 350 BCE，Book I，Part 5.

㊂ S. Kiranyaz，T. Ince，and M. Gabbouj，*Multidimensional Particle Swarm Optimization for Machine Learning and Pattern Recognition*. Springer，2014，Section 2.1.

㊃ Book Ⅲ and VI of Euclid，*The Elements*，trans. by D. E. Joyce. 300 BCE.

㊄ T. C. Hales，“The Honeycomb Conjecture，” *Discrete & Computational Geometry*，vol. 25，pp. 1-22，2001.

优化研究的核心是对代数学的运用，代数是对数学符号运算规则的研究。代数的创立归功于波斯数学家阿尔·花剌子模（790—850），其著有专著 *The Compendious Book on Calculation by Completion and Balancing*（移项和集项的科学）。代数具有使用印度-阿拉伯数字的优点，包括在基本符号中使用零。al'jabr 这个词在波斯语中是恢复的意思，也是西方单词algebra（代数）的来源。术语算法（algorithm）来自algoritmi，即阿尔·花剌子模名字的拉丁语翻译和发音。

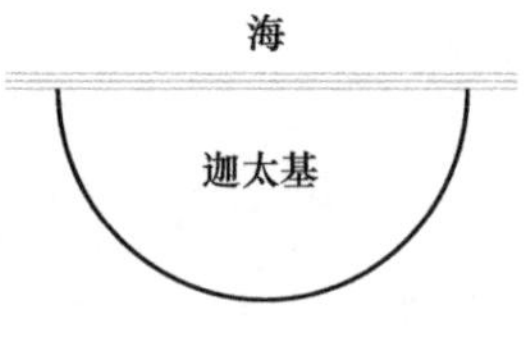

图 1.1　迦太基的创建者狄多女王得到了她能用一块牛皮围起来的最多的土地。她把牛皮搓成牛皮绳，用牛皮绳在地中海边的山丘上圈出了一块很大的半圆形土地，后来在这块土地上建立成迦太基城。这个问题在维吉尔的《埃涅阿斯纪》中有提到（公元前 19 年）

优化问题通常在坐标系定义的空间中进行搜索。我们通常使用勒内·笛卡儿（1596—1650）发明的坐标系，他使用两个数字来描述二维平面上的点。他将代数中的
2 解析方程与几何学的表达和视觉联系起来[1]，还提出了找到任何已知方程曲线切线的方法，切线可用于确定函数的极小值和极大值。皮埃尔·德·费马（1601—1665）开始求解导数为零的位置，以确定潜在的最优点。

微积分的概念，或对连续变化的研究，在我们对于优化的讨论中发挥了重要作用。现代微积分源于戈特弗里德·威廉·莱布尼茨（1646—1716）和艾萨克·牛顿爵士（1642—1727）的研究成果。微分和积分都利用无穷级数的收敛概念来得到明确定义的极限。

20 世纪中叶，电子计算机兴起，激发了人们对数值优化算法的兴趣。计算的简易化使得优化可以被应用于各种领域中更大的问题。线性规划的引入是优化领域的重大突破之一，线性规划是有关线性目标函数和线性约束的优化问题。列昂尼德·坎托罗维奇（1912—1986）提出了线性规划的表达方式和它的求解算法[2]，该算法被应用于第二次世界大战期间的最佳资源分配问题。乔治·丹齐格（1914—2005）提出了单纯形法，它代表了有效解决线性规划问题的重大进步[3]。理查德·贝尔曼（1920—1984）提出了动态规划的概念，这是一种常用的方法，它将复杂问题分解为更简单的问题来优化，以此解决复杂问题[4]。动态规划已被广泛用于最佳控制。本书将概述为数字计算机开发的许多关键算法，这些算法已被用于各种工程设计中的优化问题。

计算领域数十年来的大规模进步已经引领了革新的物理工程设计以及人工智能系统设计。这些系统的智能已经在国际象棋和围棋等游戏中得到了证明。IBM 的 Deep Blue 在 1996 年通过评估数百万个状态来优化行为，进而击败了世界象棋冠军加里·卡斯帕罗夫。2011 年，IBM 的 Watson 在智力问答节目中对阵前获胜者 Brad Futter 和 Ken Jennings。Watson 通过对 2 亿条结构化和非结构化数据的可能性进行优化分析，并得出结论，赢得了 100 万美元的一等奖奖金。在那次比赛之后，该系统又发展了协助进行医疗保健决策和天气预报的功能。2017 年，Google 的 AlphaGo 击败了世界排名第一的围棋手柯洁。该系统使用拥有数百万个参数的神经
3 网络，这些参数通过自身模拟对战并使用来自人类对局的数据进行优化。深度神经网络的优化

[1] R. Descartes, "La Géométrie," *Discours de la Méthode*. 1637.

[2] L. V. Kantorovich, "A New Method of Solving Some Classes of Extremal Problems," *Proceedings of the USSR Academy of Sciences*, vol. 28, 1940.

[3] 单纯形法将在第 11 章中讨论。

[4] R. Bellman, "On the Theory of Dynamic Programming," *Proceedings of the National Academy of Sciences of the United States of America*, vol. 38, no. 8, pp. 716-719, 1952.

正在推动人工智能的一场重大革命，这场革命可能会持续下去[1]。

1.2 优化过程

典型的工程设计优化过程如图 1.2 所示[2]。设计者的作用是提供一个问题规范，规范中需要详细说明要实现的参数、常数、目标和约束。设计者负责确切表达问题并量化潜在设计的优点。他们通常还为优化算法提供基准设计或初始设计要点。

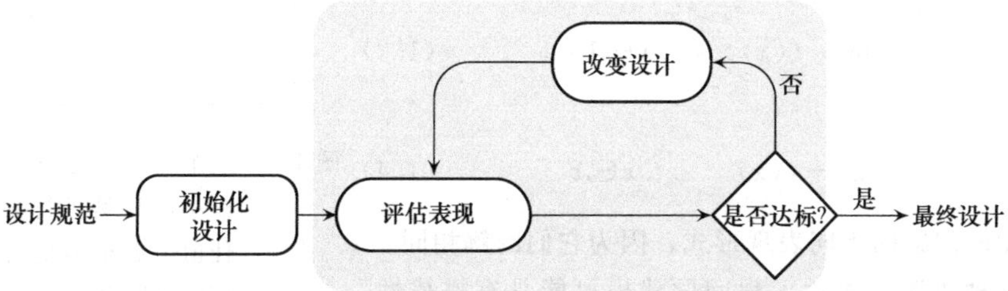

图 1.2 设计优化过程。阴影部分为优化过程自动化

本书将讨论如何使设计细化以提供性能的过程自动化。优化算法用于逐步改进设计，直到无法再改进或者达到预计的计算时间或计算代价。设计者负责分析优化过程的结果，以确保其适用于最终应用。问题中的设定偏差、不良基准设计以及不正确实施或不合适的优化算法都可能导致次优或危险的设计。

在工程设计中引入优化方法有很多优点。首先，优化过程提供了系统化、逻辑化的设计过程。如果遵循得当，优化算法可以帮助减少设计中出现人为错误的可能性。有时工程设计中的直觉可能会产生误导，尊重于数据的优化则会好得多。优化可以加快设计过程，特别是当程序可以只编写一次就复用于其他问题时。传统的工程技术通常由人类在二维或三维中可视化和推理得到。然而，现代优化技术可以应用于具有数百万个变量和约束的问题。 4

使用优化设计也存在挑战。计算资源和时间通常都是有限的，因此算法必须在探索设计空间方面有所选择。从根本上说，优化算法受到设计者表达问题的能力的限制。在某些情况下，优化算法可能会导致建模错误或提供的方案不能充分解决预期问题。难以解释的是，有时算法产生的优化设计是明显违反直觉的。另一个局限性是许多优化算法并不能保证总是可以产生最佳设计。

1.3 基本优化问题

基本的优化问题是：

$$\begin{aligned}&\underset{x}{\text{minimize}} \quad f(\boldsymbol{x})\\&\text{s. t.} \quad \boldsymbol{x}\in\mathcal{X}\end{aligned} \tag{1.1}$$

在这里，$\boldsymbol{x}$ 是一个设计点。该点可以表示为一个向量，该向量对应于不同设计变量的值。下面是一个 n 维的设计点[3]：

---

[1] I. Goodfellow, Y. Bengio, and A. Courville, *Deep Learning*. MIT Press, 2016.

[2] 关于工程设计过程的进一步讨论载于：
J. Arora, *Introduction to Optimum Design*, 4th ed. Academic Press, 2016.

[3] 例如在 Julia 中，带有逗号分隔项的方括号用于表示列向量。设计点是列向量。

$$[x_1, x_2, \cdots, x_n] \tag{1.2}$$

在这里 x_i 表示第 i 个设计变量。可以调整该向量中的元素以最小化目标函数 f。在最小化目标函数的可行集 $\mathcal{X}$ 的所有点中，$\boldsymbol{x}$ 的任何值都称为解或极小元。特解写作 $\boldsymbol{x}^*$。图 1.3 展示了一个一维优化问题的例子。

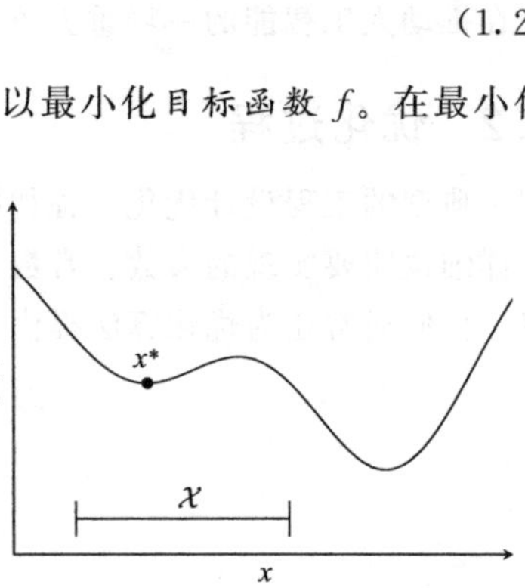

图 1.3 一个一维优化问题。请注意，极小值只是可行集合中的最佳值，更小的值可能存在于可行区域之外

这个公式是通用的，这意味着任何优化问题都可以根据方程（1.1）重写。特别需要注意的是，问题

$$\underset{\boldsymbol{x}}{\text{maximize}}\, f(\boldsymbol{x}) \quad \text{s. t. } \boldsymbol{x} \in \mathcal{X} \tag{1.3}$$

可以写作

5 $$\underset{\boldsymbol{x}}{\text{minimize}} - f(\boldsymbol{x}) \quad \text{s. t. } \boldsymbol{x} \in \mathcal{X} \tag{1.4}$$

这是相同问题的不同表现形式，因为它们的解相同。

运用这种数学公式对工程问题建模可能具有挑战性。确切表达优化问题的方式往往决定了问题解决过程的难易[1]。在问题大致确定之后，我们将重点关注优化的算法方面[2]。

由于本书讨论各种不同的优化算法，人们可能会想知道哪种算法最好。正如 Wolpert 和 Macready 的没有免费午餐定理所阐述的那样，除非我们对可能的目标函数空间的概率分布做出假设，否则没有理由偏好某种算法。如果一种算法在一类问题上比另一种算法表现更好，那么它可能会在另一类问题上表现稍差[3]。为了使许多优化算法有效工作，在目标函数中需要有一些规律性，例如 Lipschitz（利普希茨）连续条件或凸性，我们将在后面介绍这两个主题。在讨论不同的算法时，我们将概述它们的假设、原理的设计动机，以及它们的优缺点。

1.4 约束

许多问题都有约束。每个约束都限制了一组可能的解决方案，并且这些约束共同定义了可行集 $\mathcal{X}$。可行的设计点不违反任何约束。例如，考虑下列优化问题：

6

$$\begin{aligned} \underset{x_1, x_2}{\text{minimize}} \quad & f(x_1, x_2) \\ \text{s. t.} \quad & x_1 \geqslant 0 \\ & x_2 \geqslant 0 \\ & x_1 + x_2 \leqslant 1 \end{aligned} \tag{1.5}$$

可行集如图 1.4 所示。

约束通常使用≤、≥或者＝表示。如果约束包含＜或者＞（即严格不等式），那么可行集

[1] S. Boyd and L. Vandenberghe, *Convex Optimization*. Cambridge University Press, 2004.

[2] 许多文献提供了如何将现实世界中的优化问题转化为优化问题的示例。例如：

R. K. Arora, *Optimization: Algorithms and Applications*. Chapman and Hall/CRC, 2015.

A. D. Belegundu and T. R. Chandrupatla, *Optimization Concepts and Applications in Engineering*, 2nd ed. Cambridge University Press, 2011.

A. Keane and P. Nair, *Computational Approaches for Aerospace Design*. Wiley, 2005.

P. Y. Papalambros and D. J. Wilde, *Principles of Optimal Design*. Cambridge University Press, 2017.

[3] D. H. Wolpert and W. G. Macready, "No Free Lunch Theorems for Optimization," *IEEE Transactions on Evolutionary Computation*, vol. 1, no. 1, pp. 67-82, 1997.

就不包含约束边界。下面是不包含边界的问题的一个例子：

$$\begin{aligned} &\underset{x}{\text{minimize}} \quad x \\ &\text{s.t.} \quad x>1 \end{aligned} \tag{1.6}$$

可行集如图1.5所示。点$x=1$处产生的值小于任何x大于1时的情况，但$x=1$是不可行的。我们可以挑选任意接近于1且大于1的x，但无论选择哪一个，我们总能找到很多个比它更接近于1的数字。我们不得不得出结论，此问题没有解。为避免此类问题的发生，最好在可行集中包含约束边界。

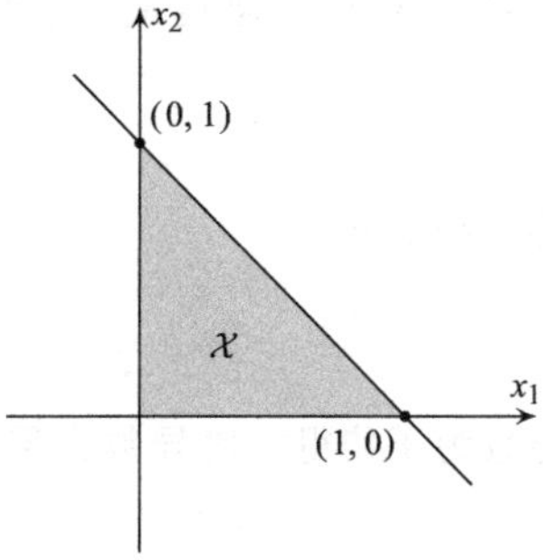

图1.4 与方程（1.5）相关的可行集$\mathcal{X}$

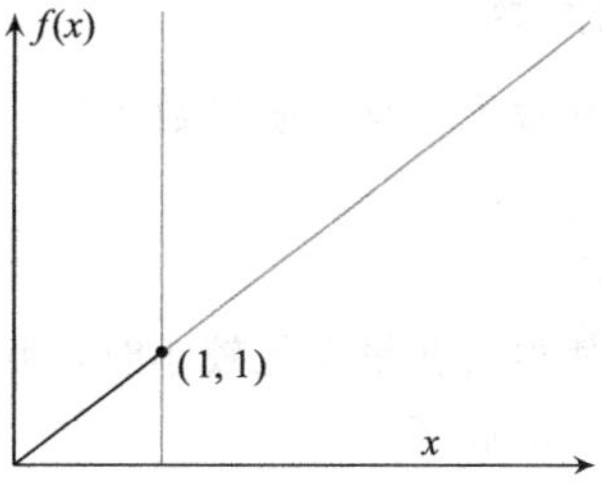

图1.5 方程（1.6）中的问题由于约束边界不可行而没有解

1.5 极值点

图1.6展示了一个一元函数[⊖] $f(x)$，它具有多个已标记的导数为零的*极值点*，这是我们讨论优化问题时所关注的点。当最小化f时，我们希望找到一个*全局极小值点*，该点处的x值使得$f(x)$最小化。一个函数最多有一个全局极小值，但可以有很多个全局极小值点。

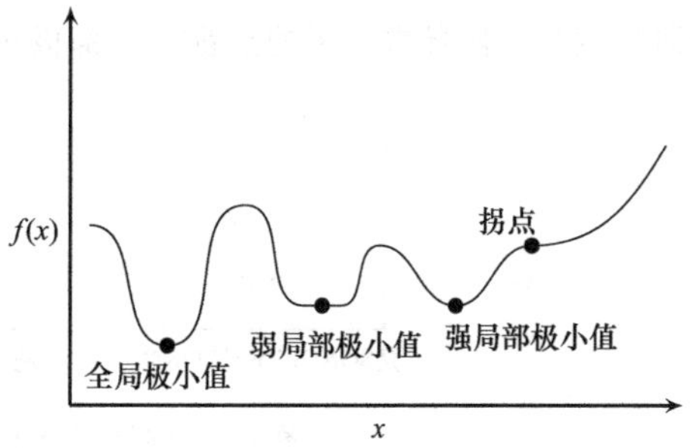

图1.6 一个一元函数中优化算法关注的极值点（导数为零的点）

不幸的是，通常很难证明给定的候选点处于全局极小值。通常，我们最多能做的就是检查它是否处于*局部极小值*。如果存在一个$\delta>0$，使得对于任意x，在$|x-x^*|<\delta$时，都有$f(x^*)\leqslant f(x)$，则称一个点x^*处于局部极小值（或者是一个局部极小值点）。在多元情况下，该定义推广到：存在一个$\delta>0$，只要$\|x-x^*\|<\delta$，都有$f(x^*)\leqslant f(x)$。 7

图1.6展示了两种类型的局部极小值：*强局部极小值*和*弱局部极小值*。强局部极小值点，也称为*严格局部极小值点*，是在邻域内唯一最小化f的点。也就是说，如果存在一个$\delta>0$，使得对于任意x，在$x^*\neq x$且$|x-x^*|<\delta$时，都有$f(x^*)\leqslant f(x)$，我们称点x^*为一个严格局部极小值点。在多元情况下，该定义推广到：存在一个$\delta>0$，使得对于任意x，在$x^*\neq x$且$\|x-x^*\|<\delta$时，都有$f(x^*)\leqslant f(x)$。局部极小值点中不是强局部极小值点的点，被称为弱局部极小值点。

⊖ 一元函数是单个标量的函数。一元这个术语描述了只有一个变量的对象。

在连续、无界的目标函数中，所有局部和全局极小值处的导数都为零。但是，导数为零是局部极小值存在的必要条件而非充分条件㊀。

图 1.6 中还有一个拐点，它的导数为零，但该点不会局部极小化 f。在拐点处，f 的二阶导数的符号会改变，其对应于 f' 的局部极小值或极大值。拐点处的导数不一定为零。

1.6 局部极小值的条件

许多数值优化方法需要找到局部极小值。局部极小值是局部最优的。但我们通常不知道局
8 部极小值是否是全局极小值。在本节的讨论中，假设目标函数是可微的。我们将在下一章讨论导数、梯度和黑塞矩阵。在本节中我们还假设问题不受约束。第 10 章将介绍约束问题的最优性条件。

1.6.1 一元问题

如果局部导数为零且二阶导数为正，则设计点一定在强局部极小值处：

1. $f'(x^*)=0$
2. $f''(x^*)>0$

导数为零使得自变量变化较小时，函数值不会改变。二阶导数为正使得一阶导数为零的点刚好在碗形函数的底部㊁。

如果一个点的一阶导数为零且二阶导数是非负的，它也可以是局部极小值点：

1. $f'(x^*)=0$，一阶必要条件（FONC）㊂。
2. $f''(x^*)\geqslant 0$，二阶必要条件（SONC）。

这些条件被称为必要条件，因为所有局部极小值都遵守这两个规则。不幸的是，并非所有一阶导数和二阶导数为零的点都是局部极小值点，如图 1.7 所示。

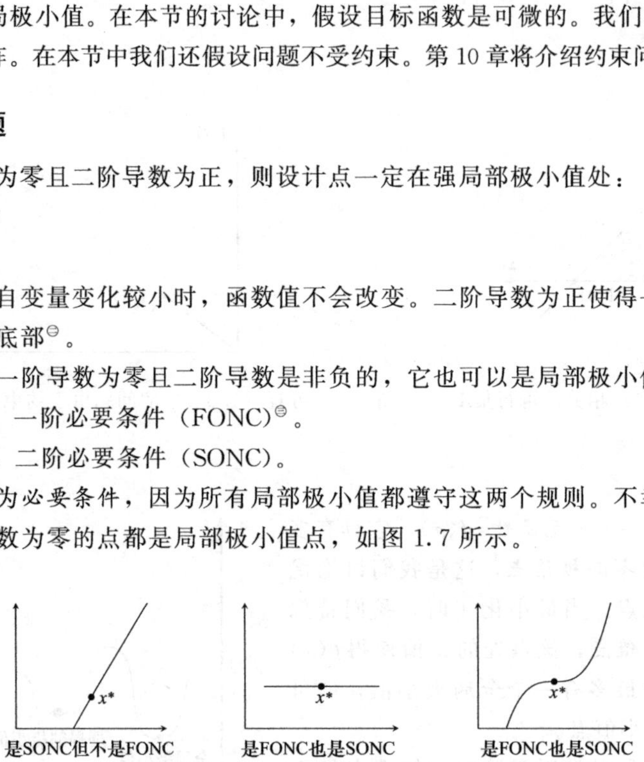

图 1.7　强局部极小值的必要但不充分条件的例子

可以使用泰勒展开式㊃得到候选点 x^* 的一阶必要条件。

$$f(x^*+h)=f(x^*)+hf'(x^*)+O(h^2) \tag{1.7}$$

$$f(x^*-h)=f(x^*)-hf'(x^*)+O(h^2) \tag{1.8}$$

$$f(x^*+h)\geqslant f(x^*)\Rightarrow hf'(x^*)\geqslant 0 \tag{1.9}$$

$$f(x^*-h)\geqslant f(x^*)\Rightarrow hf'(x^*)\leqslant 0 \tag{1.10}$$

$$\Rightarrow f'(x^*)=0 \tag{1.11}$$

其中渐近符号 $O(h^2)$ 在附录 C 中讨论。

二阶必要条件也可以从泰勒展开式获得：

㊀ 具有非零导数的点永远不是极小值点。

㊁ 如果 $f'(x)=0$ 并且 $f''(x)<0$，那么 x 是一个局部极大值点。

㊂ 满足一阶必要条件的点有时称为平稳点。

㊃ 泰勒展开式在附录 C 中介绍。

$$f(x^*+h)=f(x^*)+\underbrace{hf'(x^*)}_{=0}+\frac{h^2}{2}f''(x^*)+O(h^3) \tag{1.12}$$ 9

我们知道一阶必要条件必满足：

$$f(x^*+h)\geqslant f(x^*)\Rightarrow\frac{h^2}{2}f''(x^*)\geqslant 0 \tag{1.13}$$

因为 $h>0$。因此 $f''(x^*)\geqslant 0$ 的充分条件是 x^* 在局部极小值处。

1.6.2　多元问题

$\boldsymbol{x}$ 在 f 的局部极小值处，必须满足以下条件：

1. $\nabla f(\boldsymbol{x})=0$，一阶必要条件（FONC）。

2. $\nabla^2 f(\boldsymbol{x})$ 半正定（对该定义的解释请见附录 C.6 节），二阶必要条件（SONC）。

FONC 和 SONC 是一元情况的推广。FONC 告诉我们函数在 $\boldsymbol{x}$ 处无变化。图 1.8 展示了满足 FONC 的多元函数的示例。SONC 告诉我们 $\boldsymbol{x}$ 在碗形函数上。

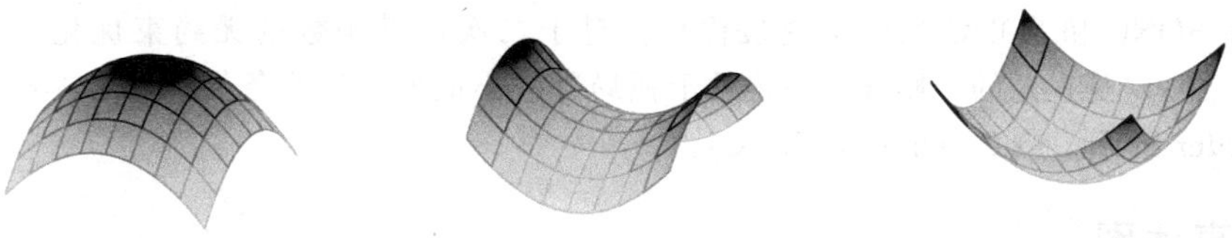

局部极大值。中心的梯度为零，但是黑塞矩阵是负的。

鞍形函数。中心的梯度为零，但不是局部极小值。

碗形函数。中心的梯度为零，黑塞矩阵为正定。这是一个局部极小值。

图 1.8　梯度为零的三个局部区域（见彩插）

FONC 和 SONC 可以通过简单的分析获得。为了使 $\boldsymbol{x}^*$ 在局部极小值处，它所对应的函数值必须小于周围点处的函数值：

$$f(\boldsymbol{x}^*)\leqslant f(\boldsymbol{x}+h\boldsymbol{y}) \quad\Leftrightarrow\quad f(\boldsymbol{x}+h\boldsymbol{y})-f(\boldsymbol{x}^*)\geqslant 0 \tag{1.14}$$

如果求 $f(\boldsymbol{x}^*)$ 的二阶近似，可以得到：

$$f(\boldsymbol{x}^*+h\boldsymbol{y})=f(\boldsymbol{x}^*)+h\,\nabla f(\boldsymbol{x}^*)^\top\boldsymbol{y}+\frac{1}{2}h^2\boldsymbol{y}^\top\nabla^2 f(\boldsymbol{x}^*)\boldsymbol{y}+O(h^3) \tag{1.15}$$

我们知道，在忽略高阶项的情况下，极小值的一阶导数必须为零。整理之后，可以得到：

$$\frac{1}{2}h^2\boldsymbol{y}^\top\nabla^2 f(\boldsymbol{x}^*)\boldsymbol{y}=f(\boldsymbol{x}+h\boldsymbol{y})-f(\boldsymbol{x}^*)\geqslant 0 \tag{1.16}$$ 10

这是半正定矩阵的定义，并且满足 SONC。

例 1.1 说明了如何将这些条件应用于 Rosenbrock 香蕉函数。

例 1.1　针对 Rosenbrock 函数检查点的一阶和二阶必要条件（右图中的点表示极小值点，详见彩插）

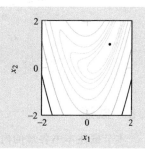

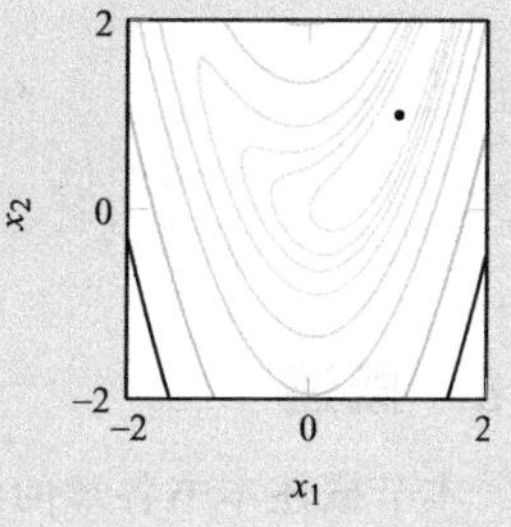

考虑 Rosenbrock 香蕉函数

$$f(\boldsymbol{x})=(1-x_1)^2+5(x_2-x_1^2)^2$$

点 (1, 1) 是否满足 FONC 和 SONC?

梯度是：

$$\nabla f(\boldsymbol{x})=\begin{bmatrix}\dfrac{\partial f}{\partial x_1}\\ \dfrac{\partial f}{\partial x_2}\end{bmatrix}=\begin{bmatrix}2(10x_1^3-10x_1x_2+x_1-1)\\ 10(x_2-x_1^2)\end{bmatrix}$$

黑塞矩阵是：

$$\nabla^2 f(\boldsymbol{x})=\begin{bmatrix}\dfrac{\partial^2 f}{\partial x_1\partial x_1} & \dfrac{\partial^2 f}{\partial x_1\partial x_2}\\ \dfrac{\partial^2 f}{\partial x_2\partial x_1} & \dfrac{\partial^2 f}{\partial x_2\partial x_2}\end{bmatrix}=\begin{bmatrix}-20(x_2-x_1^2)+40x_1^2+2 & -20x_1\\ -20x_1 & 10\end{bmatrix}$$

计算得出$\nabla(f)([1,1])=0$，所以满足 FONC。[1，1] 处的黑塞矩阵为：

$$\begin{bmatrix}40 & -20\\ -20 & 10\end{bmatrix}$$

它是正定的，所以满足 SONC。

仅依靠 FONC 和 SONC 难以实现最优化。对于二次可微函数的无约束优化，如果满足 FONC 且$\nabla^2 f(\boldsymbol{x})$ 是正定的，则该点一定处于强局部极小值处。这些条件统称为二阶充分条件(Second-Order Sufficient Condition，SOSC)。

1.7 等高线图

本书包含各种维度的问题，并且需要在一维、二维或三维空间上显示信息。形如$f(x_1, x_2)=y$的函数可以在三维空间中呈现，但无须在所有方向都提供定义域上的完整视图像。等高线图是一个三维表面的可视化表示，通过在以 x_1和 x_2为轴的二维图上绘制具有恒定 y 值的区域（等高线）而获得。例 1.2 说明了什么是等高线图。

例 1.2 三维可视化实例及相关等高线图

函数 $f(x_1, x_2)=x_1^2-x_2^2$。该函数可以基于其两个输入和一个输出在三维空间中可视化。它也可以使用等高线图显示，该等高线表示恒定的 y 值。三维可视化和等高线图如下所示（详见彩插）。

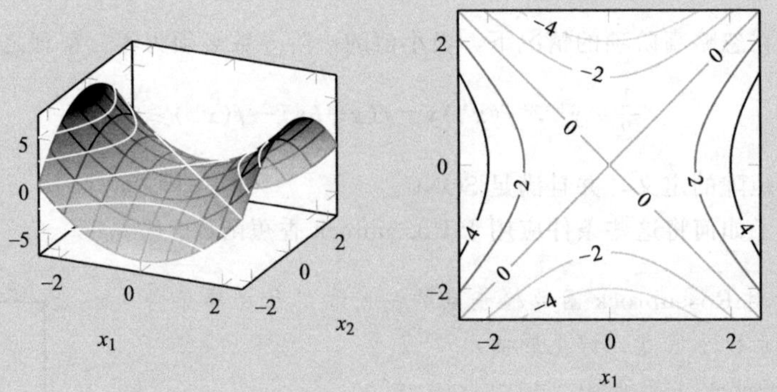

11~12 1.8 概述

本节概述本书各章的内容。图 1.9 给出了各章之间概念的依赖关系。

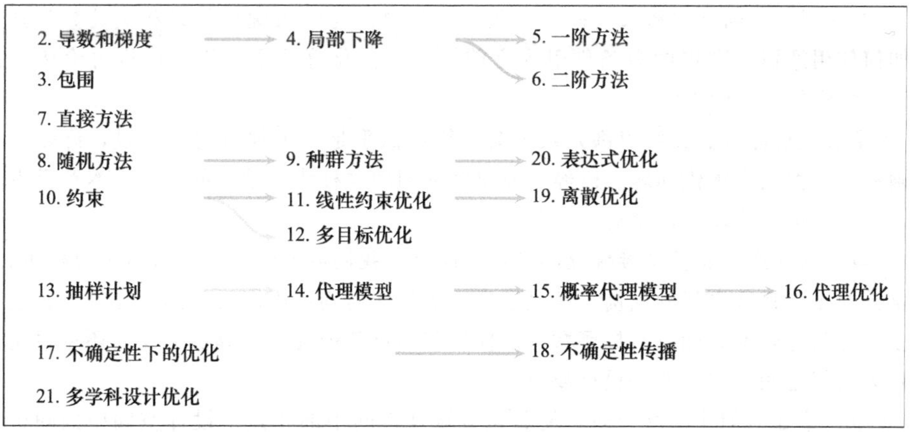

图 1.9　各章之间的依赖关系。颜色较浅的箭头表示弱依赖关系

第 2 章首先讨论导数及其多维推广。导数在许多算法中被用于选择搜索的最佳方向。通常导数很难通过分析得到，因此我们讨论如何从数值上求导（得出一个估算值）并使用自动微分技术。

第 3 章讨论包围，它涉及确定一元函数的局部极小值区间。不同的包围算法根据不同的函数使用不同的方案进行计算，以连续缩小间隔。我们讨论的方法之一，是使用函数中 Lipschitz常数的知识来指导包围过程。这些包围算法通常作为本书稍后讨论的优化算法的子程序使用。

第 4 章介绍优化多元函数的一般方法——*局部下降法*。局部下降法就是迭代选择下降方向，然后沿该方向前进一步，重复该过程直到收敛或满足某终止条件。步长的选择有多种不同的方案。我们还将讨论将步长自适应地限制到对局部模型有利的区域内的方法。 13

第 5 章在前几章的基础上，讲述在通过梯度估计得到一阶信息后，如何使用其作为局部模型来获得下降方向。简单地沿着最陡的方向下降往往不是寻找极小值的最佳策略。本章将讨论多种策略，它们通过使用先前的梯度估算序列为搜索提供了更多的参考。

第 6 章介绍如何使用基于二阶近似的局部模型来获得局部下降。这些模型基于目标函数的黑塞矩阵估值。二阶近似的优点是通过它可以得到下降的方向和步长。

第 7 章提出一系列直接寻找最优解的方法，避免了使用梯度信息来获得搜索方向。我们首先讨论沿着一组方向迭代执行线搜索的方法。之后讨论模式搜索方法，这些方法不执行线搜索，而是沿着一组方向执行距离当前点一定步长的计算。随着搜索的进行，步长会逐渐调整。另一种是单纯形法，当它沿着明显的改进方向遍历设计空间时，单纯形会自适应地展开和收缩。最后讨论了一种基于利普希茨连续条件的方法，以提高可能包含全局极小值的区域的分辨能力。

第 8 章介绍随机方法，这是一种将随机性纳入优化过程的方法。我们将展示随机性如何改进前面章节中讨论的一些算法，如最速下降和模式搜索。一些方法涉及递增地遍历搜索空间，而其他方法则涉及在设计空间上学习概率分布，将更大的权重分配给更有可能包含最优解的区域。

第 9 章讨论使用点集合来探索设计空间的种群方法。通过大量在空间中分布的点可以帮助降低陷入局部极小值的风险。种群方法通常依靠随机性来提升群体的多样性，并可以与局部下降法相结合。

第 10 章介绍优化问题中约束的概念。我们首先讨论与约束优化问题相关的数学知识。之
14 后介绍如何使用惩罚函数将约束条件引入之前提到的优化算法中。我们还将讨论从可行点开始，确保搜索仍然可行的方法。

第 11 章假设目标函数和约束都是线性的。线性似乎是一个强有力的假设，许多工程问题都可以被视为线性约束优化问题。已经开发出多种利用这种线性结构的方法。本章重点介绍单纯形法，该算法可以确保得到全局极小值。

第 12 章展示如何解决多目标优化问题，该问题中我们需要尝试同时对多个目标进行优化。工程通常涉及多个目标之间的权衡，并且通常不清楚如何确定不同目标的优先级。我们将讨论如何将多目标问题转换为标量目标函数，以使用前面章节中提到的算法。我们还将讨论用于寻找一组代表目标之间最佳权衡的设计要点的算法。

第 13 章讨论如何创建抽样计划，使其包含设计空间中的各点。设计空间中的随机抽样通常不能提供足够的覆盖范围。我们将讨论确保在每个设计维度上均匀覆盖的方法以及测量和优化空间覆盖的方法。此外，我们将讨论准随机序列，这种序列也可以用于生成抽样计划。

第 14 章介绍如何建立目标函数的代理模型。在一些问题中，评估目标函数的代价高昂，代理模型通常被用于解决这类问题。优化算法可以使用代理模型的评估值代替实际目标函数来改进设计。评估可以来自历史数据，也可以通过上一章介绍的抽样计划获得。我们将讨论不同类型的代理模型、如何将它们拟合到数据以及如何确定合适的代理模型。

第 15 章介绍概率代理模型，它可以对模型预测中的置信度进行量化。本章重点介绍一种特殊的替代模型——高斯过程，并展示如何使用高斯过程进行预测，如何将梯度测量和噪声相
15 结合，以及如何利用数据计算高斯过程的一些控制参数。

第 16 章介绍如何使用上一章中的概率模型来进行代理优化。本章将概述几种用于选择设计点进行下一步评估的方法，还将讨论如何以安全的方式使用代理模型优化目标测量。

第 17 章放宽对前面章节中目标函数是设计变量的确定性函数的假设，解释如何在不确定性下进行优化。我们将讨论多种不同的方法来表示不确定性，包括基于集合和概率的方法，并解释如何转换问题以保证不确定性的稳健性。

第 18 章概述不确定性传播的方法，其中用已知的输入分布估计与输出分布相关的统计量。了解目标函数的输出分布对于不确定性下的优化非常重要。我们将讨论多种方法，一些基于数学概念，如蒙特卡罗、泰勒级数近似、正交多项式和高斯过程。它们的前提假设和估计效果各不相同。

第 19 章介绍如何解决空间中的设计变量被约束为离散型的问题。一种常见的方法是放宽变量是离散的假设，但这可能会导致设计不可行。另一种方法涉及逐渐添加线性约束，直到最佳点离散为止。本章还将讨论分支限界和动态规划方法，这两种方法均能确保最优性。本章还提到一种蚁群方法，该方法通常可以扩展出较大的设计空间，但不能保证最优性。

第 20 章讨论如何搜索由语法定义的表达式构成的设计空间。对于许多问题，变量的数量是未知的，例如对图形结构或计算机程序的优化。本章将着重概述一些算法，这些算法考虑了设计空间的语法结构，以使搜索更有效。

第 21 章介绍多学科设计优化。许多工程问题涉及多个学科之间的复杂交叉，并且独立地优化每个学科可能不会得到最佳解决方案。本章将讨论多种技术，利用多学科问题的结构来减少寻找良好设计所需的精力。

16 附录包含补充材料。附录 A 简要介绍 Julia 编程语言，并重点介绍本书所列出算法的概念。附录 B 介绍用于评估不同算法性能的各种测试函数。附录 C 包含本书优化方法推导和分析过程

中使用的数学概念。

1.9 小结

- 工程中的优化是在受到一系列约束的情况下寻找最佳系统设计的过程。
- 优化与寻找函数的全局极小值有关。
- 极小值出现在梯度为零的地方，但零梯度并不意味着最优。

1.10 练习

练习 1.1 举一个局部极小值但不是全局极小值的函数的例子。

练习 1.2 函数 $f(x)=x^3-x$ 的极小值是多少？

练习 1.3 当 x 是约束问题的最优解时，一阶条件 $f'(x)=0$ 是否成立？ 17~18

练习 1.4 当 $x>y\geqslant 1$ 时，函数 $f(x,y)=x^2+y$ 有多少个极小值？

练习 1.5 函数 x^3-10 有多少个拐点？

第 2 章
Algorithms for Optimization

导数和梯度

优化与寻找最小化（或最大化）目标函数的点密切相关。掌握函数值如何随输入的变化而变化是很有用的，因为它告诉我们朝哪个方向移动可以改进先前的设计点。函数值的变化通过一维导数和多维梯度来度量。本章简要回顾微积分[⊖]的一些基本知识。

2.1 导数

$f'(x)$ 是单自变量 x 的函数 f 的导数，它是 f 的值在 x 处的变化速率。作图时，通常使用函数在 x 处的切线表示，
19 如图 2.1 所示。导数的值等于切线的斜率。

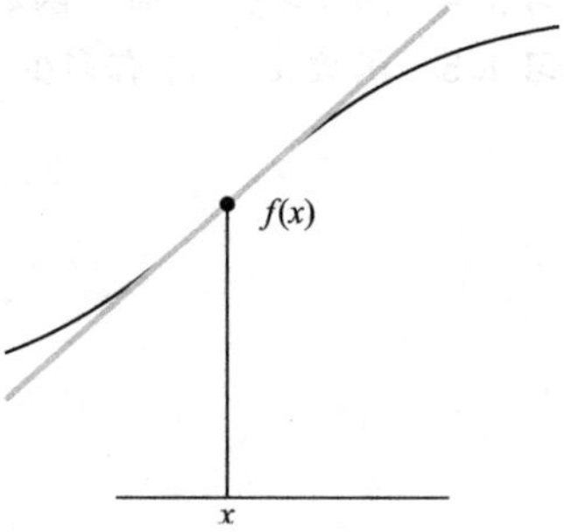

图 2.1　函数 f 用黑色表示，$f(x)$ 的切线用灰色表示。f 在 x 处的导数是切线的斜率

可以使用导数来表示 x 附近函数的线性近似：

$$f(x+\Delta x)\approx f(x)+f'(x)\Delta x \tag{2.1}$$

导数是 x 点处 f 的变化与 x 的变化之比：

$$f'(x)=\frac{\Delta f(x)}{\Delta x} \tag{2.2}$$

即 $f(x)$ 的变化量除以 x 的变化量，当步长变得无穷小时，如图 2.2 所示。

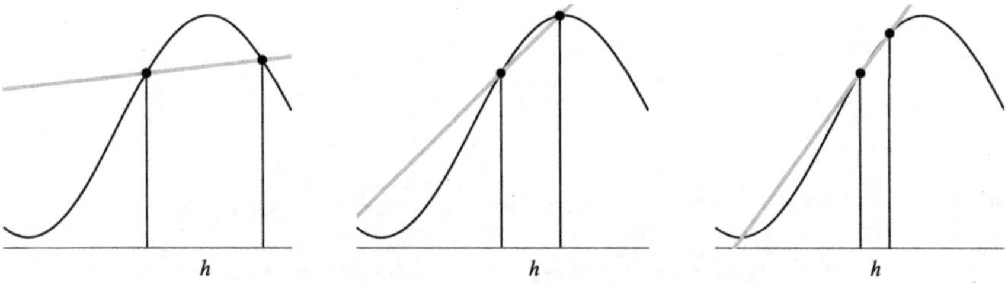

图 2.2　切线是由具有足够小的步长差的点连接而得到的

$f'(x)$ 是拉格朗日发明的导数表示法。我们还可以使用莱布尼茨创建的表示法，

$$f'(x)\equiv\frac{\mathrm{d}f(x)}{\mathrm{d}x} \tag{2.3}$$

其强调了一个事实，即导数是 f 的变化量与 x 的变化量在 x 点的比率。

导数的极限方程可以用三种不同的方式表示：*前向差分*、*中心差分*和*后向差分*。每种方式都使用无穷小的步长 h：

⊖ 更全面的描述，请参见：
S. J. Colley, *Vector Calculus*, 4th ed. Pearson, 2011.

$$f'(x) \equiv \underbrace{\lim_{h \to 0} \frac{f(x+h)-f(x)}{h}}_{\text{前向差分}} = \underbrace{\lim_{h \to 0} \frac{f(x+h/2)-f(x-h/2)}{h}}_{\text{中心差分}} = \underbrace{\lim_{h \to 0} \frac{f(x)-f(x-h)}{h}}_{\text{后向差分}} \tag{2.4}$$

如果 f 可以用符号表示，那么符号微分通常可以用微积分中的导数规则来给出 f' 的精确解析表达式。然后可以计算任意点 x 处的解析表达式。例 2.1 说明了该过程。 20

例 2.1　符号微分提供解析导数

符号微分的实现细节不在本书的讨论范围之内。多种软件包（如 Julia 中的 SymEngine.jl 和 Python 中的 SymPy）都提供了实现。这里我们使用 SymEngine.jl 来计算 $x^2+x/2-\sin(x)/x$ 的导数。

```
julia> using SymEngine
julia> @vars x; # define x as a symbolic variable
julia> f = x^2 + x/2 - sin(x)/x;
julia> diff(f, x)
1/2 + 2*x + sin(x)/x^2 - cos(x)/x
```

2.2　多维导数

梯度是导数在多元函数的推广。它代表了函数的局部斜率，从而能够预测从一点的任意方向移动一个小的步长后的效果。回想一下，导数是切线的斜率。梯度指向切线超平面的最陡上升方向，如图 2.3 所示。n 维空间中的切线超平面是满足以下条件的点集：

$$w_1x_1+\cdots+w_nx_n=b \tag{2.5}$$

其中 $\boldsymbol{w}$ 为向量，b 为标量。一个超平面具有 $n-1$ 个维度。

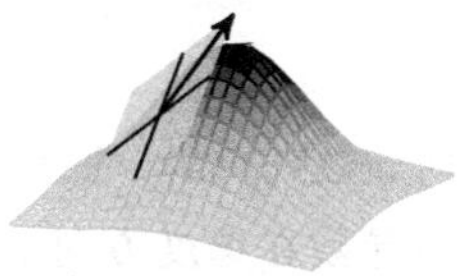

图 2.3　梯度的每个分量都定义了一条局部切线。这些切线定义了局部切线超平面。梯度向量指向最大增长方向（见彩插）

f 在 $\boldsymbol{x}$ 处的梯度写作 $\nabla f(\boldsymbol{x})$，它是一个向量。该向量由 f 关于它的每一个分量的偏导数[⊖]组成：

$$\nabla f(\boldsymbol{x}) = \left[\frac{\partial f(\boldsymbol{x})}{\partial x_1}, \frac{\partial f(\boldsymbol{x})}{\partial x_2}, \cdots, \frac{\partial f(\boldsymbol{x})}{\partial x_n}\right] \tag{2.6}$$

一般规定列向量由逗号分隔。例如，$[a, b, c] = [a\ b\ c]^{\mathrm{T}}$。例 2.2 展示了如何计算特定点上函数的梯度。

多元函数的黑塞矩阵是一个包含关于所有输入的二阶导数的矩阵[⊜]。二阶导数包含函数局部曲率的信息。

$$\nabla^2 f(\boldsymbol{x}) = \begin{bmatrix} \frac{\partial^2 f(\boldsymbol{x})}{\partial x_1 \partial x_1} & \frac{\partial^2 f(\boldsymbol{x})}{\partial x_1 \partial x_2} & \cdots & \frac{\partial^2 f(\boldsymbol{x})}{\partial x_1 \partial x_n} \\ \vdots & \vdots & & \vdots \\ \frac{\partial^2 f(\boldsymbol{x})}{\partial x_n \partial x_1} & \frac{\partial^2 f(\boldsymbol{x})}{\partial x_n \partial x_2} & \cdots & \frac{\partial^2 f(\boldsymbol{x})}{\partial x_n \partial x_n} \end{bmatrix} \tag{2.7}$$ 21

⊖ 函数关于变量的偏导数是假定所有其他输入变量保持不变的导数，记为 $\partial f/\partial x$。

⊜ 只有当 f 的二阶导数在其取值点的邻域中都连续时，黑塞矩阵才是对称的：

$$\frac{\partial^2 f}{\partial x_1 \partial x_2} = \frac{\partial^2 f}{\partial x_2 \partial x_1}$$

例 2.2 计算特定点的梯度

计算当 $\boldsymbol{c}=[2,0]$ 时，$f(\boldsymbol{x})=x_1\sin(x_2)+1$ 的梯度。

$$f(\boldsymbol{x})=x_1\sin(x_2)+1$$
$$\nabla f(\boldsymbol{x})=\left[\frac{\partial f}{\partial x_1},\frac{\partial f}{\partial x_2}\right]=[\sin(x_2),x_1\cos(x_2)]$$
$$\nabla f(\boldsymbol{c})=[0,2]$$

多元函数 f 的方向导数 $\nabla_s f(\boldsymbol{x})$ 是 $\boldsymbol{x}$ 以速度 $\boldsymbol{s}$ 移动时 $f(\boldsymbol{x})$ 的瞬时变化率。该定义与一元函数导数的定义紧密相关[⊖]：

$$\nabla_s f(\boldsymbol{x})\equiv\underbrace{\lim_{h\to 0}\frac{f(\boldsymbol{x}+h\boldsymbol{s})-f(\boldsymbol{x})}{h}}_{\text{前向差分}}=\underbrace{\lim_{h\to 0}\frac{f(\boldsymbol{x}+h\boldsymbol{s}/2)-f(\boldsymbol{x}-h\boldsymbol{s}/2)}{h}}_{\text{中心差分}}=\underbrace{\lim_{h\to 0}\frac{f(\boldsymbol{x})-f(\boldsymbol{x}-h\boldsymbol{s})}{h}}_{\text{后向差分}}\tag{2.8}$$

方向导数可以使用函数的梯度来计算：

$$\nabla_s f(\boldsymbol{x})=\nabla f(\boldsymbol{x})^{\top}\boldsymbol{s}\tag{2.9}$$

计算方向导数 $\nabla_s f(\boldsymbol{x})$ 的另一种方法是定义 $g(\alpha)\equiv f(\boldsymbol{x}+\alpha\boldsymbol{s})$，然后计算 $g'(0)$，如例 2.3 所示。

方向导数在梯度方向上最高，而在与梯度相反的方向上最低。这种方向依赖性源于方向导
22 数定义中的点积，以及梯度是局部切线超平面的事实。

例 2.3 计算方向导数

我们希望计算出 $\boldsymbol{s}=[-1,-1]$ 方向上，$f(\boldsymbol{x})=x_1x_2$ 在 $\boldsymbol{x}=[1,0]$ 处的方向导数：

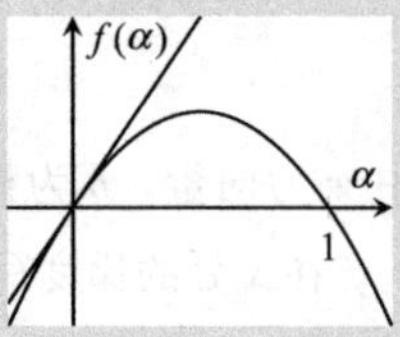

$$\nabla f(\boldsymbol{x})=\left[\frac{\partial f}{\partial x_1},\frac{\partial f}{\partial x_2}\right]=[x_2,x_1]$$
$$\nabla_s f(\boldsymbol{x})=\nabla f(\boldsymbol{x})^{\top}\boldsymbol{s}=[0\quad 1]\begin{bmatrix}-1\\-1\end{bmatrix}=-1$$

我们还可以这样计算方向异数：

$$g(\alpha)=f(\boldsymbol{x}+\alpha\boldsymbol{s})=(1-\alpha)(-\alpha)=\alpha^2-\alpha$$
$$g'(\alpha)=2\alpha-1$$
$$g'(0)=-1$$

2.3 数值微分

通过数值计算导数的过程称为数值微分。结果可以从函数计算中以不同的方式得到。本节讨论有限差分法和复数步长法[⊖]。

⊖ 有些文献要求 $\boldsymbol{s}$ 是单位向量。例如：
G. B. Thomas, *Calculus and Analytic Geometry*, 9th ed. Addison-Wesley, 1968.

⊖ 为了更全面地讨论本章的其余部分，请参见：
A. Griewank and A. Walther, *Evaluating Derivatives: Principles and Techniques of Algorithmic Differentiation*, 2nd ed. SIAM, 2008.

2.3.1 有限差分法

顾名思义，有限差分法计算两个相差有限步长的值之间的差。它利用小差分近似方程（2.4）中的导数定义：

$$f'(x) \approx \underbrace{\frac{f(x+h)-f(x)}{h}}_{\text{前向差分}} \approx \underbrace{\frac{f(x+h/2)-f(x-h/2)}{h}}_{\text{中心差分}} \approx \underbrace{\frac{f(x)-f(x-h)}{h}}_{\text{后向差分}} \tag{2.10}$$

在数学上，步长 h 越小，导数估计就越准确。实际上，h 值太小会导致数值误差相消。这种效果将在图 2.4 中展示。算法 2.1 提供了这些方法的实现。 23

算法 2.1 有限差分 h 估计函数 f 在 x 处的导数的有限差分方法

默认步长是浮点值的机器精度的平方根或立方根。这些步长平衡了机器舍入误差和步长误差。

eps 函数提供了 1.0 和下一个较大的浮点值之间的步长。

```
diff_forward(f, x; h=sqrt(eps(Float64))) = (f(x+h) - f(x))/h
diff_central(f, x; h=cbrt(eps(Float64))) = (f(x+h/2) - f(x-h/2))/h
diff_backward(f, x; h=sqrt(eps(Float64))) = (f(x) - f(x-h))/h
```

有限差分法可以由泰勒展开式导出。我们利用 f 关于 x 的泰勒展开式，得到前向差分导数估计：

$$f(x+h) = f(x) + \frac{f'(x)}{1!}h + \frac{f''(x)}{2!}h^2 + \frac{f'''(x)}{3!}h^3 + \cdots \tag{2.11}$$

整理并求解一阶导数：

$$f'(x)h = f(x+h) - f(x) - \frac{f''(x)}{2!}h^2 - \frac{f'''(x)}{3!}h^3 - \cdots \tag{2.12}$$

$$f'(x) = \frac{f(x+h)-f(x)}{h} - \frac{f''(x)}{2!}h - \frac{f'''(x)}{3!}h^2 - \cdots \tag{2.13}$$

$$f'(x) \approx \frac{f(x+h)-f(x)}{h} \tag{2.14}$$

前向差分近似于小 h 的真正导数，其误差取决于$\frac{f''(x)}{2!}h + \frac{f'''(x)}{3!}h^2 + \cdots$。误差项是 $O(h)$，意味着当 h 接近零时，前向差分是线性误差[1]。

中心差分法的误差项为 $O(h^2)$[2]。我们可以用泰勒展开式导出这个误差项。$f(x+h/2)$ 和 $f(x-h/2)$ 关于 x 的泰勒展开式为：

$$f(x+h/2) = f(x) + f'(x)\frac{h}{2} + \frac{f''(x)}{2!}\left(\frac{h}{2}\right)^2 + \frac{f'''(x)}{3!}\left(\frac{h}{2}\right)^3 + \cdots \tag{2.15}$$

$$f(x-h/2) = f(x) - f'(x)\frac{h}{2} + \frac{f''(x)}{2!}\left(\frac{h}{2}\right)^2 - \frac{f'''(x)}{3!}\left(\frac{h}{2}\right)^3 + \cdots \tag{2.16}$$

---

[1] 附录 C 讨论了渐近表示法。

[2] J. H. Mathews and K. D. Fink, *Numerical Methods Using MATLAB*, 4th ed. Pearson, 2004.

它们相减得到：

$$f(x+h/2)-f(x-h/2)\approx 2f'(x)\frac{h}{2}+\frac{2}{3!}f'''(x)\left(\frac{h}{2}\right)^3 \tag{2.17}$$

重新整理可以得到：

$$f'(x)\approx\frac{f(x+h/2)-f(x-h/2)}{h}-\frac{f'''(x)h^2}{24} \tag{2.18}$$

24 这表明近似值有二次误差。

2.3.2 复数步长法

我们经常遇到这样一个问题：需要选择一个足够小的步长 h 来提供一个较好的近似值，但不能太小，因为可能导致数值相减消除问题。复数步长法通过单个函数求值避免了相减消除的影响。每次在假设的方向⊖上迈出一步后，都对函数求一次值。

其泰勒展开式为：

$$f(x+\mathrm{i}h)=f(x)+\mathrm{i}hf'(x)-h^2\frac{f''(x)}{2!}-\mathrm{i}h^3\frac{f'''(x)}{3!}+\cdots \tag{2.19}$$

只取两边的虚部，便可以得到导数近似：

$$\mathrm{Im}(f(x+\mathrm{i}h))=hf'(x)-h^3\frac{f'''(x)}{3!}+\cdots \tag{2.20}$$

$$\Rightarrow f'(x)=\frac{\mathrm{Im}(f(x+\mathrm{i}h))}{h}+h^2\frac{f'''(x)}{3!}-\cdots \tag{2.21}$$

$$=\frac{\mathrm{Im}(f(x+\mathrm{i}h))}{h}+O(h^2)\qquad h\to 0 \tag{2.22}$$

算法 2.2 提供了一个实现方式。当 $h\to 0$ 时，实部将 $f(x)$ 近似于 $O(h^2)$：

$$\mathrm{Re}(f(x+\mathrm{i}h))=f(x)-h^2\frac{f''(x)}{2!}+\cdots \tag{2.23}$$

$$\Rightarrow f(x)=\mathrm{Re}(f(x+\mathrm{i}h))+h^2\frac{f''(x)}{2!}-\cdots \tag{2.24}$$

因此，可以使用带有复参数的 f 的单次求值同时求出 $f(x)$ 和 $f'(x)$ 的值。例 2.4 展示了在特定点处估计函数导数所涉及的计算。算法 2.2 实现了复数步长法。图 2.4 比较了步长变化时复数步长法与前向差分法和中心差分法的数值误差。

算法 2.2 用有限差分 h 估计函数 f 在 x 处的导数的复数步长法

25
```
diff_complex(f, x; h=1e-20) = imag(f(x + h*im)) / h
```

例 2.4 用复数步长法估计导数

假设 $f(x)=\sin(x^2)$。函数值在 $x=\pi/2$ 时约为 0.624 266。导数值为 $\pi\cos(\pi^2/4)\approx -2.454\,25$。可以通过复数步长法得到：

⊖ J. R. R. A. Martins, P. Sturdza, and J. J. Alonso, "The Complex-Step Derivative Approximation," *ACM Transactions on Mathematical Software*, vol. 29, no. 3, pp. 245-262, 2003.
必须特别注意复数作为输入时 f 的正确实现。

```
julia> f = x -> sin(x^2);
julia> v = f(π/2 + 0.001im);
julia> real(v) # f(x)
0.6242698144866649
julia> imag(v)/0.001 # f'(x)
-2.4542516170381785
```

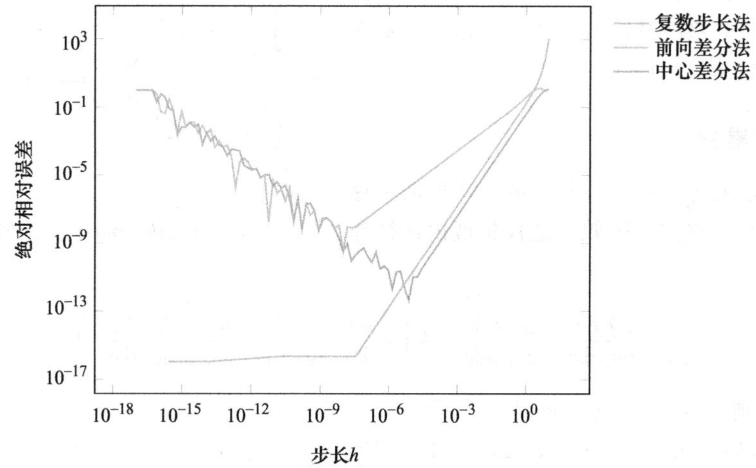

图 2.4 在 $x=1/2$ 处，随着步长不同，函数 $\sin(x)$ 的导数估计误差比较。前向差分法的线性误差以及中心差分法和复数步长法的二次误差可由右侧的常斜率看出。复数步长法避免了当两个函数求值接近时差分所产生的相减消除误差（见彩插） 26

2.4 自动微分

本节介绍的算法，用于对由计算机程序编写的函数导数进行数值估计。自动微分技术的关键是链式法则的应用：

$$\frac{\mathrm{d}}{\mathrm{d}x}f(g(x))=\frac{\mathrm{d}}{\mathrm{d}x}(f\circ g)(x)=\frac{\mathrm{d}f}{\mathrm{d}g}\frac{\mathrm{d}g}{\mathrm{d}x} \tag{2.25}$$

程序由加、减、乘、除等基本运算组成。

假设函数为 $f(a,b)=\ln(ab+\max(a,2))$。如果想要计算 a 在某一点的偏导数，需要多次使用链式法则[⊖]：

$$\frac{\partial f}{\partial a}=\frac{\partial}{\partial a}\ln(ab+\max(a,2)) \tag{2.26}$$

$$=\frac{1}{ab+\max(a,2)}\frac{\partial}{\partial a}(ab+\max(a,2)) \tag{2.27}$$

$$=\frac{1}{ab+\max(a,2)}\left[\frac{\partial(ab)}{\partial a}+\frac{\partial\max(a,2)}{\partial a}\right] \tag{2.28}$$

$$=\frac{1}{ab+\max(a,2)}\left[\left(b\frac{\partial a}{\partial a}+a\frac{\partial b}{\partial a}\right)+\left((2>a)\frac{\partial 2}{\partial a}+(2<a)\frac{\partial a}{\partial a}\right)\right] \tag{2.29}$$

⊖ 采用如下规定：$(2<a)$ 这样的布尔表达式如果为真，则为 1，如果为假，则为 0。

$$=\frac{1}{ab+\max(a,2)}[b+(2<a)] \tag{2.30}$$

该过程可以使用计算图来进行自动化。计算图表示一个函数，其中节点是运算，边是输入输出关系。计算图的叶节点是输入变量或常量，终止结点是函数输出的值。图 2.5 是一个计算图。

使用计算图自动微分 f 有两种方法。使用对偶数遍历的前向累积将树从输入遍历到输出，而反向累积需要反向遍历整个图。

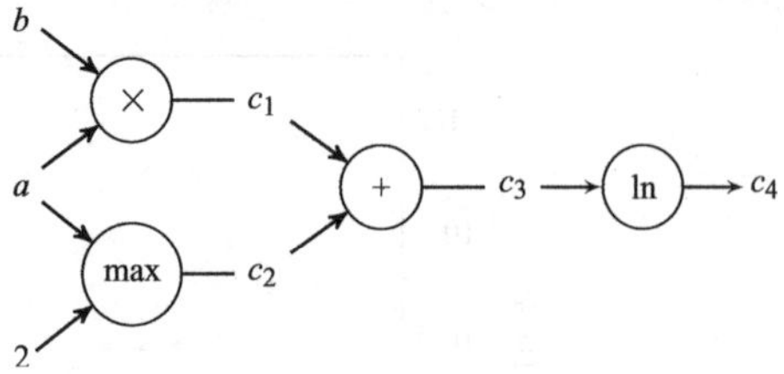

图 2.5 ln(ab+max(a, 2))的计算图

2.4.1 前向累积

前向累积法通过对函数计算图的一次前向传递来自动微分函数。该方法等效于迭代扩展内部操作

27 的链式法则：

$$\frac{\mathrm{d}f}{\mathrm{d}x}=\frac{\mathrm{d}f}{\mathrm{d}c_4}\frac{\mathrm{d}c_4}{\mathrm{d}x}=\frac{\mathrm{d}f}{\mathrm{d}c_4}\left(\frac{\mathrm{d}c_4}{\mathrm{d}c_3}\frac{\mathrm{d}c_3}{\mathrm{d}x}\right)=\frac{\mathrm{d}f}{\mathrm{d}c_4}\left(\frac{\mathrm{d}c_4}{\mathrm{d}c_3}\left(\frac{\mathrm{d}c_3}{\mathrm{d}c_2}\frac{\mathrm{d}c_2}{\mathrm{d}x}+\frac{\mathrm{d}c_3}{\mathrm{d}c_1}\frac{\mathrm{d}c_1}{\mathrm{d}x}\right)\right) \tag{2.31}$$

为了说明前向累积，我们将其应用于示例函数 $f(a,b)=\ln(ab+\max(a,2))$，计算当$a=3$，$b=2$ 时，函数关于 a 的偏导数。

1. 该过程从图的源点开始，源点由函数的输入和任意常数值组成。对于其中的每一个节点，都需要注意值和关于目标变量的偏导数，如图 2.6 所示[⊖]。

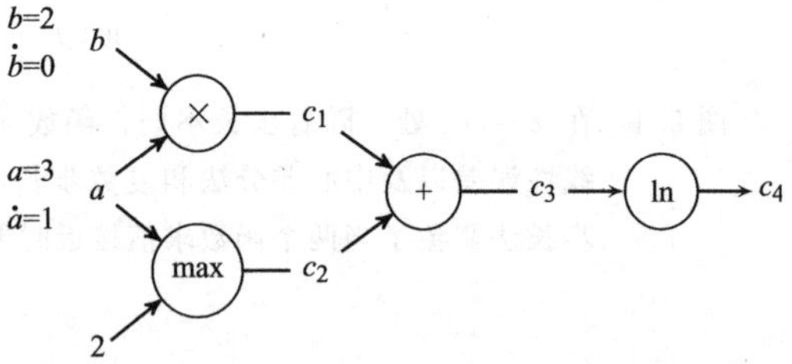

图 2.6 ln(ab+max(a, 2)) 的计算图用于前向累积，以计算 $a=3$，$b=2$ 时的 $\partial f/\partial a$

2. 然后沿着树向下，每次访问一个节点，选择已经计算好的输入节点作为下一个节点。可以通过遍历先前节点的值来计算该点的值，并且可以使用先前节点的值及它们的偏导数来计算关于 a 的局部偏导数。计算过程如图 2.7 所示。

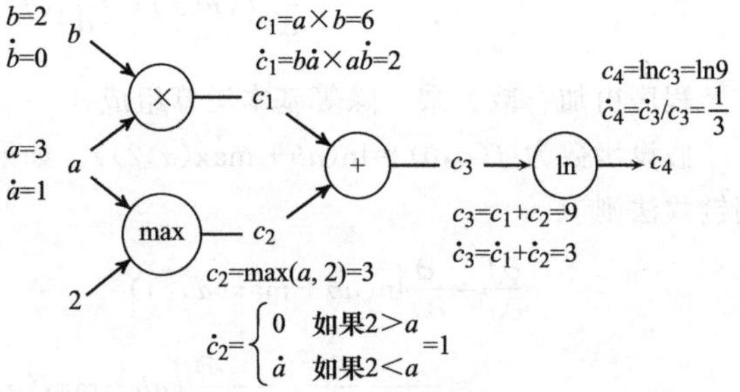

图 2.7 前向累积后 ln(ab+max(a, 2)) 的计算图，用于计算 $a=3$，$b=2$ 时的 $\partial f/\partial a$

最终得到正确结果：$f(3,2)=\ln 9$，$\partial f/\partial a=1/3$。遍历一次计算图就可以完成此操作。

该过程可以通过编程语言由计算机自动执行，编程语言需要重写每个操作以生成每个点的值及其导数。这样的数对被称为对偶数。

28~29 可以通过抽象符号 ε 用数学方式表示对偶数，其中 ε^2 定义为 0。与复数一样，对偶

⊖ 为了图的紧凑性，我们用点表示法或牛顿表示法来表示导数。例如，如果关于 a 的导数是很清楚的，我们可以把 $\partial b/\partial a$ 写为 $\dot{b}$。

数被写为 $a+b\varepsilon$，其中 a 和 b 都为实数。可以得到：

$$(a+b\varepsilon)+(c+d\varepsilon)=(a+c)+(b+d)\varepsilon \tag{2.32}$$

$$(a+b\varepsilon)\times(c+d\varepsilon)=(ac)+(ad+bc)\varepsilon \tag{2.33}$$

实际上，通过将对偶数传递给任何平滑函数 f，可以得到它的值和导数。可以使用泰勒级数证明这一点：

$$f(x)=\sum_{k=0}^{\infty}\frac{f^{(k)}(a)}{k!}(x-a)^k \tag{2.34}$$

$$f(a+b\varepsilon)=\sum_{k=0}^{\infty}\frac{f^{(k)}(a)}{k!}(a+b\varepsilon-a)^k \tag{2.35}$$

$$=\sum_{k=0}^{\infty}\frac{f^{(k)}(a)b^k\varepsilon^k}{k!} \tag{2.36}$$

$$=f(a)+bf'(a)\varepsilon+\varepsilon^2\sum_{k=2}^{\infty}\frac{f^{(k)}(a)b^k}{k!}\varepsilon^{(k-2)} \tag{2.37}$$

$$=f(a)+bf'(a)\varepsilon \tag{2.38}$$

例 2.5 显示了一个实现。

例 2.5　对偶数的实现允许自动前向累积

可以通过定义包含两个字段（值 v 和导数∂）的结构 Dual 来实现对偶数。

```
struct Dual
    v
    ∂
end
```

然后必须为所需的每个基本操作提供实现方法。这些方法采用了对偶数，并使用该操作的链式法则逻辑生成新的对偶数。

```
Base.:+(a::Dual, b::Dual) = Dual(a.v + b.v, a.∂ + b.∂)
Base.:*(a::Dual, b::Dual) = Dual(a.v * b.v, a.v*b.∂ + b.v * a.∂)
Base.log(a::Dual) = Dual(log(a.v), a.∂/a.v)
function Base.max(a::Dual, b::Dual)
    v = max(a.v, b.v)
    ∂ = a.v > b.v ? a.∂ : a.v < b.v ? b.∂ : NaN
    return Dual(v, ∂)
end
function Base.max(a::Dual, b::Int)
    v = max(a.v, b)
    ∂ = a.v > b ? a.∂ : a.v < b ? 0 : NaN
    return Dual(v, ∂)
end
```

ForwardDiff.jl 包支持广泛的数学运算集，并提供了梯度和黑塞矩阵的计算工具。

```
julia> using ForwardDiff
julia> a = ForwardDiff.Dual(3,1);
julia> b = ForwardDiff.Dual(2,0);
julia> log(a*b + max(a,2))
Dual{Nothing}(2.1972245773362196,0.3333333333333333)
```

2.4.2 反向累积

前向累积需要 n 次才能计算出 n 维梯度。反向累积[1]只需要运行一次就可以计算出完整的梯度，但是需要遍历两次图：前向遍历用于计算必要的中间值，反向遍历用于计算梯度。尽管当计算图非常大时，需要关注系统中内存受限的问题，但对于梯度的计算，反向累积通常比前向累积更可取[2]。

与前向累积一样，反向累积也会计算关于所选目标变量的偏导数，但会迭代地替换外部函数：

30~31

$$\frac{\mathrm{d}f}{\mathrm{d}x}=\frac{\mathrm{d}f}{\mathrm{d}c_4}\frac{\mathrm{d}c_4}{\mathrm{d}x}=\left(\frac{\mathrm{d}f}{\mathrm{d}c_3}\frac{\mathrm{d}c_3}{\mathrm{d}c_4}\right)\frac{\mathrm{d}c_4}{\mathrm{d}x}=\left(\left(\frac{\mathrm{d}f}{\mathrm{d}c_2}\frac{\mathrm{d}c_2}{\mathrm{d}c_3}+\frac{\mathrm{d}f}{\mathrm{d}c_1}\frac{\mathrm{d}c_1}{\mathrm{d}c_3}\right)\frac{\mathrm{d}c_3}{\mathrm{d}c_4}\right)\frac{\mathrm{d}c_4}{\mathrm{d}x} \tag{2.39}$$

此过程是反向遍历，它的计算需要用到前向遍历得到的中间值。

反向累积可以通过操作重载[3]实现，其方式与使用对偶数实现前向累积的方式类似。每个操作都必须实现两个功能：前向操作，在前向遍历过程中重载操作以存储局部梯度信息；反向操作，使用之前获取的信息反向传播梯度。像 Tensorflow[4] 或 Zygote.jl 这样的包可以自动构造计算图以及相关的前向和反向传播操作。例 2.6 展示了如何使用 Zygote.jl 包。

例 2.6 使用 Zygote.jl 包自动微分（我们发现 [3, 2] 处的梯度为 [1/3, 1/3]）

Zygote.jl 包以反向累积的形式实现自动微分。在这里，梯度函数用于自动生成对 f 的源代码的反向遍历，以获得梯度。

```
julia> import Zygote: gradient
julia> f(a, b) = log(a*b + max(a,2));
julia> gradient(f, 3.0, 2.0)
(0.3333333333333333, 0.3333333333333333)
```

2.5 小结

- 导数在优化中很有用，因为它提供了如何更改给定点以改善目标函数的信息。
- 对于多元函数，各种基于导数的概念可用于搜索最优解，包括梯度、黑塞矩阵和方向导数。
- 有限差分近似是一种数值微分方法。
- 复数步长法可以去除步长较小时减法消除误差的影响，从而获得高质量的梯度估计值。
- 32 解析微分方法包括在计算图上进行前向和反向累积。

2.6 练习

练习 2.1 使用前向差分法，用梯度 $\nabla f(\boldsymbol{x})$ 计算 $f(\boldsymbol{x})$ 的黑塞矩阵。

---

[1] S. Linnainmaa, "The Representation of the Cumulative Rounding Error of an Algorithm as a Taylor Expansion of the Local Rounding Errors," Master's thesis, University of Helsinki, 1970.

[2] 反向积累是用于训练神经网络的反向传播算法的核心。参见：D. E. Rumelhart, G. E. Hinton, and R. J. Williams, "Learning Representations by Back-Propagating Errors," *Nature*, vol. 323, pp. 533-536, 1986.

[3] 操作重载是指为常见操作（例如自定义变量类型的+、一或=）提供实现。附录 A.2.5 节中介绍了重载。

[4] Tensorflow 是使用数据流图进行数值计算的开源软件库，通常用于深度学习应用。可以从 tensorflow.org 获取。

练习 2.2　如果已经知道 $f(\boldsymbol{x})$，那么中心差分法相对于其他有限差分法的缺点是什么？

练习 2.3　计算 $f(x)=\ln x+\mathrm{e}^x+\frac{1}{x}$当点 x 趋于零时的梯度。哪一部分对表达式的影响更大？

练习 2.4　假设 $f(x)$ 是一个有复输入的实值函数，如果 $f(3+\mathrm{i}h)=2+4\mathrm{i}h$，$f'(3)$的值是多少？

练习 2.5　画出 $f(x,y)=\sin(x+y^2)$的计算图。使用前向累积计算$(x,y)=(1,1)$处 $\partial f/\partial y$ 的值。当中间值和偏导数在图中传播时，将它们标记出来。

练习 2.6　结合前向和后向差分法，获得新的差分方法，要求：使用三个函数求值来估计函数 f 在 x 处的二阶导数。 33~34

第 3 章
Algorithms for Optimization

包　围

本章将介绍一元函数（即包含一个变量的函数）的多种包围法。包围法是确定局部极小值所在的区间，然后逐步缩小该区间的方法。对于许多函数，导数信息有助于指导搜索最优解，但是对于某些函数，这些信息可能不可获取或者根本不存在。本章将概述多种利用不同假设的方法，后面关于多元优化的章节将以本章介绍的概念为基础。

3.1 单模态

本章介绍的几种算法假设目标函数是单模态的。单模态函数（也称为单峰函数）f 的定义为：存在唯一的 x^*，使得 f 对于 $x \leqslant x^*$ 单调递减，对于 $x \geqslant x^*$ 单调递增。根据这个定义，唯一的全局极小值位于 x^* 处，并且没有其他的局部极小值⊖。

给定单模态函数，如果可以找到三个点 $a<b<c$，使得 $f(a)>f(b)<f(c)$，就可以包围出包含全局极小值的区间 $[a, c]$，如图 3.1 所示。

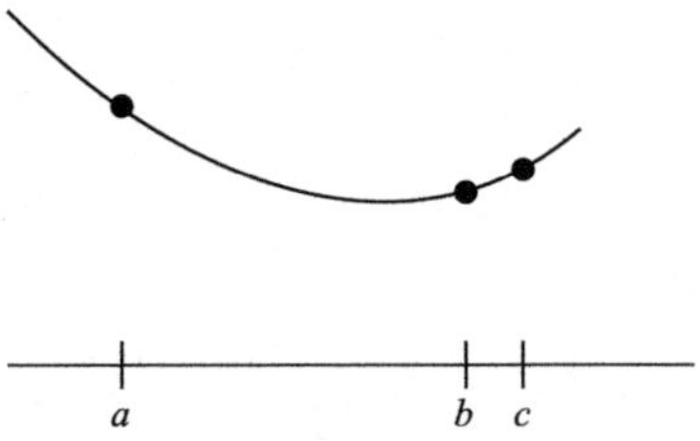

图 3.1　包围最小值的三个点

3.2 确定初始包围

优化一个函数时，通常先将包含局部极小值的区间包围起来，然后逐步减小包围区间的大小，使其收敛于局部极小值。可以使用简单的程序（算法 3.1）来确定初始包围区间。从给定点开始，沿正方向进行搜索。采用的距离是本算法的超参数⊖，但本算法将其默认设置为 1×10^{-2}，然后沿着梯度下降方向搜索，寻找超过最低点的新点。每搜索一步，都通过某个因子（本算法的另一个超参数）扩展步长，步长通常设置为 2，示例如图 3.2 所示。没有局部极小值的函数（例如 $\exp(x)$）不能被包围起来，并且会导致 bracket_minimum 算法失败。

算法 3.1　一种用于包围存在局部极小值的区间的算法。它将一元函数 f 和初始位置 x（默认为 0）作为输入，指定初始步长 s 和扩展因子 k，最终返回一个包含新区间 $[a, b]$ 的元组

```
function bracket_minimum(f, x=0; s=1e-2, k=2.0)
    a, ya = x, f(x)
    b, yb = a + s, f(a + s)
```

⊖ 在相反的意义上定义单模态函数也许更为传统，这样就会有唯一一个全局极大值，而不是极小值。然而，在本书中，我们试图最小化函数，因此使用这里的定义。

⊖ 超参数是控制算法函数的参数。它可以由专家设置，也可以使用优化算法进行优化。本书中的许多算法都有超参数，我们通常提供文献建议的默认值。算法的成功与否对超参数的选择是很敏感的。

```
        if yb > ya
            a, b = b, a
            ya, yb = yb, ya
            s = -s
        end
        while true
            c, yc = b + s, f(b + s)
            if yc > yb
                return a < c ? (a, c) : (c, a)
            end
            a, ya, b, yb = b, yb, c, yc
            s *= k
        end
    end
```

36

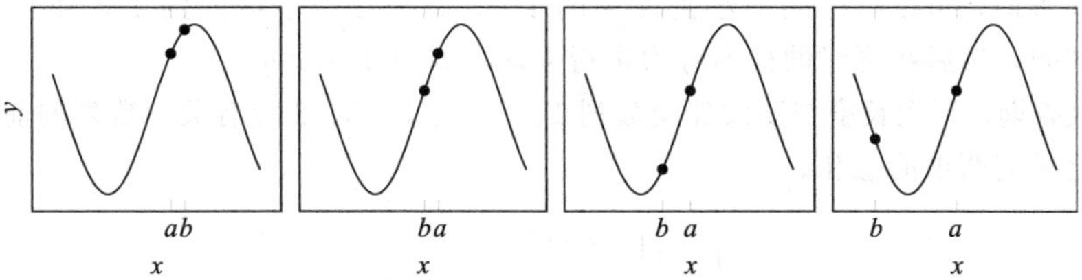

图 3.2　对一个函数运行 bracket_minimum 算法的示例。该方法在第一次和第二次迭代之间反转方向，然后扩展步长，直到第四次迭代将极小值包围起来

3.3　斐波那契搜索

假设有一个单峰 f 在区间 $[a, b]$ 内，通过对目标函数查询次数的限制，保证斐波那契搜索（算法 3.2）能够最大限度地缩小包围区间。

算法 3.2　斐波那契搜索算法在一元函数 f 上运行，其包围区间为 $[a, b]$，用于 n>1 时的函数求值，它将返回新的区间 (a, b)。可选参数ϵ控制最低层的区间

```
function fibonacci_search(f, a, b, n; ϵ=0.01)
    s = (1-√5)/(1+√5)
    ρ = 1 / (φ*(1-s^(n+1))/(1-s^n))
    d = ρ*b + (1-ρ)*a
    yd = f(d)
    for i in 1 : n-1
        if i == n-1
            c = ϵ*a + (1-ϵ)*d
        else
            c = ρ*a + (1-ρ)*b
        end
        yc = f(c)
        if yc < yd
            b, d, yd = d, c, yc
        else
            a, b = b, c
        end
        ρ = 1 / (φ*(1-s^(n-i+1))/(1-s^(n-i)))
    end
    return a < b ? (a, b) : (b, a)
end
```

假设只能查询 f 两次，如果在位于区间 1/3 和 2/3 的点上查询 f，那么无论 f 如何，都可以保证消去 1/3 的区间，如图 3.3 所示。

可以把估值点移向中间位置来确保包围区间更精确。当极限 $\epsilon \to 0$ 时，可以确保将预测区间缩小两倍，如图 3.4 所示。

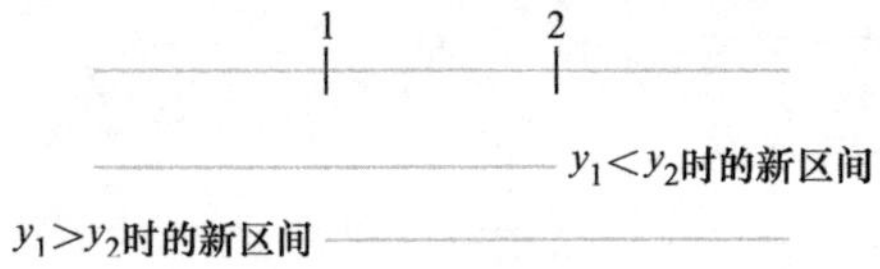

图 3.3　对两次查询将消去三分之一初始区间的初始预测

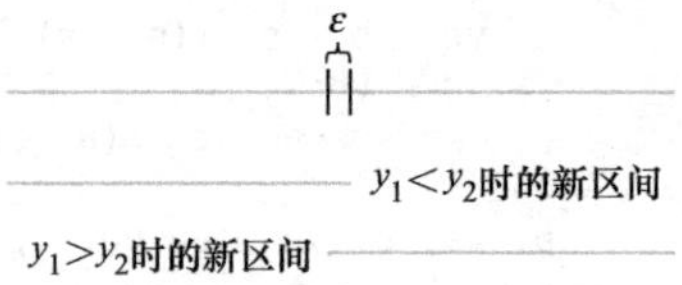

图 3.4　我们能保证的最大限度是将区间缩小到原来的 1/2

通过三次查询，可以将区间缩小到原来的 1/3。首先在位于区间的 1/3 和 2/3 处查询 f，消去 1/3 的区间，然后在更好的样本旁边进行采样，如图 3.5 所示。

对于 n 次查询，区间长度与斐波那契数列 1、1、2、3、5、8 等有关。数列的前两项都是 1，后面各项始终是前两项的总和。

$$F_n=\begin{cases}1, n\leqslant 2\\ F_{n-1}+F_{n-2}, \text{其他}\end{cases} \tag{3.1}$$

图 3.6 显示了区间之间的关系。例 3.1 对一元函数运行程序。

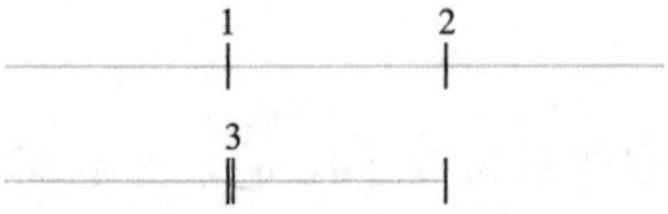

图 3.5　通过三次查询，可以将区间缩小到原来的 1/3。第三次查询基于前两次查询的结果进行

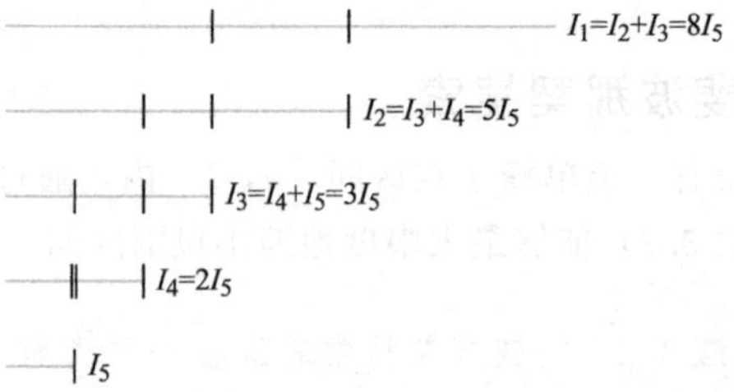

图 3.6　对于 n 次查询，我们保证将区间缩小至原来的 $1/F_{n+1}$。在斐波那契搜索中构造的每个区间的长度可以用最终区间乘以斐波那契数来表示。如果最终的最小区间的长度为 I_n，则第二小的区间的长度为 $I_{n-1}=F_2 I_n$，第三小的区间的长度为 $I_{n-2}=F_3 I_n$，依此类推

例 3.1　使用具有五次函数求值的斐波那契搜索来优化一元函数

在区间 $[a, b]=[-2, 6]$ 上，考虑使用具有五次函数求值的斐波那契搜索来最小化函数 $f(x)=\exp(x-2)-x$。根据初始包围区间的长度，在 $\frac{F_5}{F_6}$ 和 $1-\frac{F_5}{F_6}$ 处进行前两次函数求值：

$$f(x^{(1)})=f\left(a+(b-a)\left(1-\frac{F_5}{F_6}\right)\right)=f(1)=-0.632$$

$$f(x^{(2)})=f\left(a+(b-a)\frac{F_5}{F_6}\right)=f(3)=-0.282$$

显然，$x^{(1)}$ 处的取值较低，从而产生新的区间 $[a, b]=[-2, 3]$。下一个区间分割需

要进行以下两次函数值计算：

$$x_{\text{left}}=a+(b-a)\left(1-\frac{F_4}{F_5}\right)=0$$

$$x_{\text{right}}=a+(b-a)\frac{F_4}{F_5}=1$$

由于 x_{right} 已被赋值，因此在 x_{left} 处进行第三次函数求值：

$$f(x^{(3)})=f(0)=0.135$$

由上可得，$x^{(1)}$ 处的函数值较低，从而产生新的区间 $[a, b]=[0, 3]$。下一个区间分割需要进行以下两次计算：

$$x_{\text{left}}=a+(b-a)\left(1-\frac{F_3}{F_4}\right)=1$$

$$x_{\text{right}}=a+(b-a)\frac{F_3}{F_4}=2$$

由于 x_{left} 已被赋值，因此在 x_{right} 处进行第四次函数求值：

$$f(x^{(4)})=f(2)=-1$$

新区间为 $[a, b]=[1, 3]$。在区间的中点 $2+\varepsilon$ 处进行最终求值，发现其值略高于 $f(2)$，最终区间为 $[1, 2+\varepsilon]$。

斐波那契数列可以使用比内公式[⊖]解析确定：

$$F_n=\frac{\varphi^n-(1-\varphi)^n}{\sqrt{5}} \tag{3.2}$$

其中，$\varphi=(1+5)/2\approx1.61803$，$\varphi$ 是黄金比例。

斐波那契数列中连续值之间的比例为：

$$\frac{F_n}{F_{n-1}}=\varphi\frac{1-s^{n+1}}{1-s^n} \tag{3.3}$$

其中，$s=\frac{1-\sqrt{5}}{1+\sqrt{5}}\approx-0.382$。

3.4 黄金分割搜索

如果极限 n 趋于无穷大，我们会发现斐波那契数列的连续值之间的比例接近黄金比例：

$$\lim_{n\to\infty}\frac{F_n}{F_{n-1}}=\varphi \tag{3.4}$$

黄金分割搜索（算法 3.3）使用黄金比例，这一点与斐波那契搜索相似。图 3.7 显示了区间之间的关系。图 3.8 和图 3.9 分别在单模态函数和非单模态函数上比较斐波那契搜索和黄金分割搜索。 37~39

⊖ 比内公式（Binet's formula）是给出斐波那契数列第 n 项的一个公式，是 Jacques Philippe Marie Binet 在 1843 年发现的。——译者注

算法 3.3　黄金分割搜索在一元函数 f 上进行，其包围区间为 $[a, b]$，用于 n>1 时的函数求值，它将返回新的区间 (a, b)。Julia 语言已经定义了黄金分割率 φ，保证收敛到ϵ内需要 $n=(b-a)/(\varepsilon\ln\varphi)$ 次迭代

```
function golden_section_search(f, a, b, n)
    ρ = φ-1
    d = ρ * b + (1 - ρ)*a
    yd = f(d)
    for i = 1 : n-1
        c = ρ*a + (1 - ρ)*b
        yc = f(c)
        if yc < yd
            b, d, yd = d, c, yc
        else
            a, b = b, c
        end
    end
    return a < b ? (a, b) : (b, a)
end
```

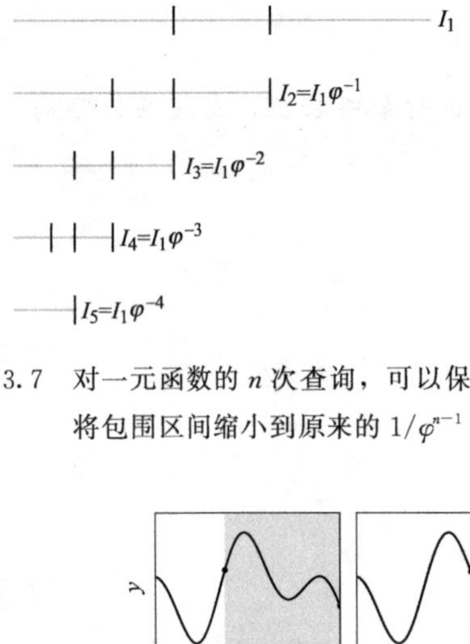

图 3.7　对一元函数的 n 次查询，可以保证将包围区间缩小到原来的 $1/\varphi^{n-1}$

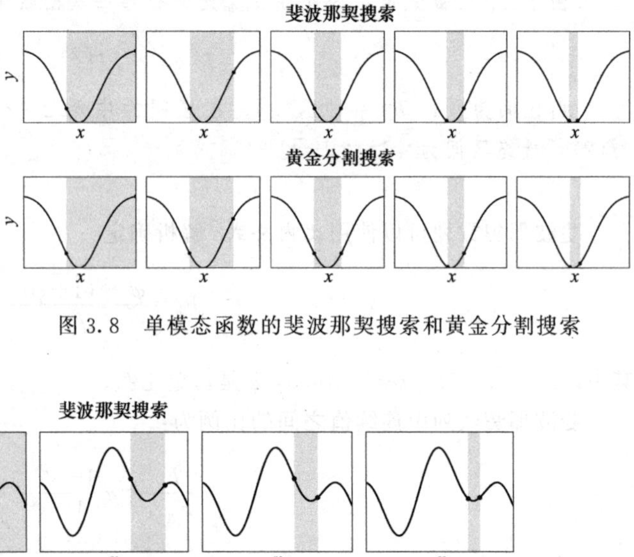

图 3.8　单模态函数的斐波那契搜索和黄金分割搜索

40~42

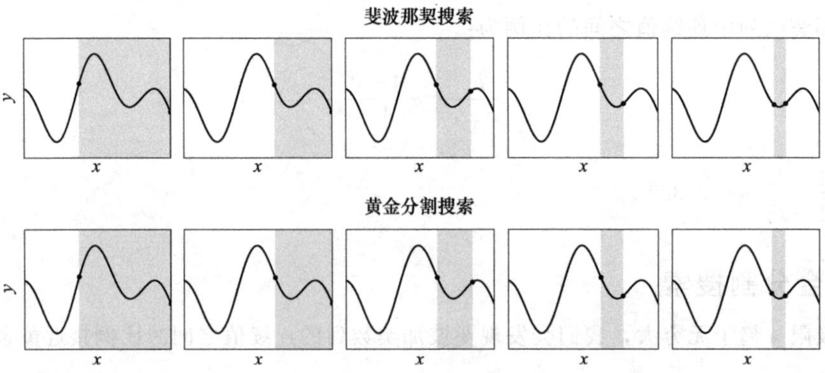

图 3.9　非单模态函数的斐波那契搜索和黄金分割搜索

3.5　二次拟合搜索

二次拟合搜索利用分析求解二次函数极小值的能力。当放大得足够近时，许多局部极小值看起来都是二次的。二次拟合搜索将二次函数迭代拟合到三个包围点，求解极小值，再选择一组新的包围点，然后重复此过程，如图 3.10 所示。

给定包围点 $a<b<c$，我们希望找到经过 (a, y_a)、(b, y_b) 和 (c, y_c) 三点的二次函数 q

的系数 $p1$、$p2$ 和 $p3$：

$$q(x)=p_1+p_2x+p_3x^2 \tag{3.5}$$

$$y_a=p_1+p_2a+p_3a^2 \tag{3.6}$$

$$y_b=p_1+p_2b+p_3b^2 \tag{3.7}$$

$$y_c=p_1+p_2c+p_3c^2 \tag{3.8}$$

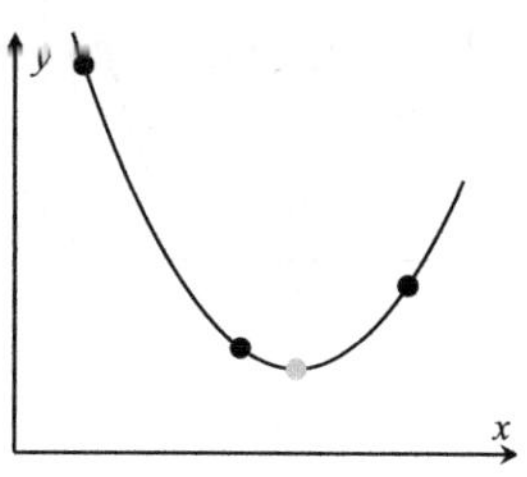

图 3.10　二次拟合搜索将二次函数拟合到三个包围点（黑点），并使用解析极小值（灰点）来确定下一组包围点

矩阵形式为

$$\begin{bmatrix} y_a \\ y_b \\ y_c \end{bmatrix}=\begin{bmatrix} 1 & a & a^2 \\ 1 & b & b^2 \\ 1 & c & c^2 \end{bmatrix}\begin{bmatrix} p_1 \\ p_2 \\ p_3 \end{bmatrix} \tag{3.9}$$

可以通过矩阵求逆来求解系数：

$$\begin{bmatrix} p_1 \\ p_2 \\ p_3 \end{bmatrix}=\begin{bmatrix} 1 & a & a^2 \\ 1 & b & b^2 \\ 1 & c & c^2 \end{bmatrix}^{-1}\begin{bmatrix} y_a \\ y_b \\ y_c \end{bmatrix} \tag{3.10}$$

那么二次函数是

$$q(x)=y_a\frac{(x-b)(x-c)}{(a-b)(a-c)}+y_b\frac{(x-a)(x-c)}{(b-a)(b-c)}+y_c\frac{(x-a)(x-b)}{(c-a)(c-b)} \tag{3.11}$$

可以通过找到导数为零的点来求解唯一的极小值：

$$x^*=\frac{1}{2}\frac{y_a(b^2-c^2)+y_b(c^2-a^2)+y_c(a^2-b^2)}{y_a(b-c)+y_b(c-a)+y_c(a-b)} \tag{3.12}$$

二次拟合搜索通常比黄金分割搜索的速度更快。在下一个点非常接近其他点时，可能需要采取保护措施。算法 3.4 提供了一个基本实现。图 3.11 显示了该算法的几次迭代。 43

算法 3.4　对一元函数 f 进行二次似合搜索，其包围区间为 $[a, c]$，且 a< b< c。该方法将执行 n 次函数求值，并以元组 (a, b, c) 的形式返回一个新的包围值

```
function quadratic_fit_search(f, a, b, c, n)
    ya, yb, yc = f(a), f(b), f(c)
    for i in 1:n-3
        x = 0.5*(ya*(b^2-c^2)+yb*(c^2-a^2)+yc*(a^2-b^2)) /
                (ya*(b-c)    +yb*(c-a)    +yc*(a-b))
        yx = f(x)
        if x > b
            if yx > yb
                c, yc = x, yx
            else
                a, ya, b, yb = b, yb, x, yx
            end
        elseif x < b
            if yx > yb
                a, ya = x, yx
            else
                c, yc, b, yb = b, yb, x, yx
            end
        end
    end
    return (a, b, c)
end
```

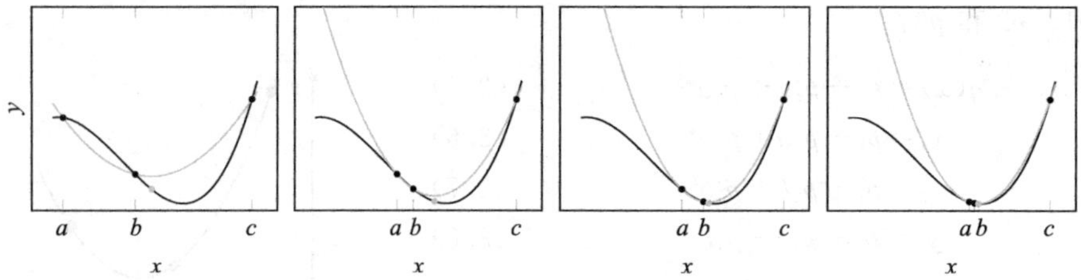

44　图 3.11　二次拟合方法的四次迭代

3.6　Shubert-Piyavskii 方法

与本章之前的方法相比，Shubert-Piyavskii 方法[⊖]是在区间 $[a, b]$ 上的全局优化方法，这意味着它可以保证收敛于函数的全局极小值，而与任何局部极小值或该函数是否为单模态函数无关。算法 3.5 提供了一个基本实现。

算法 3.5　Shubert-Piyavskii 方法在一元函数 f 上运行，其包围区间为 a<b，Lipschitz 常数为 l。该算法在更新结果小于误差ϵ时停止运行，最优点和不确定区间集合都被返回，不确定区间以元组（a，b）的数组形式返回。参数δ是用于合并不确定区间的误差

```
struct Pt
    x
    y
end
function _get_sp_intersection(A, B, l)
    t = ((A.y - B.y) - l*(A.x - B.x)) / 2l
    return Pt(A.x + t, A.y - t*l)
end
function shubert_piyavskii(f, a, b, l, ϵ, δ=0.01)
    m = (a+b)/2
    A, M, B = Pt(a, f(a)), Pt(m, f(m)), Pt(b, f(b))
    pts = [A, _get_sp_intersection(A, M, l),
           M, _get_sp_intersection(M, B, l), B]
    Δ = Inf
    while Δ > ϵ
        i = argmin([P.y for P in pts])
        P = Pt(pts[i].x, f(pts[i].x))
        Δ = P.y - pts[i].y

        P_prev = _get_sp_intersection(pts[i-1], P, l)
        P_next = _get_sp_intersection(P, pts[i+1], l)

        deleteat!(pts, i)
        insert!(pts, i, P_next)
        insert!(pts, i, P)
        insert!(pts, i, P_prev)
    end

    intervals = []
```

⊖ S. Piyavskii, "An Algorithm for Finding the Absolute Extremum of a Function," *USSR Computational Mathematics and Mathematical Physics*, vol. 12, no. 4, pp. 57-67, 1972. B. O. Shubert. "A Sequential Method Seeking the Global Maximum of a Function," *SIAM Journal on Numerical Analysis*, vol. 9, no. 3, pp. 379-388, 1972.

```
    i = 2*(argmin([P.y for P in pts[1:2:end]])) - 1
    for j in 2:2:length(pts)
        if pts[j].y < pts[i].y
            dy = pts[i].y - pts[j].y
            x_lo = max(a, pts[j].x - dy/l)
            x_hi = min(b, pts[j].x + dy/l)
            if !isempty(intervals) && intervals[end][2] + δ ≥ x_lo
                intervals[end] = (intervals[end][1], x_hi)
            else
                push!(intervals, (x_lo, x_hi))
            end
        end
    end
    return (pts[i], intervals)
end
```

Shubert-Piyavskii 方法要求函数是 Lipschitz（利普希茨）连续的，这意味着它是连续的，并且其导数大小有上界。如果存在 $\ell>0$，使得：

$$|f(\boldsymbol{x})-f(\boldsymbol{y})|\leqslant\ell|\boldsymbol{x}-\boldsymbol{y}|,\boldsymbol{x},\boldsymbol{y}\in[a,b] \tag{3.13}$$

则函数 f 在 $[a, b]$ 上是 Lipschitz 连续的[⊖]。

直观来看，ℓ 等于该函数在 $[a, b]$ 上获得的最大无符号瞬时变化率。给定一个点 $(x_0, f(x_0))$，$x>x_0$ 时的直线 $f(x_0)-\ell(x-x_0)$ 和 $x<x_0$ 时的直线 $f(x_0)+\ell(x-x_0)$ 形成 f 的下界。

Shubert-Piyavskii 方法在函数上迭代地构建越来越紧密的下界。给定一个有效的 Lipschitz 常数 ℓ，算法首先从中点 $x^{(1)}=(a+b)/2$ 处开始取样。从这个点开始，使用斜率为 $\pm\ell$ 的直线构造锯齿形下界。如果 ℓ 是有效的 Lipschitz 常数，则这些直线将始终位于 f 之下，如图 3.12 所示。

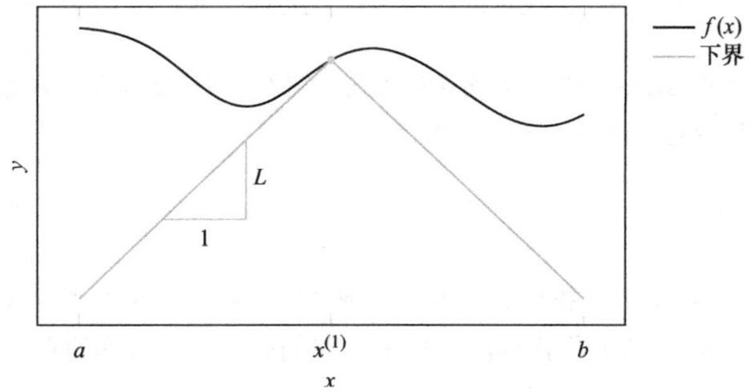

图 3.12 Shubert-Piyavskii 方法的第一次迭代

锯齿的上顶点对应于采样点，下顶点对应于来自每个采样点的 Lipschitz 线之间的交点。进一步迭代求出锯齿的极小值点和函数在 x 处的值，再用这些结果更新锯齿。图 3.13 将说明这个过程。

当极小锯齿值与该点处的函数值之间的高度差小于给定误差 ε 时，算法通常会停止。对于极小峰 $(x^{(n)}, y^{(n)})$ 和函数值 $f(x^{(n)})$，如果 $y^{(n)}-f(x^{(n)})<\varepsilon$，算法则终止。

可以使用该更新信息来计算极小值所在的区域。对于每个峰值，可以根据以下条件计算不确定区域：

⊖ 我们可以将 Lipschitz 连续性的定义扩展到多元函数，其中 $\boldsymbol{x}$ 和 $\boldsymbol{y}$ 是向量，绝对值可以用任何向量范数代替。

$$\left[x^{(i)}-\frac{1}{l}(f(x_{\min})-y^{(i)}),x^{(i)}+\frac{1}{l}(y^{(i)}-y_{\min})\right] \tag{3.14}$$

对于每个锯齿的下顶点（$x^{(i)}$，$y^{(i)}$）和极小锯齿的上顶点（$x_{\min}$，$y_{\min}$），仅当$y^{(i)}<y_{\min}$时，一个点才构成不确定区域，极小值位于这些峰的不确定区域中。

Shubert-Piyavskii 方法的主要缺点是，它需要知道有效的 Lipschitz 常数，Lipschitz 常数较大将导致下界较差。
45~47 图 3.14显示了 Shubert-Piyavskii 方法的多次迭代。

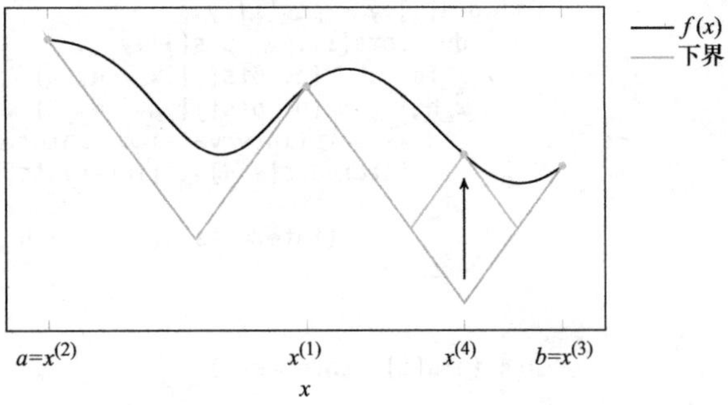

图 3.13 更新下界，包括采样新点并令新线与现有锯齿相交

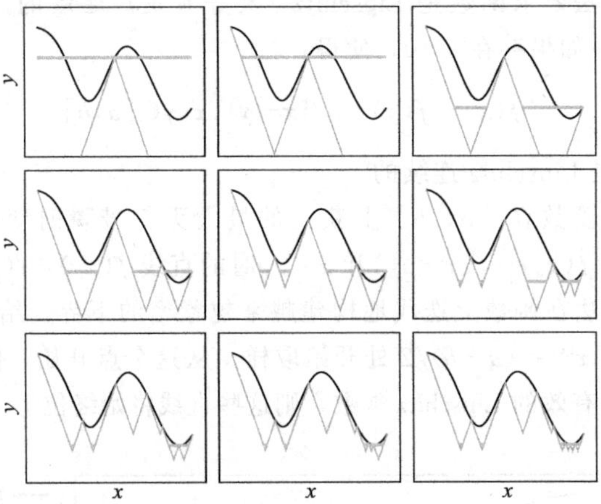

图 3.14 Shubert-Piyavskii 方法的九次迭代沿从左到右、从上到下的方向进行。水平灰线是全局极小值所在的不确定区域

48

3.7 二分法

二分法（算法 3.6）可用于查找函数的根（即函数的零点）。此类寻根法可应用于目标函数导数（找到 $f'(x)=0$ 的位置），从而优化算法。通常，我们必须确保得到的点是局部极小值。

算法 3.6 二分法算法，其中 f′是我们试图优化的单变量函数的导数。已知 a<b，且区间［a，b］内包含一个 f′为 0 的点。区间宽度误差为ϵ。调用二分法将新的包围区间［a，b］以元组形式返回。

符号“′”不是撇号。因此，f′是变量名，而不是转置向量 f。可以通过键入\prime 并按 Tab 键来创建该符号

```
function bisection(f′, a, b, ϵ)
    if a > b; a,b = b,a; end # ensure a < b

    ya, yb = f′(a), f′(b)
    if ya == 0; b = a; end
    if yb == 0; a = b; end
```

```
    while b - a > ϵ
        x = (a+b)/2
        y = f′(x)
        if y == 0
            a, b = x, x
        elseif sign(y) == sign(ya)
            a = x
        else
            b = x
        end
    end

    return (a,b)
end
```

二分法要求在区间 $[a, b]$ 内至少存在一个已知根。如果 f 在 $[a, b]$ 上是连续的，且存在 $y \in [f(a), f(b)]$，那么中间值定理（又称介值定理）规定至少存在一个 $x \in [a, b]$，使得 $f(x) = y$，如图 3.15所示。如果 $f(a)$ 和 $f(b)$ 具有相反的符号，则区间 $[a, b]$ 内一定包含零点。

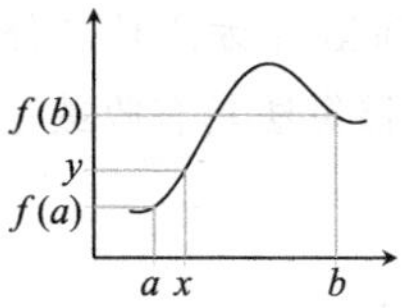

图 3.15　从任意 $y \in [f(a), f(b)]$ 绘制一条水平线，至少与图形相交一次

二分法在每次迭代中将包围区间分割为一半，计算中点 $(a+b)/2$，并从中点和仍包围零点的那一侧中形成新的包围区间，如果中点的值为零，则可以立即终止迭代。否则，我们可以在固定次数的迭代后终止。图 3.16 显示了二分法的四次迭代，该方法保证在 $\lg\left(\frac{|b-a|}{\varepsilon}\right)$ 次迭代内将 x^* 的误差收敛于 ε，其中 lg 表示以 2 为底的对数。

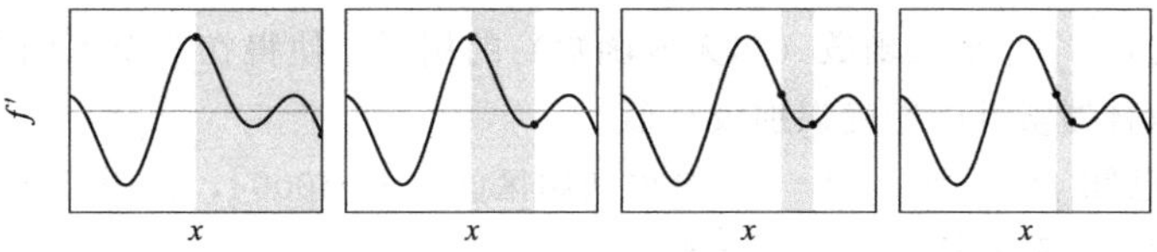

图 3.16　二分法的四次迭代。水平线对应于 $f'(x) = 0$ 所在直线。请注意，初始包围区间内存在多个根

诸如二分法之类的寻根算法要求初始区间 $[a, b]$ 在零点的两侧，即 $f'(a)$ 与 $f'(b)$ 异号（等价于 $f'(a)f'(b) \leqslant 0$）。算法 3.7 提供了一种自动确定这种区间的方法。该算法假设以区间 $[a, b]$ 开始，只要区间无效，它的宽度就会增加一个常数倍，通常增加一倍。这种方法并不总是成功，因为具有两个相邻根的函数可能会丢失，导致区间无限增大而不会终止，如图 3.17 所示。

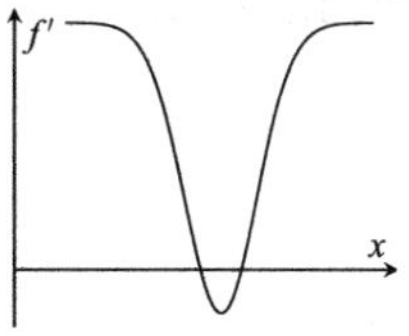

图 3.17　一种初始化为包围该图中的两个根的包围方法，使得区间无限扩展，而不会发现符号改变。同样，如果初始区间在两个根之间，则将区间加倍会导致区间的两端同时通过两个根

算法 3.7　一种查找出现符号变化的区间的算法。以定义在实数上的实值函数 f′作为输入，其初始区间为［a，b］。该算法通过扩展区间宽度，以元组形式返回新的区间，直到区间边界处的函数值出现符号变化。扩展因子 k 默认为 2

```
function bracket_sign_change(f′, a, b; k=2)
    if a > b; a, b = b, a; end # ensure a < b

    center, half_width = (b+a)/2, (b-a)/2
    while f′(a)*f′(b) > 0
        half_width *= k
        a = center - half_width
        b = center + half_width
    end

    return (a,b)
end
```

49～50 Brent-Dekker 方法是二分法的扩展，是一种结合割线法（6.2 节）和逆二次插值的元素的寻根算法。该算法具有收敛速度快、稳定性好等优点，是许多常用数值优化包中常被选择的一元优化算法⊖。

3.8　小结

- 许多优化方法都会缩小包围区间，包括斐波那契搜索、黄金分割搜索和二次拟合搜索。
- 给定 Lipschitz 常数，Shubert-Piyavskii 方法会输出一组包含全局极小值的包围区间。
- 诸如二分法之类的寻根方法可用于查找函数的导数为零的位置。

3.9　练习

练习 3.1　请举例说明在什么情况下斐波那契搜索优于二分法。

练习 3.2　Shubert-Piyavskii 方法的缺点是什么？

练习 3.3　请举出一个非平凡函数（非无效函数）的例子，使得在三个不同点处的函数值可得时，二次拟合搜索可以准确识别极小值。

练习 3.4　假设已知 $f(x)=x^2/2-x$，给出初始区间［0，1000］，请用二分法找到包含 f 的极小值的区间。请演示算法的三个步骤。

练习 3.5　假设在区间［0，1］上有一个函数 $f(x)=(x+2)^2$。在这个区间上，2 是对 f 有效的 Lipschitz 常数吗？

练习 3.6　假设在区间［1，32］上定义了一个单模态函数，经过三次函数求值之后，我们能否将最优值缩小到最大长度为 10 的区间？请给出理由。

⊖ 该算法的细节参见：

51～52 R. P. Brent，*Algorithms for Minimization Without Derivatives*. Prentice Hall，1973.

T. J. Dekker，"Finding a Zero by Means of Successive Linear Interpolation，" *Constructive Aspects of the Fundamental Theorem of Algebra*，B. Dejon and P. Henrici，eds.，Interscience，1969.

局部下降

到目前为止，我们只研究了涉及单个设计变量的优化。本章将介绍一种对多元函数或具有多个变量的函数进行优化的一般方法。其中将重点介绍如何使用局部模型逐步确定设计点，直到计算结果满足某些收敛准则。我们首先讨论在每次迭代时根据局部模型选择下降方向以及步长的方法。然后，我们将讨论如何将步长限制在能保证局部模型有效的区域内。最后，我们将讨论收敛条件。接下来两章将介绍如何使用基于梯度或黑塞矩阵的信息构建的一阶和二阶模型。

4.1 下降方向迭代

优化的常用方法是通过采取基于局部模型的使目标值最小化的步骤来逐步选取设计点 $\boldsymbol{x}$。局部模型可以从一阶或二阶泰勒近似获得。遵循这种一般方法的优化算法称为下降方向法。此方法以设计点 $\boldsymbol{x}^{(1)}$ 开始，然后生成一系列点，即迭代，以收敛到一个局部极小值[㊀]。

迭代下降方向包括以下步骤：

1. 检查 $\boldsymbol{x}^{(k)}$ 是否满足终止条件。如果是，则终止；否则执行下一步。

2. 使用如梯度或黑塞矩阵之类的局部信息确定下降方向 $\boldsymbol{d}^{(k)}$。有些算法会假设 $\|\boldsymbol{d}^{(k)}\|=1$，但不是所有算法都这样。 53

3. 确定步长或学习率 $\alpha^{(k)}$。一些算法试图优化步长，使步长最大限度地减小 f[㊁]。

4. 根据以下公式计算下一个设计点：

$$\boldsymbol{x}^{(k+1)} \leftarrow \boldsymbol{x}^{(k)} + \alpha^{(k)} \boldsymbol{d}^{(k)} \tag{4.1}$$

目前有许多不同的优化方法，每种方法都有自己的方式来确定 α 和 $\boldsymbol{d}$。

4.2 线搜索

现在，假设已经使用了接下来章节中会介绍的方法之一来选择下降方向 $\boldsymbol{d}$。我们需要通过选择步长因子 α 来获得下一个设计点。其中一种方法是使用线搜索，它选择使一维函数最小化的步长因子：

$$\underset{\alpha}{\text{minimize}} \quad f(\boldsymbol{x}+\alpha\boldsymbol{d}) \tag{4.2}$$

线搜索是一个一元优化问题，第 3 章对此进行了介绍。我们可以应用我们选择的一元优化方法[㊂]。为了引导搜索，可以使用线搜索目标的导数，即在 $\boldsymbol{x}+\alpha\boldsymbol{d}$ 处沿 $\boldsymbol{d}$ 的方向导数。线搜索如例 4.1 所示，并在算法 4.1 中实现。

㊀ $\boldsymbol{x}^{(1)}$ 的选择可以影响算法找到极小值的成功率。域知识通常用于选择合理的 $\boldsymbol{x}^{(1)}$ 值。如果没有合适的值，可以使用第 13 章中介绍的技术搜索设计空间。

㊁ 我们使用步长来指代整体步伐的大小。使用具有步长 $\alpha^{(k)}$ 的等式(4.1) 获得新的迭代，这说明下降方向 $\boldsymbol{d}^{(k)}$ 具有单位长度。我们使用学习率来表示下降方向向量上使用的标量倍数，它不一定具有单位长度。

㊂ 前一章中提到的 Brent-Dekker 方法是一种常用的一元优化方法。它结合了二分法的稳健性和割线法的寻找速度。

算法 4.1 一种用于线搜索的方法，其从设计点 x 沿着下降方向 d 找到最佳步长因子以最小化函数 f。minimize 函数可以使用单变量优化算法（例如 Brent-Dekker 方法）来实现

```
function line_search(f, x, d)
    objective = α -> f(x + α*d)
    a, b = bracket_minimum(objective)
    α = minimize(objective, a, b)
    return x + α*d
end
```

在每个步骤都进行线搜索的一个缺点是将 α 优化到高精度需要较大的计算成本。因此，通
54 常快速找到合理的值之后再选择 $\boldsymbol{x}^{(k+1)}$，然后选择新的方向 $\boldsymbol{d}^{(k+1)}$。

一些算法会使用固定的步长因子。如果使用固定的较大步长会使得收敛更快，但风险可能超过预期值。较小的步长往往更稳定，但可能导致收敛较慢。固定的步长因子 α 被称为学习率。

另一种方法是使用衰减步长因子：

$$\alpha^{(k)}=\alpha^{(1)}\gamma^{k-1}\text{，其中 }\gamma\in(0,1] \tag{4.3}$$

衰减步长因子在最小化有噪声的目标函数时很常用$^{\ominus}$，在机器学习中也很常见。

例 4.1 线搜索可用于沿着下降方向最小化函数

考虑对 $f(x_1,x_2,x_3)=\sin(x_1x_2)+\exp(x_2+x_3)-x_3$ 在 $\boldsymbol{x}=[1,2,3]$ 内沿方向 $\boldsymbol{d}=[0,-1,-1]$ 进行线搜索。优化问题是：

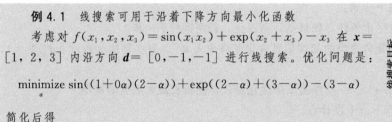

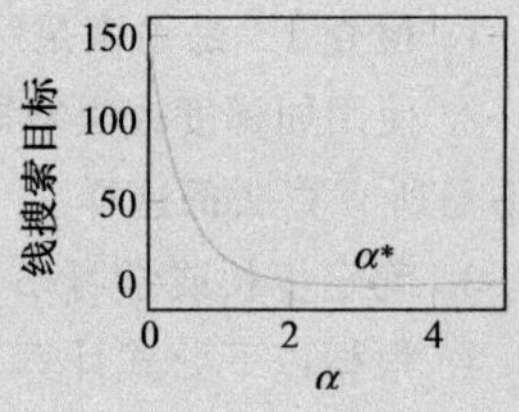

$$\underset{\alpha}{\text{minimize}}\ \sin((1+0\alpha)(2-\alpha))+\exp((2-\alpha)+(3-\alpha))-(3-\alpha)$$

简化后得

$$\underset{\alpha}{\text{minimize}}\ \sin(2-\alpha)+\exp(5-2\alpha)+\alpha-3$$

最小值为 $\alpha\approx3.127$，$\boldsymbol{x}\approx[1,-1.126,-0.126]$。

4.3 近似线搜索

与每次迭代都进行精确的线搜索相比，执行下降法的多次迭代通常更有效，尤其是在函数和导数计算开销较大的情况下。到目前为止我们所讨论的许多方法都可以使用近似线搜索，以少量计算找到合适的步长。由于下降方法必须下降，如果步长 α 导致目标函数值减小，则步长 α 可能是合适的。但是，为了更快收敛，我们可以添加各种其他条件。

充分下降条件$^{\ominus}$要求步长使目标函数值充分减小：

55 $$f(\boldsymbol{x}^{(k+1)})\leqslant f(\boldsymbol{x}^{(k)})+\beta\alpha\,\nabla_{\boldsymbol{d}^{(k)}}f(\boldsymbol{x}^{(k)}) \tag{4.4}$$

其中 $\beta\in[0,1]$，通常令 $\beta=1\times10^{-4}$。图 4.1 说明了这种情况。如果 $\beta=0$，那么任何下降都是

⊖ 我们将在第 17 章中讨论在有噪声和其他形式的不确定性时的优化。

⊖ 这种条件被称为 Armijo 条件。

可以接受的。如果 $\beta=1$，则下降量必须至少与一阶近似预测值相同。

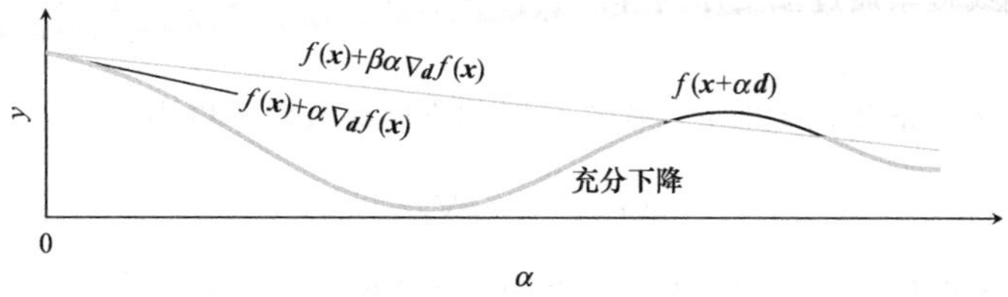

图 4.1 总是可以沿着下降方向使用足够小的步长来满足充分下降条件，即第一个 Wolfe 条件

如果 $\boldsymbol{d}$ 是有效的下降方向，则必须存在一个满足充分下降条件的足够小的步长。因此，我们可以以大的步长开始，并且通过恒定的缩减因子将其减小至满足充分下降条件。因为该算法沿着下降方向回溯，所以被称为**回溯线搜索**[⊖]。回溯线搜索如图 4.2 所示，并在算法 4.2 中实现。我们完成了例 4.2 中的过程。

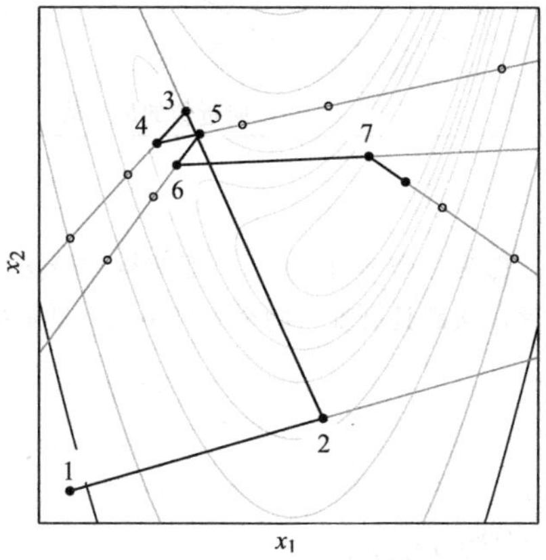

图 4.2 在 Rosenbrok 函数上使用的回溯线搜索（附录 B.6 节）。黑色的线表示下降法的七个迭代，红色的线表示每一次线搜索中考虑的点（见彩插）

算法 4.2 回溯线搜索算法，取目标函数 f 的梯度为∇f，当前设计点为 x，下降方向为 d，最大步长为α。我们可以选择指定缩减因子 p 和第一个 Wolfe 条件参数β

注意，· 是 dot 函数的别名，a · b 等于 dot（a，b）。可以通过键入\cdot 和按 tab 键来创建符号。

```
function backtracking_line_search(f, ∇f, x, d, α; p=0.5, β=1e-4)
    y, g = f(x), ∇f(x)
    while f(x + α*d) > y + β*α*(g⋅d)
        α *= p
    end
    α
end
```

⊖ 也称为 Armijo 线搜索，参见：

L. Armijo, "Minimization of Functions Having Lipschitz Continuous First Partial Derivatives," *Pacific Journal of Mathematics*, vol. 16, no. 1, pp. 1-3, 1966.

第一个条件不足以保证收敛到局部极小值。非常小的步长可以满足第一个条件，但可能导致过早收敛。回溯线搜索通过接受序列降阶获得的最合适步长来避免过早收敛，并且保证收敛到局部极小值。

另一个条件是曲率条件，要求下一次迭代时的方向导数曲率更小：

56

$$\nabla_{\boldsymbol{d}^{(k)}} f(\boldsymbol{x}^{(k+1)}) \geqslant \sigma \nabla_{\boldsymbol{d}^{(k)}} f(\boldsymbol{x}^{(k)}) \tag{4.5}$$

其中 σ 控制下一个方向导数的深度。图 4.3 和图 4.4 说明了这种情况。当用共轭梯度法进行近似线搜索时，通常设 $\beta<\sigma<1$ 且 $\sigma=0.1$；当用牛顿法进行近似线搜索时，通常设 $\beta<\sigma<1$ 且 $\sigma=0.9$[⊖]。

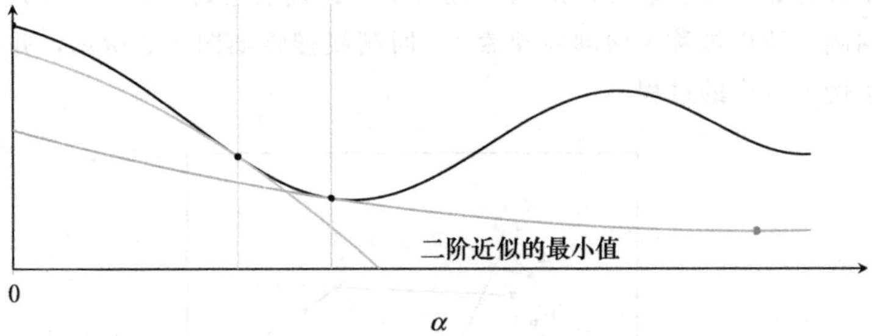

图 4.3 曲率条件，即第二个 Wolfe 条件，是确保二阶函数近似具有正曲率的必要条件，从而具有唯一的全局极小值（见彩插）

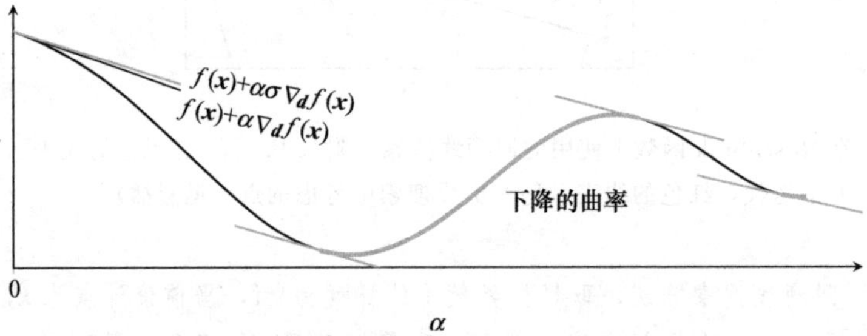

图 4.4 满足曲率条件的区域（见彩插）

曲率条件的替代方案是强 Wolfe 条件，这是一个更严格的标准，因为斜率不能太正：

$$|\nabla_{\boldsymbol{d}^{(k)}} f(\boldsymbol{x}^{(k+1)})| \leqslant -\sigma \nabla_{\boldsymbol{d}^{(k)}} f(\boldsymbol{x}^{(k)}) \tag{4.6}$$

图 4.5 说明了这种情况。

总之，充分下降条件和第一曲率条件形成 Wolfe 条件。充分条件通常被称为第一个 Wolfe 条件，曲率条件被称为第二个 Wolfe 条件。具有第二曲率条件的充分下降条件形成强 Wolfe 条件。

⊖ 共轭梯度法将在 5.2 节中介绍，而牛顿法将在 6.1 节中介绍。

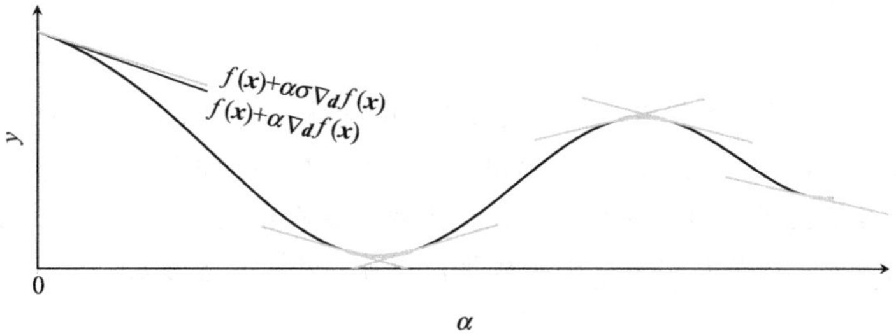

图 4.5 满足强曲率条件的区域（见彩插）

满足强 Wolfe 条件需要更复杂的算法，即强回溯线搜索法（算法 4.3）[⊖]。该方法分两个阶段进行。第一阶段为区间法阶段，连续测试较大的步长以包含区间 $[\alpha^{(k-1)}, \alpha^{(k)}]$，保证包含满足 Wolfe 条件的步长。

例 4.2 回溯线搜索（一种近似线搜索方法）的一个例子

考虑对函数 $f(x_1, x_2) = x_1^2 + x_1x_2 + x_2^2$ 在区间 $\boldsymbol{x} = [1, 2]$ 沿 $\boldsymbol{d} = [-1, -1]$ 方向做近似线搜索，使用的最大步长为 10，缩减因子为 0.5，第一个 Wolfe 条件参数 $\beta = 1\times10^{-4}$，第二个 Wolfe 条件参数 $\sigma = 0.9$。

我们检查最大步长是否满足第一个 Wolfe 条件，其中 $\boldsymbol{x}$ 处的梯度为 $\boldsymbol{g} = [4, 5]$：

$$f(\boldsymbol{x}+\boldsymbol{d}) \leqslant f(\boldsymbol{x}) + (\boldsymbol{g}^\top \boldsymbol{d})$$

$$f([1,2]+10\cdot[-1,-1]) \leqslant 7+1\times10^{-4}\cdot 10\cdot[4,5]^\top[-1,-1]$$

$$217 \leqslant 6.991$$

显然不满足条件。

步长乘以 0.5 得到 5，再次检查第一个 Wolfe 条件：

$$f([1,2]+5\cdot[-1,-1]) \leqslant 7+1\times10^{-4}\cdot 5\cdot[4,5]^\top[-1,-1]$$

$$37 \leqslant 6.996$$

依然不满足条件。

步长乘以 0.5 得到 2.5，再次检查第一个 Wolfe 条件：

$$f([1,2]+2.5\cdot[-1,-1]) \leqslant 7+1\times10^{-4}\cdot 2.5\cdot[4,5]^\top[-1,-1]$$

$$3.25 \leqslant 6.998$$

第一个 Wolfe 条件得到满足。

根据第二个 Wolfe 条件检查候选设计点 $\boldsymbol{x}' = \boldsymbol{x} + \alpha\boldsymbol{d} = [-1.5, -0.5]$：

$$\nabla_d f(\boldsymbol{x}') \geqslant \sigma\nabla_d f(\boldsymbol{x})$$

$$[-3.5, -2.5]^\top[-1,-1] \geqslant \sigma[4,5]^\top[-1,-1]$$

$$6 \geqslant -8.1$$

⊖ J. Nocedal and S. J. Wright, *Numerical Optimization*, 2nd ed. Springer, 2006.

57~59 第二个 Wolfe 条件得到满足。

近似线搜索终止于 $\boldsymbol{x}=[-1.5, -0.5]$。

算法 4.3 进行强回溯近似线搜索，以满足强 Wolfe 条件。输入目标函数 f、梯度函数∇、设计点 x、线搜索方向 d、初始步长α以及 Wolfe 条件参数β和σ。算法的包围阶段首先包含一个区间，该区间包含满足强 Wolfe 条件的步长。然后它会在缩放阶段缩小这个区间内的间隔，直到找到合适的步长。我们用二分法进行插值，也可以使用其他方法

```
function strong_backtracking(f, ∇, x, d; α=1, β=1e-4, σ=0.1)
    y0, g0, y_prev, α_prev = f(x), ∇(x)⋅d, NaN, 0
    αlo, αhi = NaN, NaN

    # bracket phase
    while true
        y = f(x + α*d)
        if y > y0 + β*α*g0 || (!isnan(y_prev) && y ≥ y_prev)
            αlo, αhi = α_prev, α
            break
        end
        g = ∇(x + α*d)⋅d
        if abs(g) ≤ -σ*g0
            return α
        elseif g ≥ 0
            αlo, αhi = α, α_prev
            break
        end
        y_prev, α_prev, α = y, α, 2α
    end

    # zoom phase
    ylo = f(x + αlo*d)
    while true
        α = (αlo + αhi)/2
        y = f(x + α*d)
        if y > y0 + β*α*g0 || y ≥ ylo
            αhi = α
        else
            g = ∇(x + α*d)⋅d
            if abs(g) ≤ -σ*g0
                return α
            elseif g*(αhi - αlo) ≥ 0
                αhi = αlo
            end
            αlo = α
        end
    end
end
```

当满足以下条件之一时，一定包含满足 Wolfe 条件的步长的区间：

$$f(\boldsymbol{x}+\alpha^{(k)}\boldsymbol{d})\geqslant f(\boldsymbol{x}) \tag{4.7}$$

$$f(\boldsymbol{x}^{(k)}+\alpha^{(k)}\boldsymbol{d}^{(k)})>f(\boldsymbol{x}^{(k)})+\beta\alpha^{(k)}\nabla_{\boldsymbol{d}^{(k)}}f(\boldsymbol{x}^{(k)}) \tag{4.8}$$

$$\nabla f(\boldsymbol{x}+\alpha^{(k)}\boldsymbol{d})\geqslant\boldsymbol{0} \tag{4.9}$$

满足等式(4.8)相当于违反第一个 Wolfe 条件，缩小步长可以确保步长合适。类似地，等

式(4.7) 和等式(4.9) 保证下降步长超过局部极小值，因此它们之间的区域必须包含合适的步长。

图 4.6 显示了对于示例线搜索，每个包围法条件的正确位置。图中显示了包围区间 [0，α]，而高级回溯线搜索则连续增加步长以获得包围区间 [$\alpha^{(k-1)}$，$\alpha^{(k)}$]。

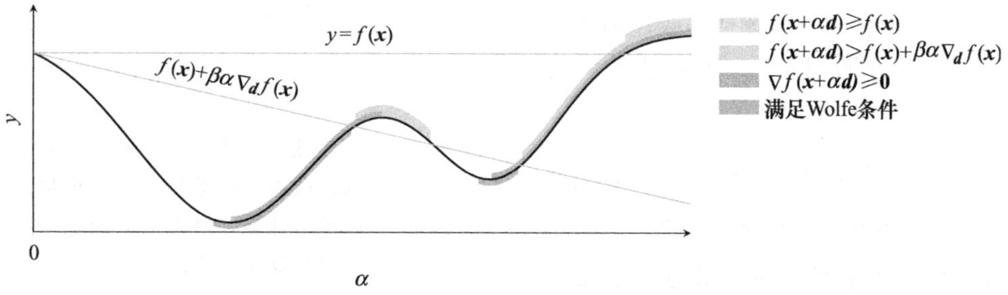

图 4.6 当这三个条件中的任何一个为真时，区间 [0，α] 一定包含满足强 Wolfe 条件的步长的区间（见彩插）

在缩放阶段，缩小区间以找到满足强 Wolfe 条件的步长。可以使用二分法（3.7 节）完成收缩，根据相同的区间条件更新区间边界。这个过程如图 4.7 所示。

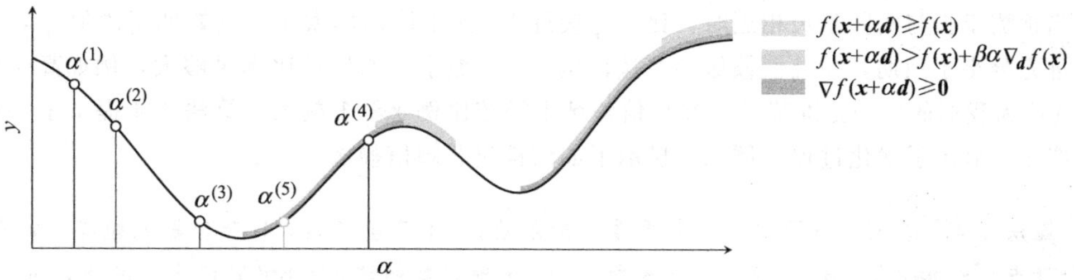

图 4.7 用黑色空心圆圈表示的强回溯线搜索的第一阶段用于包围区间。在这种情况下，触发条件$\nabla f(\boldsymbol{x}+\alpha^{(4)}\boldsymbol{d})\geq \boldsymbol{0}$，使得包围区间为 [$\alpha^{(3)}$，$\alpha^{(4)}$]。用红色空心圆圈表示的缩放阶段缩小包围区间，直到找到合适的步长（见彩插）

4.4 信赖域方法

下降法可能过于相信一阶或二阶信息，这可能导致步长过大或过早收敛。信赖域[⊖]是设计空间内的局部区域，在该区域内，局部模型被认为是可靠的。信赖域方法（也称为限制步骤方法）维护信赖域的局部模型，该模型既限制传统线搜索所采取的步骤，又预测与采取步骤相关的改进。如果改进与预测值非常接近，则扩展信赖域。如果改进偏离预测值，则缩小信赖域[⊜]。图 4.8 显示了一个以圆形信赖域为中心的设计点。

⊖ K. Levenberg, "A Method for the Solution of Certain Non-Linear Problems in Least Squares," *Quarterly of Applied Mathematics*, vol. 2, no. 2, pp. 164-168, 1944.

⊜ 最近对信赖域方法的评估由 Y. X. Yuan 提出，参见：
"Recent Advances in Trust Region Algorithms," *Mathematical Programming*, vol. 151, no. 1, pp. 249-281, 2015.

信赖域方法首先选择最大步长，然后选择步进方向，这与首先选择步进方向然后优化步长的线搜索方法形成对比。信赖域方法通过最小化以当前设计点 $\boldsymbol{x}$ 为中心的信赖域上目标函数 $\hat{f}$ 的模型来找到下一步。$\hat{f}$ 的一个例子是二阶泰勒近似（见附录 C.2 节）。信赖域的半径 δ 基于模型预测功能评估的程度而扩展和收缩。下一个设计点 $\boldsymbol{x}'$ 是通过求解得到的：

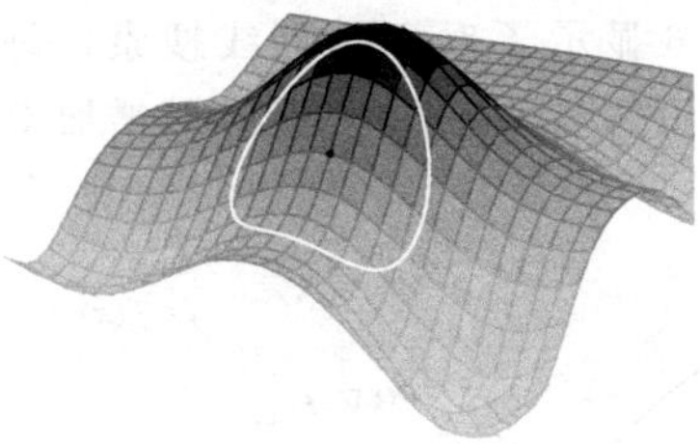

图 4.8　信赖域方法将下一步限制在局部区域内。根据目标函数模型的预测性能，对可信区域进行扩展和收缩（见彩插）

$$
\begin{aligned}
\underset{\boldsymbol{x}'}{\text{minimize}} \quad & \hat{f}(\boldsymbol{x}') \\
\text{s. t.} \quad & \|\boldsymbol{x}-\boldsymbol{x}'\| \leqslant \delta
\end{aligned} \tag{4.10}
$$

60~62 其中信赖域由正半径 δ 和向量范数定义[⊖]。上面的等式是一个约束优化问题，将在第 10 章中介绍。

信赖域半径 δ 基于局部模型的预测性能来扩展或收缩。信赖域方法将预测改进 $\Delta y_{\text{pred}}=f(\boldsymbol{x})-\hat{f}(\boldsymbol{x}')$ 与实际改进 $\Delta y_{\text{act}}=f(\boldsymbol{x})-f(\boldsymbol{x}')$ 进行比较：

$$
\eta=\frac{\text{实际改进}}{\text{预测改进}}=\frac{f(\boldsymbol{x})-f(\boldsymbol{x}')}{f(\boldsymbol{x})-\hat{f}(\boldsymbol{x}')} \tag{4.11}
$$

当预测步长与实际步长相近时，比率 η 接近 1。如果该比率太小，例如低于阈值 η_1，则认为改进充分小于预期，并且信赖域半径按比例 $\gamma_1<1$ 缩小。如果该比率足够大，例如高于阈值 η_2，则认为我们的预测是准确的，并且信赖域半径按比例 $\gamma_2>1$ 放大。算法 4.4 提供了一种实现，图 4.9 显示了优化过程。例 4.3 显示了如何构建非圆信赖域。

算法 4.4　信赖域下降法，其中 f 是目标函数，∇f 产生导数，H 产生黑塞矩阵，x 是初始设计点，k_max 是迭代次数。可选参数η1 和η2 确定信赖域半径δ何时增大或减小，并且γ1 和γ2 控制变化的大小。必须提供 solve_trust_region_subproblem 的实现，该实现求解了式(4.10)。我们提供了一个示例实现，它使用了一个关于 x0 的二阶泰勒近似，并带有一个圆形信赖域

```
function trust_region_descent(f, ∇f, H, x, k_max;
    η1=0.25, η2=0.5, γ1=0.5, γ2=2.0, δ=1.0)
    y = f(x)
    for k in 1 : k_max
        x′, y′ = solve_trust_region_subproblem(∇f, H, x, δ)
        r = (y - f(x′)) / (y - y′)
        if r < η1
            δ *= γ1
        else
            x, y = x′, y′
```

⊖ 求解式(4.10) 有多种有效方法。有关应用于二次模型的信赖域方法的概述，请参阅：D. C. Sorensen, "Newton's Method with a Model Trust Region Modification," *SIAM Journal on Numerical Analysis*, vol. 19, no. 2, pp. 409-426, 1982.

```
            if r > η2
                δ *= γ2
            end
        end
    end
    return x
end

using Convex
function solve_trust_region_subproblem(∇f, H, x0, δ)
    x = Variable(length(x0))
    p = minimize(∇f(x0)⋅(x-x0) + quadform(x-x0, H(x0))/2)
    p.constraints += norm(x-x0) <= δ
    solve!(p)
    return (x.value, p.optval)
end
```

63~64

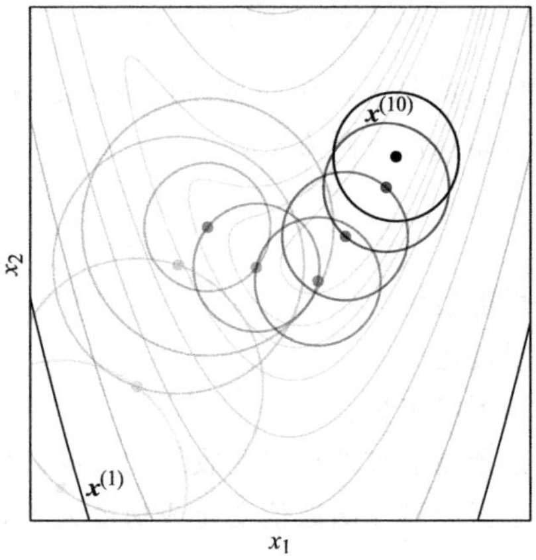

图4.9 Rosenbrock 函数上使用的信赖域优化（附录 B.6 节）（见彩插）

例 4.3 信赖域优化不需要使用圆形信赖域[⊖]

信赖域不必是圆形的。在某些情况下，某些方向可能比其他方向更受信任。

可以构造一个范数来产生椭圆区域：

$$\|\boldsymbol{x}-\boldsymbol{x}_0\|_{\boldsymbol{E}}=(\boldsymbol{x}-\boldsymbol{x}_0)^{\top}\boldsymbol{E}(\boldsymbol{x}-\boldsymbol{x}_0)$$

某中 $\boldsymbol{E}$ 是定义椭圆的对称矩阵。

椭圆矩阵 $\boldsymbol{E}$ 可以随着每次下降迭代而更新，这可能涉及比缩放可信区域更复杂的调整。 65

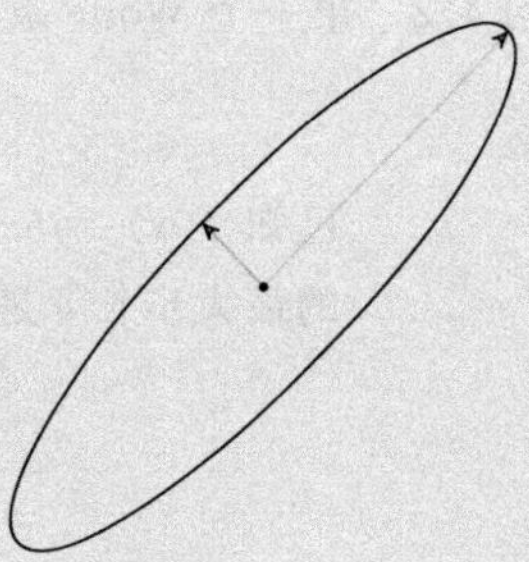

⊖ 更多细节见：

J. Nocedal and S. J. Wright, "Trust-Region Methods," *Numerical Optimization*. Springer, 2006, pp. 66-100.

4.5 终止条件

下降方向法有四种常见的终止条件。

- 最大迭代次数。当迭代次数 k 超过某个阈值$k_{\max}$时终止，或者在超过最大运行时间后终止。

$$k>k_{\max} \tag{4.12}$$

- 绝对改进。此终止条件查看后续步骤中函数值的变化，如果变化小于给定阈值，则终止：

$$f(\boldsymbol{x}^{(k)})-f(\boldsymbol{x}^{(k+1)})<\varepsilon_a \tag{4.13}$$

- 相对改进。此终止条件会查看函数值的变化，但使用相对于当前函数值的步长因子：

$$f(\boldsymbol{x}^{(k)})-f(\boldsymbol{x}^{(k+1)})<\varepsilon_r\,|\,f(\boldsymbol{x}^{(k)})\,| \tag{4.14}$$

- 梯度大小。也可以根据梯度的大小来判断是否终止：

$$\|\nabla f(\boldsymbol{x}^{(k+1)})\|<\varepsilon_g \tag{4.15}$$

在可能存在多个局部极小值的情况下，在满足终止条件之后合并随机重启可能是有益的，其中从随机选择的初始点重新开始局部下降方法。

4.6 小结

- 使用下降方向法逐渐下降到局部最优。
- 在线搜索期间可以应用单变量优化。
- 近似线搜索可用于识别适当的下降步长。
- 信赖域方法将步长限制在基于预测准确性扩展或收缩的局部区域内。
- 下降方法的终止条件可以基于诸如目标函数值变化或梯度大小等标准。

4.7 练习

66 **练习 4.1** 为什么有多个终止条件很重要？

练习 4.2 第一个 Wolfe 条件需要

$$f(\boldsymbol{x}^{(k)}+\alpha\boldsymbol{d}^{(k)})\leqslant f(\boldsymbol{x}^{(k)})+\beta\alpha\nabla_{\boldsymbol{d}^{(k)}}f(\boldsymbol{x}^{(k)}) \tag{4.16}$$

67~68 已知 $f(\boldsymbol{x})=5+x_1^2+x_2^2$，$\boldsymbol{x}^{(k)}=[-1,-1]$，$\boldsymbol{d}=[1,0]$，$\beta=10^{-4}$，满足该条件的最大步长 α 是多少？

一阶方法

前一章介绍了下降方向法的一般概念。本章将讨论使用一阶方法选择适当下降方向的各种算法。一阶方法依赖于梯度信息来引导搜索最小值，可以使用第 2 章中概述的方法获得最小值。

5.1 梯度下降

下降方向 $\boldsymbol{d}$ 的直观选择是选择最速下降方向。只要目标函数光滑，步长足够小，并且还没有到达梯度为零的点[⊖]，那么沿着最速下降方向，函数值一定会减小。最速下降方向是与梯度 ∇f 相反的方向，因此称为梯度下降。为方便起见，我们定义

$$\boldsymbol{g}^{(k)}=\nabla f(\boldsymbol{x}^{(k)}) \tag{5.1}$$

其中 $\boldsymbol{x}^{(k)}$ 是第 k 次下降迭代的设计点。

在梯度下降中，我们通常将最速下降的方向标准化（参见例 5.1）：

$$\boldsymbol{d}^{(k)}=-\frac{\boldsymbol{g}^{(k)}}{\|\boldsymbol{g}^{(k)}\|} \tag{5.2}$$

如果选择能使 f 在最大程度上减小的步长，则会产生锯齿状搜索路径。实际上，下一个方向将始终与当前方向正交。说明如下：

例 5.1 计算梯度下降方向

假设我们有 $f(\boldsymbol{x})=x_1x_2^2$。梯度是 $\nabla f=[x_2^2, 2x_1x_2]$。对 $\boldsymbol{x}^{(k)}=[1, 2]$，我们得到了一个非标准化的最速下降方向 $\boldsymbol{d}=[-4, 4]$，将其标准化为 $\boldsymbol{d}=[-\frac{1}{\sqrt{2}}, -\frac{1}{\sqrt{2}}]$。

如果在每一步都优化步长，就有

$$\alpha^{(k)}=\arg\min_{\alpha} f(\boldsymbol{x}^{(k)}+\alpha\boldsymbol{d}^{(k)}) \tag{5.3}$$

上面的优化意味着方向导数等于零。使用等式(2.9)，有

$$\nabla f(\boldsymbol{x}^{(k)}+\alpha\boldsymbol{d}^{(k)})^{\top}\boldsymbol{d}^{(k)}=0 \tag{5.4}$$

我们知道

$$\boldsymbol{d}^{(k+1)}=-\frac{\nabla f(\boldsymbol{x}^{(k)}+\alpha\boldsymbol{d}^{(k)})}{\|\nabla f(\boldsymbol{x}^{(k)}+\alpha\boldsymbol{d}^{(k)})\|} \tag{5.5}$$

因此，

⊖ 梯度为零的点称为静止点。

$$\boldsymbol{d}^{(k+1)\top}\boldsymbol{d}^{(k)}=0 \tag{5.6}$$

这意味着 $\boldsymbol{d}^{(k+1)}$ 和 $\boldsymbol{d}^{(k)}$ 是正交的。

与下降方向对齐的狭窄凹部不是问题。当下降方向越过凹部时，必须采取多个步骤才能沿着凹部前进，如图 5.1 所示。算法 5.1 实现了梯度下降。

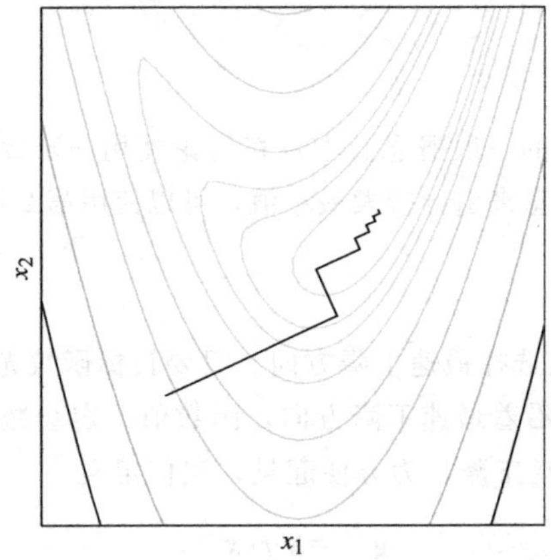

图 5.1 梯度下降可导致狭窄凹部中的锯齿形。在这里我们看到其对 Rosenbrock 函数的影响（附录 B.6 节）（见彩插）

算法 5.1 梯度下降法遵循梯度下降方向，具有固定的学习率。step! 函数产生下一个迭代，而 init 函数不进行任何操作。

```
abstract type DescentMethod end
struct GradientDescent <: DescentMethod
    α
end
init!(M::GradientDescent, f, ∇f, x) = M
function step!(M::GradientDescent, f, ∇f, x)
    α, g = M.α, ∇f(x)
    return x - α*g
end
```

5.2 共轭梯度

梯度下降在狭窄的凹部中表现不佳。共轭梯度法从优化二次函数的方法中借鉴灵感来解决这个问题：

$$\underset{\boldsymbol{x}}{\text{minimize}}\, f(\boldsymbol{x})=\frac{1}{2}\boldsymbol{x}^\top \boldsymbol{A}\boldsymbol{x}+\boldsymbol{b}^\top \boldsymbol{x}+c \tag{5.7}$$

70~71 其中 $\boldsymbol{A}$ 是对称且正定的，因此 f 具有唯一的局部极小值（1.6.2 节）。

共轭梯度法可以在 n 步中优化 n 维二次函数，如图 5.2所示。方向与 $\boldsymbol{A}$ 互共轭：

$$\boldsymbol{d}^{(i)\top}\boldsymbol{A}\boldsymbol{d}^{(j)}=0, \text{对于所有 } i\neq j \tag{5.8}$$

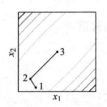

图 5.2 当应用于 n 维二次函数时，共轭梯度下降 n 步收敛（见彩插）

互共轭向量是 **A** 的基本向量，它们通常彼此不正交。

使用梯度信息和先前的下降方向计算连续的共轭方向。该算法从最速下降方向开始，

$$\boldsymbol{d}^{(1)}=-\boldsymbol{g}^{(1)} \tag{5.9}$$

然后，使用线搜索找到下一个设计点。对于二次函数，可以精确计算步长因子 α（例 5.2）。然后更新为：

$$\boldsymbol{x}^{(2)}=\boldsymbol{x}^{(1)}+\alpha^{(1)}\boldsymbol{d}^{(1)} \tag{5.10}$$

例 5.2 二次函数上线搜索的最佳步长因子

假设我们要导出二次函数上线搜索的最佳步长因子：

$$\underset{\alpha}{\text{minimize}}\, f(\boldsymbol{x}+\alpha\boldsymbol{d})$$

我们可以计算关于 α 的导数：

$$\begin{aligned}\frac{\partial f(\boldsymbol{x}+\alpha\boldsymbol{d})}{\partial\alpha}&=\frac{\partial}{\partial\alpha}\left[\frac{1}{2}(\boldsymbol{x}+\alpha\boldsymbol{d})^{\top}\boldsymbol{A}(\boldsymbol{x}+\alpha\boldsymbol{d})+\boldsymbol{b}^{\top}(\boldsymbol{x}+\alpha\boldsymbol{d})+c\right]\\&=\boldsymbol{d}^{\top}\boldsymbol{A}(\boldsymbol{x}+\alpha\boldsymbol{d})+\boldsymbol{d}^{\top}\boldsymbol{b}\\&=\boldsymbol{d}^{\top}(\boldsymbol{A}\boldsymbol{x}+\boldsymbol{b})+\alpha\boldsymbol{d}^{\top}\boldsymbol{A}\boldsymbol{d}\end{aligned}$$

设 $\frac{\partial f(\boldsymbol{x}+\alpha\boldsymbol{d})}{\partial\alpha}=0$，则有

$$\alpha=-\frac{\boldsymbol{d}^{\top}(\boldsymbol{A}\boldsymbol{x}+\boldsymbol{b})}{\boldsymbol{d}^{\top}\boldsymbol{A}\boldsymbol{d}}$$

随后的迭代根据下一个梯度和当前下降方向的作用选择 $\boldsymbol{d}^{(k+1)}$：

$$\boldsymbol{d}^{(k+1)}=-\boldsymbol{g}^{(k+1)}+\beta^{(k)}\boldsymbol{d}^{(k)} \tag{5.11}$$ 72

标量参数为 β。β 值越大，表示先前下降方向的作用越大。

已知 **A**，利用 $\boldsymbol{d}^{(k+1)}$ 与 $\boldsymbol{d}^{(k)}$ 共轭这一事实，我们可以得出 β 的最佳值：

$$\boldsymbol{d}^{(k+1)\top}\boldsymbol{A}\boldsymbol{d}^{(k)}=0 \tag{5.12}$$

$$\Rightarrow(-\boldsymbol{g}^{(k+1)}+\beta^{(k)}\boldsymbol{d}^{(k)})^{\top}\boldsymbol{A}\boldsymbol{d}^{(k)}=0 \tag{5.13}$$

$$\Rightarrow-\boldsymbol{g}^{(k+1)\top}\boldsymbol{A}\boldsymbol{d}^{(k)}+\beta^{(k)}\boldsymbol{d}^{(k)\top}\boldsymbol{A}\boldsymbol{d}^{(k)}=0 \tag{5.14}$$

$$\Rightarrow\beta^{(k)}=\frac{\boldsymbol{g}^{(k+1)\top}\boldsymbol{A}\boldsymbol{d}^{(k)}}{\boldsymbol{d}^{(k)\top}\boldsymbol{A}\boldsymbol{d}^{(k)}} \tag{5.15}$$

共轭梯度法也可以应用于非二次函数。光滑的连续函数表现为接近局部极小值的二次函数，共轭梯度法在这类区域收敛速度很快。

不幸的是，我们不知道 **A** 在 $\boldsymbol{x}^{(k)}$ 附近最接近 f 的值。相反，$\beta^{(k)}$ 的几种选择往往效果良好：

Fletcher-Reeves[⊖]：

$$\beta^{(k)}=\frac{\boldsymbol{g}^{(k)\top}\boldsymbol{g}^{(k)}}{\boldsymbol{g}^{(k-1)\top}\boldsymbol{g}^{(k-1)}} \tag{5.16}$$

⊖ R. Fletcher and C. M. Reeves, "Function Minimization by Conjugate Gradients," *The Computer Journal*, vol. 7, no. 2, pp. 149-154, 1964.

Polak-Ribière[⊖]：

$$\beta^{(k)}=\frac{\boldsymbol{g}^{(k)\top}(\boldsymbol{g}^{(k)}-\boldsymbol{g}^{(k-1)})}{\boldsymbol{g}^{(k-1)\top}\boldsymbol{g}^{(k-1)}} \tag{5.17}$$

如果我们将其修改为允许自动重置，则可以保证 Polak-Ribière 方法（算法 5.2）的收敛性：

$$\beta \leftarrow \max(\beta, 0) \tag{5.18}$$

73 图 5.3 显示了使用此方法的示例搜索。

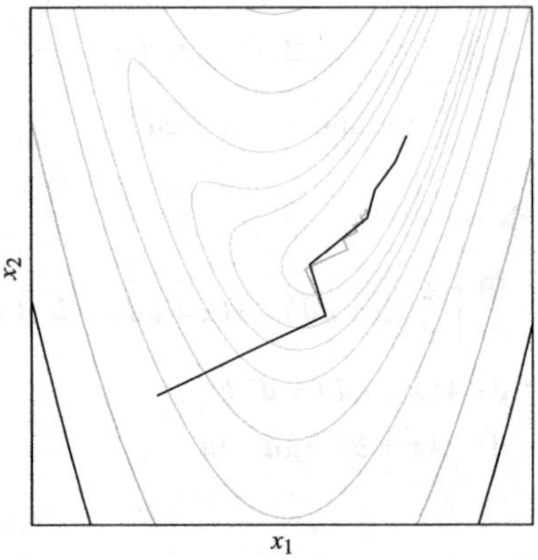

图 5.3　有 Polak-Ribière 更新的共轭梯度法。梯度下降以灰线显示（见彩插）

算法 5.2　有 Polak-Ribière 更新的共轭梯度法，其中 d 是之前的搜索方向，g 是之前的梯度

```
mutable struct ConjugateGradientDescent <: DescentMethod
    d
    g
end
function init!(M::ConjugateGradientDescent, f, ∇f, x)
    M.g = ∇f(x)
    M.d = -M.g
    return M
end
function step!(M::ConjugateGradientDescent, f, ∇f, x)
    d, g = M.d, M.g
    g′ = ∇f(x)
    β = max(0, dot(g′, g′-g)/(g·g))
    d′ = -g′ + β*d
    x′ = line_search(f, x, d′)
    M.d, M.g = d′, g′
    return x′
end
```

74

5.3　动量

如果图 5.4 所示，梯度下降需要很长时间才能穿越几乎平坦的表面。让动量积累是加快进度

⊖ E. Polak and G. Ribière, "Notesur la Convergence de Méthodes de Directions Conjuguées," *Revue Françise d'informatique etde Recherche Opérationnelle*, *Série Rouge*, vol. 3, no. 1, pp. 35-43, 1969.

的一种方法。我们可以修改梯度下降以合并动量。

动量更新方程为：

$$\boldsymbol{v}^{(k+1)}=\beta\boldsymbol{v}^{(k)}-\alpha\boldsymbol{g}^{(k)} \tag{5.19}$$

$$\boldsymbol{x}^{(k+1)}=\boldsymbol{x}^{(k)}+\boldsymbol{v}^{(k+1)} \tag{5.20}$$

若 $\beta=0$，则恢复梯度下降。动量可以解释为一个球滚下一个几乎水平的斜面。在重力作用下，球自然会聚集动量，就像在这种下降方法中，梯度会导致动量累积一样。算法 5.3 提供了一种实现。图 5.5 将动量下降与梯度下降进行了比较。

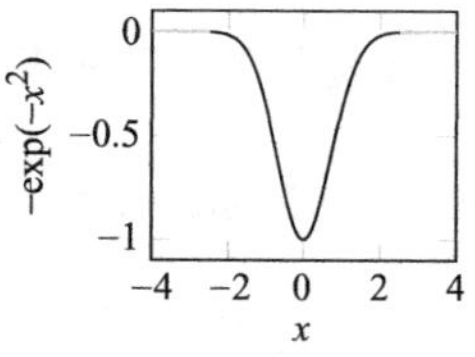

图 5.4　几乎平坦的区域具有较小幅度的梯度，因此可能需要多次梯度下降迭代才能遍历

算法 5.3　动量法用于加速下降

step! 的第一行复制标量α和β，创建对向量 v 的引用。因此，下面一行 v [:] =β * v−α * g 修改结构 M 中的原始动量向量

```
mutable struct Momentum <: DescentMethod
    α # learning rate
    β # momentum decay
    v # momentum
end
function init!(M::Momentum, f, ∇f, x)
    M.v = zeros(length(x))
    return M
end
function step!(M::Momentum, f, ∇f, x)
    α, β, v, g = M.α, M.β, M.v, ∇f(x)
    v[:] = β*v - α*g
    return x + v
end
```

75

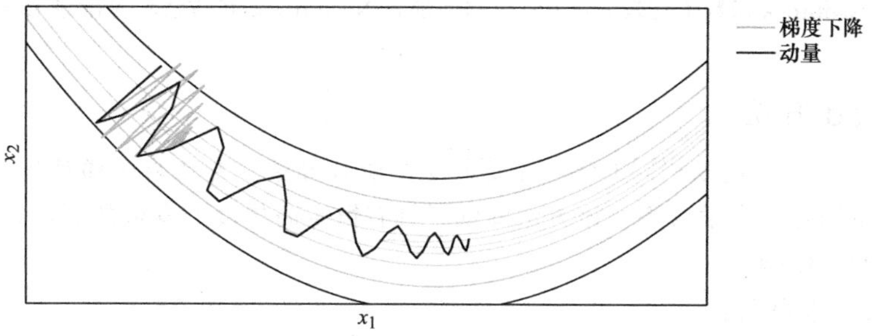

图 5.5　在 Rosenbrock 函数上比较 b=100 时的梯度下降和动量法；见附录 B.6 节（见彩插）

5.4　Nesterov 动量

动量的问题之一是步子在凹部底部的速度不够慢，并可能超出底部，Nesterov 动量修改动量算法[⊖]以在预测的未来位置使用梯度：

⊖ Y. Nesterov, "A Method of Solving a Convex Programming Problemwith Convergence Rate $O(1/k_2)$," *Soviet Mathematics Doklady*, vol. 27, no. 2, pp. 543-547, 1983.

$$v^{(k+1)}=\beta v^{(k)}-\alpha\nabla f(x^{(k)}+\beta v^{(k)}) \tag{5.21}$$

$$x^{(k+1)}=x^{(k)}+v^{(k+1)} \tag{5.22}$$

算法 5.4 提供了一种实现。图 5.6 比较了 Nesterov 动量和动量下降法。

算法 5.4 Nesterov 的加速下降动量法

```
mutable struct NesterovMomentum <: DescentMethod
    α # learning rate
    β # momentum decay
    v # momentum
end
function init!(M::NesterovMomentum, f, ∇f, x)
    M.v = zeros(length(x))
    return M
end
function step!(M::NesterovMomentum, f, ∇f, x)
    α, β, v = M.α, M.β, M.v
    v[:] = β*v - α*∇f(x + β*v)
    return x + v
end
```

76

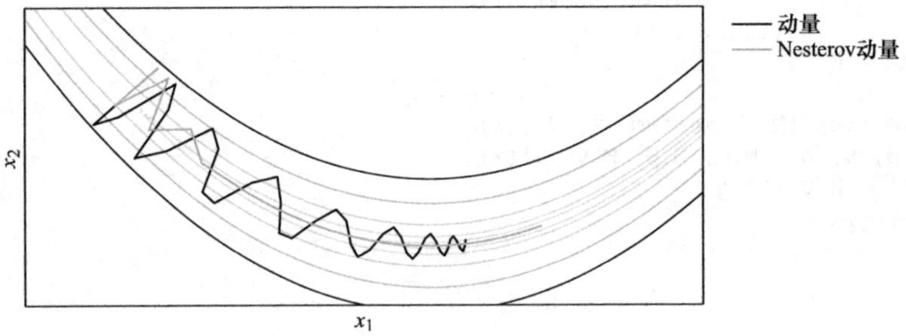

图 5.6 在 Rosenbrock 函数上比较 $b=100$ 时的动量和 Nesterov 动量方法；见附录 B.6 节（见彩插）

5.5 Adagrad 方法

动量和 Nesterov 动量以相同的学习率更新 $\boldsymbol{x}$ 的所有分量。自适应子梯度法（Adagrad）[⊖] 针对 $\boldsymbol{x}$ 的每个分量制定一个学习率。该方法降低了具有恒定高梯度的参数的影响，从而增强了不经常更新的参数的影响[⊜]。

Adagrad 更新步骤为：

$$x_i^{(k+1)}=x_i^{(k)}-\frac{\alpha}{\varepsilon+\sqrt{s_i^{(k)}}}g_i^{(k)} \tag{5.23}$$

其中 $\boldsymbol{s}^{(k)}$ 是一个向量，其第 i 项是相对于 x_i，从 1 到时间步长 k 的部分平方的和。

⊖ J. Duchi, E. Hazan, and Y. Singer, "Adaptive Subgradient Methods for Online Learning and Stochastic Optimization," *Journal of Machine Learning Research*, vol. 12, pp. 2121-2159, 2011.

⊜ 当梯度稀疏时，Adagrad 表现最好。原始论文使用随机梯度下降，它从每次迭代中随机挑选出一批训练数据来计算梯度。许多针对实际问题的深度学习数据集会产生稀疏梯度，其中某些特征的发生频率远低于其他特征。

$$s_i^{(k)} = \sum_{j=1}^{k} (g_i^{(j)})^2 \tag{5.24}$$

ε 是一个小数值，约为 1×10^{-8}，以防止被零除。

Adagrad 对学习率参数 α 的敏感度要低得多。学习率参数通常设置为默认值 0.01。Adagrad的主要弱点是 $\boldsymbol{s}$ 的每个分量都严格不变。累积和会导致有效学习率在训练过程中降低，它在收敛之前通常会变得无穷小。算法 5.5 提供了一种实现。 77

算法 5.5 Adagrad 加速下降法

```
mutable struct Adagrad <: DescentMethod
    α # learning rate
    ϵ # small value
    s # sum of squared gradient
end
function init!(M::Adagrad, f, ∇f, x)
    M.s = zeros(length(x))
    return M
end
function step!(M::Adagrad, f, ∇f, x)
    α, ϵ, s, g = M.α, M.ϵ, M.s, ∇f(x)
    s[:] += g.*g
    return x - α*g ./ (sqrt.(s) .+ ϵ)
end
```

5.6 RMSProp

RMSProp[㊀] 对 Adagrad 进行了扩展，避免了学习率单调下降的影响。RMSProp 保持平方梯度的衰减平均值。该平均值根据以下内容更新[㊁]：

$$\hat{\boldsymbol{s}}^{(k+1)} = \gamma\hat{\boldsymbol{s}}^{(k)} + (1-\gamma)(\boldsymbol{g}^{(k)} \odot \boldsymbol{g}^{(k)}) \tag{5.25}$$

其中衰减值 $\gamma\in[0, 1]$，通常接近 0.9。

之前的平方梯度的衰减平均值可以代入 RMSProp 的更新方程[㊂]：

$$x_i^{(k+1)} = x_i^{(k)} - \frac{\alpha}{\varepsilon + \sqrt{\hat{s}_i^{(k)}}} g_i^{(k)} \tag{5.26}$$

$$= x_i^{(k)} - \frac{\alpha}{\varepsilon + \mathrm{RMS}(g_i)} g_i^{(k)} \tag{5.27}$$

算法 5.6 提供了一种实现。 78

算法 5.6 RMSProp 加速下降法

```
mutable struct RMSProp <: DescentMethod
    α # learning rate
    γ # decay
    ϵ # small value
    s # sum of squared gradient
```

㊀ RMSProp 尚未发布，它来自 Geoff Hinton 的 Coursera 课程的第 6 讲。

㊁ 操作 $\boldsymbol{a}\cdot\boldsymbol{b}$ 是向量 $\boldsymbol{a}$ 和 $\boldsymbol{b}$ 之间的逐元素乘积。

㊂ 分母类似于梯度分量的均方根（Root Mean Square，RMS）。在本章中，我们使用 RMS（x）来指代 x 的时间序列的衰减均方根。

```
end
function init!(M::RMSProp, f, ∇f, x)
    M.s = zeros(length(x))
    return M
end
function step!(M::RMSProp, f, ∇f, x)
    α, γ, ϵ, s, g = M.α, M.γ, M.ϵ, M.s, ∇f(x)
    s[:] = γ*s + (1-γ)*(g.*g)
    return x - α*g ./ (sqrt.(s) .+ ϵ)
end
```

5.7 Adadelta

Adadelta[⊖] 是克服 Adagrad 学习率单调下降的另一种方法。在独立推导 RMSProp 更新后，我注意到更新方程中的梯度下降、动量和 Adagrad 不匹配。为了解决这个问题，我们使用平方更新的指数衰减平均值：

$$x_i^{(k+1)}=x_i^{(k)}-\frac{\mathrm{RMS}(\Delta x_i)}{\varepsilon+\mathrm{RMS}(g_i)}g_i^{(k)} \tag{5.28}$$

这完全消除了学习率参数。算法 5.7 提供了一种实现。

算法 5.7 Adadelta 加速下降法。小常数ϵ也要加到分子上，以防止进度完全衰减到零，并从 $\Delta x=0$ 开始第一次迭代

```
mutable struct Adadelta <: DescentMethod
    γs # gradient decay
    γx # update decay
    ϵ # small value
    s # sum of squared gradients
    u # sum of squared updates
end
function init!(M::Adadelta, f, ∇f, x)
    M.s = zeros(length(x))
    M.u = zeros(length(x))
    return M
end
function step!(M::Adadelta, f, ∇f, x)
    γs, γx, ϵ, s, u, g = M.γs, M.γx, M.ϵ, M.s, M.u, ∇f(x)
    s[:] = γs*s + (1-γs)*g.*g
    Δx = - (sqrt.(u) .+ ϵ) ./ (sqrt.(s) .+ ϵ) .* g
    u[:] = γx*u + (1-γx)*Δx.*Δx
    return x + Δx
end
```

5.8 Adam

自适应矩估计法（Adam）[⊜] 也根据每个参数调整学习率（算法 5.8）。它既保存像 RMSProp

⊖ M. D. Zeiler, "ADADELTA: An Adaptive Learning Rate Method," *ArXiv*, no. 1212.5701, 2012.

⊜ D. Kingma and J. Ba, "Adam: A Method for Stochastic Optimization," *International Conference on Learning Representations* (ICLR), 2015.

和Adadelta这样的指数衰减平方梯度，又保存像动量一样的指数衰减梯度。

将梯度和平方梯度初始化为零会导致偏差。偏差校正步骤可以缓解这个问题⊖。

算法 5.8 Adam 加速下降法

```
mutable struct Adam <: DescentMethod
    α # learning rate
    γv # decay
    γs # decay
    ϵ # small value
    k # step counter
    v # 1st moment estimate
    s # 2nd moment estimate
end
function init!(M::Adam, f, ∇f, x)
    M.k = 0
    M.v = zeros(length(x))
    M.s = zeros(length(x))
    return M
end
function step!(M::Adam, f, ∇f, x)
    α, γv, γs, ϵ, k = M.α, M.γv, M.γs, M.ϵ, M.k
    s, v, g = M.s, M.v, ∇f(x)
    v[:] = γv*v + (1-γv)*g
    s[:] = γs*s + (1-γs)*g.*g
    M.k = k += 1
    v_hat = v ./ (1 - γv^k)
    s_hat = s ./ (1 - γs^k)
    return x - α*v_hat ./ (sqrt.(s_hat) .+ ϵ)
end
```

在每次迭代过程中应用 Adam 的方程是：

有偏差的衰减动量：$\boldsymbol{v}^{(k+1)}=\gamma_v\boldsymbol{v}^{(k)}+(1-\gamma_v)\boldsymbol{g}^{(k)}$ (5.29)

有偏差的衰减平方梯度：$\boldsymbol{s}^{(k+1)}=\gamma_s\boldsymbol{s}^{(k)}+(1-\gamma_s)(\boldsymbol{g}^{(k)}\odot\boldsymbol{g}^{(k)})$ (5.30)

校正后的衰减动量：$\hat{\boldsymbol{v}}^{(k+1)}=\boldsymbol{v}^{(k+1)}/(1-\gamma_v^k)$ (5.31)

校正后的衰减平方梯度：$\hat{\boldsymbol{s}}^{(k+1)}=\boldsymbol{s}^{(k+1)}/(1-\gamma_s^k)$ (5.32)

下一次迭代：$\boldsymbol{x}^{(k+1)}=\boldsymbol{x}^{(k)}-\alpha\hat{\boldsymbol{v}}^{(k+1)}/(\varepsilon+\sqrt{\boldsymbol{s}^{(k+1)}})$ (5.33)

5.9 超梯度下降

加速下降法要么对学习率非常敏感，要么在执行过程中对学习率进行很大的调整。学习率决定了该方法对梯度信号的敏感程度。学习率太高或太低通常会严重影响性能。 79～81

在优化超梯度下降⊜时，我们认识到学习率的导数应该有助于提高优化器的性能。超梯度是对超参数求导。超梯度算法降低了对超参数的敏感度，使其能够更快适应。

⊖ 根据原始论文，较好的默认设置为 $\alpha=0.001$、$\gamma_v=0.9$、$\gamma_s=0.999$ 和 $\varepsilon=1\times10^{-8}$。

⊜ A. G. Baydin, R. Cornish, D. M. Rubio, M. Schmidt, and F. Wood, "Online Learning Rate Adaptation with Hypergradient Descent," *International Conference on Learning Representations* (ICLR), 2018.

超梯度下降将梯度下降应用于基础下降方法的学习率。该方法需要目标函数对于学习率的偏导数。对于梯度下降，该偏导数为：

$$\frac{\partial f(\boldsymbol{x}^{(k)})}{\partial \alpha}=(\boldsymbol{g}^{(k)})^{\top}\frac{\partial}{\partial \alpha}(\boldsymbol{x}^{(k-1)}-\alpha \boldsymbol{g}^{(k-1)}) \tag{5.34}$$

$$=(\boldsymbol{g}^{(k)})^{\top}(-\boldsymbol{g}^{(k-1)}) \tag{5.35}$$

因此，计算超梯度需要跟踪最后一个梯度。生成的更新规则为：

$$\alpha^{(k+1)}=\alpha^{(k)}-\mu\frac{\partial f(\boldsymbol{x}^{(k)})}{\partial \alpha} \tag{5.36}$$

$$=\alpha^{(k)}+\mu(\boldsymbol{g}^{(k)})^{\top}\boldsymbol{g}^{(k-1)} \tag{5.37}$$

其中，μ 是超梯度学习率。

这个推导可以应用于任何基于梯度的下降法，如式(4.1)所示，接下来提供梯度下降（算
82 法 5.9）和 Nesterov 动量（算法 5.10）的超梯度版本的实现。这些方法如图 5.7 所示。

算法 5.9　梯度下降的超梯度形式

```
mutable struct HyperGradientDescent <: DescentMethod
    α0 # initial learning rate
    μ # learning rate of the learning rate
    α # current learning rate
    g_prev # previous gradient
end
function init!(M::HyperGradientDescent, f, ∇f, x)
    M.α = M.α0
    M.g_prev = zeros(length(x))
    return M
end
function step!(M::HyperGradientDescent, f, ∇f, x)
    α, μ, g, g_prev = M.α, M.μ, ∇f(x), M.g_prev
    α = α + μ*(g⋅g_prev)
    M.g_prev, M.α = g, α
    return x - α*g
end
```

算法 5.10　Nesterov 动量下降方法的超梯度形式

```
mutable struct HyperNesterovMomentum <: DescentMethod
    α0 # initial learning rate
    μ # learning rate of the learning rate
    β # momentum decay
    v # momentum
    α # current learning rate
    g_prev # previous gradient
end
function init!(M::HyperNesterovMomentum, f, ∇f, x)
    M.α = M.α0
    M.v = zeros(length(x))
    M.g_prev = zeros(length(x))
    return M
end
function step!(M::HyperNesterovMomentum, f, ∇f, x)
```

83

```
        α, β, μ = M.α, M.β, M.μ
        v, g, g_prev = M.v, ∇f(x), M.g_prev
        α = α - μ*(g⋅(-g_prev - β*v))
        v[:] = β*v + g
        M.g_prev, M.α = g, α
        return x - α*(g + β*v)
    end
```

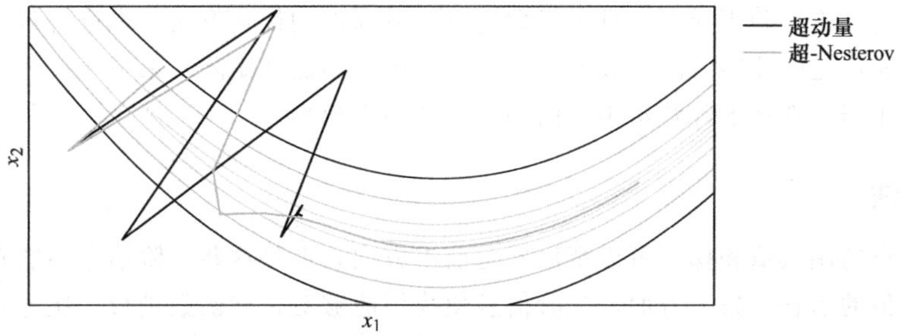

图 5.7 在 Rosenbrock 函数上比较 $b=100$ 时的超动量和超-Nesterov 动量方法；见附录 B.6 节（见彩插）

5.10 小结

- 梯度下降遵循最速下降方向。
- 共轭梯度法可以自动调整到局部最低。
- 有动量的下降方法会朝着有利的方向发展。
- 各种各样的加速下降方法使用特殊技术来加速下降。
- 超梯度下降将梯度下降应用于基础下降方法的学习率。

5.11 练习

练习 5.1 $\boldsymbol{A}$ 是对称矩阵，计算 $\boldsymbol{x}^\top \boldsymbol{A}\boldsymbol{x}+\boldsymbol{b}^\top \boldsymbol{x}$ 的梯度。

练习 5.2 从选择的起点开始，以单位步长对 $f(x)=x^4$ 应用梯度下降。计算两次迭代。

练习 5.3 从 $x^{(1)}=10$，对于 $f(x)=\mathrm{e}^x+\mathrm{e}^{-x}$ 应用一个梯度下降步骤，同时使用单位步长和精确线搜索。

练习 5.4 当函数的局部二次模型在当前点可用时，共轭梯度法还可以用于查找搜索方向 $\boldsymbol{d}$。以 $\boldsymbol{d}$ 为搜索方向，设对称矩阵 $\boldsymbol{H}$ 的模型为 $q(\boldsymbol{d})=\boldsymbol{d}^\top \boldsymbol{H}\boldsymbol{d}+\boldsymbol{b}^\top \boldsymbol{d}+\boldsymbol{c}$。在这种情况下，黑塞矩阵是什么？当 $\boldsymbol{d}=0$ 时，q 的梯度是多少？如果将共轭梯度法应用于二次模型以获取搜索方向 $\boldsymbol{d}$，会出什么问题？ 84

练习 5.5 Nesterov 动量相比动量有所改进吗？

练习 5.6 共轭梯度法以什么方式对最速下降进行改进？

练习 5.7 在共轭梯度下降中，在 $(x, y)=(1, 1)$ 处初始化时，函数 $f(x,y)=x^2+xy+y^2+5$ 初次迭代时的归一化下降方向是什么？经过共轭梯度法两步后的结果是什么？

练习 5.8 有一个多项式函数 f，对于三维欧几里得空间中的所有 $\boldsymbol{x}$，都有 $f(\boldsymbol{x})>2$。假设我们正在使用最速下降，且每一步的步长均已优化，我们想找到 f 的局部极小值。如果步骤 k 的非标准化下降方向是 $[1, 2, 3]$，那么步骤 $k+1$ 的非标准化下降方向是否可能是 $[0, 0, -3]$？为什么是或者为什么不是？ 85~86

第 6 章
Algorithms for Optimization

二阶方法

前一章主要讨论了利用梯度对目标函数进行一阶逼近的优化方法。本章将重点介绍利用二阶逼近（在一元优化中使用二阶导数或在多元优化中使用黑塞矩阵）来引导搜索。这些额外信息可以改进用于指导选择下降算法中方向和步长的局部模型。

6.1 牛顿法

知道设计点的函数值和梯度可以帮助确定前进方向，但是这些一阶信息不能直接帮助确定达到局部极小值的步长。另一方面，二阶信息使我们能够对目标函数进行二次逼近，并逼近正确的步长以达到局部极小值，如图 6.1 所示。正如在第 3 章中通过二次拟合搜索看到的那样，可以分析获得二次逼近具有零梯度的位置。然后，我们可以将该位置用作下一个迭代以逼近局部极小值。

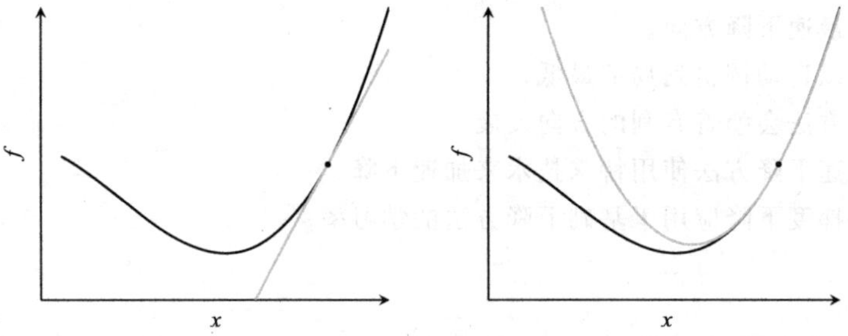

图 6.1　一阶逼近和二阶逼近的比较。碗状二次逼近有唯一一个导数为零的位置

在一元优化中，关于点 $x^{(k)}$ 的二次逼近来自二阶泰勒展开式：

87

$$q(x)=f(x^{(k)})+(x-x^{(k)})f'(x^{(k)})+\frac{(x-x^{(k)})^2}{2}f''(x^{(k)}) \tag{6.1}$$

将导数设置为零并求解根，可以得出牛顿法的更新方程：

$$\frac{\partial}{\partial x}q(x)=f'(x^{(k)})+(x-x^{(k)})f''(x^{(k)})=0 \tag{6.2}$$

$$x^{(k+1)}=x^{(k)}-\frac{f'(x^{(k)})}{f''(x^{(k)})} \tag{6.3}$$

此更新如图 6.2 所示。

牛顿法中的更新规则涉及除以二阶导数。如果二阶导数为零（在二次逼近为水平线时发生），则更新变量不被赋值。当二阶导数非常接近零时，也会出现不稳定性，在这种情况下，下一次迭代将远离当前设计点，远离局部二次逼近有效的地方。牛顿法的局部逼近能力差，导致性能差。图 6.3 显示了三种失败情况。

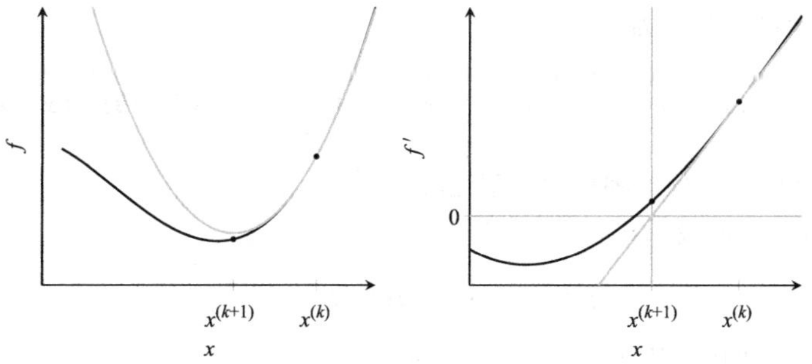

图 6.2 牛顿法可以解释为应用于 f'的求根方法，该方法通过在（x，$f'(x)$）处的切线，找到与 x 轴的交点，使用该 x 值作为下一个设计点来迭代地推进一元设计点 88

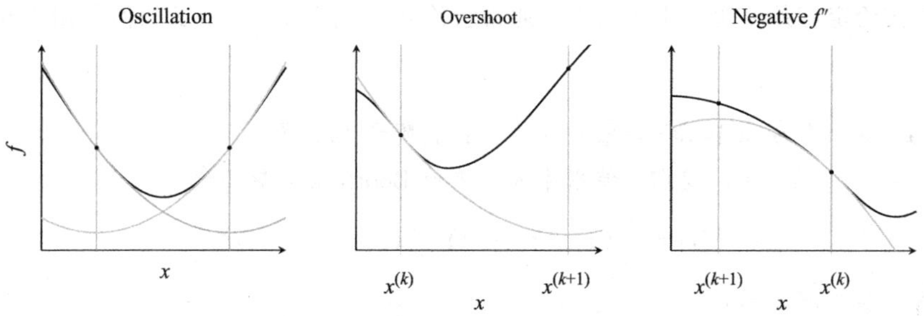

图 6.3 牛顿法失败的例子

牛顿法在碗形区域足够接近局部极小值时趋于快速收敛。它具有二次收敛性，这意味着最小值和迭代次数之间的差别在每次迭代中都近似于平方关系。这种收敛速度适用于从 $x^{(1)}$ 开始，在根 x^* 的距离 δ 内的牛顿法。如果[⊖]

- 对于 I 中的所有点都有 $f''(\mathrm{x})\neq 0$；
- $f'''(x)$ 在 I 上是连续的；
- 对于某些 $c<\infty$，有 $\frac{1}{2}\left|\frac{f'''(x^{(1)})}{f''(x^{(1)})}\right|<c\left|\frac{f'''(x^*)}{f''(x^*)}\right|$。

区间为 $I=[x^*-\delta, x^*+\delta]$。最后的条件可以防止超出区间。

牛顿法可以扩展到多元优化（算法 6.1）。

算法 6.1 牛顿法，它采用函数∇f 的梯度、目标函数 H 的黑塞矩阵、初始点 x、步长误差ϵ和最大迭代次数 k_max

```
function newtons_method(∇f, H, x, ϵ, k_max)
    k, Δ = 1, fill(Inf, length(x))
    while norm(Δ) > ϵ && k ≤ k_max
        Δ = H(x) \ ∇f(x)
        x -= Δ
        k += 1
    end
    return x
end
```

⊖ 最后的条件使函数具有足够的逼近性，确保函数被泰勒展开充分逼近。参见：
J. Stoer and R. Bulirsch, *Introduction to Numerical Analysis*, 3rd ed. Springer, 2002.

$\boldsymbol{x}^{(k)}$ 处的多元二阶泰勒展开式为：

$$f(\boldsymbol{x})\approx q(\boldsymbol{x})=f(\boldsymbol{x}^{(k)})+(\boldsymbol{g}^{(k)})^{\top}(\boldsymbol{x}-\boldsymbol{x}^{(k)})+\frac{1}{2}(\boldsymbol{x}-\boldsymbol{x}^{(k)})^{\top}\boldsymbol{H}^{(k)}(\boldsymbol{x}-\boldsymbol{x}^{(k)}) \tag{6.4}$$

其中 $\boldsymbol{g}^{(k)}$ 和 $\boldsymbol{H}^{(k)}$ 分别是 $\boldsymbol{x}^{(k)}$ 处的梯度和黑塞矩阵。

我们计算梯度并将其设为零：

$$\nabla q(\boldsymbol{x}^{(k)})=\boldsymbol{g}^{(k)}+\boldsymbol{H}^{(k)}(\boldsymbol{x}-\boldsymbol{x}^{(k)})=0 \tag{6.5}$$

然后求解下一个迭代，从而获得多元形式的牛顿法：

$$\boldsymbol{x}^{(k+1)}=\boldsymbol{x}^{(k)}-(\boldsymbol{H}^{(k)})^{-1}\boldsymbol{g}^{(k)} \tag{6.6}$$

如果 f 是二次的且其黑塞矩阵是正定的，则下一步会收敛到全局极小值。对于一般函数，一旦 x 不再按给定容差变化，牛顿的方法通常会终止[1]。例 6.1 展示了如何使用牛顿方法来使函数最小化。

例 6.1　用牛顿法求 Booth 函数的最小值；见附录 B.2 节

当 $\boldsymbol{x}^{(1)}=[9,\ 8]$ 时，我们将使用牛顿法来使 Booth 函数最小化：

$$f(\boldsymbol{x})=(x_1+2x_2-7)^2+(2x_1+x_2-5)^2$$

Booth 函数的梯度为：

$$\nabla f(\boldsymbol{x})=[10x_1+8x_2-34,\ 8x_1+10x_2-38]$$

Booth 函数的黑塞矩阵是：

$$\boldsymbol{H}(\boldsymbol{x})=\begin{bmatrix}10 & 8\\ 8 & 10\end{bmatrix}$$

由牛顿法的第一次迭代可以得到：

$$\begin{aligned}\boldsymbol{x}^{(2)}=\boldsymbol{x}^{(1)}-(\boldsymbol{H}^{(1)})^{-1}\boldsymbol{g}^{(1)}&=\begin{bmatrix}9\\8\end{bmatrix}-\begin{bmatrix}10 & 8\\ 8 & 10\end{bmatrix}^{-1}\begin{bmatrix}10\cdot 9+8\cdot 8-34\\ 8\cdot 9+10\cdot 8-38\end{bmatrix}\\ &=\begin{bmatrix}9\\8\end{bmatrix}-\begin{bmatrix}10 & 8\\ 8 & 10\end{bmatrix}^{-1}\begin{bmatrix}120\\114\end{bmatrix}=\begin{bmatrix}1\\3\end{bmatrix}\end{aligned}$$

$\boldsymbol{x}^{(2)}$ 处的梯度为零，因此在一次迭代后就收敛了。黑塞矩阵在任何地方都是正定的，因此 $\boldsymbol{x}^{(2)}$ 是全局极小值。

牛顿法还可以提供下降方向以进行线搜索或被修改以用于步长因子[2]。沿下降方向朝着最小值或线搜索的较小步长可以提高方法的稳健性。下降方向是[3]：

$$\boldsymbol{d}^{(k)}=-(\boldsymbol{H}^{(k)})^{-1}\boldsymbol{g}^{(k)} \tag{6.7}$$

---

[1] 下降方法的终止条件见第 5 章。

[2] 见第 5 章。

89~90

[3] 牛顿法给出的下降方向类似于自然梯度或协变梯度。参见：

S. Amari, "Natural Gradient Works Efficiently in Learning," *Neural Computation*, vol. 10, no. 2, pp. 251-276, 1998.

6.2 割线法

牛顿一元函数最小化方法需要一阶和二阶导数 f' 和 f''。在许多情况下，f' 是已知的，但二阶导数未知。**割线法**（算法 6.2）采用牛顿法，牛顿法使用二阶导数的估计值，因此仅需要 f'。这一特点使割线法在实践中更方便使用。

算法 6.2 用于最小化一元函数的割线法。输入是目标函数的一阶导数 f′、两个初始点 x0 和 x1 以及所需的容差ϵ。返回最终的 x 坐标

```
function secant_method(f′, x0, x1, ϵ)
    g0 = f′(x0)
    Δ = Inf
    while abs(Δ) > ϵ
        g1 = f′(x1)
        Δ = (x1 - x0)/(g1 - g0)*g1
        x0, x1, g0 = x1, x1 - Δ, g1
    end
    return x1
end
```

割线法使用最后两次迭代来近似二阶导数：

$$f''(x^{(k)}) \approx \frac{f'(x^{(k)}) - f'(x^{(k-1)})}{x^{(k)} - x^{(k-1)}} \tag{6.8}$$

将此估值代入牛顿法：

$$x^{(k+1)} \leftarrow x^{(k)} - \frac{x^{(k)} - x^{(k-1)}}{f'(x^{(k)}) - f'(x^{(k-1)})} f'(x^{(k)}) \tag{6.9}$$

割线法需要额外的初始设计点。它与牛顿法有相同的问题，并且由于二阶导数是近似值，可能需要更多次的迭代才能收敛。

6.3 拟牛顿法

就像在一元情况下割线法逼近 f' 一样，**拟牛顿法**逼近逆黑塞矩阵。拟牛顿法更新的形式为：

$$\boldsymbol{x}^{(k+1)} \leftarrow \boldsymbol{x}^{(k)} - \alpha^{(k)} \boldsymbol{Q}^{(k)} \boldsymbol{g}^{(k)} \tag{6.10}$$

其中 $\alpha^{(k)}$ 是标量步长因子，$\boldsymbol{Q}^{(k)}$ 是逼近 $\boldsymbol{x}^{(k)}$ 处的逆黑塞矩阵。 91

这些方法通常将 $\boldsymbol{Q}^{(1)}$ 设置为单位矩阵，然后应用更新来反映每次迭代学习到的信息。为了简化各种拟牛顿法的方程，我们定义了以下内容：

$$\boldsymbol{\gamma}^{(k+1)} \equiv \boldsymbol{g}^{(k+1)} - \boldsymbol{g}^{(k)} \tag{6.11}$$

$$\boldsymbol{\delta}^{(k+1)} \equiv \boldsymbol{x}^{(k+1)} - \boldsymbol{x}^{(k)} \tag{6.12}$$

Davidon-Fletcher-Powell（DFP）方法（算法 6.3）使用[⊖]：

⊖ 参见：

"Variable Metric Method for Minimization," Argonne National Laboratory, Tech. Rep. ANL-5990, 1959.

W. C. Davidon, "Variable Metric Method for Minimization," *SIAM Journal on Optimization*, vol. 1, no. 1, pp. 1-17, 1991.

后来该方法被修改，参见：

R. Fletcher and M. J. D. Powell, "A Rapidly Convergent Descent Method for Minimization," *The Computer Journal*, vol. 6, no. 2, pp. 163-168, 1963.

$$Q \leftarrow Q - \frac{Q\gamma\gamma^{\top}Q}{\gamma^{\top}Q\gamma} + \frac{\delta\delta^{\top}}{\delta^{\top}\gamma} \tag{6.13}$$

算法 6.3　Davidon-Fletcher-Powell 下降法

```
mutable struct DFP <: DescentMethod
    Q
end
function init!(M::DFP, f, ∇f, x)
    m = length(x)
    M.Q = Matrix(1.0I, m, m)
    return M
end
function step!(M::DFP, f, ∇f, x)
    Q, g = M.Q, ∇f(x)
    x′ = line_search(f, x, -Q*g)
    g′ = ∇f(x′)
    δ = x′ - x
    γ = g′ - g
    Q[:] = Q - Q*γ*γ'*Q/(γ'*Q*γ) + δ*δ'/(δ'*γ)
    return x′
end
```

右边的所有项在第 k 次迭代时求值。

DFP 方法中 $\boldsymbol{Q}$ 的更新具有三个属性：

1. $\boldsymbol{Q}$ 保持对称且为正定。

2. 如果 $f(\boldsymbol{x})=\frac{1}{2}\boldsymbol{x}^{\top}\boldsymbol{A}\boldsymbol{x}+\boldsymbol{b}^{\top}\boldsymbol{x}+c$，则 $\boldsymbol{Q}=\boldsymbol{A}^{-1}$。因此，DFP 具有与共轭梯度法相同的收敛特性。

3. 对于高维问题，与共轭梯度法等其他方法相比，存储和更新 $\boldsymbol{Q}$ 很重要。

作为 DFP 的一种替代方法，Broyden-Fletcher-Goldfarb-Shanno（BFGS）方法（算法 6.4）使用⊖：

$$Q \leftarrow Q - \left(\frac{\delta\gamma^{\top}Q + Q\gamma\delta^{\top}}{\delta^{\top}\gamma}\right) + \left(1 + \frac{\gamma^{\top}Q\gamma}{\delta^{\top}\gamma}\right)\frac{\delta\delta^{\top}}{\delta^{\top}\gamma} \tag{6.14}$$

算法 6.4　Broyden-Fletcher-Goldfarb-Shanno 下降法

```
mutable struct BFGS <: DescentMethod
    Q
end
function init!(M::BFGS, f, ∇f, x)
    m = length(x)
    M.Q = Matrix(1.0I, m, m)
    return M
end
function step!(M::BFGS, f, ∇f, x)
    Q, g = M.Q, ∇f(x)
    x′ = line_search(f, x, -Q*g)
    g′ = ∇f(x′)
    δ = x′ - x
    γ = g′ - g
    Q[:] = Q - (δ*γ'*Q + Q*γ*δ')/(δ'*γ) +
               (1 + (γ'*Q*γ)/(δ'*γ))[1]*(δ*δ')/(δ'*γ)
    return x′
end
```

92 ~ 93

⊖ R. Fletcher, *Practical Methods of Optimization*, 2nd ed. Wiley, 1987.

BFGS 在进行近似线搜索时优于 DFP，但它仍使用 $n\times n$ 密集矩阵。对于涉及空间的非常大的问题，可以使用有限内存 BFGS 方法（算法 6.5）或 L-BFGS 来逼近 BFGS[⊖]。L-BFGS 存储 δ 和 γ 的最后 m 个值，而不是完整的逆黑塞矩阵，其中 $i=1$ 表示最早的值，$i=m$ 表示最新的值。

算法 6.5 有限内存 BFGS 下降方法，可避免存储近似的逆黑塞矩阵。参数 m 确定历史记录大小。LimitedMemoryBFGS 类型还存储步长差δs、梯度变化γs 和存储向量 qs

```
mutable struct LimitedMemoryBFGS <: DescentMethod
    m
    δs
    γs
    qs
end
function init!(M::LimitedMemoryBFGS, f, ∇f, x)
    M.δs = []
    M.γs = []
    M.qs = []
    return M
end
function step!(M::LimitedMemoryBFGS, f, ∇f, x)
    δs, γs, qs, g = M.δs, M.γs, M.qs, ∇f(x)
    m = length(δs)
    if m > 0
        q = g
        for i in m : -1 : 1
            qs[i] = copy(q)
            q -= (δs[i]⋅q)/(γs[i]⋅δs[i])*γs[i]
        end
        z = (γs[m] .* δs[m] .* q) / (γs[m]⋅γs[m])
        for i in 1 : m
            z += δs[i]*(δs[i]⋅qs[i] - γs[i]⋅z)/(γs[i]⋅δs[i])
        end
        x′ = line_search(f, x, -z)
    else
        x′ = line_search(f, x, -g)
    end
    g′ = ∇f(x′)
    push!(δs, x′ - x); push!(γs, g′ - g)
    push!(qs, zeros(length(x)))
    while length(δs) > M.m
        popfirst!(δs); popfirst!(γs); popfirst!(qs)
    end
    return x′
end
```

在 $\boldsymbol{x}$ 处计算下降方向 $\boldsymbol{d}$ 的第一步是计算 $\boldsymbol{q}^{(m)}=\nabla f(\boldsymbol{x})$。$i$ 从 $m-1$ 到 1 的剩余向量 $\boldsymbol{q}^{(i)}$ 用以下公式计算：

$$\boldsymbol{q}^{(i)}=\boldsymbol{q}^{(i+1)}-\frac{(\boldsymbol{\delta}^{(i+1)})^{\top}\boldsymbol{q}^{(i+1)}}{(\boldsymbol{\gamma}^{(i+1)})^{\top}\boldsymbol{\delta}^{(i+1)}}\boldsymbol{\gamma}^{(i+1)} \tag{6.15}$$

这些向量用于计算另外 $m+1$ 个向量，以下式开始：

⊖ J. Nocedal, "Updating Quasi-Newton Matrices with Limited Storage," *Mathematics of Computation*, vol. 35, no. 151, pp. 773-782, 1980.

$$z^{(0)}=\frac{\boldsymbol{\gamma}^{(m)}\odot\boldsymbol{\delta}^{(m)}\odot\boldsymbol{q}^{(m)}}{(\boldsymbol{\gamma}^{(m)})^{\top}\boldsymbol{\gamma}^{(m)}} \tag{6.16}$$

并根据 i 从 1 到 m 对 z (i) 进行处理

$$z^{(i)}=z^{(i-1)}+\boldsymbol{\delta}^{(i-1)}\left(\frac{(\boldsymbol{\delta}^{(i-1)})^{\top}\boldsymbol{q}^{(i-1)}}{(\boldsymbol{\gamma}^{(i-1)})^{\top}\boldsymbol{\delta}^{(i-1)}}-\frac{(\boldsymbol{\gamma}^{(i-1)})^{\top}z^{(i-1)}}{(\boldsymbol{\gamma}^{(i-1)})^{\top}\boldsymbol{\delta}^{(i-1)}}\right) \tag{6.17}$$

下降方向是 $\boldsymbol{d}=-z^{(m)}$。

为了最小化，逆黑塞矩阵 $\boldsymbol{Q}$ 必须保持正定。初始的黑塞矩阵通常设置为

$$\boldsymbol{Q}^{(1)}=\frac{\boldsymbol{\gamma}^{(1)}(\boldsymbol{\delta}^{(1)})^{\top}}{(\boldsymbol{\gamma}^{(1)})^{\top}\boldsymbol{\gamma}^{(1)}} \tag{6.18}$$

计算上述表达式的对角线，并将结果代入 $z^{(1)}=\boldsymbol{Q}^{(1)}\boldsymbol{q}^{(1)}$ 得出 $z^{(1)}$ 的方程。

图 6.4 比较了本节中讨论的拟牛顿法，它们通常表现得非常相似。

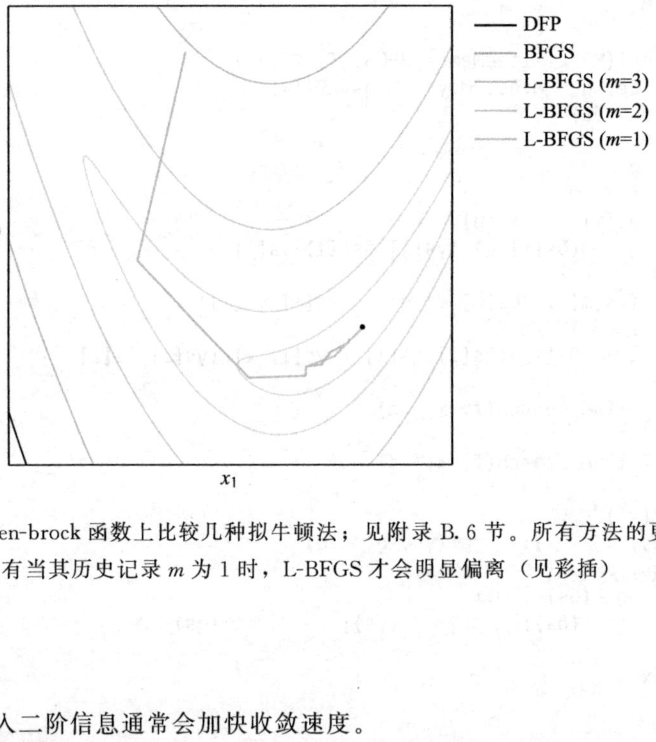

图 6.4 在 Rosen-brock 函数上比较几种拟牛顿法；见附录 B.6 节。所有方法的更新都几乎相同，只有当其历史记录 m 为 1 时，L-BFGS 才会明显偏离（见彩插）

6.4 小结

- 在下降方法中加入二阶信息通常会加快收敛速度。
- 牛顿法是一种寻根方法，它利用二阶信息快速下降到局部极小值。
- 当二阶信息不能直接使用时，割线法和拟牛顿法近似于牛顿法。

6.5 练习

94~96 **练习 6.1** 关于一阶信息缺乏的收敛性，二阶信息有什么优势？

练习 6.2 在寻找一维根时，什么时候使用牛顿法而不是二分法？

练习 6.3 从你选择的起点开始，将牛顿法应用于 $f(x)=x^2$。需要几步才能收敛？

练习 6.4 从 $\boldsymbol{x}^{(1)}=[1,1]$ 开始将牛顿法应用于 $f(x)=\frac{1}{2}\boldsymbol{x}^{\top}\boldsymbol{H}\boldsymbol{x}$。你观察到了什么？使用如

下 $\boldsymbol{H}$：

$$\boldsymbol{H}=\begin{bmatrix}1 & 0\\0 & 1000\end{bmatrix} \tag{6.19}$$

接下来，通过逐步执行非归一化梯度，将梯度下降应用于相同的优化问题。执行算法的两个步骤。你观察到了什么？最后，应用共轭梯度法。需要几步才能收敛？

练习 6.5　在 $f(x)=x^2+x^4$ 上比较牛顿法和割线法，其中 $x^{(1)}=-3$，$x(0)=-4$。对每种方法运行 10 次迭代。绘制两个图：

1. 绘制 f 与每种方法的迭代图。
2. 绘制 f' 与 x。叠加每种方法的进度，绘制从（$x^{(i)}$，$f'(x^{(i)})$）至（$x^{(i+1)}$，0）至（$x^{(i+1)}$）的线条。

对这个比较有什么结论？

练习 6.6　给出点 $x^{(1)}$，$x^{(2)}$，…的序列示例，以及满足 $f(x^{(1)})>f(x^{(2)})>\cdots$ 的函数 f，但是该序列未收敛到局部极小值。假设 f 有下界。

练习 6.7　与牛顿法相比，拟牛顿法有什么优势？

练习 6.8　举一个不存在 BFGS 更新的示例，在这种情况下应该怎么做？

练习 6.9　假设有一个函数 $f(\boldsymbol{x})=(x_1+1)^2+(x_2+3)^3+4$。如果我们从原点开始，经过牛顿法的第一步之后，得到的结果是什么？

练习 6.10　在这个问题中，我们将导出优化问题，从中可以获取 Davidon-Fletcher-Powell 更新。从 $\boldsymbol{x}^{(k)}$ 的二次近似开始：

$$f^{(k)}(\boldsymbol{x})=y^{(k)}+(\boldsymbol{g}^{(k)})^\top(\boldsymbol{x}-\boldsymbol{x}^{(k)})+\frac{1}{2}(\boldsymbol{x}-\boldsymbol{x}^{(k)})^\top\boldsymbol{H}^{(k)}(\boldsymbol{x}-\boldsymbol{x}^{(k)})$$ 97

其中 $y(k)$，$\boldsymbol{g}(k)$ 和 $\boldsymbol{H}(k)$ 分别是目标函数值、真实梯度和 $\boldsymbol{x}(k)$ 处的正定黑塞矩阵逼近。使用线搜索选择下一个迭代，以获得：

$$\boldsymbol{x}^{(k+1)}\leftarrow\boldsymbol{x}^{(k)}-\alpha^{(k)}(\boldsymbol{H}^{(k)})^{-1}\boldsymbol{g}^{(k)}$$

我们可以在 $\boldsymbol{x}^{(k+1)}$ 处构造一个新的二次逼近 $f^{(k+1)}$。逼近值应确保局部函数计算正确：

$$f^{(k+1)}(\boldsymbol{x}^{(k+1)})=y^{(k+1)}$$

局部梯度是正确的：

$$\nabla f^{(k+1)}(\boldsymbol{x}^{(k+1)})=\boldsymbol{g}^{(k+1)}$$

先前的梯度是正确的：

$$\nabla f^{(k+1)}(\boldsymbol{x}^{(k)})=\boldsymbol{g}^{(k)}$$

证明更新黑塞矩阵逼近以获得 $\boldsymbol{H}^{(k+1)}$ 要求[1]：

$$\boldsymbol{H}^{(k+1)}\boldsymbol{\delta}^{(k+1)}=\boldsymbol{\gamma}^{(k+1)}$$

然后，为了证明 $\boldsymbol{H}^{(k+1)}$ 正定，需要[2]：

---

[1] 这个条件称为割线条件。方程（6.11）定义了向量 $\boldsymbol{\delta}$ 和 $\boldsymbol{\gamma}$。

[2] 这个条件称为曲率条件。在线搜索期间，可以使用 Wolfe 条件强制执行。

$$(\boldsymbol{\delta}^{(k+1)})^{\top}\boldsymbol{\gamma}^{(k+1)}>0$$

最后，假设曲率条件是强制的，解释为什么要解决下面的优化问题来得到 $\boldsymbol{H}^{(k+1)}$ ⊖：

$$\begin{aligned}\underset{\boldsymbol{H}}{\text{minimize}}\quad & \|\boldsymbol{H}-\boldsymbol{H}^{(k)}\| \\ \text{s. t.}\quad & \boldsymbol{H}=\boldsymbol{H}^{\top} \\ & \boldsymbol{H}\delta^{(k+1)}=\boldsymbol{\gamma}^{(k+1)}\end{aligned}$$

其中 $\|\boldsymbol{H}-\boldsymbol{H}^{(k)}\|$ 是定义 $\boldsymbol{H}$ 和 $\boldsymbol{H}^{(k)}$ 之间距离的矩阵范数。

⊖ Davidon-Fletcher-Powell 更新是通过求解这样的优化问题得到解析解，然后找到相应的逆黑塞矩阵逼近的更新方程来实现的。

直接方法

直接方法仅依赖于目标函数 f，这些方法也被称为零阶、黑盒、模式搜索或无导数方法。直接方法不依赖于导数信息来指导它们达到局部极小值或识别何时达到局部极小值。它们使用导数以外的标准来选择下一步的搜索方向并判断何时收敛。

7.1 循环坐标搜索

循环坐标搜索，也称为坐标下降或出租车搜索，仅简单地在坐标方向之间交替进行线搜索。搜索从初始点 $\boldsymbol{x}^{(1)}$ 开始并优化第一个输入坐标：

$$\boldsymbol{x}^{(2)} = \arg\min_{x_1} f(x_1, x_2^{(1)}, x_3^{(1)}, \cdots, x_n^{(1)}) \tag{7.1}$$

再优化下一个坐标：

$$\boldsymbol{x}^{(3)} = \arg\min_{x_2} f(x_1^{(2)}, x_2, x_3^{(2)}, \cdots, x_n^{(2)}) \tag{7.2}$$

该过程相当于沿着 n 个基向量的集合进行一系列线搜索，其中第 i 个基向量中除了第 i 个分量为 1 之外，其他分量都是 0（算法 7.1）。例如，在四维空间中表示为 $\boldsymbol{e}^{(3)}$ 的第三个基向量是：

$$\boldsymbol{e}^{(3)} = [0, 0, 1, 0] \tag{7.3}$$

算法 7.1 用于构造长度为 n 的第 i 个基向量的函数

```
basis(i, n) = [k == i ? 1.0 : 0.0 for k in 1 : n]
```

图 7.1 展示了一个在二维空间内进行循环坐标搜索的例子。

与最速下降法一样，循环坐标搜索可以确保在每次迭代中，要么提高当前解的质量，要么保持不变。如果在所有坐标分量上遍历一轮完整的循环后没有明显的改进，则表明该方法已经收敛。算法 7.2 提供了一个实现。如图 7.2 所示，循环坐标搜索可能无法找到局部极小值。

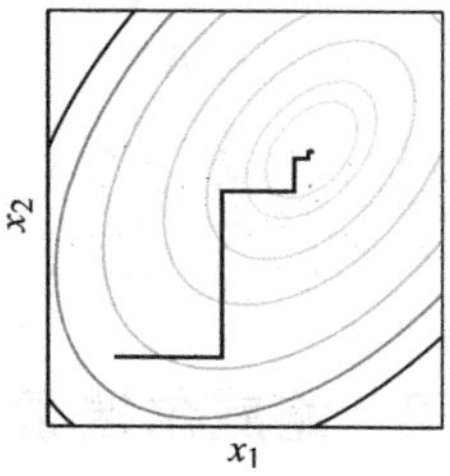

图 7.1 循环坐标下降在坐标方向之间交替（见彩插）

算法 7.2 循环坐标下降法以目标函数 f 和起始点 x 为输入，一直运行到整个循环的步长小于给定的容差ϵ为止

```
function cyclic_coordinate_descent(f, x, ϵ)
    Δ, n = Inf, length(x)
    while abs(Δ) > ϵ
        x′ = copy(x)
        for i in 1 : n
            d = basis(i, n)
            x = line_search(f, x, d)
        end
        Δ = norm(x - x′)
    end
    return x
end
```

该方法中可以增加一个加速步骤，以帮助穿越谷。对于从沿着 $e^{(1)}$ 优化 $x^{(1)}$ 开始，到沿着 $e^{(n)}$ 优化 $x^{(n+1)}$ 结束的每一个完整循环，都可以沿着 $x^{(n+1)}-x^{(1)}$ 的方向进行额外的线搜索。算法 7.3 提供了关于该思想的一种实现，图 7.3 展示了相应的搜索轨迹。

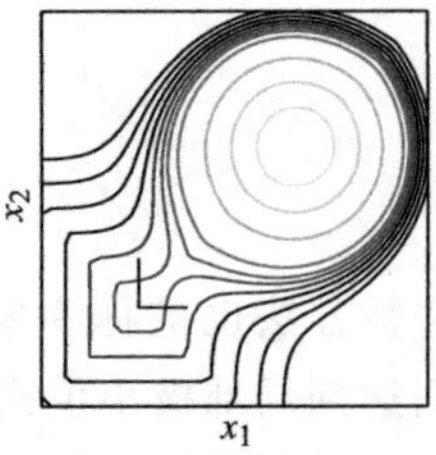

图 7.2　介绍循环坐标搜索是如何陷入困境的。在任意一个坐标方向上移动只会导致 f 增加，而在循环坐标搜索中不允许的对角线上移动则会导致 f 降低（见彩插）

算法 7.3　具有加速步骤的循环坐标下降法以目标函数 f 和起始点 x 为输入，一直运行到整个循环的步长小于给定的容差ϵ为止

```
function cyclic_coordinate_descent_with_acceleration_step(f, x, ϵ)
    Δ, n = Inf, length(x)
    while abs(Δ) > ϵ
        x′ = copy(x)
        for i in 1 : n
            d = basis(i, n)
            x = line_search(f, x, d)
        end
        x = line_search(f, x, x - x′) # acceleration step
        Δ = norm(x - x′)
    end
    return x
end
```

7.2　鲍威尔搜索法

鲍威尔搜索法（Powell's method）[⊖] 可以在彼此不正交的方向上搜索。该方法可以自动调整长而窄的谷，否则可能需要大量迭代来进行循环坐标下降或需要在轴对齐方向上搜索的其他方法。

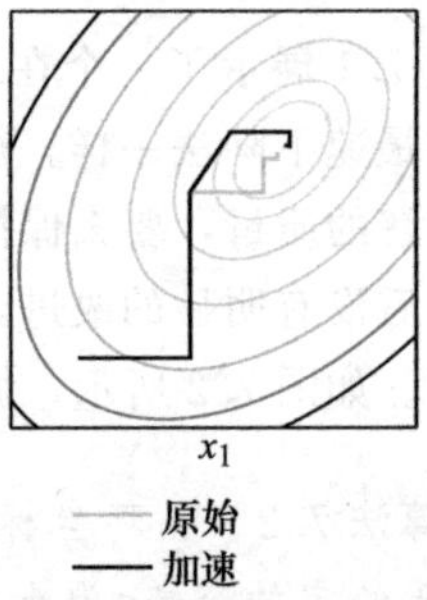

图 7.3　将加速步骤添加到循环坐标下降中有助于穿越谷。原始版本和加速版本都显示了六步迭代（见彩插）

算法维护搜索方向上的列表 $u^{(1)}$，…，$u^{(n)}$，其最初是坐标基向量，对于所有 i 都有 $u^{(i)}=e^{(i)}$。从 $x^{(1)}$ 开始，鲍威尔搜索法对每个搜索方向进行连续的线搜索，每次都更新设计点：

$$x^{(i+1)} \leftarrow \text{line\_search}(f, x^{(i)}, u^{(i)}) \quad \text{对于所有 } i \in \{1, \cdots, n\} \tag{7.4}$$

⊖ 鲍威尔搜索法最早是由 M. J. D. Powell 引入的，见：
"An Efficient Method for Finding the Minimum of a Function of Several Variables Without Calculating Derivatives," *Computer Journal*, vol. 7, no. 2, pp. 155-162, 1964.
后有研究者概述了此方法，参见：
W. H. Press, S. A. Teukolsky, W. T. Vetter-ling and B. P. Flannery, *C: The Art of Scientific Computing*. Cambridge University Press, 1982, vol. 2.

接下来，所有的搜索方向都向下移动一个索引，并删除最早的搜索方向 $\boldsymbol{u}^{(1)}$：

$$\boldsymbol{u}^{(i)} \leftarrow \boldsymbol{u}^{(i+1)}\text{，对于所有 } i \in \{1,\cdots,n-1\} \tag{7.5}$$

将最后一个搜索方向替换为从 $\boldsymbol{x}^{(1)}$ 到 $\boldsymbol{x}^{(n+1)}$ 的方向，这是最后一个循环的总体进度方向：

$$\boldsymbol{u}^{(n)} \leftarrow \boldsymbol{x}^{(n+1)} - \boldsymbol{x}^{(1)} \tag{7.6}$$

并沿着新方向进行另一个线搜索以获得新的 $\boldsymbol{x}^{(1)}$。这个过程一直重复到收敛。算法 7.4 提供了一种实现，图 7.4 展示了相应的搜索轨迹。 99~101

算法 7.4 鲍威尔搜索法，其取目标函数为 f、起始点为 x、容差为ϵ。

```
function powell(f, x, ϵ)
    n = length(x)
    U = [basis(i,n) for i in 1 : n]
    Δ = Inf
    while Δ > ϵ
        x′ = x
        for i in 1 : n
            d = U[i]
            x′ = line_search(f, x′, d)
        end
        for i in 1 : n-1
            U[i] = U[i+1]
        end
        U[n] = d = x′ - x
        x′ = line_search(f, x, d)
        Δ = norm(x′ - x)
        x = x′
    end
    return x
end
```

鲍威尔搜索法证明对于二次函数，经过 k 次完全迭代后，最后 k 个方向是相互共轭的。回想一下，沿着相互共轭方向进行 n 行搜索将优化二次函数。因此，鲍威尔搜索法的 n 次完整迭代，总计 $n\ (n+1)$ 行搜索，将使二次函数最小化。

放弃最早的搜索方向，转而选择整体的搜索方向，这一过程会导致搜索方向变得线性相关。如果没有线性独立的搜索向量，搜索方向将不再覆盖整个设计空间，并且该方法可能无法找到最小值。通过将搜索方向周期性地重置为基向量，可以缓解这种问题。建议每 n 次或 $n+1$ 次迭代都将搜索方向重置一次。

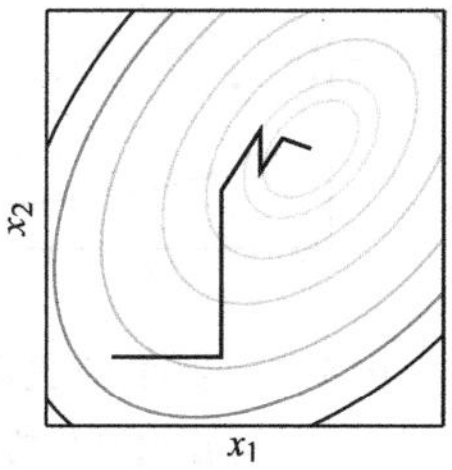

图 7.4 鲍威尔搜索法一开始与循环坐标下降法相同，但是该方法迭代地学习共轭方向（见彩插）

7.3 胡可-吉夫斯搜索法

胡可-吉夫斯搜索法（Hooke-Jeeves method）（算法 7.5）基于每个坐标方向上小步长的评估来遍历搜索空间⊖。每次迭代时，胡可-吉夫斯搜索法沿参照点 $\boldsymbol{x}$ 的每个坐标方向计算给定步长 α 的 $f(\boldsymbol{x})$ 和 $f\ (\boldsymbol{x} \pm \alpha \boldsymbol{e}^{(i)})$。它接受可能发现的任何改进。如果没有发现改进，则会减小步

⊖ R. Hooke and T. A. Jeeves, "Direct Search Solution of Numerical and Statistical Problems," *Journal of the ACM* (*JACM*), vol. 8, no. 2, pp. 212-229, 1961.

102 长。重复该过程，直到步长足够小。图 7.5 显示了算法的一些迭代过程。

算法 7.5　胡可-吉夫斯搜索法，它取目标函数为 f、起始点为 x、起始步长为α、容差为ϵ和阶减为γ。该方法一直运行，直到步长小于ϵ，沿着坐标方向采样的点不能提供改进。该方法基于 A. F. Kaupe Jr，"Algorithm 178：Direct Search，" *Communications of the ACM*，vol. 6，no. 6，pp. 313-314，1963

```
function hooke_jeeves(f, x, α, ϵ, γ=0.5)
    y, n = f(x), length(x)
    while α > ϵ
        improved = false
        x_best, y_best = x, y
        for i in 1 : n
            for sgn in (-1,1)
                x′ = x + sgn*α*basis(i, n)
                y′ = f(x′)
                if y′ < y_best
                    x_best, y_best, improved = x′, y′, true
                end
            end
        end
        x, y = x_best, y_best

        if !improved
            α *= γ
        end
    end
    return x
end
```

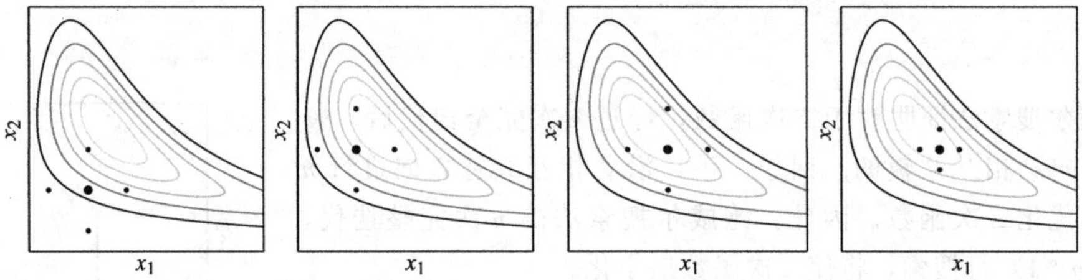

图 7.5　胡可-吉夫斯搜索法从左到右进行。它以一个较大的步长开始，当它不能通过在任何坐标方向上采取步骤来改进时，就减小步长（见彩插）

胡可-吉夫斯搜索法的每步都需要对一个 n 维问题进行 $2n$ 次函数求值，这对于多维问题来说代价很高。胡可-吉夫斯搜索法易受局部极小值的影响。该方法已被证明收敛于某些函数类⊖。

7.4　广义模式搜索法

与在坐标方向上搜索的胡可-吉夫斯搜索法相比，*广义模式搜索法*可以在任意方向上进行搜索。模式 $\mathcal{P}$ 可以由一组关于参照点 $\boldsymbol{x}$ 的方向 $\mathcal{D}$ 构造，其步长为 α，根据：

$$\mathcal{P}=\{\boldsymbol{x}+\alpha\boldsymbol{d}，对于每个\ \boldsymbol{d}\in\mathcal{D}\} \tag{7.7}$$

⊖ E. D. Dolan，R. M. Lewis，and V. Torczon，"On the Local Convergence of Pattern Search，" *SIAM Journal on Optimization*，vol. 14，no. 2，pp. 567-583，2003.

胡可-吉夫斯搜索法处理 n 维问题时使用 $2n$ 个方向，但是广义模式搜索只需要使用 $n+1$ 个方向就能解决该类问题。

为了使广义模式搜索法收敛到局部极小值，必须满足某些条件。方向集必须是一个正生成集，这意味着我们可以使用方向在 $\mathcal{D}$ 中的非负线性组合来构造 $\mathbf{R}^n$ 中的任何点。正生成集确保至少有一个方向是非零梯度位置的下降方向⊖。

我们可以确定 $\mathbf{R}^n$ 中给定的方向集 $\mathcal{D}=\{\boldsymbol{d}^{(1)}, \boldsymbol{d}^{(2)}, \cdots, \boldsymbol{d}^{(m)}\}$ 是否是正生成集。首先，构造矩阵 $\boldsymbol{D}$，它的列与 $\mathcal{D}$ 的方向一致（见图 7.6）。如果 $\boldsymbol{D}$ 具有全行秩并且 $\boldsymbol{Dx}=-\boldsymbol{D1}$ $(\boldsymbol{x}\geqslant 0)$ 有解，则方向集 $\mathcal{D}$ 是正生成集⊜。这个优化问题与线性程序的初始化阶段相同，将在第 11 章介绍。

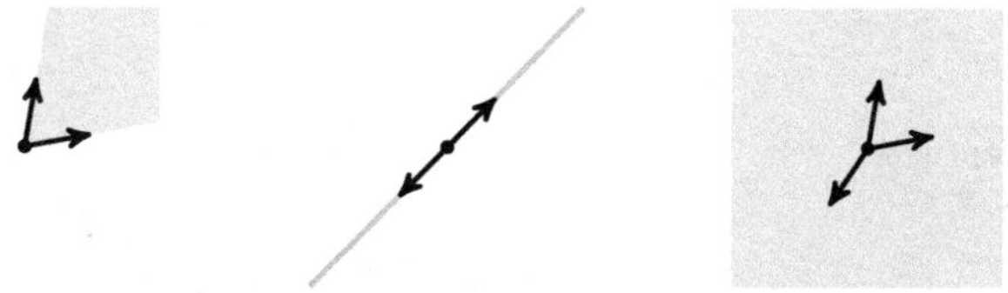

图 7.6　广义模式搜索的有效模式需要正生成集。这些方向存储在集合 $\mathcal{D}$ 中　103~104

广义搜索法在算法 7.6 中的实现包含对原始胡可-吉夫斯搜索法的改进⊝。首先，实现是有机会的——一旦评估改进了当前的最佳设计，它就成为下一次迭代的参照设计点。其次，该实现使用动态排序来加速收敛过程——把改进的方向提到方向列表的开头。图 7.7 显示了算法的一些迭代过程。

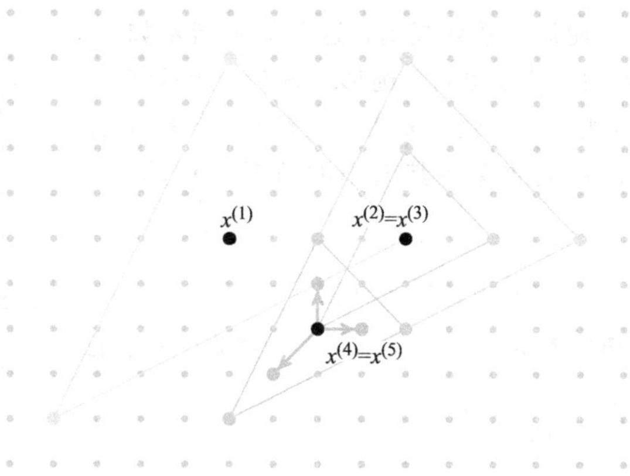

图 7.7　在广义模式搜索中，以前的所有点都位于一个缩放格（或网格）上。网格没有明确的构造，也不需要轴对齐

⊖ 广义模式搜索的收敛性保证要求所有采样点落在一个缩放格上。因此，对于固定的非奇数 $n\times n$ 矩阵 $\boldsymbol{G}$ 和整数向量 $\boldsymbol{z}$，每个方向都必须是乘积 $\boldsymbol{d}^{(j)}=\boldsymbol{Gz}^{(j)}$，见
V. Torczon, "On the Convergence of Pattern Search Algorithms," *SIAM Journal of Optimization*, vol. 7, no. 1, pp. 1-25, 1997.

⊜ R. G. Regis, "On the Properties of Positive Spanning Sets and Positive Bases," *Optimization and Engineering*, vol. 17, no. 1, pp. 229-262, 2016.

⊝ C. Audet and J. E. Dennis Jr., "Mesh Adaptive Direct Search Algorithms for Constrained Optimization," *SIAM Journal on Optimization*, vol. 17, no. 1, pp. 188-217, 2006.

算法 7.6 广义模式搜索法取目标函数为 f、起始步长为α、一组搜索方向为 D、容差为ϵ、阶减为γ。该方法一直运行，直到步长小于ϵ，并且沿坐标方向采样的点没有提供改进

```
function generalized_pattern_search(f, x, α, D, ϵ, γ=0.5)
    y, n = f(x), length(x)
    while α > ϵ
        improved = false
        for (i,d) in enumerate(D)
            x′ = x + α*d
            y′ = f(x′)
            if y′ < y
                x, y, improved = x′, y′, true
                D = pushfirst!(deleteat!(D, i), d)
                break
            end
        end
        if !improved
            α *= γ
        end
    end
    return x
end
```

7.5 尼尔德-米德单纯形法

尼尔德-米德单纯形法[⊖]（Nelder-Mead simplex method）使用单纯形遍历空间以搜索最小值。单纯形是从四面体到 n 维空间的推广。一维的单纯形是一条直线，二维的单纯形是一个三角形（见图 7.8）。单纯形的名字来源于它是任何给定空间中可能存在的最简单的多面体。

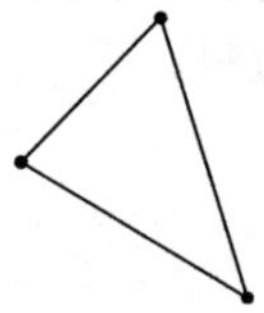

图 7.8 二维的单纯形是一个三角形。为了使单纯形有效，它必须具有非零区域

尼尔德-米德单纯形法使用一系列规则，这些规则指示如何根据目标函数在其顶点的求值来更新单纯形。图 7.9 所示流程图概述了这一过程，算法 7.7 提供了实现。与胡可-吉夫斯搜索法一样，单纯形可以在大致保持其大小的情况下移动，并且在接近最优值时缩小。

算法 7.7 尼尔德-米德单纯形法，其目标函数为 f，起始单纯形 S 由一个向量表和一个容差ϵ组成。尼尔德-米德的参数也可以人为指定，默认为推荐值

```
function nelder_mead(f, S, ϵ; α=1.0, β=2.0, γ=0.5)
    Δ, y_arr = Inf, f.(S)
    while Δ > ϵ
        p = sortperm(y_arr) # sort lowest to highest
        S, y_arr = S[p], y_arr[p]
        xl, yl = S[1], y_arr[1] # lowest
        xh, yh = S[end], y_arr[end] # highest
        xs, ys = S[end-1], y_arr[end-1] # second-highest
```

⊖ 原始的单纯形法参见：

J. A. Nelder and R. Mead, "A Simplex Method for Function Minimization," *The Computer Journal*, vol. 7, no. 4, pp. 308-313, 1965.

后续改进参见：

J. C. Lagarias, J. A. Reeds, M. H. Wright, and P. E. Wright, "Convergence Properties of the Nelder-Mead Simplex Method in Low Dimensions," *SIAM Journal on Optimization*, vol. 9, no. 1, pp. 112-147, 1998.

```
        xm = mean(S[1:end-1]) # centroid
        xr = xm + α*(xm - xh) # reflection point
        yr = f(xr)

        if yr < yl
            xe = xm + β*(xr-xm) # expansion point
            ye = f(xe)
            S[end],y_arr[end] = ye < yr ? (xe, ye) : (xr, yr)
        elseif yr > ys
            if yr ≤ yh
                xh, yh, S[end], y_arr[end] = xr, yr, xr, yr
            end
            xc = xm + γ*(xh - xm) # contraction point
            yc = f(xc)
            if yc > yh
                for i in 2 : length(y_arr)
                    S[i] = (S[i] + xl)/2
                    y_arr[i] = f(S[i])
                end
            else
                S[end], y_arr[end] = xc, yc
            end
        else
            S[end], y_arr[end] = xr, yr
        end

        Δ = std(y_arr, corrected=false)
    end
    return S[argmin(y_arr)]
end
```

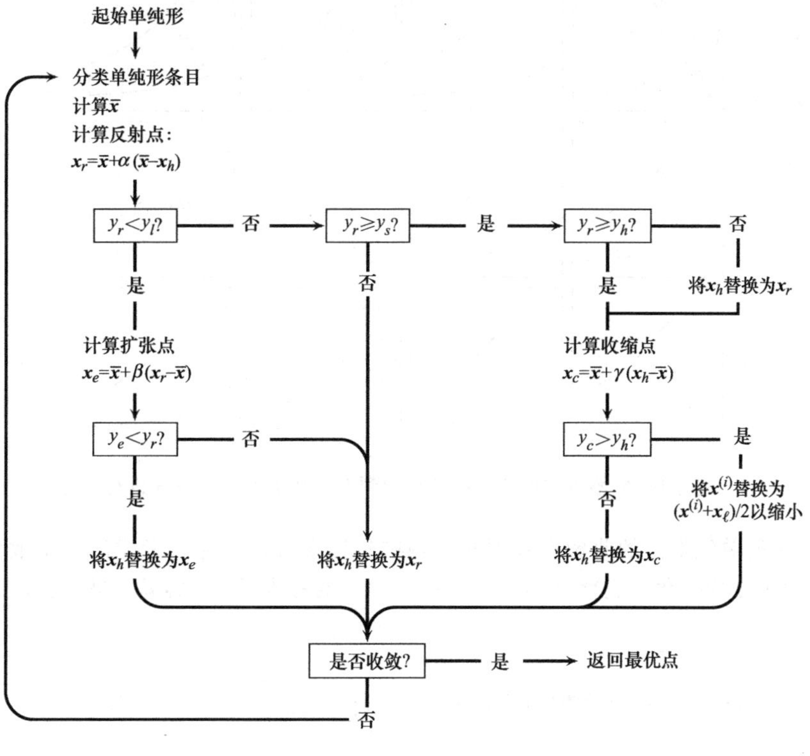

图 7.9 尼尔德-米德算法的流程图

单纯形由点 $\boldsymbol{x}^{(1)}$，…，$\boldsymbol{x}^{(n+1)}$ 组成。设 $\boldsymbol{x}_h$ 为函数值最高的顶点，设 $\boldsymbol{x}_s$ 为函数值第二高的顶点，设 $\boldsymbol{x}_l$ 为函数值最低的顶点。设 $\bar{\boldsymbol{x}}$ 为除最高点 $\boldsymbol{x}_h$ 以外的所有顶点的平均值。最后，对于任意设计点 $\boldsymbol{x}_\theta$，设 $y_\theta = f(\boldsymbol{x}_\theta)$ 为其目标函数值。一次迭代计算四个单纯形运算：

- 反射（reflection）。$\boldsymbol{x}_r = \bar{\boldsymbol{x}} + \alpha(\bar{\boldsymbol{x}} - \boldsymbol{x}_h)$，反映了单纯形中心上的最高值点。

这通常会将单纯形从高区域移动到低区域。在这里，$\alpha > 0$，通常设置为 1。

- 扩张（expansion）。$\boldsymbol{x}_e = \bar{\boldsymbol{x}} + \beta(\boldsymbol{x}_r - \bar{\boldsymbol{x}})$，类似于反射，但反射点被发送得更远。当反射点的目标函数值小于单纯形中的所有点时，就可以这样做。这里，$\beta > \max(1, \alpha)$，通常设置为 2。
- 收缩（contraction）。$\boldsymbol{x}_c = \bar{\boldsymbol{x}} + \beta(\boldsymbol{x}_h - \bar{\boldsymbol{x}})$，通过远离最差点来缩小单纯形。它由 $\gamma \in (0, 1)$ 参数化，该参数通常设置为 0.5。
- 缩小（shrinkage）。所有点都移向最优点，通常将间隔距离减半。

图 7.10 展示了四个单纯形操作。图 7.11 显示了算法的几个迭代。

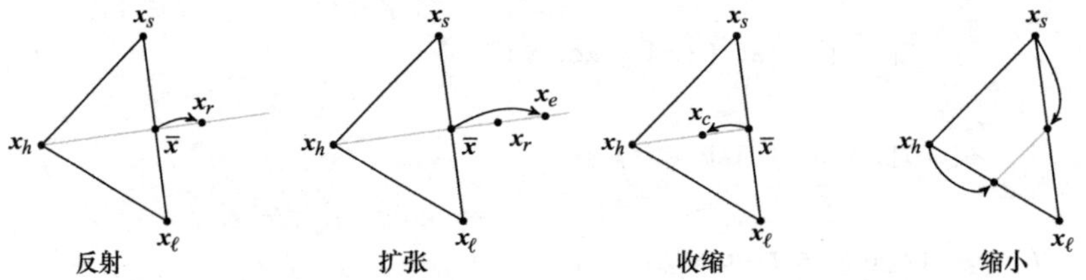

图 7.10　以二维方式可视化尼尔德-米德单纯形操作（见彩插）

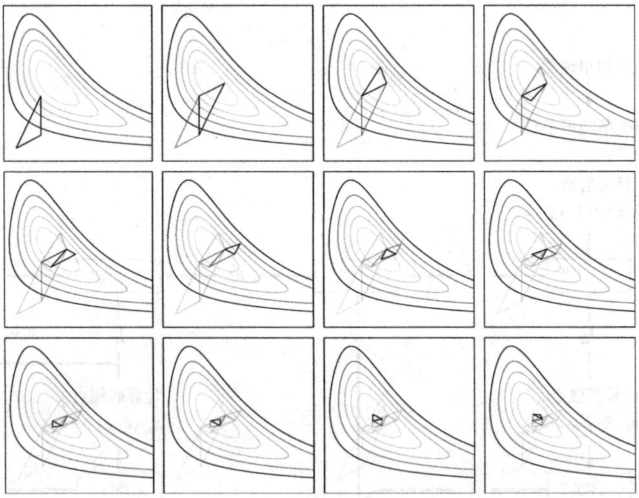

图 7.11　尼尔德-米德单纯形法，按照从左到右、从上到下的方式进行（见彩插）

尼尔德-米德单纯形法的收敛准则不同于鲍威尔搜索法，因为它考虑的是函数值的变化而不是设计空间中点的变化。它将样本 $y^{(1)}$，…，$y^{(n+1)}$ 的标准差[⊖]与容差 ϵ 进行比较。对于高度

⊖ 样本的标准差也称为未校正样本标准差，本例中为 $\sqrt{\frac{1}{n+1}\sum_{i=1}^{n+1}(y^{(i)} - \bar{y})^2}$，其中 $\bar{y}$ 是 $y^{(1)}$，…，$y^{(n+1)}$ 的均值。

弯曲区域上的单纯形，该值较高；对于平面区域上的单纯形，该值较低。高度弯曲的区域表示仍有进一步优化的可能。

7.6　分割矩形法

分割矩形法，或 DIvided RECTangle 的 DIRECT 方法，是一种 Lipschitzian 优化方法，在某些方面类似于 3.6 节描述的 Shubert-Piyavskii 方法[⊖]。但是，它不需要指定 Lipschitz 常数，并且可以更有效地扩展到多个维度。 105~110

Lipschitz 连续性的概念可以扩展到多维。如果 f 在 Lipschitz 常数 $\ell>0$ 的域 $\mathcal{X}$ 上是 Lipschitz 连续的，那么对于给定的设计 $\boldsymbol{x}^{(1)}$ 和 $y=f(\boldsymbol{x}^{(1)})$，圆锥

$$f(\boldsymbol{x}^{(1)})-\ell\|\boldsymbol{x}-\boldsymbol{x}^{(1)}\|_2 \tag{7.8}$$

形成 f 的下界，通过设计点 $\{\boldsymbol{x}^{(1)}, \cdots, \boldsymbol{x}^{(m)}\}$ 对 m 函数求值，我们可以取它们的最大值来构造这些下界的叠加：

$$\underset{i}{\text{maximize}}\, f(\boldsymbol{x}^{(i)})-\ell\|\boldsymbol{x}-\boldsymbol{x}^{(i)}\|_2 \tag{7.9}$$

Shubert-Piyavskii 方法在从已知 Lipschitz 常数导出的边界的最低点处进行采样。遗憾的是，Lipschitz 下界具有复杂的几何结构，其复杂性随着设计空间的维度增加而增加。图 7.12 中左侧的等高线图显示了使用五个函数求值的下界。右侧的等高线图显示了使用 DIRECT 方法得出的近似值，它将区域划分为一个以每个设计点为中心的超矩形。通过做出这个假设，可以快速地计算出下界的最小值。

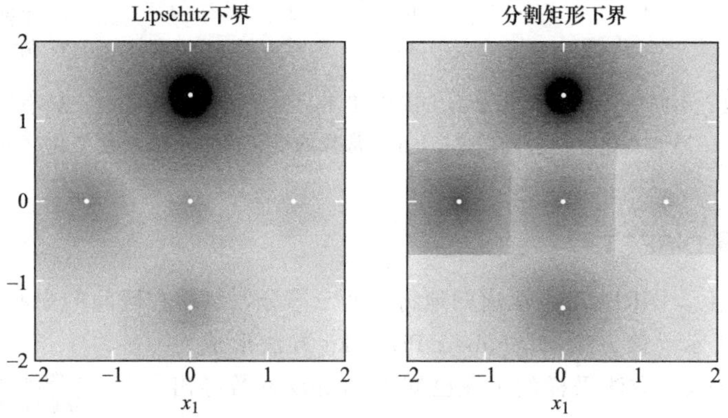

图 7.12　Lipschitz 下界是锥体的交叉点，这在多维空间中生成了复杂的曲面。分割矩形下界将每个下界锥分隔为其自身的超矩形区域，这使得在给定 Lipschitz 常数的情况下，计算每个区域中的最小值变得容易（见彩插） 111

DIRECT 方法不假定已知的 Lipschitz 常数。图 7.13 和图 7.14 分别显示了对于几种不同的 Lipschitz 常数，使用 Lipschitz 连续性和 DIRECT 近似构建的下界。需要注意的是，随着 Lipschitz 常数的变化，最小值的位置也会发生变化，其中较小的 l 值会导致设计接近最低函数值，而较大值的 l 值会导致设计距离先前的函数值最远。

⊖ D. R. Jones, C. D. Perttunen, and B. E. Stuckman, "Lipschitzian Optimization Without the Lipschitz Constant," *Journal of Optimization Theory and Application*, vol. 79, no. 1, pp. 157-181, 1993.

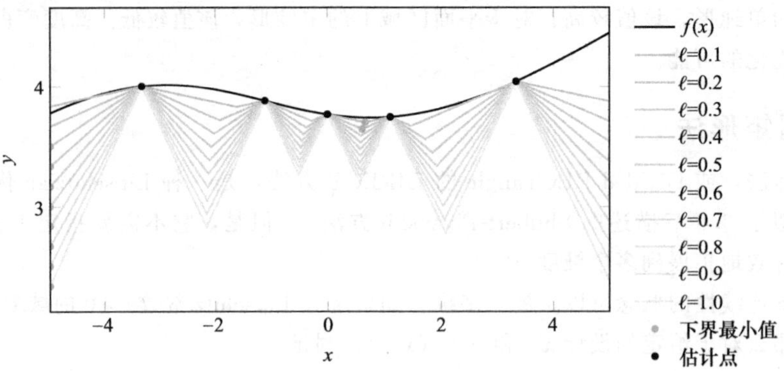

图 7.13 不同 Lipschitz 常数 l 的 Lipschitz 下界。当 Lipschitz 常数发生变化时，不仅估计的最小值会发生局部变化，最小值所在的区域也会发生变化（见彩插）

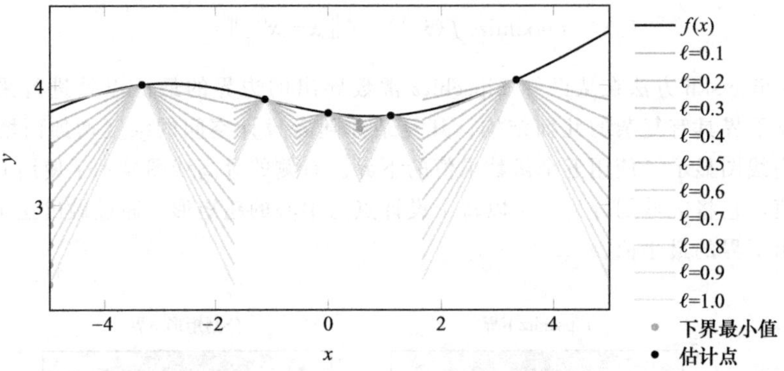

图 7.14 不同 Lipschitz 常数 l 的 DIRECT 下界。下界不是连续的。最小值不会发生
112 局部变化，但会随着 Lipschitz 常数的变化而发生区域性变化（见彩插）

7.6.1 单变量 DIRECT

在一个维度上，DIRECT 方法递归地将区间三等分，然后在区间的中心对目标函数进行采样，如图 7.15 所示。该方案与 Shubert-Piyavskii 方法形成对比，Shubert-Piyavskii 方法采样发生在已知 Lipschitz 常数导出的边界最低点处。

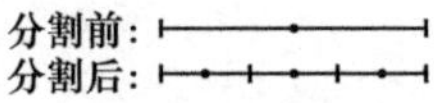

图 7.15 使用 DIRECT 方案的中心点采样将区间三等分

对于以 $c=(a+b)/2$ 为中心的区间 $[a, b]$，基于 $f(c)$ 的下界是：

$$f(x) \geqslant f(c) - \ell|x-c| \tag{7.10}$$

其中 ℓ 是未知的 Lipschitz 常数。边界在该区间上获得的最小值是 $f(c)-\ell(b-a)/2$，它出现在区间的边缘。

即使不知道 ℓ，也可以推断出某些区间的下界低于其他区间。例如，如果有两个相同长度的区间，并且在第一个区间的中心点求值低于第二个区间，那么第一个区间的下界低于第二个区间的下界。虽然这并不意味着第一个区间包含最小解，但这表明我们可能希望在该区间内集中搜索。

在搜索过程中，很多区间 $[a_1, b_1]$，…，$[a_n, b_n]$ 的宽度不同，我们可以根据它们的中心值和区间宽度绘制区间，如图 7.16 所示。每个区间的下界是一条斜率 l 通过其中心点的垂直截距。当从下向上移动一条斜率为 l 的直线时，具有最低下界的区间的中心将是第一个相交点。

DIRECT 方法划分 Lipschitz 常数存在的所有区间，使得它们具有最低的下界，如图 7.17 所示。我们将这些选定的区间称为潜在最优区间。从技术上讲，任何区间都可以包含最优值，尽管所选点十分有可能包含最优值。

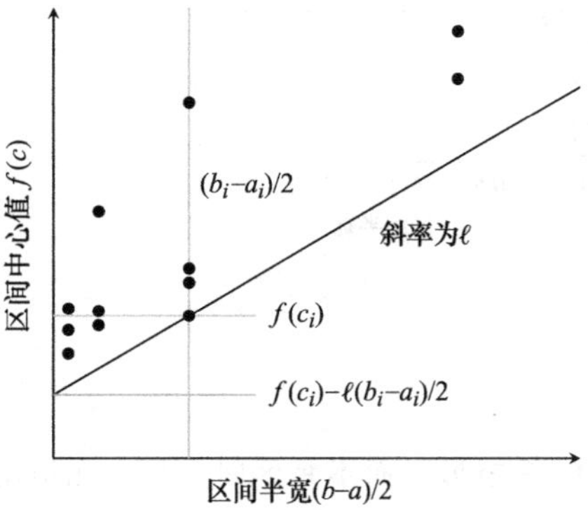

图 7.16 特定 Lipschitz 常数 ℓ 的区间选择。黑点代表 DIRECT 区间及其中心对应的函数值。通过所选区间内的点绘制一条斜率为 l 的黑线。所有其他点必须位于此线上或在此线的上方

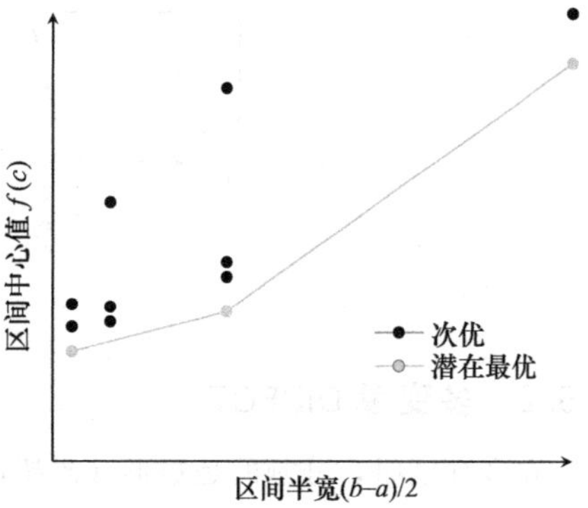

图 7.17 DIRECT 方法的潜在最优区间形成一个分段边界，沿着右下方包围所有区间。每个点对应一个区间

一维 DIRECT 算法的一次迭代包括识别潜在最优区间的集合，然后将每个区间三等分。 113~114
例 7.1演示了一元 DIRECT 方法。

例 7.1 DIRECT 方法应用于一元函数

考虑到函数 $f(x)=\sin(x)+\sin(2x)+\sin(4x)+\sin(8x)$ 在区间 $[-2, 2]$ 内的全局极小值约等于−0.272。由于存在多个局部极小值，所以优化比较困难。

下图（见彩插）显示的是使用一元 DIRECT 方法的过程，选择的分割区间以蓝色呈现。左侧图片显示了覆盖在目标函数上的区间，右侧图片显示了区间半宽与中心值空间中的区间散点。

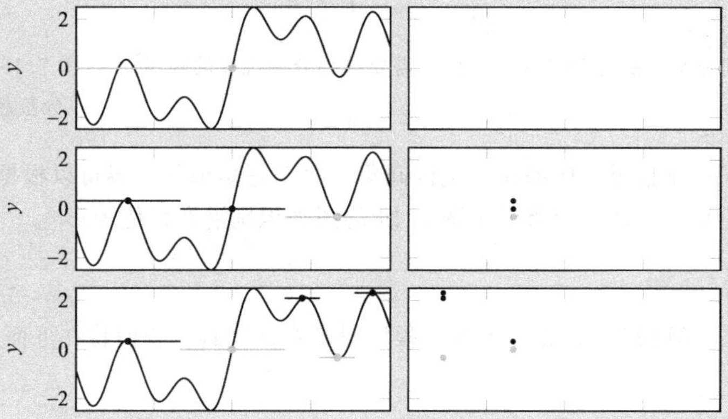

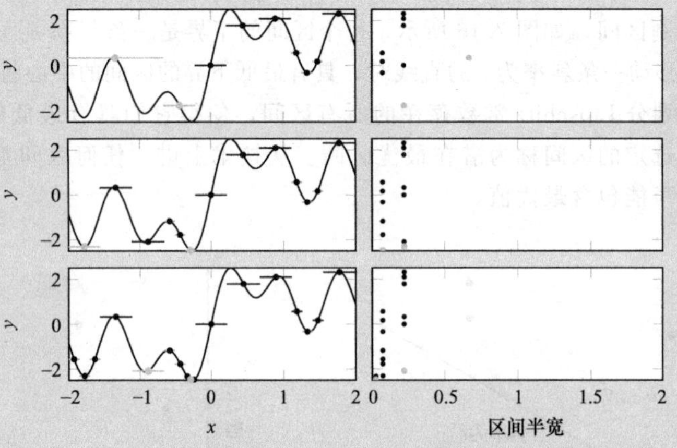

115

7.6.2　多变量 DIRECT

在多维度时，分割的是矩形（或超过两个维度的超矩形）而不是区间。与一元情况类似，我们将矩形沿轴方向三等分。在开始分割矩形之前，DIRECT 方法将搜索空间归一化为单位超立方体。

如图 7.18 所示，分割单位超立方体时方向顺序的选择很重要。DIRECT 方法优先为函数值较低的点分配较大的矩形。更大的矩形会被优先进行额外分割。

在分割边长不相等的区域时，只分割最长的维度（如图 7.19 所示）。然后以与超立方体相同的方式在这些维度上进行分割。

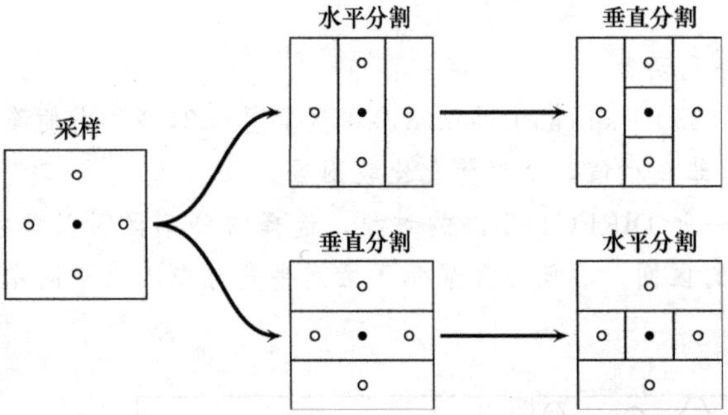

图 7.18　多维区间分割（使用 DIRECT 方法）需要选择分割维度的顺序

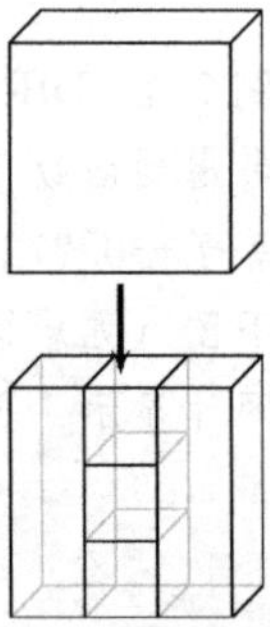

图 7.19　DIRECT 方法只分割超矩形的最长维度

这样就得到了一维情况下的潜在最优区间集。每个超矩形的下界可以根据最长边长和中心值计算得到。我们可以构建一个类似于图 7.16 的图来识别潜在最优矩形[⊖]。

7.6.3　实施

DIRECT 方法（算法 7.8）在分解为子程序时最容易理解。我们将在下面介绍这些子程序。

116

⊖　作为选择的附加要求，DIRECT 方法还要求区间的下界以非零的数量提升当前的最优值。

算法 7.8 DIRECT 方法，其多维目标函数为 f，下界向量为 a，上界向量为 b，容差参数为ϵ，迭代次数为 k_max。它返回最优坐标

```
function direct(f, a, b, ϵ, k_max)
    g = reparameterize_to_unit_hypercube(f, a, b)
    intervals = Intervals()
    n = length(a)
    c = fill(0.5, n)
    interval = Interval(c, g(c), fill(0, n))
    add_interval!(intervals, interval)
    c_best, y_best = copy(interval.c), interval.y

    for k in 1 : k_max
        S = get_opt_intervals(intervals, ϵ, y_best)
        to_add = Interval[]
        for interval in S
            append!(to_add, divide(g, interval))
            dequeue!(intervals[min_depth(interval)])
        end
        for interval in to_add
            add_interval!(intervals, interval)
            if interval.y < y_best
                c_best, y_best = copy(interval.c), interval.y
            end
        end
    end

    return rev_unit_hypercube_parameterization(c_best, a, b)
end
```

单位超立方体的归一化是通过算法 7.9 完成的。

算法 7.9 该函数是在单位超立方体上定义的函数，是在以 a 和 b 为上下界的超立方体上定义的函数 f 的重新编译版本

```
rev_unit_hypercube_parameterization(x, a, b) = x.*(b-a) + a
function reparameterize_to_unit_hypercube(f, a, b)
    Δ = b-a
    return x->f(x.*Δ + a)
end
```

117

该算法可以高效地计算出一组潜在最优矩形（算法 7.10）。区间宽度只能取三分之一，因此许多点将共享相同的 x 坐标。对于任何给定的 x 坐标，只有具有最小 y 值的坐标才可能是最优区间。根据矩形区间的深度存储它们，然后根据中心值将它们存储在优先级队列中。

算法 7.10 在 DIRECT 方法中使用的数据结构。在这里，interval 具有三个部分：区间中心 c、中心点值 y= f(c) 以及在每个维度深度 depth 的分割数。add_interval! 函数在数据结构中插入一个新的 interval

```
using DataStructures
struct Interval
```

```
        c
        y
        depths
end
min_depth(interval) = minimum(interval.depths)
const Intervals = Dict{Int,PriorityQueue{Interval, Float64}}
function add_interval!(intervals, interval)
    d = min_depth(interval)
    if !haskey(intervals, d)
        intervals[d] = PriorityQueue{Interval, Float64}()
    end
    return enqueue!(intervals[d], interval, interval.y)
end
```

可以使用此数据结构来获取所有潜在最优区间（算法 7.11）。该算法从最小区间宽度到最大区间宽度。对于每个点，首先确定它是在连接前两个点的直线的上方还是下方。如果在下
118 方，则将其跳过。然后再对下一个点进行同样的判断。

算法 7.11 这是用于获取潜在最优区间的程序，其中 intervals 的类型为 Intervals，ϵ是容差参数，y_best 是最佳函数评估

```
function get_opt_intervals(intervals, ϵ, y_best)
    max_depth = maximum(keys(intervals))
    stack = [DataStructures.peek(intervals[max_depth])[1]]
    d = max_depth-1
    while d ≥ 0
        if haskey(intervals, d) && !isempty(intervals[d])
            interval = DataStructures.peek(intervals[d])[1]
            x, y = 0.5*3.0^(-min_depth(interval)), interval.y

            while !isempty(stack)
                interval1 = stack[end]
                x1 = 0.5*3.0^(-min_depth(interval1))
                y1 = interval1.y
                l1 = (y - y1)/(x - x1)
                if y1 - l1*x1 > y_best - ϵ || y < y1
                    pop!(stack)
                elseif length(stack) > 1
                    interval2 = stack[end-1]
                    x2 = 0.5*3.0^(-min_depth(interval2))
                    y2 = interval2.y
                    l2 = (y1 - y2)/(x1 - x2)
                    if l2 > l1
                        pop!(stack)
                    else
                        break
                    end
                else
                    break
                end
            end

            push!(stack, interval) # add new point
        end
        d -= 1
    end
    return stack
end
```

119

最后，需要一种划分区间的方法。这是通过 **divide**（算法 7.12）实现的。

算法 7.12　这是用于划分区间的 **divide** 程序，其中 **f** 是目标函数，**divide** 是要划分的区间。它返回的结果是区间较小的列表

```
function divide(f, interval)
    c, d, n = interval.c, min_depth(interval), length(interval.c)
    dirs = findall(interval.depths .== d)
    cs = [(c + 3.0^(-d-1)*basis(i,n),
           c - 3.0^(-d-1)*basis(i,n)) for i in dirs]
    vs = [(f(C[1]), f(C[2])) for C in cs]
    minvals = [min(V[1], V[2]) for V in vs]

    intervals = Interval[]
    depths = copy(interval.depths)
    for j in sortperm(minvals)
        depths[dirs[j]] += 1
        C, V = cs[j], vs[j]
        push!(intervals, Interval(C[1], V[1], copy(depths)))
        push!(intervals, Interval(C[2], V[2], copy(depths)))
    end
    push!(intervals, Interval(c, interval.y, copy(depths)))
    return intervals
end
```

图 7.20 显示的是在二维情况下运行 DIRECT 方法得到的区间。例 7.2 给出了 DIRECT 方法在二维情况下的两次迭代。

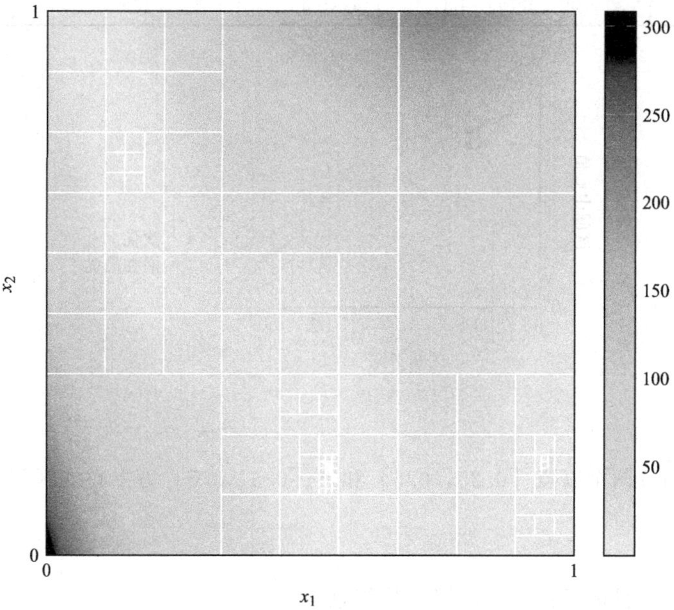

图 7.20　在 Branin 函数（附录 B.3 节）上进行 16 次迭代后的 DIRECT 方法。每个单元格都以白线为边界。由于 DIRECT 方法在程序上提高了这些区域的分辨率，因此这些单元格在 Branin 函数的最小值附近要密集得多（见彩插）

例 7.2　DIRECT 方法的前两次迭代得到了详细的结果。

考虑在 $x_1 \in [-1, 3]$，$x_2 \in [-2, 1]$ 上使用 DIRECT 方法优化 flower 函数（附录 B.4 节）。首先将函数归一化为单位超立方体，以便优化 x_1'，$x_2' \in [0, 1]$：

$$f(x_1', x_2') = \text{flower}(4x_1' - 1, 3x_2' - 2)$$

目标函数在 [0.5, 0.5] 处采样，获得的结果是 0.158。有一个以 [0.5, 0.5] 为中心且边长为 [1, 1] 的区间。区间被划分了两次，首先在 x_1' 处三等分，然后在中心间隔 x_2' 处三等分。

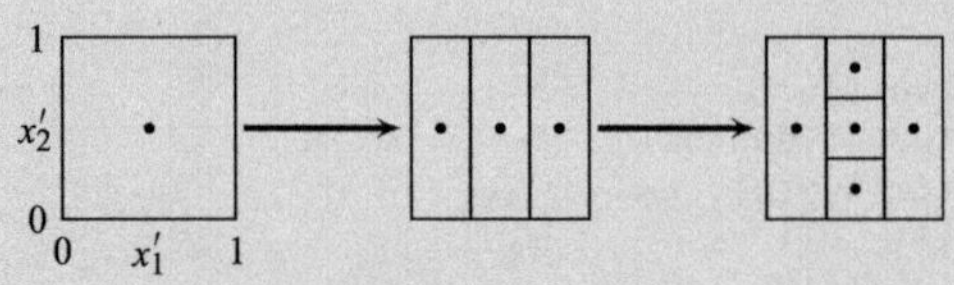

现在有五个区间：

区间	中心	边长	半宽	中心值
1	[0.25, 0.50]	[1/3, 1]	1/2	0.500
2	[0.75, 0.50]	[1/3, 1]	1/2	1.231
3	[0.50, 0.50]	[1/3, 1/3]	1/6	0.158
4	[0.50, 0.25]	[1/3, 1/3]	1/6	2.029
5	[0.50, 0.75]	[1/3, 1/3]	1/6	1.861

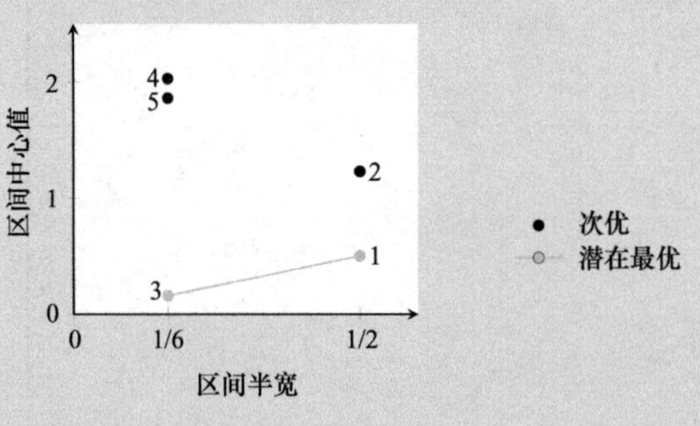

接下来，将划分两个以点 [0.25, 0.5] 和点 [0.5, 0.5] 为中心的区间。

7.7　小结

- 直接方法仅依赖于目标函数，不使用导数信息。
- 循环坐标搜索一次优化一个坐标方向。
- 鲍威尔方法会根据进度方向调整搜索方向集。
- 胡可-吉夫斯搜索法使用随时间调整的步长在当前点的每个坐标方向上进行搜索。
- 广义模式搜索与胡可-吉夫斯搜索法相似，但是它使用的搜索方向较少，可以完全覆盖设计空间。

- 尼尔德-米德单纯形法使用单纯形搜索设计空间，根据对目标函数的计算自适应地扩大和缩小单纯形法的大小。
- 分割矩形算法将 Shubert-Piyavskii 方法扩展到多个维度，并且不需要指定有效的 Lipschitz 常数。 120~122

7.8 练习

练习 7.1 前几章介绍了利用导数降到最小值的方法。DIRECT 方法只能使用 f 的零阶信息求值。使用有限差分法近似一个 n 维目标函数的导数和黑塞矩阵需要多少次计算？为什么使用零阶方法很重要？

练习 7.2 设计一个目标函数和一个起点 x_0，以使胡可-吉夫斯搜索法无法减小目标函数。选择的 x_0 不能是局部极小值。

练习 7.3 使用胡可-吉夫斯搜索法获得的设计点是否一定在局部极小值的 ϵ 范围内？

练习 7.4 举例说明一个具体的工程问题，问题中可能有无法计算的解析导数。

练习 7.5 列举出一维分割矩形法与 Shubert-Piyavskii 方法之间的一个差异。

练习 7.6 假设使用搜索算法从 $\boldsymbol{x}^{(k)}=[1, 2, 3, 4]$ 搜索到 $\boldsymbol{x}^{(k+1)}=[2, 2, 2, 4]$。那么搜索算法可能是循环坐标搜索或鲍威尔方法吗？还是两者都可能，或都不是？为什么？ 123~124

第 8 章
Algorithms for Optimization

随机方法

本章将介绍多种随机方法（stochastic method），这些方法巧妙地使用随机化技术来辅助探索设计空间的最优值。随机性有助于算法逃离局部最优值，并增加发现全局最优值的机率。随机方法通常使用伪随机（pseudo-random）数生成器来确保可重复性[1]。太强的随机性一般来讲是无效的，因为它会妨碍我们有效地使用以前的评估点来指导搜索。故本章将讨论多种能够在搜索中控制随机性程度的方法。

8.1 噪声下降

在梯度下降中加入随机性有利于求解大型非线性优化问题。在梯度非常接近于零时，鞍点可能会导致下降方法选择太小又无效的步长。解决这种问题的途径之一就是在每一步下降中都增加高斯噪声[2]。

$$\boldsymbol{x}^{(k+1)} \leftarrow \boldsymbol{x}^{(k)} + \alpha \boldsymbol{g}^{(k)} + \boldsymbol{\varepsilon}^{(k)} \tag{8.1}$$

其中，$\boldsymbol{\varepsilon}^{(k)}$是具有标准偏差$\sigma$的零均值高斯噪声。噪声量通常会随着时间的推移而减小。噪声的标准差通常是递减序列$\sigma^{(k)}$，如 $1/k$[3]。算法 8.1 给出了实现方法，图 8.1 对鞍形函数有噪声和无噪声的下降寻优过程进行了比较。

算法 8.1 一种增加高斯噪声的噪声下降方法。该方法采用另一种 DescentMethodsub-method，即噪声序列σ，并存储迭代次数 k

```
mutable struct NoisyDescent <: DescentMethod
    submethod
    σ
    k
end
function init!(M::NoisyDescent, f, ∇f, x)
    init!(M.submethod, f, ∇f, x)
    M.k = 1
    return M
end
function step!(M::NoisyDescent, f, ∇f, x)
    x = step!(M.submethod, f, ∇f, x)
    σ = M.σ(M.k)
    x += σ.*randn(length(x))
    M.k += 1
    return x
end
```

[1] 尽管伪随机数生成器产生的数字看起来是随机的，但它们实际上是某个确定性过程的产物。调用 rand 函数可以生成伪随机数。可以使用 Random.jl 程序包中的 seed! 函数来将这个过程重置为初始状态。

[2] G. Hinton and S. Roweis, "Stochastic Neighbor Embedding," *Advances in Neural Information Processing Systems (NIPS)*, 2003.

[3] Hinton 和 Roweis 的论文在前 3500 次迭代中使用了固定的标准差，之后将标准差设置为零。

随机梯度下降法（stochastic gradient descent）是一种常用的神经网络训练方法，它使用噪声梯度近似。除了帮助遍历过去的鞍点，它还使用随机选择的训练数据子集[⊖]计算噪声梯度，这比每次迭代计算真实梯度的代价小很多。

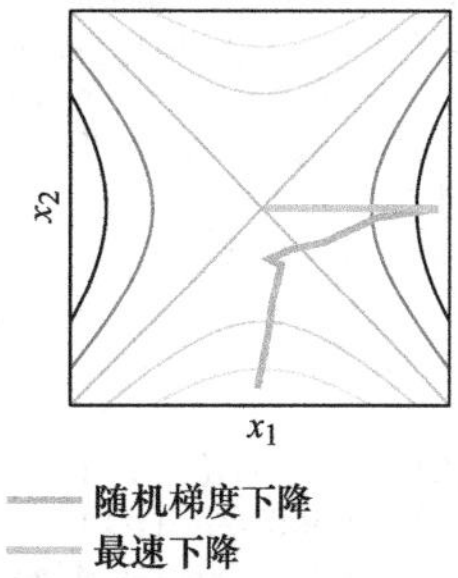

图 8.1 在下降方法中增加随机性有助于遍历鞍点，例如 $f(x)=x_1^2-x_2^2$ 所示的鞍点。由于初始化，最速下降收敛到梯度为零的鞍点（见彩插）

选择正的步长可以为随机梯度下降的收敛性提供保障，使得：

$$\sum_{k=1}^{\infty}\alpha^{(k)}=\infty \quad \sum_{k=1}^{\infty}(\alpha^{(k)})^2<\infty \tag{8.2}$$

这些条件确保步长减小且方法收敛，但不能收敛太快以免脱离局部极小值。

8.2 网格自适应直接搜索

7.4 节中介绍的广义模式搜索方法将局部探索限制在一组固定的方向上，而网格自适应直接搜索（mesh adaptive direct search）则采用随机正生成方向[⊜]。

对正生成集进行采样的过程（请参见例 8.1）是从以下三角矩阵 $\boldsymbol{L}$ 的形式构造初始线性生成集开始的。$\boldsymbol{L}$ 中的对角线项从 $\pm 1/\sqrt{\alpha^{(k)}}$ 采样，其中 $\alpha^{(k)}$ 是第 k 次迭代的步长，$\boldsymbol{L}$ 的较低部分是从以下集合采样的： 125~126

$$\{-1/\sqrt{\alpha^{(k)}}+1,-1/\sqrt{\alpha^{(k)}}+2,\cdots,1/\sqrt{\alpha^{(k)}}-1\} \tag{8.3}$$

例 8.1 $\mathbb{R}^2$ 的正生成集以单位长度 l_1 方向设置

从非零方向 d_1、$d_2\in\{-1, 0, 1\}$ 构造的正生成集中进行采样，8 个正生成集中的 3 个生成集可以从如下所示的方向上进行构建：

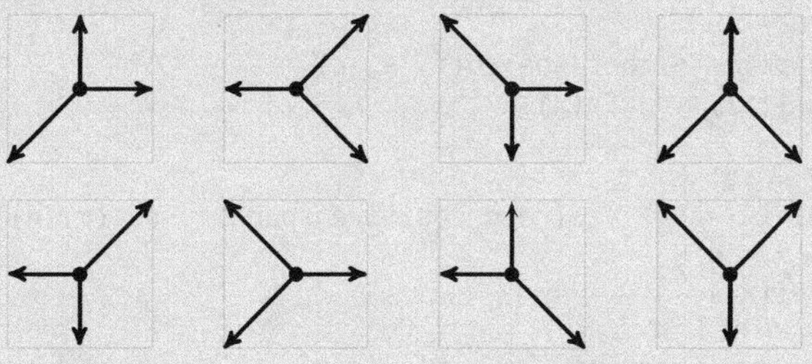

然后，随机排列交换矩阵 $\boldsymbol{L}$ 的行和列，获得矩阵 $\boldsymbol{D}$，其列对应于线性生成 $\mathbb{R}^n$ 的 n 个方向，这些方向中的最大量级为 $1/\sqrt{\alpha^{(k)}}$。

从线性生成集中获得正生成集有两种常见方法，第一种方法是添加一个附加方向 $\boldsymbol{d}^{(n+1)}=-\sum_{i=1}^{n}\boldsymbol{d}^{(i)}$，第二种方法是添加 n 个附加方向 $\boldsymbol{d}^{(n+j)}=-\boldsymbol{d}^{(i)}$，其中 $j\in\{1, \cdots, n\}$。算法 8.2 中采用第一种方法。

⊖ 这些子集称为批处理。

⊜ 本节遵循下三角网格自适应直接搜索，参见：
C. Audet and J. E. Dennis Jr.，“Mesh Adaptive Direct Search Algorithms for Constrained Optimization,” *SIAM Journal on Optimization*, vol. 17, no. 1, pp. 188-217, 2006.

算法 8.2　网格自适应直接搜索以步长α及维数 n，随机抽样 $n+1$ 个方向的正生成集

```
function rand_positive_spanning_set(α, n)
    δ = round(Int, 1/sqrt(α))
    L = Matrix(Diagonal(δ*rand([1,-1], n)))
    for i in 1 : n-1
        for j in i+1:n
            L[i,j] = rand(-δ+1:δ-1)
        end
    end
    D = L[randperm(n),:]
    D = L[:,randperm(n)]
    D = hcat(D, -sum(D,dims=2))
    return [D[:,i] for i in 1 : n+1]
end
```

步长 α 从 1 开始，它始终是 4 的幂，并且永远不会超过 1。使用 4 的幂会使每次迭代中采用的最大可能步长按 2 的因数缩放，因为当整数 $m<1$ 时，最大步长 $\alpha/\sqrt{\alpha}$ 的长度为 $4^m/\sqrt{4^m}=2^m$。步长更新方式如下：

$$\alpha^{(k+1)} \leftarrow \begin{cases} \alpha^{(k)}/4 & \text{如果在此次迭代中未发现改进} \\ \min(1, 4\alpha^{(k)}) & \text{其他} \end{cases} \tag{8.4}$$

网格自适应直接搜索是机会性的，但不支持动态排序[⊖]，因为在成功迭代后，步长会增加，而成功方向上的另一步将会位于网格外，该算法沿被接受的下降方向查询新的设计点。如果 $f(x^{(k)}=x^{(k-1)}+\alpha\boldsymbol{d})<f(x^{(k-1)})$，则查询点是 $x^{(k-1)}+4\alpha\boldsymbol{d}=x^{(k)}+3\alpha\boldsymbol{d}$。算法 8.3 对这个过程进行描述，图 8.2 显示该算法如何探索搜索空间。

算法 8.3　网格自适应直接搜索的目标函数为 f，初始解为 x，容差为ϵ。

```
function mesh_adaptive_direct_search(f, x, ϵ)
    α, y, n = 1, f(x), length(x)
    while α > ϵ
        improved = false
        for (i,d) in enumerate(rand_positive_spanning_set(α, n))
            x′ = x + α*d
            y′ = f(x′)
            if y′ < y
                x, y, improved = x′, y′, true
                x′ = x + 3α*d
                y′ = f(x′)
                if y′ < y
                    x, y = x′, y′
                end
                break
            end
        end
        α = improved ? min(4α, 1) : α/4
    end
    return x
end
```

⊖ 参见 7.4 节。

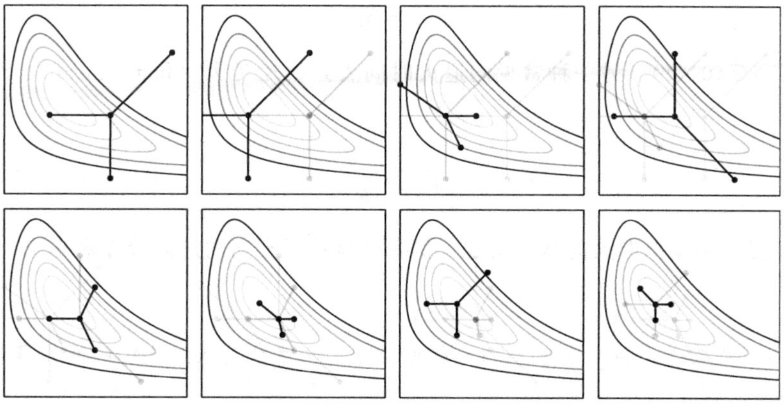

图 8.2 网格自适应直接搜索过程从左到右、从上到下进行（见彩插）

8.3 模拟退火

模拟退火（simulated annealing）㊀借鉴冶金学㊁。温度用于控制随机搜索过程中的随机程度。当温度开始升高，粒子可以在搜索空间中自由移动，并希望在此阶段找到具有局部极小值的较好区域。然后将温度缓慢降低，从而降低随机性，并使搜索收敛到最小值。由于算法具有跳出局部极小值的能力，因此模拟退火算法通常用于具有多个局部极小值的函数。

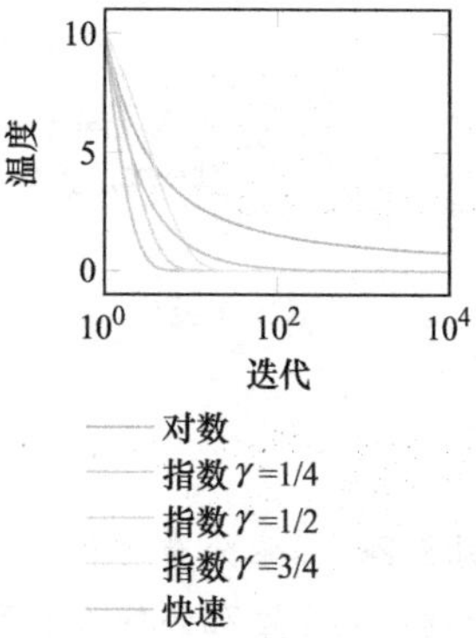

图 8.3 模拟退火中常用的几种退火时间表。初始温度为 10（见彩插）

在每次迭代中，从状态 $\boldsymbol{x}$ 到新状态 $\boldsymbol{x}'$ 的过渡是从过渡分布 T 中采样的，它被接受的概率为：

$$\begin{cases} 1 & \text{如果 } \Delta y \leqslant 0 \\ \min(e^{-\Delta y/t}, 1) & \text{如果 } \Delta y > 0 \end{cases} \tag{8.5}$$

其中 $\Delta y = f(\boldsymbol{x}') - f(\boldsymbol{x})$ 是状态 $\boldsymbol{x}'$ 与 $\boldsymbol{x}$ 对应的目标函数值的差，t 是温度。判断新解是否被接受，主要依据 Metropolis 准则（Metropolis criterion），当温度升高时，允许算法脱离局部极小值。

127
~
129

温度参数 t 控制接受概率。如图 8.3 所示，算法中使用退火时间表来缓慢降低温度，温度降低以确保收敛。如果降低得太快，则搜索方法可能无法找到包含全局极小值的那部分空间。

可以证明，对于第 k 次迭代，$t^{(k)} = t^{(1)} \ln(2)/\ln(k+1)$ 的对数退火时间表（logarithmic annealing schedule）可以在某些条件下渐近达到全局最优值㊂，但它收敛得很慢。更为常见的是使用衰减因子的指数退火时间表（exponential annealing schedule）：

㊀ S. Kirkpatrick, C. D. GelattJr., and M. P. Vecchi, "Optimization by Simulated Annealing," *Science*, vol. 220, no. 4598, pp. 671-680, 1983.

㊁ 退火是将材料加热然后冷却，使其更容易加工的过程。加热时，材料中的原子可以自由移动，并通过随机运动稳定在更好的位置。缓慢冷却会使材料处于有序的结晶状态。而快速突然的淬火会产生缺陷，因为材料被迫沉积在当前状态下。

㊂ B. Hajek, "Cooling Schedules for Optimal Annealing," *Mathematics of Operations Research*, vol. 13, no. 2, pp. 311-329, 1988.

$$t^{(k+1)}=\gamma t^{(k)} \tag{8.6}$$

对于一些 $\gamma\in(0, 1)$。另一种常见的退火时间表是快速退火（fast annealing）[⊖]，其使用的温度为：

$$t^{(k)}=\frac{t^{(1)}}{k} \tag{8.7}$$

算法 8.4 提供了模拟退火的基本实现，例 8.2 显示了不同的过渡分布和退火时间表对优化过程的影响。

算法 8.4 模拟退火将目标函数 f、初始点 x、过渡分布 x、退火时间表 T 和迭代次数 k_max作为输入

```
function simulated_annealing(f, x, T, t, k_max)
    y = f(x)
    x_best, y_best = x, y
    for k in 1 : k_max
        x′ = x + rand(T)
        y′ = f(x′)
        Δy = y′ - y
        if Δy ≤ 0 || rand() < exp(-Δy/t(k))
            x, y = x′, y′
        end
        if y′ < y_best
            x_best, y_best = x′, y′
        end
    end
    return x_best
end
```

130

例 8.2 探索分布变化和温度对模拟退火性能的影响。蓝色区域表示目标函数值的 5% 至 95% 和 25% 至 75% 的经验高斯分位数（见彩插）

可以使用模拟退火来优化 Ackley 函数（附录 B.1 节）。Ackley 函数具有许多局部极小值，因此基于梯度的方法很容易陷入局部极小值。

假设从 $\boldsymbol{x}^{(1)}=[15, 15]$ 开始并运行 100 次迭代，下面给出了具有三个零均值、对角协方差（$\sigma\boldsymbol{I}$）高斯过渡分布和三个不同温度时间表 $t^{(k)}=t^{(1)}/k$ 的不同组合的多次迭代分布。

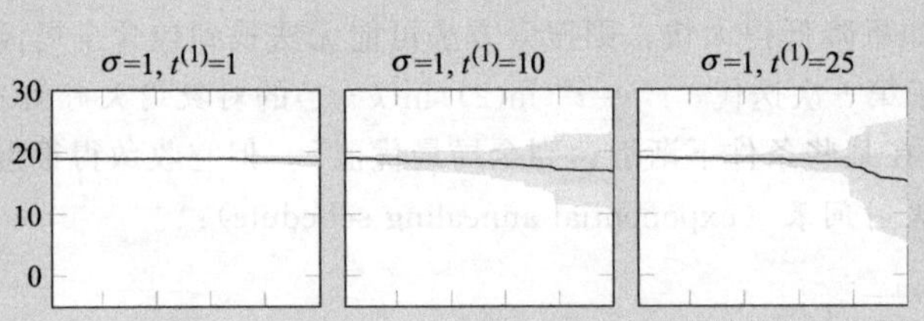

⊖ H. Szu and R. Hartley, "Fast Simulated Annealing," *Physics Letters A*, vol. 122, no. 3-4, pp. 157-162, 1987.

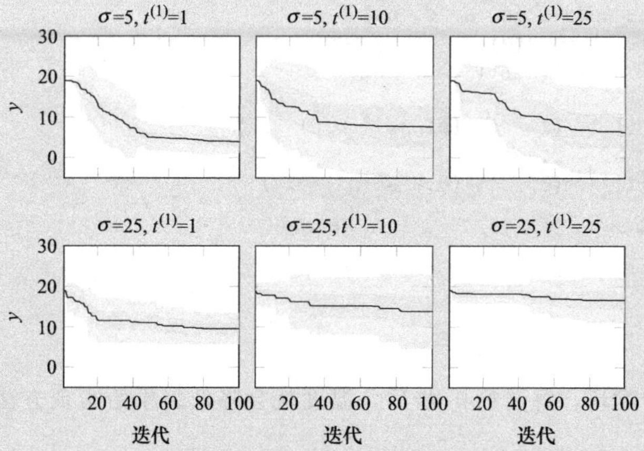

在这种情况下，过渡分布的扩散对性能的影响最大。 131

Corana 等人在 1987 年引入了一种更复杂的算法，它允许在搜索过程中改变步长[⊖]。而不是使用固定的过渡分布，这种自适应模拟退火方法跟踪每个坐标方向的单独步长 v。对于给定的点 $\boldsymbol{x}$，根据以下公式在每个坐标方向 i 上执行一个随机移动的循环：

$$\boldsymbol{x}'=\boldsymbol{x}+rv_i\boldsymbol{e}_i \tag{8.8}$$

其中 r 是从［1，－1］均匀随机绘制的，v_i是第 i 个坐标方向上的最大步长。根据 Metropolis 标准判断每个新点是否被接受，每个坐标方向上的接受点数存储在向量 $\boldsymbol{a}$ 中。

n_s 个周期后调整步长大小，以使接受和拒绝的解的数量大致相等，平均接受率大约是 50%。拒绝太多的解会花费大量的计算时间，而接受太多的解则会收敛得太慢，因为候选点与当前位置太相似。Corana 等人使用的更新公式是：

$$v_i=\begin{cases} v_i\left(1+c_i\dfrac{a_i/n_s-0.6}{0.4}\right) & \text{如果 } a_i>0.6n_s \\ v_i\left(1+c_i\dfrac{0.4-a_i/n_s}{0.4}\right)^{-1} & \text{如果 } a_i<0.4n_s \\ v_i & \text{其他} \end{cases} \tag{8.9}$$

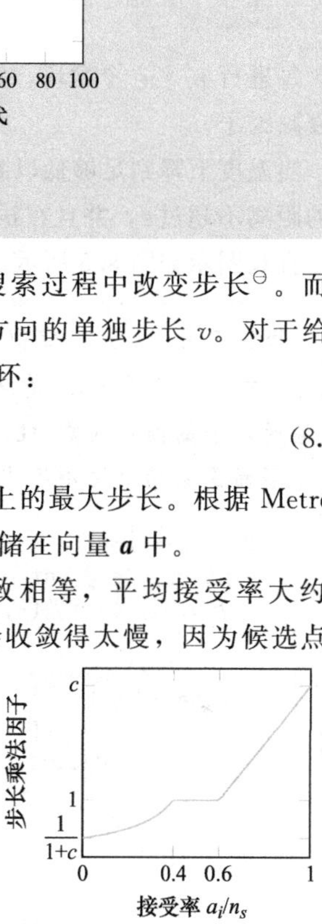

图 8.4 对于 $c=2$，步长乘法因子作为接受率函数

如图 8.4 所示，c_i 参数控制沿每个方向的步长变化，步长变化通常设置为 2。算法 8.5 是更新公式的实现。

算法 8.5 此算法是 Corana 等人采用的更新公式。在自适应模拟退火中，其中 v 是坐标步长的向量，a 是每个坐标方向上可接受步数的向量，c 是每个坐标方向上步长比例因子的向量，ns 是在运行步长调整之前的循环次数

⊖ A. Corana, M. Marchesi, C. Martini, and S. Ridella, "Minimizing Multimodal Functions of Continuous Variables with the 'Simulated Annealing' Algorithm," *ACM Transactions on Mathematical Software*, vol. 13, no. 3, pp. 262-280, 1987.

```
function corana_update!(v, a, c, ns)
    for i in 1 : length(v)
        ai, ci = a[i], c[i]
        if ai > 0.6ns
            v[i] *= (1 + ci*(ai/ns - 0.6)/0.4)
        elseif ai < 0.4ns
            v[i] /= (1 + ci*(0.4-ai/ns)/0.4)
        end
    end
    return v
end
```

132

每进行 $n_s * n_t$ 个循环，每调整 n_t 步后，温度就会降低。原始实现方法只是将温度乘以一个衰减因子。

当温度下降到足够低以致无法再改善结果时，该过程终止。当最近的函数值与前 n_ε 次迭代的距离不超过ε，并且在执行过程中获得最佳函数值时，过程终止。程序实现如算法 8.6 所示，直观图示如图 8.5 所示。

算法 8.6 自适应模拟退火算法，其中 f 是多元目标函数，x 是起始点，v 是起始步长向量，t 是起始温度，ϵ是终止准则参数。可选参数是进行步长调整之前的循环次数 ns、降低温度之前的循环次数 nt、测试终止的连续降温次数 nϵ、降温系数γ以及方向变化准则 c。

下面是原始论文中提出的自适应模拟退火算法的流程图

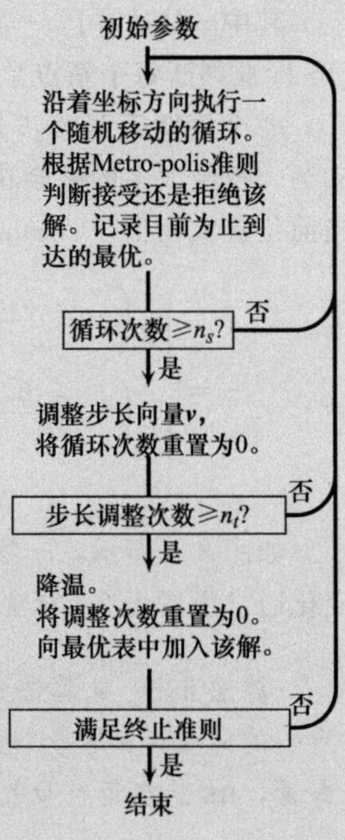
初始参数
沿着坐标方向执行一个随机移动的循环。根据Metro-polis准则判断接受还是拒绝该解。记录目前为止到达的最优。
循环次数≥ns?
否
是
调整步长向量v，将循环次数重置为0。
步长调整次数≥nt?
否
是
降温。
将调整次数重置为0。
向最优表中加入该解。
满足终止准则
否
是
结束

```
function adaptive_simulated_annealing(f, x, v, t, ϵ;
    ns=20, nϵ=4, nt=max(100,5length(x)),
    γ=0.85, c=fill(2,length(x)) )

    y = f(x)
    x_best, y_best = x, y
    y_arr, n, U = [], length(x), Uniform(-1.0,1.0)
    a,counts_cycles,counts_resets = zeros(n), 0, 0

    while true
        for i in 1:n
            x′ = x + basis(i,n)*rand(U)*v[i]
            y′ = f(x′)
            Δy = y′ - y
            if Δy < 0 || rand() < exp(-Δy/t)
                x, y = x′, y′
                a[i] += 1
                if y′ < y_best; x_best, y_best = x′, y′; end
            end
        end

        counts_cycles += 1
        counts_cycles ≥ ns || continue

        counts_cycles = 0
        corana_update!(v, a, c, ns)
        fill!(a, 0)
        counts_resets += 1
        counts_resets ≥ nt || continue
```

```
        t *= γ
        counts_resets = 0
        push!(y_arr, y)

        if !(length(y_arr) > nϵ && y_arr[end] - y_best ≤ ϵ &&
            all(abs(y_arr[end]-y_arr[end-u]) ≤ ϵ for u in 1:nϵ))
            x, y = x_best, y_best
        else
            break
        end
    end
    return x_best
end
```

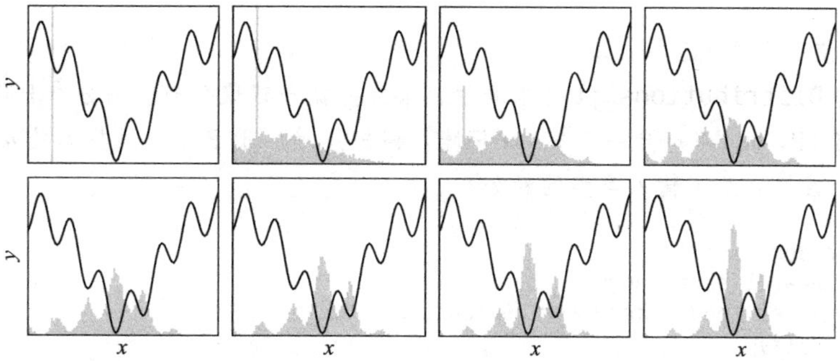

图 8.5　具有指数衰减温度的模拟退火，其中直方图表示模拟退火在该迭代中位于特定位置的概率

8.4　交叉熵法

与本章目前为止讨论的方法相比，*交叉熵方法*（cross-entropy method）[1]在设计空间上保持了明确的概率分布[2]。这种概率分布通常称为*建议分布*（proposal distribution），用于为迭代建议新的样本。在每次迭代中，从建议分布中抽样，然后更新建议分布以适合最佳样本的集合，收敛的目的是使建议分布集中于全局最优，算法 8.7 是该方法的具体实现。

算法 8.7　交叉熵方法需要最小化目标函数 f、建议分布 P、迭代计数 k_max、样本大小 m 和重新拟合分布 m_elite 时使用的样本数。返回的是可能存在全局极小值的更新分布

```
using Distributions
function cross_entropy_method(f, P, k_max, m=100, m_elite=10)
    for k in 1 : k_max
        samples = rand(P, m)
        order = sortperm([f(samples[:,i]) for i in 1:m])
        P = fit(typeof(P), samples[:,order[1:m_elite]])
    end
    return P
end
```

[1] R. Y. Rubinstein and D. P. Kroese, *The Cross-Entropy Method: A Unified Approach to Combinatorial Optimization, Monte-Carlo Simulation, and Machine Learning*. Springer, 2004.

[2] 该方法的名称来自这样一个事实，即拟合分布的过程涉及最小化交叉熵，也称为 Kullback-Leibler 散度。在某些条件下，最小化交叉熵对应于找到分布参数的最大似然估计。

交叉熵方法需要选择一个由 θ 参数化的分布族。常见的是通过均值向量和协方差矩阵参数化的多元正态分布族。该算法还要求指定在为下一次迭代拟合参数时要使用的精英样本数量 m_{elite}。

根据分布族的选择，可以实现将分布拟合到精英样本。对于多元正态分布，将根据最大似然估计来更新参数：

$$\boldsymbol{\mu}^{(k+1)} = \frac{1}{m_{\text{elite}}} \sum_{i=1}^{m_{\text{elite}}} \boldsymbol{x}^{(i)} \tag{8.10}$$

$$\Sigma^{(k+1)} = \frac{1}{m_{\text{elite}}} \sum_{i=1}^{m_{\text{elite}}} (\boldsymbol{x}^{(i)} - \boldsymbol{\mu}^{(k+1)})(\boldsymbol{x}^{(i)} - \boldsymbol{\mu}^{(k+1)})^{\top} \tag{8.11}$$

133~135 例 8.3 将交叉熵方法应用于一个简单函数，对更复杂的函数的多次迭代结果如图 8.6 所示。例 8.4 说明使用多元正态分布拟合精英样本的潜在缺陷。

例 8.3　使用交叉熵法

可以使用 Distributions.jl 包来表示、采样并拟合建议分布。用分布 P 代替参数向量 θ。调用 rand（P，m）将产生一个 $n \times m$ 矩阵，该矩阵对应于 P 中 n 维样本的 m 个采样，并且调用 fit 函数拟合给定输入类型的新分布。

```
import Random: seed!
import LinearAlgebra: norm
seed!(0) # set random seed for reproducible results
f = x->norm(x)
μ = [0.5, 1.5]
Σ = [1.0 0.2; 0.2 2.0]
P = MvNormal(μ, Σ)
k_max = 10
P = cross_entropy_method(f, P, k_max)
@show P.μ

P.μ = [-6.13623e-7, -1.37216e-6]
```

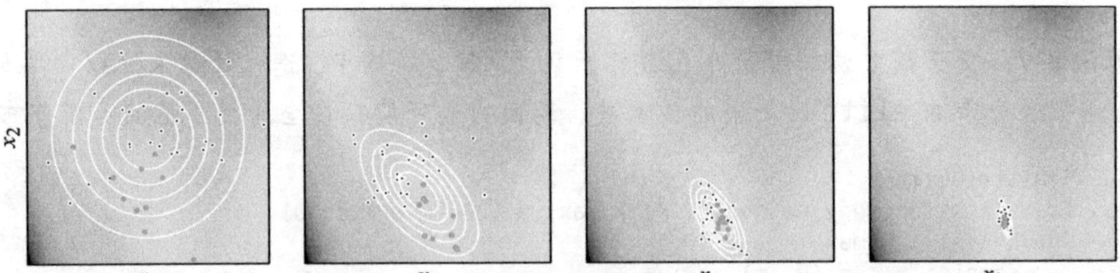

136 图 8.6　使用多元高斯建议分布将 $m=40$ 的交叉熵方法应用于 Branin 函数（附录 B.3 节）。每次迭代中的 10 个精英样本为红色（见彩插）

例 8.4　与可以维持多个局部分布的混合模型相比，正态分布无法捕获多个局部极小值

分布族应足够灵活以捕获目标函数的相关特征。这里给出了在多模态目标函数上应用正态分布的局限性，该函数在两个最小值之间的分布密度更大。混合模型能够在每个最小值上居中。下图见彩插。

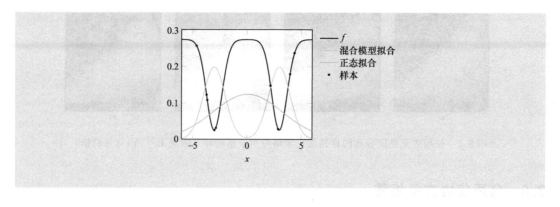

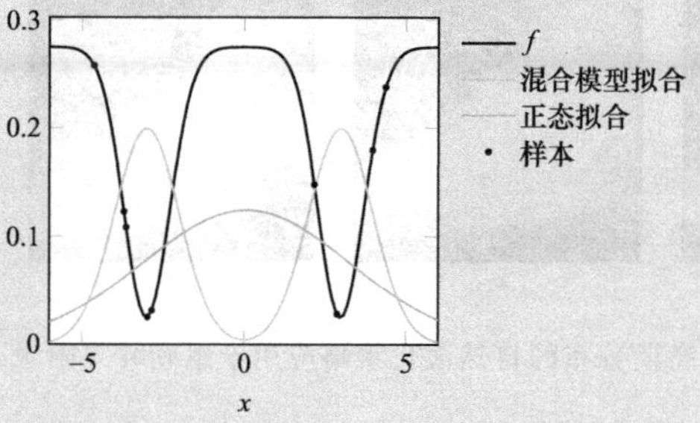

8.5 自然进化策略

像交叉熵方法一样，自然进化策略（natural evolution strategy）[1]优化以 $\boldsymbol{\theta}$ 为参数的建议分布。必须指定建议分配族和样本数，目的是使$\mathbb{E}_{x\sim p(\cdot|\boldsymbol{\theta})}[f(\boldsymbol{x})]$ 最小，进化策略采用梯度下降法，而不是拟合精英样本。梯度是根据样本估算得出的[2]：

$$\nabla_{\boldsymbol{\theta}}\mathbb{E}_{x\sim p(\cdot|\boldsymbol{\theta})}[f(\boldsymbol{x})]=\int \nabla_{\boldsymbol{\theta}}p(\boldsymbol{x}\mid\boldsymbol{\theta})f(\boldsymbol{x})\mathrm{d}\boldsymbol{x} \tag{8.12}$$

$$=\int \frac{p(\boldsymbol{x}|\boldsymbol{\theta})}{p(\boldsymbol{x}|\boldsymbol{\theta})}\nabla_{\boldsymbol{\theta}}p(\boldsymbol{x}|\boldsymbol{\theta})f(x)\mathrm{d}\mathrm{x} \tag{8.13}$$

$$=\int p(\boldsymbol{x}|\boldsymbol{\theta})\nabla_{\boldsymbol{\theta}}\log p(\boldsymbol{x}|\boldsymbol{\theta})f(\boldsymbol{x})\mathrm{d}\boldsymbol{x} \tag{8.14}$$

$$=\mathbb{E}_{x\sim p(\cdot|\boldsymbol{\theta})}[f(\boldsymbol{x})\nabla_{\boldsymbol{\theta}}\log p(\boldsymbol{x}|\boldsymbol{\theta})] \tag{8.15}$$

$$\approx\frac{1}{m}\sum_{i=1}^{m}f(\boldsymbol{x}^{(i)})\nabla_{\boldsymbol{\theta}}\log p(\boldsymbol{x}^{(i)}|\boldsymbol{\theta}) \tag{8.16}$$

尽管不需要目标函数的梯度，但是需要对数似然的对数 $\log p(\boldsymbol{x}\mid\boldsymbol{\theta})$，例 8.5 说明了如何为多元正态分布计算对数似然的梯度。估计的梯度可以与前面章节中讨论的任何下降方法一起使用以改善 $\boldsymbol{\theta}$。算法 8.8 中使用有固定步长的梯度下降，算法的迭代结果如图 8.7 所示。 137

算法 8.8 自然进化策略方法，需要最小化目标函数 f、初始分布参数向量θ、迭代计数 k_max、样本大小 m 和步长因子α。返回优化的参数向量。方法 rand(θ) 应该从被θ参数化的分布中采样，而∇logp（x，θ）应该返回对数似然梯度

```
using Distributions
function natural_evolution_strategies(f, θ, k_max; m=100, α=0.01)
    for k in 1 : k_max
        samples = [rand(θ) for i in 1 : m]
        θ -= α*sum(f(x)*∇logp(x, θ) for x in samples)/m
    end
    return θ
end
```

[1] I. Rechenberg, *Evolutionsstrategie Optimierung technischer Systemenach Prinzipien der biologischen Evolution*. Frommann-Holzboog, 1973.

[2] 该梯度估计最近已成功地应用于建议分布，比较有代表性的是在深层神经网络中的应用。参见：T. Salimans, J. Ho, X. Chen, and I. Sutskever, " Evolution Strategiesas a Scalable Alternative to Reinforcement Learning," *ArXiv*, no. 1703. 03864, 2017.

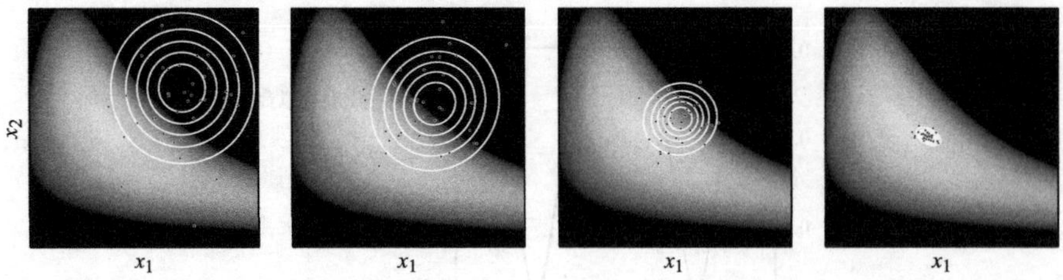

图 8.7 使用多元高斯分布的自然演化策略应用于惠勒岭（附录 B.7 节）（见彩插）

8.6 自适应协方差矩阵

另一种流行的方法是自适应协方差矩阵（covariance matrix adaptation）[⊖]，也称为自适应协方差矩阵进化策略 CMA-ES（Covariance Matrix Adaptation Evolutionary Strategy，CMA-ES）。它与 8.5 节中的自然进化策略有相似之处，但不应将两者混淆。该方法保持协方差矩阵，它的稳健性较好且采样效率高。和交叉熵方法与自然演化策略一样，基于样本的分布随时间而改善，自适应协方差矩阵使用多元高斯分布[⊜]。

具有平均向量 $\boldsymbol{\mu}$、协方差矩阵 $\boldsymbol{\Sigma}$ 和其他步长标量 σ 的自适应协方差矩阵进化策略在每次迭代时，协方差矩阵仅在单个方向上增加或减少，而步长标量适于控制分布的整体分布。每次迭代时，都会从多元高斯模型中抽取 m 个设计[⊜]：

$$\boldsymbol{x} \sim \mathcal{N}(\boldsymbol{\mu}, \sigma^2 \boldsymbol{\Sigma}) \tag{8.17}$$

然后根据样本点的目标函数值对它们进行排序，以使 $f(\boldsymbol{x}^{(1)}) \leqslant f(\boldsymbol{x}^{(2)}) \cdots \leqslant f(\boldsymbol{x}^{(m)})$。使用采样点的加权平均值形成一个新的平均向量 $\boldsymbol{\mu}^{(k+1)}$。

$$\boldsymbol{\mu}^{(k+1)} \leftarrow \sum_{i=1}^{m} w_i \boldsymbol{x}^{(i)} \tag{8.18}$$

例 8.5 多元高斯分布的对数似然梯度方程的推导。有关处理正定协方差矩阵的原始推导和几种更复杂的解决方案，请参见 D. Wierstra，T. Schaul，T. Glasmachers，Y. Sun，and J. Schmidhuber，“Natural Evolution Strategies，” *ArXiv*，no. 1106. 4487，2011

具有均值 $\boldsymbol{\mu}$ 和协方差 $\boldsymbol{\Sigma}$ 的多元正态分布 $\mathcal{N}$ ($\boldsymbol{\mu}$, $\boldsymbol{\Sigma}$) 由于具有解析解而成为常用的分布族。d 维的似然形式为：

$$p(\boldsymbol{x} \mid \boldsymbol{\mu}, \boldsymbol{\Sigma}) = (2\pi)^{-\frac{d}{2}} |\boldsymbol{\Sigma}|^{-\frac{1}{2}} \exp\left(-\frac{1}{2}(\boldsymbol{x}-\boldsymbol{\mu})^\top \boldsymbol{\Sigma}^{-1}(\boldsymbol{x}-\boldsymbol{\mu})\right)$$

其中 $|\boldsymbol{\Sigma}|$ 是 $\boldsymbol{\Sigma}$ 的行列式，对数似然是：

$$\log p(\boldsymbol{x} \mid \boldsymbol{\mu}, \boldsymbol{\Sigma}) = -\frac{d}{2}\log(2\pi) - \frac{1}{2}\log|\boldsymbol{\Sigma}| - \frac{1}{2}(\boldsymbol{x}-\boldsymbol{\mu})^\top \boldsymbol{\Sigma}^{-1}(\boldsymbol{x}-\boldsymbol{\mu})$$

可以使用对数似然梯度更新参数：

⊖ 通常使用短语进化策略来专门指代自适应协方差矩阵。

⊜ N. Hansen，“The CMA Evolution Strategy：A Tutorial，” *ArXiv*，no. 1604. 00772，2016.

⊜ 为了在 $\mathbb{R}^n$ 中进行优化，建议每次迭代至少使用 $m=4+\lfloor 3\ln n \rfloor$ 个样本和 $m_{\text{elite}}=\lfloor m/2 \rfloor$ 个精英样本。

$$\nabla_{(\boldsymbol{\mu})}\log p(\boldsymbol{x}|\boldsymbol{\mu},\boldsymbol{\Sigma})=\boldsymbol{\Sigma}^{-1}(\boldsymbol{x}-\boldsymbol{\mu})$$

$$\nabla_{(\boldsymbol{\Sigma})}\log p(\boldsymbol{x}|\boldsymbol{\mu},\boldsymbol{\Sigma})=\frac{1}{2}\boldsymbol{\Sigma}^{-1}(\boldsymbol{x}-\boldsymbol{\mu})(\boldsymbol{x}-\boldsymbol{\mu})^{\top}\boldsymbol{\Sigma}^{-1}-\frac{1}{2}\boldsymbol{\Sigma}^{-1}$$

项$\nabla_{(\boldsymbol{\Sigma})}$包含$\boldsymbol{\Sigma}$的每个项相对于对数似然的偏导数。

正如协方差矩阵所要求的那样，直接更新$\boldsymbol{\Sigma}$可能不会生成正定矩阵。可以将$\boldsymbol{\Sigma}$表示为乘积$\boldsymbol{A}^{\top}\boldsymbol{A}$，这可以确保$\boldsymbol{\Sigma}$保持半正定值，然后更新$\boldsymbol{A}$。用$\boldsymbol{A}^{\top}\boldsymbol{A}$代替$\boldsymbol{\Sigma}$并相对于$\boldsymbol{A}$取梯度：

$$\nabla_{(\boldsymbol{A})}\log p(\boldsymbol{x}|\boldsymbol{\mu},\boldsymbol{A})=\boldsymbol{A}[\nabla_{(\boldsymbol{\Sigma})}\log p(\boldsymbol{x}|\boldsymbol{\mu},\boldsymbol{\Sigma})+\nabla_{(\boldsymbol{\Sigma})}\log p(\boldsymbol{x}|\boldsymbol{u},\boldsymbol{\Sigma})^{\top}]$$ 138~139

它们的权重总和为 1，按从大到小的顺序排列，并且权重均为非负数[⊖]：

$$\sum_{i=1}^{m}w_i=1 \quad w_1\geqslant w_2\geqslant\cdots\geqslant w_m\geqslant 0 \qquad (8.19)$$

将第一个m_{elite}设置为$1/m_{\text{elite}}$，并将其余权重设置为零，从而在交叉熵方法中恢复均值更新。自适应协方差矩阵也仅将权重分配给第一个m_{elite}，但权重分布不均。通过归一化获得建议权重：

$$w_i'=\ln\frac{m+1}{2}-\ln i,\text{对于 } i\in\{1,\cdots,m\} \qquad (8.20)$$

为了获得$\boldsymbol{w}=\boldsymbol{w}'/\sum_i w_i'$，自适应协方差矩阵和交叉熵方法的均值更新如图 8.8 所示。

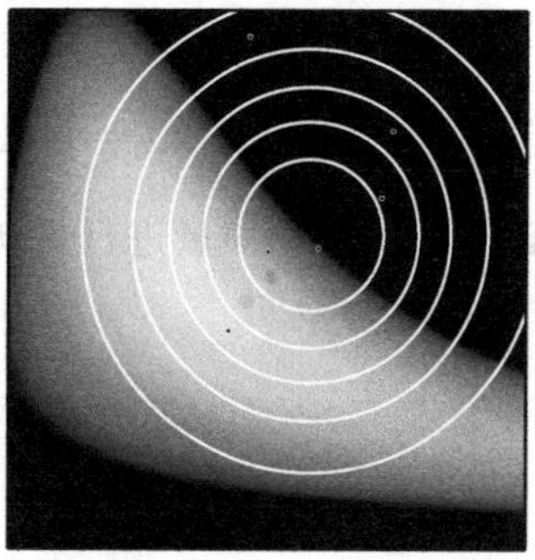

图 8.8 显示的是初始建议分布（白色轮廓）、六个样本（白色点），以及使用三个精英样本的自适应协方差矩阵（蓝色点）和交叉熵方法（红色点）的新更新方法。自适应协方差矩阵往往比交叉熵方法（红色点）更积极地更新平均值，因为它为更好的采样设计分配更高的权重（见彩插）

使用累积变量$\boldsymbol{p}_{\sigma}$更新步长，该变量随时间跟踪步长：

$$\begin{aligned}&\boldsymbol{p}_{\sigma}^{(1)}=\boldsymbol{0}\\&\boldsymbol{p}_{\sigma}^{(k+1)}\leftarrow(1-c_{\sigma})\boldsymbol{p}_{\sigma}+\sqrt{c_{\sigma}(2-c_{\sigma})\mu_{\text{eff}}}(\boldsymbol{\Sigma}^{(k)})^{-1/2}\boldsymbol{\delta}_w\end{aligned} \qquad (8.21)$$

其中$c_{\sigma}<1$控制衰减率，右项根据观察到的样本（相对于当前分布范围）确定步长是应增大还是减小，方差有效选择质量μ_{eff}形式如下：

$$\mu_{\text{eff}}=\frac{1}{\sum_i w_i^2} \qquad (8.22)$$

$\boldsymbol{\delta}_w$由采样偏差计算得出：

$$\boldsymbol{\delta}_w=\sum_{i=1}^{m_{\text{elite}}}w_i\boldsymbol{\delta}^{(i)},\text{对于 }\delta^{(i)}=\frac{\boldsymbol{x}^{(i)}-\boldsymbol{\mu}^{(k)}}{\sigma^{(k)}} \qquad (8.23)$$

根据以下步骤获得新的步长：

⊖ 原始论文见：

N. Hansenand A. Ostermeier, "Adapting Arbitrary Normal Mutation Distributionsin Evolution Strategies: The Covariance Matrix Adaptation," *IEEE International Conference on Evolutionary Computation*, 1996.

该论文介绍了不需要遵循这些约束的方法，但是给出的推荐实现确实遵循了这些约束，算法 8.9 遵守这些约束。

$$\sigma^{(k+1)} \leftarrow \sigma^{(k)} \exp\left(\frac{c_\sigma}{d_\sigma}\left(\frac{\| \boldsymbol{p}_\sigma \|}{\mathbb{E}\| \mathcal{N}(\boldsymbol{0},\boldsymbol{I}) \|}-1\right)\right) \tag{8.24}$$

其中：

140

$$\mathbb{E}\| \mathcal{N}(\boldsymbol{0},\boldsymbol{I}) \| = \sqrt{2}\frac{\Gamma\left(\frac{n+1}{2}\right)}{\Gamma\left(\frac{n}{2}\right)} \approx \sqrt{n}\left(1-\frac{1}{4n}+\frac{1}{21n^2}\right) \tag{8.25}$$

上式是从高斯分布得出的向量的预期长度，将$\boldsymbol{p}_\sigma$的长度与其在随机选择下的预期长度进行比较，然后根据结果增大或减小 σ。常数c_σ和d_σ具有建议值：

$$\begin{aligned} c_\sigma &= (\mu_{\text{eff}}+2)/(n+\mu_{\text{eff}}+5) \\ d_\sigma &= 1+2\max(0, \sqrt{(\mu_{\text{eff}}-1)/(n+1)}-1)+c_\sigma \end{aligned} \tag{8.26}$$

协方差矩阵也使用累积向量进行更新：

$$\begin{aligned} \boldsymbol{p}_\Sigma^{(1)} &= \boldsymbol{0} \\ \boldsymbol{p}_{\boldsymbol{\Sigma}}^{(k+1)} &\leftarrow (1-c_{\boldsymbol{\Sigma}})\boldsymbol{p}_{\boldsymbol{\Sigma}}^{(k)} + h_\sigma \sqrt{c_\Sigma(2-c_{\boldsymbol{\Sigma}})\mu_{\text{eff}}}\,\boldsymbol{\delta}_w \end{aligned} \tag{8.27}$$

其中：

$$h_\sigma \begin{cases} 1 & \text{如果} \dfrac{\| \boldsymbol{p}_{\boldsymbol{\Sigma}} \|}{\sqrt{1-(1-c_\sigma)^{2(k+1)}}} < \left(1.4+\dfrac{2}{n+1}\right)\mathbb{E}\| \mathcal{N}(\boldsymbol{0},\boldsymbol{I}) \| \\ 0 & \text{其他} \end{cases} \tag{8.28}$$

如果$\| \boldsymbol{p}_{\boldsymbol{\Sigma}} \|$太大，则$h_\sigma$会阻止$\boldsymbol{p}_{\boldsymbol{\Sigma}}$的更新，从而在步长太小时防止$\boldsymbol{\Sigma}$过度增加。

更新需要调整的权重 $\boldsymbol{w}^\circ$ 为：

$$w_i^\circ \begin{cases} w_i & \text{如果 } w_i \geqslant 0 \\ \dfrac{n w_i}{\| \Sigma^{-1/2}\boldsymbol{\delta}^{(i)} \|^2} & \text{其他} \end{cases} \tag{8.29}$$

然后更新协方差：

$$\boldsymbol{\Sigma}^{(k+1)} \leftarrow \Bigg(1+\underbrace{c_1 c_c(1-h_\sigma)(2-c_c)-c_1-c_\mu}_{\text{通常为0}}\Bigg)\boldsymbol{\Sigma}^{(k)} + \underbrace{c_1 \boldsymbol{p}_{\boldsymbol{\Sigma}} \boldsymbol{p}_{\boldsymbol{\Sigma}}^\top}_{\text{秩1更新}} + \underbrace{c_\mu \sum_{i=1}^{\mu} w_i^\circ \boldsymbol{\delta}^{(i)} (\boldsymbol{\delta}^{(i)})^\top}_{\text{秩}\mu\text{更新}} \tag{8.30}$$

常数c_Σ、c_1和 c_μ具有建议值，具体如下：

$$\begin{aligned} c_\Sigma &= \frac{4+\mu_{\text{eff}}/n}{n+4+2\mu_{\text{eff}}/n} \\ c_1 &= \frac{2}{(n+1.3)^2+\mu_{\text{eff}}} \\ c_\mu &= \min\left(1-c_1, 2\frac{\mu_{\text{eff}}-2+1/\mu_{\text{eff}}}{(n+2)^2+\mu_{\text{eff}}}\right) \end{aligned} \tag{8.31}$$

141

协方差更新由三个组件组成：先前的协方差矩阵$\boldsymbol{\Sigma}^{(k)}$、秩 1 更新和秩 μ 更新。秩 1 更新的名称源于 $\boldsymbol{p}_{\boldsymbol{\Sigma}} \boldsymbol{p}_{\boldsymbol{\Sigma}}^\top$ 的秩为 1，它沿 $\boldsymbol{p}_{\boldsymbol{\Sigma}}$ 只有一个特征向量。使用累积向量的秩 1 更新允许利用连续步骤之间的相关性，从而使得协方差矩阵沿有利轴更快地拉伸。

秩 μ 更新的名称源于 $\sum_{i=1}^{\mu} \omega_i^{o} \boldsymbol{\delta}^{(i)} (\boldsymbol{\delta}^{(i)})^{\top}$ 的秩为 min (μ,n)。交叉熵方法使用的经验协方差矩阵更新与秩 μ 更新之间的主要区别是，前者估计新均值 $\boldsymbol{\mu}^{(k+1)}$ 的协方差，而后者估计原始均值 $\boldsymbol{\mu}^{(k)}$ 的协方差。因此，$\boldsymbol{\delta}^{(i)}$ 值有助于估计采样步骤的方差，而不是采样设计中的方差。

自适应协方差矩阵描述如图 8.9 所示。

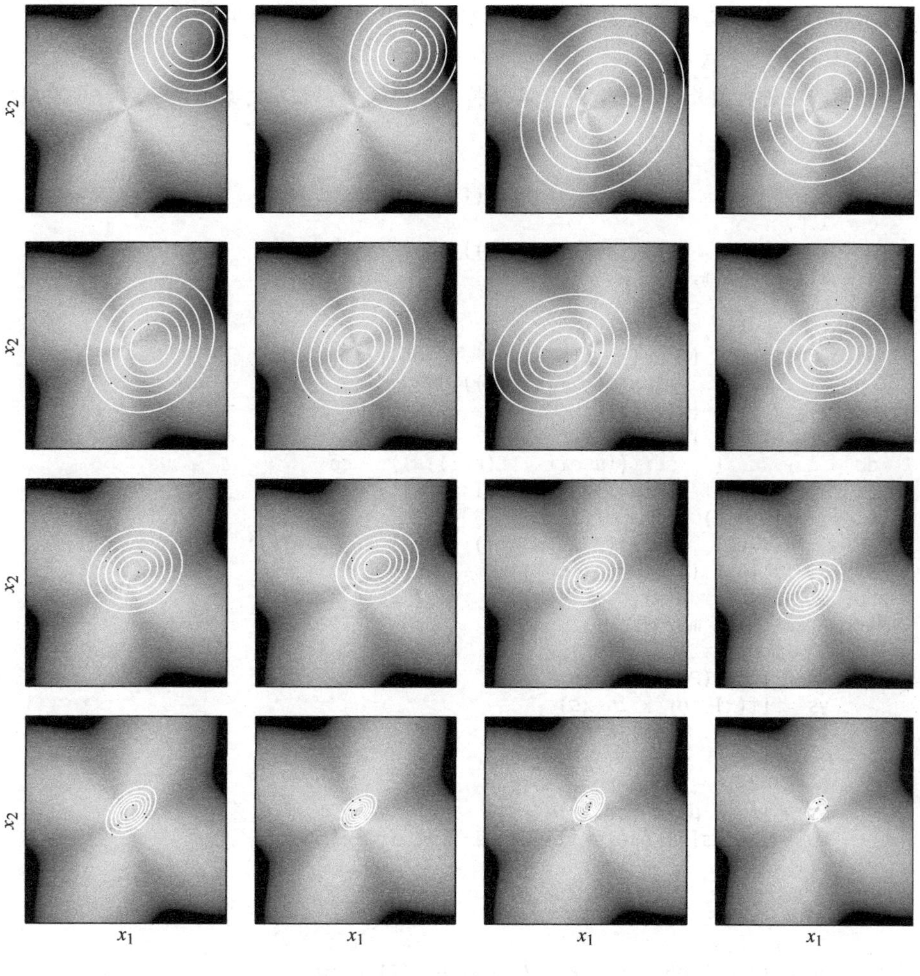

图 8.9　使用应用于花函数的多元高斯分布的自适应协方差矩阵（附录 B.4 节）（见彩插）

8.7　小结

- 随机方法在优化过程中采用随机数。
- 模拟退火使用温度控制随机搜索，该温度随着时间的推移而降低，以收敛于局部极小值。
- 交叉熵方法和演化策略采用建议分布，并从中进行抽样以进行更新。
- 自然进化策略利用对数似然的梯度下降来更新其建议分布。
- 自适应协方差矩阵是一种稳健性较好且采样效率高的优化器，它可保持具有完整协方差矩阵的多元高斯建议分布。

8.8 练习

练习 8.1 混合建议分布可以更好地捕获多个最小值。为什么在交叉熵方法中使用它们会受到限制？

算法 8.9 自适应协方差矩阵，使用目标函数 f 进行最小值计算，初始设计点为 x，迭代计数为 k_max。可以选择指定步长标量σ、样本大小 m 和精英样本数 m_elite。

返回最佳候选设计点，即最终样本分布的平均值。

协方差矩阵要进行额外的运算以确保其保持对称。否则，较小的数值不一致会导致矩阵不再正定

```
function covariance_matrix_adaptation(f, x, k_max;
    σ = 1.0,
    m = 4 + floor(Int, 3*log(length(x))),
    m_elite = div(m,2))

    μ, n = copy(x), length(x)
    ws = normalize!(vcat(log((m+1)/2) .- log.(1:m_elite),
                    zeros(m - m_elite)), 1)
    μ_eff = 1 / sum(ws.^2)
    cσ = (μ_eff + 2)/(n + μ_eff + 5)
    dσ = 1 + 2max(0, sqrt((μ_eff-1)/(n+1))-1) + cσ
    cΣ = (4 + μ_eff/n)/(n + 4 + 2μ_eff/n)
    c1 = 2/((n+1.3)^2 + μ_eff)
    cμ = min(1-c1, 2*(μ_eff-2+1/μ_eff)/((n+2)^2 + μ_eff))
    E = n^0.5*(1-1/(4n)+1/(21*n^2))
    pσ, pΣ, Σ = zeros(n), zeros(n), Matrix(1.0I, n, n)
    for k in 1 : k_max
        P = MvNormal(μ, σ^2*Σ)
        xs = [rand(P) for i in 1 : m]
        ys = [f(x) for x in xs]
        is = sortperm(ys) # best to worst

        # selection and mean update
        δs = [(x - μ)/σ for x in xs]
        δw = sum(ws[i]*δs[is[i]] for i in 1 : m_elite)
        μ += σ*δw

        # step-size control
        C = Σ^-0.5
        pσ = (1-cσ)*pσ + sqrt(cσ*(2-cσ)*μ_eff)*C*δw
        σ *= exp(cσ/dσ * (norm(pσ)/E - 1))

        # covariance adaptation
        hσ = Int(norm(pσ)/sqrt(1-(1-cσ)^(2k)) < (1.4+2/(n+1))*E)
        pΣ = (1-cΣ)*pΣ + hσ*sqrt(cΣ*(2-cΣ)*μ_eff)*δw
        w0 = [ws[i]≥0 ? ws[i] : n*ws[i]/norm(C*δs[is[i]])^2
              for i in 1:m]
        Σ = (1-c1-cμ) * Σ +
            c1*(pΣ*pΣ' + (1-hσ) * cΣ*(2-cΣ) * Σ) +
            cμ*sum(w0[i]*δs[is[i]]*δs[is[i]]' for i in 1 : m)
        Σ = triu(Σ)+triu(Σ,1)' # enforce symmetry
    end
    return μ
end
```

142 ~ 144

练习 8.2 在交叉熵方法中，使用非常接近总样本量的精英样本量有何潜在影响？

练习 8.3 从具有均值 μ 和方差 v 的高斯分布采样的值的对数似然是：

$$\ell(x \mid \mu, v) = -\frac{1}{2}\ln 2\pi - \frac{1}{2}\ln v - \frac{(x-\mu)^2}{2v}$$

说明当平均值为最优值 $\mu = x^*$ 时，为什么在使用方差下降更新时，使用高斯分布的进化策略可能会遇到困难。

练习 8.4 使用多元正态分布推导交叉熵方法的最大似然估计：

$$\boldsymbol{\mu}^{(k+1)} = \frac{1}{m}\sum_{i=1}^{m}\boldsymbol{x}^{(i)}$$

$$\Sigma^{(k+1)} = \frac{1}{m}\sum_{i=1}^{m}(\boldsymbol{x}^{(i)} - \boldsymbol{\mu}^{(k+1)})(\boldsymbol{x}^{(i)} - \boldsymbol{\mu}^{(k+1)})^{\top}$$

其中最大似然估计是使个体 $\{\boldsymbol{x}^{(1)}, \cdots, \boldsymbol{x}^{(m)}\}$ 采样的可能性最大化的参数值。 145~146

第 9 章
Algorithms for Optimization

种 群 方 法

前面的章节集中于将单个设计点逐渐移向最小值的方法。本章将介绍多种种群方法，对点（称为个体）的集合进行优化。在设计空间中分布大量单个个体，可以避免算法陷入局部极小值。设计空间中不同点间可以进行信息共享，目的是得到全局最优解。大多数种群方法是随机方法，易于并行计算。

9.1 初始化

种群方法从*初始种群*（initial population）开始，正如下降方法需要初始设计点一样。初始种群分布在设计空间中，增加样本接近最佳区域的机会。本节介绍几种种群初始化方法，第 13 章将详细讨论更高级的采样方法。

可以将设计变量约束到一个区域，该区域由上界 $\boldsymbol{a}$ 和下界 $\boldsymbol{b}$ 定义的超矩形组成。可以从每个坐标的均匀分布中采样初始种群[⊖]：

$$\boldsymbol{x}_i^{(j)} \sim U(a_i, b_i) \tag{9.1}$$

如算法 9.1 所示，其中 $\boldsymbol{x}^{(j)}$ 是种群中的第 j 个个体。

算法 9.1 在以 a 为下界，b 为上界的均匀分布上对有 m 个设计点的初始种群进行抽样的方法

```
function rand_population_uniform(m, a, b)
    d = length(a)
    return [a+rand(d).*(b-a) for i in 1:m]
end
```

另一种常见的方法是使用以目标区域为中心的多元正态分布。协方差矩阵通常是对角线，对角线条目的大小足以覆盖搜索空间。算法 9.2 是具体的程序实现。

算法 9.2 使用具有均值μ和协方差Σ的多元正态分布对有 m 个点的初始种群进行采样的方法

```
using Distributions
function rand_population_normal(m, μ, Σ)
    D = MvNormal(μ,Σ)
    return [rand(D) for i in 1:m]
end
```

⊖ 一些种群方法需要与个体相关的其他信息，例如粒子群优化情况下的速度，稍后将对其进行讨论。速度通常根据均匀分布或正态分布进行初始化。

均匀和正态分布将覆盖的设计空间限制在一个集中的区域。柯西分布（如图 9.1 所示）具有无限的方差，可以覆盖更广阔的空间。算法 9.3 是算法实现，图 9.2 比较了使用不同方法生成的初始种群。

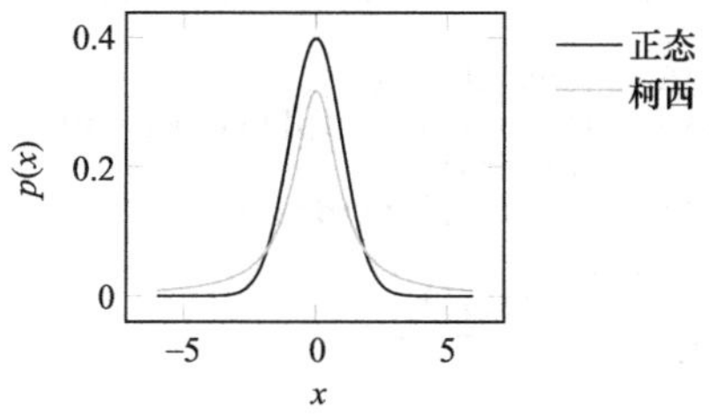

图 9.1 标准偏差为 1 的正态分布与标度为 1 的柯西分布的比较。尽管柯西分布中有时将 σ 用作标度参数，但不应将其与标准偏差相混淆，因为柯西分布的标准偏差并未定义。柯西分布很烦琐，可以覆盖更广泛的设计空间

算法 9.3 使用柯西分布对每个维度的 m 个点进行初始采样，柯西分布的位置为μ，比例为σ。位置和比例类似于正态分布中使用的平均值和标准偏差

```
using Distributions
function rand_population_cauchy(m, μ, σ)
    n = length(μ)
    return [[rand(Cauchy(μ[j],σ[j])) for j in 1:n] for i in 1:m]
end
```

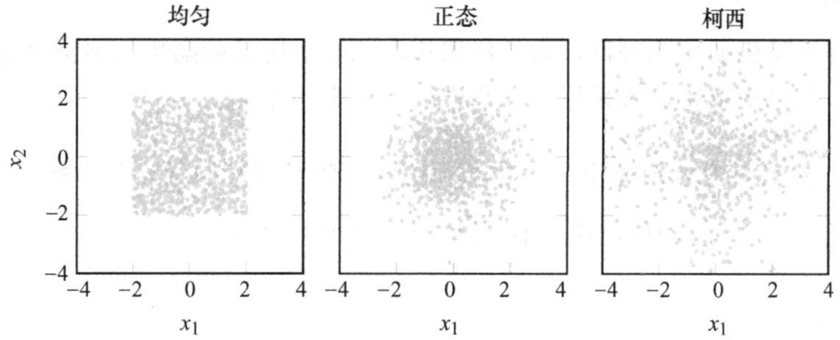

图 9.2 初始种群个体数为 1000，使用 $\boldsymbol{a}=[-2, -2]$，$\boldsymbol{b}=[2, 2]$ 的均匀超矩阵，对角协方差 $\boldsymbol{\Sigma}=\boldsymbol{I}$ 的零均值正态分布和中心位于原点、标度 $\sigma=1$ 的柯西分布进行采样

9.2 遗传算法

遗传算法（算法 9.4）借鉴生物进化的规律，健康的个体将其基因传给下一代的概率比较大[⊖]，算法中与个体有关的设计点表示为染色体，个体的繁殖适应能力与在该点处的目标函数值成反比（繁殖能力强的个体的适应度函数值小）。在每一代，健康个体的染色体进行交叉和变异后传递给下一代，产生代表新的解集的种群。

⊖ D. E. *Goldberg*, *Genetic Algorithms in Search*, *Optimization*, *and Machine Learning*. Addison-Wesley, 1989.

算法 9.4 遗传算法采用目标函数 f、初始种群、迭代次数 k_max、SelectionMethod S、CrossoverMethod C 和 MutationMethod M

```
function genetic_algorithm(f, population, k_max, S, C, M)
    for k in 1 : k_max
        parents = select(S, f.(population))
        children = [crossover(C,population[p[1]],population[p[2]])
                    for p in parents]
        population .= mutate.(Ref(M), children)
    end
    population[argmin(f.(population))]
end
```

147~149

9.2.1 染色体

常用的表示染色体的方法中最简单的是*二进制字符串染色体*，其表示方式类似于 DNA 的编码方式⊖。可以使用 bitrand (d) 生成长度为 d 的随机二进制字符串，二进制字符串染色体如图 9.3 所示。

图 9.3 表示为二进制字符串的染色体

在交叉和变异中经常使用二进制字符串，但解码二进制字符串并产生设计点的过程比较复杂。有时二进制字符串可能无法表示设计空间中的有效点。通常，使用实际值列表来代表染色体，这样的*实值染色体*（real-valued chromosome）是$\mathbb{R}^d$中的向量，对应设计空间中的点。

9.2.2 初始化

遗传算法首先随机初始化种群，通常使用算法 9.5 中所示的随机位字符串来初始化二进制字符串染色体，实值染色体通常采用上一节中的方法来初始化。

算法 9.5 对长度为 n 的 m 个位字符串染色体的随机初始种群进行采样

```
rand_population_binary(m, n) = [bitrand(n) for i in 1:m]
```

9.2.3 选择

选择是选择染色体作为下一代父母的过程。对于具有 m 个染色体的种群，选择方法将为
150 下一代 m 个孩子生成 m 个父母对⊖的列表，所选对可能包含重复项。

有几种方法可以使选择偏向于最好的点（算法 9.6），在*截断选择*（truncation selection）中（图 9.4），可以从种群中最好的 k 条染色体中选择父母。在*联赛选择*（tournament selection）中（图 9.5），每个父母都是种群中 k 个随机选择的染色体中最合适的。在*轮盘赌选择*（roulette wheel selection），也称为*适应度比例选择*中（图 9.6），每个父母的被选择概率均与其相对于种群的表现成正比。因为关注的是最小化目标函数 f，第 i 个个体 $x^{(i)}$ 的适应度与 $y^{(i)}=f(x^{(i)})$成反比。有多种方法可以将集合$y^{(1)}$，…，$y^{(m)}$转化为适应度，比较简单的一种方法是根据 $\max\{y^{(1)}, \cdots, y^{(m)}\}-y^{(i)}$ 分配个体 i 的适应度值。

⊖ DNA 不用二进制表示，而是包含四个核碱基：腺嘌呤（A）、鸟嘌呤（G）、胸腺嘧啶（T）和胞嘧啶（C）。

⊖ 在某些情况下，如果一个人希望合并两个以上的父母来生成一个孩子，则可以使用组。

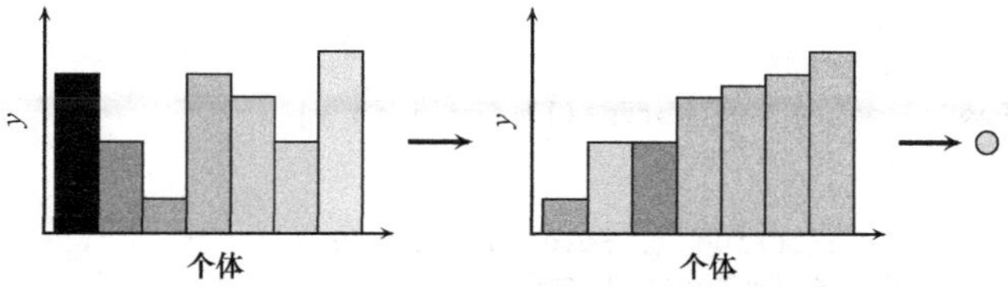

图 9.4 种群大小 $m=7$，样本大小 $k=3$ 的截断选择。条形的高度表示其目标函数值，而颜色表示对应的个体（见彩插）

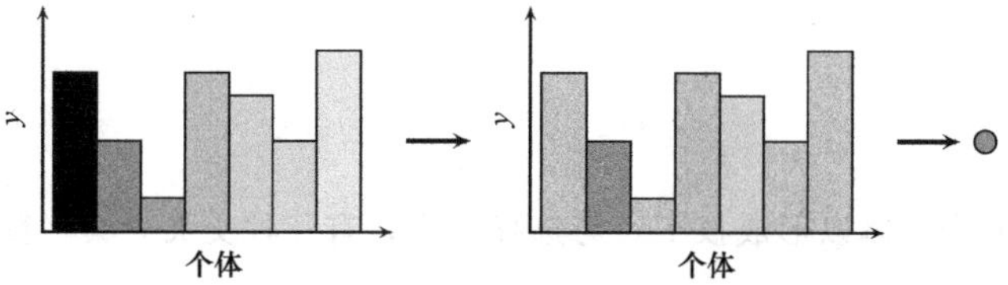

图 9.5 种群大小 $m=7$，样本大小 $k=3$ 的联赛选择，针对每个父母单独进行。条形的高度表示目标函数值，而颜色表示对应的个体（见彩插）

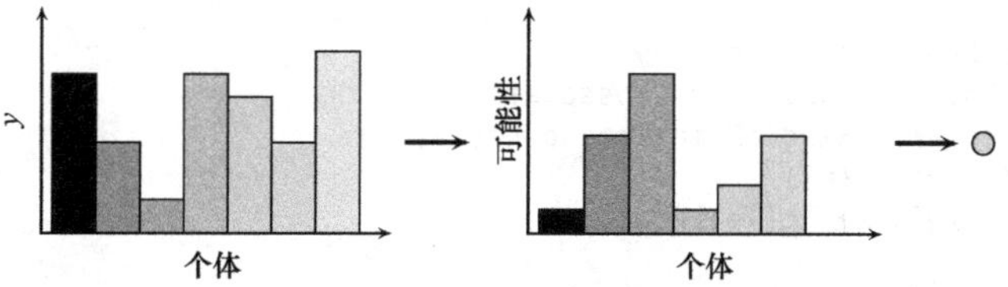

图 9.6 种群大小 $m=7$ 的轮盘赌选择，针对每个父母单独进行。所采用的方法使目标函数值最差的个体被选中的可能性为零。条形图的高度表示其目标函数值（左）或可能性（右），而颜色表示对应的个体（见彩插） 151

算法 9.6 遗传算法的几种选择方法。通过使用 SelectionMethod 和目标函数值 f 的列表进行调用选择，产生父母对列表

```
abstract type SelectionMethod end

struct TruncationSelection <: SelectionMethod
    k # top k to keep
end
function select(t::TruncationSelection, y)
    p = sortperm(y)
    return [p[rand(1:t.k, 2)] for i in y]
end

struct TournamentSelection <: SelectionMethod
    k
end
function select(t::TournamentSelection, y)
    getparent() = begin
        p = randperm(length(y))
        p[argmin(y[p[1:t.k]])]
```

```
    end
    return [[getparent(), getparent()] for i in y]
end

struct RouletteWheelSelection <: SelectionMethod end
function select(::RouletteWheelSelection, y)
    y = maximum(y) .- y
    cat = Categorical(normalize(y, 1))
    return [rand(cat, 2) for i in y]
end
```

152

9.2.4 交叉

交叉结合父母的染色体以形成孩子。与选择一样，有几种交叉方案（算法 9.7）。

算法 9.7 遗传算法的几种交叉方法。用 CrossoverMethod 以及父母 a 和 b 进行交叉，将产生一个包含父母遗传密码混合体的子染色体。这些方法适用于二进制字符串和实值染色体

```
abstract type CrossoverMethod end
struct SinglePointCrossover <: CrossoverMethod end
function crossover(::SinglePointCrossover, a, b)
    i = rand(1:length(a))
    return vcat(a[1:i], b[i+1:end])
end

struct TwoPointCrossover <: CrossoverMethod end
function crossover(::TwoPointCrossover, a, b)
    n = length(a)
    i, j = rand(1:n, 2)
    if i > j
        (i,j) = (j,i)
    end
    return vcat(a[1:i], b[i+1:j], a[j+1:n])
end

struct UniformCrossover <: CrossoverMethod end
function crossover(::UniformCrossover, a, b)
    child = copy(a)
    for i in 1 : length(a)
        if rand() < 0.5
            child[i] = b[i]
        end
    end
    return child
end
```

- 在单点交叉中（参见图 9.7），父 A 染色体的第一部分形成子染色体的第一部分，而母 B 染色体的后一部分形成子染色体的后一部分，交叉点的分布是随机的。

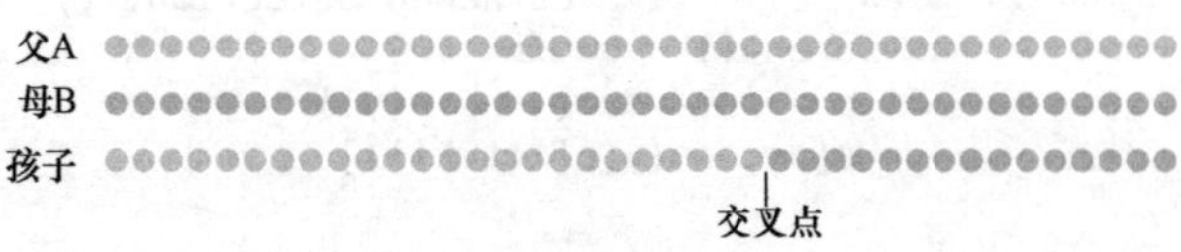

图 9.7　单点交叉（见彩插）

- 在两点交叉中（图 9.8），使用两个随机的交叉点。

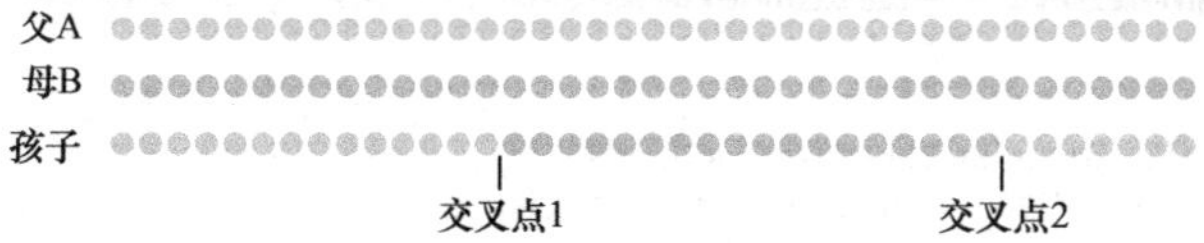

图 9.8　两点交叉（见彩插）

- 在均匀交叉中（图 9.9），每个位都有 50%的机会来自父母之一，此方案等同于每个点有 50%的机会成为交叉点。

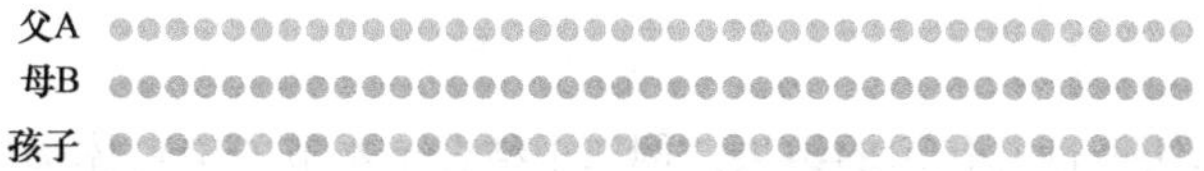

图 9.9　均匀交叉（见彩插）

先前的交叉方法也适用于实值染色体，但也可以定义一个在实际值之间插值的附加交叉例程（算法 9.8）。实际值在父母的值 $\boldsymbol{x}_a$ 和 $\boldsymbol{x}_b$ 之间进行线性插值：

$$\boldsymbol{x} \leftarrow (1-\lambda)\boldsymbol{x}_a + \lambda \boldsymbol{x}_b \tag{9.2}$$

其中 λ 是标量参数，通常设置为 1/2。

算法 9.8　实值染色体的交叉方法，在父母之间执行线性插值

```
struct InterpolationCrossover <: CrossoverMethod
    λ
end
crossover(C::InterpolationCrossover, a, b) = (1-C.λ)*a + C.λ*b
```

153～154

9.2.5　变异

如果仅通过交叉产生新的染色体，那么初始随机种群中不存在的许多特征将永远不会发生，并且最适合的基因会使种群饱和。变异可以使新特性自发出现，从而使遗传算法探索更多的状态空间，交叉后子染色体发生变异。

通常二进制值染色体中的每个位被翻转的可能性很小（参见图 9.10）。对于具有 m 位的染色体，此变异率通常设置为 $1/m$，每个子染色体平均产生一个变异。可以使用按位翻转实现实值染色体的变异，但常见方式是添加零均值高斯噪声，具体实现见算法 9.9。

图 9.10　二进制字符串染色体的突变使每个位的翻转概率都很小（见彩插）

算法 9.9　该算法是二进制字符串染色体的按位变异方法和实值染色体的高斯变异方法。其中，λ是突变率，σ是标准偏差

```
abstract type MutationMethod end
struct BitwiseMutation <: MutationMethod
    λ
end
function mutate(M::BitwiseMutation, child)
    return [rand() < M.λ ? !v : v for v in child]
end

struct GaussianMutation <: MutationMethod
    σ
end
function mutate(M::GaussianMutation, child)
    return child + randn(length(child))*M.σ
end
```

155 图 9.11 是遗传算法经过几代后的结果。例 9.1 结合了本节的染色体选择、交叉和突变策略。

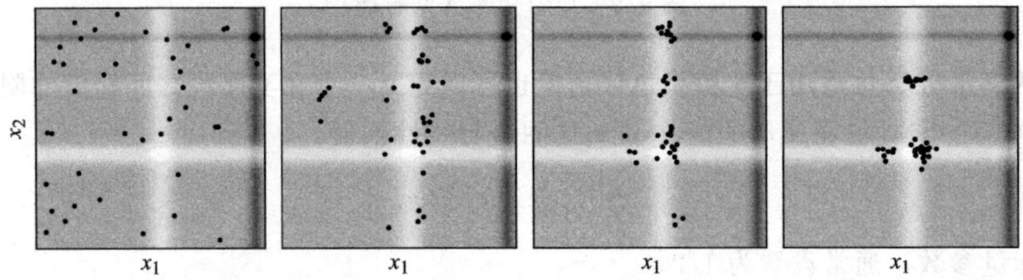

图 9.11 将具有截断选择、单点交叉和 $\sigma=0.1$ 的高斯变异的遗传算法应用于附录 B.5 节中定义的 Michalewicz 函数（见彩插）

例 9.1 使用遗传算法优化简单函数

```
import Random: seed!
import LinearAlgebra: norm
seed!(0) # set random seed for reproducible results
f = x->norm(x)
m = 100 # population size
k_max = 10 # number of iterations
population = rand_population_uniform(m, [-3, 3], [3,3])
S = TruncationSelection(10) # select top 10
C = SinglePointCrossover()
M = GaussianMutation(0.5) # small mutation rate
x = genetic_algorithm(f, population, k_max, S, C, M)
@show x

x = [0.0367471, -0.090237]
```

156

9.3 微分进化

微分进化（differential evolution）（参见算法 9.10）试图根据简单公式，通过重新组合种群中的其他个体来改善种群中的每个个体[⊖]。通过交叉概率 p 和微分权重 w 进行参数化。通

⊖ S. Das and P. N. Suganthan, "Differential Evolution: A Survey of the State-of-the-Art," *IEEE Transactions on Evolutionary Computation*, vol. 15, no. 1, pp. 4-31, 2011.

常，w 在 0.4～1 之间。对于每个单独的个体 $\boldsymbol{x}$：

1. 选择三个随机的不同个体 $\boldsymbol{a}$、$\boldsymbol{b}$ 和 $\boldsymbol{c}$。
2. 构造一个临时设计 $\boldsymbol{z}=\boldsymbol{a}+w*(\boldsymbol{b}-\boldsymbol{c})$，如图 9.12 所示。
3. 选择一个随机维度 $j\in[1,\cdots,n]$ 用于在 n 个维度上进行优化。
4. 使用二元交叉构造候选个体 $\boldsymbol{x}'$。

$$\boldsymbol{x}_i'=\begin{cases} z_i & \text{如果 } i=j \text{ 或可能性为 } p \\ x_i & \text{其他} \end{cases} \tag{9.3}$$

5. 将 $\boldsymbol{x}$ 和 $\boldsymbol{x}'$之间更好的设计（个体点）插入下一代，具体算法如图 9.13 所示。

算法 9.10 微分进化，采用目标函数 f、种群 population、迭代次数 k_max、交叉概率 p 和微分权重 w，算法返回最好的个体

```
using StatsBase
function differential_evolution(f, population, k_max; p=0.5, w=1)
    n, m = length(population[1]), length(population)
    for k in 1 : k_max
        for (k,x) in enumerate(population)
            a, b, c = sample(population,
                Weights([j!=k for j in 1:m]), 3, replace=false)
            z = a + w*(b-c)
            j = rand(1:n)
            x′ = [i == j || rand() < p ? z[i] : x[i] for i in 1:n]
            if f(x′) < f(x)
                x[:] = x′
            end
        end
    end
    return population[argmin(f.(population))]
end
```

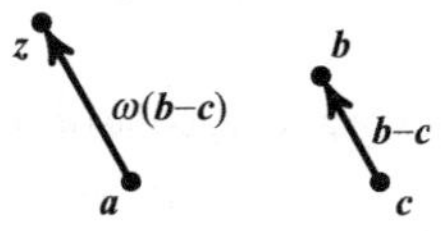

图 9.12 微分进化采用三个个体 $\boldsymbol{a}$、$\boldsymbol{b}$ 和 $\boldsymbol{c}$，并将它们组合形成候选个体 $\boldsymbol{z}$ 157

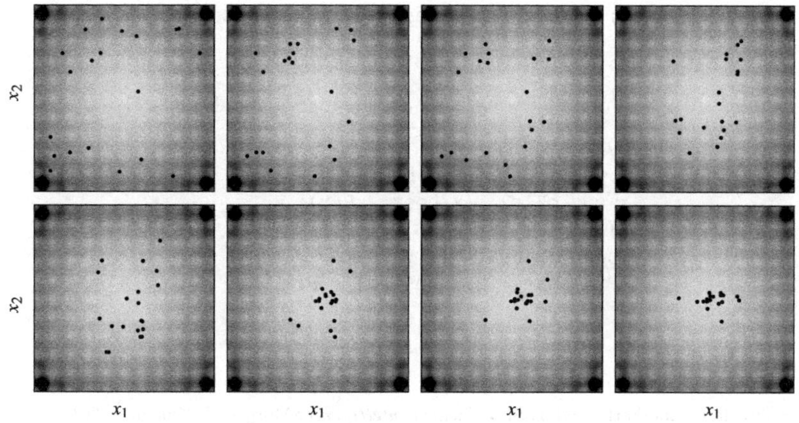

图 9.13 微分进化适用于 Ackley 函数（附录 B.1 节），其中 $p=0.5$，$w=0.2$（见彩插）

9.4　粒子群优化

粒子群优化引入了动量，以加快向极小值的收敛速度⊖。种群中的每个个体或粒子都记录其当前位置、速度和迄今为止的最佳位置（参见算法 9.11）。动量可以使个体往一个有利的方向上积累速度，而不受局部扰动的影响。

算法 9.11　粒子群优化中的每个粒子在设计空间中都有位置 `x` 和速度 `v`，并跟踪记录到目前为止找到的最佳位置 `x_best`

```
mutable struct Particle
    x
    v
    x_best
end
```

在每次迭代中，通过随机项对加速度进行加权，并为每个加速度生成单独的随机数，每个
158 个体都朝着它的最佳位置（局部最优解）和到目前为止其他个体所找到的最佳位置（全局最优解）加速。更新公式为：

$$x^{(i)} \leftarrow x^{(i)} + v^{(i)} \tag{9.4}$$

$$v^{(i)} \leftarrow w v^{(i)} + c_1 r_1 (x_{\text{best}}^{(i)} - x^{(i)}) + c_2 r_2 (x_{\text{best}} - x^{(i)}) \tag{9.5}$$

$\boldsymbol{x}_{\text{best}}$是迄今为止在所有粒子上找到的最佳位置，$w$、$c_1$ 和 c_2 是参数，r_1 和 r_2 是从 U（0，1）中提取的随机数⊖。算法 9.12 是程序实现，图 9.14 是算法的多次迭代结果。

算法 9.12　粒子群优化，它采用目标函数 `f`、粒子总群列表、迭代次数 `k_max`、惯性 `w` 以及动量系数 `c1` 和 `c2`。默认值为 R. Eberhart 和 J. Kennedy 使用的值，参见：

"A New Optimizer Using Particle Swarm Theory," in *International Symposium on Micro Machine and Human Science*, 1995.

```
function particle_swarm_optimization(f, population, k_max;
    w=1, c1=1, c2=1)
    n = length(population[1].x)
    x_best, y_best = copy(population[1].x_best), Inf
    for P in population
        y = f(P.x)
        if y < y_best; x_best[:], y_best = P.x, y; end
    end
    for k in 1 : k_max
        for P in population
            r1, r2 = rand(n), rand(n)
            P.x += P.v
            P.v = w*P.v + c1*r1.*(P.x_best - P.x) +
                          c2*r2.*(x_best - P.x)
            y = f(P.x)
            if y < y_best; x_best[:], y_best = P.x, y; end
            if y < f(P.x_best); P.x_best[:] = P.x; end
```

⊖ J. Kennedy, R. C. Eberhart, and Y. Shi, *Swarm Intelligence*. Morgan Kaufmann, 2001.

⊖ 常见的一种策略是允许惯性 w 随时间衰减。

```
        end
    end
    return population
end
```

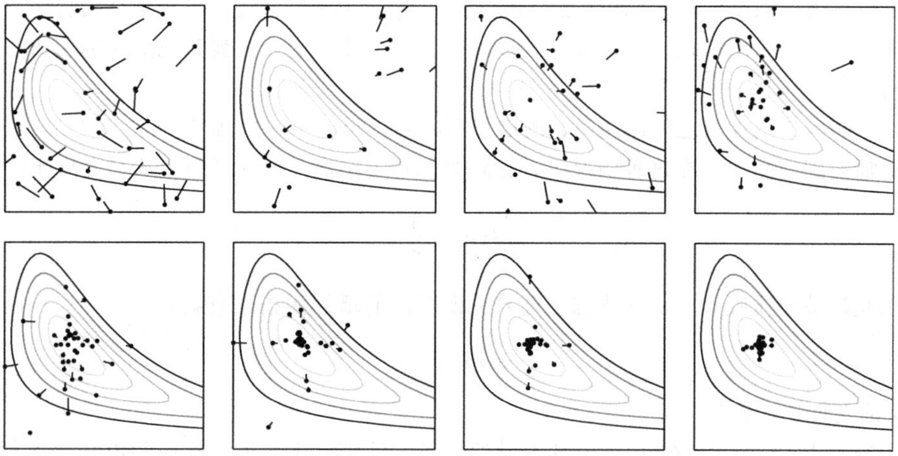

图 9.14 将 $w=0.1$，$c_1=0.25$ 和 $c_2=2$ 的粒子群方法应用于惠勒岭（附录 B.7 节）（见彩插）

9.5 萤火虫算法

萤火虫算法（firefly algorithm）（算法 9.13）的灵感来自萤火虫发光吸引伴侣的方式[⊖]。在萤火虫算法中，种群中的个体都是萤火虫，可以发光吸引其他萤火虫。在每次迭代中，所有萤火虫都会移向更具吸引力的萤火虫。萤火虫 $\boldsymbol{a}$ 向着萤火虫 $\boldsymbol{b}$ 移动，说明 $\boldsymbol{b}$ 吸引力更大。

$$\boldsymbol{a} \leftarrow \boldsymbol{a} + \beta I(\| \boldsymbol{b} - \boldsymbol{a} \|)(\boldsymbol{b} - \boldsymbol{a}) + \alpha \boldsymbol{\epsilon} \tag{9.6}$$

算法 9.13 萤火虫算法采用目标函数 f、由待定点组成的萤火虫种群、迭代次数k_max、光源强度β、随机步长α和强度函数 I，算法返回萤火虫的最佳位置

```
using Distributions
function firefly(f, population, k_max;
    β=1, α=0.1, brightness=r->exp(-r^2))

    m = length(population[1])
    N = MvNormal(Matrix(1.0I, m, m))
    for k in 1 : k_max
        for a in population, b in population
            if f(b) < f(a)
                r = norm(b-a)
                a[:] += β*brightness(r)*(b-a) + α*rand(N)
```

⊖ X.-S. Yang, *Nature-Inspired Metaheuristic Algorithms*. *Luniver Press*, 2008.
有趣的是，雄性萤火虫吸引异性，但雌性有时会发光吸引其他物种的雄性，然后吃掉它们。

```
            end
        end
    end
    return population[argmin([f(x) for x in population])]
end
```

其中 I 是吸引强度，β 是光源强度，还包括一个随机游走分量，其中 ε 是服从零均值单位协方差多元高斯分布的随机向量，而 α 是可以缩放的步长。萤火虫被其他更亮的萤火虫吸引而向其移动[㊀]。

强度 I 随两个萤火虫之间的距离 r 的增加而减弱，当 $r=0$ 时，强度 I 定义为 1。将强度模拟为点源辐射到空间中，在这种情况下，在距光源特定距离 r 处的光强服从平方反比定律：

$$I(r)=\frac{1}{r^2} \tag{9.7}$$

或者如果光源被介质吸收，那么光强会随着光源距离的增加而指数衰减：

$$I(r)=\mathrm{e}^{-\gamma r} \tag{9.8}$$

其中，γ 是光吸收系数[㊁]。

为了避免方程（9.8）在 $r=0$ 时的奇异性，平方反比定律和吸收效应的组合效果可近似为以下高斯形式：

$$I(r)=\mathrm{e}^{-\gamma r^2} \tag{9.9}$$

萤火虫的吸引力与其表现成正比，萤火虫会被吸引力大的萤火虫吸引，而强度则影响吸引力较小的萤火虫移动的距离。图 9.15 是该算法的迭代过程。

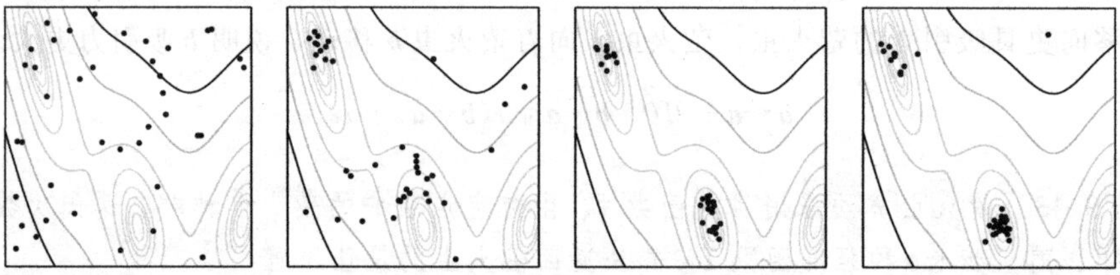

图 9.15　萤火虫在 Branin 函数（附录 B.3 节）上的搜索结果，其中 $\alpha=0.5$，$\beta=1$，$\gamma=0.1$（见彩插）

9.6 布谷鸟搜索

布谷鸟搜索（cuckoo search）（算法 9.14）是另一种受自然启发的算法，该算法以布谷鸟命名，布谷鸟以寄生的形式产卵[㊂]。它们将卵产在其他鸟类（通常是其他物种的鸟类）的巢中。发生这种情况时，寄主鸟可能会发现入侵卵，然后将其破坏或建立新的巢，但卵也有可能被寄主鸟接受并饲养[㊃]。

㊀ Yang 建议 $\beta=1$ 且 $\alpha\in[0, 1]$。如果 $\beta=0$，则萤火虫会随机游动。

㊁ 随着 γ 接近零，萤火虫之间的距离不再重要。

159～161 ㊂ X.-S. Yang and S. Deb, "Cuckoo Search via Lévy Flights," *World Congress on Nature & Biologically Inspired Computing (NaBIC)*, 2009.

㊃ 有趣的是，新孵化的布谷鸟会将其他卵或孵化物（属于寄主鸟）从巢中赶走。

算法 9.14 布谷鸟搜索，其中包含目标函数 f、初始巢穴种群集、迭代次数 k_max、要放弃的巢穴百分比 p_a 和飞行分布 C，飞行分布通常采用柯西分布

```
using Distributions
mutable struct Nest
    x # position
    y # value, f(x)
end
function cuckoo_search(f, population, k_max;
    p_a=0.1, C=Cauchy(0,1))
    m, n = length(population), length(population[1].x)
    a = round(Int, m*p_a)
    for k in 1 : k_max
        i, j = rand(1:m), rand(1:m)
        x = population[j].x + [rand(C) for k in 1 : n]
        y = f(x)
        if y < population[i].y
            population[i].x[:] = x
            population[i].y = y
        end

        p = sortperm(population, by=nest->nest.y, rev=true)
        for i in 1 : a
            j = rand(1:m-a)+a
            population[p[i]] = Nest(population[p[j]].x +
                                    [rand(C) for k in 1 : n],
                                    f(population[p[i]].x)
                                    )
        end
    end
    return population
end
```

在布谷鸟搜索中，每个巢都代表一个设计点。可以使用巢穴 Lévy 飞行（Lévy flight）来产生新的设计点，巢穴根据重尾分布的步长随机行走。如果新的设计点具有更好的目标函数值，则可以替换巢穴，这类似于布谷鸟蛋替代其他物种的鸟蛋。

核心规则是：

1. 每只布谷鸟每次下一个蛋，并将其放入随机选择的巢中。

2. 具有优质蛋的最佳巢会被带到下一代。

3. 若寄主发现布谷鸟放的蛋，寄主可以消灭该蛋或放弃旧巢另建新巢。

布谷鸟搜索依靠随机飞行来建立新的巢穴位置，飞行从现有的巢开始，然后随机移动到新位置。虽然可能会尝试使用均匀分布或高斯分布行走，但这会将搜索限制在相对集中的区域。布谷鸟搜索使用尾部较重的柯西分布，柯西分布被证明更能代表野外其他动物的活动[⊖]。图 9.16是布谷鸟搜索的迭代过程。

其他受自然启发的算法包括人工蜂群、灰狼优化器、蝙蝠算法、萤火虫群优化、智能水滴和声搜索[⊖]。有人批评这种自然类比方法的滥用，因为它们没有从根本上提供新方法

⊖ 例如，某些种类的果蝇使用类柯西步骤（相隔 90°转弯）探索周围环境。参见：A. M. Reynolds and M. A. Frye, "Free-Flight Odor Tracking in Drosophila is Consistentwith an Optimal Intermittent Scale-Free Search," *PLoS ONE*, vol. 2, no. 4, e354, 2007.

⊖ D. Simon, *Evolutionary Optimization Algorithms*. Wiley, 2013.

并理解本质⊖。

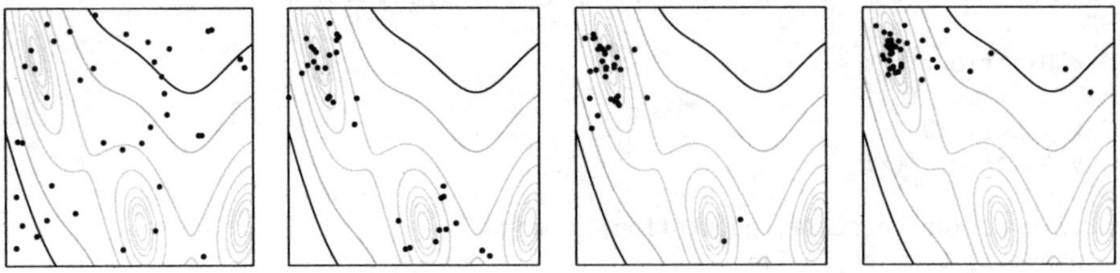

图 9.16　布谷鸟搜索应用于 Branin 函数（附录 B.3 节）（见彩插）

9.7　混合方法

许多种群方法在全局搜索中表现良好，能够避免局部极小值并找到设计空间的最佳位置。但与下降方法相比，这些方法在局部搜索中表现不佳。已经开发了几种*混合方法*（hybrid
162~163 method）⊖，这些方法扩展基于下降的种群方法，以提高其在局部搜索中的性能。有两种将种群方法与局部搜索技术结合起来的通用方法⊜：

在基于拉马克进化论的*拉马克学习*（Lamarckian learning）中，种群方法通过局部搜索方法进行扩展，该方法可以局部改善个体，即搜索到更好的个体就用该个体及其目标函数值替换原来的个体及目标函数值。

在基于鲍德温效应的*鲍德温式学习*（Baldwinian learning）中，将相同的局部搜索方法应用于每个个体，但是结果仅用于更新个体的目标函数值。个体不会被替换，而只会与优化的目标函数值相关联，该目标函数值与其实际目标函数值不同，鲍德温式学习可以防止过早收敛。

例 9.2 对这两种方法之间的差异进行了说明。

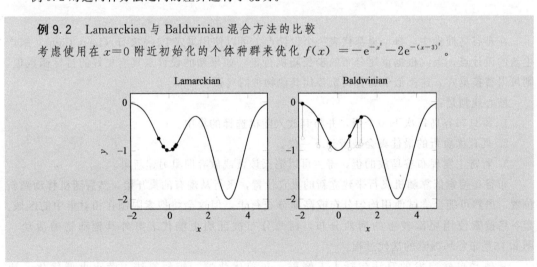

例 9.2　Lamarckian 与 Baldwinian 混合方法的比较

考虑使用在 $x=0$ 附近初始化的个体种群来优化 $f(x)=-e^{-x^2}-2e^{-(x-3)^2}$。

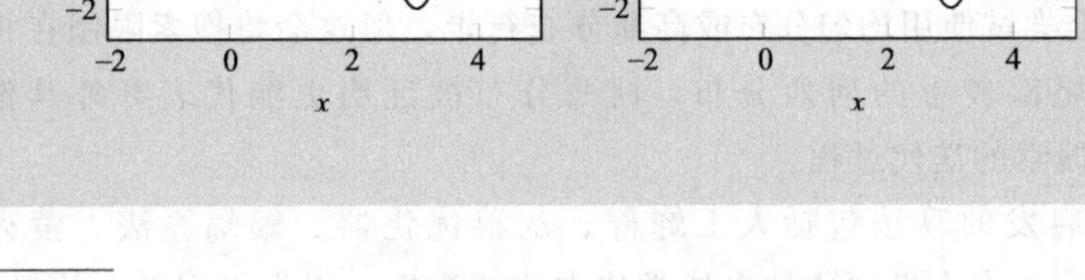

⊖ K. Sörensen, "Metaheuristics—the Metaphor Exposed," *International Transactions in Operational Research*, vol. 22, no. 1, pp. 3-18, 2015.

⊜ 在文献中，这类技术也称为模因算法或基因局部搜索。

⊜ K. W. C. Ku and M.-W. Mak, "Exploring the Effects of Lamarckian and Baldwinian Learning in Evolving Recurrent Neural Networks," *IEEE Congress on Evolutionary Computation* (CEC), 1997.

将 Lamarckian 局部搜索更新应用于此种群，将使个体趋向于局部极小值，从而减小个体逃离的机会，并增大在 $x=3$ 附近找到全局最优值的可能性。Baldwinian 方法将计算相同的更新，但保留原始设计不变，每一步都对局部搜索中选择的点的目标函数值进行评估计算。 164

9.8　小结

- 种群方法在设计空间中使用个体集合来指导寻找最优解。
- 遗传算法利用选择、交叉和变异产生更好的后代。
- 微分进化、粒子群优化、萤火虫算法和布谷鸟搜索包括一些规则和机制，这些规则和机制可将设计点吸引到种群中最优秀的个体上，同时能够保持在适当的状态空间上进行探索。
- 可以使用局部搜索方法扩展种群方法，以提高收敛性。

9.9　练习

练习 9.1　遗传算法中选择运算的目的是什么？

练习 9.2　为什么变异在遗传算法中起着非常重要的作用？如果有更好的解决方案，将如何选择变异率？ 165~166

练习 9.3　如果观察到粒子群优化导致快速收敛到局部极小值，将如何更改算法的参数？

第 10 章
Algorithms for Optimization

约　　束

前面的章节集中讨论了无约束的问题，其中每个设计变量的域都是实数空间。许多问题是有约束的，这迫使设计点必须满足某些条件。本章将介绍多种把有约束的问题转换为无约束的问题的方法，从而允许使用我们已经讨论过的优化算法。另外本章还将讨论解析方法，包括对偶的概念以及在约束优化下实现最优性的必要条件。

10.1　约束优化

首先回顾一下核心优化问题方程(1.1)：

$$\begin{aligned} \underset{\boldsymbol{x}}{\text{minimize}} \quad & f(\boldsymbol{x}) \\ \text{s.t.} \quad & \boldsymbol{x} \in \mathcal{X} \end{aligned} \tag{10.1}$$

在无约束问题中，可行集$\mathcal{X}$为 $\mathbb{R}^n$。在受约束的问题中，可行集是 $\mathbb{R}^n$ 的一些子集。

正如我们在线搜索中看到的那样，某些约束只是设计变量的上界或下界，其中 x 必须位于 a 和 b 之间。包围约束 $x\in[a, b]$ 可以用两个不等式约束 $a\leqslant x$ 和 $x\leqslant b$ 代替，如图 10.1 所示。
167 在多元问题中，包围输入变量迫使它们位于超矩形内，如图 10.2 所示。

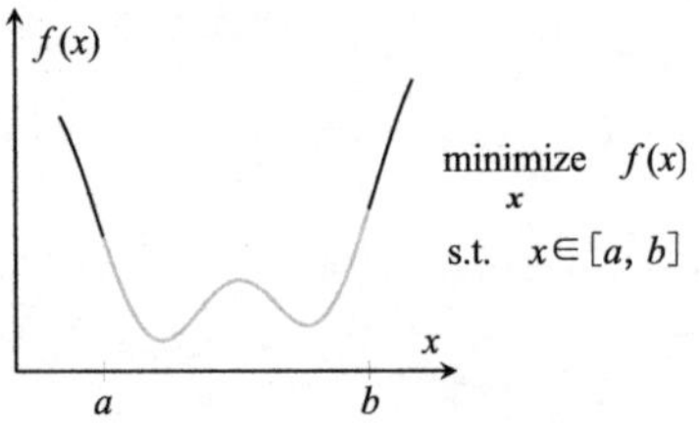

图 10.1　受上下界约束的简单优化问题

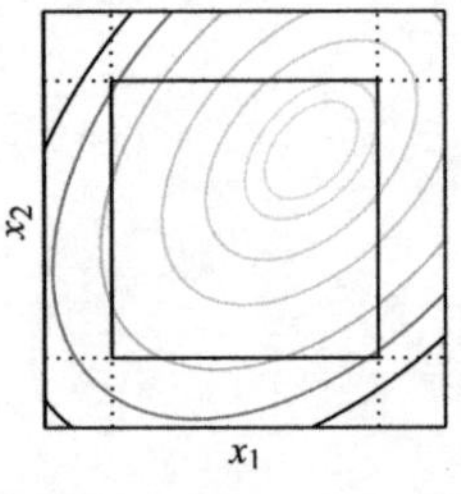

图 10.2　包围约束迫使解位于超矩形内（见彩插）

在明确表达实际问题时自然会产生一些约束条件。例如，对冲基金经理不能卖出比自身拥有的更多的股票，一架飞机的机翼厚度不能为零，你每周在家庭作业上花费的时间不能超过 168 小时。在这些问题中加入约束条件，以防止优化算法提出不可行的解。

将约束应用于一个问题可能会影响解，但不一定会像图 10.3 那样。

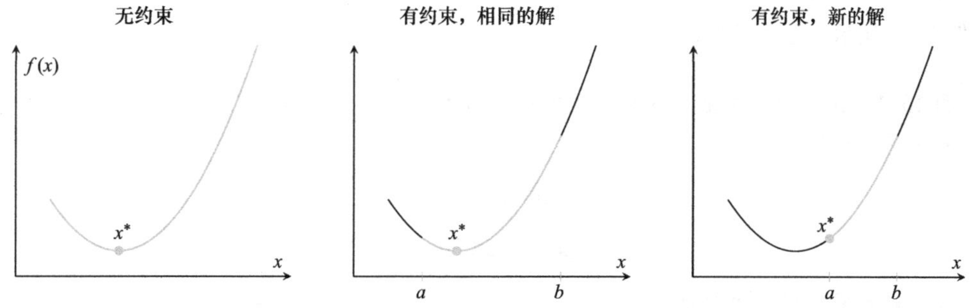

图 10.3 约束可以改变问题的解，但不是一定会改变

10.2 约束类型

约束通常不是通过已知的可行集$\mathcal{X}$直接指定的。相反，可行集通常由两种约束构成[⊖]：

1. 等式约束，$h(\boldsymbol{x})=0$ 168
2. 不等式约束，$g(\boldsymbol{x})\leqslant 0$

可以使用以下约束来重写任何优化问题：

$$\begin{aligned} \underset{x}{\text{minimize}} \quad & f(\boldsymbol{x}) \\ \text{s. t.} \quad & \text{对于所有 } i\in\{1,\cdots,\ell\}\text{，有 } h_i(\boldsymbol{x})=0 \\ & \text{对于所有 } j\in\{1,\cdots,m\}\text{，有 } g_j(\boldsymbol{x})\leqslant 0 \end{aligned} \tag{10.2}$$

当然，也可以用可行集$\mathcal{X}$构造约束：

$$h(\boldsymbol{x})=(\boldsymbol{x}\notin\mathcal{X}) \tag{10.3}$$

布尔表达式的取值为 0 或 1。

我们经常使用等式和不等式函数（$h(\boldsymbol{x})=0$，$g(\boldsymbol{x})\leqslant 0$），而不是集合成员（$\boldsymbol{x}\in\mathcal{X}$）来定义约束，因为这些函数可以提供有关给定点的可行程度的信息。这些信息增加了解的可行性。

等式约束有时可以分解为两个不等式约束：

$$h(\boldsymbol{x})=0\Leftrightarrow\begin{cases} h(\boldsymbol{x})\leqslant 0 \\ h(\boldsymbol{x})\geqslant 0 \end{cases} \tag{10.4}$$

然而，有时我们希望单独处理等式约束，这将在本章后面讨论。

10.3 消除约束的转换

在某些情况下，可以转换问题，从而消除约束。例如，通过转换 x，可以消除 $a\leqslant x\leqslant b$ 的边界约束条件（见图 10.4）：

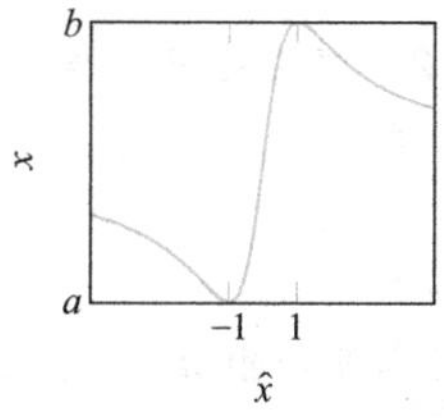

图 10.4 该转换确保 x 位于 a 和 b 之间

⊖ 用 g 表示小于不等式的约束。通过引入负号，可以将大于等于约束转化为小于等于约束。

$$x=t_{a,b}(\hat{x})=\frac{b+a}{2}+\frac{b-a}{2}\left(\frac{2\hat{x}}{1+\hat{x}^2}\right) \tag{10.5}$$

例 10.1 演示了这个过程。

例 10.1 使用输入变量上的转换消除边界约束

考虑优化问题

$$\underset{x}{\text{minimize}} \quad x\sin(x)$$
$$\text{s.t.} \quad 2\leqslant x\leqslant 6$$

可以转换问题以消除约束：

$$\underset{\hat{x}}{\text{minimize}} \quad t_{2,6}(\hat{x})\sin(t_{2,6}(\hat{x}))$$

$$\underset{\hat{x}}{\text{minimize}} \quad \left(4+2\left(\frac{2\hat{x}}{1+\hat{x}^2}\right)\right)\sin\left(4+2\left(\frac{2\hat{x}}{1+\hat{x}^2}\right)\right)$$

我们可以使用自己选择的优化方法来解决无约束问题。这样，可以找到两个极小值 $\hat{x}\approx 0.242$ 和 $\hat{x}\approx 4.139$，它们的函数值都约为 -4.814。

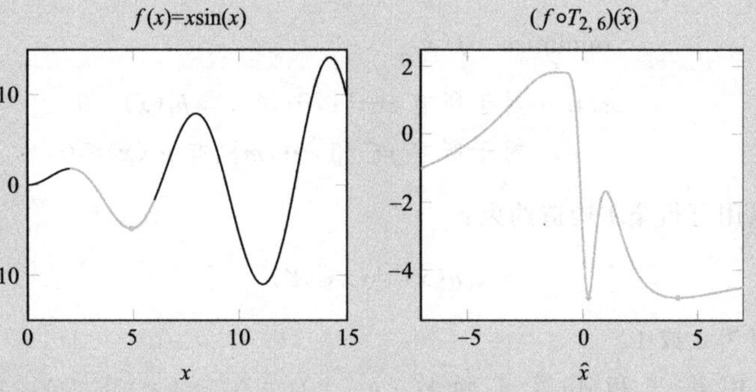

原问题的解是通过转换 $\hat{x}$ 获得的。$\hat{x}$ 的两个值都产生 $x=t_{2,6}(\hat{x})\approx 4.914$。

给定 x_1，…，x_{n-1}，可以使用一些等式约束来求解 x_n。换句话说，如果我们知道 $\boldsymbol{x}$ 的前 $n-1$
169~170 个分量，则可以使用约束方程来获得 x_n。在这种情况下，可以将优化问题重新表示为 x_1，…，x_{n-1}，即消除约束并删除一个设计变量。例 10.2 演示了这个过程。

例 10.2 使用约束方程消除设计变量

考虑约束：

$$h(\boldsymbol{x})=x_1^2+x_2^2+\cdots+x_n^2-1=0$$

我们可以使用前 $n-1$ 个变量来求解 x_n：

$$x_n=\pm\sqrt{1-x_1^2+x_2^2+\cdots+x_{n-1}^2}$$

我们可以将

$$\underset{x}{\text{minimize}} \quad f(\boldsymbol{x})$$
$$\text{s. t.} \quad h(\boldsymbol{x})=0$$

转换为

$$\underset{x_1,\cdots,x_{n-1}}{\text{minimize}} \quad f([x_1,\cdots,x_{n-1},\pm\sqrt{1-x_1^2+x_2^2+\cdots+x_{n-1}^2}])$$

10.4 拉格朗日乘数法

拉格朗日乘数法用于优化受等式约束的函数。考虑具有单个等式约束的优化问题：

$$\underset{x}{\text{minimize}} \quad f(\boldsymbol{x})$$
$$\text{s. t.} \quad h(\boldsymbol{x})=0 \tag{10.6}$$

其中 f 和 h 具有连续的偏导数。例 10.3 讨论了这样的问题。

例 10.3 拉格朗日乘数法的启发性例子

考虑最小化问题：

$$\underset{x}{\text{minimize}} \quad -\exp\left(-\left(x_1x_2-\frac{3}{2}\right)^2-\left(x_2-\frac{3}{2}\right)^2\right)$$
$$\text{s. t.} \quad x_1-x_2^2=0$$

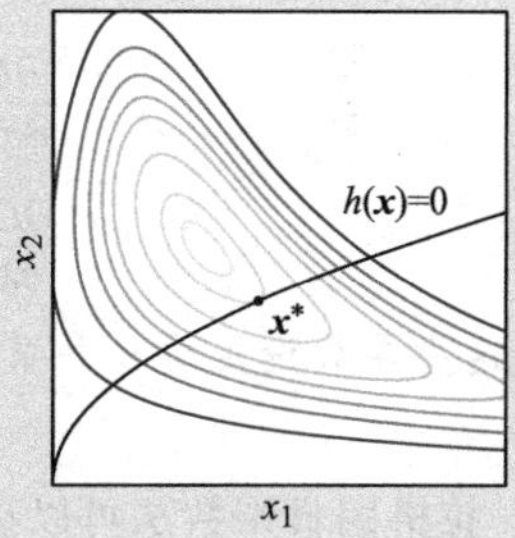

（见彩插）

我们将约束 $x_1=x_2^2$ 代入目标函数以获得一个无约束的目标：

$$f_{\text{unc}}=-\exp\left(-\left(x_2^3-\frac{3}{2}\right)^2-\left(x_2-\frac{3}{2}\right)^2\right)$$

其导数是：

$$\frac{\partial}{\partial x_2}f_{\text{unc}}=6\exp\left(-\left(x_2^3-\frac{3}{2}\right)^2-\left(x_2-\frac{3}{2}\right)^2\right)\left(x_2^5-\frac{3}{2}x_2^2+\frac{1}{3}x_2-\frac{1}{2}\right)$$

将导数设置为零并求解 x_2，得出 $x_2\approx 1.165$。因此，原始优化问题的解为 $\boldsymbol{x}^*\approx[1.358, 1.165]$。最佳位置是 f 的等高线与 h 对齐的位置。

如果点 x^* 沿 h 优化 f，则点 x^* 沿 h 的方向导数一定是零。也就是说，x^* 在 h 上的小移动并不会改善性能。

f 的等高线是 f 为常数的线。因此，如果 f 的等高线与 h 相切，则 h 在该点上沿等高 $h(\boldsymbol{x})=0$ 的方向导数必为零。

利用拉格朗日乘数法计算 f 的等高线与 $h(\boldsymbol{x})=0$ 的等高线对齐的位置。由于函数在某个点处的梯度垂直于该函数通过该点的等高线，我们知道 h 的梯度将垂直于等高线 $h(\boldsymbol{x})=0$。因此，我们需要找到 f 的梯度和 h 的梯度在哪里对齐。

我们寻求最佳 $\boldsymbol{x}$ 使得约束

$$h(\boldsymbol{x})=0 \tag{10.7}$$

171～172

得到满足且梯度一致：

$$\nabla f(\boldsymbol{x})=\lambda\nabla h(\boldsymbol{x}) \tag{10.8}$$

对于某拉格朗日乘数 λ，我们需要标量 λ，因为梯度大小可能不一样[㊀]。

可以明确给出拉格朗日公式，它是设计变量和乘数的函数：

$$\mathcal{L}(\boldsymbol{x},\lambda)=f(\boldsymbol{x})-\lambda h(\boldsymbol{x}) \tag{10.9}$$

求解 $\nabla\mathcal{L}(\boldsymbol{x},\lambda)=\mathbf{0}$ 可以求解方程（10.7）和（10.8）。具体来说，$\nabla_x\mathcal{L}=\mathbf{0}$ 给出条件 $\nabla f=\lambda\nabla h$，$\nabla_\lambda\mathcal{L}=0$ 给出 $h(\boldsymbol{x})=0$。任何解都被视为极值点。极值点可以是局部极小值、全局极小值或鞍点[㊁]。例 10.4 演示了这种方法。

例 10.4　使用拉格朗日乘数法解决例 10.3 中的问题

可以采用拉格朗日乘数法来解决例 10.3 的问题，构建拉格朗日公式：

$$\mathcal{L}(x_1,x_2,\lambda)=-\exp\left(-\left(x_1x_2-\frac{3}{2}\right)^2-\left(x_2-\frac{3}{2}\right)^2\right)-\lambda(x_1-x_2^2)$$

并计算梯度：

$$\begin{aligned}
\frac{\partial\mathcal{L}}{\partial x_1}&=2x_2f(\boldsymbol{x})\left(\frac{3}{2}-x_1x_2\right)-\lambda\\
\frac{\partial\mathcal{L}}{\partial x_2}&=2\lambda x_2+f(\boldsymbol{x})\left(-2x_1\left(x_1x_2-\frac{3}{2}\right)-2\left(x_2-\frac{3}{2}\right)\right)\\
\frac{\partial\mathcal{L}}{\partial\lambda}&=x_2^2-x_1
\end{aligned}$$

将这些导数设置为零并求解，得出 $x_1\approx1.358$，$x_2\approx1.165$，$\lambda\approx0.170$。

拉格朗日乘数法可以扩展到多个等式约束。考虑具有两个等式约束的问题：

173

$$\begin{aligned}
\underset{\boldsymbol{x}}{\text{minimize}}\quad & f(\boldsymbol{x})\\
\text{s.t.}\quad & h_1(\boldsymbol{x})=0\\
& h_2(\boldsymbol{x})=0
\end{aligned} \tag{10.10}$$

可以将这些约束条件坍缩为单个约束。新约束的满足条件与之前完全相同，因此解决方案不变。

$$\begin{aligned}
\underset{\boldsymbol{x}}{\text{minimize}}\quad & f(\boldsymbol{x})\\
\text{s.t.}\quad & h_{\text{comb}}(\boldsymbol{x})=h_1(\boldsymbol{x})^2+h_2(\boldsymbol{x})^2=0
\end{aligned} \tag{10.11}$$

现在，我们可以像以前一样应用拉格朗日乘数法。计算梯度条件

$$\nabla f-\lambda\nabla h_{\text{comb}}=\mathbf{0} \tag{10.12}$$

$$\nabla f-2\lambda(h_1\nabla h_1+h_2\nabla h_2)=\mathbf{0} \tag{10.13}$$

我们对 h_{comb} 的选择有些随意。本来可以对于某常数 $c>0$ 使用

$$h_{\text{comb}}(\boldsymbol{x})=h_1(\boldsymbol{x})^2+c\cdot h_2(\boldsymbol{x})^2 \tag{10.14}$$

㊀ 当 ∇f 为零时，拉格朗日乘数 λ 等于零，与 ∇h 无关。

㊁ 拉格朗日乘数法提供了测试最优性的一阶必要条件。我们将扩展此方法以包含不等式。

通过这种更常用的公式，我们得到

$$\mathbf{0} = \nabla f \quad \lambda \nabla h_{\text{comb}} \tag{10.15}$$

$$= \nabla f - 2\lambda h_1 \nabla h_1 + 2c\lambda h_2 \nabla h_2 \tag{10.16}$$

$$= \nabla f - \lambda_1 \nabla \mathrm{h}_1 + \lambda_2 \nabla h_2 \tag{10.17}$$

因此，对于具有 ℓ 等式约束的问题，可以用 ℓ 拉格朗日乘数定义拉格朗日方程

$$\mathcal{L}(\boldsymbol{x}, \boldsymbol{\lambda}) = f(\boldsymbol{x}) - \sum_{i=1}^{\ell} \lambda_i h_i(\boldsymbol{x}) = f(\boldsymbol{x}) - \boldsymbol{\lambda}^\top \boldsymbol{h}(\boldsymbol{x}) \tag{10.18}$$

10.5 不等式约束

考虑一个不等式约束的问题：

$$\begin{aligned} &\underset{\boldsymbol{x}}{\text{minimize}} \quad f(\boldsymbol{x}) \\ &\text{s. t.} \quad \mathrm{g}(\boldsymbol{x}) \leqslant 0 \end{aligned} \tag{10.19}$$

我们知道，对于某常数 μ，如果解位于约束边界，则拉格朗日条件成立。当这种情况发生时，约束被视为积极的，目标函数的梯度被严格限制，就像在等式约束下一样。图 10.5 给出了一个示例。

$$\nabla f - \mu \nabla g = \mathbf{0} \tag{10.20}$$ 174

如果问题的解不在约束边界上，则该约束被视为不积极的。f 的解将只位于 f 的梯度为零的位置，就像无约束优化一样。在这种情况下，通过将 μ 设置为零，公式(10.20) 将成立。图 10.6给出了一个示例。

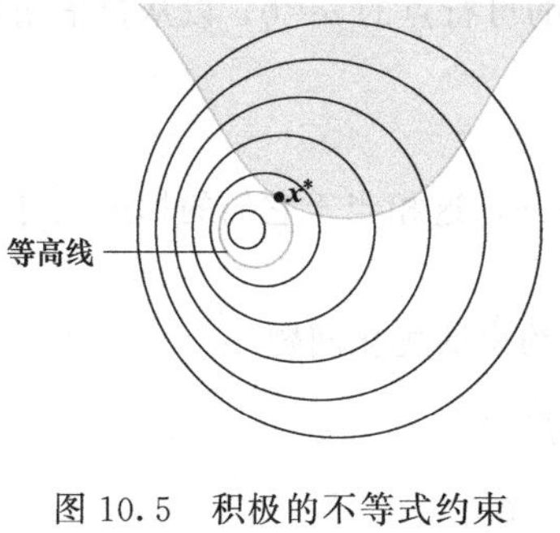

图 10.5 积极的不等式约束

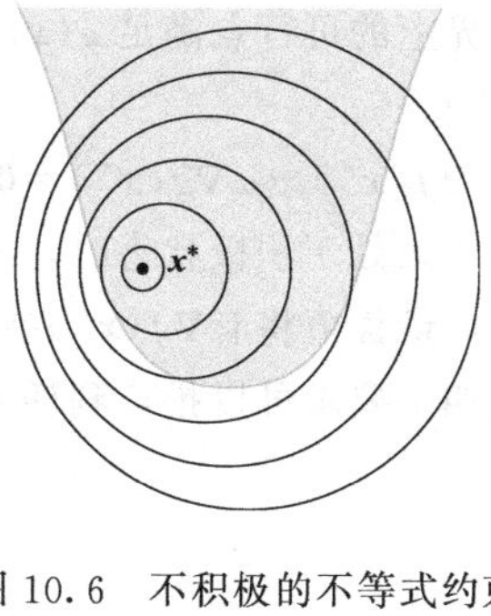

图 10.6 不积极的不等式约束

我们可以通过对不可行点引入无限步长惩罚来优化具有不等式约束的问题：

$$f_{\infty-\text{step}}(\boldsymbol{x}) = \begin{cases} f(\boldsymbol{x}) & \text{如果 } g(\boldsymbol{x}) \leqslant 0 \\ \infty & \text{其他} \end{cases} \tag{10.21}$$

$$= f(\boldsymbol{x}) + \infty \cdot (g(\boldsymbol{x}) > 0) \tag{10.22}$$

不幸的是，$f_{\infty-\text{step}}$不便于优化[⊖]。它是不连续且不可微的。搜索例程没有获得任何方向性

⊖ 可以使用诸如网格自适应直接搜索（8.2 节）之类的直接方法来优化此类问题。

信息以使自己趋于可行。

相反，我们可以使用线性惩罚 $\mu g(\boldsymbol{x})$，它在 $\infty\cdot(g(\boldsymbol{x})>0)$ 上形成一个下界，只要 $\mu>0$，就会惩罚可行目标。图 10.7 中演示了这种线性惩罚。

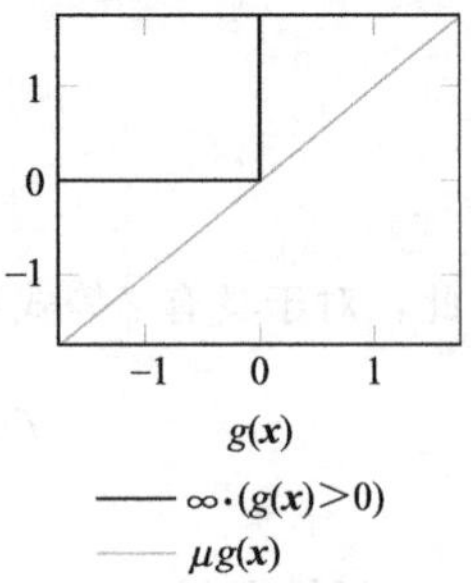

图 10.7　只要 $\mu\geqslant 0$，线性函数 $\mu g(\boldsymbol{x})$ 就是无限步长惩罚的下界

我们可以使用线性惩罚来构造不等式约束的拉格朗日函数

$$\mathcal{L}(\boldsymbol{x},\mu)=f(\boldsymbol{x})+\mu g(\boldsymbol{x}) \tag{10.23}$$

我们可以通过相对于 μ 最大化来恢复 $f_{\infty-\text{step}}$：

$$f_{\infty-\text{step}}=\underset{\mu\geqslant 0}{\text{maximize}}\ \mathcal{L}(\boldsymbol{x},\mu) \tag{10.24}$$

对于任何不可行的 $\boldsymbol{x}$，我们得到无穷大；对于任何可行的 $\boldsymbol{x}$，我们得到 $f(\boldsymbol{x})$。

因此，新的优化问题是

$$\underset{\boldsymbol{x}}{\text{minimize}}\ \underset{\mu\geqslant 0}{\text{maximize}}\ \mathcal{L}(\boldsymbol{x},\mu) \tag{10.25}$$

175 这种重新构造被称为*原始问题*。

优化原始问题需要找到极值点 $\boldsymbol{x}^*$，使得：

1. $g(\boldsymbol{x}^*)\leqslant 0$

这个点是可行的。

2. $\mu\geqslant 0$

惩罚必须指向正确的方向。此要求有时称为*对偶可行性*。

3. $\mu g(\boldsymbol{x}^*)=0$

边界上的可行点满足 $g(\boldsymbol{x})=0$，而满足 $g(\boldsymbol{x})<0$ 的可行点的 $\mu=0$，以从拉格朗日方程中恢复 $f(\boldsymbol{x}^*)$。

4. $\nabla f(\boldsymbol{x}^*)-\mu\nabla g(\boldsymbol{x}^*)=\boldsymbol{0}$

当约束处于积极状态时，要求 f 和 g 的等高线对齐，这相当于它们的梯度相等。当约束不积极时，最优值将有 $\nabla f(\boldsymbol{x}^*)=\boldsymbol{0}$ 且 $\mu=0$。

这四个要求可以推广到任意数量的等式和不等式约束的优化问题[⊖]：

$$\begin{aligned}\underset{\boldsymbol{x}}{\text{minimize}}\quad & f(\boldsymbol{x})\\ \text{s.t.}\quad & \boldsymbol{g}(\boldsymbol{x})\leqslant\boldsymbol{0}\\ & \boldsymbol{h}(\boldsymbol{x})=\boldsymbol{0}\end{aligned} \tag{10.26}$$

其中 $\boldsymbol{g}$ 的每个分量都是不等式约束，$\boldsymbol{h}$ 的每个分量都是等式约束。这四个条件被称为 KKT 条件[⊖]。

⊖ 如果 $\boldsymbol{u}$ 和 $\boldsymbol{v}$ 是相同长度的向量，对于所有 i 有 $u_i\leqslant v_i$，那么我们说 $\boldsymbol{u}\leqslant\boldsymbol{v}$。类似地，我们为向量定义 $\geqslant$、$<$ 和 $>$。

⊖ 以 1951 年发布这些条件的 Harold W. Kuhn 和 Albert W. Tucker 的名字命名。后来发现，William Karush 于 1939 年在未发表的硕士学位论文中研究了这些条件。T. H. Kjeldsen 提供了历史的前瞻性内容，参见：T. H. Kjeldsen, "A Contextualized Historical Analysis of the Kuhn-Tucker Theorem in Nonlinear Programming: The Impact of World War II," *Historia Mathematica*, vol. 27, no. 4, pp. 331-361, 2000.

1. 可行性：所有约束都得到满足。

$$\mathbf{g}(\mathbf{x}^*) \leqslant \mathbf{0} \tag{10.27}$$

$$\mathbf{h}(\mathbf{x}^*) = \mathbf{0} \tag{10.28}$$

2. 对偶可行性：惩罚朝着可行性前进。

$$\boldsymbol{\mu} \geqslant 0 \tag{10.29}$$

3. 互补松弛度：拉格朗日乘数占据松弛度。其中 μ_i 为零或 $g_i(\mathbf{x}^*)$ 为零[1]。

$$\boldsymbol{\mu} \odot \mathbf{g} = \mathbf{0} \tag{10.30}$$ 176

4. 平稳性：目标函数等高线与每个积极约束相切。

$$\nabla f(\mathbf{x}^*) - \sum_i \mu_i \nabla g_i(\mathbf{x}^*) - \sum_j \lambda_j \nabla h_j(\mathbf{x}^*) = \mathbf{0} \tag{10.31}$$

这四个条件是最优性的一阶必要条件，因此是具有光滑约束的问题的 FONC。就像用于无约束优化的 FONC 一样，必须特别注意确保定义的极值点实际上是局部极小值。

10.6 对偶性

在推导约束优化的 FONC 时，我们还发现了拉格朗日方程的一种更普遍的形式。这个*广义拉格朗日方程*是[2]

$$\mathcal{L}(\mathbf{x}, \boldsymbol{\mu}, \boldsymbol{\lambda}) = f(\mathbf{x}) + \sum_i \mu_i g_i(\mathbf{x}) + \sum_j \lambda_j h_j(\mathbf{x}) \tag{10.32}$$

优化问题的*原始形式*是使用广义拉格朗日方程表示的初始优化问题：

$$\underset{\mathbf{x}}{\text{minimize}} \underset{\boldsymbol{\mu} \geqslant \mathbf{0}, \boldsymbol{\lambda}}{\text{maximize}} \mathcal{L}(\mathbf{x}, \boldsymbol{\mu}, \boldsymbol{\lambda}) \tag{10.33}$$

原始问题与初始问题相同，并且难以优化。

优化问题的*对偶形式*颠倒了方程中最小化和最大化的顺序（10.33）：

$$\underset{\boldsymbol{\mu} \geqslant \mathbf{0}, \boldsymbol{\lambda}}{\text{maximize}} \underset{\mathbf{x}}{\text{minimize}} \mathcal{L}(\mathbf{x}, \boldsymbol{\mu}, \boldsymbol{\lambda}) \tag{10.34}$$

*最大-最小不等式*表明对于任何函数 $f(\mathbf{a}, \mathbf{b})$：

$$\underset{\mathbf{a}}{\text{maximize}} \underset{\mathbf{b}}{\text{minimize}} f(\mathbf{a}, \mathbf{b}) \leqslant \underset{\mathbf{b}}{\text{minimize}} \underset{\mathbf{a}}{\text{maximize}} f(\mathbf{a}, \mathbf{b}) \tag{10.35}$$

因此，对偶问题的解是原始问题解的下界，即 $d^* \leqslant p^*$，其中 d^* 是*对偶值*，p^* 是*原始值*。

为了符号上的方便，对偶问题中的内部最大化通常被折叠为*对偶函数*，

$$\mathcal{D}(\boldsymbol{\mu} \geqslant \mathbf{0}, \boldsymbol{\lambda}) = \underset{\mathbf{x}}{\text{minimize}} \mathcal{L}(\mathbf{x}, \boldsymbol{\mu}, \boldsymbol{\lambda}) \tag{10.36}$$ 177

对偶函数是凹的[3]。凹函数的梯度上升始终收敛于全局极大值。只要容易最小化关于 $\mathbf{x}$ 的拉格朗日函数，就容易优化对偶问题。

---

[1] 运算 $\mathbf{a} \odot \mathbf{b}$ 表示向量 $\mathbf{a}$ 和向量 $\mathbf{b}$ 之间的逐元素积。

[2] 由于 λ 的符号不受限制，我们可以用拉格朗日乘数法对等式约束的符号进行求反。

[3] S. Nash and A. Sofer, *Linear and Nonlinear Programming*. McGraw-Hill, 1996.

我们知道$_{\boldsymbol{\mu}\geqslant\mathbf{0},\boldsymbol{\lambda}}\mathcal{D}(\boldsymbol{\mu},\ \boldsymbol{\lambda})\leqslant p^*$。因此，对偶函数始终是原始问题的下界（请参见例 10.5）。对于任何$\boldsymbol{\mu}\geqslant 0$和任何$\boldsymbol{\lambda}$，我们有

$$\mathcal{D}(\boldsymbol{\mu}\geqslant\mathbf{0},\boldsymbol{\lambda})\leqslant p^* \tag{10.37}$$

例 10.5 对偶函数是原始问题的下界

考虑优化问题：

$$\begin{aligned}&\underset{x}{\text{minimize}} \quad \sin(x)\\ &\text{s. t.} \quad x^2\leqslant 3\end{aligned}$$

广义拉格朗日方程是$\mathcal{L}(x,\mu)=\sin(x)+\mu(x^2-3)$，原始问题是

$$\underset{x}{\text{minimize}}\ \underset{\mu\geqslant 0}{\text{maximize}}\ \sin(x)+\mu(x^2-3)$$

对偶问题是

$$\underset{\mu\geqslant 0}{\text{maximize}}\ \underset{x}{\text{minimize}}\ \sin(x)+\mu(x^2-3)$$

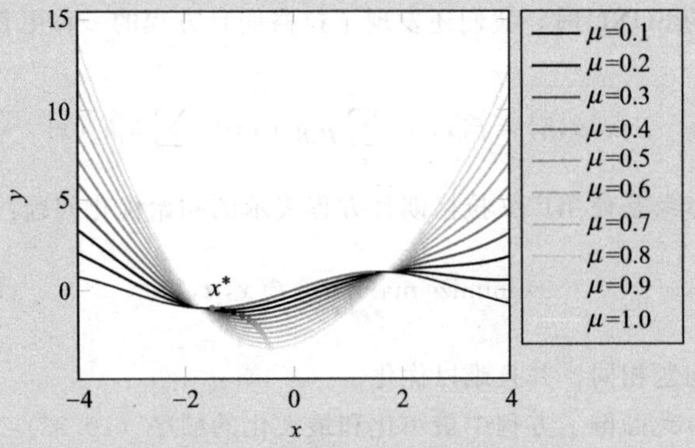

目标函数用黑色表示，可行区域用蓝色表示。最小值为$x^*=-1.5$，$p^*\approx-0.997$。紫色线是当$\mu=0.1$，0.2，…，1 时的拉格朗日方程$\mathcal{L}(x,\ \mu)$，每个参数的最小值均小于p^*（见彩插）。

对偶值和原始值之间的差p^*-d^*称为对偶间隙。在对偶间隙为零的情况下，可以保证对偶问题与原始问题具有相同的解⊖。在这种情况下，对偶性为优化我们的问题提供了另一种方法。例 10.6 演示了这种方法。

例 10.6 应用于等式约束问题的拉格朗日方程对偶性的一个例子。第一张图显示了目标函数的等高线和约束，其中四个极值点用散点标记。第二张图展示了对偶函数（见彩插）。

考虑问题：

⊖ 保证零对偶间隙的条件请参见：

S. Boyd and L. Vandenberghe, *Convex Optimization*. Cambridge University Press, 2004.

$$\underset{x}{\text{minimize}} \quad x_1+x_2+x_1x_2$$
$$\text{s. t.} \quad x_1^2+x_2^2=1$$

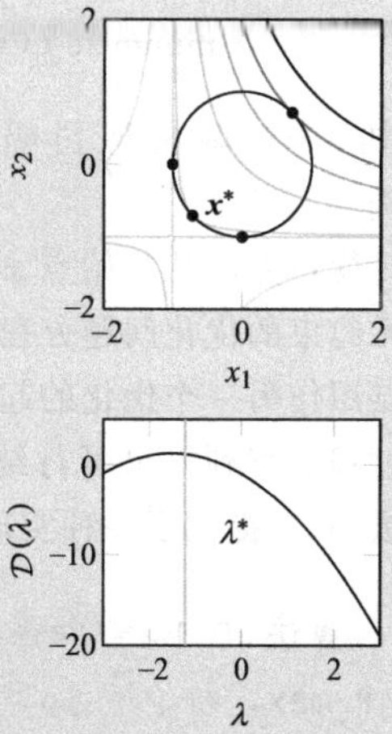

拉格朗日方程是 $\mathcal{L}(x_1, x_2, \lambda)=x_1+x_2+x_1x_2+\lambda(x_1^2+x_2^2-1)$。

我们使用拉格朗日乘数法：

$$\frac{\partial \mathcal{L}}{\partial x_1}=1+x_2+2\lambda x_1=0$$
$$\frac{\partial \mathcal{L}}{\partial x_2}=1+x_1+2\lambda x_2=0$$
$$\frac{\partial \mathcal{L}}{\partial \lambda}=x_1^2+x_2^2-1=0$$

求解产生四个可能的解，因此产生四个极值点：

x_1	x_2	λ
-1	0	$1/2$
0	-1	$1/2$
$\frac{\sqrt{2}+1}{\sqrt{2}+2}$	$\frac{\sqrt{2}+1}{\sqrt{2}+2}$	$\frac{1}{2}(-1-\sqrt{2})$
$\frac{\sqrt{2}-1}{\sqrt{2}-2}$	$\frac{\sqrt{2}-1}{\sqrt{2}-2}$	$\frac{1}{2}(-1+\sqrt{2})$

对偶函数具有形式

$$\mathcal{D}(\lambda)=\underset{x_1,x_2}{\text{minimize}}\, x_1+x_2+x_1x_2+\lambda(x_1^2+x_2^2-1)$$

我们可以代入 $x_1=x_2=x$ 并将关于 x 的导数设置为零，以得到 $x=-1-\lambda$。代入得到：

$$\mathcal{D}(\lambda)=-1-3\lambda-\lambda^2$$

对偶问题 $\text{maximize}_\lambda \mathcal{D}(\lambda)$ 在 $\lambda=(-1-\sqrt{2})/2$ 处最大化。

10.7 惩罚方法

通过向目标函数添加惩罚项，可以使用惩罚方法将约束优化问题转换为非约束优化问题，从而允许使用前面章节中介绍过的方法。

考虑一个一般的优化问题：

$$\begin{aligned}\underset{x}{\text{minimize}} \quad & f(\boldsymbol{x}) \\ \text{s. t.} \quad & \boldsymbol{g}(\boldsymbol{x}) \leqslant \mathbf{0} \\ & \boldsymbol{h}(\boldsymbol{x})=\mathbf{0}\end{aligned} \tag{10.38}$$

一种简单的惩罚方法计算违反的约束方程的数量：

$$p_{\text{count}}(\boldsymbol{x})=\sum_i (g_i(\boldsymbol{x})>0)+\sum_j (h_j(\boldsymbol{x})\neq 0) \tag{10.39}$$

这就产生了惩罚不可行性的无约束优化问题

$$\underset{x}{\text{minimize}}\, f(\boldsymbol{x})+\rho \cdot p_{\text{count}}(\boldsymbol{x}) \tag{10.40}$$

178~180 其中 $\rho>0$ 调整惩罚幅度。图 10.8 给出了一个示例。

惩罚方法从初始点 $\boldsymbol{x}$ 和一个很小的值 ρ 开始。求解无约束的优化问题方程（10.40）。然后将得到的设计点用作另一个优化的起点，并增加惩罚。继续执行此过程，直到得出可行结果或已达到最大迭代次数。算法 10.1 提供了一种实现方法。

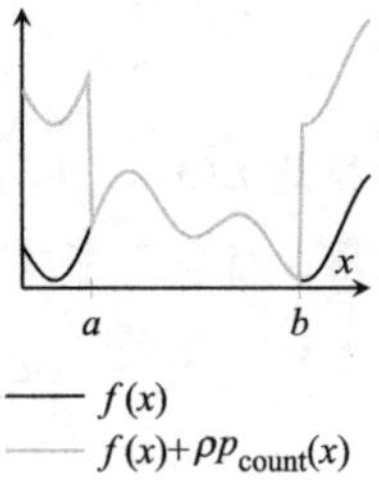

图 10.8　原始函数和可数惩罚目标函数使 f 在 $x\in[a, b]$ 上最小化

算法 10.1　一种惩罚方法，其中目标函数为 f，惩罚函数为 p，初始点为 x，迭代次数为 k_max，初始惩罚 ρ>0 和惩罚乘数 γ>1。minimize 方法应替换为适当的无约束最小化方法

```
function penalty_method(f, p, x, k_max; ρ=1, γ=2)
    for k in 1 : k_max
        x = minimize(x -> f(x) + ρ*p(x), x)
        ρ *= γ
        if p(x) == 0
            return x
        end
    end
    return x
end
```

这种惩罚将保留较大值 ρ 的问题解，但会带来急剧的不连续性。不在可行集中的点缺少梯度信息以引导搜索朝着可行方向发展。

可以使用二次惩罚来生成平滑的目标函数（见图 10.9）：

$$p_{\text{quadratic}}(\boldsymbol{x})=\sum_i \max(g_i(\boldsymbol{x}),0)^2+\sum_j h_j(\boldsymbol{x})^2 \tag{10.41}$$

接近约束边界的二次惩罚很小，可能需要 ρ 逼近无穷大，然后解才不再违反约束。也可以将计数和二次惩罚函数混合在一起（见图 10.10）：

$$p_{\text{mixed}}(\boldsymbol{x})=\rho_1 p_{\text{count}}(\boldsymbol{x})+\rho_2 p_{\text{quadratic}}(\boldsymbol{x}) \tag{10.42}$$

这种惩罚混合提供了可行区域和不可行区域之间的清晰边界，同时为求解提供梯度信息。

图 10.11 显示了随着 ρ 的增加惩罚函数的变化。二次惩罚函数不能确保如例 10.7 中所述的可行性。

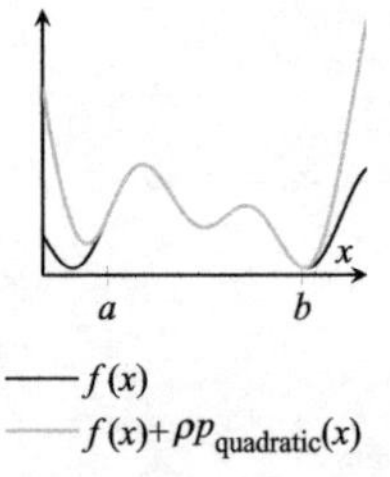

图 10.9　利用二次惩罚函数使 f 在 $x\in[a, b]$ 上最小化

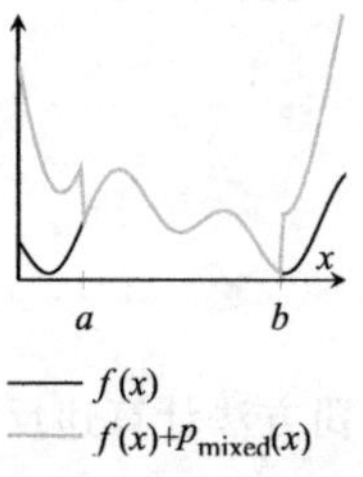

图 10.10　同时使用二次和离散惩罚函数来使 f 在 $x\in[a, b]$ 上最小化

181

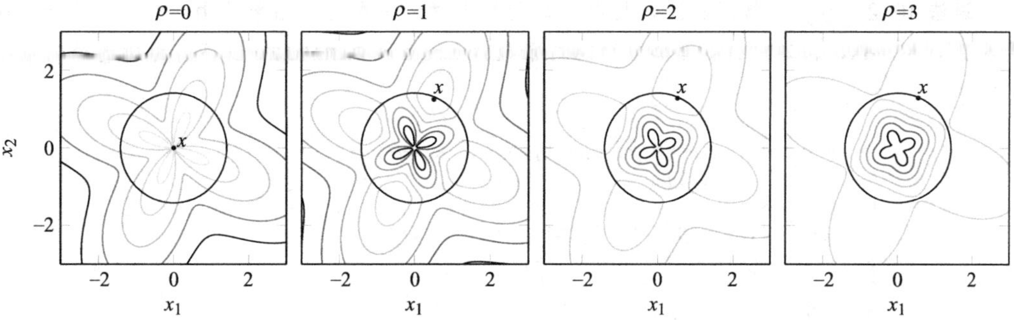

图 10.11 惩罚方法应用于 flower 函数、附录 B.4 节和圆形约束 $x_1^2+x_2^2 \geqslant 2$（见彩插）

例 10.7 二次惩罚不能确保可行性的例子

考虑问题

$$\begin{aligned}\underset{x}{\text{minimize}} \quad & x \\ \text{s. t.} \quad & x \geqslant 5\end{aligned}$$

使用二次惩罚函数。

无约束的目标函数是

$$f(x) = x + \rho \max(5-x, 0)^2$$

无约束目标函数的最小值为

$$x^* = 5 - \frac{1}{2\rho}$$

约束优化问题的最小值显然是 $x=5$，但惩罚优化问题的最小值仅仅接近 $x=5$，因此需要一个无限惩罚来实现可行性。 182

10.8 增广拉格朗日法

增广拉格朗日法[⊖]是一种针对等式约束的惩罚方法的改进。与惩罚方法不同的是，惩罚方法有时必须先找到无穷大的 ρ，然后才能找到可行解，而增广拉格朗日法适用于较小的 ρ 值。它对每个约束都使用二次和线性惩罚。

对于有等式约束 $\boldsymbol{h}(\boldsymbol{x})=0$ 的优化问题，惩罚函数为：

$$p_{\text{Lagrange}}(\boldsymbol{x}) = \frac{1}{2}\rho \sum_i (h_i(\boldsymbol{x}))^2 - \sum_i \lambda_i h_i(\boldsymbol{x}) \tag{10.43}$$

其中 $\boldsymbol{\lambda}$ 向拉格朗日乘数收敛。

除了随着每次迭代增加 ρ，还要根据以下条件更新线性惩罚向量：

$$\boldsymbol{\lambda}^{(k+1)} = \boldsymbol{\lambda}^{(k)} - \rho \boldsymbol{h}(\boldsymbol{x}) \tag{10.44}$$

算法 10.2 提供了一种实现。

⊖ 不要与拉格朗日乘数法混淆。

算法 10.2　增广拉格朗日法，其中目标函数为 f，等式约束函数为 h，初始点为 x，迭代次数为 k_max，初始惩罚标量ρ>0和惩罚乘数γ>1。函数 minimize 应替换为所选择的最小化方法

```
function augmented_lagrange_method(f, h, x, k_max; ρ=1, γ=2
    λ = zeros(length(h(x)))
    for k in 1 : k_max
        p = x -> f(x) + ρ/2*sum(h(x).^2) - λ⋅h(x)
        x = minimize(x -> f(x) + p(x), x)
        ρ *= γ
        λ -= ρ*h(x)
    end
    return x
end
```

10.9　内点法

内点法（见算法 10.3），有时也称为**屏障法**，是确保搜索点始终保持可行的优化方法[⊖]。内点法使用的屏障函数随着接近约束边界而接近无穷大。屏障函数 $p_{\text{barrier}}(\boldsymbol{x})$ 必须满足以下几个性质：

183

1. $p_{\text{barrier}}(\boldsymbol{x})$ 是连续的。
2. $p_{\text{barrier}}(\boldsymbol{x})$ 是非负的（$p_{\text{barrier}}(\boldsymbol{x})\geqslant 0$）。
3. 当 $\boldsymbol{x}$ 接近任何约束边界时，$p_{\text{barrier}}(\boldsymbol{x})$ 接近无穷大。

算法 10.3　内点法，其中目标函数为 f，屏障函数为 p，初始点为 x，初始惩罚ρ>0，惩罚乘数γ>1和停止容差ϵ>0

```
function interior_point_method(f, p, x; ρ=1, γ=2, ϵ=0.001)
    delta = Inf
    while delta > ϵ
        x′ = minimize(x -> f(x) + p(x)/ρ, x)
        delta = norm(x′ - x)
        x = x′
        ρ *= γ
    end
    return x
end
```

屏障函数的一些示例是：

反向屏障：

$$p_{\text{barrier}}(\boldsymbol{x})=-\sum_i \frac{1}{g_i(\boldsymbol{x})} \tag{10.45}$$

日志屏障：

$$p_{\text{barrier}}(\boldsymbol{x})=-\sum_i \begin{cases}\log(-g_i(\boldsymbol{x})) & \text{如果 } g_i(\boldsymbol{x})\geqslant -1 \\ 0 & \text{其他}\end{cases} \tag{10.46}$$

⊖ 提前停止的内点法产生可行且几乎最优的设计点。由于时间或处理限制，该方法可能会提前停止。

不等式约束问题可以转化为无约束优化问题：

$$\underset{x}{\text{minimize}}\, f(\boldsymbol{x})+\frac{1}{\rho}p_{\text{barrier}}(\boldsymbol{x}) \tag{10.47}$$

当 ρ 增大时，接近边界的惩罚减小（见图 10.12）。

必须特别注意，确保线搜索不会离开可行区域。线搜索 $f(\boldsymbol{x}+\alpha\boldsymbol{d})$ 被限制在区间 $\alpha=[0,\ \alpha_u]$，α_u 是到最近边界的步长。实际上，我们通常选择使得 $\boldsymbol{x}+\alpha\boldsymbol{d}$ 刚好在边界内的 α_u，以避免边界奇异性。

像惩罚方法一样，内点法从一个较小的 ρ 值开始，然后逐渐增加，直到函数收敛。当后续点之间的差异小于某个阈值时，内点法会终止。图 10.13 显示了 ρ 增加的影响。

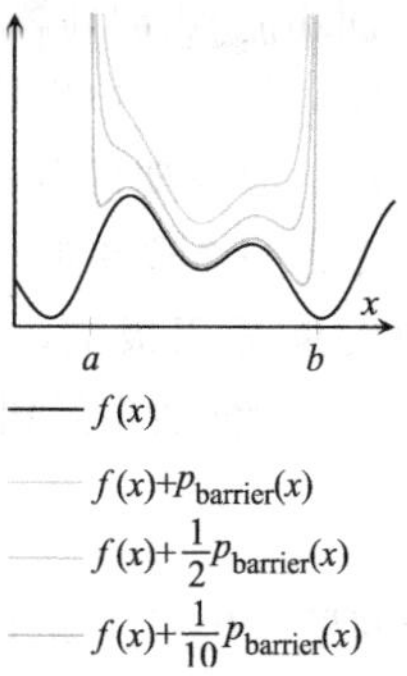

图 10.12　应用带有反向屏障的内点法使 f 在 $x\in[a,\ b]$ 上最小化（见彩插）

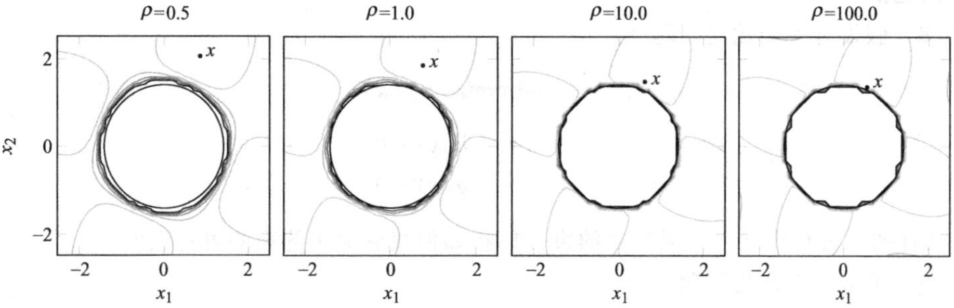

图10.13　将带有反向屏障的内点法应用于 flower 函数、附录 B.4 节和约束 $x_1^2+x_2^2\geqslant 2$（见彩插）

内点法需要一个可行点来开始搜索。寻找可行点的一种便捷方法是优化二次惩罚函数 184~185

$$\underset{x}{\text{minimize}}\, p_{\text{quadratic}}(\boldsymbol{x}) \tag{10.48}$$

10.10　小结

- 约束是对解必须满足的设计点的要求。
- 可以将某些约束转换或替换为问题，从而转换为无约束优化问题。
- 使用拉格朗日乘数的解析方法可得出广义拉格朗日方程和约束条件下最优性的必要条件。
- 约束优化问题具有易于解决的对偶问题表述，并且其解是原始问题解的下界。
- 惩罚方法对不可行的解进行惩罚，并经常为求解提供梯度信息，以引导不可行的点向可行性发展。
- 内点法保持可行性，但使用屏障函数以避免离开可行集。

10.11　练习

练习 10.1　求解

$$\begin{aligned}\underset{x}{\text{minimize}}\quad & x\\ \text{s. t.}\quad & x\geqslant 0\end{aligned} \tag{10.49}$$

使用 $\rho>0$ 的二次惩罚法。以封闭形式解决问题。

练习 10.2 使用 $\rho>1$ 的计数惩罚法求解练习 10.1 的问题，并将其与二次惩罚法进行比较。

练习 10.3 假设你正在使用惩罚方法解决约束问题。注意到迭代持续不可行，因此决定停止执行算法。应该如何做才能在下次尝试中更有可能成功？

练习 10.4 考虑一个简单的一元最小化问题，可以在满足 $x\geqslant 0$ 的情况下最小化函数 $f(x)$。假设知道约束是积极的，即 $x^*=0$，其中 x^* 是最小化解，并且从最优性条件出发，有 $f'(\boldsymbol{x}^*)>0$。证明用惩罚方法求解相同的问题

186

$$f(x)+(\min(x,0))^2 \tag{10.50}$$

对原始问题产生了一个不可行的解。

练习 10.5 与二次惩罚法相比，增广拉格朗日法有什么优势？

练习 10.6 什么时候可以使用障碍法代替惩罚法？

练习 10.7 给出一个平滑优化问题的例子，使得对于任何惩罚参数 $\rho>0$，存在最速下降法发散的起点 $x^{(1)}$。

练习 10.8 假设有一个优化问题

$$\begin{aligned}\underset{x}{\text{minimize}}\quad & f(\boldsymbol{x})\\ \text{s. t.}\quad & \boldsymbol{h}(\boldsymbol{x})=\boldsymbol{0}\\ & \boldsymbol{g}(\boldsymbol{x})\leqslant\boldsymbol{0}\end{aligned} \tag{10.51}$$

但没有初始可行设计。如果存在约束，你将如何找到关于约束的可行点？

练习 10.9 求解约束优化问题

$$\begin{aligned}\underset{x}{\text{minimize}}\quad & \sin\left(\frac{4}{x}\right)\\ \text{s. t.}\quad & x\in[1,10]\end{aligned} \tag{10.52}$$

同时使用 t 变换 $x=t_{a,b}(\hat{x})$ 和有约束边界 $x\in[a,\ b]$ 的 S 形变换：

$$x=s(\hat{x})=a+\frac{(b-a)}{1+\mathrm{e}^{-\hat{x}}} \tag{10.53}$$

为什么 t 变换比 S 形变换更好？

练习 10.10 给出一个包含两个设计变量的二次目标函数示例，其中添加线性约束会导致不同的最优值。

练习 10.11 假定我们想要最小化 $x_1^3+x_2^2+x_3$，满足约束 $x_1+2x_2+3x_3=6$。如何用相同的最

187 小解将其转化为无约束问题？

练习 10.12 假设我们要在约束 $ax_1+x_2\leqslant 5$ 和 x_1，$x_2\geqslant 0$ 下最小化 $-x_1-2x_2$。如果 a 是有界常数，a 的什么取值范围将导致无数个最优解？

练习 10.13 考虑使用惩罚方法优化

$$\begin{aligned}\underset{x}{\text{minimize}}\quad & 1-x^2\\ \text{s. t.}\quad & |x|\leqslant 2\end{aligned} \tag{10.54}$$

使用惩罚方法的优化通常涉及随着惩罚权重的增加而进行的几次优化。没有耐心的工程师可能

188 希望使用很大的惩罚权重来进行一次优化。解释计数惩罚法和二次惩罚法都涉及哪些问题。

线性约束优化

线性规划涉及解决有线性目标函数和线性约束的优化问题。许多问题可以很自然地用线性规划来描述，包括交通、通信网络、制造、经济学和运筹学等领域的问题。许多非自然线性的问题则常常可以用线性规划来近似。使用线性结构的方法有多种。现代技术和硬件可以使具有数百万个变量和数百万个约束的问题在全局范围内最小化[㊀]。

11.1 问题表述

线性规划问题，称为线性规划[㊁]，可以用多种形式表示。每个线性规划都包含一个线性目标函数和一组线性约束：

$$\begin{aligned}\underset{x}{\text{minimize}}\quad & \boldsymbol{c}^\top \boldsymbol{x}\\ \text{s. t.}\quad & \text{对于 } i\in\{1,2,\cdots\},\text{有 } \boldsymbol{w}_{\text{LE}}^{(i)\top}\boldsymbol{x}\leqslant b_i\\ & \text{对于 } j\in\{1,2,\cdots\},\text{有 } \boldsymbol{w}_{\text{GE}}^{(j)\top}\boldsymbol{x}\geqslant b_j\\ & \text{对于 } k\in\{1,2,\cdots\},\text{有 } \boldsymbol{w}_{\text{EQ}}^{(k)\top}\boldsymbol{x}= b_k\end{aligned}\tag{11.1}$$

其中 i、j 和 k 在有限的约束集上变化。例 11.1 给出了这种优化问题。将实际问题转化为数学形式通常是不容易的。本书重点介绍求解的算法，但是也有其他教材讨论了如何对实际问题进行建模[㊂]。例 11.2 给出了几个有趣的转换。 189

例 11.1 线性规划示例

以下问题具有线性目标和线性约束，使其成为线性规划问题。

$$\begin{aligned}\underset{x_1,x_2,x_3}{\text{minimize}}\quad & 2x_1-3x_2+7x_3\\ \text{s. t.}\quad & 2x_1+3x_2-8x_3\leqslant 5\\ & 4x_1+x_2+3x_3\leqslant 9\\ & x_1-5x_2-3x_3\geqslant -4\\ & x_1+x_2+2x_3=1\end{aligned}$$

㊀ 本章是对线性规划以及用于解决线性规划的单纯形算法的一种变体的简短介绍。一些教科书专门讲述线性规划，包括：

R. J. Vanderbei, *Linear Programming: Foundations and Extensions*, 4th end. Springer, 2014.

有多种用于求解线性规划的软件包，例如 `Convex.jl` 和 `JuMP.jl`，两者都包括开源和商业求解器的接口。

㊁ 二次规划是线性规划的推广，其中目标函数是二次的，约束是线性的。解决此类问题的常用方法有前面章节所讨论的一些算法，包括内点法、增广拉格朗日法和共轭梯度法。本章所述的单纯形法也适用于二次规划的优化。参见：

J. Nocedal and S. J. Wright, *Numerical Optimization*, 2nd ed. Springer, 2006.

㊂ H. P. Williams, *Model Building in Mathematical Programming*, 5th ed. Wiley, 2013.

例 11.2 可以转换为线性规划的公共范数最小化问题

许多问题可以转换为具有相同解的线性规划问题，L_1 和 L_∞ 最小化问题就是两个示例：

$$\text{minimize} \|\boldsymbol{A}\boldsymbol{x}-\boldsymbol{b}\|_1 \qquad \text{minimize} \|\boldsymbol{A}\boldsymbol{x}-\boldsymbol{b}\|_\infty$$

第一个问题等同于求解

$$\begin{aligned} \underset{\boldsymbol{x},\boldsymbol{s}}{\text{minimize}} \quad & \boldsymbol{1}^\top \boldsymbol{s} \\ \text{s. t.} \quad & \boldsymbol{A}\boldsymbol{x}-\boldsymbol{b} \leqslant \boldsymbol{s} \\ & \boldsymbol{A}\boldsymbol{x}-\boldsymbol{b} \geqslant -\boldsymbol{s} \end{aligned}$$

带有附加变量 $\boldsymbol{s}$。

第二个问题相当于求解

$$\begin{aligned} \underset{\boldsymbol{x},t}{\text{minimize}} \quad & t \\ \text{s. t.} \quad & \boldsymbol{A}\boldsymbol{x}-\boldsymbol{b} \leqslant t\boldsymbol{1} \\ & \boldsymbol{A}\boldsymbol{x}-\boldsymbol{b} \geqslant -t\boldsymbol{1} \end{aligned}$$

190 带有附加变量 t。

11.1.1 一般形式

可以使用矩阵更简洁地写出线性规划，并得出一般形式⊖：

$$\begin{aligned} \underset{\boldsymbol{x}}{\text{minimize}} \quad & \boldsymbol{c}^\top \boldsymbol{x} \\ \text{s. t.} \quad & \boldsymbol{A}_{\text{LE}}\boldsymbol{x} \leqslant \boldsymbol{b}_{\text{LE}} \\ & \boldsymbol{A}_{\text{GE}}\boldsymbol{x} \geqslant \boldsymbol{b}_{\text{GE}} \\ & \boldsymbol{A}_{\text{EQ}}\boldsymbol{x} = \boldsymbol{b}_{\text{EQ}} \end{aligned} \tag{11.2}$$

11.1.2 标准形式

方程 (11.2) 中给出的一般线性规划可以转换为标准形式，其中所有约束都是小于不等式，并且其设计变量为非负：

$$\begin{aligned} \underset{\boldsymbol{x}}{\text{minimize}} \quad & \boldsymbol{c}^\top \boldsymbol{x} \\ \text{s. t.} \quad & \boldsymbol{A}\boldsymbol{x} \leqslant \boldsymbol{b} \\ & \boldsymbol{x} \geqslant \boldsymbol{0} \end{aligned} \tag{11.3}$$

大于不等式被反转，等式约束被一分为二：

$$\begin{aligned} & \boldsymbol{A}_{\text{GE}}\boldsymbol{x} \geqslant \boldsymbol{b}_{\text{GE}} \rightarrow -\boldsymbol{A}_{\text{GE}}\boldsymbol{x} \leqslant -\boldsymbol{b}_{\text{GE}} \\ & \boldsymbol{A}_{\text{EQ}}\boldsymbol{x} = \boldsymbol{b}_{\text{EQ}} \rightarrow \begin{cases} \boldsymbol{A}_{\text{EQ}}\boldsymbol{x} \leqslant \boldsymbol{b}_{\text{EQ}} \\ -\boldsymbol{A}_{\text{EQ}}\boldsymbol{x} \leqslant \boldsymbol{b}_{\text{EQ}} \end{cases} \end{aligned} \tag{11.4}$$

必须确保所有 $\boldsymbol{x}$ 项也都是非负数。假设从一个线性规划开始，其中 $\boldsymbol{x}$ 不必为非负数：

⊖ 在这里，每个约束都是原子级的。例如，$\boldsymbol{a} \leqslant \boldsymbol{b}$ 意味着对于所有 i，都有 $a_i \leqslant b_i$。

$$\begin{aligned} \underset{x}{\text{minimize}} \quad & \boldsymbol{c}^{\top}\boldsymbol{x} \\ \text{s.t.} \quad & \boldsymbol{A}\boldsymbol{x} \leqslant \boldsymbol{b} \end{aligned} \tag{11.5}$$

191

用 $\boldsymbol{x}^{+}-\boldsymbol{x}^{-}$ 替换 $\boldsymbol{x}$ 并约束 $\boldsymbol{x}^{+}\geqslant\boldsymbol{0}$ 和 $\boldsymbol{x}^{-}\geqslant\boldsymbol{0}$：

$$\begin{aligned} \underset{x^{+},x^{-}}{\text{minimize}} \quad & [\boldsymbol{c}^{\top} - \boldsymbol{c}^{\top}]\begin{bmatrix}\boldsymbol{x}^{+}\\ \boldsymbol{x}^{-}\end{bmatrix} \\ \text{s.t.} \quad & [\boldsymbol{A} - \boldsymbol{A}]\begin{bmatrix}\boldsymbol{x}^{+}\\ \boldsymbol{x}^{-}\end{bmatrix} \leqslant \boldsymbol{b} \\ & \begin{bmatrix}\boldsymbol{x}^{+}\\ \boldsymbol{x}^{-}\end{bmatrix} \geqslant \boldsymbol{0} \end{aligned} \tag{11.6}$$

线性目标函数 $\boldsymbol{c}^{\top}\boldsymbol{x}$ 形成一个平坦的斜坡。该函数沿 $\boldsymbol{c}$ 方向增加，因此，所有等高线都垂直于 $\boldsymbol{c}$ 且彼此平行，如图 11.1 所示。

单个不等式约束 $\boldsymbol{w}^{\top}\boldsymbol{x}\leqslant b$ 形成一个半空间，或超平面一侧的区域。超平面垂直于 $\boldsymbol{w}$，并且由 $\boldsymbol{w}^{\top}\boldsymbol{x}=b$ 定义，如图 11.2 所示。$\boldsymbol{w}^{\top}\boldsymbol{x}>b$ 区域在超平面的 $+\boldsymbol{w}$ 侧，而 $\boldsymbol{w}^{\top}\boldsymbol{x}<b$ 区域在超平面的 $-\boldsymbol{w}$ 侧。

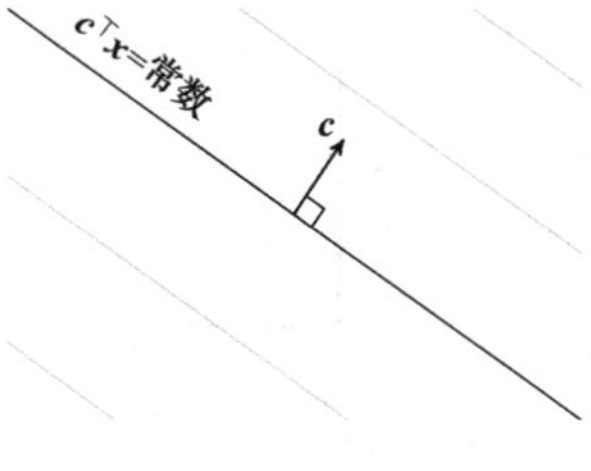

图 11.1　线性目标函数 $\boldsymbol{c}^{\top}\boldsymbol{x}$ 的等高线沿 $\boldsymbol{c}$ 方向增加

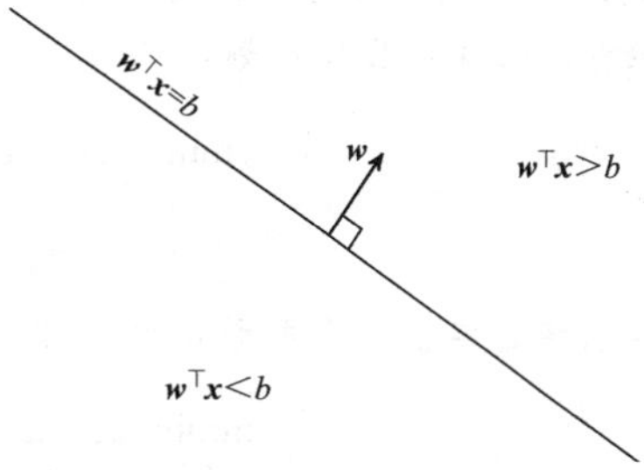

图 11.2　线性约束

半空间是凸集（请参阅附录 C.3 节），凸集的交集是凸集，如图 11.3 所示。因此，线性规划的可行集将始终形成凸集。可行集的凸性以及目标函数的凸性意味着，如果我们找到一个局部可行最小值，那么它也是一个全局可行最小值。

可行集是被平面包围的凸区域。根据区域的配置，解可以位于顶点、边缘或整个面上。如果问题没有被适当约束，则解可以是无界的，并且，如果系统被过度约束，则没有可行解。图 11.4 给出了几种这样的情况。

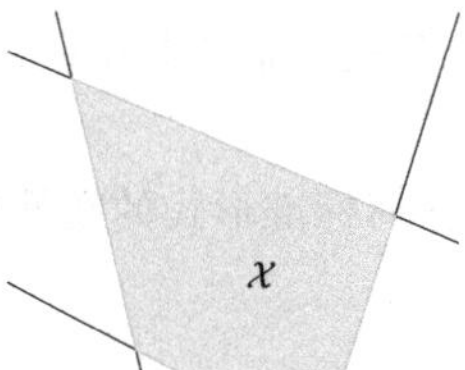

图 11.3　线性约束的交集是一个凸集 192

11.1.3　等式形式

线性规划通常以第三种形式，即等式形式求解

$$\begin{aligned} \underset{x}{\text{minimize}} \quad & \boldsymbol{c}^{\top}\boldsymbol{x} \\ \text{s.t.} \quad & \boldsymbol{A}\boldsymbol{x} = \boldsymbol{b} \\ & \boldsymbol{x} \geqslant \boldsymbol{0} \end{aligned} \tag{11.7}$$

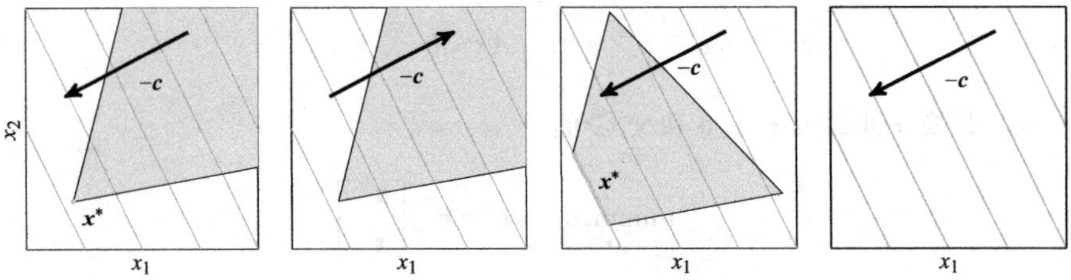

图 11.4　具有不同解的几种不同的线性问题形式

其中 $\boldsymbol{x}$ 和 $\boldsymbol{c}$ 都有 n 个分量，$\boldsymbol{A}$ 是 $m\times n$ 矩阵，$\boldsymbol{b}$ 有 m 个分量。换句话说，我们有 n 个非负设计变量和 m 个定义等式约束的方程组。

等式形式有两个部分的约束。第一部分，$\boldsymbol{Ax}=\boldsymbol{b}$ 迫使解位于仿射子空间中⊖。这种约束是方便的，因为搜索技术可以把自身约束到被约束的仿射子空间中以保持可行。约束的第二部分要求 $\boldsymbol{x}\geqslant\boldsymbol{0}$，这迫使解位于正象限内。因此，可行集是仿射子空间的非负部分。例 11.3 提供了一个简单的线性规划可视化示例。

例 11.3　等式形式的可行集是超平面

考虑标准形式的线性规划：

$$\begin{aligned}\underset{x}{\text{minimize}}\quad & x\\ \text{s. t.}\quad & x\geqslant 1\end{aligned}$$

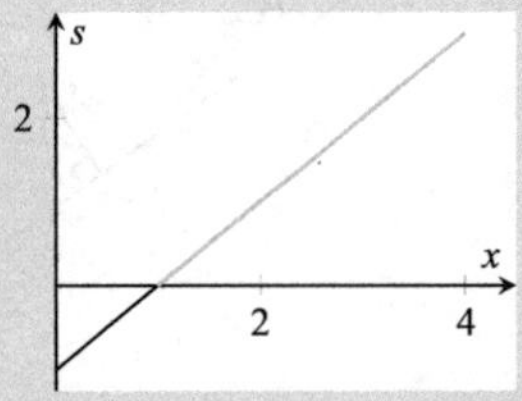

当我们将其转换为等式形式时，可以得到

$$\begin{aligned}\underset{x,s}{\text{minimize}}\quad & x\\ \text{s. t.}\quad & x-s=1\\ & x,s\geqslant 0\end{aligned}$$

等式约束要求可行点落在直线 $x-s=1$ 上。该线是二维欧几里得空间的一维仿射子空间。

任何标准形式的线性规划都可以转换为等式形式。则约束可以转换为：

$$\boldsymbol{Ax}\leqslant\boldsymbol{b}\quad\rightarrow\quad\boldsymbol{Ax}+\boldsymbol{s}=\boldsymbol{b},\boldsymbol{s}\geqslant\boldsymbol{0}\tag{11.8}$$

其中引入松弛变量 $\boldsymbol{s}$。这些变量占用额外的时间来强制相等。

从线性规划开始：

$$\begin{aligned}\underset{x}{\text{minimize}}\quad & \boldsymbol{c}^{\top}\boldsymbol{x}\\ \text{s. t.}\quad & \boldsymbol{Ax}\leqslant\boldsymbol{b}\\ & \boldsymbol{x}\geqslant\boldsymbol{0}\end{aligned}\tag{11.9}$$

引入松弛变量：

⊖　非正式地讲，仿射子空间是经过转换的向量空间，因此其在高维空间的原点不必为 $\boldsymbol{0}$。

$$\begin{aligned} \underset{x,s}{\text{minimize}} \quad & \begin{bmatrix} \boldsymbol{c}^\top & \boldsymbol{0}^\top \end{bmatrix} \begin{bmatrix} \boldsymbol{x} \\ \boldsymbol{s} \end{bmatrix} \\ \text{s. t.} \quad & \begin{bmatrix} \boldsymbol{A} & \boldsymbol{I} \end{bmatrix} \begin{bmatrix} \boldsymbol{x} \\ \boldsymbol{s} \end{bmatrix} = \boldsymbol{b} \\ & \begin{bmatrix} \boldsymbol{x} \\ \boldsymbol{s} \end{bmatrix} \geqslant \boldsymbol{0} \end{aligned} \tag{11.10}$$

193 ~ 194

例 11.4 演示了从标准形式到等式形式的转换。

例 11.4　将线性规划转换为等式形式

考虑线性规划

$$\begin{aligned} \underset{x}{\text{minimize}} \quad & 5x_1 + 4x_2 \\ \text{s. t.} \quad & 2x_1 + 3x_2 \leqslant 5 \\ & 4x_1 + x_2 \leqslant 11 \end{aligned}$$

为了转换成等式形式，首先引入两个松弛变量：

$$\begin{aligned} \underset{x}{\text{minimize}} \quad & 5x_1 + 4x_2 \\ \text{s. t.} \quad & 2x_1 + 3x_2 + s_1 = 5 \\ & 4x_1 + x_2 + s_2 = 11 \\ & s_1, s_2 \geqslant 0 \end{aligned}$$

然后拆分 $\boldsymbol{x}$：

$$\begin{aligned} \underset{x}{\text{minimize}} \quad & 5(x_1^+ - x_1^-) + 4(x_2^+ - x_2^-) \\ \text{s. t.} \quad & 2(x_1^+ - x_1^-) + 3(x_2^+ - x_2^-) + s_1 = 5 \\ & 4(x_1^+ - x_1^-) + (x_2^+ - x_2^-) + s_2 = 11 \\ & x_1^+, x_1^-, x_2^+, x_2^-, s_1, s_2 \geqslant 0 \end{aligned}$$

11.2 单纯形算法

单纯形算法通过在可行集的顶点之间移动来求解线性规划㊀。只要线性规划可行且有界，该方法就能获得最优解。

单纯形算法对等式线性规划进行操作（$\boldsymbol{Ax} = \boldsymbol{b}$，$\boldsymbol{x} \geqslant \boldsymbol{0}$）。假设 $\boldsymbol{A}$ 的行是线性无关的㊁，还假设问题没有比设计变量（$m \leqslant n$）更多的等式约束，这确保问题不会受到过度约束。预处理阶段可确保 $\boldsymbol{A}$ 满足这些条件。

11.2.1 顶点

等式形式线性规划有凸多面体的可行集，凸多面体是有平面的几何对象。这些多面体由等

㊀ 单纯形算法最初是在 20 世纪 40 年代提出的。参见：George Dantzig，"Origins of the Simplex Method，" *A History of Scientific Computing*，S. G. Nash，ed.，ACM，1990，pp. 141-151.

㊁ 行线性无关的矩阵被称为有满行秩。线性无关性是通过消除冗余的等式约束来实现的。

式约束与正象限的交集形成。与多面体相关联的是顶点，它们是可行集中的点，但不位于可行集中的任何其他点之间。

可行集包括几种不同类型的设计点。内部的点永远不会是最优的，因为可以通过沿 $\boldsymbol{c}$ 移动来改进它们。仅当面垂直于 $\boldsymbol{c}$ 时，面上的点才是最佳的。在不垂直于 $\boldsymbol{c}$ 的面上的点，可以沿着 $-\boldsymbol{c}$ 在面上的投影方向滑动来改进。类似地，仅当边缘垂直于 $\boldsymbol{c}$ 时，边缘上的点才是最佳的，否则可以通过沿 $-\boldsymbol{c}$ 在边缘上的投影方向滑动来改进。最后，顶点也可以是最佳的。

单纯形算法产生一个最优顶点。如果线性规划包含可行点，则它还至少包含一个顶点。此外，如果线性规划有解，则至少有一个解位于顶点。在整个边缘或整个面都最优的情况下，顶点解与其他解一样是最优的。

等式形式线性规划的每个顶点都可以由等于零的 $\boldsymbol{x}$ 的 $n-m$ 个分量唯一地定义。这些分量受到 $x_i \geqslant 0$ 的有效约束。图 11.5 可视化了识别顶点所需的积极约束。当 $\boldsymbol{A}$ 为正方形时，等式约束 $\boldsymbol{A}\boldsymbol{x}=\boldsymbol{b}$ 具有唯一解。假设 $m \leqslant n$，因此选择 m 个设计变量并将其余变量设置为零会有效地删除 $\boldsymbol{A}$ 的 $n-m$ 列，从而产生 $m \times m$ 约束矩阵（请参见例 11.5）。

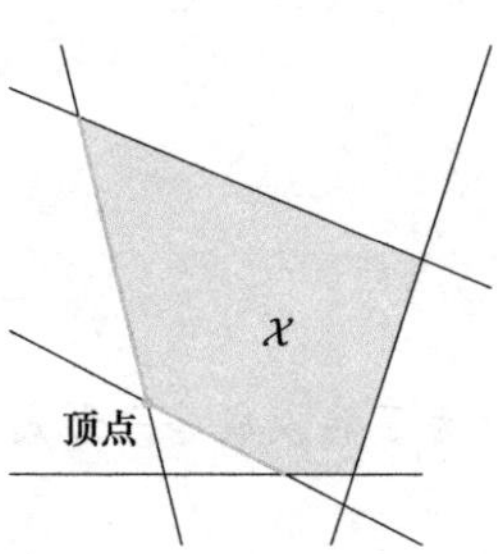

图 11.5　在二维中，任何顶点将至少具有两个有效约束

任何顶点分量 $\{1, \cdots, n\}$ 的索引都可以分为两组，$\mathcal{B}$ 和 $\mathcal{V}$，使得：

- 与 $\mathcal{V}$ 中的索引关联的设计值为零：

$$i \in \mathcal{V} \implies x_i = 0 \tag{11.11}$$

- 与 $\mathcal{B}$ 中的索引关联的设计值可以为零，也可以不为零：

$$i \in \mathcal{B} \implies x_i \geqslant 0 \tag{11.12}$$

196
- $\mathcal{B}$ 正好有 m 个元素，$\mathcal{V}$ 正好有 $n-m$ 个元素。

例 11.5　将 $\boldsymbol{x}$ 的 $n-m$ 个分量设置为零可以唯一定义一个点

对于具有 5 个设计变量和 3 个约束的问题，将 2 个变量设置为零将唯一地定义一个点。

$$\begin{bmatrix} a_{11} & a_{12} & a_{13} & a_{14} & a_{15} \\ a_{21} & a_{22} & a_{23} & a_{24} & a_{25} \\ a_{31} & a_{32} & a_{33} & a_{34} & a_{35} \end{bmatrix} \begin{bmatrix} x_1 \\ 0 \\ x_3 \\ x_4 \\ 0 \end{bmatrix} = \begin{bmatrix} a_{11} & a_{13} & a_{14} \\ a_{21} & a_{23} & a_{24} \\ a_{31} & a_{33} & a_{34} \end{bmatrix} \begin{bmatrix} x_1 \\ x_3 \\ x_4 \end{bmatrix} = \begin{bmatrix} b_1 \\ b_2 \\ b_3 \end{bmatrix}$$

使用 $\boldsymbol{x}_{\mathcal{B}}$ 指代由 $\mathcal{B}$ 中 $\boldsymbol{x}$ 的分量组成的向量，使用 $\boldsymbol{x}_{\mathcal{V}}$ 指代由 $\mathcal{V}$ 中 $\boldsymbol{x}$ 的分量组成的向量。记 $\boldsymbol{x}_{\mathcal{V}}=\boldsymbol{0}$。

根据 $\mathcal{B}$ 所选取的 $\boldsymbol{A}$ 的 m 列组成 $m \times m$ 矩阵 $\boldsymbol{A}_{\mathcal{B}}$，可以得到与分区 $(\mathcal{B}, \mathcal{V})$ 相关联的顶点[⊖]：

$$\boldsymbol{A}\boldsymbol{x} = \boldsymbol{A}_{\mathcal{B}}\boldsymbol{x}_{\mathcal{B}} = \boldsymbol{b} \quad \rightarrow \quad \boldsymbol{x}_{\mathcal{B}} = \boldsymbol{A}_{\mathcal{B}}^{-1}\boldsymbol{b} \tag{11.13}$$

⊖ 如果 $\mathcal{B}$ 和 $\mathcal{V}$ 确定一个顶点，那么 $\boldsymbol{A}_{\mathcal{B}}$ 的列向量必须是线性无关的，因为 $\boldsymbol{A}\boldsymbol{x}=\boldsymbol{b}$ 必须有一个唯一解。因此，$\boldsymbol{A}_{\mathcal{B}}\boldsymbol{x}_{\mathcal{B}}=\boldsymbol{b}$ 必须恰好有一个解。这个线性无关保证 $\boldsymbol{A}_{\mathcal{B}}$ 是可逆的。

知道 $\boldsymbol{x}_B$ 就足以构造 $\boldsymbol{x}$；其余的设计变量为零。算法 11.1 实现了此过程，例 11.6 验证了给定设计点是否为顶点。

算法 11.1 一种提取与分区 B 和线性规划 LP 的等式形式相关联的顶点的方法。介绍线性规划的特殊类型 LinearProgram

```
mutable struct LinearProgram
    A
    b
    c
end
function get_vertex(B, LP)
    A, b, c = LP.A, LP.b, LP.c
    b_inds = sort!(collect(B))
    AB = A[:,b_inds]
    xB = AB\b
    x = zeros(length(c))
    x[b_inds] = xB
    return x
end
```

197

虽然每个顶点都有一个关联的分区 $(\mathcal{B}, \mathcal{V})$，但并不是每个分区都对应一个顶点。仅当 $\boldsymbol{A}_B$ 为非奇数且通过应用公式(11.13) 获得的设计可行时[⊖]，分区才对应一个顶点。找到与顶点相对应的分区并不是件容易的事，11.2.4 节中将介绍寻找这样一个分区涉及求解的线性规划。单纯形算法分两个阶段运行：一个是识别顶点分区的*初始化阶段*，另一个是顶点分区向对应于最优顶点的分区过渡的*优化阶段*。我们将在本节后面讨论这两个阶段。

例 11.6 验证设计点是等式形式约束的顶点

考虑约束：

$$\begin{bmatrix} 1 & 1 & 1 & 1 \\ 0 & -1 & 2 & 3 \\ 2 & 1 & 2 & -1 \end{bmatrix} \boldsymbol{x} = \begin{bmatrix} 2 \\ -1 \\ 3 \end{bmatrix}, \quad \boldsymbol{x} \geqslant \mathbf{0}$$

考虑设计点 $\boldsymbol{x} = [1, 1, 0, 0]$。可以验证 $\boldsymbol{x}$ 是可行的，并且它具有不超过三个非零分量。我们可以选择 $\mathcal{B} = \{1, 2, 3\}$ 或 $\mathcal{B} = \{1, 2, 4\}$。

$$\boldsymbol{A}_{\{1,2,3\}} = \begin{bmatrix} 1 & 1 & 1 \\ 0 & -1 & 2 \\ 2 & 1 & 2 \end{bmatrix}$$

⊖ 例如，对于约束

$$\begin{bmatrix} 1 & 2 & 0 \\ 1 & 2 & 1 \end{bmatrix} \begin{bmatrix} x_1 \\ x_2 \\ x_3 \end{bmatrix} = \begin{bmatrix} 1 \\ 1 \end{bmatrix}$$

的 $\mathcal{B} = \{1, 2\}$ 对应于

$$\begin{bmatrix} 1 & 2 \\ 1 & 2 \end{bmatrix} \begin{bmatrix} x_1 \\ x_2 \end{bmatrix} = \begin{bmatrix} 1 \\ 1 \end{bmatrix}$$

它不会产生可逆的 $\boldsymbol{A}_B$，并且没有唯一的解。

和

$$A_{\{1,2,4\}}=\begin{bmatrix}1 & 1 & 1\\ 0 & -1 & 3\\ 2 & 1 & -1\end{bmatrix}$$

都是可逆的。因此，x 是可行集多面体的顶点。

11.2.2 一阶必要条件

最优化的一阶必要条件（FONC）用于确定顶点何时最佳，并引导如何过渡到更优的顶点。为线性规划的等式形式构造一个拉格朗日方程[⊖]：

198

$$\mathcal{L}(x, \mu, \lambda)=c^{\top}x-\mu^{\top}x-\lambda^{\top}(Ax-b) \tag{11.14}$$

有以下 FONC：

1. 可行性：$Ax=b$，$x\geqslant 0$。
2. 对偶可行性：$\mu\geqslant 0$。
3. 互补松弛性：$\mu\odot x=0$。
4. 稳定性：$A^{\top}\lambda+\mu=c$。

FONC 是线性规划优化的充分条件。因此，如果可以为给定的顶点计算 μ 和 λ，并且满足四个 FONC 方程，则该顶点是最优的。

可以将稳定性条件分解为 $\mathcal{B}$ 和 $\mathcal{V}$ 分量：

$$A^{\top}\lambda+\mu=c \quad \rightarrow \quad \begin{cases}A_{\mathcal{B}}^{\top}\lambda+\mu_{\mathcal{B}}=c_{\mathcal{B}}\\ A_{\mathcal{V}}^{\top}\lambda+\mu_{\mathcal{V}}=c_{\mathcal{V}}\end{cases} \tag{11.15}$$

可以选择 $\mu_{\mathcal{B}}=0$ 来满足互补松弛性。可以从 $\mathcal{B}$ 中计算 λ 的值[⊖]：

$$\begin{aligned}A_{\mathcal{B}}^{\top}\lambda+\underbrace{\mu_{\mathcal{B}}}_{=0}&=c_{\mathcal{B}}\\ \lambda&=A_{\mathcal{B}}^{-\top}c_{\mathcal{B}}\end{aligned} \tag{11.16}$$

可以用它来获得

$$\begin{aligned}A_{\mathcal{V}}^{\top}\lambda+\mu_{\mathcal{V}}&=c_{\mathcal{V}}\\ \mu_{\mathcal{V}}&=c_{\mathcal{V}}-A_{\mathcal{V}}^{\top}\lambda\\ \mu_{\mathcal{V}}&=c_{\mathcal{V}}-(A_{\mathcal{B}}^{-1}A_{\mathcal{V}})^{\top}c_{\mathcal{B}}\end{aligned} \tag{11.17}$$

知道 $\mu_{\mathcal{V}}$ 能够用来评估顶点的最优性。如果 $\mu_{\mathcal{V}}$ 包含负分量，则无法满足对偶可行性，并且顶点是次优的。

⊖ 注意，在 $x\geqslant 0$ 中，不等式的极性必须通过将两边乘以 -1 来反转，从而在 μ 前面产生负号。拉格朗日方程中的 λ 可以定义为正或负。

⊖ 使用 $A^{-\top}$ 来表示 A 的逆的转置：

199

$$A^{-\top}=(A^{-1})^{\top}=(A^{\top})^{-1}$$

11.2.3　优化阶段

单纯形算法维护一个分区 $(\mathcal{B}, \mathcal{V})$，该分区对应于可行集多面体的一个顶点。可以通过在 $\mathcal{B}$ 和 $\mathcal{V}$ 之间交换索引来更新分区。这样的交换等同于沿着可行集多面体的边缘从一个顶点移动到另一个顶点。如果初始分区对应于一个顶点并且问题是有界的，则可以确保单纯形算法收敛到最优值。

顶点之间的过渡 $\boldsymbol{x} \to \boldsymbol{x}'$ 必须满足 $\boldsymbol{A}\boldsymbol{x}' = \boldsymbol{b}$。从 $\mathcal{B}$ 定义的分区开始，我们选择一个进入指数 $q \in \mathcal{V}$，该索引将使用本节末尾所述的一种启发式方法进入 $\mathcal{B}$。新顶点 $\boldsymbol{x}'$ 必须满足：

$$\boldsymbol{A}\boldsymbol{x}' = \boldsymbol{A}_{\mathcal{B}}\boldsymbol{x}'_{\mathcal{B}} + \boldsymbol{A}_{\{q\}}x'_q = \boldsymbol{A}_{\mathcal{B}}\boldsymbol{x}_{\mathcal{B}} = \boldsymbol{A}\mathrm{x} = \boldsymbol{b} \tag{11.18}$$

$\boldsymbol{x}'_{\mathcal{B}}$ 中的一个离开指数 $p \in \mathcal{V}$ 在过渡期间变为零，并被对应于索引 q 的 $\boldsymbol{A}$ 的列替换，这个操作称为主元消元。

可以求出新的设计点

$$\boldsymbol{x}'_{\mathcal{B}} = \boldsymbol{x}_{\mathcal{B}} - \boldsymbol{A}_{\mathcal{B}}^{-1}\boldsymbol{A}_{\{q\}}x'_q \tag{11.19}$$

在以下情况下，特定的离开指数 $p \in \mathcal{B}$ 是有效的：

$$(\boldsymbol{x}'_{\mathcal{B}})_p = 0 = (\boldsymbol{x}_{\mathcal{B}})_p - (\boldsymbol{A}_{\mathcal{B}}^{-1}\boldsymbol{A}_{\{q\}})_p x'_q \tag{11.20}$$

因此可以通过将 $x_q = 0$ 增加到 x'_q 来获得：

$$x'_q = \frac{(\boldsymbol{x}_{\mathcal{B}})_p}{(\boldsymbol{A}_{\mathcal{B}}^{-1}\boldsymbol{A}_{\{q\}})_p} \tag{11.21}$$

使用最小比率测试获得离开指数，该测试为每个潜在的离开指数计算并选择具有最小 x'_q 的指数。然后，在 $\mathcal{B}$ 和 $\mathcal{V}$ 之间交换 p 和 q。边沿过渡在算法 11.2 中实现。 200

算法 11.2　一种在等式形式线性规划 LP 中计算索引 p，并通过增加由分区 B 定义的顶点的索引 q 获得新坐标值 x'_q 的方法

```
function edge_transition(LP, B, q)
    A, b, c = LP.A, LP.b, LP.c
    n = size(A, 2)
    b_inds = sort(B)
    n_inds = sort!(setdiff(1:n, B))
    AB = A[:,b_inds]
    d, xB = AB\A[:,n_inds[q]], AB\b

    p, xq′ = 0, Inf
    for i in 1 : length(d)
        if d[i] > 0
            v = xB[i] / d[i]
            if v < xq′
                p, xq′ = i, v
            end
        end
    end
    return (p, xq′)
end
```

可以使用 x'_q 计算边沿过渡对目标函数的影响。新顶点处的目标函数值为[1]

$$\boldsymbol{c}^{\top}\boldsymbol{x}'=\boldsymbol{c}_B^{\top}\boldsymbol{x}'_B+c_q x'_q \tag{11.22}$$

$$=\boldsymbol{c}_B^{\top}(\boldsymbol{x}_B-\boldsymbol{A}_B^{-1}\boldsymbol{A}_{\{q\}}x'_q)+c_q x'_q \tag{11.23}$$

$$=\boldsymbol{c}_B^{\top}\boldsymbol{x}_B-\boldsymbol{c}_B^{\top}\boldsymbol{A}_B^{-1}\boldsymbol{A}_{\{q\}}x'_q+c_q x'_q \tag{11.24}$$

$$=\boldsymbol{c}_B^{\top}\boldsymbol{x}_B-(c_q-\mu_q)x'_q+c_q x'_q \tag{11.25}$$

$$=\boldsymbol{c}^{\top}\boldsymbol{x}+\mu_q x'_q \tag{11.26}$$

选择进入指数 q 会降低目标函数值

$$\boldsymbol{c}^{\top}\boldsymbol{x}'-\boldsymbol{c}^{\top}\boldsymbol{x}=\mu_q x'_q \tag{11.27}$$

仅当 μ_q 为负时，目标函数才会减小。为了达到最优，我们必须选择 $\mathcal{V}$ 中的索引 q，以使 μ_q 为负。如果 $\boldsymbol{\mu}_{\mathcal{V}}$ 的所有分量都为正，则表明存在全局最优值。由于 $\boldsymbol{\mu}_{\mathcal{V}}$ 中可以有多个负数项，因
201 此可以使用不同的启发方法来选择进入指数[2]：

- 贪心启发式算法，它选择一个在最大程度上降低 $\boldsymbol{c}^{\top}\boldsymbol{x}$ 的 q。
- Dantzig 规则，该规则选择带 $\boldsymbol{\mu}$ 负项最多的 q。该规则很容易计算，但是不能保证 $\boldsymbol{c}^{\top}\boldsymbol{x}$ 最大减少。它还对约束的缩放十分敏感[3]。
- Bland 规则，该规则选择第一个带 $\boldsymbol{\mu}$ 负项的 q。单独使用时，Bland 规则在实际中的表现往往不佳。但是，该规则可以帮助我们防止循环，当返回到之前访问过的顶点时会发生循环，但目标函数不会减小。此规则通常仅在进行了不同规则的多次迭代后仍没有改进时使用，以打破循环并确保收敛。

单纯形法优化阶段的一次迭代根据进入指数的启发式方法将顶点分区移动到相邻的顶点。算法 11.3 用贪心启发式算法实现了这样的迭代。例 11.7 演示了使用从已知顶点分区开始的单纯形算法来求解线性规划。

算法 11.3　单纯形算法的单次迭代，将集合 B 从一个顶点移动到一个顶点，同时最大程度地使目标函数减小。在这里，`step_lp!` 接受由 B 和线性规划 LP 定义的分区

```
function step_lp!(B, LP)
    A, b, c = LP.A, LP.b, LP.c
    n = size(A, 2)
    b_inds = sort!(B)
    n_inds = sort!(setdiff(1:n, B))
    AB, AV = A[:,b_inds], A[:,n_inds]
    xB = AB\b
    cB = c[b_inds]
    λ = AB' \ cB
    cV = c[n_inds]
    μV = cV - AV'*λ
```

---

[1] 在这里，我们已知

$\boldsymbol{\lambda}=\boldsymbol{A}_B^{-\top}\boldsymbol{c}_B$ 和

$\boldsymbol{A}^{\top}_{\{q\}}\boldsymbol{\lambda}=c_q-\mu_q$。

[2] 现代的实现方法使用更复杂的规则。例如，请参见

J. J. Forrest and D. Goldfarb, "Steepest-Edge Simplex Algorithms for Linear Programming," *Mathematical Programming*, vol. 57, no. 1, pp. 341-374, 1992.

[3] 对于约束 $\boldsymbol{A}^{\top}\boldsymbol{x}=\boldsymbol{b}\to\alpha\boldsymbol{A}^{\top}\boldsymbol{x}=\alpha\boldsymbol{b}$，$\alpha>0$，我们不改变解，但拉格朗日乘数按比例缩放：$\boldsymbol{\lambda}\to\alpha^{-1}\boldsymbol{\lambda}$。

```
    q, p, xq′, Δ = 0, 0, Inf, Inf
    for i in 1 : length(μV)
        if μV[i] < 0
            pi, xi′ = edge_transition(LP, B, i)
            if μV[i]*xi′ < Δ
                q, p, xq′, Δ = i, pi, xi′, μV[i]*xi′
            end
        end
    end
    if q == 0
        return (B, true) # optimal point found
    end

    if isinf(xq′)
        error("unbounded")
    end

    j = findfirst(isequal(b_inds[p]), B)
    B[j] = n_inds[q] # swap indices
    return (B, false) # new vertex but not optimal
end
```

例 11.7 用单纯形算法求解线性规划

考虑等式形式的线性规划

$$\boldsymbol{A}=\begin{bmatrix}1 & 1 & 1 & 0\\ -4 & 2 & 0 & 1\end{bmatrix},\quad \boldsymbol{b}=\begin{bmatrix}9\\ 2\end{bmatrix},\quad \boldsymbol{c}=\begin{bmatrix}3\\ -1\\ 0\\ 0\end{bmatrix}$$

并且初始顶点由 $\mathcal{B}=\{3, 4\}$ 定义。在确认 $\mathcal{B}$ 定义了可行的顶点之后，可以开始单纯形算法的一次迭代。

提取 $\boldsymbol{x}_{\mathcal{B}}$：

$$\boldsymbol{x}_{\mathcal{B}}=\boldsymbol{A}_{\mathcal{B}}^{-1}\boldsymbol{b}=\begin{bmatrix}1 & 0\\ 0 & 1\end{bmatrix}^{-1}\begin{bmatrix}9\\ 2\end{bmatrix}=\begin{bmatrix}9\\ 2\end{bmatrix}$$

然后计算 $\boldsymbol{\lambda}$：

$$\boldsymbol{\lambda}=\boldsymbol{A}_{\mathcal{B}}^{-\top}\boldsymbol{c}_{\mathcal{B}}=\begin{bmatrix}1 & 0\\ 0 & 1\end{bmatrix}^{-\top}\begin{bmatrix}0\\ 0\end{bmatrix}=\boldsymbol{0}$$

以及 $\boldsymbol{\mu}_{\mathcal{V}}$：

$$\boldsymbol{\mu}_{\mathcal{V}}=\boldsymbol{c}_{\mathcal{V}}-(\boldsymbol{A}_{\mathcal{B}}^{-1}\boldsymbol{A}_{\mathcal{V}})^{\top}\boldsymbol{c}_{\mathcal{B}}=\begin{bmatrix}3\\ -1\end{bmatrix}-\left(\begin{bmatrix}1 & 0\\ 0 & 1\end{bmatrix}^{-1}\begin{bmatrix}1 & 1\\ -4 & 2\end{bmatrix}\right)^{\top}\begin{bmatrix}0\\ 0\end{bmatrix}=\begin{bmatrix}3\\ -1\end{bmatrix}$$

可以发现 $\boldsymbol{\mu}_{\mathcal{V}}$ 包含负项，因此当前的 $\mathcal{B}$ 是次优的。以唯一的负元素的索引 $q=2$ 为中心。从 $\boldsymbol{x}_{\mathcal{B}}$ 沿 $-\boldsymbol{A}_{\mathcal{B}}^{-1}\boldsymbol{A}_{\{q\}}=[1, 2]$ 方向进行边沿过渡。

使用公式(11.19)，增加 x'_q，直到新约束有效。在这种情况下，$x'_q=1$ 会使 x_3 变为零。将基本索引集更新为 $\mathcal{B}=\{2, 3\}$。

在第二次迭代中，可以发现：

$$\boldsymbol{x}_B=\begin{bmatrix}1\\8\end{bmatrix},\quad \boldsymbol{\lambda}=\begin{bmatrix}0\\-1/2\end{bmatrix},\quad \boldsymbol{\mu}_V=\begin{bmatrix}1\\1/2\end{bmatrix}$$

顶点是最佳的，因为 $\boldsymbol{\mu}_V$ 没有负数项。因此，我们的算法以 $\mathcal{B}=\{2, 3\}$ 终止，其设计点为 $\boldsymbol{x}^*=[0, 1, 8, 0]$。

11.2.4 初始化阶段

单纯形算法的优化阶段在算法 11.4 中实现。不幸的是，算法 11.4 需要对应于顶点的初始分区。如果没有，则必须求解一个辅助线性规划来获取此分区，作为*初始化阶段*的一部分。

在初始化阶段要求解的辅助线性规划包含额外的变量 $\boldsymbol{z}\in\mathbf{R}^m$，我们需要把它清零[⊖]：

$$\begin{aligned}\underset{\boldsymbol{x},\boldsymbol{z}}{\text{minimize}}\quad & [\mathbf{0}^\top\quad \mathbf{1}^\top]\begin{bmatrix}\boldsymbol{x}\\\boldsymbol{z}\end{bmatrix}\\ \text{s. t.}\quad & [\boldsymbol{A}\quad \boldsymbol{Z}]\begin{bmatrix}\boldsymbol{x}\\\boldsymbol{z}\end{bmatrix}=\boldsymbol{b}\\ & \begin{bmatrix}\boldsymbol{x}\\\boldsymbol{z}\end{bmatrix}\geqslant\mathbf{0}\end{aligned}\tag{11.28}$$

算法 11.4 在给定由 B 和线性规划 LP 定义的顶点分区的情况下，最小化线性规划

202～204

```
function minimize_lp!(B, LP)
    done = false
    while !done
        B, done = step_lp!(B, LP)
    end
    return B
end
```

其中 $\boldsymbol{Z}$ 是对角矩阵，其对角线项为

$$Z_{ii}=\begin{cases}+1 & \text{如果 } b_i\geqslant 0\\ -1 & \text{其他}\end{cases}\tag{11.29}$$

使用 $\mathcal{B}$ 定义的分区求解辅助线性规划，该分区仅选择 z 值。相应顶点的 $\boldsymbol{x}=\mathbf{0}$，每个 z 元素是相应 b 值的绝对值：$z_j=|b_j|$。可以轻易地证明此初始顶点是可行的。

例 11.8 演示了使用辅助线性规划获得可行顶点。

例 11.8 使用辅助线性规划获得可行顶点

考虑等式形式线性规划：

$$\begin{aligned}\underset{x_1,x_2,x_3}{\text{minimize}}\quad & c_1x_1+c_2x_2+c_3x_3\\ \text{s. t.}\quad & 2x_1-1x_2+2x_3=1\end{aligned}$$

⊖ $\boldsymbol{z}$ 的值表示违反 $\boldsymbol{Ax}=\boldsymbol{b}$ 的数量。通过将 $\boldsymbol{z}$ 归零，我们可以找到可行点。如果在解决辅助问题时，没有找到 $\boldsymbol{z}$ 归零的顶点，则可以得出结论：该问题是不可行的。此外，并非总是需要添加所有 m 个额外变量，尤其是当在标准形式和等式形式之间进行的转换中包含松弛变量时。

$$5x_1+1x_2-3x_3=-2$$

$$x_1, x_2, x_3 \geqslant 0$$

我们可以通过求解来确定可行顶点：

$$\begin{aligned}\underset{x_1,x_2,x_3,z_1,z_2}{\text{minimize}} \quad & z_1+z_2 \\ \text{s. t.} \quad & 2x_1-1x_2+2x_3+z_1=1 \\ & 5x_1+1x_2-3x_3-z_2=-2 \\ & x_1,x_2,x_3,z_1,z_2 \geqslant 0\end{aligned}$$

初始顶点由 $\mathcal{B}=\{4, 5\}$ 定义。

初始顶点有：

$$\boldsymbol{x}_{\mathcal{B}}^{(1)}=\boldsymbol{A}_{\mathcal{B}}^{-1}\boldsymbol{b}_{\mathcal{B}}=\begin{bmatrix}1 & 0\\ 0 & -1\end{bmatrix}^{-1}\begin{bmatrix}1\\ -2\end{bmatrix}=\begin{bmatrix}1\\ 2\end{bmatrix}$$

因此 $\boldsymbol{x}^{(1)}=[0, 0, 0, 1, 2]$。求解辅助问题得出 $\boldsymbol{x}^{*}\approx[0.045, 1.713, 1.312, 0, 0]$。因此 $[0.045, 1.713, 1.312]$ 是原始优化问题的一个可行顶点。 205

通过求解辅助线性规划获得的分区将产生可行的设计点，因为 $\boldsymbol{z}$ 将被清零，故 $\boldsymbol{Ax}=\boldsymbol{b}$。如果 $\boldsymbol{z}$ 不为零，则原始线性规划不可行。如果 $\boldsymbol{z}$ 为零，则所得分区可以用作单纯形算法优化阶段的初始分区。必须稍微修改原始问题，以合并新的 $\boldsymbol{z}$ 变量：

$$\begin{aligned}\underset{\boldsymbol{x},\boldsymbol{z}}{\text{minimize}} \quad & [\boldsymbol{c}^{\top} \quad \boldsymbol{0}^{\top}]\begin{bmatrix}\boldsymbol{x}\\ \boldsymbol{z}\end{bmatrix} \\ \text{s. t.} \quad & \begin{bmatrix}\boldsymbol{A} & \boldsymbol{I}\\ \boldsymbol{0} & \boldsymbol{I}\end{bmatrix}\begin{bmatrix}\boldsymbol{x}\\ \boldsymbol{z}\end{bmatrix}=\begin{bmatrix}\boldsymbol{b}\\ \boldsymbol{0}\end{bmatrix} \\ & \begin{bmatrix}\boldsymbol{x}\\ \boldsymbol{z}\end{bmatrix}\geqslant\boldsymbol{0}\end{aligned} \tag{11.30}$$

必须包含 $\boldsymbol{z}$ 值。尽管它们的向量对应项为零，但 $\boldsymbol{z}$ 分量中的某些索引可能包含在初始分区 $\mathcal{B}$ 中。可以检查初始分区，并且仅包括所需的特定分量。

通过求解第二个 LP 获得的解 $(\boldsymbol{x}^{*}, \boldsymbol{z}^{*})$ 中 $\boldsymbol{z}^{*}=\boldsymbol{0}$。因此，$\boldsymbol{x}^{*}$ 将是原始线性问题的解。

完整单纯形算法的实现在算法 11.5 中给出。

算法 11.5　当初始分区未知时，以等式形式求解线性规划的单纯形算法

```
function minimize_lp(LP)
    A, b, c = LP.A, LP.b, LP.c
    m, n = size(A)
    z = ones(m)
    Z = Matrix(Diagonal([j ≥ 0 ? 1 : -1 for j in b]))

    A′ = hcat(A, Z)
    b′ = b
    c′ = vcat(zeros(n), z)
    LP_init = LinearProgram(A′, b′, c′)
    B = collect(1:m).+n
    minimize_lp!(B, LP_init)
```

```
        if any(i-> i > n, B)
            error("infeasible")
        end

        A′′ = [A            Matrix(1.0I, m, m);
               zeros(m,n) Matrix(1.0I, m, m)]
        b′′ = vcat(b, zeros(m))
        c′′ = c′
        LP_opt = LinearProgram(A′′, b′′, c′′)
        minimize_lp!(B, LP_opt)
        return get_vertex(B, LP_opt)[1:n]
    end
```

206~207

11.3 对偶验证

假设我们有一个候选解，并且想验证它是最佳的。在许多情况下，使用对偶验证（算法 11.6）验证最优性很有用，例如在调试线性规划代码时。

算法 11.6 一种验证等式形式的线性规划 LP 的设计点 x 和对偶点μ给出的候选解是否最优的方法。参数ϵ控制等式约束的误差

```
function dual_certificate(LP, x, μ, ϵ=1e-6)
    A, b, c = LP.A, LP.b, LP.c
    primal_feasible = all(x .≥ 0) && A*x ≈ b
    dual_feasible = all(A'*μ .≤ c)
    return primal_feasible && dual_feasible &&
           isapprox(c⋅x, b⋅μ, atol=ϵ)
end
```

从约束优化的 FONC 可知，对偶问题 d^* 的最优值是原始问题 p^* 的最优值的下界。线性规划是线性的和凸的，并且可以证明对偶问题的最优值也是原始问题的最优值，即 $d^*=p^*$。

可以将原始线性规划转换为如下的对偶形式⊖：

原始形式(等式)	对偶形式
$\underset{x}{\text{minimize}}\ \ \boldsymbol{c}^\top \boldsymbol{x}$	$\underset{\mu}{\text{maximize}}\ \ \boldsymbol{b}^\top \boldsymbol{\mu}$
s. t. $\boldsymbol{A}\boldsymbol{x}=\boldsymbol{b}$	s. t. $\boldsymbol{A}^\top \boldsymbol{\mu} \leqslant \boldsymbol{c}$
$\boldsymbol{x} \geqslant \boldsymbol{0}$	

如果原始问题具有 n 个变量和 m 个等式约束，则对偶问题具有 m 个变量和 n 个约束。此外，对偶的对偶性是原始问题。

可以通过验证三个属性来评估最优性。如果有人声称（$\boldsymbol{x}^*,\boldsymbol{\mu}^*$）是最优的，我们可以通过检查以下三个条件是否都满足来快速验证这一说法：

1. $\boldsymbol{x}^*$ 在原始问题中是可行的。

⊖ 作为单纯形算法的一种替代算法，自对偶单纯形算法在实践中往往更快。不需要矩阵 $\boldsymbol{A}_B$ 满足 $\boldsymbol{x}_B=\boldsymbol{A}_B^{-1}\boldsymbol{b}\geqslant\boldsymbol{0}$。自对偶单纯形算法是对标准形式线性规划问题的对偶单纯形算法的改进。

2. $\boldsymbol{\mu}^*$ 在对偶问题中是可行的。

3. $p^* = \boldsymbol{c}^\top \boldsymbol{x}^* = \boldsymbol{b}^\top \boldsymbol{\mu}^* = d^*$。

例 11.9 中使用对偶验证来验证线性规划的解。 208

例 11.9 使用对偶验证来验证解

考虑具有以下形式的标准形式线性规划

$$\boldsymbol{A} = \begin{bmatrix} 1 & 1 & -1 \\ -1 & 2 & 0 \\ 1 & 2 & 3 \end{bmatrix}, \quad \boldsymbol{b} = \begin{bmatrix} 1 \\ -2 \\ 5 \end{bmatrix}, \quad \boldsymbol{c} = \begin{bmatrix} 1 \\ 1 \\ -1 \end{bmatrix}$$

想确定 $\boldsymbol{x}^* = [2, 0, 1]$ 和 $\boldsymbol{\mu}^* = [1, 0, 0]$ 是否是最优解对，首先验证 $\boldsymbol{x}^*$ 是可行的：

$$\boldsymbol{A}\boldsymbol{x}^* = [1, -2, 5] = \boldsymbol{b}, \ \boldsymbol{x}^* \geqslant \boldsymbol{0}$$

然后，验证 $\boldsymbol{\mu}^*$ 是对偶可行的：

$$\boldsymbol{A}^\top \boldsymbol{\mu}^* \approx [1, 1, -1] \leqslant \boldsymbol{c}$$

最后，验证 p^* 和 d^* 相同：

$$p^* = \boldsymbol{c}^\top \boldsymbol{x}^* = 1 = \boldsymbol{b}^\top \boldsymbol{\mu}^* = d^*$$

得出结论，($\boldsymbol{x}^*$，$\boldsymbol{\mu}^*$) 是最佳的。 209

11.4 小结

- 线性规划是由线性目标函数和线性约束组成的问题。
- 单纯形算法可以有效地全局优化线性规划。
- 对偶验证使我们能够验证候选原始对偶解对是最优的。

11.5 练习

练习 11.1 假设不知道任何用于求解线性规划的优化算法。我们决定评估所有顶点，并通过检查确定哪个顶点能够使目标函数最小化。给出要检查的最小解数量的上界。此外，此方法是否可以正确处理所有线性约束优化问题？

练习 11.2 如果例 11.1 中的程序有下界，请证明单纯形法必收敛。

练习 11.3 假设我们要在约束 $3x_1 - 2x_2 \geqslant 5$ 的情况下最小化 $6x_1 + 5x_2$。如何用相同的最小解将这个问题转换成等式形式的线性规划？

练习 11.4 假设优化算法已找到搜索方向 $\boldsymbol{d}$，并且要进行线搜索。但是，已知存在线性约束 $\boldsymbol{w}^\top \boldsymbol{x} \geqslant 0$。那么你将如何修改线搜索以考虑此约束？假设当前的设计点是可行的。

练习 11.5

$$\begin{aligned} \underset{\boldsymbol{x}}{\text{minimize}} \quad & \boldsymbol{c}^\top \boldsymbol{x} \\ \text{s.t.} \quad & \boldsymbol{A}\boldsymbol{x} \geqslant \boldsymbol{0} \end{aligned} \tag{11.31}$$

将上述线性规划转化为一个带对数障碍惩罚的无约束优化问题。 210

第 12 章
Algorithms for Optimization

多目标优化

前几章已经讲述了优化单目标函数的方法，本章涉及多目标优化，或向量优化，其中我们必须同时优化多个目标。工程的实施常常需要在成本、性能和上市时间之间进行权衡，并且常常不清楚不同目标的优先级。本章将讨论将向量值目标函数转换成标量目标函数的各种方法，以便使用前面章节中讨论的算法来达到最优。此外，还将讨论用于识别表示目标之间最佳权衡的设计点集的算法，而不必对对象进行特定的优先排序。可以将这些设计点提交给专家，他们可以确定最理想的设计⊖。

12.1 帕累托最优

当讨论有多个目标的问题时，帕累托最优的概念很有用。如果一个目标必须恶化至少一个其他目标才能得到改善，那么设计就是帕累托最优的。在多目标设计优化中，我们通常可以将精力集中在帕累托最优的设计上，而不必致力于目标之间的特定权衡。本节将介绍一些在讨论
211 确定帕累托最优设计方法时有用的技巧和概念。

12.1.1 优势位置

在单目标优化中，可以基于两个设计点 $\boldsymbol{x}$ 和 $\boldsymbol{x}'$ 的标量函数值对其进行客观排名。当 $f(\boldsymbol{x}')$ 小于 $f(\boldsymbol{x})$ 时，点 $\boldsymbol{x}'$ 更好。

在多目标优化中，目标函数 $\boldsymbol{f}$ 在设计点 $\boldsymbol{x}$ 处求值时返回 $\boldsymbol{y}$ 值的 m 维向量。$\boldsymbol{y}$ 的不同维对应不同的目标，有时也称为指标或标准。只有当其中一个设计点在至少一个目标中更好，而在其他任何目标中都不会更差时，我们才可以对两个设计点 $\boldsymbol{x}$ 和 $\boldsymbol{x}'$ 进行客观排名。也就是点 $\boldsymbol{x}$ 优于 $\boldsymbol{x}'$，当且仅当

$$\begin{aligned}&\text{对于所有 } i\in\{1,\cdots,m\},\text{有 } f_i(\boldsymbol{x})\leqslant f_i(\boldsymbol{x}')\\&\text{以及对于某些 } i,\text{有 } f_i(\boldsymbol{x})<f_i(\boldsymbol{x}')\end{aligned}\tag{12.1}$$

其在算法 12.1 中得到了简洁的实现。

算法 12.1 一种检查 $\boldsymbol{x}$ 是否优于 $\boldsymbol{x}'$ 的方法，其中 y 是 $\boldsymbol{f}(\boldsymbol{x})$ 的目标值向量，y′是 $\boldsymbol{f}(\boldsymbol{x}')$ 的目标值向量

```
dominates(y, y′) = all(y .≤ y′) && any(y .< y′)
```

图 12.1 显示在多个维度中存在优势歧义区域。当 $\boldsymbol{x}$ 在某些目标上更好，而 $\boldsymbol{x}'$ 在另一些目标上更好时，就会产生这种歧义性。有几种方法可以解决这些歧义性。

⊖ 其他方法请见：

R. T. Marler and J. S. Arora, "Survey of Multi-Objective Optimization Methods for Engineering," *Structural and Multidisciplinary Optimization*, vol. 26, no. 6, pp. 369-395, 2004.

专门描写多目标优化的教科书，请见：

K. Miettinen, *Nonlinear Multiobjective Optimization*. Kluwer Academic Publishers, 1999.

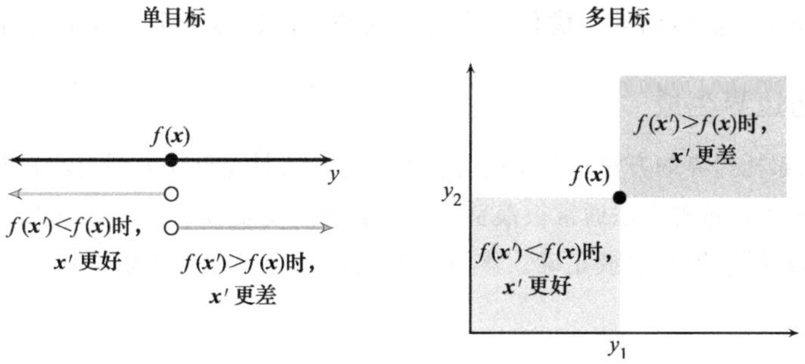

图 12.1 设计点在单目标优化中可以客观排序，但在多目标优化中只能在某些情况下客观排序 212

12.1.2 帕累托边界

在数学中，通过某个函数的输入集的图像是这个函数在对输入集的元素求值时所有可能的输出集合。我们将 $\mathcal{X}$ 通过 $\boldsymbol{f}$ 的图像表示为 $\mathcal{Y}$，并将 $\mathcal{Y}$ 作为标准空间。图 12.2 显示了单个和多个目标问题的标准空间示例。如图所示，单目标优化的标准空间是一维的。所有全局优化都共享一个目标函数值 y^*。在多目标优化中，标准空间为 m 维空间，其中 m 为目标个数。通常不存在全局最优的目标函数值，因为在没有指定目标之间的权衡时，可能会产生歧义。

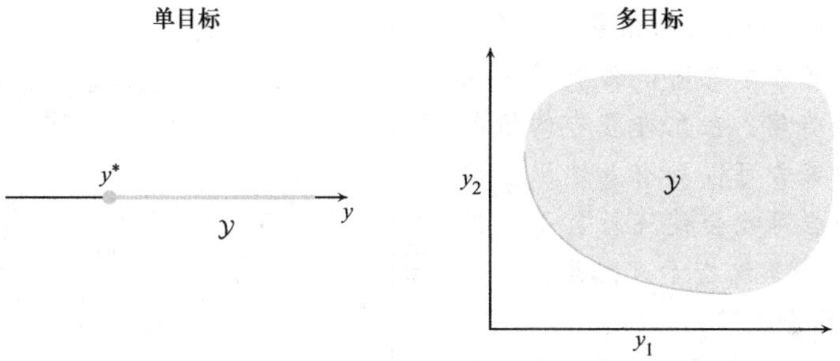

图 12.2 标准空间是通过可行设计点获得的全部客观值的集合。适当问题的标准空间是有下界的，但不一定有上界。帕累托边界用深灰色标出

在多目标优化中，我们可以定义帕累托最优的概念。设计点 $\boldsymbol{x}$ 在没有点优于它时是帕累托最优的。也就是说，如果不存在 $\boldsymbol{x}' \in \mathcal{X}$ 使得 $\boldsymbol{x}'$ 优于 $\boldsymbol{x}$，则 $\boldsymbol{x} \in \mathcal{X}$ 是帕累托最优的。帕累托最优点集构成*帕累托边界*。如例 12.1 所述，帕累托边界对于帮助决策者制定设计交易决策很有价值。在二维空间中，帕累托边界也被称为*帕累托曲线*。

所有的帕累托最优点都位于标准空间的边界上。一些多目标优化方法也找到了*弱帕累托最优点*。帕累托最优点是那些没有其他点可以改进至少一个目标的点，而弱帕累托最优点是那些没有其他点可以改进所有目标的点（图 12.3）。也就是说，如果对于 $\boldsymbol{x}' \in \mathcal{X}$，不存在 $\boldsymbol{f}(\boldsymbol{x}') < \boldsymbol{f}(\boldsymbol{x})$，则 $\boldsymbol{x} \in \mathcal{X}$ 是弱帕累托最优的。帕累托最优点也是弱帕累托最优点，而弱帕累托最优点不一定是帕累托最优点。 213

下面讨论的几种方法使用了另一个特殊的点。我们将*乌托邦点*定义为由分向最优组成的标准空间中的点：

$$y_i^{\text{utopia}} = \underset{\boldsymbol{x} \in \mathcal{X}}{\text{minimize}}\ f_i(\boldsymbol{x}) \tag{12.2}$$

乌托邦点往往是无法达到的；优化一个分量通常需要在另一个分量中进行权衡。

12.1.3　帕累托边界生成

有几种生成帕累托边界的方法。简单的方法是在整个设计空间中对设计点进行采样，然后识别非优势点（算法 12.2）。这种方法通常很浪费，会生成许多主要设计点，如图 12.4 所示。此外，这种方法不能保证帕累托边界平滑或正确。本章的其余部分将讨论生成帕累托边界更有效的方法。

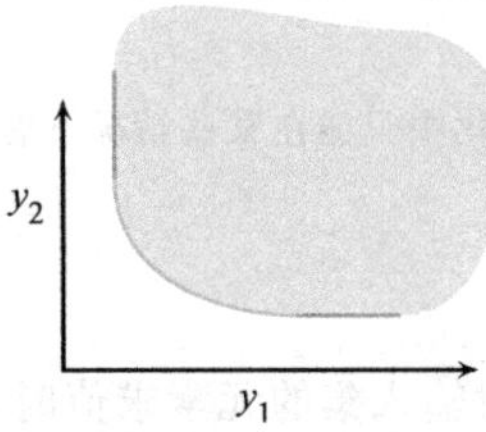

图 12.3　深灰色显示的弱帕累托最优点不能在所有目标中同时改进

214

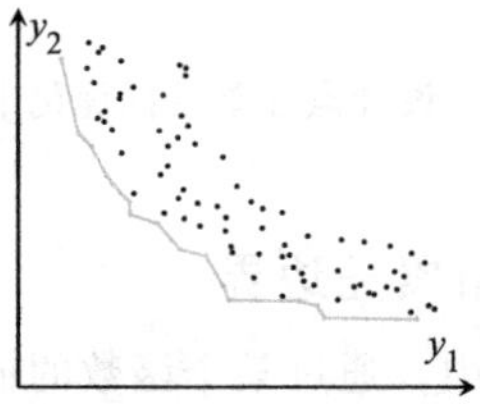

图 12.4　生成具有朴素分散点的帕累托边界是简单的，但缺乏效率和精确度

例 12.1　通过评估飞机避碰系统的许多不同设计点得到的一个近似帕累托边界

在构建飞机避碰系统时，必须同时最小化碰撞率和警告率。在允许警告的情况下，尽管更多的警告可以更有效地阻止碰撞，但过多的警告可能会使飞行员不信任系统，从而不服从系统指示。因此，在二者之间进行权衡十分关键。

通过改变避碰系统的设计参数，我们可以得到许多不同的避碰系统，但如图所示，其中一些系统会比其他系统更好。可以提取一个帕累托边界，以帮助领域专家和监管机构了解客观权衡对优化系统的影响。

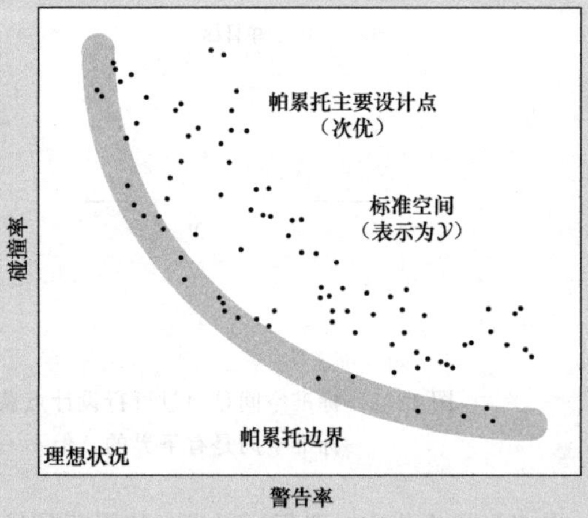

215

算法 12.2　利用随机抽样的设计点 xs 及其多目标值 ys 生成帕累托边界的方法。返回帕累托最优设计点及其目标值

```
function naive_pareto(xs, ys)
    pareto_xs, pareto_ys = similar(xs, 0), similar(ys, 0)
    for (x,y) in zip(xs,ys)
        if !any(dominates(y′,y) for y′ in ys)
            push!(pareto_xs, x)
            push!(pareto_ys, y)
        end
    end
    return (pareto_xs, pareto_ys)
end
```

12.2　约束方法

约束可以用来裁剪帕累托边界的各部分，并在标准空间中获得一个单一最优点。约束可以由问题设计者提供，也可以根据目标的顺序自动获得。

12.2.1　目标约束法

该方法仅保留一个目标，而约束除此以外的其他目标。在这里我们通常选择 f_1：

$$\begin{aligned}\underset{x}{\text{minimize}}\quad & f_1(\boldsymbol{x})\\ \text{s. t.}\quad & f_2(\boldsymbol{x})\leqslant c_2\\ & f_3(\boldsymbol{x})\leqslant c_3\\ & \vdots\\ & f_m(\boldsymbol{x})\leqslant c_m\\ & \boldsymbol{x}\in\mathcal{X}\end{aligned}\tag{12.3}$$

给定向量 $\boldsymbol{c}$，如果约束可行，则约束方法将在标准空间中生成唯一的最优点。约束方法可用于通过改变 $\boldsymbol{c}$ 来生成帕累托边界，如图 12.5 所示。

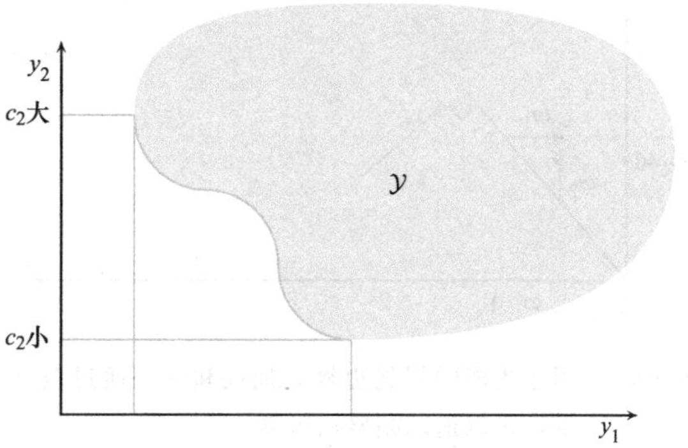

图 12.5　生成帕累托边界的约束方法。该方法可以识别出帕累托边界凹区域内的点

12.2.2　词典约束法

词典约束法将这些目标按重要性进行排序。根据重要性对目标进行一系列单目标优化。每个优化问题都包含约束条件，以保持先前优化目标的最优性，如图 12.6 所示。

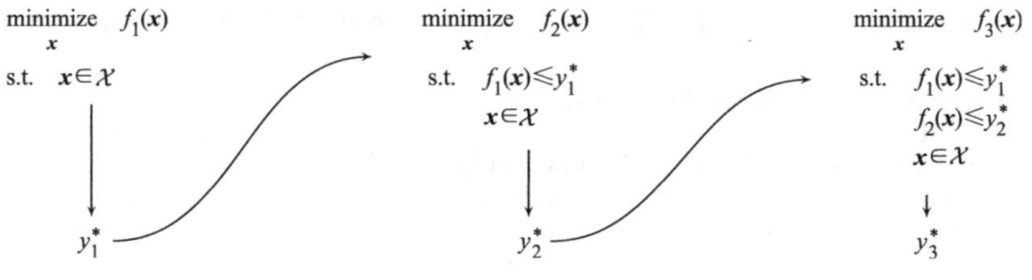

图 12.6　具有三个目标的优化问题的词典约束法

迭代总是可行的，因为先前优化的最小点总是可行的。约束也可以用等式代替，但不等式通常更易于优化人员执行。另外，如果使用的优化方法不是最佳的，则后续优化可能会遇到更好的解决方案，否则该方法将被拒绝。词典约束法对目标函数的排序很敏感。 216~217

12.3　权重法

设计者有时可以识别目标之间的偏好，并将这些偏好编码为权重向量。在权重的选择不明显的情况下，我们可以通过遍历权重的空间来生成帕累托边界。本节还将讨论将多目标函数转换为单目标函数的多种替代方法。

12.3.1 加权和法

加权和法（算法 12.3）使用一个权向量 $\mathbf{w}$ 将 $\mathbf{f}$ 转换为单个目标 f[⊖]：

$$f(\mathbf{x})=\mathbf{w}^{\top}\mathbf{f}(\mathbf{x}) \tag{12.4}$$

这里的权值是非负的，和为 1。权重可以解释为与每个目标相关的成本。通过改变 $\mathbf{w}$，求解式(12.4)中与目标相关的优化问题，可以提取帕累托边界。在二维中，将 w_1 从 0 变到 1，令 $w_2=1-w_1$。此方法如图 12.7 所示。

与约束方法不同，加权和法无法获得帕累托边界非凸区域上的点，如图 12.8 所示。

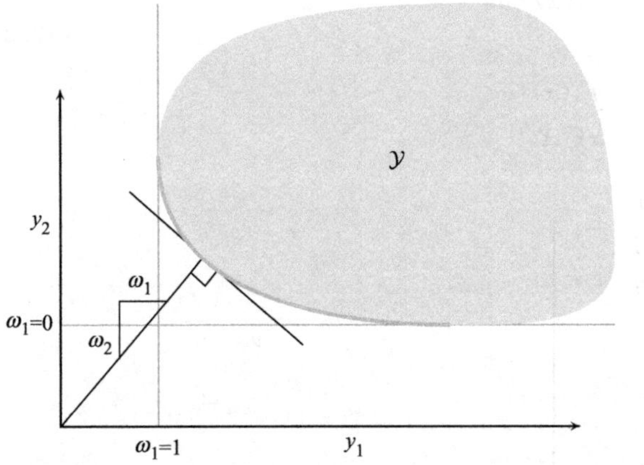

图 12.7　用于生成帕累托边界的加权和法。通过改变权重，可以追踪帕累托边界

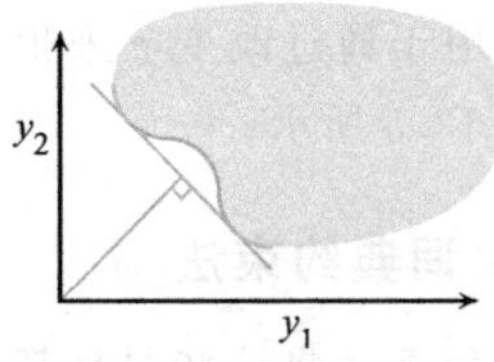

图 12.8　红色的点是 Pareto 最优的，但不能通过加权和法得到（见彩插）

218

给定的一组权值构成一个线性目标函数，其中平行的等高线从原点出发。如果可行集偏离原点，则边界上还有其他的帕累托最优点，它们无法通过最小化方程（12.4）恢复。

算法 12.3　采用目标函数 f1、f2 和帕累托点个数 npts 的加权和法生成帕累托边界

```
function weight_pareto(f1, f2, npts)
    return [
        optimize(x->w1*f1(x) + (1-w1)*f2(x))
        for w1 in range(0,stop=1,length=npts)
    ]
end
```

12.3.2 目标编程

目标编程[⊖]是通过最小化 $\mathbf{f}(\mathbf{x})$ 与目标点之间的 L_p 范数，将多目标函数转化为单目标函数

⊖ L. Zadeh, "Optimality and Non-Scalar-Valued Performance Criteria," *IEEE Transactions on Automatic Control*, vol. 8, no. 1, pp. 59-60, 1963.

⊖ 目标编程一般使用 $p=1$。概述见：
219　D. Jones and M. Tamia, *Practical Goal Programming*. Springer, 2010.

的一种方法：

$$\underset{x\in\mathcal{X}}{\text{minimize}} \| \boldsymbol{f}(\boldsymbol{x})-\boldsymbol{y}^{\text{goal}} \|_p \tag{12.5}$$

目标点通常是乌托邦点。上面的方程不涉及权向量，但是本章讨论的其他方法可以被认为是目标规划的一般化。图 12.9 中说明了这种方法。

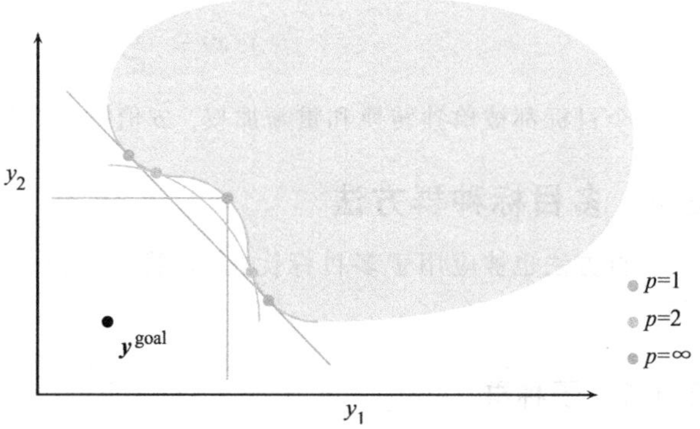

图 12.9　目标编程的解随着 p 值的改变而改变（见彩插）

12.3.3　加权指数和

加权指数和结合了目标编程和加权和法⊖。

$$f(\boldsymbol{x})=\sum_{i=1}^{m} w_i\,(f_i(\boldsymbol{x})-y_i^{\text{goal}})^p \tag{12.6}$$

其中 $\boldsymbol{w}$ 是正权向量，和为 1，$p\geqslant 1$ 是一个指数，类似于 L_p 范数中使用的指数。与以前一样，零值权值可以导致弱帕累托最优点。

加权指数和对标准空间中求解点与目标点之间距离的每个分量进行加权。增加 p 会增加 $\boldsymbol{f}(\boldsymbol{x})$与目标点之间最大坐标偏差的相对损失。虽然部分帕累托最优集可以通过不断变化的 p 来获得，但并不能保证得到完整的帕累托边界，通常更可取的是使用常数 p 来改变 $\boldsymbol{w}$。

12.3.4　加权最小-最大值法

由于等高线能够进入帕累托边界的非凸区域，在加权指数和目标下使用较高的 p 值往往能够更好地覆盖帕累托边界。*加权最小-最大值法*，也叫*加权切比雪夫法*，是 p 趋于无穷时的极限⊜：

$$f(\boldsymbol{x})=\max_i[w_i(f_i(\boldsymbol{x})-y_i^{\text{goal}})] \tag{12.7}$$

加权最小-最大值法通过扫描权值可以得到完整的帕累托最优集，但也会产生弱帕累托最优点。这个方法可以进行扩展，从而只产生帕累托边界。

$$f(\boldsymbol{x})=\max_i[w_i(f_i(\boldsymbol{x})-y_i^{\text{goal}})]+\rho\boldsymbol{f}(\boldsymbol{x})^{\top}\boldsymbol{y}^{\text{goal}} \tag{12.8}$$ 220

ρ 是小而正的标量值，一般在 0.0001 和 0.01 之间。增加的项要求 $\boldsymbol{y}_{\text{goal}}$ 中的所有项都为正，可以通过改变目标函数来实现这一要求。通过定义，对于所有 $\boldsymbol{x}$，都有 $\boldsymbol{f}(\boldsymbol{x})\geqslant\boldsymbol{y}_{\text{goal}}$。任何弱帕累托最优点都有大于接近 $\boldsymbol{y}_{\text{goal}}$ 的强帕累托最优点的 $\boldsymbol{f}(\boldsymbol{x})^{\top}\boldsymbol{y}^{\text{goal}}$。

⊖ P. L. Yu, "Cone Convexity, Cone Extreme Points, and Nondominated Solutions in Decision Problems with Multiobjectiver," *Journal of Optimization Theory and Applications*, vol. 14, no. 3, pp. 319-377, 1974.

⊜ 可以通过增加一个参数 λ 来删除最大化：

$$\begin{aligned}&\underset{\boldsymbol{x},\lambda}{\text{minimize}} \quad \lambda\\ &\text{s. t.} \quad \boldsymbol{x}\in\mathcal{X}\\ &\qquad\quad \boldsymbol{w}\odot(\boldsymbol{f}(\boldsymbol{x})-\boldsymbol{y}^{\text{goal}})-\lambda\boldsymbol{1}\leqslant\boldsymbol{0}\end{aligned}$$

12.3.5 指数加权准则

指数加权准则[1]的动机是加权和法无法获得帕累托边界非凸部分上的点。它根据以下项构造标量目标函数：

$$f(\boldsymbol{x}) = \sum_{i=1}^{m} (e^{pw_i} - 1) e^{pf_i(\boldsymbol{x})} \tag{12.9}$$

每个目标都被单独转换和重新加权。p 值过高会导致数值溢出。

12.4 多目标种群方法

种群方法也被应用于多目标优化[2]。我们可以调整标准算法，以使种群在帕累托边界上分散。

12.4.1 子种群

种群方法可以将它们的注意力分散在几个可能相互竞争的目标上。种群可以划分为不同的子种群，每个子种群根据不同的目标进行优化。例如，可以修改传统的遗传算法，使选择重组个体时偏向于每个子种群中最符合的个体。被选择的个体可以与来自不同子群的个体形成后代。

种群方法适应于多目标优化的第一个算法是向量评价遗传算法[3]（算法 12.4）。图 12.10 显示了如何在向量评估遗传算法中使用子种群来维持多个目标上的多样性。向量评估遗传算法的过程见图 12.11。

221

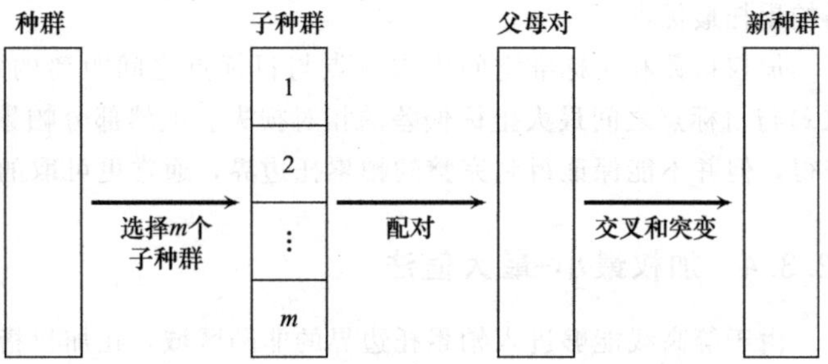

图 12.10 在向量评估遗传算法中使用子种群

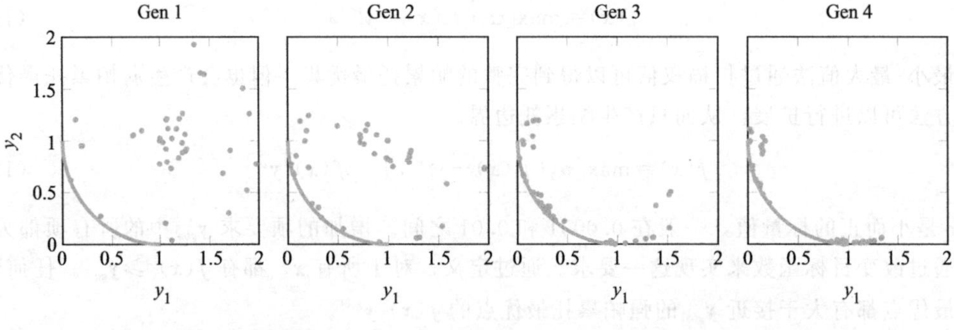

图 12.11 一个向量评估遗传算法应用于附录 B.8 节中定义的圆形函数。帕累托边界以深灰色显示

[1] T. W. Athan and P. Y. Papalambros, "A Note on Weighted Criteria Methods for Compromise Solutions in Multi-Objective Optimization," *Engineering Optimization*, vol. 27, no. 2, pp. 155-176, 1996.

[2] 种群方法见第 9 章。

[3] J. D. Schaffer, "Multiple Objective Optimization with Vector Evaluated Genetic Algorithms," *International Conference on Genetic Algorithms and Their Applications*, 1985.

算法 12.4　向量评估遗传算法，它取一个向量值目标函数 f、初始种群、迭代次数 k_max、选择方法 S、交叉方法 C 和突变方法 M

```
function vector_evaluated_genetic_algorithm(f, population,
    k_max, S, C, M)
    m = length(f(population[1]))
    m_pop = length(population)
    m_subpop = m_pop ÷ m
    for k in 1 : k_max
        ys = f.(population)
        parents = select(S, [y[1] for y in ys])[1:m_subpop]
        for i in 2 : m
            subpop = select(S,[y[i] for y in ys])[1:m_subpop]
            append!(parents, subpop)
        end

        p = randperm(2m_pop)
        p_ind=i->parents[mod(p[i]-1,m_pop)+1][(p[i]-1)÷m_pop + 1]
        parents = [[p_ind(i), p_ind(i+1)] for i in 1 : 2 : 2m_pop]
        children = [crossover(C,population[p[1]],population[p[2]])
                    for p in parents]
        population = [mutate(M, c) for c in children]
    end
    return population
end
```

12.4.2　非支配排名

我们可以用种群中的个体来计算朴素帕累托边界。人们认为位于近似帕累托边界上的设计点比位于标准空间深处的值更好。可以使用非支配排名（算法 12.5），根据以下等级对个体进行排序[⊖]：

等级 1. 种群中的非支配个体。

等级 2. 除等级 1 外的非支配个体。

等级 3. 除等级 1 或等级 2 外的非支配个体。

⋮

等级 k. 除等级 1 至等级 $k-1$ 外的非支配个体。

等级 1 是通过将算法 12.2 应用于该种群而获得的，通过从种群中删除所有以前的等级，然后再次应用算法 12.2 以生成后续等级。这个过程是重复的，直到所有的个体都被排名。个体的目标函数值与其秩成正比。

示例种群的非支配级别如图 12.12 所示。

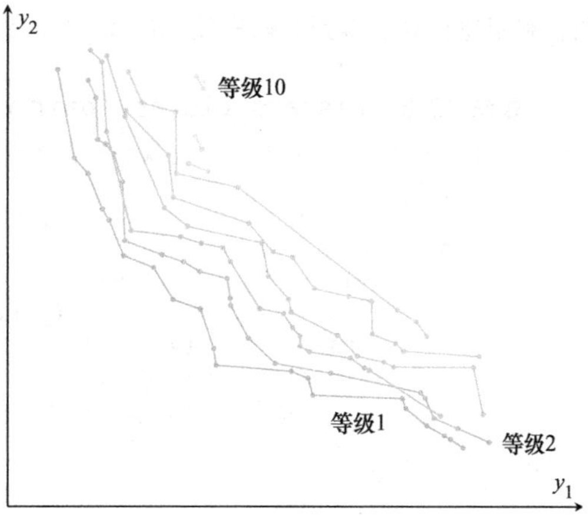

图 12.12　一个种群的非支配等级。颜色较深的水平排名较低（较好）

⊖ K. Deb, A. Pratap, S. Ararwal, and T. Meyarivan, "A Fast and Elitist Multiobjective Genetic Algorithm: NSGA-Ⅱ," *IEEE Transactions on Evolutionary Computation*, vol. 6, no. 2, pp. 182-197, 2002.

算法 12.5 一个用于获得多目标函数评估数组的非支配等级的函数 ys

```
function get_non_domination_levels(ys)
    L, m = 0, length(ys)
    levels = zeros(Int, m)
    while minimum(levels) == 0
        L += 1
        for (i,y) in enumerate(ys)
            if levels[i] == 0 &&
                !any((levels[i] == 0 || levels[i] == L) &&
                    dominates(ys[i],y) for i in 1 : m)
                levels[i] = L
            end
        end
    end
    return levels
end
```

222~224

12.4.3 帕累托过滤器

可以用帕累托过滤器增强种群方法，帕累托过滤器是一种近似帕累托边界的种群[⊖]。过滤器通常每一代都更新（算法 12.7）。加入没有被过滤器中任何个体控制的种群中的个体。过滤器中的任何支配点都被移除。帕累托过滤器中的个体可以被加入种群中，从而减少几代种群之间部分帕累托边界消失的可能性。

过滤器通常有最大容量[⊖]。通过在标准空间中找到最接近的设计点对，并从设计点对中移除一个点，可以减少超出容量的过滤器。这种减少方法在算法 12.6中实现。利用遗传算法得到的帕累托过滤器如图 12.13 所示。

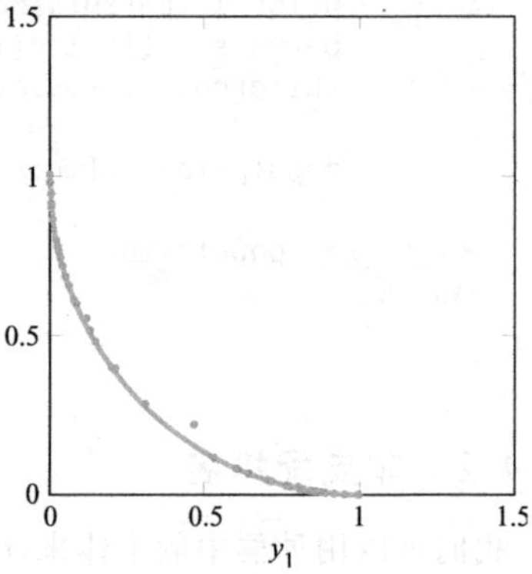

图 12.13 图 12.11 中的遗传算法上用于近似帕累托边界的帕累托过滤器

算法 12.6 discard_closest_pair 方法用于从超过容量的过滤器中移除一个个体。该方法采用过滤器的设计点列表 xs 和相关的目标函数值 ys

```
function discard_closest_pair!(xs, ys)
    index, min_dist = 0, Inf
    for (i,y) in enumerate(ys)
        for (j, y′) in enumerate(ys[i+1:end])
            dist = norm(y - y′)
            if dist < min_dist
                index, min_dist = rand([i,j]), dist
            end
        end
    end
    deleteat!(xs, index)
    deleteat!(ys, index)
    return (xs, ys)
end
```

⊖ H. Ishibuchi and T. Murata, "A Multi-Objective Genetic Local Search Algorithm and Its Application to Flowshop Scheduling," *IEEE Transactions on Systems, Man, and Cybernetics*, vol. 28, no. 3, pp. 392-403, 1998.

225

⊖ 一般是种群规模。

算法 12.7　一种更新具有设计点 filter_xs 的帕累托过滤器的方法，相应的目标函数值为 filter_ys，其中具有设计点为 xs、目标函数值为 ys 的群体，以及默认为群体大小的过滤容量 capacity

```
function update_pareto_filter!(filter_xs, filter_ys, xs, ys;
    capacity=length(xs),
    )
    for (x,y) in zip(xs, ys)
        if !any(dominates(y′,y) for y′ in filter_ys)
            push!(filter_xs, x)
            push!(filter_ys, y)
        end
    end
    filter_xs, filter_ys = naive_pareto(filter_xs, filter_ys)
    while length(filter_xs) > capacity
        discard_closest_pair!(filter_xs, filter_ys)
    end
    return (filter_xs, filter_ys)
end
```

12.4.4　生态位技术

生态位指的是一系列聚集的点，尤其是在标准空间中，如图 12.14 所示。种群方法能够收敛于一些生态位，这限制了它们在帕累托边界上的分布。生态位技术有利于促进点的均匀分布。

在如图 12.15 所示的适应度共享[⊖]中，个体的目标值会受到一个因子的惩罚，该因子等于在标准空间中指定距离内的其他点的数目[⊜]。该方法使局部区域内的所有点与该区域内的其他点共享适应度。适应度共享可以结合非支配排名和子种群评估一起使用。

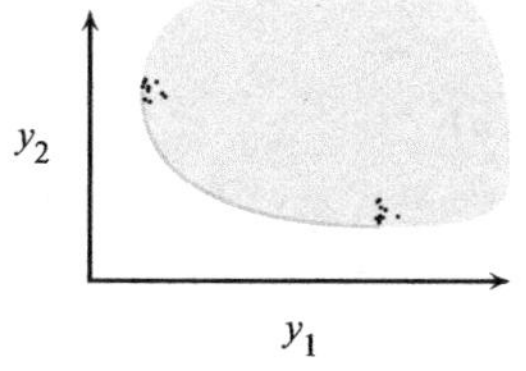

图 12.14　二维标准空间中一个群体的两个生态位

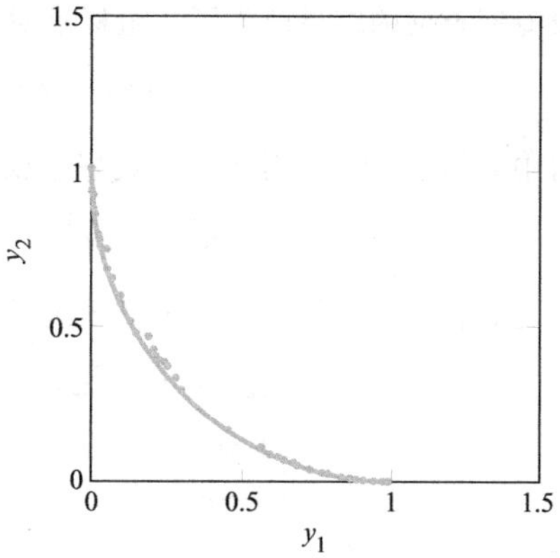

图 12.15　将适应度共享应用于图 12.13 中帕累托过滤器的结果，从而显著提高其覆盖率

等价类共享可以应用于非支配排名，当比较两个个体时，会根据非支配排名首先确定适应度更高的个体。如果两个个体相同，较好的个体是在标准空间中一定距离内个体数最少的个体。

⊖　适应度和最小化的目标成反比。

⊜　D. E. Goldberg and J. Richardson, "Genetic Algorithms with Sharing for Multimodal Function Optimization" *International Conference on Genetic Algorithm*, 1987.

226~227 另一种生态位技术在遗传算法中提出，杂交的父本母本在标准空间中不能距离太近。建议选择非支配个体[1]。

12.5 偏好诱导

偏好诱导涉及从专家对目标之间权衡的偏好来推断一个标量值目标函数[2]。有许多不同的方式可以表示标量值目标函数，但本节将集中在加权和模型 $f(\boldsymbol{x}) = \boldsymbol{w}^{\top}\boldsymbol{f}(\boldsymbol{x})$ 上。一旦确定了合适的 $\boldsymbol{w}$，就可以使用这个标量值目标函数找到最优设计。

12.5.1 模型识别

在偏好模型中，识别权重向量 $\boldsymbol{w}$ 的一种常见方法是要求专家在标准空间 $\mathcal{Y}$（图 12.16）中的两个点 $\boldsymbol{a}$ 和 $\boldsymbol{b}$ 之间陈述他们的偏好。每个点都是使用相关的权向量 $\boldsymbol{w}_a$ 和 $\boldsymbol{w}_b$ 对帕累托边界上的点进行优化的结果。专家的回答要么是偏好 $\boldsymbol{a}$，要么是偏好 $\boldsymbol{b}$。还有其他获取偏好信息的方法，比如在标准空间中排列点，但是这种二元偏好查询对专家造成的认知负担最小[3]。

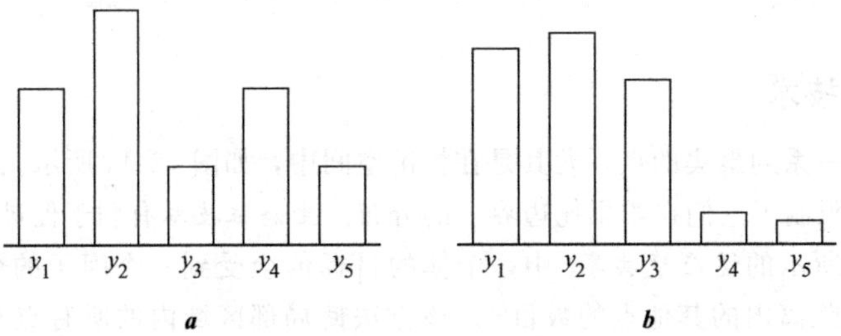

图 12.16　偏好诱导通常涉及询问专家对标准空间中两个点之间的偏好

假设专家查询的结果产生了一组标准对

$$\{(\boldsymbol{a}^{(1)},\boldsymbol{b}^{(1)}),\cdots,(\boldsymbol{a}^{(n)},\boldsymbol{b}^{(n)})\} \tag{12.10}$$

其中每对中 $\boldsymbol{a}^{(i)}$ 优于 $\boldsymbol{b}^{(i)}$。对于每个偏好，权向量必须满足

228

$$\boldsymbol{w}^{\top}\boldsymbol{a}^{(i)} < \boldsymbol{w}^{\top}\boldsymbol{b}^{(i)} \Longrightarrow (\boldsymbol{a}^{(i)} - \boldsymbol{b}^{(i)})^{\top}\boldsymbol{w} < 0 \tag{12.11}$$

为了与数据保持一致，权向量必须满足

$$\begin{cases}(\boldsymbol{a}^{(i)} - \boldsymbol{b}^{(i)})^{\top}\boldsymbol{w} < 0 & \text{对于所有 } i \in \{1,\cdots,n\} \\ \boldsymbol{1}^{\top}\boldsymbol{w} = 1 \\ \boldsymbol{w} \geqslant \boldsymbol{0}\end{cases} \tag{12.12}$$

---

[1] S. Narayanan and S. Azarm, "On Improving Multiobjective Genetic Algorithms for Design Optimization," *Structural Optimization*, vol. 18, no. 2-3, pp. 146-155, 1999.

[2] 本章概述偏好诱导的非贝叶斯方法。有关贝叶斯方法，请参见：

S. Guo and S. Sanner, "Real-Time Multiattribute Bayesian Preference Elicitation with Pairwise Comparison Queries", *International Conference on Artificial Intelligence and Statistics (AISTATS)*, 2010.

J. R. Lepird, M. P. Owen, and M. J. Kochenderfer, "Bayesian Preference Elicitation for Multiobjective Engineering Design Optimization", *Journal of Aerospace Information Systems*, vol. 12, no. 10, pp. 634-645, 2015.

[3] V. Conitzer, "Eliciting Single-Peaked Preferences Using Comparison Queries," *Journal of Artificial Intelligence Research*, vol. 35, pp. 161-191, 2009.

许多不同的权向量可能满足上述方程。一种方法是选择将 $\boldsymbol{w}^\top\boldsymbol{a}^{(i)}$ 从 $\boldsymbol{w}^\top\boldsymbol{b}^{(i)}$ 中最佳分离的 $\boldsymbol{w}$

$$
\begin{aligned}
\underset{\boldsymbol{w}}{\text{minimize}} \quad & \sum_{i=1}^{n} (\boldsymbol{a}^{(i)}-\boldsymbol{b}^{(i)})^\top \boldsymbol{w} \\
\text{s. t.} \quad & (\boldsymbol{a}^{(i)}-\boldsymbol{b}^{(i)})^\top \boldsymbol{w} < 0, \text{ 对于 } i \in \{1, \cdots, n\} \\
& \boldsymbol{1}^\top \boldsymbol{w} = 1 \quad \boldsymbol{w} \geqslant \boldsymbol{0}
\end{aligned}
\tag{12.13}
$$

通常希望选择下一个权向量，使它与前一个权向量的距离最小化。我们可以将式(12.13)中的目标函数替换为 $\|\boldsymbol{w}-\boldsymbol{w}^{(n)}\|_1$，从而保证新权向量 $\boldsymbol{w}^{(n+1)}$ 尽可能接近当前的权向量[⊖]。

12.5.2 配对查询选择

我们通常希望在标准空间中选择两个点，以使查询的结果提供尽可能多的信息。对于这种配对的查询选择，有许多不同的方法，但是我们将重点介绍那些尝试减少与专家回应、领域专家提供的偏好信息一致的权重空间的方法。

将与专家回应一致的权值集合表示为 $\mathcal{W}$，它由式(12.12) 中的线性约束所定义。由于权重在 0 和 1 之间有界，所以可行集合是形成体积有限的凸多边形的封闭区域。我们通常希望在尽可能少的查询中减少 $\mathcal{W}$ 的体积。

如图 12.17 所示，Q-Eval[⊜] 是一种贪婪启发式策略，它在每次迭代时都尽可能快速地减小 $\mathcal{W}$ 的体积。它选择与将 $\mathcal{W}$ 平分成两等份最接近的查询。该方法对帕累托最优设计点进行有限抽样。选择查询对的过程是： 229

1. 计算 $\mathcal{W}$ 的主分析中心 $\boldsymbol{c}$，它是 $\mathcal{W}$ 中每个非冗余约束上其自身与最近点距离的对数之和最大的点：

$$
\boldsymbol{c} = \arg\max_{\boldsymbol{w} \in \mathcal{W}} \sum_{i=1}^{n} \ln((\boldsymbol{b}^{(i)}-\boldsymbol{a}^{(i)})^\top \boldsymbol{w})
\tag{12.14}
$$

2. 计算距每一对点与中心之间的二等分超平面的法向距离。

3. 按增加距离的顺序对设计点对进行排序。

4. 对于每一个最接近 $\boldsymbol{c}$ 的 k 个超平面，计算由 $\mathcal{W}$ 沿超平面分裂形成的两个多面体的体积比。

5. 选择分割比接近 1 的设计点对。

多面体法[⊝]的工作原理是用一个以 $\mathcal{W}$ 的分析中心为圆心的边界椭球近似 $\mathcal{W}$，如图 12.18 所示。查询的目的是将边界椭球分割成近似相等的部分，并使其垂直于椭球最长轴，以减少不确定性并平衡每个维度的宽度。

12.5.3 设计选择

上一节讨论了一些查询方法，它们选择查询对以有效地减少搜索空间。完成查询选择后，仍然必须选择最终设计。这个过程称为设计选择。

⊖ 之前的权向量可以不和所添加的约束 $(\boldsymbol{a}^{(n)}-\boldsymbol{b}^{(n)})^\top \boldsymbol{w} < 0$ 一致。

⊜ V. S. Iyengar, J. Lee and M. Campbell, "Q-EVAL: Evaluating Multiple Attribute Items Using Queries," *ACM Conference on Electronic Commerce*, 2001.

⊝ D. Braziunas and C. Boutilier, "Elicitation of Factored Utilities," *AI Magazine*, vol. 29, no. 4, pp. 79-92, 2009.

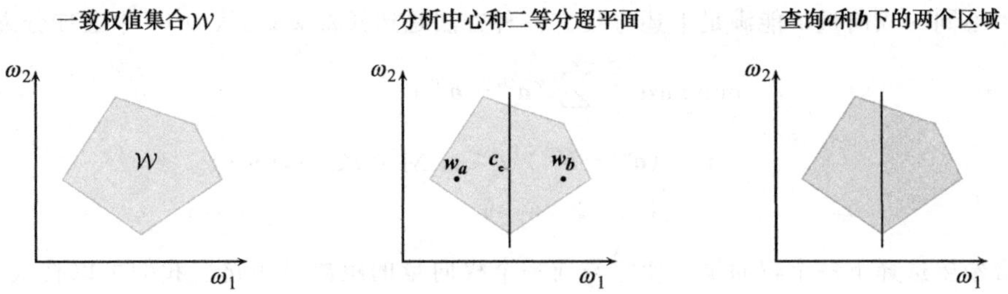

图 12.17 Q-Eval 贪婪启发式策略的可视化。图中显示了与先前偏好一致的初始权值集合 $\mathcal{W}$、一对权值向量及其对应的二等分超平面，并且两个多面体沿着二等分超平面形成二等分。该算法从帕累托最优设计点的有限抽样中考虑所有可能的对，并选择最均匀分割 $\mathcal{W}$ 的查询

其中一种方法为决策质量改进⊖，它基于这样的想法——如果必须确保一个特定的权重，应该确保一个在最坏情况下的目标值最低的权重：

$$x^* = \arg\min_{x \in \mathcal{X}} \max_{w \in \mathcal{W}} w^\top f(x) \tag{12.15}$$

这个最小最大决策是稳健的，因为它提供了目标值的一个上界。

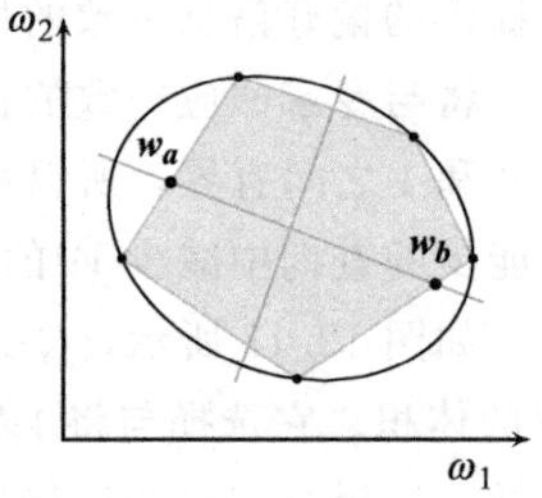

图 12.18 多面体法对 $\mathcal{W}$ 使用一个边界椭球

相反，最小最大后悔⊖最大限度地减少用户在选择特定设计时的遗憾：

$$x^* = \arg\min_{x \in \mathcal{X}} \underbrace{\max_{w \in \mathcal{W}} \max_{x' \in \mathcal{X}} w^\top f(x) - w^\top f(x')}_{\text{最小最大后悔}} \tag{12.16}$$

其中 $w^\top f(x) - w^\top f(x')$ 是在偏好权向量 w 下选择设计 x 而不是 x' 的后悔表达式。最小最大后悔可以用来解释决策系统对设计者的真正效用函数的不确定性。

230 ~ 231 最小最大后悔可作为偏好诱导策略的终止准则。当最小最大值降到某一阈值以下时，我们可以终止偏好诱导过程。

12.6 小结

- 多目标设计问题通常涉及不同目标之间的性能交易。
- 帕累托边界代表一组潜在的最优解。
- 使用基于约束或基于权重的方法，可以将向量值目标函数转换为标量值目标函数。
- 种群方法可以扩展到产生跨越帕累托边界的个体。
- 了解专家对标准空间中点对之间的偏好可以帮助指导标量值目标函数的推断。

12.7 练习

练习 12.1 加权和法是一种非常简单的方法，它经常被工程师用于多目标优化。当程序被用

⊖ D. Braziunas amd C. Boutilier, "Minimax Regret-Based Elicitation of Generalized Additive Utilities," *Conference on Uncertainty in Artificial Intelligence (UAI)*, 2007.

⊖ C. Boutilier, R. Patrascu, P. Poupart, and D. Schuurmans, "Constraint-Based Optimization and Utility Elicitation Using the Minimax Decision Criterion," *Artificial Intelligence*, vol. 170, no. 8-9, pp. 686-713, 2006.

来计算帕累托边界时，它的缺点是什么？

练习 12.2　为什么种群方法非常适合多目标优化？

练习 12.3　假设在标准空间中有 {[1, 2], [2, 1], [2, 2], [1, 1]} 这些点，并且想近似计算帕累托边界。哪些点相对于其他点是帕累托最优的？有弱帕累托最优点吗？

练习 12.4　用二阶方法进行多目标优化很不容易，为什么会这样？

练习 12.5　假设一个方形标准空间 $\mathcal{Y}$，其中 $y_1 \in [0, 1]$，$y_2 \in [0, 1]$。绘制标准空间，表示出帕累托最优点和弱帕累托最优点。

练习 12.6　在加权和法中执行 $\mathbf{w} \geqslant \mathbf{0}$ 和 $\|\mathbf{w}\|_1 = 1$，这对帕累托最优性来说是不够的。给出一个零值权坐标寻找弱帕累托最优点的例子。 232

练习 12.7　举例说明目标编程不会产生帕累托最优点。

练习 12.8　利用约束法得到优化问题的帕累托曲线：

$$\underset{x}{\text{minimize}}\left[x^2, (x-2)^2\right] \tag{12.17}$$

练习 12.9　假设我们有一个多目标优化问题，两个目标如下：

$$f_1(x) = -(x-2)\sin(x) \tag{12.18}$$

$$f_2(x) = -(x+3)^2\sin(x) \tag{12.19}$$

233~234

其中 $x \in \{-5, -3, -1, 1, 3, 5\}$，绘制标准空间中的点。帕累托边界上有多少个点？

| 第 13 章 |
Algorithms for Optimization

抽样计划

对许多优化问题来说，函数计算可能非常昂贵。例如，评估硬件设计可能需要一个漫长的制造过程，飞机设计可能需要风洞测试，新的深度学习超参数可能需要一周的 GPU 训练。在评估设计点代价昂贵的情况下，一种常见的优化方法是建立代理模型，它是一个可以有效地优化问题的模型，而不是真实目标函数。对真实目标函数的进一步评估可用于改进模型。拟合这样的模型需要一组初始点，理想情况下是填充空间的点，也就是说，点尽可能地覆盖整个区域。本章涵盖不同的抽样计划，进而在资源有限时覆盖搜索空间[⊖]。

13.1 全因子

全因子抽样计划（算法 13.1）在搜索空间中放置一个由均匀间隔的点组成的网格（见图 13.1）。对全因子抽样计划中的点进行优化称为网格搜索。

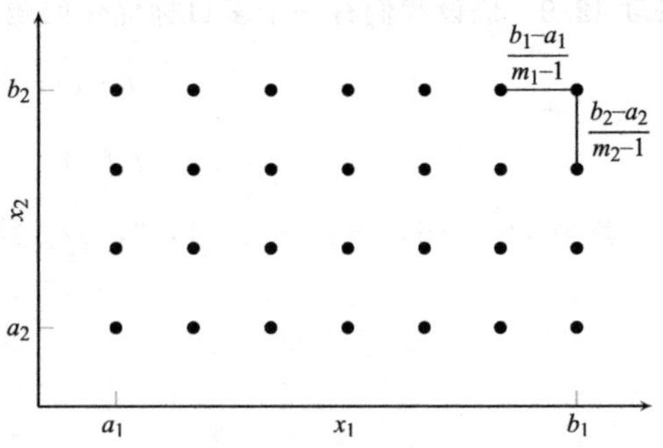

图 13.1　全因子搜索覆盖点网格中的搜索空间

抽样网格由一个下界向量 $\boldsymbol{a}$ 和一个上界向量 $\boldsymbol{b}$ 构成，对于每个分量 i，都有 $a_i \leqslant x_i \leqslant b_i$。对于在第 i 维有 m_i 个抽样的网格，最近的点用距离 $(b_i - a_i)/(m_i - 1)$ 隔开。

全因子法需要一个维数为指数的样本计数[⊖]。对于 n 个维度，每个维度有 m 个样本，总共有 m^n 个样本。当有多个变量时，这种指数增长太大而无法实际应用。即使可以使用全因子抽样，网格点的粒度通常也非常粗，因此很容易忽略优化景观的局部小特征。

算法 13.1　用于获取全因子网格的所有样本位置的函数。这里，a 是变量下界的向量，b 是变量上界的向量，m 是每个维度的样本计数的向量

```
function samples_full_factorial(a, b, m)
    ranges = [range(a[i], stop=b[i], length=m[i])
              for i in 1 : length(a)]
    collect.(collect(product(ranges...)))
end
```

⊖ 还有一些参考资料更详细地讨论了本章的主题。参见：

G. E. P. Box, W. G. Hunter, and J. S. Hunter, *Statistics for Experimenters: An Introduction to Design, Data Analysis, and Model Building*, 2nd ed. Wiley, 2005.

A. Dean, D. Voss, and D. Draguljić, *Design and Analysis of Experiments*, 2nd ed. Springer, 2017.

D. C. Montgomery, *Design and Analysis of Experiments*. Wiley, 2017.

⊖ 全因子法的名称并非源于因子抽样计数（它是指数型的），而是源于两个或多个离散因子。这里的因子是与每个变量相关的 m 离散化水平。

13.2 随机抽样

全因子抽样的一个直接替代方法是随机抽样，它只是使用伪随机数生成器在设计空间中绘制 m 个随机样本。要生成随机样本 $\boldsymbol{x}$，我们可以独立于分布对每个变量进行抽样。如果变量有界，比如 $a_i \leqslant x_i \leqslant b_i$，一种常见的方法是在 $[a_i, b_i]$ 上使用均匀分布，有时也可以使用其他分布。对于某些变量，使用对数均匀分布十分合适[⊖]。设计点的样本互不相关。我们希望这种随机性本身能够覆盖足够大的设计空间。 235~236

13.3 均匀投影计划

假设有一个二维优化问题，像全因子法一样离散成 $m \times m$ 抽样网格，但是，我们不想取所有 m^2 个样本，而只想抽样 m 个位置。可以随机选择样本点，但并不是所有的排列都一样有用。我们希望样本分布在整个空间中，且样本分布在每个单独的分量中。

均匀投影计划是离散网格上的抽样计划，抽样在每个维度上的分布是均匀的。例如，在图 13.2中最右边的抽样计划中，每一行恰好有一个条目，每一列恰好有一个条目。

利用图 13.3 所示的 m 元排列，可以在 $m \times m$ 网格上构造一个含有 m 个样本的均匀投影计划。因此有 $m!$ 种可能的均匀投影计划[⊖]。

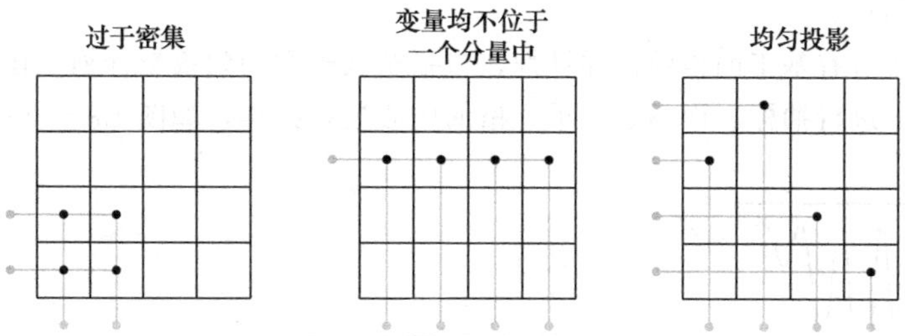

图 13.2 从二维网格中选择 m 个样本的几种方法。我们通常更喜欢覆盖每个分量空间和变量的抽样计划（见彩插）

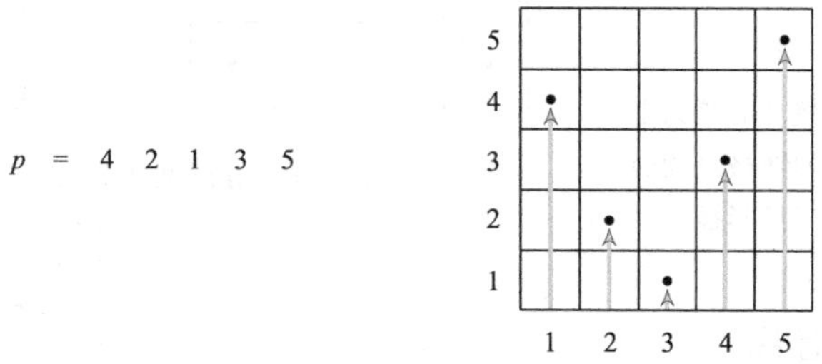

图 13.3 利用排列构造均匀投影计划 237

⊖ 在对数空间中搜索深度神经网络的学习率等参数是最优的。

⊖ 对于 $m=5$，有 $5!=120$ 种计划，同理对于 $m=10$，有 3 628 800 种计划。

由于该计划与拉丁方的联系，使用统一投影计划的抽样有时被称为拉丁超立方抽样（见图 13.4）。拉丁方是一个 $m \times m$ 网格，其中每一行不重复地包含一个 1 到 m 的整数，每一列同样不重复地包含一个 1 到 m 的整数。拉丁超立方体是对任意维数的一般化。

可以用每个维度的排列构造 n 维均匀投影计划（算法 13.2）。

算法 13.2　用于在每个维度构造具有 m 个样本的 n 维超立方体的均匀投影计划的函数。它返回一个由索引向量组成的向量

```
function uniform_projection_plan(m, n)
    perms = [randperm(m) for i in 1 : n]
    [[perms[i][j] for i in 1 : n] for j in 1 : m]
end
```

4	1	3	2
1	4	2	3
3	2	1	4
2	3	4	1

图 13.4　一个 4×4 的拉丁方。通过选择一个值 $i \in \{1, 2, 3, 4\}$ 并抽样所有具有该值的单元格，可以构造一个均匀投影计划

13.4　分层抽样

许多抽样计划，包括均匀投影和全因子计划，都基于 $m \times m$ 网格。即使对该网格完全抽样，也可能由于图 13.5 所示的系统规律性而错过重要信息。一种可能触及每一个点的方法是使用*分层抽样*。

分层抽样修改所有基于网格的抽样计划，包括全因子和均匀投影计划。在单元格内均匀随机选择的一个点上进行抽样，而不是在单元格的中心进行抽样，如图 13.6 所示。

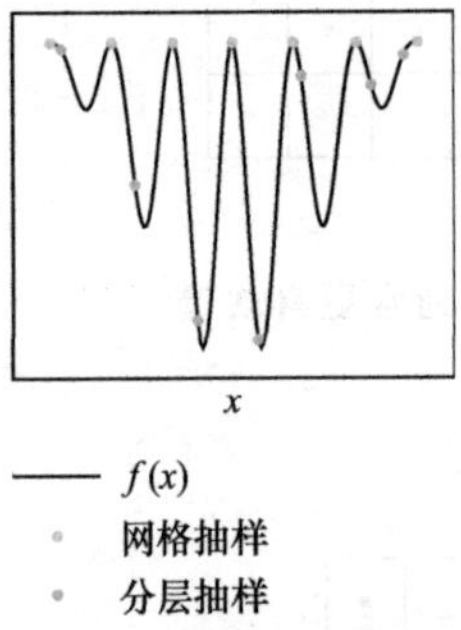

图 13.5　在具有系统规律性的函数上使用均匀间隔的网格可能会错过重要信息（见彩插）

238

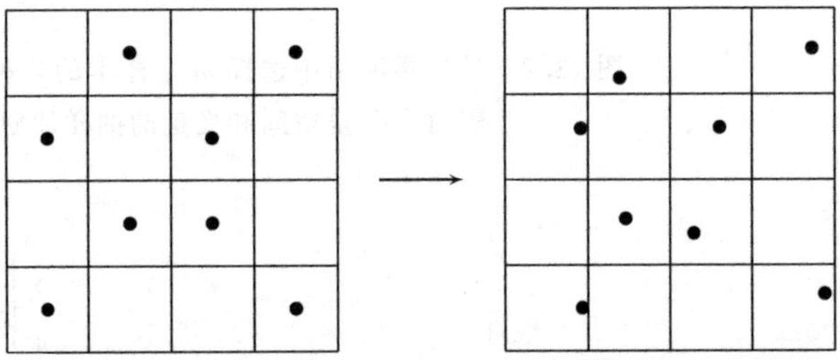

图 13.6　分层抽样应用于均匀投影计划

13.5　空间填充指标

一个好的抽样计划会填充设计空间，因为代理模型从样本中进行归纳的能力会随着与样本距离的增大而减弱。并不是所有计划，甚至是均匀投影计划，都同样擅长覆盖搜索空间。例如，网格对角线（见图 13.7）是一个均匀投影计划，但只覆盖一个窄条。本节讨论用于测量抽样计划 $X \subseteq \mathcal{X}$ 填充设计空间的程度的不同*空间填充指标*。

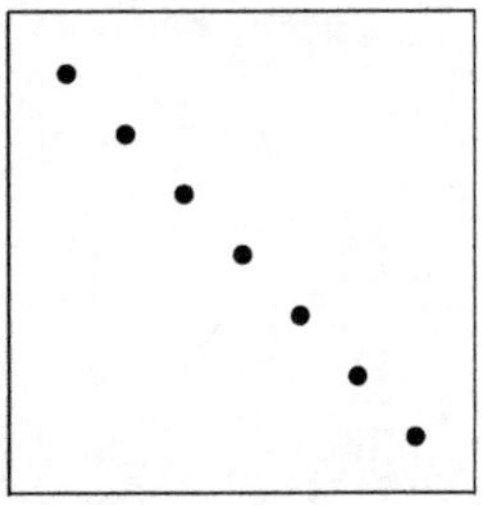

图 13.7　一种非空间填充的均匀投影计划

13.5.1 差异

抽样计划对超矩形设计空间的填充能力可以通过其差异来衡量[1]。如果 X 的差异很小，那么随机选择的设计空间子集应该包含与子集体积成比例的样本的一部分[2]。与 X 相关的差异是超矩形子集 $\mathcal{H}$ 的部分样本与该子集体积的最大差异：

$$d(X)=\underset{\mathcal{H}}{\text{supremum}}\left|\frac{\#(X\cap\mathcal{H})}{\#X}-\lambda(\mathcal{H})\right| \tag{13.1}$$

其中 $\#X$ 是 X 中的点数，$\#(X\cap\mathcal{H})$ 是 $\mathcal{H}$ 中 X 的点数。$\lambda(\mathcal{H})$ 的值为 $\mathcal{H}$ 的 n 维体积、$\mathcal{H}$ 边长的乘积。术语上确界与最大值十分相似，但在 $\mathcal{H}$ 近似为特定矩形子集的问题中，上确界允许其有解，如例 13.1 所示[3]。

计算单位超矩形上抽样计划的差异往往是很困难的，而且对于非矩形可行集，计算差异的方法并不总是很清楚。

例 13.1 计算单位面积上抽样计划的差异。矩形的大小稍微有些夸张，以便清楚地显示它们包含哪些点

考虑集合：

$$X=\left\{\left[\frac{1}{5},\frac{1}{5}\right],\left[\frac{2}{5},\frac{1}{5}\right],\left[\frac{1}{10},\frac{3}{5}\right],\left[\frac{9}{10},\frac{3}{10}\right],\left[\frac{1}{50},\frac{1}{50}\right],\left[\frac{3}{5},\frac{4}{5}\right]\right\}$$

X 对于单位面积的差异是由矩形子集 $\mathcal{H}$ 决定的，它要么很小但包含非常多的点，要么很大但包含非常少的点。

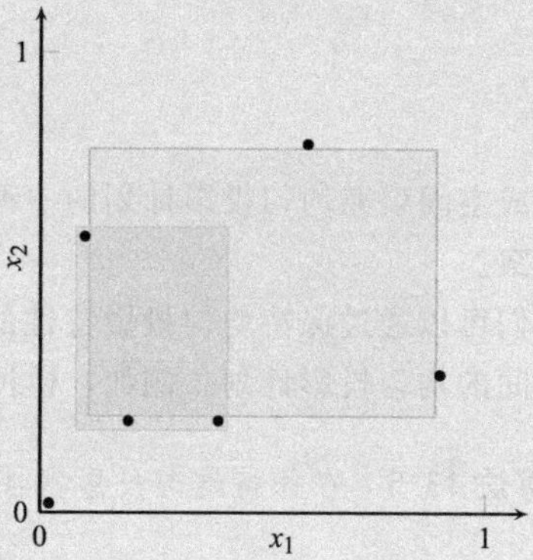

深灰色矩形包含三个点，体积为 0.12，$x_1\in\left[\frac{1}{10},\ \frac{2}{5}\right]$，$x_2\in\left[\frac{1}{5},\ \frac{1}{3}\right]$，差异为 0.38。

浅灰色矩形中 $x_1\in\left[\frac{1}{10}+\varepsilon,\ \frac{9}{10}-\varepsilon\right]$，$x_2\in\left[\frac{1}{5}+\varepsilon,\ \frac{4}{5}-\varepsilon\right]$有更大的差异。当 ε 接近 0 时，体积和差异接近 0.48，因为它一个点也不包含。请注意，设置限制是必需的，它反映了在定义差异时需要使用上确界。

13.5.2 成对距离

另一种确定两个 m 点抽样计划中哪一个填充空间更大的方法是比较每个抽样计划中所有点之间的成对距离。抽样计划越分散，成对距离就越大。比较通常是通过升序排列每个集合的成对距离来完成的。成对距离越大，就认为它填充的空间越大。

---

[1] L. Kuipers and H. Niederreiter, *Uniform Distribution of Sequences*. Dover, 2012.

[2] 在任意维数中，我们可以使用勒贝格测度，它是对 n 维欧氏空间任意子集的体积的泛化。它是一维空间的长度、二维空间的面积、三维空间的体积。 239

[3] 差异的定义需要超矩形，通常假设 X 是单位超立方体的有限子集。差异的概念可以扩展到允许 $\mathcal{H}$ 包含其他集合，如凸多面体。 ~ 240

算法 13.3 计算抽样计划中所有点之间的成对距离。算法 13.4 比较两种抽样计划使用各自的成对距离在填充空间上的效果。

算法 13.3 使用 p 指定的 L_p 范数，获得抽样计划 X 中点之间的成对距离列表的函数

```
import LinearAlgebra: norm
function pairwise_distances(X, p=2)
    m = length(X)
    [norm(X[i]-X[j], p) for i in 1:(m-1) for j in (i+1):m]
end
```

算法 13.4 比较两个抽样计划 A 和 B 使用 p 指定的 L_p 范数填充空间的程度。如果 A 比 B 填充更多的空间，则函数返回 -1；如果 B 比 A 填充更多的空间，则函数返回 1；如果相等，函数返回 0

```
function compare_sampling_plans(A, B, p=2)
    pA = sort(pairwise_distances(A, p))
    pB = sort(pairwise_distances(B, p))
    for (dA, dB) in zip(pA, pB)
        if dA < dB
            return 1
        elseif dA > dB
            return -1
        end
    end
    return 0
end
```

生成空间填充均匀投影计划的一种方法是随机生成多个候选方案，然后使用最能够填充空间的方案。

我们可以通过保持均匀投影特性的方式(算法 13.5)，反复修改均匀投影计划来搜索一个填充空间的均匀投影计划。例如，模拟退火可以用来搜索具有良好覆盖率的抽样计划空间。

算法 13.5 在保持均匀投影特性的同时改变均匀投影计划 X

```
function mutate!(X)
    m, n = length(X), length(X[1])
    j = rand(1:n)
    i = randperm(m)[1:2]
    X[i[1]][j], X[i[2]][j] = X[i[2]][j], X[i[1]][j]
    return X
end
```

241

13.5.3 Morris-Mitchell 标准

13.5.2 节的比较方案通常会导致具有许多局部极小值的富有挑战性的优化问题。一种替代方法是根据 Morris-Mitchell 标准（算法 13.6）[⊖] 进行优化：

⊖ M. D. Morris and T. J. Mitchell, "Exploratory Designs for Computational Experiments," *Journal of Statistical Planning and Inference*, vol. 43, no. 3, pp. 381-402, 1995.

$$\Phi_q(X) = \left(\sum_i d_i^{-q}\right)^{1/q} \tag{13.2}$$

其中，d_i 是 X 中点的第 i 个成对距离，$q>0$ 是一个可调参数⊖。Morris 和 Mitchell 建议优化：

$$\underset{X}{\text{minimize}} \quad \underset{q\in\{1,2,3,10,20,50,100\}}{\text{maximize}} \quad \Phi_q(X) \tag{13.3}$$

算法 13.6 Morris-Mitchell 标准的实现，该标准使用设计点列表 X、标准参数 q>0 和规范参数 p≥1

```
function phiq(X, q=1, p=2)
    dists = pairwise_distances(X, p)
    return sum(dists.^(-q))^(1/q)
end
```

242

图 13.8 显示了对几个随机生成的均匀投影计划进行评估的 Morris-Mitchell 标准。

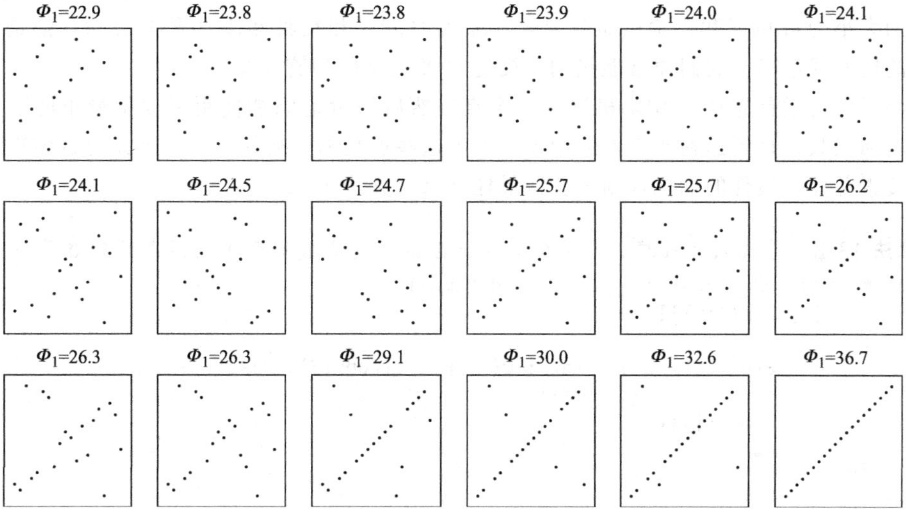

图 13.8 均匀投影计划，根据 Φ_1 从最好到最差进行排序 243

13.6 空间填充子集

在某些情况下，我们有一组点集 X，并且想找到一个点子集 $S\subset X$，其中 S 仍然最大限度地填充 X⊖。例如，假设使用一个抽样计划 X 来识别各种飞机机翼设计，并在仿真中使用计算流体动力学模型进行评估。只能选择这些设计点的一个子集 S 来建造和测试风洞。我们仍然想让 S 充满空间。

S 填充设计空间的程度可以用 X 中一点到 S 中最近点之间的最大距离进行量化。这个度量可以推广到任意两个有限集 A 和 B（算法 13.7）。可以用任何 L_p 范数，但通常用欧几里得距离 L_2：

⊖ q 值越大，对长距离的惩罚就越大。

⊖ A. I. J. Forrester, A. Sóbester, and A. J. Keane, "Multi-Fidelity Optimization via Surrogate Modelling," *Proceedings of the Royal Society of London A: Mathematical, Physical and Engineering Sciences*, vol. 463, no. 2088, pp. 3251-3269, 2007.

$$d_{\max}(X, S) = \underset{x \in X}{\text{maximize}}\ \underset{s \in S}{\text{minimize}} \| \boldsymbol{s} - \boldsymbol{x} \|_p \tag{13.4}$$

算法 13.7 两个离散集合之间的 L_p 距离度量集合，其中 A、B 为设计点列表，p 为 L_p 范数参数

```
min_dist(a, B, p) = minimum(norm(a-b, p) for b in B)
d_max(A, B, p=2) = maximum(min_dist(a, B, p) for a in A)
```

空间填充抽样计划是最小化这个度量的计划⊖。寻找含有 m 个元素的空间填充抽样计划是一个优化问题：

$$\begin{aligned} \underset{S}{\text{minimize}} \quad & d_{\max}(X, S) \\ \text{s. t.} \quad & S \subseteq X \\ & \# S = m \end{aligned} \tag{13.5}$$

优化方程（13.5）是典型的计算难题。暴力方法将尝试 $d!/m!(d-m)!$ 种关于设计点 d 数据集的大小为 m 的子集。*贪心局部搜索*（算法 13.8）和*交换算法*（算法 13.9）都是克服这种问题的启发式策略。它们通常能找到可接受的 X 的空间填充子集。

贪心局部搜索首先从 X 中随机选择一个点，然后增量地添加使距离度量最小的下一个最佳点。增加点数，直到达到所需点数为止。由于这些点是随机初始化的，因此通过多次运行贪心局部搜索并保持最佳的抽样计划来获得最佳结果（算法 13.10）。 244

算法 13.8 寻找 m 元抽样计划的贪心局部搜索，使离散集合 X 的距离度量 d 最小

```
function greedy_local_search(X, m, d=d_max)
    S = [X[rand(1:m)]]
    for i in 2 : m
        j = argmin([x ∈ S ? Inf : d(X, push!(copy(S), x))
                    for x in X])
        push!(S, X[j])
    end
    return S
end
```

算法 13.9 寻找 m 元抽样计划的交换算法，使离散集合 X 的距离度量 d 最小

```
function exchange_algorithm(X, m, d=d_max)
    S = X[randperm(m)]
    δ, done = d(X, S), false
    while !done
        best_pair = (0,0)
        for i in 1 : m
            s = S[i]
            for (j,x) in enumerate(X)
                if !in(x, S)
                    S[i] = x
                    δ′ = d(X, S)
                    if δ′ < δ
                        δ = δ′
                        best_pair = (i,j)
                    end
```

⊖ 还可以使 S 的 Morris-Mitchell 标准最小化。

```
                end
            end
            S[i] = s
        end
        done = best_pair == (0,0)
        if !done
            i,j = best_pair
            S[i] = X[j]
        end
    end
    return S
end
```

算法 13.10 多起点局部搜索多次运行一个特定的搜索算法，并返回最佳结果。其中，X 是点的列表，m 是期望抽样计划的大小，alg 是 exchange_algorithm 或 greedy_local_search，k_max 是要运行的迭代次数，d 是距离度量

```
function multistart_local_search(X, m, alg, k_max, d=d_max)
    sets = [alg(X, m, d) for i in 1 : k_max]
    return sets[argmin([d(X, S) for S in sets])]
end
```

交换算法将 S 初始化为 X 的一个随机子集，并重复地将 S 中的点替换为不在 S 中的另一个 X 中的点，以改进距离度量。交换算法通常也会运行多次。

图 13.9 比较了使用贪心局部搜索和交换算法得到的空间填充子集。

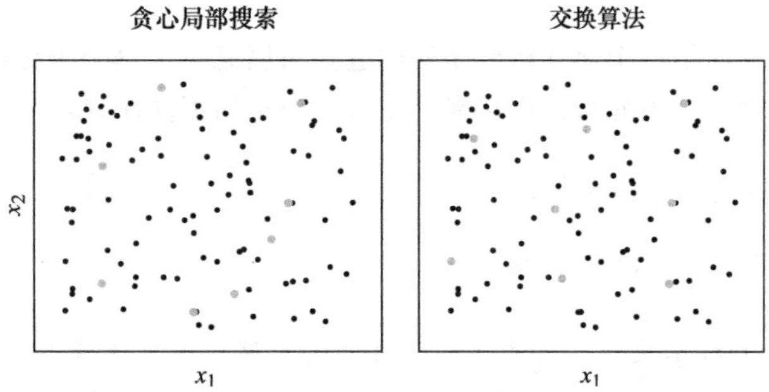

图 13.9 比较使用贪心局部搜索和交换算法得到的空间填充子集（见彩插）

13.7 准随机序列

准随机序列[⊖]，也称为低差异序列，通常用于在多维空间上近似一个积分：

$$\int_{\mathcal{X}} f(\boldsymbol{x})\mathrm{d}\boldsymbol{x} \approx \frac{v}{m}\sum_{i=1}^{m} f(\boldsymbol{x}^{(i)}) \tag{13.6}$$

⊖ C. Lemieux, *Monte Carlo and Quasi-Monte Carlo Sampling*. Springer, 2009.

其中，每个 $\boldsymbol{x}^{(i)}$ 在 $\mathcal{X}$ 域中均匀随机抽样，v 是 $\mathcal{X}$ 的体积。这种近似称为蒙特卡罗积分。

准随机序列不是依靠随机或伪随机数字生成积分点，而是以系统的方式填充空间，使积分在 m 个点上尽可能快地收敛的确定性序列[⊖]。对于典型的蒙特卡罗积分，这些准蒙特卡罗方法的误差收敛为 $O(1/m)$，而不是 $O(1/\sqrt{m})$，如图 13.10 所示。

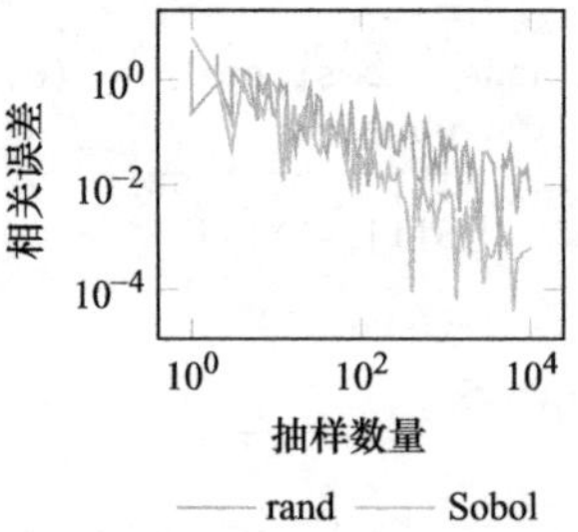

图 13.10　使用蒙特卡罗积分和来自 U（0，1）、Sobol 序列的随机数估计 $\int_0^1 \sin(10x)\,\mathrm{d}x$ 的误差。13.7.3 节所述的 Sobol 序列收敛得更快（见彩插）

对于单位 n 维超立方体 $[0，1]^n$，一般构造准随机序列。任何在每个变量上都有边界的多维函数均可以转换成这样的超立方体。这种转换在算法 7.9 中实现。

产生准随机序列的方法多种多样。图 13.12比较了几种方法与随机抽样方法。

13.7.1　加性递归

简单的形式递归关系：

$$x^{(k+1)}=x^{(k)}+c \pmod 1 \tag{13.7}$$

生成空间填充集，导致最小差异的 c 值（c 是无理数）是

$$c=1-\varphi=\frac{\sqrt{5}-1}{2}\approx 0.618\,034 \tag{13.8}$$

其中，φ 是黄金比例[⊜]。

可以在 n 维空间中使用一个加性递归序列构造空间填充集，每个坐标都有自己的 c 值。已

245～247 知质数的平方根是无理数，因此可以用它来获得每个坐标的不同序列：

$$c_1=\sqrt{2},\quad c_2=\sqrt{3},\quad c_3=\sqrt{5},\quad c_4=\sqrt{7},\quad c_5=\sqrt{11},\quad \cdots \tag{13.9}$$

加性递归方法在算法 13.11 中实现。

算法 13.11　在 n 维单位超立方体上构造 m 元填充序列的加性递归。质数包用于生成第一组 n 个质数，其中第 k 个质数以 k（$\log k+\log\log k$），$k>6$ 为界

```
using Primes
function get_filling_set_additive_recurrence(m; c=φ-1)
    X = [rand()]
    for i in 2 : m
        push!(X, mod(X[end] + c, 1))
```

⊖ 伪随机数序列，例如由一系列对 rand 方法的调用产生的序列，序列在给定特定的开端时是确定的，但看起来是随机的。准随机数也是确定的，但看起来不是随机的。

⊜ C. Schretter, L. Kobbelt, and P.-O. Dehaye, "Golden Ratio Sequences for Low-Discrepancy Sampling," *Journal of Graphics Tools*, vol. 16, no. 2, pp. 95-104, 2016.

```
        end
        return X
    end
    function get_filling_set_additive_recurrence(m, n)
        ps = primes(max(ceil(Int, n*(log(n) + log(log(n)))), 6))
        seqs = [get_filling_set_additive_recurrence(m, c=sqrt(p))
                for p in ps[1:n]]
        return [collect(x) for x in zip(seqs...)]
    end
```

13.7.2 哈尔顿序列

哈尔顿序列（Halten sequence）是一个多维准随机空间填充集[⊖]。在一维版本的范德科尔特序列（van der Corput sequence）生成的序列中，单位区间被分成以 b 为基底的幂。例如，$b=2$ 产生：

$$X=\left\{\frac{1}{2},\frac{1}{4},\frac{3}{4},\frac{1}{8},\frac{5}{8},\frac{3}{8},\frac{7}{8},\frac{1}{16},\cdots\right\} \tag{13.10}$$

而 $b=5$ 产生：

$$X=\left\{\frac{1}{5},\frac{2}{5},\frac{3}{5},\frac{4}{5},\frac{1}{25},\frac{6}{25},\frac{11}{25},\cdots\right\} \tag{13.11}$$

多维空间填充序列对每个维度使用一个范德科尔特序列，每个序列都有自己的基底 b。但是，为了使序列不相关，这些基底必须互质[⊜]。构造哈尔顿序列的方法在算法 13.12 中实现。 248

算法 13.12 n 维单位超立方体上的哈尔顿准随机 m 元填充序列，其中 b 为基底。基底 b 必须互质

```
using Primes
function halton(i, b)
    result, f = 0.0, 1.0
    while i > 0
        f = f / b;
        result = result + f * mod(i, b)
        i = floor(Int, i / b)
    end
    return result
end
get_filling_set_halton(m; b=2) = [halton(i,b) for i in 1: m]
function get_filling_set_halton(m, n)
    bs = primes(max(ceil(Int, n*(log(n) + log(log(n)))), 6))
    seqs = [get_filling_set_halton(m, b=b) for b in bs[1:n]]
    return [collect(x) for x in zip(seqs...)]
end
```

⊖ J. H. Halton, "Algorithm 247: Radical-Inverse Quasi-Random Point Sequence," *Communications of the ACM*, vol. 7, no. 12, pp. 701-702, 1964.

⊜ 互质是公约数只有 1 的两个整数。

对于较大的质数，我们可以得到前几个数的相关性。这种相关性如图 13.11 所示。用跳跃哈尔顿法[1]可以避免相关性，该方法取第 p 个点，其中 p 是与所有坐标基不同的质数。

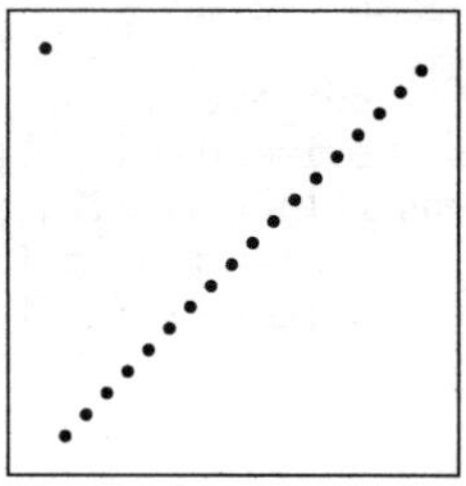

图 13.11 $\boldsymbol{b}=[19, 23]$ 的哈尔顿序列，其中前 18 个样本是完全线性相关的

13.7.3 Sobol 序列

Sobol 序列是 n 维超立方体的准随机空间填充序列[2]。它们是通过使用一组方向数异或以前的 Sobol 数生成的[3]：

$$X_j^{(i)} = X_j^{(i-1)} \underline{\vee} v_j^{(k)} \tag{13.12}$$

其中 $v_j^{(k)}$ 是第 k 个方向数的第 j 位。许多教材都已经提供了良好的方向数字表[4]。

图 13.12 显示了这些方法和先前方法的比较。对于高值，有几种方法表现出明显的底层

249 结构。

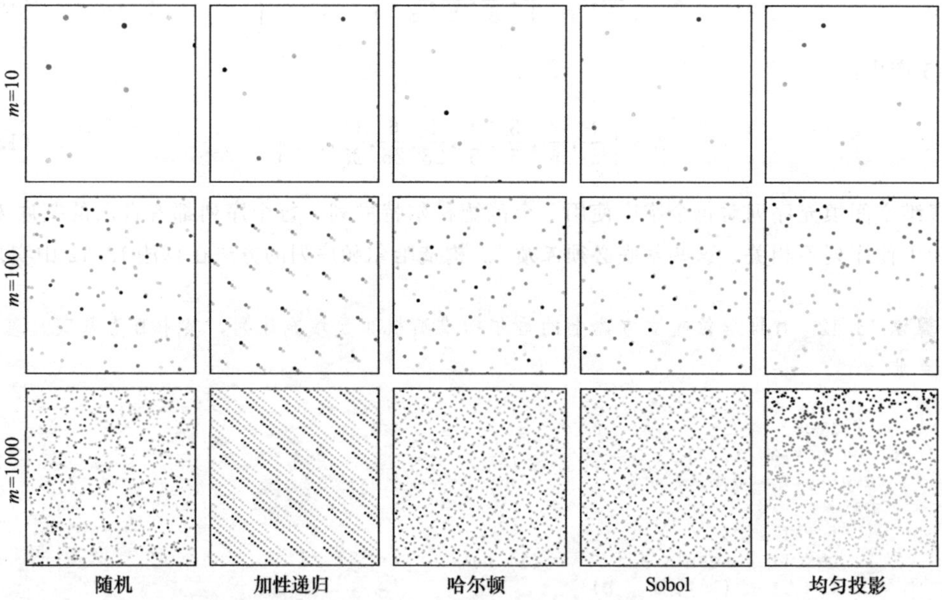

图 13.12 二维空间中填充抽样计划的比较。根据抽样顺序对样本进行着色，均匀投影计划是随机生成的且没有优化（见彩插）

[1] L. Kocis and W. J. Whiten, "Computational Investigations of Low Discrepancy Sequences," *ACM Transactions on Mathematical Software*, vol. 23, no. 2, pp. 266-294, 1997.

[2] I. M. Sobol, "On the Distribution of Points in a Cube and the Approximate Evaluation of Integrals," *USSR Computational Mathematics and Mathematical Physics*, vol. 7, no. 4, pp. 86-112, 1967.

[3] 符号 $\underline{\vee}$ 代表异或运算，当且仅当两个输入不同时返回 true。

250 [4] `Sobol.jl` 包提供高达 1111 维的实现。

13.8 小结

- 抽样计划用于覆盖有限点数的搜索空间。
- 全因子抽样涉及均匀离散网格顶点的抽样，它要求维数中的点数是指数型的。
- 均匀投影计划能有效地生成各个维度的均匀投影，并可将其优化为空间填充。
- 贪心局部搜索和交换算法可以用来寻找最大限度地填充空间的点的子集。
- 准随机序列是生成空间填充抽样计划的确定性过程。

13.9 习题

练习 13.1 随着维数的增加，填充多维空间需要指数量级的点。为建立这种直觉，请确定 n 维超立方体的边长，使它填充 n 维单位超立方体的一半体积。

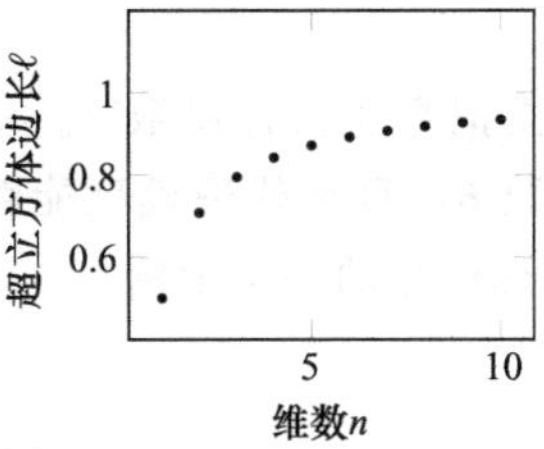

练习 13.2 假设在 n 维的单位球体中随机取样，计算随机取样点在距球面 ϵ 距离内的概率 ($n \to \infty$)。提示：球体的体积是 $C(n)r^n$，其中 r 是半径，$C(n)$是维数 n 的函数。

练习 13.3 假设有抽样计划 $X=\{\boldsymbol{x}^{(1)}, \cdots, \boldsymbol{x}^{(10)}\}$，其中

$$\boldsymbol{x}^{(i)}=[\cos(2\pi i/10),\sin(2\pi i/10)] \tag{13.13}$$

请使用 L_2 范数计算 X 的 Morris-Mitchell 标准，参数 q 设置为 2，即计算 $\Phi_2(X)$。当对每一个$\boldsymbol{x}^{(i)}$增加 [2，3] 时，$\Phi_2(X)$ 会改变吗？为什么？ 251~252

练习 13.4 加性递归要求公式(13.7) 中的参数 c 是无理数，为什么 c 不能是有理数？

第 14 章
Algorithms for Optimization

代理模型

前一章讨论了生成抽样计划的方法。本章介绍如何使用这些样本构建可用于代替真实目标函数的目标函数模型。代理模型的设计准则是光滑且计算代价不高，从而可以高效地进行优化。代理模型能够帮助指导搜索真实目标函数的最优值。

14.1 拟合代理模型

由 $\boldsymbol{\theta}$ 参数化的代理模型 $\hat{f}$ 用于模拟真实目标函数 f。基于从 f 收集的样本，可以不断调整参数 $\boldsymbol{\theta}$，直至代理模型能够拟合真实目标函数。图 14.1 展示了代理模型的一个示例。

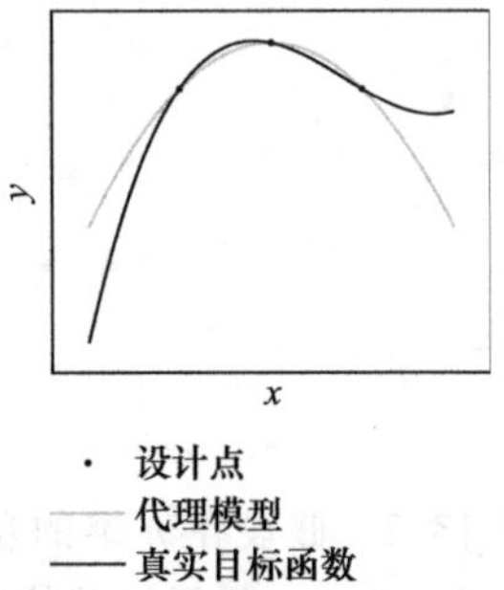

图 14.1 代理模型近似于真实目标函数。该模型拟合所评估的设计点，但与原设计点偏离较远

假设有 m 个设计点：

$$X=\{\boldsymbol{x}^{(1)},\boldsymbol{x}^{(2)},\cdots,\boldsymbol{x}^{(m)}\} \tag{14.1}$$

对应的函数值为：

$$\boldsymbol{y}=\{y^{(1)},y^{(2)},\cdots,y^{(m)}\} \tag{14.2}$$

对一组特定参数，模型的预测值为：

$$\hat{\boldsymbol{y}}=\{\hat{f}_{\boldsymbol{\theta}}(\boldsymbol{x}^{(1)}),\hat{f}_{\boldsymbol{\theta}}(\boldsymbol{x}^{(2)}),\cdots,\hat{f}_{\boldsymbol{\theta}}(\boldsymbol{x}^{(m)})\} \tag{14.3}$$

为了使模型拟合一组点，需要调整参数以最小化真实估值和模型预测之间的差异，通常根据 L_p 范数调整参数[1]：

253

$$\underset{\boldsymbol{\theta}}{\text{minimize}} \quad \|\boldsymbol{y}-\hat{\boldsymbol{y}}\|_p \tag{14.4}$$

方程（14.4）只在数据点处对模型的偏差进行惩罚。不能保证模型一直很好地吻合观测数据，模型的精度通常随采样点距离增加而降低。

这种形式的模型拟合称为*回归*。已有大量关于解决回归问题的研究，相关人员在机器学习[2]中对此进行了广泛研究。为了使代理模型拟合数据，本章的其余部分将介绍几种流行的代理模型和算法，并总结选择模型类型的方法。

14.2 线性模型

一个简单的代理模型是*线性模型*，其形式[3]为：

$$\hat{f}=w_0+\boldsymbol{w}^{\top}\boldsymbol{x} \qquad \boldsymbol{\theta}=\{w_0,\boldsymbol{w}\} \tag{14.5}$$

---

[1] 通常使用 L_2 范数。用 L_2 范数最小化这个方程等价于最小化这些数据点的均方误差。

[2] K. P. Murphy, *Machine Learning: A Probabilistic Perspective*. MIT Press, 2012.

[3] 这个方程可能看起来很熟悉，它是超平面的方程式。

对于 n 维设计空间，线性模型具有 $n+1$ 个参数，因此至少需要 $n+1$ 个样本拟合。

通常构造一个参数向量 $\boldsymbol{\theta}=[w_0, \boldsymbol{w}]$ 并在向量 $\boldsymbol{x}$ 前加 1 得到以下方程，而不是同时使用 $\boldsymbol{w}$ 和 w_0 作为参数：

$$\hat{f}=\boldsymbol{\theta}^{\top}\boldsymbol{x} \tag{14.6}$$

解决线性回归问题需要寻找最佳 $\boldsymbol{\theta}$：

$$\underset{\boldsymbol{\theta}}{\text{minimize}} \quad \|\boldsymbol{y}-\hat{\boldsymbol{y}}\|_2^2 \tag{14.7}$$

相当于求解：

$$\underset{\boldsymbol{\theta}}{\text{minimize}} \quad \|\boldsymbol{y}-\boldsymbol{X}\boldsymbol{\theta}\|_2^2 \tag{14.8}$$

其中 $\boldsymbol{X}$ 是由 m 个数据点组成的设计矩阵：

$$\boldsymbol{X}=\begin{bmatrix}(\boldsymbol{x}^{(1)})^{\top}\\(\boldsymbol{x}^{(2)})^{\top}\\\vdots\\(\boldsymbol{x}^{(m)})^{\top}\end{bmatrix} \tag{14.9}$$

254

算法 14.1 实现了用于计算设计矩阵和解决线性回归问题的方法。图 14.2 列举了几种线性回归。

算法 14.1　一种根据设计点 X 列表构造设计矩阵的方法，以及使用线性回归将代理模型拟合到设计点 X 和目标函数值 y 的向量列表的方法

```
function design_matrix(X)
    n, m = length(X[1]), length(X)
    return [j==0 ? 1.0 : X[i][j] for i in 1:m, j in 0:n]
end
function linear_regression(X, y)
    θ = pinv(design_matrix(X))*y
    return x -> θ⋅[1; x]
end
```

线性回归有解析解：

$$\boldsymbol{\theta}=\boldsymbol{X}^{+}\boldsymbol{y} \tag{14.10}$$

其中 $\boldsymbol{X}^{+}$ 是 $\boldsymbol{X}$ 的 Moore-Penrose 伪逆。

如果 $\boldsymbol{X}^{\top}\boldsymbol{X}$ 是可逆的，则伪逆计算为：

$$\boldsymbol{X}^{+}=(\boldsymbol{X}^{\top}\boldsymbol{X})^{-1}\boldsymbol{X}^{\top} \tag{14.11}$$

如果 $\boldsymbol{X}\boldsymbol{X}^{\top}$ 是可逆的，则伪逆计算为：

$$\boldsymbol{X}^{+}=\boldsymbol{X}^{\top}(\boldsymbol{X}\boldsymbol{X}^{\top})^{-1} \tag{14.12}$$

函数 pinv 计算给定矩阵的伪逆[⊖]。

⊖ 函数 pinv 使用奇异值分解 $\boldsymbol{X}=\boldsymbol{U}\boldsymbol{\Sigma}\boldsymbol{V}^{*}$ 来计算伪逆 $\boldsymbol{X}^{+}=\boldsymbol{V}\boldsymbol{\Sigma}^{+}\boldsymbol{U}^{*}$。其中对角矩阵 $\boldsymbol{\Sigma}$ 的伪逆是通过获取对角线的每个非零元素的倒数，然后转置获得的。

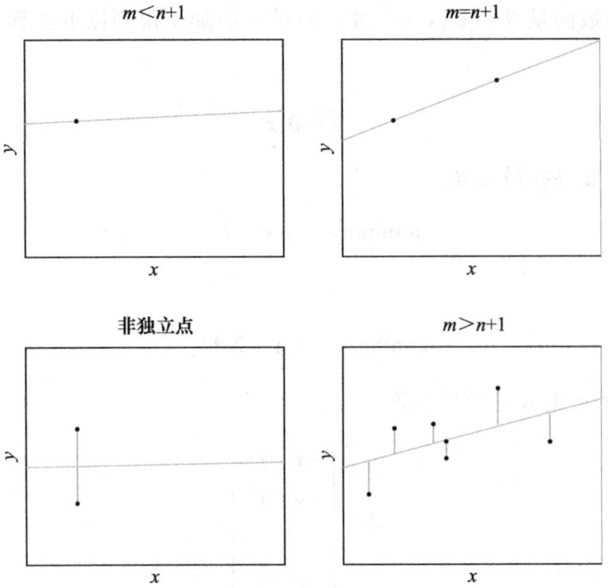

图 14.2　线性回归产生的模型可最大程度地减少模型到每个点的垂直距离。伪逆可为任何非空点配置提供唯一的解决方案。
左下子图显示了针对两个重复点获得的模型，在这种情况下，$m=n+1$。由于有两个条目重复，因此矩阵 $\boldsymbol{X}$ 是非奇异的。尽管在这种情况下 $\boldsymbol{X}$ 没
255 有逆，但伪逆产生一个唯一的解，该解在两点之间传递

14.3　基函数

线性模型是 $\boldsymbol{x}$ 分量的线性组合：

$$\hat{f}(\boldsymbol{x})=\theta_1 x_1+\cdots+\theta_n x_n=\sum_{i=1}^{n}\theta_i x_i=\boldsymbol{\theta}^\top\boldsymbol{x} \tag{14.13}$$

这是基函数的更一般线性组合的具体示例

256

$$\hat{f}(\boldsymbol{x})=\theta_1 b_1(\boldsymbol{x})+\cdots+\theta_q b_q(\boldsymbol{x})=\sum_{i=1}^{q}\theta_i b_i(\boldsymbol{x})=\boldsymbol{\theta}^\top\boldsymbol{b}(\boldsymbol{x}) \tag{14.14}$$

在线性回归的情况下，基函数仅提取每个分量 $b_i(\boldsymbol{x})=x_i$。
任何表示为基函数线性组合的代理模型都可以使用回归进行拟合：

$$\underset{\boldsymbol{\theta}}{\text{minimize}}\quad\|\boldsymbol{y}-\boldsymbol{B\theta}\|_2^2 \tag{14.15}$$

其中 $\boldsymbol{B}$ 是由 m 个数据点组成的基矩阵：

$$\boldsymbol{B}=\begin{bmatrix}\boldsymbol{b}(\boldsymbol{x}^{(1)})^\top\\ \boldsymbol{b}(\boldsymbol{x}^{(2)})^\top\\ \vdots\\ \boldsymbol{b}(\boldsymbol{x}^{(m)})^\top\end{bmatrix} \tag{14.16}$$

可以使用伪逆获得加权参数：

$$\boldsymbol{\theta}=\boldsymbol{B}^{+}\boldsymbol{y} \tag{14.17}$$

算法 14.2 实现了这种更通用的回归程序。

算法 14.2 一种用 bases 数组中的基函数进行回归，以将代理模型拟合到设计点 X 和相应的目标函数值 y 的方法

```
using LinearAlgebra
function regression(X, y, bases)
    B = [b(x) for x in X, b in bases]
    θ = pinv(B)*y
    return x -> sum(θ[i] * bases[i](x) for i in 1 : length(θ))
end
```

线性模型无法捕获非线性关系。还有许多其他类型的基函数族可以更好地表示代理模型。本节的其余部分将讨论一些常见的基函数族。

14.3.1 多项式基函数

多项式基函数由设计向量分量的乘积组成，每个向量均升为幂。线性基函数是多项式基函数的一种特殊情况。

根据泰勒级数展开式⊖，可以知道任何无限微分函数都可以用足够次数的多项式近似。使用算法 14.3构造这些基。 257

算法 14.3 为设计点的第 i 个分量构造一个度至多为 k 的多项式基函数数组的方法，以及为一个度至多为 k 的项构造 n 维多项式基列表的方法

```
polynomial_bases_1d(i, k) = [x->x[i]^p for p in 0:k]
function polynomial_bases(n, k)
    bases = [polynomial_bases_1d(i, k) for i in 1 : n]
    terms = Function[]
    for ks in product([0:k for i in 1:n]...)
        if sum(ks) ≤ k
            push!(terms,
                x->prod(b[j+1](x) for (j,b) in zip(ks,bases)))
        end
    end
    return terms
end
```

在一维空间中，度为 k 的多项式模型的形式为：

$$\hat{f}(x)=\theta_0+\theta_1 x+\theta_2 x^2+\theta_3 x^3+\cdots+\theta_k x^k=\sum_{i=0}^{k}\theta_i x^i \tag{14.18}$$

因此，对于范围从 0 到 k 的 i，有一组基函数 $b_i(x)=x^i$。

在二维空间中，度为 k 的多项式模型具有以下形式的基函数：

$$b_{ij}(\boldsymbol{x})=x_1^i x_2^j \quad 对于\ i,j\in\{0,\cdots,k\},\ i+j\leqslant k \tag{14.19}$$

⊖ 在附录 C.2 节中。

拟合多项式代理模型是一个回归问题，因此多项式模型在高维空间中是线性的（图 14.3）。基函数的任何线性组合都可以看作高维空间中的线性回归。

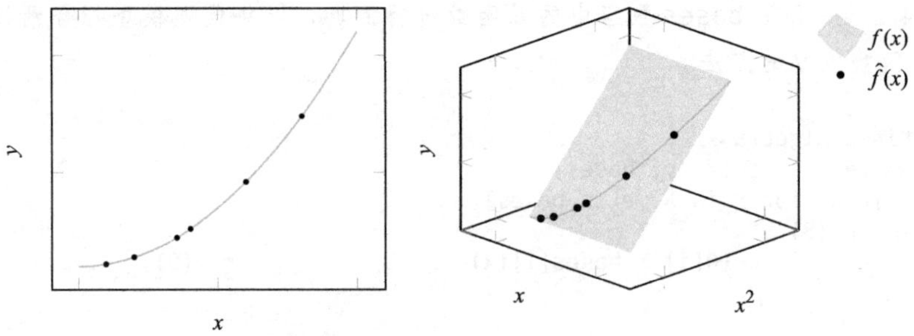

图 14.3 多项式模型在高维空间中是线性的。函数位于由基底组成的平面上，但它没有占据整个平面，因为其中的项是非独立的

14.3.2 正弦基函数

使用无限组正弦基函数可以表示有限域上的任何连续函数⊖。可以为区间 $[a, b]$ 上的任何可积一元函数 f 构造傅里叶级数。

$$f(x)=\frac{\theta_0}{2}+\sum_{i=1}^{\infty}\theta_i^{(\sin)}\sin\left(\frac{2\pi i x}{b-a}\right)+\theta_i^{(\cos)}\cos\left(\frac{2\pi i x}{b-a}\right) \tag{14.20}$$

其中

$$\theta_0=\frac{2}{b-a}\int_a^b f(x)\mathrm{d}x \tag{14.21}$$

$$\theta_i^{(\sin)}=\frac{2}{b-a}\int_a^b f(x)\sin\left(\frac{2\pi i x}{b-a}\right)\mathrm{d}x \tag{14.22}$$

$$\theta_i^{(\cos)}=\frac{2}{b-a}\int_a^b f(x)\cos\left(\frac{2\pi i x}{b-a}\right)\mathrm{d}x \tag{14.23}$$

正如在多项式模型中使用泰勒级数的前几项一样，在正弦模型中也使用傅里叶级数的前几项。域 $x\in[a, b]$ 上单个分量的基数为：

$$\begin{cases} b_0(x)=1/2 \\ b_i^{(\sin)}(x)=\sin\left(\frac{2\pi i x}{b-a}\right) \\ b_i^{(\cos)}(x)=\cos\left(\frac{2\pi i x}{b-a}\right) \end{cases} \tag{14.24}$$

我们可以使用与组合多项式模型中的项相同的方式组合多维正弦模型的项。算法 14.4 可用于构造正弦基函数。图 14.4 为正弦回归的几种情况。

⊖ 如果函数是周期性的，则傅里叶级数也适用于在整个实线上定义的函数。

算法 14.4　sinusoidal_bases_1d 方法根据给定的下界 a 和上界 b 产生设计向量的第 i 个分量高达 k 阶的基函数表。sinusoidal_bases 方法对上下界向量 a 和上界向量 b 产生高达 k 阶的所有基函数组合

```
function sinusoidal_bases_1d(j, k, a, b)
    T = b[j] - a[j]
    bases = Function[x->1/2]
    for i in 1 : k
        push!(bases, x->sin(2π*i*x[j]/T))
        push!(bases, x->cos(2π*i*x[j]/T))
    end
    return bases
end
function sinusoidal_bases(k, a, b)
    n = length(a)
    bases = [sinusoidal_bases_1d(i, k, a, b) for i in 1 : n]
    terms = Function[]
    for ks in product([0:2k for i in 1:n]...)
        powers = [div(k+1,2) for k in ks]
        if sum(powers) ≤ k
            push!(terms,
                x->prod(b[j+1](x) for (j,b) in zip(ks,bases)))
        end
    end
    return terms
end
```

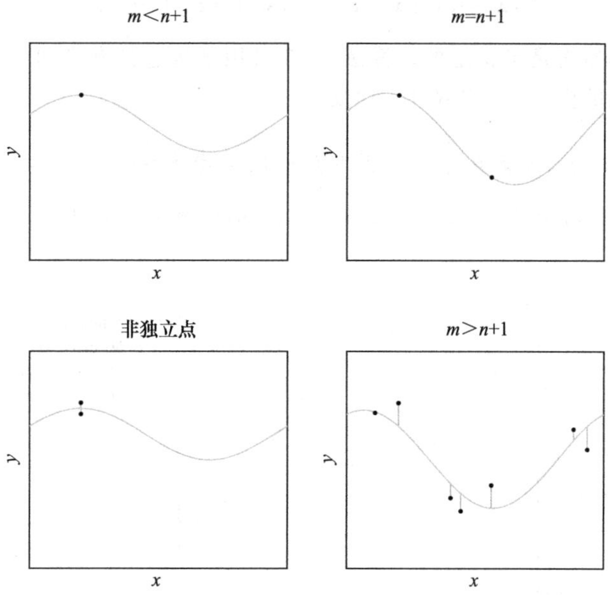

图 14.4　将正弦模型拟合到噪点

14.3.3　径向基函数

径向函数 ψ 是一个仅取决于点到某个中心点 $\boldsymbol{c}$ 的距离的函数，因此可以将其写成 $\psi(\boldsymbol{x},\boldsymbol{c})=\psi(\|\boldsymbol{x}-\boldsymbol{c}\|)=\psi(r)$。 258~261

径向函数是方便的基函数，因为放置径向函数会对函数产生起伏作用。一些常见的径向基函数如图 14.5 所示。

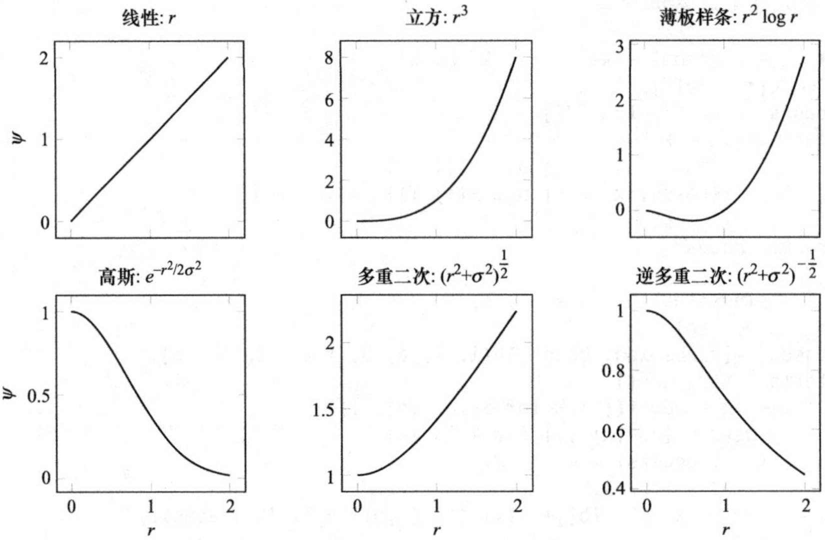

图 14.5　几个径向基函数

径向基函数需要指定中心点。将径向基函数拟合到一组数据点的一种方法是将数据点用作中心。对于一组 m 个点，可构造 m 个径向基函数：

$$b_i(\boldsymbol{x})=\psi(\|\boldsymbol{x}-\boldsymbol{x}^{(i)}\|),\text{对于 } i\in\{1,\cdots,m\} \tag{14.25}$$

相应的 $m\times m$ 基矩阵始终是半正定的。算法 14.5 可用于构造具有已知中心点的径向基函数。具有不同径向基函数的代理模型如图 14.6所示。

算法 14.5　给定径向基函数ψ、中心列表 C 和 L_p 范数参数 p，以获得基函数列表的方法

```
radial_bases(ψ, C, p=2) = [x->ψ(norm(x - c, p)) for c in C]
```

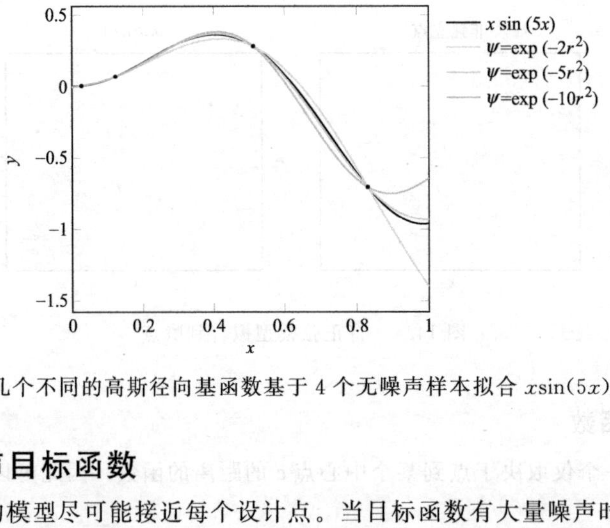

262　图 14.6　几个不同的高斯径向基函数基于 4 个无噪声样本拟合 $x\sin(5x)$（见彩插）

14.4　拟合噪声目标函数

使用回归拟合的模型尽可能接近每个设计点。当目标函数有大量噪声时，会发生过拟合现

象（目标函数经过每一个节点）。因此，提高拟合能力能够更好地预测目标函数。

扩展方程（14.15）中指定的基本回归问题，以产生更平滑的解决方案。除了预测误差，还添加了*正则项*，以便优先考虑权重较低的解决方案。L_2 *正则化*⊖得到的基回归问题为：

$$\underset{\boldsymbol{\theta}}{\text{minimize}} \quad \|\boldsymbol{y}-\boldsymbol{B\theta}\|_2^2+\lambda\|\boldsymbol{\theta}\|_2^2 \qquad (14.26)$$

其中，$\lambda \geqslant 0$ 是平滑参数，$\lambda=0$ 表示没有平滑。

优化参数向量为⊖：

$$\boldsymbol{\theta}=(\boldsymbol{B}^{\top}\boldsymbol{B}+\lambda\boldsymbol{I})^{-1}\boldsymbol{B}^{\top}\boldsymbol{y} \qquad (14.27)$$

其中，$\boldsymbol{I}$ 是单位矩阵。

算法 14.6 使用 L_2 正则化实现回归。图 14.7 显示了拟合到噪声样本的不同径向基函数的代理模型。

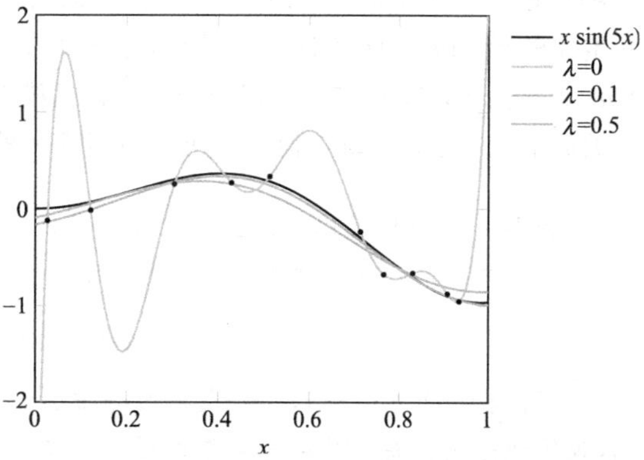

图 14.7 用于拟合 $x\sin(5x)$ 的几种不同的高斯径向基函数，它们基于 10 个噪声样本和径向基函数 $\psi=\exp(-5r^2)$，取平均值为零，标准差为 0.1（见彩插）

算法 14.6 一种在存在噪声的情况下进行回归的方法，其中λ是平滑项。它使用具有基础函数 bases 的回归函数返回一个拟合到设计点 X 和相应目标函数值 y 列表的代理模型

```
function regression(X, y, bases, λ)
    B = [b(x) for x in X, b in bases]
    θ = (B'B + λ*I)\B'y
    return x -> sum(θ[i] * bases[i](x) for i in 1 : length(θ))
end
```

263~264

14.5 模型选择

到目前为止，已经讨论了如何使特定模型拟合数据。本节将说明如何选择模型。通常希望最小化*泛化误差*，这是对模型在整个设计空间上误差的度量，包括可能不用于训练模型的数据点。度量泛化误差的一种方法是使用其预测的期望平方误差：

$$\epsilon_{\text{gen}}=\mathbb{E}_{x\sim\mathcal{X}}\left[(f(\boldsymbol{x})-\hat{f}(\boldsymbol{x}))^2\right] \qquad (14.28)$$

当然，我们不能精确地计算出这个泛化误差，因为这需要知道原函数。可以从*训练误差*中估计模型的泛化误差。一种度量训练误差的方法是利用模型在 m 个训练样本上进行评估的*均方误差*（Mean Squared Error，MSE）：

$$\epsilon_{\text{train}}=\frac{1}{m}\sum_{i=1}^{m}(f(\boldsymbol{x}^{(i)})-\hat{f}(\boldsymbol{x}^{(i)}))^2 \qquad (14.29)$$

然而，在训练数据上表现良好并不一定对应较低的泛化误差。复杂模型可以减少训练集上

⊖ 也可以使用附录 C.4 节所述的其他 L_p 范数。使用 L_1 范数可以得到影响较小的分量权重设置为零的稀疏解，这对识别重要的基函数很有用。

⊖ 矩阵（$\boldsymbol{B}^{\top}\boldsymbol{B}+\lambda\boldsymbol{I}$）并非总是可逆的。总是可以产生一个具有足够大的 λ 的可逆矩阵。

的错误，但它们对设计空间中的其他点可能不能提供更好的预测[⊖]（如例 14.1 所示）。

本节讨论估计泛化误差的几种方法，这些方法对数据子集进行训练和测试。本章介绍 TrainTest 类型（算法 14.7），其中包含训练索引列表和测试索引列表。fit 方法采用训练集并生成模型。metric 方法采用模型和测试集，并生成度量，例如均方误差。train_and_validate 方法（算法 14.7）是用于训练并评估模型的实用函数。尽管在估计泛化误差时，我们在
265 数据的子集上进行训练，但一旦决定使用哪个模型，就可以在完整的数据集上进行训练。

例 14.1　多项式代理模型的阶数变化所导致的训练误差与泛化误差的比较

考虑用不同阶的多项式拟合目标函数

$$f(x)=x/10+\sin(x)/4+\exp(-x^2)$$

下面我们用在 [−4, 4] 上均匀分布的 9 个值来绘制不同阶的多元代理模型，同时也显示训练和泛化误差，其中泛化是在 [−5, 5] 上计算的。

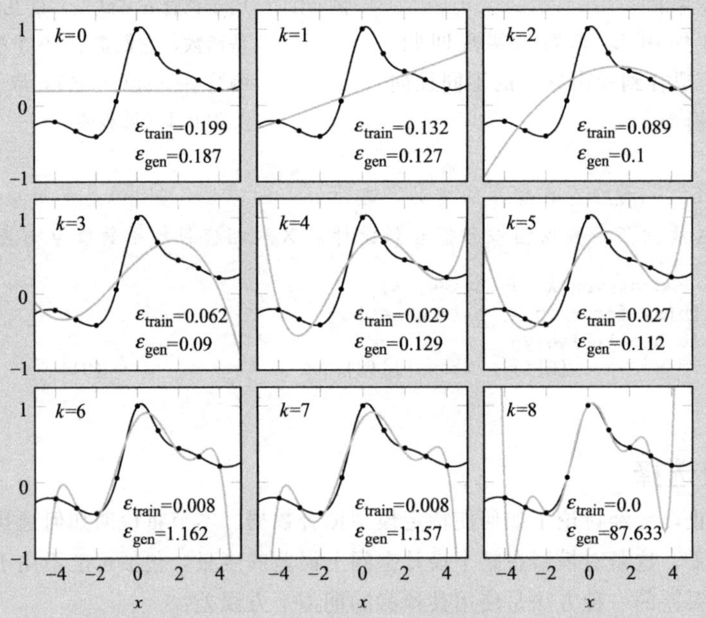

结果表明，无论 k 值很低还是很高，泛化误差都很高，并且随着多项式阶数的增加，训练误差会减小。高阶多项式对 [−4, 4] 以外的设计的预测能力特别差。
266

算法 14.7　训练模型并在度量上验证它的一种实用类型和方法。在这里，train 和 test 都是输入训练数据的指标列表，X 是设计点列表，y 是相应函数求值的向量，tt 是一个训练-测试分区，fit 是一个模型拟合函数，metric 对测试集上的模型求值以生成泛化误差的估计

⊖　机器学习的一大主题就是平衡模型的复杂度，以避免对训练数据产生过拟合。参见：K. P. Murphy, *Machine Learning: A Probabilistic Perspective*. MIT Press, 2012.

```
struct TrainTest
    train
    test
end
function train_and_validate(X, y, tt, fit, metric)
    model = fit(X[tt.train], y[tt.train])
    return metric(model, X[tt.test], y[tt.test])
end
```

14.5.1 保留法

估算泛化误差的一种简单方法是保留法，该方法将可用数据分为具有 h 个样本的测试集 $\mathcal{D}_h$ 和由剩余的 $m-h$ 个样本组成的训练集 $\mathcal{D}_t$，如图 14.8 所示。训练集用于拟合模型参数。模型拟合期间不使用保留测试集，因此它可以用来估计泛化误差。根据数据集的大小和性质，使用不同的分割比率，通常从 50%的训练和 50%的测试到 90%的训练和 10%的测试。使用过少的样本进行训练可能会导致拟合度较差（图 14.9），而使用过多的样本则会导致泛化估计值偏低。

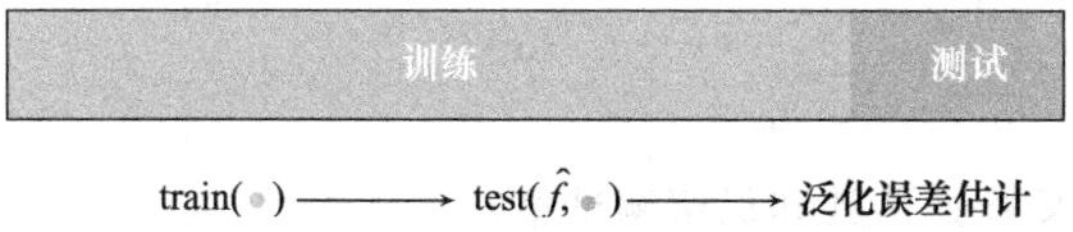

图 14.8 保留法（左）将数据划分为训练集和测试集（见彩插）

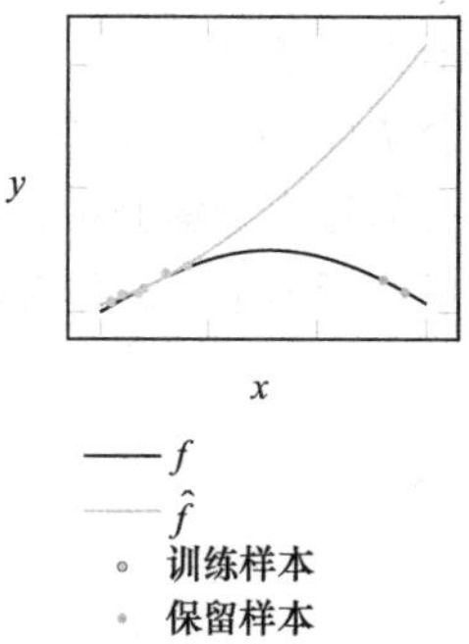

图 14.9 训练测试分割不正确可能会导致模型性能不佳（见彩插）

拟合训练集的模型 $\hat{f}$ 的保留误差为：

$$\epsilon_{\text{holdout}}=\frac{1}{h}\sum_{(\boldsymbol{x},y)\in\mathcal{D}_h}(y-\hat{f}(\boldsymbol{x}))^2 \tag{14.30}$$

即使分配比例是固定的，保留误差也将取决于所选的特定训练-测试分区。随机选择一个分区（算法 14.8）只会给出一个点估计。在随机子采样（算法 14.9）中，保留法多次应用于随机选择的训练-测试分区。估计的泛化误差是所有运行的平均值[⊖]。由于验证集是随机选择的，该方法不能保证对所有数据点都进行验证。 267

算法 14.8 一种将 m 个数据样本随机划分为训练集和保留集的方法，其中将 h 个样本分配给保留集

```
function holdout_partition(m, h=div(m,2))
    p = randperm(m)
    train = p[(h+1):m]
    holdout = p[1:h]
    return TrainTest(train, holdout)
end
```

⊖ 所有运行的标准偏差都可用于估计泛化误差的标准偏差。

算法 14.9　随机子抽样方法，使用保留法的 k_max 运行来获得模型泛化误差的平均和标准偏差估计

```
function random_subsampling(X, y, fit, metric;
    h=div(length(X),2), k_max=10)
    m = length(X)
    mean(train_and_validate(X, y, holdout_partition(m, h),
         fit, metric) for k in 1 : k_max)
end
```

14.5.2　交叉验证

使用训练-测试分区不能充分利用数据，因为模型调整只能利用数据的一部分，而更好的结果通常是通过 k 折交叉验证⊖获得的。原始数据集 $\mathcal{D}$ 被随机地分为大小相等或近似相等的 k 个集合 $\mathcal{D}_1$，$\mathcal{D}_2$，…，$\mathcal{D}_k$，如图 14.10 所示，并在算法 14.10 中实现。训练 k 个模型，在 $k-1$ 个集合的每个子集上建立一个模型，并使用保留集合来估计泛化误差。泛化误差的交叉验证估计是所有折的平均泛化误差⊖：

$$\epsilon_{\text{cross-validation}}=\frac{1}{k}\sum_{i=1}^{k}\epsilon_{\text{cross-validation}}^{(i)}$$
$$\epsilon_{\text{cross-validation}}^{(i)}=\frac{1}{|\mathcal{D}_{\text{test}}^{(i)}|}\sum_{(x,y)\in\mathcal{D}_{\text{test}}^{(i)}}(y-\hat{f}^{(i)}(\boldsymbol{x}))^2 \tag{14.31}$$

其中，$\epsilon_{\text{cross-validation}}^{(i)}$ 和 $\mathcal{D}_{\text{test}}^{(i)}$ 分别是第 i 折的交叉验证估计和保留测试集。

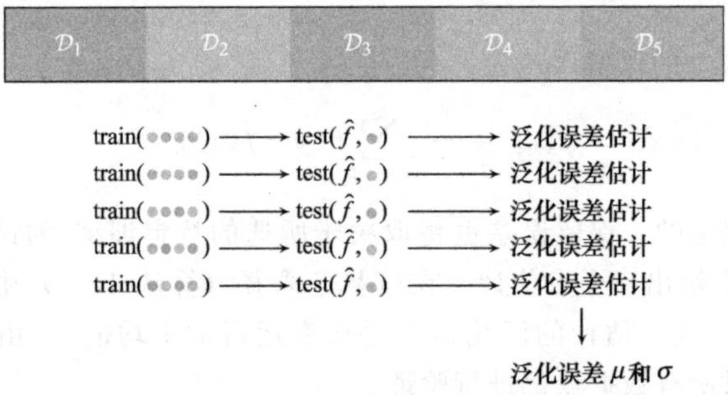

268 图 14.10　交叉验证将数据划分为大小相等的集合。每个集合是一次保留集合。这里显示了 5 折交叉验证（见彩插）

算法 14.10　k_fold_cross_validation_sets 方法构造对 m 个样本进行 k 折交叉验证所需的集合，其中 k≤m。cross_validation_estimate 方法通过对 sets 中包含的训练验证集列表进行训练和验证，来计算泛化误差估计的平均值。其他变量有设计点 X 的列表、相应的目标函数值 y、训练代理模型的函数 fit 和在数据集上评估模型的函数 metric。

⊖　也称为旋转估计。

⊖　与随机二次抽样一样，可以从折数上的标准偏差获得方差估计。

```
function k_fold_cross_validation_sets(m, k)
    perm = randperm(m)
    sets = TrainTest[]
    for i = 1:k
        validate = perm[i:k:m];
        train = perm[setdiff(1:m, i:k:m)]
        push!(sets, TrainTest(train, validate))
    end
    return sets
end
function cross_validation_estimate(X, y, sets, fit, metric)
    mean(train_and_validate(X, y, tt, fit, metric)
         for tt in sets)
end
```

交叉验证还取决于特定的数据分区。其特例是有 $k=m$ 的留一法交叉验证，它具有确定分区，尽可能多地训练数据，但需要训练 m 个模型[⊖]。对所有可能性为 $\binom{m}{m/k}$ 的分区进行平均（称为完全交叉验证）代价太高。虽然可以平均多个交叉验证运行，但更常见的是从单个交叉验证分区对模型进行平均。例 14.2 对交叉验证进行了演示。 269

例 14.2 用于拟合超参数的交叉验证

假设用带噪声超参数 λ 的径向基函数拟合一个噪声目标函数（14.4 节）。可以使用交叉验证来确定 λ。本例从噪声目标函数中得到了 10 个样本。实际上，目标函数是未知的，但是本例使用：

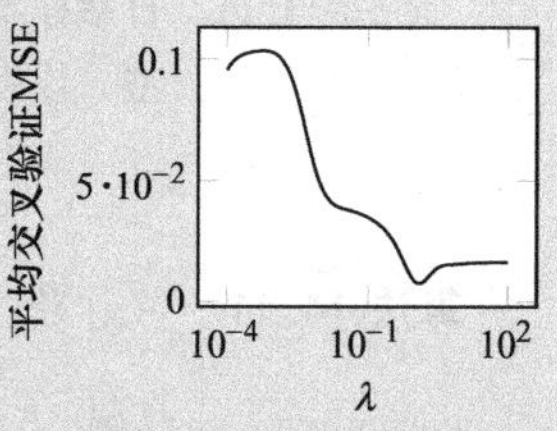

$$f(x)=\sin(2x)\cos(10x)+\varepsilon/10$$

其中 $x\in[0,1]$，ε 是均值和单位方差为零的随机噪声 $\varepsilon\sim\mathcal{N}(0,1)$。

```
Random.seed!(0)
f = x->sin(2x)*cos(10x)
X = rand(10)
y = f.(X) + randn(length(X))/10
```

使用随机分配的三折：

```
sets = k_fold_cross_validation_sets(length(X), 3)
```

接下来，使用均方误差实现度量：

```
metric = (f, X, y)->begin
    m = length(X)
    return sum((f(X[i]) - y[i])^2 for i in m)/m
end
```

现在遍历不同的 λ 值并拟合不同的径向基函数，本例用高斯径向基。交叉验证用于获得每个值的 MSE：

⊖ M. Stone, "Cross-Validatory Choice and Assessment of Statistical Predictions," *Journal of the Royal Statistical Society*, vol. 36, no. 2, pp. 111-147, 1974.

```
λs = 10 .^ range(-4, stop=2, length=101)
es = []
basis = r->exp(-5r^2)
for λ in λs
    fit = (X, y)->regression(X, y, radial_bases(basis, X), λ)
    push!(es,
        cross_validation_estimate(X, y, sets, fit, metric)[1])
end
```

14.5.3 自举法

自举法[⊖]使用多个自举样本，这些样本由 m 个索引组成，数据集大小为 m，这些数据是随机独立均匀选择的，索引是通过替换选择的，因此某些索引可能会被多次选择，而某些索引可能根本不会被选择，如图 14.11 所示。自举样本用于拟合模型，然后在原始训练集上进行评估。算法 14.11 中给出了一种获取自举样本的方法。

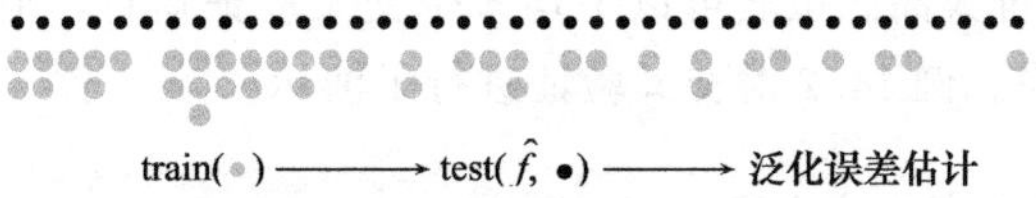

图 14.11　自举样本由 m 个索引组成，该索引包含替换样本。自举样本用于训练模型，该模型在完整数据集上进行评估，以获得泛化误差的估计值

算法 14.11　一种获得 b 个自举样本的方法，每个样本用于大小为 m 的数据集

```
bootstrap_sets(m, b) = [TrainTest(rand(1:m, m), 1:m) for i in 1:b]
```

如果制作了 b 个自举样本，则泛化误差的自举估计是相应泛化误差估计 $\varepsilon_{\text{test}}^{(1)}$，…，$\varepsilon_{\text{test}}^{(b)}$ 的平均值。

$$\varepsilon_{\text{boot}} = \frac{1}{b}\sum_{i=1}^{b}\varepsilon_{\text{test}}^{(i)} \tag{14.32}$$

$$= \frac{1}{m}\sum_{j=1}^{m}\frac{1}{b}\sum_{i=1}^{b}\left(y^{(j)} - \hat{f}^{(i)}(\boldsymbol{x}^{(j)})\right)^2 \tag{14.33}$$

其中 $\hat{f}^{(i)}$ 是拟合第 i 个自举样本的模型。自举法在算法 14.12 中实现。

公式(14.32) 中的自举误差会在模型所拟合的数据点上测试模型。留一法自举估计仅通过评估拟合模型保留数据来消除这种偏差源：

$$\varepsilon_{\text{leave-one-out-boot}} = \frac{1}{m}\sum_{j=1}^{m}\frac{1}{c_{-j}}\sum_{i=1}^{b}\begin{cases}\left(y^{(j)} - \hat{f}^{(i)}(\boldsymbol{x}^{(j)})\right)^2 & \text{如果第 } j \text{ 条索引不在第 } i \text{ 个自举样本中} \\ 0 & \text{其他}\end{cases} \tag{14.34}$$

⊖ B. Efron, "Bootstrap Methods: Another Look at the Jackknife," *The Annals of Statistics*, vol. 7, pp. 1-26, 1979.

其中 c_{-j} 是不包含索引 j 的自举样本数量。留一自举法在算法 14.13 中实现。

特定索引不在自举样本中的概率为：

$$\left(1-\frac{1}{m}\right)^m \approx e^{-1} \approx 0.368 \tag{14.35}$$ 270～271

因此，预计自举样本与原始数据集的索引平均相差 $0.632m$。

算法 14.12 一种通过训练和验证 sets 中包含的训练-验证集列表来计算自举泛化误差估计的方法。其他变量有设计点 X 的列表、相应的目标函数值 y、训练代理模型的函数 fit 和在数据集上评估模型的函数 metric

```
function bootstrap_estimate(X, y, sets, fit, metric)
    mean(train_and_validate(X, y, tt, fit, metric) for tt in sets)
end
```

算法 14.13 一种使用训练-验证集 sets 来计算留一法自举泛化误差估计的方法。其他变量有设计点 X 的列表、相应的目标函数值 y、训练代理模型的函数 fit 和评估数据集上模型的函数 metric

```
function leave_one_out_bootstrap_estimate(X, y, sets, fit, metric)
    m, b = length(X), length(sets)
    ε = 0.0
    models = [fit(X[tt.train], y[tt.train]) for tt in sets]
    for j in 1 : m
        c = 0
        δ = 0.0
        for i in 1 : b
            if j ∉ sets[i].train
                c += 1
                δ += metric(models[i], [X[j]], [y[j]])
            end
        end
        ε += δ/c
    end
    return ε/m
end
```
272

但由于测试集大小的变化，留一法自举估计引入新的偏差，0.632 自举估计[⊖]（算法 14.14）减小了这种偏差：

$$\varepsilon_{0.632\text{-boot}} = 0.632\varepsilon_{\text{leave-one-out-boot}} + 0.368\varepsilon_{\text{boot}} \tag{14.36}$$

算法 14.14 一种 0.632 自举估计方法，用于获取数据点 X、目标函数值 y、自举样本数量 b、拟合函数 fit 和度量函数 metric

⊖ 0.632 自举估计引用自文献：

B. Efron, "Estimating the Error Rate of a Prediction Rule: Improvement on Cross Validation," *Journal of the American Statistical Association*, vol. 78, no. 382, pp. 316-331, 1983.

0.632+自举估计变体引用自文献：

B. Efron and R. Tibshirani, "Improvements on Cross-Validation: The. 632+Bootstrap Method," *Journal of the American Statistical Association*, vol. 92, no. 438, pp. 548-560, 1997.

```
function bootstrap_632_estimate(X, y, sets, fit, metric)
    models = [fit(X[tt.train], y[tt.train]) for tt in sets]
    ϵ_loob = leave_one_out_bootstrap_estimate(X,y,sets,fit,metric)
    ϵ_boot = bootstrap_estimate(X,y,sets,fit,metric)
    return 0.632ϵ_loob + 0.368ϵ_boot
end
```

例 14.3 比较了几种泛化估计方法。

例 14.3 泛化误差估计方法的比较。box and whisker 图中的垂直线表示最小、最大、第一和第三四分位数，并代表 50 个试验中每种泛化误差估计方法的中位数

考虑 $f(x)=x^2+\epsilon/2$ 在 $x\in[-3,\ 3]$ 上的 10 个均匀分布样本，其中 ϵ 为零均值，有单位方差的高斯噪声。线性模型拟合此数据时，应用几种不同的泛化误差估计方法。本例的度量是**均方根误差**，即均方误差的平方根。

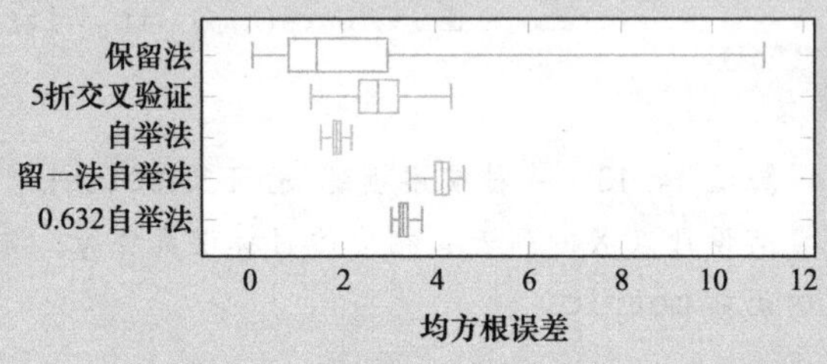

所使用的方法是具有 8 个训练样本的保留法、5 折交叉验证及各自具有 10 个自举样本的自举法。每种方法拟合 100 次，结果统计

273 如下所示。

14.6　小结

- 替代模型是可以优化的逼近函数，而不是可能代价高昂的真正目标函数。
- 可以使用基函数的线性组合来表示许多代理模型。
- 模型选择涉及在无法捕获重要趋势的低复杂度模型与过度拟合噪声的高复杂度模型之间进行偏差-方差权衡。
- 可以使用诸如抑制、k 折交叉验证和自举法之类的技术来估计泛化误差。

14.7　练习

练习 14.1　通过将梯度设为零，导出回归问题方程（14.8）最优解的表达式。不要求逆任何矩阵，所得到的关系式称为*正规方程*。

练习 14.2　什么时候可以使用更具描述性的模型，例如多项式特征，而不是像线性回归这样的简单模型？

练习 14.3　形式如方程（14.8）的线性回归问题并不总是用解析法求解，而是用优化技术代替，这样做的原因是什么？

练习 14.4　假设我们在四个点上评估目标函数 1、2、3、4，然后返回 0、5、4、6。我们想要拟合多项式模型 $f(x)=\sum_{i=0}^{k}\theta_i x^i$。计算均方误差的留一法交叉验证估计，$k$ 在 0 到 4 之

274 间变化。根据该度量，k 的最佳值是多少，$\boldsymbol{\theta}$ 元素的最佳值是什么？

第 15 章
Algorithms for Optimization

概率代理模型

前一章讨论了如何从评估的设计点构建代理模型。当使用代理模型进行优化时，量化对这些模型预测的置信度通常很有用。量化置信度的一种方法是采用概率方法来代理建模。常见的概率代理模型是高斯过程，它表示函数的概率分布。本章将解释如何使用高斯过程在给定先前评估的设计点值的情况下推断不同设计点值的分布，还将讨论如何合并梯度信息以及目标函数的噪声测量。由于高斯过程的预测由一组参数控制，我们将讨论如何从数据中直接推断这些参数。

15.1 高斯分布

在介绍高斯过程之前，首先回顾多元高斯分布的一些相关性质，高斯分布通常也称为多元正态分布⊖。n 维高斯分布通过其均值 $\boldsymbol{\mu}$ 和协方差矩阵 $\boldsymbol{\Sigma}$ 参数化。$\boldsymbol{x}$ 处的概率密度是

$$\mathcal{N}(\boldsymbol{x}\mid\boldsymbol{\mu},\boldsymbol{\Sigma})=(2\pi)^{-n/2}\left|\boldsymbol{\Sigma}\right|^{-1/2}\exp\left(-\frac{1}{2}(\boldsymbol{x}-\boldsymbol{\mu})^{\top}\boldsymbol{\Sigma}^{-1}(\boldsymbol{x}-\boldsymbol{\mu})\right) \tag{15.1}$$

图 15.1 显示了具有不同协方差矩阵的密度函数的等高线图。协方差矩阵总是半正定的。从高斯分布中采样的值写作

$$\boldsymbol{x}\sim\mathcal{N}(\boldsymbol{\mu},\boldsymbol{\Sigma}) \tag{15.2}$$ 275

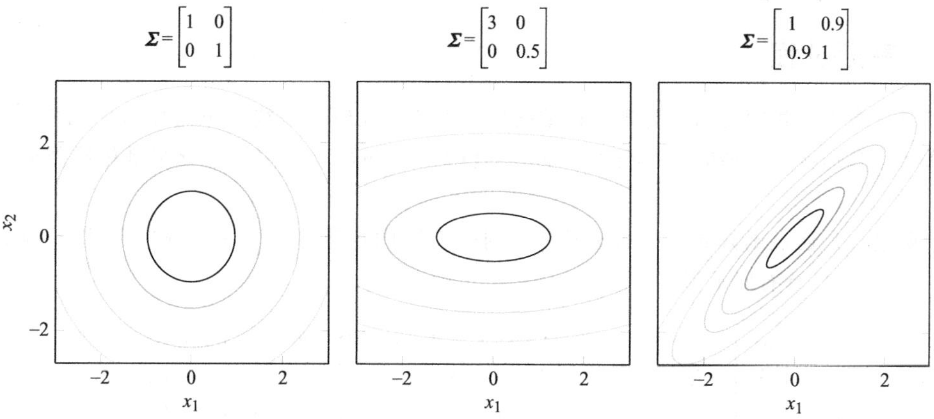

图 15.1 具有不同协方差矩阵的多元高斯分布（见彩插）

两个联合高斯随机变量 $\boldsymbol{a}$ 和 $\boldsymbol{b}$ 写作

⊖ 一元高斯分布在附录 C.7 节中讨论。

$$\begin{bmatrix} \boldsymbol{a} \\ \boldsymbol{b} \end{bmatrix} \sim \mathcal{N}\left(\begin{bmatrix} \boldsymbol{\mu}_a \\ \boldsymbol{\mu}_b \end{bmatrix}, \begin{bmatrix} \boldsymbol{A} & \boldsymbol{C} \\ \boldsymbol{C}^\top & \boldsymbol{B} \end{bmatrix}\right) \tag{15.3}$$

随机变量向量的边缘分布㊀通过相关的均值和方差表示：

$$\boldsymbol{a} \sim \mathcal{N}(\boldsymbol{\mu}_a, \boldsymbol{A}) \qquad \boldsymbol{b} \sim \mathcal{N}(\boldsymbol{\mu}_b, \boldsymbol{B}) \tag{15.4}$$

多元高斯分布的条件分布也有简洁的表达：

$$\boldsymbol{a} \mid \boldsymbol{b} \sim \mathcal{N}(\boldsymbol{\mu}_{a|b}, \boldsymbol{\Sigma}_{a|b}) \tag{15.5}$$

$$\boldsymbol{\mu}_{a|b} = \boldsymbol{\mu}_a + \boldsymbol{C}\boldsymbol{B}^{-1}(\boldsymbol{b} - \boldsymbol{\mu}_b) \tag{15.6}$$

$$\boldsymbol{\Sigma}_{a|b} = \boldsymbol{A} - \boldsymbol{C}\boldsymbol{B}^{-1}\boldsymbol{C}^\top \tag{15.7}$$

276 例 15.1 说明如何从多元高斯分布提取边缘和条件分布。

例 15.1 多元高斯分布的边缘分布和条件分布

例如，考虑以下情况：

$$\begin{bmatrix} x_1 \\ x_2 \end{bmatrix} \sim \mathcal{N}\left(\begin{bmatrix} 0 \\ 1 \end{bmatrix}, \begin{bmatrix} 3 & 1 \\ 1 & 2 \end{bmatrix}\right)$$

x_1 的边缘分布是 $\mathcal{N}$ (0, 3)，x_2 的边缘分布是 $\mathcal{N}$ (1, 2)。

在 $x_2=2$ 的情况下，x_1 的条件分布是

$$\boldsymbol{\mu}_{x_1|x_2=2} = 0 + 1 \cdot 2^{-1} \cdot (2-1) = 0.5$$

$$\boldsymbol{\Sigma}_{x_1|x_2=2} = 3 - 1 \cdot 1^{-1} \cdot 1 = 2.5$$

$$x_1 \mid (x_2=2) \sim \mathcal{N}(0.5, 2.5)$$

15.2 高斯过程

在前一章中，我们使用拟合先前评估的设计点的代理模型函数 $\hat{f}$ 来近似目标函数 f。一种称为高斯过程的特殊类型的代理模型不仅可以预测 f，还可以使用概率分布量化预测中的不确定性㊁。

高斯过程是通过函数的形式来表达的。对于有限的点集 $\{\boldsymbol{x}^{(1)}, \cdots, \boldsymbol{x}^{(m)}\}$，相关的函数估计 $\{y_1, \cdots, y_m\}$ 具有以下形式：

$$\begin{bmatrix} y_1 \\ \vdots \\ y_m \end{bmatrix} \sim \mathcal{N}\left(\begin{bmatrix} m(\boldsymbol{x}^{(1)}) \\ \vdots \\ m(\boldsymbol{x}^{(m)}) \end{bmatrix}, \begin{bmatrix} k(\boldsymbol{x}^{(1)}, \boldsymbol{x}^{(1)}) & \cdots & k(\boldsymbol{x}^{(1)}, \boldsymbol{x}^{(m)}) \\ \vdots & & \vdots \\ k(\boldsymbol{x}^{(m)}, \boldsymbol{x}^{(1)}) & \cdots & k(\boldsymbol{x}^{(m)}, \boldsymbol{x}^{(m)}) \end{bmatrix}\right) \tag{15.8}$$

㊀ 边缘分布是当其余部分被整合或边缘化时变量的一个子集。对于两个变量 a 和 b 的分布，a 上的边缘分布是 $p(a) = \int p(a,b)\mathrm{d}b$。

㊁ 更多关于高斯过程的介绍可参考：

C. E. Rasmussen and C. K. I. Williams, *Gaussian Processes for Machine Learning*. MITPress, 2006.

其中 $m(x)$ 是均值函数，$k(\boldsymbol{x},\boldsymbol{x}')$ 是协方差函数，或者是内核⊖。均值函数可以表示关于函数的先验知识。内核控制函数的平滑性。算法 15.1 给出了使用均值函数和协方差函数分别构造均值向量和协方差矩阵的方法。 277

算法 15.1　用于在给定设计点列表和均值函数 m 的情况下构造均值向量的函数μ，以及用于在给定 1 个或 2 个设计点列表和协方差函数 k 的情况下构造协方差矩阵的函数 Σ

```
μ(X, m) = [m(x) for x in X]
Σ(X, k) = [k(x,x′) for x in X, x′ in X]
K(X, X′, k) = [k(x,x′) for x in X, x′ in X′]
```

常见的内核函数是平方指数内核，其中

$$k(x,x')=\exp\left(-\frac{(x-x')^2}{2\ell^2}\right) \tag{15.9}$$

参数 ℓ 对应于特征长度尺度，它可以被视为我们必须在设计空间中行进的距离，直到目标函数值发生显著变化⊜。因此，ℓ 结果值越大，函数越平滑。图 15.2 显示了从具有零均值函数的高斯过程和具有不同特征长度尺度的平方指数内核中采样的函数。

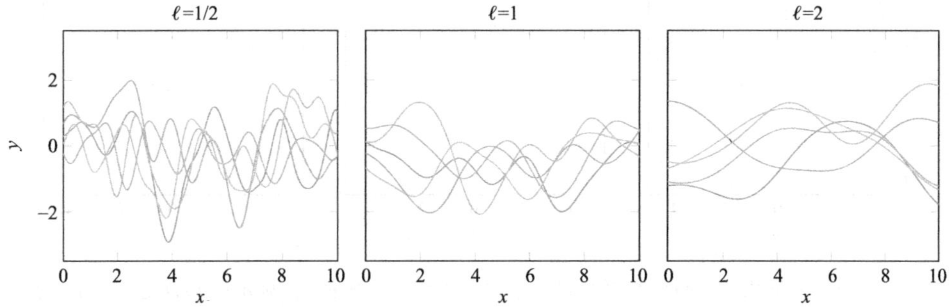

图 15.2　从具有平方指数内核的高斯过程中采样的函数（见彩插）

除了平方指数之外，还有许多其他内核函数。有几个如图 15.3 所示。许多内核函数使用 r，即 $\boldsymbol{x}$ 和 $\boldsymbol{x}'$ 之间的距离，通常使用欧式距离。Matérn 内核使用伽马函数 Γ，由 SpecialFunctions.jl 包中的 gamma 实现；而 $K_v(x)$ 是第二类修正贝塞尔函数，由 besselk(v, x) 实现。为了便于表示，神经网络内核为每个设计向量增加一个分量 1，表示为 $\bar{\boldsymbol{x}}=[1, x_1, x_2, \cdots]$ 和 $\bar{\boldsymbol{x}}'=[1, x_1', x_2', \cdots]$。 278

为了便于绘图，本章将重点介绍具有一维设计空间的高斯过程示例。但是，高斯过程是可以在多维设计空间上定义的，如图 15.4 所示。

⊖ 均值函数产生期望：

$$m(\boldsymbol{x})=\mathbb{E}[f(\boldsymbol{x})]$$

协方差函数产生协方差：

$$k(\boldsymbol{x},\boldsymbol{x}')=\mathbb{E}[(f(\boldsymbol{x})-m(\boldsymbol{x}))(f(\boldsymbol{x}')-m(\boldsymbol{x}'))]$$

⊜ 特征长度尺度的数学定义可参考：

C. E. Rasmussen and C. K. I. Williams, Gaussian *Processes for Machine Learning*. MITPress, 2006.

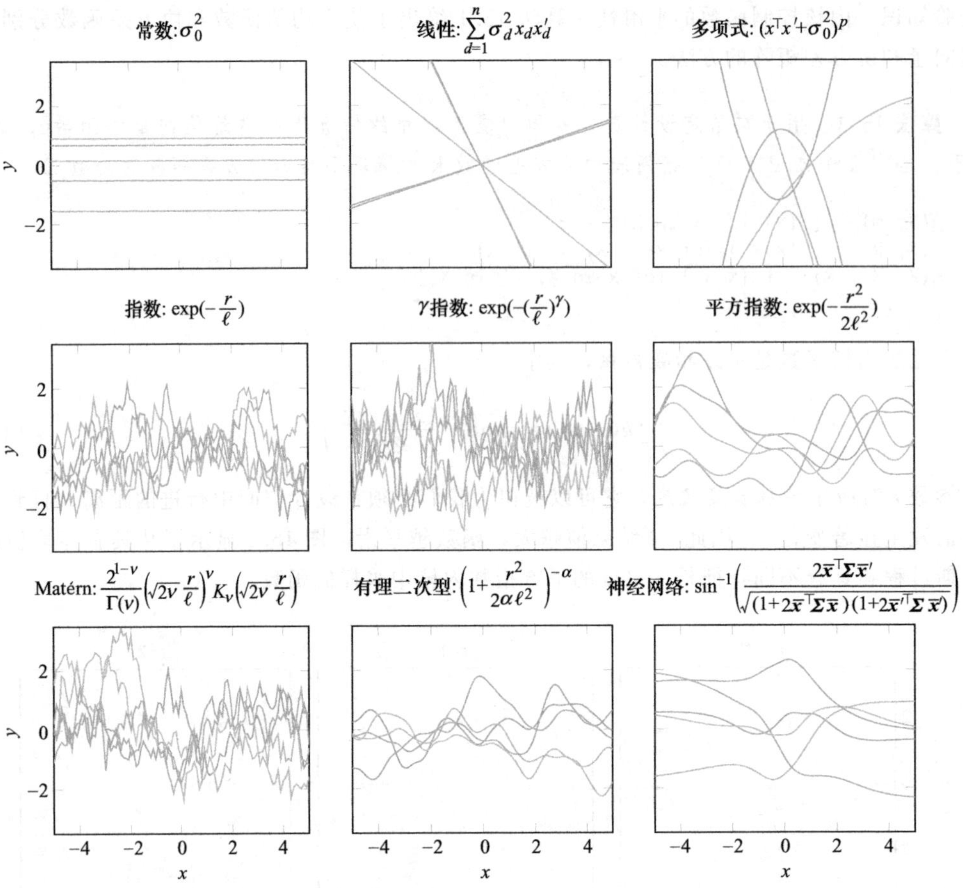

图 15.3 从具有不同内核函数的高斯过程中采样的函数（见彩插）。显示的函数是 $\sigma_0^2=\sigma_d^2=\ell=1$，

279 $p=2$，$\gamma=v=\alpha=0.5$，$\boldsymbol{\Sigma}=\boldsymbol{I}$

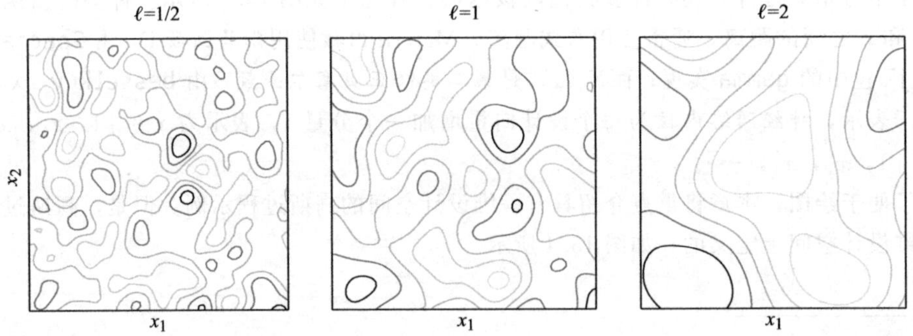

图 15.4 在二维设计空间中，从均值为零、内核为平方指数的高斯过程中采样的函数（见彩插）

正如我们将在 15.5 节中看到的那样，高斯过程也可以包含先验的独立噪声方差，该方差表示为 v。因此，通过均值和协方差函数、先验设计点及其函数估计、噪声方差定义高斯过程。相关类型在算法 15.2 中给出。

算法 15.2 高斯过程由均值函数 m、协方差函数 k、采样设计向量 X 及其相应值 y、噪声方差 ν 定义

```
mutable struct GaussianProcess
    m # mean
    k # covariance function
    X # design points
    y # objective values
    ν # noise variance
end
```

15.3 预测

高斯过程能够使用条件概率表示函数的分布。假设已经有一组点集 X 和相应的 $\boldsymbol{y}$，但我们希望预测点 X^* 处的值 $\hat{\boldsymbol{y}}$。联合分布是： 280

$$\begin{bmatrix}\hat{\boldsymbol{y}}\\ \boldsymbol{y}\end{bmatrix} \sim \mathcal{N}\left(\begin{bmatrix}\boldsymbol{m}(X^*)\\ \boldsymbol{m}(X)\end{bmatrix}, \begin{bmatrix}\boldsymbol{K}(X^*,X^*) & \boldsymbol{K}(X^*,X)\\ \boldsymbol{K}(X,X^*) & \boldsymbol{K}(X,X)\end{bmatrix}\right) \tag{15.10}$$

在上面的等式中，我们使用函数 $\boldsymbol{m}$ 和 $\boldsymbol{K}$，它们的定义如下：

$$\boldsymbol{m}(X) = [m(\boldsymbol{x}^{(1)}), \cdots, m(\boldsymbol{x}^{(n)})] \tag{15.11}$$

$$\boldsymbol{K}(X,X') = \begin{bmatrix} k(\boldsymbol{x}^{(1)}, \boldsymbol{x}'^{(1)}) & \cdots & k(\boldsymbol{x}^{(1)}, \boldsymbol{x}'^{(m)}) \\ \vdots & & \vdots \\ k(\boldsymbol{x}^{(n)}, \boldsymbol{x}'^{(1)}) & \cdots & k(\boldsymbol{x}^{(n)}, \boldsymbol{x}'^{(m)}) \end{bmatrix} \tag{15.12}$$

条件分布如下：

$$\hat{\boldsymbol{y}} \mid \boldsymbol{y} \sim \mathcal{N}\Big(\underbrace{\boldsymbol{m}(X^*) + \boldsymbol{K}(X^*,X)\boldsymbol{K}(X,X)^{-1}(\boldsymbol{y} - \boldsymbol{m}(X))}_{\text{均值}}, \underbrace{\boldsymbol{K}(X^*,X^*) - \boldsymbol{K}(X^*,X)\boldsymbol{K}(X,X)^{-1}\boldsymbol{K}(X,X^*)}_{\text{协方差}}\Big) \tag{15.13}$$

注意协方差不取决于 $\boldsymbol{y}$。这种分布通常被称为后验分布㊀。算法 15.3 给出了一种从高斯过程定义的后验分布中进行计算和采样的方法。

算法 15.3 函数 mvnrand 从多元高斯分布中采样，增加 inflation 因子以防止发生数值问题。rand 方法在矩阵 X 中的给定设计点处对高斯过程 GP 进行采样

```
function mvnrand(μ, Σ, inflation=1e-6)
    N = MvNormal(μ, Σ + inflation*I)
    return rand(N)
end
Base.rand(GP, X) = mvnrand(μ(X, GP.m), Σ(X, GP.k))
```

预测的均值可以写成 $\boldsymbol{x}$ 的函数：

㊀ 从贝叶斯统计学的角度，后验分布是未观测数据值在观测数据值的条件下的分布。

$$\hat{\mu}(\boldsymbol{x})=m(\boldsymbol{x})+\boldsymbol{K}(\boldsymbol{x},X)\boldsymbol{K}(X,X)^{-1}(\boldsymbol{y}-\boldsymbol{m}(\mathrm{X})) \tag{15.14}$$

$$=m(\boldsymbol{x})+\boldsymbol{\theta}^{\top}\boldsymbol{K}(X,\boldsymbol{x}) \tag{15.15}$$

其中 $\boldsymbol{\theta}=\boldsymbol{K}(X,X)^{-1}(\boldsymbol{y}-\boldsymbol{m}(X))$可以计算一次并重复用于不同的 $\boldsymbol{x}$ 值。请注意与前一章中代理模型的相似之处。高斯过程的价值超出前面所讨论的代理模型，因为它还会量化预测中的不确定性。

预测均值的方差可以写成 $\boldsymbol{x}$ 的函数：

281

$$\hat{v}(\boldsymbol{x})=\boldsymbol{K}(\boldsymbol{x},\boldsymbol{x})-\boldsymbol{K}(\boldsymbol{x},X)\boldsymbol{K}(X,X)^{-1}\boldsymbol{K}(X,\boldsymbol{x}) \tag{15.16}$$

在某些情况下，根据标准差来表达方程式会更方便，标准差即方差的平方根：

$$\hat{\sigma}(\boldsymbol{x})=\sqrt{\hat{v}(\boldsymbol{x})} \tag{15.17}$$

标准差与均值具有相同的单位。从标准差中可以计算 95％置信区域，它是一个包含与给定 $\boldsymbol{x}$ 上 y 的分布有关的 95％概率质量的区间。对于特定的 $\boldsymbol{x}$，95％置信区域由 $\hat{\mu}(\boldsymbol{x})\pm1.96\hat{\sigma}(\boldsymbol{x})$ 给出。人们可能希望使用不同于 95％的置信水平，但我们将在本章中使用置信区间为 95％的图。图 15.5显示了与拟合四个函数评估的高斯过程相关联的置信区域的图。

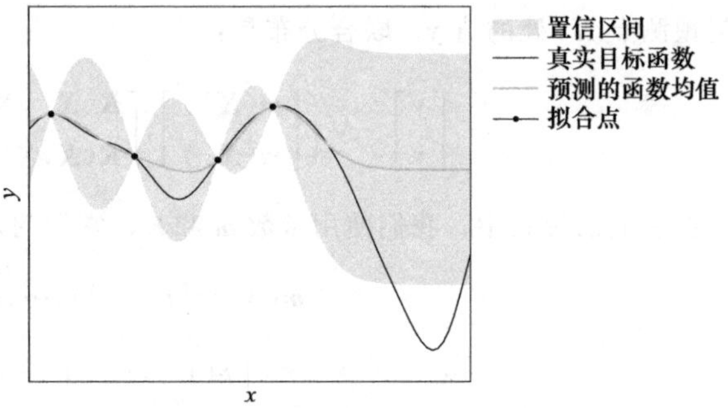

图 15.5　使用平方指数内核的高斯过程及其 95％置信区间。不确定性越大，离数据点越远。当远离数据点时，期望的函数值接近于零（见彩插）

15.4　梯度测量

可以用与现有的高斯过程机制一致的方式将梯度观测结合到高斯过程中[⊖]。高斯过程可以扩展到包含函数值与其梯度：

282

$$\begin{bmatrix}\boldsymbol{y}\\\nabla\boldsymbol{y}\end{bmatrix}\sim\mathcal{N}\left(\begin{bmatrix}\boldsymbol{m}_f\\\boldsymbol{m}_\nabla\end{bmatrix},\begin{bmatrix}\boldsymbol{K}_{ff}&\boldsymbol{K}_{f\nabla}\\\boldsymbol{K}_{\nabla f}&\boldsymbol{K}_{\nabla\nabla}\end{bmatrix}\right) \tag{15.18}$$

其中 $\boldsymbol{y}\sim\mathcal{N}(\boldsymbol{m}_f,\boldsymbol{K}_{ff})$ 是传统的高斯过程，$\boldsymbol{m}_\nabla$ 是梯度的均值函数[⊖]，$\boldsymbol{K}_{f\nabla}$是函数值和梯度之间的协方差矩阵，$\boldsymbol{K}_{\nabla f}$是函数梯度和值之间的协方差矩阵，$\boldsymbol{K}_{\nabla\nabla}$是函数梯度之间的协方差矩阵。

使用协方差函数构造这些协方差矩阵。高斯分布的线性导致协方差函数的相关性：

$$k_{ff}(\boldsymbol{x},\boldsymbol{x}')=k(\boldsymbol{x},\boldsymbol{x}') \tag{15.19}$$

$$k_{\nabla f}(\boldsymbol{x},\boldsymbol{x}')=\nabla_x k(\boldsymbol{x},\boldsymbol{x}') \tag{15.20}$$

$$k_{f\nabla}(\boldsymbol{x},\boldsymbol{x}')=\nabla_{x'} k(\boldsymbol{x},\boldsymbol{x}') \tag{15.21}$$

$$k_{\nabla\nabla}(\boldsymbol{x},\boldsymbol{x}')=\nabla_x\nabla_{x'} k(\boldsymbol{x},\boldsymbol{x}') \tag{15.22}$$

⊖ A. O'Hagan, "Some Bayesian Numerical Analysis," *Bayesian Statistics*, vol. 4, J. M. Bernardo, J. O. Berger, A. P. Dawid, and A. F. M. Smith, eds., pp. 345-363, 1992.

⊖ 与函数均值一样，$\boldsymbol{m}_\nabla$ 通常是 0。

例 15.2 使用这些关系导出特定内核的高阶协方差函数。

例 15.2　构造具有梯度观测的高斯过程的协方差函数

考虑平方指数协方差函数

$$k_{ff}(\boldsymbol{x},\boldsymbol{x}')=\exp\left(-\frac{1}{2}\|\boldsymbol{x}-\boldsymbol{x}'\|^2\right)$$

可以使用式(15.19)～式(15.22) 来获得使用具有梯度信息的高斯过程所需的其他协方差函数：

$$k_{\nabla f}(\boldsymbol{x},\boldsymbol{x}')_i=-(\boldsymbol{x}_i-\boldsymbol{x}'_i)\exp\left(-\frac{1}{2}\|\boldsymbol{x}-\boldsymbol{x}'\|^2\right)$$

$$k_{\nabla\nabla}(\boldsymbol{x},\boldsymbol{x}')_{ij}=-((i=j)-(\boldsymbol{x}_i-\boldsymbol{x}'_i)(\boldsymbol{x}_j-\boldsymbol{x}'_j))\exp\left(-\frac{1}{2}\|\boldsymbol{x}-\boldsymbol{x}'\|^2\right)$$

请注意，布尔表达式(如 $(i=j)$) 如果为真则返回 1，如果为假则返回 0。

预测可以以与传统高斯过程相同的方式完成。首先构造联合分布

$$\begin{bmatrix}\hat{\boldsymbol{y}}\\ \boldsymbol{y}\\ \nabla\boldsymbol{y}\end{bmatrix}\sim\mathcal{N}\left(\begin{bmatrix}\boldsymbol{m}_f(X^*)\\ \boldsymbol{m}_f(X)\\ \boldsymbol{m}_\nabla(X)\end{bmatrix},\begin{bmatrix}\boldsymbol{K}_{ff}(X^*,X^*) & \boldsymbol{K}_{ff}(X^*,X) & \boldsymbol{K}_{f\nabla}(X^*,X)\\ \boldsymbol{K}_{ff}(X,X^*) & \boldsymbol{K}_{ff}(X,X) & \boldsymbol{K}_{f\nabla}(X,X)\\ \boldsymbol{K}_{\nabla f}(X,X^*) & \boldsymbol{K}_{\nabla f}(X,X) & \boldsymbol{K}_{\nabla\nabla}(X,X)\end{bmatrix}\right) \tag{15.23}$$ 283

对于给定 m 对函数和梯度评估以及 ℓ 个查询点的 n 维设计向量的高斯过程，协方差块具有以下维度：

$$\begin{matrix}\ell\times\ell & \ell\times m & \ell\times nm\\ m\times\ell & m\times m & m\times nm\\ nm\times\ell & nm\times m & nm\times nm\end{matrix} \tag{15.24}$$

例 15.3 构造了这样的协方差矩阵。

例 15.3　构造具有梯度观测的高斯过程的协方差矩阵

假设在 $\boldsymbol{x}^{(1)}$ 和 $\boldsymbol{x}^{(2)}$ 两个位置评估函数及其梯度，我们想要预测 $\hat{\boldsymbol{x}}$ 处的函数值。可以用高斯过程推断 $\hat{\boldsymbol{y}}$、$\boldsymbol{y}$ 与 $\nabla\boldsymbol{y}$ 的联合分布，协方差矩阵是：

$$\begin{bmatrix}
k_{ff}(\hat{x},\hat{x}) & k_{ff}(\hat{x},x^{(1)}) & k_{ff}(\hat{x},x^{(2)}) & k_{f\nabla}(\hat{x},x^{(1)})_1 & k_{f\nabla}(\hat{x},x^{(1)})_2 & k_{f\nabla}(\hat{x},x^{(2)})_1 & k_{f\nabla}(\hat{x},x^{(2)})_2\\
k_{ff}(x^{(1)},\hat{x}) & k_{ff}(x^{(1)},x^{(1)}) & k_{ff}(x^{(1)},x^{(2)}) & k_{f\nabla}(x^{(1)},x^{(1)})_1 & k_{f\nabla}(x^{(1)},x^{(1)})_2 & k_{f\nabla}(x^{(1)},x^{(2)})_1 & k_{f\nabla}(x^{(1)},x^{(2)})_2\\
k_{ff}(x^{(2)},\hat{x}) & k_{ff}(x^{(2)},x^{(1)}) & k_{ff}(x^{(2)},x^{(2)}) & k_{f\nabla}(x^{(2)},x^{(1)})_1 & k_{f\nabla}(x^{(2)},x^{(1)})_2 & k_{f\nabla}(x^{(2)},x^{(2)})_1 & k_{f\nabla}(x^{(2)},x^{(2)})_2\\
k_{\nabla f}(x^{(1)},\hat{x})_1 & k_{\nabla f}(x^{(1)},x^{(1)})_1 & k_{\nabla f}(x^{(1)},x^{(2)})_1 & k_{\nabla\nabla}(x^{(1)},x^{(1)})_{11} & k_{\nabla\nabla}(x^{(1)},x^{(1)})_{12} & k_{\nabla\nabla}(x^{(1)},x^{(2)})_{11} & k_{\nabla\nabla}(x^{(1)},x^{(2)})_{12}\\
k_{\nabla f}(x^{(1)},\hat{x})_2 & k_{\nabla f}(x^{(1)},x^{(1)})_2 & k_{\nabla f}(x^{(1)},x^{(2)})_2 & k_{\nabla\nabla}(x^{(1)},x^{(1)})_{21} & k_{\nabla\nabla}(x^{(1)},x^{(1)})_{22} & k_{\nabla\nabla}(x^{(1)},x^{(2)})_{12} & k_{\nabla\nabla}(\ ^{(1)},\ ^{(2)})_{22}\\
k_{\nabla f}(x^{(2)},\hat{x})_1 & k_{\nabla f}(x^{(2)},x^{(1)})_1 & k_{\nabla f}(x^{(2)},x^{(2)})_1 & k_{\nabla\nabla}(x^{(2)},x^{(1)})_{11} & k_{\nabla\nabla}(x^{(2)},x^{(1)})_{12} & k_{\nabla\nabla}(x^{(2)},x^{(2)})_{11} & k_{\nabla\nabla}(x^{(2)},x^{(2)})_{12}\\
k_{\nabla f}(x^{(2)},\hat{x})_2 & k_{\nabla f}(x^{(2)},x^{(1)})_2 & k_{\nabla f}(x^{(2)},x^{(2)})_2 & k_{\nabla\nabla}(x^{(2)},x^{(1)})_{21} & k_{\nabla\nabla}(x^{(2)},x^{(1)})_{22} & k_{\nabla\nabla}(x^{(2)},x^{(2)})_{21} & k_{\nabla\nabla}(x^{(2)},x^{(2)})_{22}
\end{bmatrix}$$

条件分布遵循与式(15.13) 相同的高斯关系：

$$\hat{\boldsymbol{y}}\mid\boldsymbol{y},\nabla\boldsymbol{y}\sim\mathcal{N}(\boldsymbol{\mu}_\nabla,\boldsymbol{\Sigma}_\nabla) \tag{15.25}$$

其中

$$\boldsymbol{\mu}_\nabla=\boldsymbol{m}_f(X^*)+\begin{bmatrix}\boldsymbol{K}_{ff}(X,X^*)\\ \boldsymbol{K}_{\nabla f}(X,X^*)\end{bmatrix}^{\top}\begin{bmatrix}\boldsymbol{K}_{ff}(X,X) & \boldsymbol{K}_{f\nabla}(X,X)\\ \boldsymbol{K}_{\nabla f}(X,X) & \boldsymbol{K}_{\nabla\nabla}(X,X)\end{bmatrix}^{-1}\begin{bmatrix}\boldsymbol{y}-\boldsymbol{m}_f(X)\\ \nabla\boldsymbol{y}-\boldsymbol{m}_\nabla(X)\end{bmatrix} \tag{15.26}$$

$$\Sigma_\nabla = \boldsymbol{K}_{ff}(X^*, X^*) - \begin{bmatrix} \boldsymbol{K}_{ff}(X, X^*) \\ \boldsymbol{K}_{\nabla f}(X, X^*) \end{bmatrix}^\top \begin{bmatrix} \boldsymbol{K}_{ff}(X, X) & \boldsymbol{K}_{f\nabla}(X, X) \\ \boldsymbol{K}_{\nabla f}(X, X) & \boldsymbol{K}_{\nabla\nabla}(X, X) \end{bmatrix}^{-1} \begin{bmatrix} \boldsymbol{K}_{ff}(X, X^*) \\ \boldsymbol{K}_{\nabla f}(X, X^*) \end{bmatrix} \tag{15.27}$$

284 图 15.6 将有梯度观测时获得的区域与没有梯度观测时获得的区域进行比较。

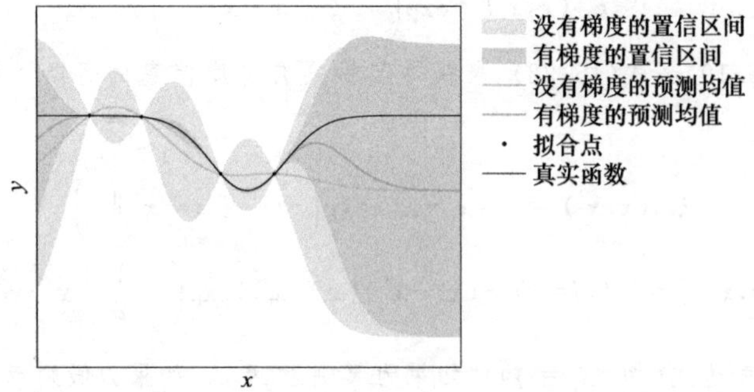

图 15.6　有梯度信息和没有梯度信息的高斯过程，使用平方指数内核。结合梯度信息可以显著减少置信区间（见彩插）

15.5　噪声测量

到目前为止，我们假设目标函数 f 是确定的。然而在实践中，f 的评估可能包括噪声测量、实验误差或数值舍入。

可以将噪声评估建模为 $y=f(\boldsymbol{x})+z$，其中 f 是确定的，而 z 是零均值高斯噪声，$z\sim\mathcal{N}(0, v)$。可以调整噪声 v 的方差以控制不确定性[⊖]。

新的联合分布是：

$$\begin{bmatrix} \hat{\boldsymbol{y}} \\ \boldsymbol{y} \end{bmatrix} \sim \mathcal{N}\left(\begin{bmatrix} \boldsymbol{m}(X^*) \\ \boldsymbol{m}(X) \end{bmatrix}, \begin{bmatrix} \boldsymbol{K}(X^*, X^*) & \boldsymbol{K}(X^*, X) \\ \boldsymbol{K}(X, X^*) & \boldsymbol{K}(X, X)+v\boldsymbol{I} \end{bmatrix} \right) \tag{15.28}$$

条件分布如下：

$$\hat{\boldsymbol{y}} \mid \boldsymbol{y}, v \sim \mathcal{N}(\boldsymbol{\mu}^*, \textstyle\sum^*) \tag{15.29}$$

$$\boldsymbol{\mu}^* = \boldsymbol{m}(X^*) + \boldsymbol{K}(X^*, X) \times (\boldsymbol{K}(X, X)+v\boldsymbol{I})^{-1}(\boldsymbol{y}-\boldsymbol{m}(X)) \tag{15.30}$$

$$\textstyle\sum^* = \boldsymbol{K}(X^*, X^*) - \boldsymbol{K}(X^*, X) \times (\boldsymbol{K}(X, X)+v\boldsymbol{I})^{-1}\boldsymbol{K}(X, X^*) \tag{15.31}$$

如上所示，考虑高斯噪声是很直观的，并且可以解析计算后验分布。图 15.7 显示了一个噪声高斯过程。算法 15.4 实现了有噪声测量的高斯过程的预测。

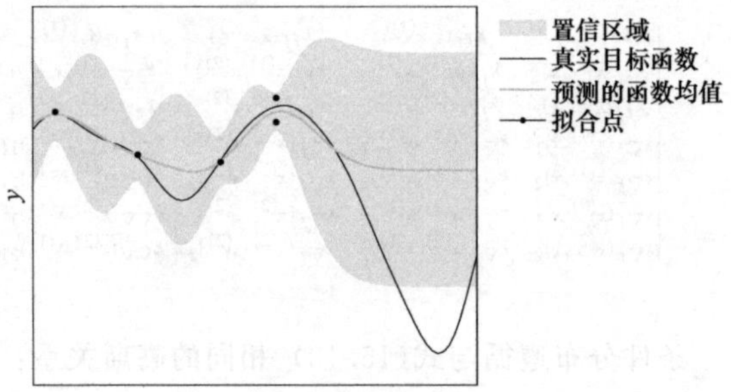

图 15.7　使用平方指数内核的噪声高斯过程（见彩插）

⊖ 14.5 节中介绍的技术可用于调整噪声的方差。

算法 15.4 一种在高斯过程中获得 f 的预测均值和标准差的方法。该方法采用高斯过程 GP 和点 X_pred 的列表来评估预测。它返回每个评估点的均值和方差

```
function predict(GP, X_pred)
    m, k, ν = GP.m, GP.k, GP.ν
    tmp = K(X_pred, GP.X, k) / (K(GP.X, GP.X, k) + ν*I)
    μₚ = μ(X_pred, m) + tmp*(GP.y - μ(GP.X, m))
    S = K(X_pred, X_pred, k) - tmp*K(GP.X, X_pred, k)
    νₚ = diag(S) .+ eps() # eps prevents numerical issues
    return (μₚ, νₚ)
end
```

285~286

15.6 拟合高斯过程

内核和参数的选择对评估的设计点之间的高斯过程的形式有很大影响。可以使用前一章中介绍的交叉验证来选择内核及其参数。我们最大化测试数据的似然函数，而不是最小化它们的平方误差[⊖]。也就是说，我们寻找一个参数 $\boldsymbol{\theta}$，它可以最大化函数值的概率 $p(\boldsymbol{y} \mid X, \boldsymbol{\theta})$。数据的似然是从模型中提取观测点的概率，我们可以最大化对数似然，因为在似然计算中乘以小概率可以产生极小的值。给定有 n 个数据点的数据集 $\mathcal{D}$，对数似然由下式给出：

$$\log p(\boldsymbol{y} \mid X, \upsilon, \boldsymbol{\theta}) = -\frac{n}{2}\log 2\pi - \frac{1}{2}\log|\boldsymbol{K}_{\boldsymbol{\theta}}(X,X)+\upsilon\boldsymbol{I}| - \frac{1}{2}(\boldsymbol{y}-\boldsymbol{m}_{\boldsymbol{\theta}}(X))^{\top} \times (\boldsymbol{K}_{\boldsymbol{\theta}}(X,X)+\upsilon\boldsymbol{I})^{-1}(\boldsymbol{y}-\boldsymbol{m}_{\boldsymbol{\theta}}(X)) \tag{15.32}$$

其中均值和协方差函数由 $\boldsymbol{\theta}$ 参数化。

假设均值为零，即 $\boldsymbol{m}_{\boldsymbol{\theta}}(X)=\boldsymbol{0}$，并且 $\boldsymbol{\theta}$ 仅指代高斯过程协方差函数的参数。可以通过梯度上升达到最大似然估计。梯度由下式给出：

$$\frac{\partial}{\partial \boldsymbol{\theta}_j}\log p(\boldsymbol{y} \mid X, \boldsymbol{\theta}) = \frac{1}{2}\boldsymbol{y}^{\top}\boldsymbol{K}^{-1}\frac{\partial \boldsymbol{K}}{\partial \boldsymbol{\theta}_j}\boldsymbol{K}^{-1}\boldsymbol{y} - \frac{1}{2}\mathrm{tr}\left(\boldsymbol{\Sigma}_{\boldsymbol{\theta}}^{-1}\frac{\partial \boldsymbol{K}}{\partial \boldsymbol{\theta}_j}\right) \tag{15.33}$$

其中 $\boldsymbol{\Sigma}_{\boldsymbol{\theta}} = \boldsymbol{K}_{\boldsymbol{\theta}}(X, X) + \upsilon\boldsymbol{I}$。使用矩阵导数关系

$$\frac{\partial \boldsymbol{K}^{-1}}{\partial \boldsymbol{\theta}_j} = -\boldsymbol{K}^{-1}\frac{\partial \boldsymbol{K}}{\partial \boldsymbol{\theta}_j}\boldsymbol{K}^{-1} \tag{15.34}$$

$$\frac{\partial \log |\boldsymbol{K}|}{\partial \boldsymbol{\theta}_j} = \mathrm{tr}\left(\boldsymbol{K}^{-1}\frac{\partial \boldsymbol{K}}{\partial \boldsymbol{\theta}_j}\right) \tag{15.35}$$

其中 $\mathrm{tr}(\boldsymbol{A})$ 表示矩阵 $\boldsymbol{A}$ 的迹，定义为主对角线上元素的总和。 287

15.7 小结

- 高斯过程是函数的概率分布。
- 内核的选择会影响从高斯过程中采样的函数的平滑度。
- 多元正态分布具有可解析的条件分布和边缘分布。
- 给定一组过去的评估集合，可以预测在特殊设计点处目标函数的均值和标准差。

⊖ 也可以最大化伪似然，参见：

C. E. Rasmussen and C. K. I. Williams, *Gaussian Processes for Machine Learning*. MIT Press, 2006.

- 可以结合梯度观测来改进对目标值及其梯度的预测。
- 可以将噪声测量加入高斯过程。
- 可以使用最大似然拟合高斯过程的参数。

15.8 练习

练习 15.1 随着更多样本的积累，高斯过程在优化过程中将变得越来越复杂。基于回归，模型会有怎样的好处？

练习 15.2 高斯过程预测的计算复杂度如何随着数据点数量 m 的增加而增加？

练习 15.3 在区间 $[-5, 5]$ 上，考虑函数 $f(x)=\sin(x)/(x^2+1)$。绘制高斯过程的 95%置信边界，其中导数信息拟合 $\{-5, -2.5, 0, 2.5, 5\}$ 处的估计。在 $[-5, 5]$ 内，预测分布的最大标准差是多少？在均匀空间，高斯过程在没有导数信息的情况下达到同样的最大预测标准差，需要多少函数估计？

288 假设有零均值函数和无噪声观测，并使用协方差函数：

$$k_{ff}(x,x')=\exp\left(-\frac{1}{2}\|x-x'\|_2^2\right)$$

$$k_{\nabla f}(x,x')=(x'-x)\exp\left(-\frac{1}{2}\|x-x'\|_2^2\right)$$

$$k_{\nabla\nabla}(x,x')=((x-x')^2-1)\exp\left(-\frac{1}{2}\|x-x'\|_2^2\right)$$

练习 15.4 推导公式 $k_{f\nabla}(\boldsymbol{x},\boldsymbol{x}')_i=\operatorname{cov}\left(f(\boldsymbol{x}),\frac{\partial}{\partial x_i'}f(\boldsymbol{x}')\right)=\frac{\partial}{\partial x_i'}k_{ff}(\boldsymbol{x},\boldsymbol{x}')$。

练习 15.5 假设在两个变量 a 和 b 上有一个多元高斯分布。对于给定 b，证明 a 上条件分布的方差不大于 a 上边缘分布的方差。这是有意义的吗？

练习 15.6 假设在采样时观察到许多异常值，也就是说，我们观察到的样本并没有落在高斯过程给出的置信区间内。这意味着我们选择的概率模型是不恰当的。我们能做些什么？

练习 15.7 考虑函数估计对 (x, y) 的模型选择：

$$\{(1,0),(2,-1),(3,-2),(4,1),(5,0)\}$$

使用留一法交叉验证来选择内核，也就是给定高斯过程，一部分作为样本集，剩余部分作为测试集，最大化预测似然。假设均值为零且没有噪声。从内核中选择：

$$\exp(-\|x-x'\|)$$
$$\exp(-\|x-x'\|^2)$$
$$(1+\|x-x'\|)^{-1}$$
$$(1+\|x-x'\|^2)^{-1}$$
$$(1+\|x-x'\|)^{-2}$$

289~290

第 16 章
Algorithms for Optimization

代理优化

上一章介绍了如何使用概率代理模型（特别是高斯过程）来推断真实目标函数的概率分布。这些分布可用于指导优化过程向更好的设计点发展[⊖]。对于接下来选择哪个设计点来做估计，本章将概述几种常见的技术。这里讨论的技术会贪婪地优化各种指标[⊜]。我们还将讨论如何使用代理模型以安全的方式优化目标指标。

16.1 基于预测的探索

在基于预测的探索中，我们选择代理函数的最小值。例如 3.5 节中讨论过的二次拟合搜索。通过二次拟合搜索，我们使用二次代理模型拟合最后三个包围点，然后选择二次函数最小值处的点。

如果使用高斯过程代理模型，则基于预测的优化使我们选择均值函数的最小值。

$$\boldsymbol{x}^{(m+1)} = \arg\min_{\boldsymbol{x}\in\mathcal{X}} \hat{\mu}(\boldsymbol{x}) \tag{16.1}$$

其中 $\hat{\mu}(\boldsymbol{x})$ 是基于先前 m 个设计点在设计点 $\boldsymbol{x}$ 处的高斯过程的预测平均值。该过程如图 16.1 所示。

基于预测的优化不考虑不确定性，并且生成的新样本可以非常接近现有样本。在目标值的置信度比较大的位置进行抽样是对功能评估的浪费。

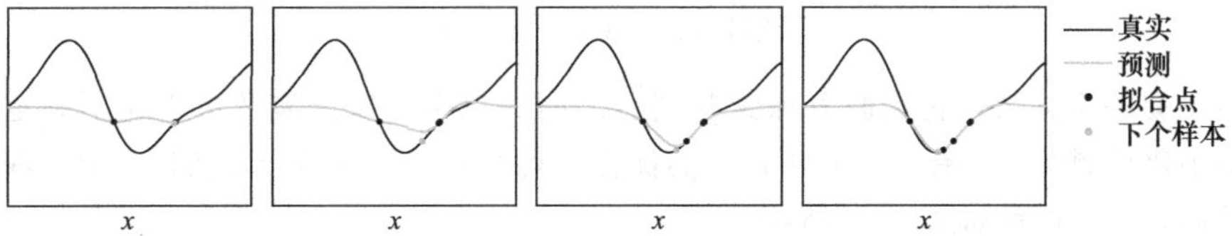

图 16.1　基于预测的优化选择最小化目标函数均值的点（见彩插）

16.2 基于误差的探索

基于误差的探索旨在提高对真实函数的置信度。高斯过程可以告诉我们每个点的均值和标

⊖ A. Forrester, A. Sobester, and A. Keane, *Engineering Design via Surrogate Modelling: A Practical Guide*, Wiley, 2008.

⊜ 贪婪优化的一种替代方法是将问题定义为部分可观察的 *Markov* 决策过程，并提前规划若干步骤。上述步骤来自：

M. Toussaint, "The Baysian Search Game", in *Theory and Principled Methods for the Design of Metaheuristics*, Y. Borenstein and A. Moraglio, eds. Springer, 2014, pp. 129-144.

另请参阅：

R. Lam, K. Willcox and D. H. Wolpert, "Bayesian Optimization with a Finite Budget: An Approximate Dynamic Programming Approach," *Advances in Neural Information Processing Systmes (NIPS)*, 2016.

准差。标准差大表示置信度低，因此在设计点处基于误差的探索样本具有最大的不确定性。

下一个样本点是：

$$\boldsymbol{x}^{(m+1)}=\arg\max_{x\in\mathcal{X}}\hat{\sigma}(\boldsymbol{x}) \tag{16.2}$$

其中，$\hat{\sigma}(\boldsymbol{x})$ 是基于前 m 个设计点的设计点 $\boldsymbol{x}$ 处的高斯过程的标准差。该过程如图 16.2 所示。

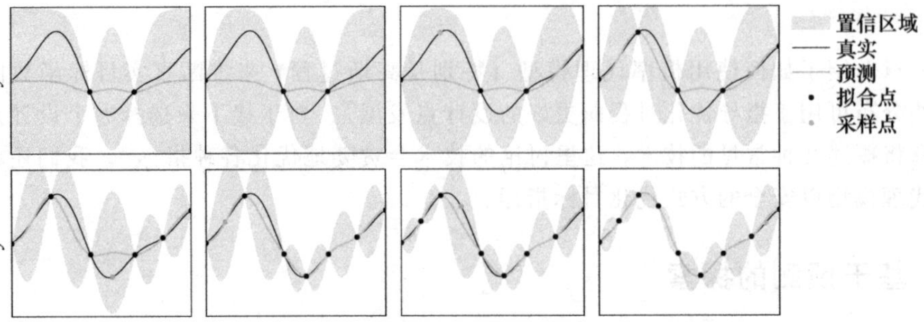

图 16.2　基于误差的探索选择具有最大不确定性的点（见彩插）

291~292 通常在整个$\mathbb{R}^n$ 上定义高斯过程。具有无界可行集合的优化问题始终具有远离采样点的高度不确定性，从而无法置信整个域的真正基础函数。因此，基于误差的探索必须限制在封闭区域内。

16.3　置信下界的探索

尽管基于误差的探索总体上减少了目标函数的不确定性，但其样本通常位于不太可能包含全局极小值的区域内。置信下界的探索在基于预测的优化所采用的贪婪最小化与基于误差的探索所采用的不确定性降低之间进行权衡。下一个样本最小化目标函数的置信下界为：

$$LB(\boldsymbol{x})=\hat{\mu}(\boldsymbol{x})-\alpha\hat{\sigma}(\boldsymbol{x}) \tag{16.3}$$

其中，$\alpha\geqslant0$ 是一个常数，它控制着探索与利用之间的权衡。探索涉及最小化不确定性，而利用涉及最小化预测均值。有一个基于预测的优化，其中 $\alpha=0$，并且当 α 接近∞时，我们进行基于误差的探索。该过程如图 16.3 所示。

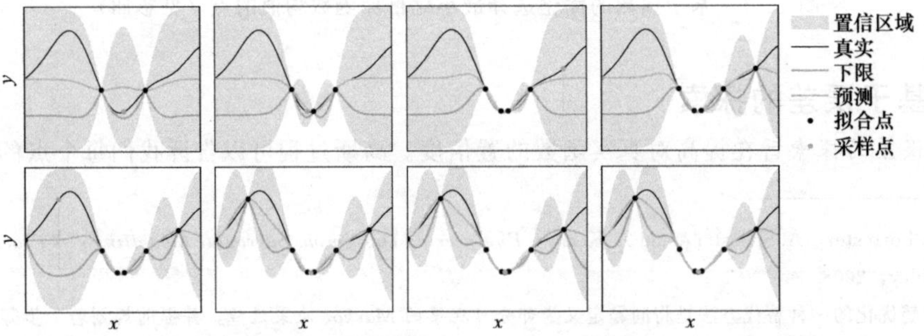

图 16.3　置信下界在最小化不确定性与最小化预测函数之间进行权衡（见彩插）

16.4　改进探索的概率

有时候，可以通过选择设计点来获得更快的收敛速度，该设计点将最大化新点比当前最佳样本更好的概率。把在 $\boldsymbol{x}$ 处采样产生的 $y=f(\boldsymbol{x})$ 函数改进为：

$$I(y)=\begin{cases} y_{\min}-y & \text{如果 } y<y_{\min} \\ 0 & \text{其他} \end{cases} \tag{16.4}$$ 293

$y_{\min}$是到目前为止采样的最小值。

$\hat{\sigma}>0$ 的点处的改进概率为：

$$P(y<y_{\min})=\int_{-\infty}^{y_{\min}}\mathcal{N}(y\mid\hat{\mu},\hat{\sigma})\mathrm{d}y \tag{16.5}$$

$$=\Phi\left(\frac{y_{\min}-\hat{\mu}}{\hat{\sigma}}\right) \tag{16.6}$$

其中 Φ 是标准正态累积分布函数（见附录 C.7 节）。

该计算（算法 16.1）如图 16.4 所示。图 16.5 说明了此过程。当 $\hat{\sigma}=0$（发生在进行无噪声测量的点）时，改进概率为零。

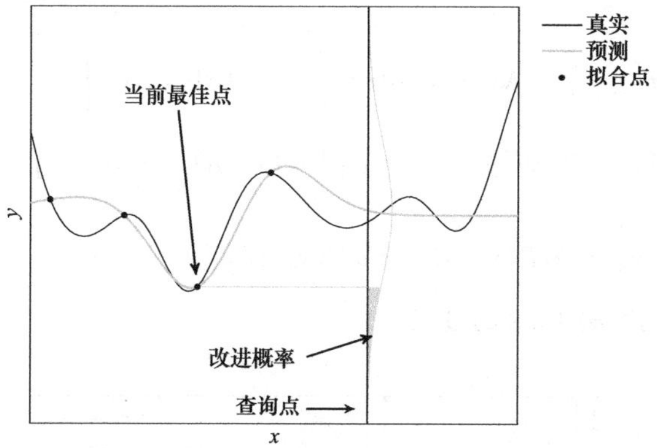

图 16.4　改进概率是特定点产生比当前最优点更好的结果的概率。本图显示了在查询点预测的概率密度函数，其中，$y_{\min}$下的阴影区域代表改进概率（见彩插）

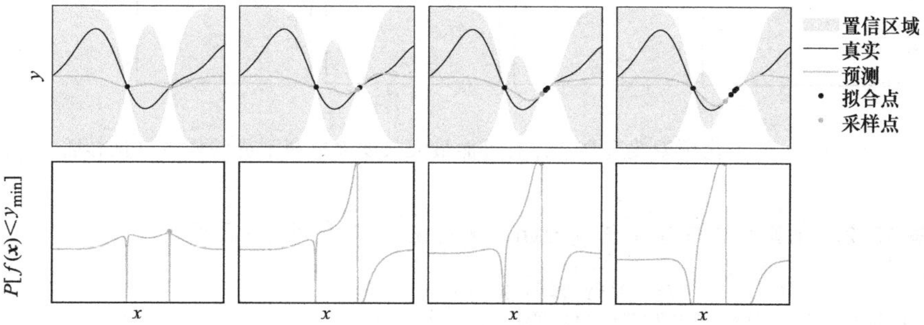

图 16.5　最大化改进概率选择最有可能产生较低目标值的样本（见彩插）

算法 16.1　计算给定最佳 y 值 y_min、均值μ和方差 v 的改进概率

```
prob_of_improvement(y_min, μ, σ) = cdf(Normal(μ, σ), y_min)
```

16.5 预期改进探索

优化与寻找目标函数的最小值有关。虽然最大程度地提高改进概率会随着时间的推移而降低目标函数，但每次迭代并没有太大改进。

可以将探索最大化预期改进点的重点放在当前最佳函数值上。通过代换：

$$z=\frac{y-\hat{\mu}}{\hat{\sigma}} \qquad y'_{\min}=\frac{y_{\min}-\hat{\mu}}{\hat{\sigma}} \tag{16.7}$$

可以将等式(16.4) 中的改进记为：

$$I(y)=\begin{cases}\hat{\sigma}(y'_{\min}-z) & \text{如果 } z<y'_{\min} \text{ 且 } \hat{\sigma}>0 \\ 0 & \text{其他}\end{cases} \tag{16.8}$$

其中 $\hat{\mu}$ 和 $\hat{\sigma}$ 是在采样点 $\boldsymbol{x}$ 处的预测平均值和标准差。

使用高斯过程预测的分布来计算预期改进：

$$\mathbb{E}[I(y)]=\hat{\sigma}\int_{-\infty}^{y'_{\min}}(y'_{\min}-z)\mathcal{N}(z\mid 0,1)\mathrm{d}z \tag{16.9}$$

$$=\hat{\sigma}\left[y'_{\min}\int_{-\infty}^{y'_{\min}}\mathcal{N}(z\mid 0,1)\mathrm{d}z-\int_{-\infty}^{y'_{\min}}z\mathcal{N}(z\mid 0,1)\mathrm{d}z\right] \tag{16.10}$$

294
~
295

$$=\hat{\sigma}[y'_{\min}P(z\leqslant y'_{\min})+\mathcal{N}(y'_{\min}\mid 0,1)-\underbrace{\mathcal{N}(-\infty\mid 0,1)}_{=0}] \tag{16.11}$$

$$=(y_{\min}-\hat{\mu})P(y\leqslant y_{\min})+\hat{\sigma}\mathcal{N}(y_{\min}\mid\hat{\mu},\hat{\sigma}^2) \tag{16.12}$$

图 16.6 说明了使用算法 16.2 的过程。

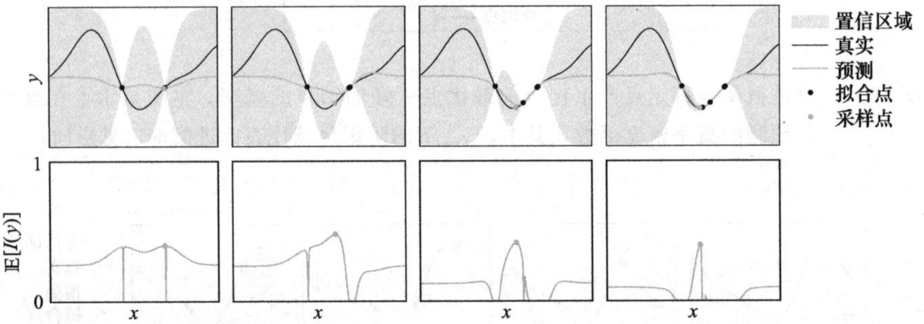

图 16.6　最大化预期改进会选择有可能最大限度地提高下界的样本（见彩插）

算法 16.2　计算给定最佳 y 值 y_min、平均值μ以及标准差σ的预期改进

```
function expected_improvement(y_min, μ, σ)
    p_imp = prob_of_improvement(y_min, μ, σ)
    p_ymin = pdf(Normal(μ, σ), y_min)
    return (y_min - μ)*p_imp + σ*p_ymin
end
```

16.6 安全优化

在某些情况下，评估不安全点需要耗费很高的代价，这些点可能为表现不佳或不可行的

点。在无人机控制器的调优或安全电影推荐等问题上，需要进行*安全探索*——寻找最佳的设计点，同时谨慎地避免采样不安全设计。

本节概述 SafeOpt 算法[⊖]，该算法解决了一类安全探索问题。对设计点 $\boldsymbol{x}^{(1)}$，…，$\boldsymbol{x}^{(m)}$ 进行采样以得到最小值，但 $f(\boldsymbol{x}^{(i)})$ 不超过临界安全阈值 $y_{\max}$。此外，仅接收目标函数的噪声测量，其中噪声均值为零且方差为 v。图 16.7 显示了这种目标函数及其相关的安全区域。

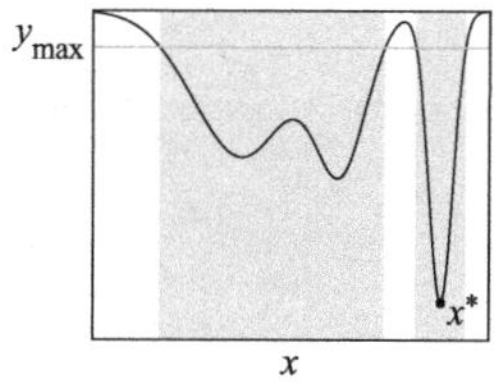

图 16.7 SafeOpt 解决了在最大目标函数值定义的安全区域内最小化 f 的安全探索问题

SafeOpt 算法使用高斯过程代理模型进行预测。在每次迭代中，都对 f 中的噪声样本进行高斯处理。

在第 i 次采样之后，SafeOpt 计算置信上界和下界：

$$u_i(\boldsymbol{x})=\hat{\mu}_{i-1}(\boldsymbol{x})+\sqrt{\beta\hat{v}_{i-1}(\boldsymbol{x})} \quad (16.13)$$

$$\ell_i(\boldsymbol{x})=\hat{\mu}_{i-1}(\boldsymbol{x})-\sqrt{\beta\hat{v}_{i-1}(\boldsymbol{x})} \quad (16.14)$$

其中，β 越大，置信区域越宽。界在图 16.8中显示。

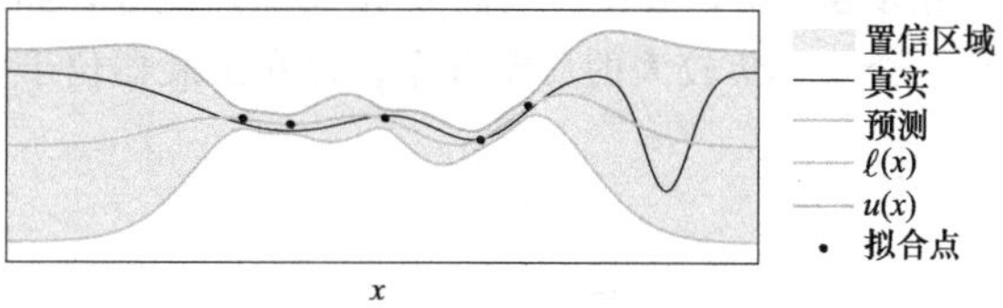

图 16.8 基于 SafeOpt 使用的高斯过程预测的函数说明（见彩插）

高斯过程可预测任何设计点在 $f(\boldsymbol{x})$ 上的分布。作为高斯函数，这些预测只能提供任意因素的安全概率保证[⊖]：

$$P(f(\boldsymbol{x})\leqslant y_{\max})=\Phi\left(\frac{y_{\max}-\hat{\mu}(\mathrm{x})}{\sqrt{\hat{v}(\boldsymbol{x})}}\right)\geqslant P_{\text{safe}} \quad (16.15)$$

预测安全区域 $\mathcal{S}$ 由设计点组成，这些设计点提供的安全概率大于要求的水平 P_{safe}，如图 16.9所示。还可以根据由先前采样点评估的上界构建的 Lipschitz 上界来定义安全区域。

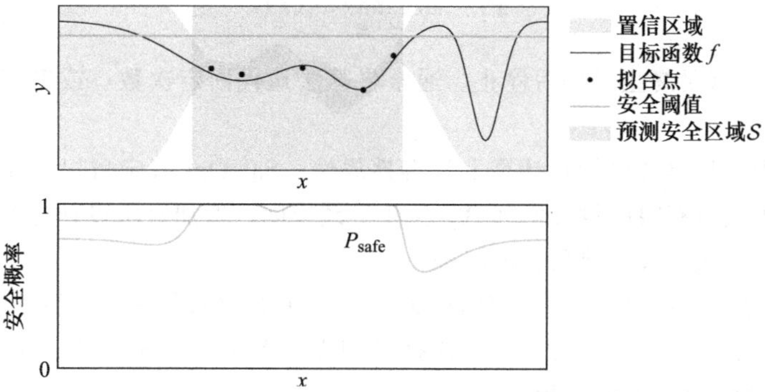

图 16.9 高斯过程预测的安全区域（绿色）（见彩插）

SafeOpt 选择一个安全的采样点，以平衡定位 f 可达到的最小值和扩展安全区域的需求。f 的潜在最小值集合表示为 $\mathcal{M}$（图 16.10），而可能导致安全区域扩展的点集表示为 $\mathcal{E}$

⊖ Y. Sui, A. Gotovos, J. Burdick, and A. Krause, "Safe Exploration for Optimization with Gaussian Processes," *International Conference on Machine Learning* (*ICML*), vol. 37, 2015.

⊖ 注意与改进概率的相似点。

（图 16.11）。为了平衡探索和利用，选择 $\mathcal{M}$ 和 $\mathcal{E}$ 集中具有最大预测方差的设计点 $\boldsymbol{x}$㊀。

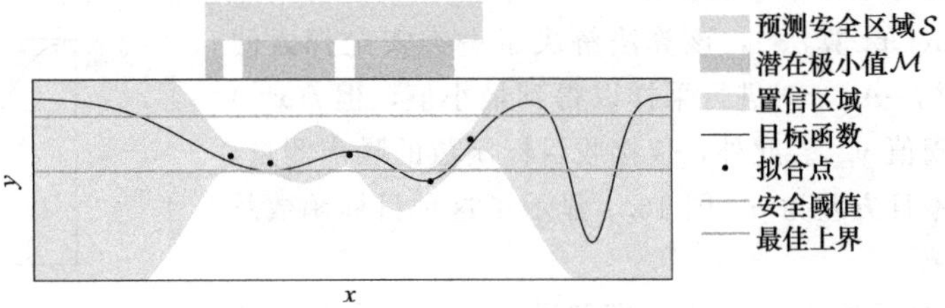

图 16.10 潜在最小值是下界低于最佳安全上界的安全点（见彩插）

296~298 潜在最小值集合由置信下界小于最小上界的安全点组成：

$$\mathcal{M}_i = \{\boldsymbol{x} \in \mathcal{S}_i \mid \ell_i(\boldsymbol{x}) \leqslant \min_{\boldsymbol{x}' \in \mathcal{S}_i} u_i(\boldsymbol{x}')\} \tag{16.16}$$

在步骤 i 中，潜在扩展器 $\mathcal{E}_i$ 由安全点组成，如果将其添加到高斯过程中，设定下界，就会产生一个安全集较大的后验分布。潜在扩展器位于安全区域的边界附近。

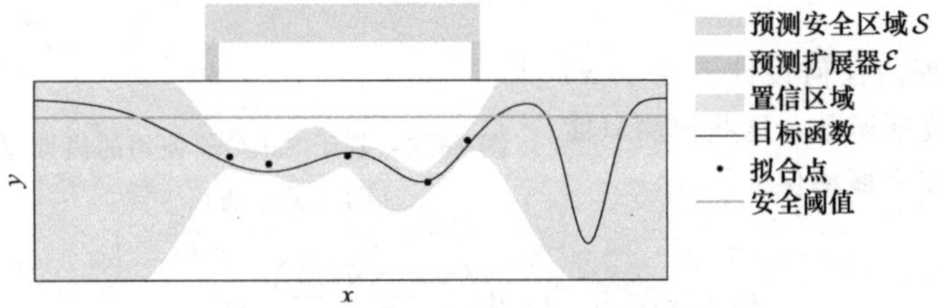

图 16.11 一组潜在扩展器（见彩插）

给定初始安全点㊁ $\boldsymbol{x}^{(1)}$，SafeOpt 算法在具有最大不确定性的集合 $\mathcal{M}$ 和 $\mathcal{E}$ 中选择设计点，由宽度 $w_i(x) = u(x) - \ell(x)$ 量化：

$$x^{(i)} = \underset{\boldsymbol{x} \in \mathcal{M}_i \cup \mathcal{E}_i}{\arg\max}\, w_i(\boldsymbol{x}) \tag{16.17}$$

SafeOpt 算法在满足终止条件后停止。通常将算法迭代固定次数，或者直到最大宽度小于设置的阈值为止。

在多维空间中保持集合可能在计算上具有挑战性。SafeOpt 假定可以使用在连续搜索域上应用的采样方法来获得有限的设计空间 $\mathcal{X}$。关于连续空间，增加有限设计空间的密度会得到更准确的结果，但是每次迭代需要更长的时间。

SafeOpt 在算法 16.3 中实现，并调用算法 16.4 更新预测置信区间；算法 16.5 计算安全区域、最小化区域和扩展区域；算法 16.6 选择查询点。图 16.12 显示了一维的 SafeOpt 进展，
299 图 16.13显示了二维的 SafeOpt 进展。

算法 16.3 SafeOpt 算法应用于空高斯过程 GP、有限设计空间 X、初始安全点索引 i、目标函数 f 和安全阈值 y_max。可选参数是置信度标量β和迭代次数 k_max。返回包含最佳安

㊀ 此算法的一个变种参见：
F. Berkenkamp, A. P. Schoellig, and A. Krause, "Safe Controller Optimization for Quadrotors with Gaussian Processes," *IEEE International Conference on Robotics and Automation* (*ICRA*), 2016.

㊁ 如果 SafeOpt 没有用至少一个已知安全的点初始化，则无法保证安全。

全上界及其在 X 中索引的元组

```
function safe_opt(GP, X, i, f, y_max; β=3.0, k_max=10)
    push!(GP, X[i], f(X[i])) # make first observation

    m = length(X)
    u, l = fill(Inf, m), fill(-Inf, m)
    S, M, E = falses(m), falses(m), falses(m)

    for k in 1 : k_max
        update_confidence_intervals!(GP, X, u, l, β)
        compute_sets!(GP, S, M, E, X, u, l, y_max, β)
        i = get_new_query_point(M, E, u, l)
        i != 0 || break
        push!(GP, X[i], f(X[i]))
    end

    # return the best point
    update_confidence_intervals!(GP, X, u, l, β)
    S[:] = u .≤ y_max
    if any(S)
        u_best, i_best = findmin(u[S])
        i_best = findfirst(isequal(i_best), cumsum(S))
        return (u_best, i_best)
    else
        return (NaN,0)
    end
end
```

算法 16.4　一种更新 SafeOpt 中使用的上下界的方法，该方法采用高斯过程 GP、有限搜索空间 X、上下界向量 u 和 l 以及置信度标量β

```
function update_confidence_intervals!(GP, X, u, l, β)
    μₚ, νₚ = predict(GP, X)
    u[:] = μₚ + sqrt.(β*νₚ)
    l[:] = μₚ - sqrt.(β*νₚ)
    return (u, l)
end
```

300

算法 16.5　一种用于更新 SafeOpt 中使用的安全 S、最小值 M 和扩展器 E 集合的方法。这些集合都是布尔向量，指示 X 中的相应设计点是否在集合中。该方法还采用高斯过程 GP、上界和下界 u 和 l、安全阈值 y_max 和置信度标量β

```
function compute_sets!(GP, S, M, E, X, u, l, y_max, β)
    fill!(M, false)
    fill!(E, false)

    # safe set
    S[:] = u .≤ y_max

    if any(S)

        # potential minimizers
        M[S] = l[S] .< minimum(u[S])

        # maximum width (in M)
        w_max = maximum(u[M] - l[M])

        # expanders - skip values in M or those with w ≤ w_max
```

```
        E[:] = S .& .~M # skip points in M
        if any(E)
            E[E] .= maximum(u[E] - l[E]) .> w_max
            for (i,e) in enumerate(E)
                if e && u[i] - l[i] > w_max
                    push!(GP, X[i], l[i])
                    μₚ, νₚ = predict(GP, X[.~S])
                    pop!(GP)
                    E[i] = any(μₚ + sqrt.(β*νₚ) .≥ y_max)
                    if E[i]; w_max = u[i] - l[i]; end
                end
            end
        end
    end

    return (S,M,E)
end
```

301

算法 16.6　一种在 SafeOpt 中获取下一个查询点的方法。返回 X 中宽度最大的点的索引

```
function get_new_query_point(M, E, u, l)
    ME = M .| E
    if any(ME)
        v = argmax(u[ME] - l[ME])
        return findfirst(isequal(v), cumsum(ME))
    else
        return 0
    end
end
```

302

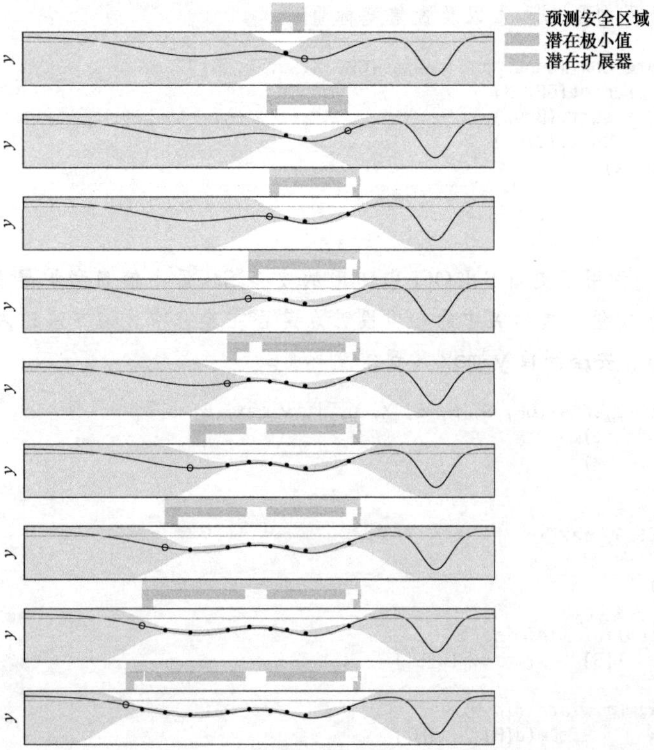

图 16.12　一元函数上 SafeOpt 的前 8 个迭代。SafeOpt 无法在右侧达到全局最优，因为它需要穿越不安全区域。仅要求在本地可达安全区域中找到全局极小值（见彩插）

303

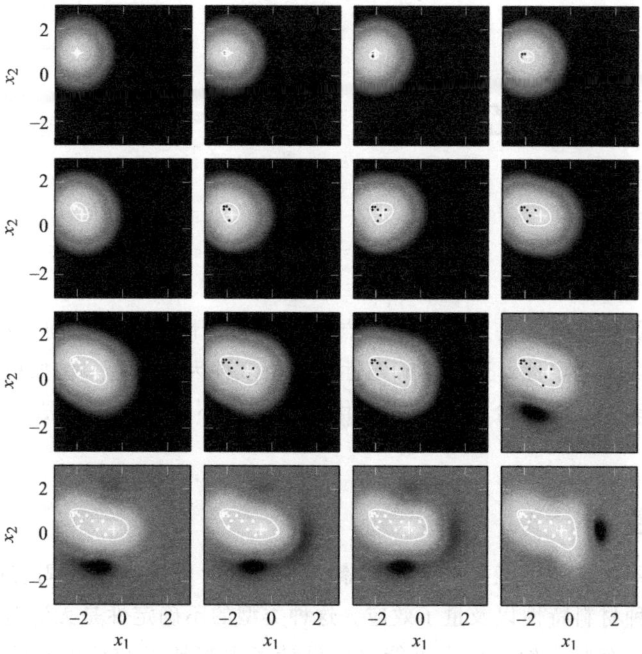

图 16.13　SafeOpt 应用于 $y_{max}=2$ 的 flower 函数（附录 B.4 节），其中高斯过程均值 $\mu(\boldsymbol{x})=2.5$，方差 $v=0.01$，$\beta=10$，搜索空间上的均匀网格为 51×51，以及初始点 $x^{(1)}=[-2.04, 0.96]$。颜色表示上界值，十字表示最低上界安全点，白色轮廓线是预测安全区域（见彩插）用白色表示真实安全区域的目标函数：

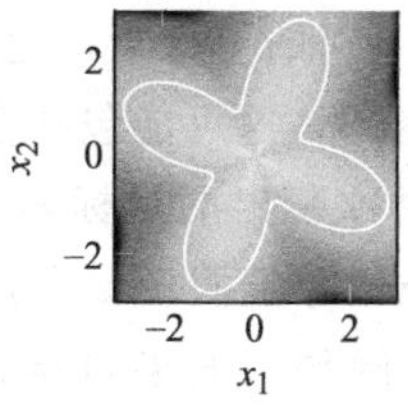

304

16.7　小结

- 高斯过程可用于使用各种策略来指导优化过程，这些策略使用数量估计，例如置信下界、改进概率以及预期改进。
- 一些问题不允许评估不安全的设计，在这种情况下，可以使用依赖于高斯过程的安全探索策略。

16.8　练习

练习 16.1　给出一个基于预测的优化失败的例子。

练习 16.2　在优化的背景下，置信下界探索和基于误差的探索之间的主要区别是什么？

练习 16.3　有一个函数 $f(x)=(x-2)^2/40-0.5$，其中 $x\in[-5, 5]$，在 −1 和 1 处有评估点。假设使用具有零均值函数和平方指数内核 $\exp(-r^2/2)$ 的高斯过程代理模型，其中 r 是两点之间的欧几里得距离。若要最大程度提高改进概率，接下来应该评估哪个 x 值？如果正在最大化预期改进，那么接下来应该评估哪个 x 值？ 305~306

| 第 17 章 |
Algorithms for Optimization

不确定性下的优化

前几章都假设优化的目标是最小化设计点的一个确定性函数。然而，在许多工程任务中，目标函数或约束包含不确定性。这种不确定性可能由多种因素引起，例如模型近似、不精确以及参数随时间的波动。本章将介绍各种应对优化问题中不确定性的方法，从而增强算法的稳健性㊀。

17.1 不确定性

优化过程中的不确定性可能源于多种因素。不确定性可能是系统固有的、不可消减的㊁，例如背景噪声、各种材料特性以及量子效应。这种类型的不确定性是无法避免的，因而我们的设计应该适应它们。有些不确定性也可能是由设计者主观缺乏知识引起的，称为认知不确定性㊂。这种不确定性可能来源于制定设计问题模型㊃中的近似值，以及数值求解方法引入的误差。

为确保稳健的设计，考虑到这些不同形式的不确定性是至关重要的。在本章中，我们将使用 $\boldsymbol{z} \in \mathcal{Z}$ 来表示随机值的向量。我们想要最小化 $f(\boldsymbol{x}, \boldsymbol{z})$，但无法控制 $\boldsymbol{z}$。可行性取决于设计向量 $\boldsymbol{x}$ 和不确定向量 $\boldsymbol{z}$。本章将介绍 $\boldsymbol{x}$ 和 $\boldsymbol{z}$ 对的可行集，记为 $\mathcal{F}$。当且仅当 $(\boldsymbol{x}, \boldsymbol{z}) \in \mathcal{F}$ 时，它才具有可行性。我们将使用 $\mathcal{X}$ 作为设计空间，这可能包括依赖 $\boldsymbol{z}$ 值的潜在不可行设计。

在使用高斯过程表示从噪声测量中推断出的目标函数的背景下，15.5 节简要介绍了具有
307 不确定性的优化。有 $f(\boldsymbol{x},\boldsymbol{z}) = f(\boldsymbol{x}) + \boldsymbol{z}$，并且假设 $\boldsymbol{z}$ 来自零均值高斯分布㊄。可以通过其他方式将不确定性纳入设计点的评估中。例如，如果目标函数的输入中有噪声㊅，那么可能有 $f(\boldsymbol{x},\boldsymbol{z}) = f(\boldsymbol{x}+\boldsymbol{z})$。通常，$f(\boldsymbol{x},\boldsymbol{z})$ 可以是 $\boldsymbol{x}$ 和 $\boldsymbol{z}$ 的复杂非线性函数。此外，$\boldsymbol{z}$ 可能不来自高斯分布；事实上，它可能来自一个未知的分布。

图 17.1 展示了不确定度如何影响我们的设计选择。为了简单起见，设 x 是标量，并且 z

㊀ H.-G. Beyer and B. Sendhoff, "Robust OptimOverview-A Comprehensive Survey," *Computer Methods in Applied Mechanics and Engineering*, vol. 196, no. 33, pp. 3190-3218, 2007.
G.-J. Park, T.-H. Lee, K. H. Lee, and K.-H. Hwang, "Robust Design: An Overview," *AIAA Journal*, vol. 44, no. 1, pp. 181-191, 2006.

㊁ 这种形式的不确定性有时被称为偶然不确定性或随机不确定性。

㊂ 认知不确定性也称为可还原不确定性。

㊃ 统计学家 George Box 写过一句有名的话：所有模型都是错的，有一些模型是有用的。参见：
G. E. P. Box, W. G. Hunter, and J. S. Hunter, *Statistics for Experimenters: An Introduction to Design, Data Analysis, and Model Building*, 2nd ed. Wiley, 2005. p. 440.

㊄ 这里，f 的双参数版本将设计点和随机向量作为输入，但 f 的单参数版本表示没有噪声的设计点的确定性函数。

㊅ 例如，我们设计的制造可能存在差异。

是从零均值高斯分布中选择的。假设 z 对应于 f 的输入中的噪声，因此 $f(x,z)=f(x+z)$。该图显示了不同噪声水平下目标函数的期望值。没有噪声的全局极小值是 a。然而，全局极小值位于陡峭的山谷中，使其对噪声非常敏感，因此靠近 a 的设计可能存在风险。如果噪声很低，选择 b 附近的设计可能更好。c 附近的设计可以为更大量的噪声提供更强的稳健性。如果噪声非常高，最佳设计可能甚至会落在 b 和 c 之间，这对应于没有噪声的局部极大值。

有许多不同的方法可以解释优化的不确定性。我们将讨论基于集合的不确定性和概率不确定性[⊖]。

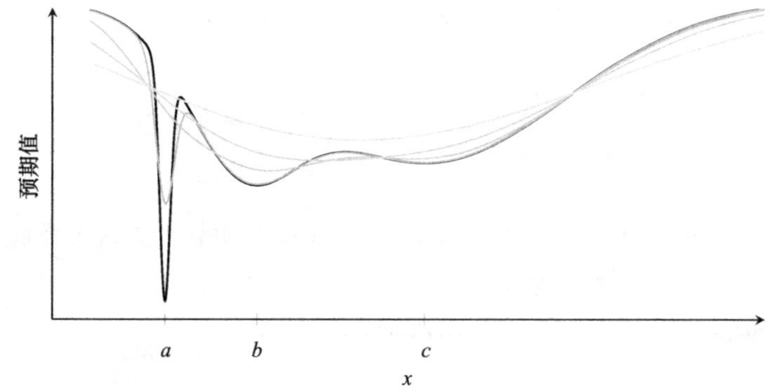

图 17.1　无噪声情况下 a 的全局极小值对噪声敏感。根据预期的噪声水平，其他设计点可能更稳健（见彩插） 308

17.2　基于集合的不确定性

基于集合的不确定性方法假设 z 属于集合 $\mathcal{Z}$，但这些方法不对该集合内不同点的相对可能性做出假设。可以以不同方式定义集合 $\mathcal{Z}$。一种方法是为 $\mathcal{Z}$ 的每个分量定义间隔。另一种方法是通过一组不等式约束 $g(\boldsymbol{x},\boldsymbol{z})\leqslant\boldsymbol{0}$ 来定义 $\mathcal{Z}$，类似于第 10 章中对设计空间 $\mathcal{X}$ 的处理。

17.2.1　极小极大方法

在基于集合的不确定性的问题中，我们经常希望最小化目标函数的最大可能值。这样的极小极大方法[⊖]可以求解优化问题

$$\underset{\boldsymbol{x}\in\mathcal{X}}{\text{minimize}}\ \underset{\boldsymbol{z}\in\mathcal{Z}}{\text{maximize}}\ f(\boldsymbol{x},\boldsymbol{z}) \tag{17.1}$$

换句话说，我们希望找到一个最小化 f 的 $\boldsymbol{x}$，假设 $\boldsymbol{z}$ 的最坏情况值。

此优化等价于定义修改的目标函数

$$f_{\text{mod}}(\boldsymbol{x})=\underset{\boldsymbol{z}\in\mathcal{Z}}{\text{maximize}}\ f(\boldsymbol{x},\boldsymbol{z}) \tag{17.2}$$

然后求解

⊖ 表示不确定性的其他方法包括 Dempster-Shafer 理论、模糊集理论和可能性理论，这些都超出了本书的范围。

⊖ 也称为稳健对应优化问题方法或稳健正则化。

$$\underset{x \in \mathcal{X}}{\text{minimize}}\ f_{\text{mod}}(\boldsymbol{x}) \tag{17.3}$$

例 17.1 显示了对一元问题的此类优化，并说明了不同不确定性水平的影响。

在有可行性约束的问题中，优化问题就变成了

$$\begin{aligned} &\underset{x \in \mathcal{X}}{\text{minimize}}\ \underset{z \in \mathcal{Z}}{\text{maximize}}\ f(\boldsymbol{x},\boldsymbol{z}) \\ &\text{s. t.}\ (\boldsymbol{x},\boldsymbol{z}) \in \mathcal{F} \end{aligned} \tag{17.4}$$

309 例 17.2 显示了当存在约束时，将极小极大应用于可行设计点的空间的效果。

例 17.1　基于集合的不确定性下的极小极大优化方法示例

考虑以下目标函数

$$f(x,z)=f(x+z)=f(\tilde{x})=\begin{cases} -\tilde{x} & \text{如果 } \tilde{x} \leqslant 0 \\ \tilde{x}^2 & \text{其他} \end{cases}$$

其中 $\tilde{x}=x+z$，具有基于集合的不确定区域 $z \in [-\varepsilon,\varepsilon]$。极小极大方法是修改后的目标函数 $f_{\text{mod}}(x)=\text{maximize}_{z\in[-\varepsilon,\varepsilon]}f(x,z)$ 的最小化问题。

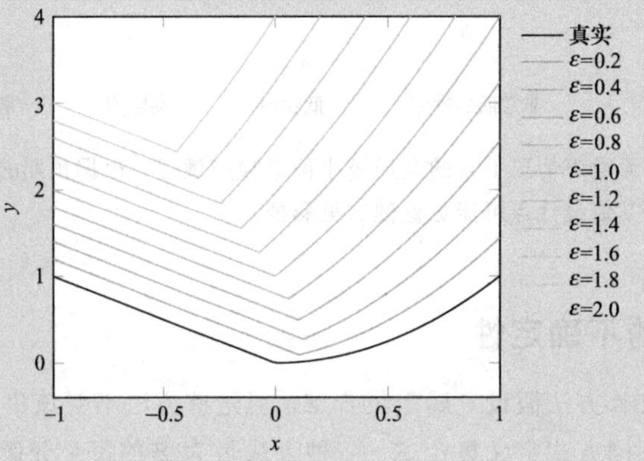

上图显示了具有几个不同的 ε 值的 $f_{\text{mod}}(x)$。ε=0 的最小值与 $f(x,0)$ 的最小值一致。当 ε 增加时，最小值首先向右移动，因为 x 比 x^2 增加得快，然后向左移动，因为 x^2 比 x 增加得快。稳健最小值通常不与 $f(x,0)$ 的最小值一致。

310

例 17.2　不确定可行集的极小极大方法

考虑一个旋转椭圆形式的不确定可行集，当且仅当 $z \in [0,\pi/2]$ 以及 $(x_1\cos z + x_2\sin z)^2 + (x_1\sin z - x_2\cos z)^2/16 \leqslant 1$ 时，有 $(\boldsymbol{x},z) \in \mathcal{F}$。

当 $z=0$ 时，椭圆的长轴是垂直的。增加的 z 值在 $z=\pi/2$ 时缓慢地逆时针旋转到水平方向。右图显示了垂直和水平椭圆，以及至少对灰色区域中的一个 z 可行的所有点的集合。

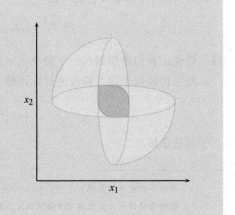

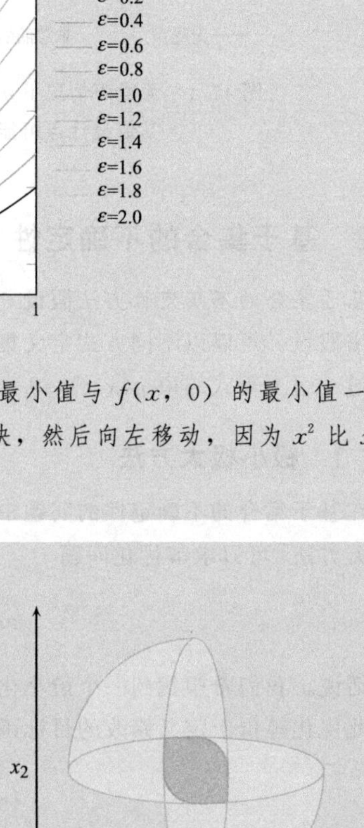

极小极大的优化方法应该只考虑在 z 的所有值下都可行的设计点。总是可行的设计集合由各种 z 形成的所有椭圆的交集得出。该集合以深灰色标出。

311

17.2.2　信息差距决策理论

如果不假设不确定性集 $\mathcal{Z}$ 是固定的，那么已知的另一种方法是信息差距决策理论[⊖]，该理论通过非负标量差距参数 ε 参数化不确定性集。差距控制着以某个标称值 $\bar{z}=\mathcal{Z}(0)$ 为中心的参数化集 $\mathcal{Z}(\varepsilon)$ 的体积。一种定义 $\mathcal{Z}(\varepsilon)$ 的方法是将其作为半径为 ε、以标称点 $\bar{z}$ 为中心的超球面：

$$\mathcal{Z}(\varepsilon)=\{\boldsymbol{z} \mid \|\boldsymbol{z}-\bar{\boldsymbol{z}}\|_2 \leqslant \varepsilon\} \tag{17.5}$$

图 17.2 以二维方式说明了这个定义。

通过参数化不确定性集，我们避免集中于特定的不确定性集。过大的不确定性集会降低解决方案的质量，而太小的不确定性集会降低稳健性。间隙较大但仍然可行的设计点更加稳健。

在信息差距决策理论中，我们试图找到一个允许最大差距同时保持可行性的设计点。通过求解以下优化问题可以获得该设计点：

$$\boldsymbol{x}^* = \underset{\boldsymbol{x}\in\mathcal{X}}{\arg\max}\ \underset{\varepsilon\in[0,\infty)}{\text{maximize}} \begin{cases} \varepsilon & \text{如果对于所有 } \boldsymbol{z}\in\mathcal{Z}(\varepsilon)\text{，有}(\boldsymbol{x},\boldsymbol{z})\in\mathcal{F} \\ 0 & \text{其他} \end{cases} \tag{17.6}$$

该优化侧重于寻找设计，以确保存在不确定性的情况下的可行性。实际上，等式(17.6)没有明确地包括目标函数 f。但是，我们可以结合 $f(\boldsymbol{x},\boldsymbol{z})$ 不大于某个阈值 $y_{\max}$ 的约束。这种性能约束可以帮助我们避免过度的风险规避。图 17.3 和例 17.3 说明了信息差距决策理论的应用。

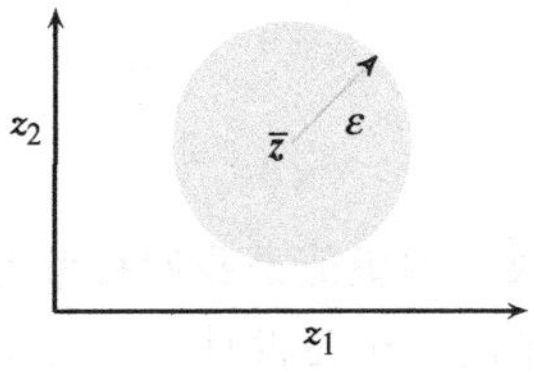

图 17.2　超球面形式的参数化不确定性集 $\mathcal{Z}(\varepsilon)$

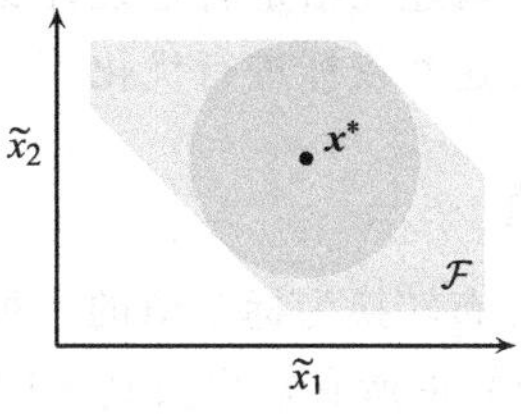

图 17.3　信息差距决策理论应用于具有满足 $\tilde{\boldsymbol{x}}=\boldsymbol{x}+\boldsymbol{z}$ 的加和噪声 $f(\tilde{\boldsymbol{x}})$ 以及圆形不确定性集 $\mathcal{Z}(\varepsilon)=\{\boldsymbol{z} \mid \|z\|_2\leqslant\varepsilon\}$ 的目标函数。设计 $\boldsymbol{x}^*$ 在信息差距决策理论下是最优的，因为它允许最大可能 ε 使得所有 $\boldsymbol{x}^*+\boldsymbol{z}$ 都可行

例 17.3　在应用信息差距决策理论时，可以通过对最大可接受目标函数值施加约束来减轻过度的风险规避

考虑 $f(x,z)=\tilde{x}^2+5\mathrm{e}^{-\tilde{x}^2}$ 的稳健优化，其中 $\tilde{x}=x+z$ 服从约束 $\tilde{x}\in[-2, 2]$，不确定性集 $\mathcal{Z}(\varepsilon)=[-\varepsilon,\varepsilon]$。

⊖ F. M. Hemez and Y. Ben-Haim, "Info-Gap Robustness for the Correlation of Tests and Simulations of a Non-Linear Transient," *Mechanical Systems and Signal Processing*, vol. 18, no. 6, pp. 1443-1467, 2004.

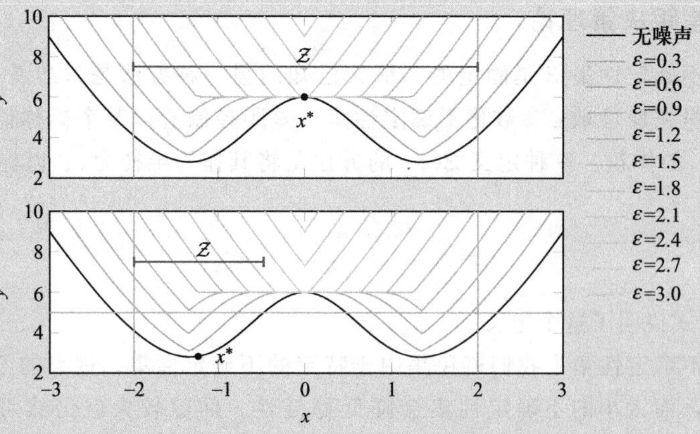

将信息差距决策理论应用于该问题会生成最大的不确定性集和以目标函数的次优区域为中心的设计。对最大目标函数值（$f(x, z) \leqslant 5$）应用附加约束，并用同样的方法找到一个具有更好的无噪声性能的设计。浅灰线表示对于给定不确定性参数 ε 的最坏情况目标函数值。

17.3 概率不确定性

概率不确定性模型使用集合 $\mathcal{Z}$ 上的分布。概率不确定性模型和基于集合的不确定性模型相比能提供更多的信息，它允许设计者考虑设计的不同结果的概率。可以使用专业知识定义或从数据中学习这些分布。给定 $\mathcal{Z}$ 上的分布 p，可以使用将在第 18 章中讨论的方法推断 f 的输出
312~313 上的分布。本节将概述在给定特定设计 $\boldsymbol{x}$ 的情况下，将此分布转换为标量值的五种不同指标。然后我们可以针对这些指标进行优化[⊖]。

17.3.1 期望值

将 f 输出的分布转换为标量值的一种方法是使用期望值或平均值。期望值是我们在考虑对于 $\boldsymbol{z} \in \mathcal{Z}$ 的 $f(\boldsymbol{x}, \boldsymbol{z})$ 的所有输出及其相应的概率时可以期望的平均输出。作为设计点 $\boldsymbol{x}$ 的函数的期望值是

$$\mathbb{E}_{z \sim p}[f(\boldsymbol{x}, \boldsymbol{z})] = \int_{\mathcal{Z}} f(\boldsymbol{x}, \boldsymbol{z}) p(\boldsymbol{z}) \mathrm{d}\boldsymbol{z} \tag{17.7}$$

如例 17.4 所示，期望值不一定对应于没有噪声的目标函数。

分析计算等式(17.7)中的积分是不可能的。可以使用采样或第 18 章中讨论的各种其他更复杂的技术来估计该值。

17.3.2 方差

除了针对函数的期望值进行优化之外，我们还可能有兴趣选择其值对不确定性不过度敏感

⊖ 更多关于不同指标的讨论可参考：

A. Shapiro, D. Dentcheva, and A. Ruszczyński, *Lectures on Stochastic Programming: Modeling and Theory*, 2nd ed. SIAM, 2014.

的设计点[⊖]。可以使用 f 的方差量化这些区域：

$$\mathrm{Var}[f(\boldsymbol{x},\boldsymbol{z})]=\mathbb{E}_{z\sim p}[(f(\boldsymbol{x},\boldsymbol{z})-\mathbb{E}_{z\sim p}[f(\boldsymbol{x},\boldsymbol{z})])^2] \tag{17.8}$$

$$=\int_{\mathcal{Z}} f(\boldsymbol{x},\boldsymbol{z})^2 p(\boldsymbol{z})\mathrm{d}\boldsymbol{z}-\mathbb{E}_{z\sim p}[f(\boldsymbol{x},\boldsymbol{z})]^2 \tag{17.9}$$ 314

例 17.4 一个不确定目标函数的期望值取决于不确定性是如何融入目标函数的

一种常见的模型是将零均值高斯噪声应用于函数输出 $f(\boldsymbol{x},\boldsymbol{z})=f(\boldsymbol{x})+\boldsymbol{z}$，与第 16 章中的高斯过程一样。期望值等于无噪声的情况：

$$\mathbb{E}_{z\sim\mathcal{N}(\mathbf{0},\boldsymbol{\Sigma})}[f(\boldsymbol{x})+\boldsymbol{z}]=\mathbb{E}_{z\sim\mathcal{N}(\mathbf{0},\boldsymbol{\Sigma})}[f(\boldsymbol{x})]+\mathbb{E}_{z\sim\mathcal{N}(\mathbf{0},\boldsymbol{\Sigma})}[\boldsymbol{z}]=f(\boldsymbol{x})$$

将噪声直接添加到设计向量中也是常见的，$f(\boldsymbol{x},\boldsymbol{z})=f(\boldsymbol{x}+\boldsymbol{z})=f(\tilde{\boldsymbol{x}})$。在这种情况下，期望值受零均值高斯噪声的方差影响。

对于从零均值高斯分布 $\mathcal{N}(0,v)$ 绘制的 z，考虑最小化 $f(\tilde{x})=\sin(2\tilde{x})/\tilde{x}$ 的期望值，其中 $\tilde{x}=x+z$。增加方差会增加局部函数格局对设计的影响。

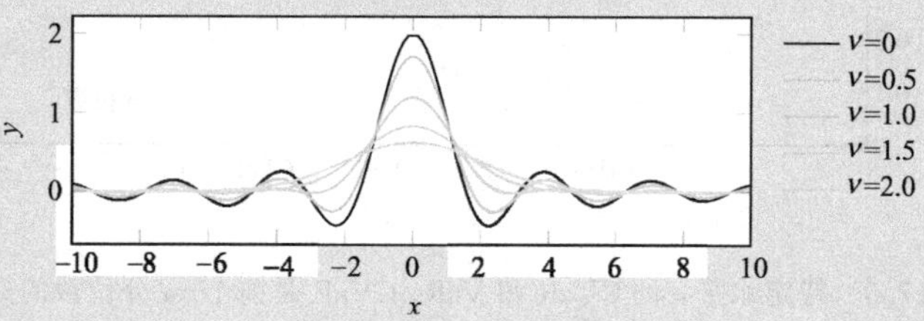

上图显示改变方差会影响最优值的位置。 315

我们称设计点具有较大的方差敏感性和较小的方差稳健性。敏感点和稳健点的示例如图 17.4 所示。我们通常对通过其稳健的期望值来衡量的优点感兴趣。管理期望目标函数值和方差之间的权衡是一个多目标优化问题（见例 17.5），我们可以使用第 12 章讨论的技术。

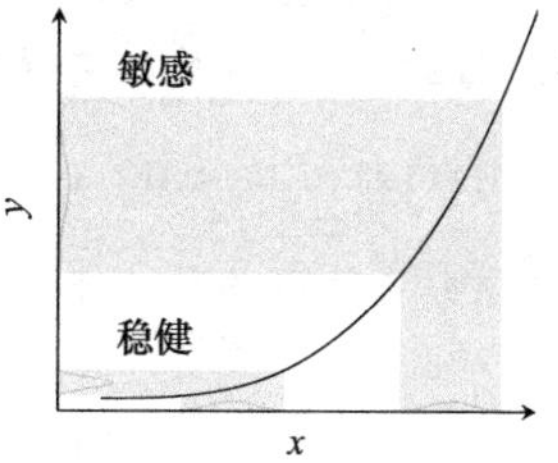

图 17.4 概率方法在模型输出上产生概率分布。设计点可以对不确定性敏感或稳健。灰色区域显示目标函数如何影响正态分布设计上的分布

17.3.3 统计可行性

优化的另一个衡量标准是统计可行性。给定 $p(\boldsymbol{z})$，我们可以计算设计点 $\boldsymbol{x}$ 可行的概率：

$$P((\boldsymbol{x},\boldsymbol{z})\in\mathcal{F})=\int_{\mathcal{Z}}((\boldsymbol{x},\boldsymbol{z})\in\mathcal{F})p(\boldsymbol{z})\mathrm{d}\boldsymbol{z} \tag{17.10}$$

可以通过采样来估计该概率。如果想要确保目标值不超过某个阈值，可以结合约束 $f(\boldsymbol{x},\boldsymbol{z})\leqslant y_{\max}$，就像信息差距决策理论一样。与期望值和方差指标不同，我们希望最大化此指标。

⊖ 有时候，设计师会寻找目标函数的输出相对恒定的像高原一样的区域，例如生产性能一致的材料或安排训练以使人们同时到达。

17.3.4 风险价值

风险价值（Value at Risk，VaR）是可以用概率 α 保证的最佳目标值。我们可以在目标函数的随机输出上用累积分布函数（用 $\boldsymbol{\Phi}(y)$ 表示）来数学地写出这个定义。结果小于或等于 y 的概率由 $\boldsymbol{\Phi}(y)$ 给出。置信度 α 的 VaR 是 y 的最小值，使得 $\boldsymbol{\Phi}(y) \geqslant \alpha$。该定义等同于概率分布的 α 分位数。接近 1 的 α 对不利的异常值敏感，而接近 0 的 α 过于乐观并且接近最佳可能结果。

17.3.5 条件风险价值

条件风险价值（Conditional Value at Risk，CVaR）与风险价值相关[⊖]。CVaR 是输出上概率分布的前 $1-\alpha$ 分位数的期望值。该数量如图 17.5 所示。

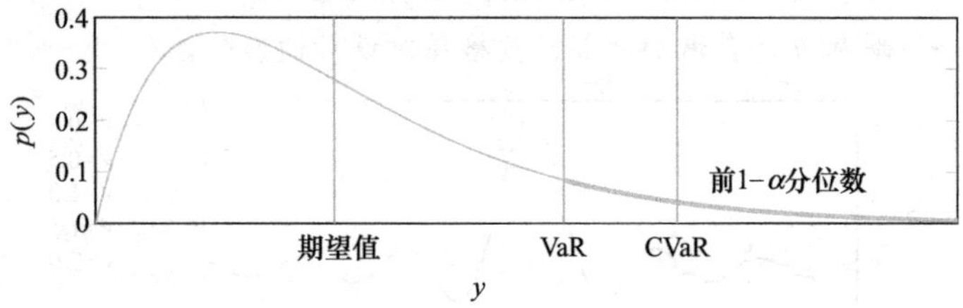

图 17.5 特定水平 α 的 CVaR 和 VaR。CVaR 是前 $1-\alpha$ 分位数的期望值，而 VaR 是同一分位数上的最低目标函数值

例 17.5 同时考虑期望值和不确定性条件下的优化方差

考虑目标函数 $f(x, z) = x^2 + z$，其中 z 取自依赖于 x 的 Gamma 分布。我们可以构造一个 `dist(x)` 函数，它返回 `Distributions.jl` 包中的 `Gamma` 分布：

```
dist(x) = Gamma(2/(1+abs(x)),2)
```

该分布的平均值为 $4/(1+|x|)$，方差为 $8/(1+|x|)$。

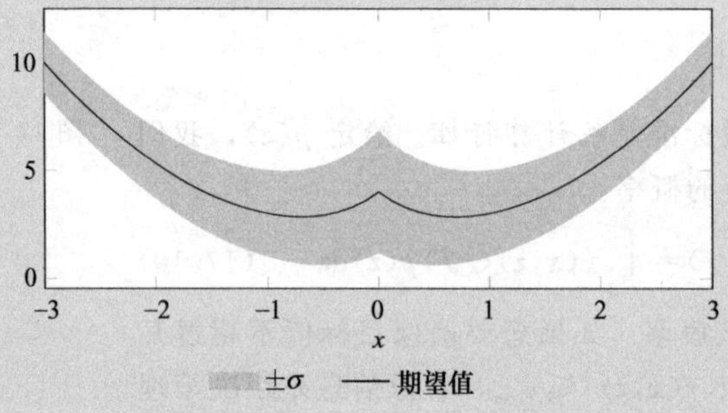

我们可以找到一个强大的优化器，它可以最小化期望值和方差。相对于期望值最小化，忽略方差，并在 $x \approx \pm 0.695$ 处产生两个最小值。加入方差的惩罚会使这些最小值偏离原点。

⊖ 条件风险价值也被称为平均超额损失、平均短缺或风险中的尾部值。参见：
R. T. Rockafellar and S. Uryasev, "Optimization of Conditional Value-at-Risk," *Journal of Risk*, vol. 2, pp. 21-42, 2000.

下图显示了形式为 $\alpha \mathbb{E}[y|x]+(1-\alpha)\sqrt{\mathrm{Var}[y|x]}$ 的目标函数，其中 $\alpha \in [0, 1]$，并包含相关的最小值。

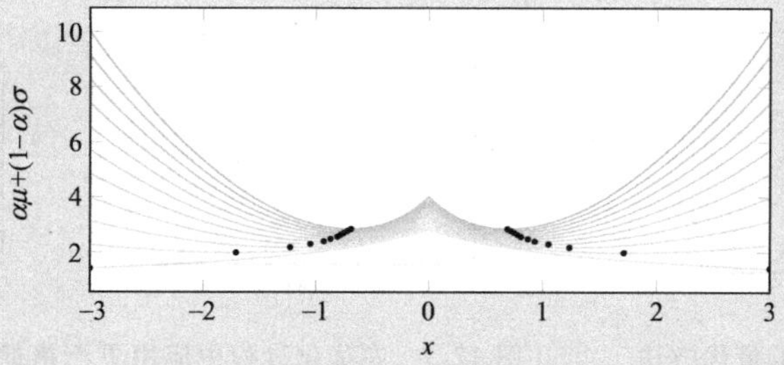

CVaR 与 VaR 相比具有一些理论和计算优势。CVaR 对目标输出上的分布中的估计误差不太敏感。例如，如果累积分布函数在某些区间内是平坦的，那么 VaR 在 α 中可以稍微改变。此外，VaR 不考虑超出 α 分位数的成本，如果存在目标值非常差的罕见异常值，这是不可取的[⊖]。

17.4 小结

- 优化过程中的不确定性可能是由于数据错误，或者模型或优化方法本身的错误。
- 考虑这些不确定性因素对于确保设计的稳健性十分重要。
- 关于基于集合的不确定性的优化包括假设最坏情况的极小极大方法和信息差距决策理论，该理论认为设计对最大的不确定性集具有稳健性。
- 概率方法通常将期望值、方差、不可行风险、风险价值、条件风险价值或这些因素的组合最小化。

17.5 练习

练习 17.1 假设输入中具有零均值高斯噪声，使得 $f(x, z)=f(x+z)$。考虑下图中的三个点 a、b 和 c： 316~318

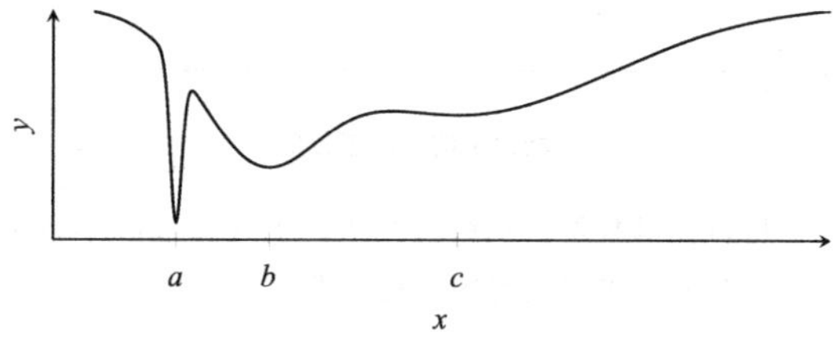

如果要最小化期望值减去标准偏差的值，哪个设计方案最好？

⊖ 对于特性的概述，请参见：

G. C. Pflug, "Some Remarks on the Value-at-Risk and the Conditional Value-at Risk," in *Probabilistic Constrained Optimization: Methodology and Applications*, S. P. Uryasev, ed. Springer, 2000, pp. 272-281.

R. T. Rockafellar and S. Uryasev, "Conditional Value-at-Risk forGeneral Loss Distributions," *Journal of Banking and Finance*, vol. 26, pp. 1443-1471, 2002.

练习 17.2　最优值（如图 17.6 中所示的最优值）通常位于约束边界上，因此对可能导致它们变得不可行的不确定性敏感。克服可行性的不确定性的一种方法是使约束更严格，减小可行区域的大小，如图 17.7 所示。

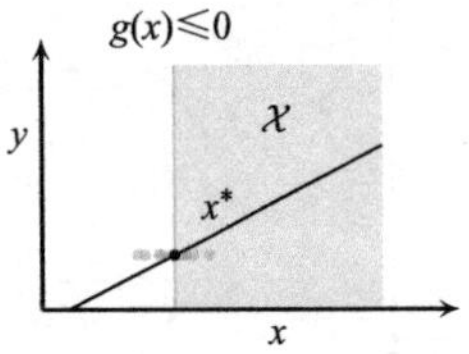

图 17.6　具有积极约束的最优方法通常对不确定性敏感

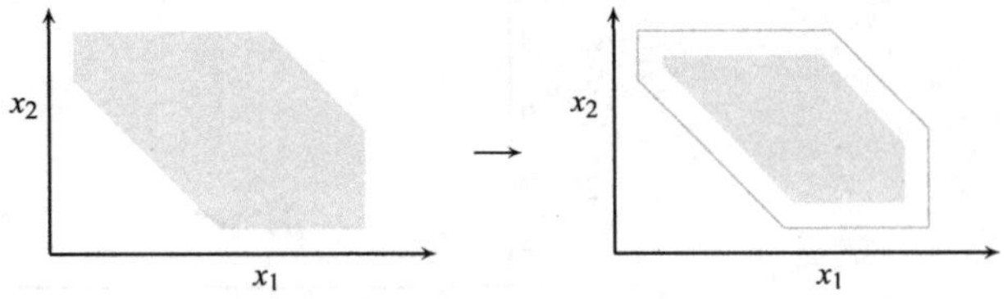

图 17.7　在优化过程中应用更严格的约束条件，可以防止设计过于接近真实的可行性边界

通常将形式为 $g(\boldsymbol{x})\leqslant g_{\max}$ 的约束重写为 $\gamma g(\boldsymbol{x})\leqslant g_{\max}$，其中 $\gamma>1$ 是*安全系数*。优化保持在 $g_{\max}/\gamma$ 以下的约束值可提供额外的安全缓冲区。

考虑一个横截面为正方形的梁，当应力超过 $\sigma_{\max}=1$ 时，该梁会失效。我们希望最小化横截面 $f(x)=x^2$，其中 x 是横截面长度。梁中的应力也是横截面长度 $g(x)=x^{-2}$ 的函数。画出安全系数从 1 变为 2 时优化设计不会失败的概率：

- 最大应力的不确定性，$g(x,z)=x^{-2}+z$
319
- 施工容差的不确定性，$g(x,z)=(x+z)^{-2}$
- 材料特性的不确定性，$g(x,z)=(1+z)x^{-2}$

其中 z 是零均值噪声，方差为 0.01。

练习 17.3　六西格玛方法是统计可行性的一种特殊情况，其中生产或工业过程得到改善，直到其假定的高斯输出仅在异常值超过六个标准偏差的情况下才违反设计要求。如图 17.8 所示，此要求相当苛刻。

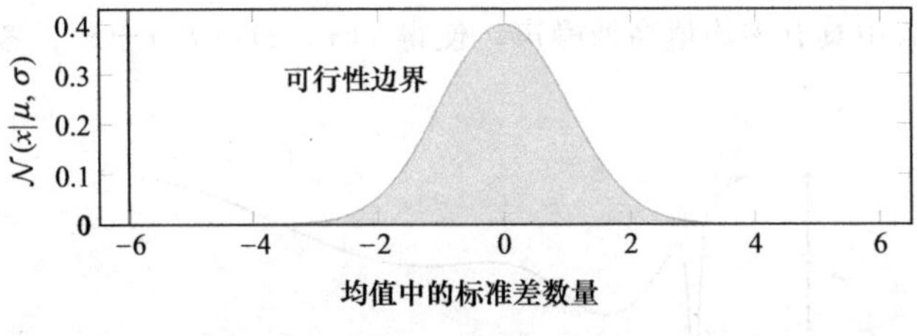

图 17.8　将目标函数均值从可行性边界上移开或减小目标函数的方差，可以满足统计可行性

考虑优化问题

$$\begin{aligned}&\underset{x}{\operatorname{minimize}}\ x_1\\&\text{s. t. }\ e^{x_1}\leqslant x_2+z\leqslant 2e^{x_1}\end{aligned}$$

320 其中 $z\sim\mathcal{N}(0,1)$。找到最优设计 x^*，使得 (x,z) 对于所有 $|z|\leqslant 6$ 都是可行的。

第18章

Algorithms for Optimization

不确定性传播

如前一章所述，不确定性下的概率优化方法将目标函数的某些输入建模为概率分布。本章将讨论如何传播已知的输入分布来估计与输出分布相关的数量，例如目标函数的均值和方差。目前存在多种不确定性传播方法，其中一些方法基于数学概念，例如蒙特卡罗、泰勒级数逼近、正交多项式和高斯过程。这些方法在做出的假设和估计的质量上有所不同。

18.1 抽样方法

目标函数在特定设计点处的均值和方差可以使用蒙特卡罗积分㊀进行近似，后者使用 $\mathcal{Z}$ 上的分布 p 中的 m 个样本 $\boldsymbol{z}^{(1)}$，…，$\boldsymbol{z}^{(m)}$ 来近似积分。这些估计值也称为样本均值和样本方差：

$$\mathbb{E}_{z\sim p}[f(\boldsymbol{z})]\approx\hat{\mu}=\frac{1}{m}\sum_{i=1}^{m}f(\boldsymbol{z}^{(i)}) \tag{18.1}$$

$$\mathrm{Var}_{z\sim p}[f(\boldsymbol{z})]\approx\hat{v}=\left(\frac{1}{m}\sum_{i=1}^{m}f(\boldsymbol{z}^{(i)})^2\right)-\hat{\mu}^2 \tag{18.2}$$

321

在上面的等式以及本章的其余部分中，为了符号书写更方便，我们从 $f(\boldsymbol{x},\boldsymbol{z})$ 中删除 $\boldsymbol{x}$，但是仍然存在对 $\boldsymbol{x}$ 的依赖。对于优化过程中的每个新设计点 $\boldsymbol{x}$，我们重新计算均值和方差。

这种基于抽样的方法的一个理想特性是不需要精确知道 p。可以直接从模拟或真实实验中获取样本。这种方法的潜在局限性是在收敛到合适的估计值之前可能需要许多样本。正态分布 f 的样本均值的方差为 $\mathrm{Var}[\hat{\mu}]=v/m$，其中 v 是 f 的真实方差。因此，将样本数量 m 加倍会使样本均值的方差减半。

18.2 泰勒逼近

估计 $\hat{\mu}$ 和 $\hat{v}$ 的另一种方法是在固定设计点 $\boldsymbol{x}$ 上使用 f 的泰勒级数逼近㊁。目前，假定 $\boldsymbol{z}$ 的 n 个分量是独立的并且具有有限的方差。将 $\boldsymbol{z}$ 上的分布均值表示为 $\boldsymbol{\mu}$，将 $\boldsymbol{z}$ 的各个分量的方差表示为 $\boldsymbol{v}$㊂。以下是 $f(\boldsymbol{z})$ 在点 $\boldsymbol{z}=\boldsymbol{\mu}$ 处的二阶泰勒级数逼近：

$$\hat{f}(\boldsymbol{z})=f(\boldsymbol{\mu})+\sum_{i=1}^{n}\frac{\partial f}{\partial z_i}(z_i-\mu_i)+\frac{1}{2}\sum_{i=1}^{n}\sum_{j=1}^{n}\frac{\partial^2 f}{\partial z_i\partial z_j}(z_i-\mu_i)(z_j-\mu_j) \tag{18.3}$$

通过这种近似，我们可以解析地计算出 f 的均值和方差的估计值：

㊀ 或者如第13章所述，可以使用准蒙特卡罗积分来产生具有更快收敛性的估计。

㊁ 对于 n 个随机变量的一般函数的均值和方差的推导，请参见：

H. Benaroya and S. M. Han, *Probability Models in Engineering and Science*. Taylor & Francis, 2005.

㊂ 如果 $\boldsymbol{z}$ 的分量是独立的，则协方差矩阵是对角矩阵，$\boldsymbol{v}$ 是由对角线元素组成的向量。

$$\hat{\mu}=f(\boldsymbol{\mu})+\frac{1}{2}\sum_{i=1}^{n}\frac{\partial^2 f}{\partial z_i^2}v_i\bigg|_{z=\boldsymbol{\mu}} \tag{18.4}$$

$$\hat{v}=\sum_{i=1}^{n}\left(\frac{\partial f}{\partial z_i}\right)^2 v_i+\frac{1}{2}\sum_{i=1}^{n}\sum_{j=1}^{n}\left(\frac{\partial^2 f}{\partial z_i \partial z_j}\right)^2 v_i v_j\bigg|_{z=\boldsymbol{\mu}} \tag{18.5}$$

可以忽略高阶项以获得一阶近似值：

$$\hat{\mu}=f(\boldsymbol{\mu}) \qquad \hat{v}=\sum_{i=1}^{n}\left(\frac{\partial f}{\partial z_i}\right)^2 v_i\bigg|_{z=\boldsymbol{\mu}} \tag{18.6}$$

可以放宽 $\boldsymbol{z}$ 的分量独立的假设，但这会使计算更加复杂。实际上，转换随机变量以使其独
322 立很容易。通过与包含 $\boldsymbol{C}$ 的 m 个最大特征值对应的特征向量的正交 $m\times n$ 矩阵 $\boldsymbol{T}$ 相乘，可以将带有协方差矩阵 $\boldsymbol{C}$ 的 n 个相关随机变量 $\boldsymbol{c}$ 的向量转换为 m 个不相关的随机变量 $\boldsymbol{z}$，即 $\boldsymbol{z}=\boldsymbol{T}\boldsymbol{c}$㊀。

泰勒近似方法在算法 18.1 中实现。例 18.1 中比较了一阶和二阶近似。

算法 18.1　一种利用噪声平均向量μ和方差向量 v 自动计算设计点 x 处目标函数 f 的均值和方差的泰勒近似方法。布尔参数 secondorder 控制该方法是计算一阶逼近还是二阶逼近

```
using ForwardDiff
function taylor_approx(f, μ, ν, secondorder=false)
    μhat = f(μ)
    ∇ = (z -> ForwardDiff.gradient(f, z))(μ)
    νhat = ∇.^2⋅ν
    if secondorder
        H = (z -> ForwardDiff.hessian(f, z))(μ)
        μhat += (diag(H)⋅ν)/2
        νhat += ν⋅(H.^2*ν)/2
    end
    return (μhat, νhat)
end
```

例 18.1　将泰勒近似应用于具有二维高斯噪声的一元设计问题

考虑目标函数 $f(x,z)=\sin(x+z_1)\cos(x+z_2)$，其中 z_1 和 z_2 是零均值高斯噪声，方差分别为 0.1 和 0.2。

f 关于 zs 的一阶和二阶偏导数是：

$$\frac{\partial f}{\partial z_1}=\cos(x+z_1)\cos(x+z_2) \qquad \frac{\partial^2 f}{\partial z_2^2}=-\sin(x+z_1)\cos(x+z_2)$$

$$\frac{\partial f}{\partial z_2}=-\sin(x+z_1)\sin(x+z_2) \qquad \frac{\partial^2 f}{\partial z_1 \partial z_2}=-\cos(x+z_1)\sin(x+z_2)$$

$$\frac{\partial^2 f}{\partial z_1^2}=-\sin(x+z_1)\cos(x+z_2)$$

这使我们能够构造泰勒近似：

$$\hat{\mu}(x)=0.85\sin(x)\cos(x)$$

㊀ 缩放输出使协方差矩阵成为单位矩阵也是很常见的，此过程称为美白。参见：
J. H. Friedman, "Exploratory Projection Pursuit," *Journal of the American Statistical Association*, vol. 82, no. 397, pp. 249-266, 1987.

$$\hat{v}(x)=0.3\sin^2(x)\cos^2(x)-0.035\sin(x)\cos(x)$$

对于给定的 x，可以用下式使用 taylor_approx：

```
taylor_approx(z->sin(x+z[1])*cos(x+z[2]), [0,0], [0.1,0.2])
```

下图见彩插：

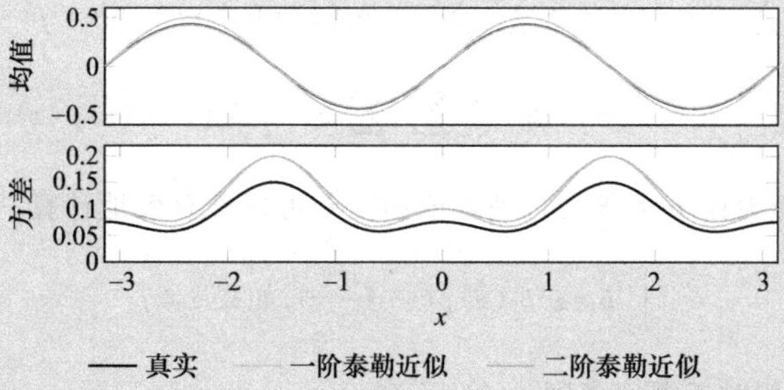

323～324

18.3　多项式混沌

多项式混沌是一种将多项式拟合至 $f(z)$ 的评估，并使用所得代理模型估算均值和方差的方法。我们将首先讨论一元情况下如何使用多项式混沌。然后，将概念推广到多元函数，并展示如何通过积分代理模型表示的函数来获得均值和方差的估计。

18.3.1　一元情况

在一维上，使用由 k 个多项式基函数 b_1，…，b_k 组成的代理模型来近似 $f(z)$：

$$f(z)\approx\hat{f}(z)=\sum_{i=1}^{k}\theta_i b_i(z) \tag{18.7}$$

与 18.1 节中讨论的蒙特卡罗方法相反，z 的样本不必从 p 中随机抽取。实际上，可能需要使用第 13 章中讨论的抽样计划之一来获取样本。我们将在 18.3.2 节中讨论如何获取基系数。

可以使用代理模型 $\hat{f}$ 来估计均值：

$$\hat{\mu}=\mathbb{E}[\hat{f}] \tag{18.8}$$

$$=\int_{\mathcal{Z}}\hat{f}(z)p(z)\mathrm{d}z \tag{18.9}$$

$$=\int_{\mathcal{Z}}\sum_{i=1}^{k}\theta_i b_i(z)p(z)\mathrm{d}z \tag{18.10}$$

$$=\sum_{i=1}^{k}\theta_i\int_{\mathcal{Z}}b_i(z)p(z)\mathrm{d}z \tag{18.11}$$

$$=\theta_1\int_{\mathcal{Z}}b_1(z)p(z)\mathrm{d}z+\cdots+\theta_k\int_{\mathcal{Z}}b_k(z)p(z)\mathrm{d}z \tag{18.12}$$

还可以估计方差：

$$\hat{v}=\mathbb{E}[(\hat{f}-\mathbb{E}[\hat{f}])^2] \tag{18.13}$$

$$=\mathbb{E}[\hat{f}^2]-\mathbb{E}[\hat{f}]^2 \tag{18.14}$$

$$= \int_Z \hat{f}(z)^2 p(z)\mathrm{d}z - \mu^2 \tag{18.15}$$

$$= \int_Z \sum_{i=1}^{k} \sum_{j=1}^{k} \theta_i\theta_j b_i(z) b_j(z) p(z)\mathrm{d}z - \mu^2 \tag{18.16}$$

$$= \int_Z \Big(\sum_{i=1}^{k} \theta_i^2 b_i(z)^2 + 2 \sum_{i=2}^{k} \sum_{j=1}^{i-1} \theta_i\theta_j b_i(z) b_j(z) \Big) p(z)\mathrm{d}z - \mu^2 \tag{18.17}$$

$$= \int_Z \Big(\sum_{i=1}^{k} \theta_i^2 b_i(z)^2 + 2 \sum_{i=2}^{k} \sum_{j=1}^{i-1} \theta_i\theta_j b_i(z) b_j(z) \Big) p(z)\mathrm{d}z - \mu^2 \tag{18.18}$$

$$= \sum_{i=1}^{k} \theta_i^2 \int_Z b_i(z)^2 p(z)\mathrm{d}z + 2 \sum_{i=2}^{k} \sum_{j=1}^{i-1} \theta_i\theta_j \int_Z b_i(z) b_j(z) p(z)\mathrm{d}(z) - \mu^2 \tag{18.19}$$

325 如果将基函数选择为在 p 下正交，则均值和方差可以被有效地计算。如果有

$$\int_Z b_i(z) b_j(z) p(z)\mathrm{d}z = 0, \text{如果 } i \neq j \tag{18.20}$$

则两个基函数 b_i 和 b_j 相对于概率密度 $p(z)$ 正交。

如果选择的基函数彼此正交，并且第一个基函数为 $b_1(z) = 1$，则均值为：

$$\hat{\mu} = \theta_1 \int_Z b_1(z) p(z)\mathrm{d}z + \theta_2 \int_Z b_2(z) p(z)\mathrm{d}z + \cdots + \theta_k \int_Z b_k(z) p(z)\mathrm{d}z \tag{18.21}$$

$$= \theta_1 \int_Z b_1(z)^2 p(z)\mathrm{d}z + \theta_2 \int_Z b_1(z) b_2(z) p(z)\mathrm{d}z + \cdots + \theta_k \int_Z b_1(z) b_k(z) p(z)\mathrm{d}z \tag{18.22}$$

$$= \theta_1 \int_Z p(z)\mathrm{d}z + 0 + \cdots + 0 \tag{18.23}$$

$$= \theta_1 \tag{18.24}$$

同样，方差为：

$$\hat{v} = \sum_{i=1}^{k} \theta_i^2 \int_Z b_i(z)^2 p(z)\mathrm{d}z + 2 \sum_{i=2}^{k} \sum_{j=1}^{i-1} \theta_i\theta_j \int_Z b_i(z) b_j(z) p(z)\mathrm{d}z - \mu^2 \tag{18.25}$$

$$= \sum_{i=1}^{k} \theta_i^2 \int_Z b_i(z)^2 p(z)\mathrm{d}z - \mu^2 \tag{18.26}$$

$$= \theta_i^2 \int_Z b_1(z)^2 p(z)\mathrm{d}z + \sum_{i=2}^{k} \theta_i^2 \int_Z b_i(z)^2 p(z)\mathrm{d}z - \theta_1^2 \tag{18.27}$$

$$= \sum_{i=2}^{k} \theta_i^2 \int_Z b_i(z)^2 p(z)\mathrm{d}z \tag{18.28}$$

因此，均值很快就从拟合代理模型下降到所观察到的数据，并且对于选择基函数和概率分布，给定值 $\int_Z b_i(z)^2 p(z)\mathrm{d}z$ 的情况下可以非常有效地计算方差㊀。例 18.2 使用这些程序估算不同样本大小的均值和方差。

例 18.2　使用多项式混沌估计未知目标函数的期望值

考虑优化(未知)目标函数：

$$f(x,z) = 1 - \mathrm{e}^{-(x+z-1)^2} - 2\mathrm{e}^{-(x+z-3)^2}$$

㊀ 可以使用附录 C.8 节中所述的高斯求积法有效地计算这种形式的积分。

其中已知 z 是从零均值单位高斯分布中得出的。

下面绘制了目标函数、真实期望值以及带有不同样本数量的估计期望值（见彩插）。使用三阶 Hermite 多项式计算估计的期望值。

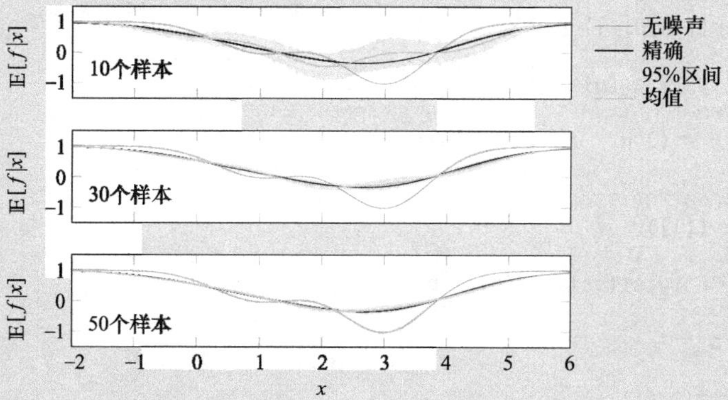

多项式混沌使用 k 阶正交多项式基函数对函数进行近似，其中 $i\in\{1, \cdots, k+1\}$ 且 $b_1=1$。所有正交多项式均满足递归关系：

$$b_{i+1}(z)=\begin{cases}(z-\alpha_i)b_i(z) & \text{对于 } i=1\\ (z-\alpha_i)b_i(z)-\beta_i b_{i-1}(z) & \text{对于 } i>1\end{cases} \tag{18.29}$$

326~327

其中 $b_1(z)=1$ 且权重

$$\alpha_i=\frac{\int_z z b_i(z)^2 p(z)\mathrm{d}z}{\int_z b_i(z)^2 p(z)\mathrm{d}z}$$
$$\beta_i=\frac{\int_z b_i(z)^2 p(z)\mathrm{d}z}{\int_z b_{i-1}(z)^2 p(z)\mathrm{d}z} \tag{18.30}$$

递归关系可用于生成基函数。每个基函数 b_i 都是一个阶数为 $i-1$ 的多项式。表 18.1 给出了几种常见概率分布的基函数，可以使用算法 18.2 中的方法生成这些基函数，图 18.1 中绘制了这些函数。例 18.3 说明了多项式阶数对均值和方差估计的影响。

表 18.1　几种常见概率分布的正交多项式基函数

分布	域	密度	名称	递归形式	闭形式
均匀	$[-1,1]$	$\frac{1}{2}$	Legendre	$\mathrm{Le}_k(x)=\frac{1}{2^k k!}\frac{\mathrm{d}^k}{\mathrm{d}x^k}[(x^2-1)^k]$	$b_i(x)=\sum_{j=0}^{i-1}\binom{i-1}{j}\binom{-i-2}{j}\left(\frac{1-x}{2}\right)^j$
指数	$[0,\infty)$	e^{-x}	Laguerre	$\frac{\mathrm{d}}{\mathrm{d}x}\mathrm{La}_k(x)=\left(\frac{\mathrm{d}}{\mathrm{d}x}-1\right)\mathrm{La}_{k-1}$	$b_i(x)=\sum_{j=0}^{i-1}\binom{i-1}{j}\frac{(-1)^j}{j!}x^j$
单位高斯	$(-\infty,\infty)$	$\frac{1}{\sqrt{2\pi}}\mathrm{e}^{-x^2/2}$	Hermite	$\mathrm{H}_k(x)=x\mathrm{H}_{k-1}-\frac{\mathrm{d}}{\mathrm{d}x}\mathrm{H}_{k-1}$	$b_i(x)=\sum_{j=0}^{\lfloor(i-1)/2\rfloor}(i-1)!\frac{(-1)^{\frac{i-1}{2}-j}}{(2j)!\left(\frac{i-1}{2}-j\right)!}(2x)^{2j}$

算法 18.2 构造多项式正交基函数的方法，其中 i 表示 b_i 的构造

```
using Polynomials
function legendre(i)
    n = i-1
    p = Poly([-1,0,1])^n
    for i in 1 : n
        p = polyder(p)
    end
    return p / (2^n * factorial(n))
end
function laguerre(i)
    p = Poly([1])
    for j in 2 : i
        p = polyint(polyder(p) - p) + 1
    end
    return p
end
function hermite(i)
    p = Poly([1])
    x = Poly([0,1])
    for j in 2 : i
        p = x*p - polyder(p)
    end
    return p
end
```

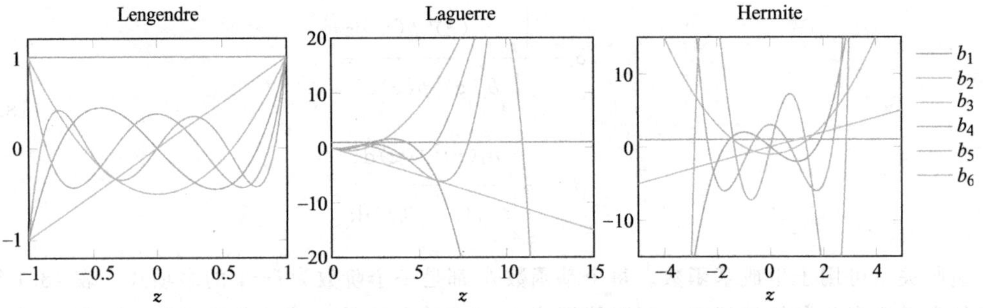

图 18.1 用于均匀、指数和单位高斯分布的正交基函数（见彩插）

例 18.3 用于估计具有均匀分布输入的函数的均值和方差的 Legendre 多项式

考虑函数 $f(z)=\sin(\pi z)$，其中输入 z 从域 $[-1, 1]$ 上的均匀分布中得出。真实的均值和方差可以通过解析方式来计算：

$$\mu=\int_a^b f(z)p(z)\mathrm{d}z=\int_{-1}^1 \sin(\pi z)\frac{1}{2}\mathrm{d}z=0 \tag{18.31}$$

$$v=\int_a^b f(z)^2 p(z)\mathrm{d}z-\mu^2=\int_{-1}^1 \sin^2(\pi z)\frac{1}{2}\mathrm{d}z-0=\frac{1}{2} \tag{18.32}$$

假设在 $z=\{-1, -0.2, 0.3, 0.7, 0.9\}$ 时有 5 个 f 的样本。可以对数据进行 Legendre 多项式拟合，以获得代理模型 $\hat{f}$。不同程度的多项式产生的结果如下图所示（见彩插）：

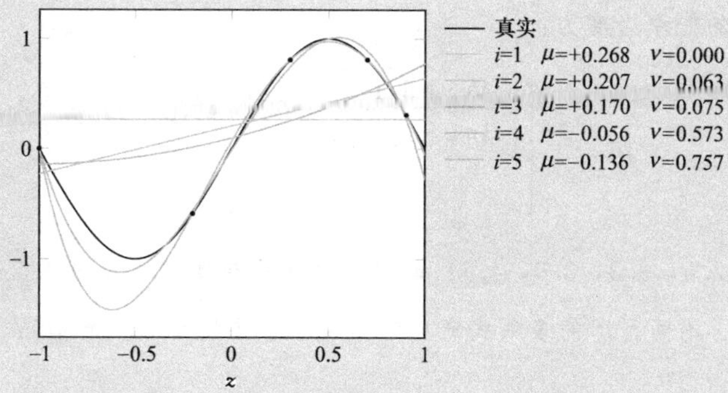

可以通过解析和数值方式构建任意概率密度函数和域的基函数㊀。Stieltjes 算法㊁（算法 18.3）使用公式(18.29)中的递归关系生成正交多项式。例 18.4 展示了多项式阶数如何影响均值和方差的估计。

算法 18.3 根据正交递归关系构造下一个多项式基函数 b_{i+1} 的 Stieltjes 算法，其中 bs 包含 $\{b_1, \cdots, b_i\}$，p 是概率分布，dom 是一个包含 z 的上下界的元组。可选参数ϵ控制数值积分的绝对容差。这里使用 Polynomials.jl 包

```
using Polynomials
function orthogonal_recurrence(bs, p, dom, ϵ=1e-6)
    i = length(bs)
    c1 = quadgk(z->z*bs[i](z)^2*p(z), dom..., atol=ϵ)[1]
    c2 = quadgk(z->  bs[i](z)^2*p(z), dom..., atol=ϵ)[1]
    α = c1 / c2
    if i > 1
        c3 = quadgk(z->bs[i-1](z)^2*p(z), dom..., atol=ϵ)[1]
        β = c2 / c3
        return Poly([-α, 1])*bs[i] - β*bs[i-1]
    else
        return Poly([-α, 1])*bs[i]
    end
end
```

例 18.4 使用 Stieltjes 方法构造的 Legendre 多项式，以估计具有随机变量输入的函数的均值和方差

考虑函数 $f(z)=\sin(\pi z)$，其中输入 z 在域 [2, 5] 上绘制了均值为 3 和方差为 1 的截断高斯分布。真实的均值和方差是：

$$\mu=\int_a^b f(z)p(z)\mathrm{d}z=\int_2^5 \sin(\pi z)p(z)\mathrm{d}z\approx 0.104$$

$$v=\int_a^b f(z)^2 p(z)\mathrm{d}z-\mu^2=\int_2^5 \sin^2(\pi z)p(z)\mathrm{d}z-0.104^2\approx 0.495$$

㊀ 多项式可以按非零因子进行缩放。通常将 $b_1(x)$ 设置为 1。

㊁ 法语概述参见：

T. J. Stieltjes, "Quelques Recherches sur la Théorie des Quadratures Dites Mécaniques," *Annales Scientifiques de l'École Normale Supérieure*, vol. 1, pp. 409-426, 1884.

英文概述参见：

W. Gautschi, *Orthogonal Polynomials: Computation and Approximation*. Oxford University Press, 2004.

截断高斯分布的概率密度为：

$$p(z)=\begin{cases}\dfrac{\mathcal{N}(z\mid 3,1)}{\int_2^5 \mathcal{N}(\tau\mid 3,1)\mathrm{d}\tau} & \text{如果 } z\in[2,5]\\ 0 & \text{其他}\end{cases}$$

假设在 $z=\{2.1, 2.5, 3.3, 3.9, 4.7\}$ 时有5个 f 的样本。可以将正交多项式拟合到数据以获得代理模型 $\hat{f}$。不同程度的多项式产生的结果如下图所示（见彩插）：

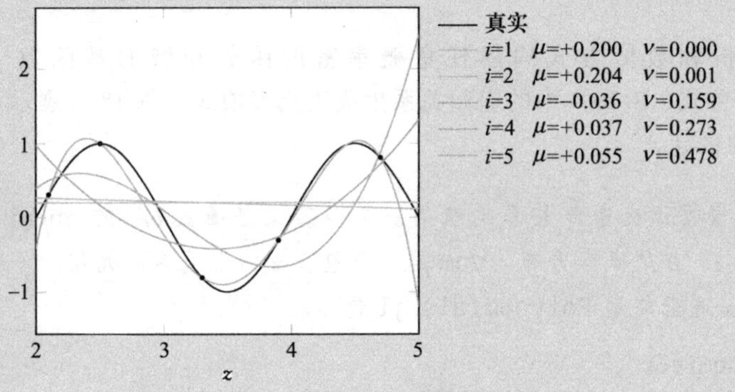

18.3.2　系数

可以用两种不同的方法来推导公式(18.7) 中的系数 θ_1，…，θ_k。第一种方法是使用14.3节中讨论的线性回归方法拟合 $\mathcal{Z}$ 中样本的值。第二种方法是利用基函数的正交性，产生适合高斯正交的积分项。

将方程（18.7）的每一边乘以第 j 个基函数和概率密度函数，并进行积分：

$$f(z)\approx\sum_{i=1}^{k}\theta_i b_i(z) \tag{18.33}$$

$$\int_{\mathcal{Z}} f(z)b_j(z)p(z)\mathrm{d}z\approx\int_{\mathcal{Z}}\left(\sum_{i=1}^{k}\theta_i b_i(z)\right)b_j(z)p(z)\mathrm{d}z \tag{18.34}$$

$$=\sum_{i=1}^{k}\theta_i\int_{\mathcal{Z}} b_i(z)b_j(z)p(z)\mathrm{d}z \tag{18.35}$$

$$=\theta_j\int_{\mathcal{Z}} b_j(z)^2 p(z)\mathrm{d}z \tag{18.36}$$

这里利用了公式(18.20) 的正交性。

因此，第 j 个系数为：

$$\theta_j=\frac{\int_{\mathcal{Z}} f(z)b_j(z)p(z)\mathrm{d}z}{\int_{\mathcal{Z}} b_j(z)^2 p(z)\mathrm{d}z} \tag{18.37}$$

等式(18.37) 的分母通常具有已知的解析解，或者可以进行简单的预先计算。因此，计算

系数首先需要求解分子中的积分，这可以使用高斯求积法以数值方式完成[1]。 328~332

18.3.3　多元情况

多项式混沌可以应用于具有多个随机输入的函数。m 个变量的多元基函数被构造为一元正交多项式的乘积：

$$b_i(\mathbf{z}) = \prod_{j=1}^{m} b_{a_j}(z_j) \tag{18.38}$$

其中 $\mathbf{a}$ 是将第 j 个基函数分配给第 j 个随机分量的分配向量。例 18.5 演示了此基函数的构造。

例 18.5　使用公式(18.38)构造多元多项式混沌基函数

考虑一个三维多项式混沌模型，其中多维基函数之一是 $b(\mathbf{z}) = b_3(z_1)b_1(z_2)b_3(z_3)$。对应的分配向量为 $\mathbf{a} = [3, 1, 3]$。

构造多元基函数的常用方法是为每个随机变量生成一元正交多项式，然后为每种可能的组合构造多元基函数[2]。此过程在算法 18.4 中实现。这种构造基函数的方式假定变量是独立的。可以使用 18.2 节中讨论的相同变换来解决相互依赖性。

算法 18.4　一种构造多元基函数的方法，其中 bases1d 包含每个随机变量的一元正交基函数的列表

```
function polynomial_chaos_bases(bases1d)
    bases = []
    for a in product(bases1d...)
        push!(bases,
            z -> prod(b(z[i]) for (i,b) in enumerate(a)))
    end
    return bases
end
```

具有 k 个基函数的多元多项式混沌逼近仍然是各项的线性组合：

$$f(\mathbf{z}) \approx \hat{f}(\mathbf{z}) = \sum_{i=1}^{k} \theta_i b_i(\mathbf{z}) \tag{18.39}$$ 333

假设 $b_1(\mathbf{z}) = 1$，可以使用 18.3.1 节中的公式计算均值和方差。

18.4　贝叶斯蒙特卡罗

第 16 章介绍的高斯过程是函数的概率分布，它们可替代随机目标函数。可以在称为贝叶斯蒙特卡罗（Bayesian Monte Carlo）或贝叶斯-埃尔米特求积（Bayes-Hermite Quadrature）的过程中合并先验信息，例如目标函数的预期平滑度。

考虑拟合几个点的高斯过程，这些点的设计点 $\mathbf{x}$ 的值相同，而不确定点 $\mathbf{z}$ 的值不同。获得

---

[1] 高斯求积法通过 quadgk 函数在 QuadGK.jl 中实现，并在附录 C.8 节中进行介绍。求积规则也可以使用由等式(18.30)生成的系数为 α_i 和 β_i 的三对角矩阵的特征值和特征向量来获得。参见：
G. H. Golub and J. H. Welsch, "Calculation of Gauss Quadrature Rules," *Mathematics of Computation*, vol. 23, no. 106, pp. 221-230, 1969.

[2] 此处，多元指数基函数的数量随变量的数量呈指数增长。

的高斯过程是基于观测数据的函数分布。通过积分获得期望值时，必须考虑以高斯过程 $p(\hat{f})$ 表示的概率分布中函数的期望值：

$$\mathbb{E}_{z\sim p}[f]\approx\mathbb{E}_{\hat{f}\sim p(\hat{f})}[\hat{f}] \tag{18.40}$$

$$=\int_{\hat{\mathcal{F}}}\left(\int_{\mathcal{Z}}\hat{f}(z)p(z)\mathrm{d}z\right)p(\hat{f})\mathrm{d}\hat{f} \tag{18.41}$$

$$=\int_{\mathcal{Z}}\left(\int_{\hat{\mathcal{F}}}\hat{f}(z)p(\hat{f})\mathrm{d}\hat{f}\right)p(z)\mathrm{d}z \tag{18.42}$$

$$=\int_{\mathcal{Z}}\hat{\mu}(z)(p)(z)\mathrm{d}z \tag{18.43}$$

其中 $\hat{\mu}(z)$ 是高斯过程下的预测均值，而$\hat{\mathcal{F}}$是函数空间。估计的方差为

$$\mathrm{Var}_{z\sim p}[f]\approx\mathrm{Var}_{\hat{f}\sim p(\hat{f})}[\hat{f}] \tag{18.44}$$

$$=\int_{\hat{\mathcal{F}}}\left(\int_{\mathcal{Z}}\hat{f}(z)p(z)\mathrm{d}z-\int_{\mathcal{Z}}\mathbb{E}[\hat{f}(z')]p(z')\mathrm{d}z'\right)^2p(\hat{f})\mathrm{d}\hat{f} \tag{18.45}$$

$$=\int_{\mathcal{Z}}\int_{\mathcal{Z}}\int_{\hat{\mathcal{F}}}[\hat{f}(z)-\mathbb{E}[\hat{f}(z)]][\hat{f}(z')-\mathbb{E}[\hat{f}(z')]]p(\hat{f})\mathrm{d}\hat{f}p(z)p(z')\mathrm{d}z\mathrm{d}z' \tag{18.46}$$

$$=\int_{\mathcal{Z}}\int_{\mathcal{Z}}\mathrm{Cov}(\hat{f}(z),\hat{f}(z'))p(z)p(z')\mathrm{d}z\mathrm{d}z' \tag{18.47}$$

其中 Cov 是高斯过程下的后协方差：

334

$$\mathrm{Cov}(\hat{f}(z),\hat{f}(z'))=k(z,z')-k(z,Z)\boldsymbol{K}(Z,Z)^{-1}k(Z,z') \tag{18.48}$$

其中 Z 包含观察到的输入。

对于 z 为高斯分布的特殊情况，存在均值和方差的解析表达式[⊖]。在高斯内核下，

$$k(\boldsymbol{x},\boldsymbol{x}')=\exp\left(-\frac{1}{2}\sum_{i=1}^{n}\frac{(x_i-x_i')^2}{w_i^2}\right) \tag{18.49}$$

高斯不确定性 $z\sim\mathcal{N}(\boldsymbol{\mu}_z,\boldsymbol{\Sigma}_z)$ 的均值为

$$\mathbb{E}_{z\sim p}[f]=\boldsymbol{q}^{\top}\boldsymbol{K}^{-1}\boldsymbol{y} \tag{18.50}$$

其中

$$q_i=|\boldsymbol{W}^{-1}\boldsymbol{\Sigma}_z+\boldsymbol{I}|^{-1/2}\exp\left(-\frac{1}{2}(\boldsymbol{\mu}_z-\hat{\mu}(\boldsymbol{z}^{(i)}))^{\top}(\boldsymbol{\Sigma}_z+\boldsymbol{W})^{-1}(\boldsymbol{\mu}_z-\boldsymbol{z}^{(i)})\right) \tag{18.51}$$

其中 $\boldsymbol{W}=\mathrm{diag}[w_1^2,\cdots,w_n^2]$，我们使用样本 $(\boldsymbol{z}^{(i)},y_i)$ $(i\in\{1,\cdots,m\})$ 构造高斯过程[⊜]。

⊖ 还要求协方差函数服从乘积相关性规则，即可以将其写为一元正定函数 r 的乘积：

$$k(\boldsymbol{x},\boldsymbol{x}')=\prod_{i=1}^{n}r(x_i-x_i')$$

多项式内核和高斯混合存在解析结果。参见：

C. E. Rasmussen and Z. Ghahramani, "Bayesian Monte Carlo," *Advances in Neural Information Processing Systems (NIPS)*, 2003.

⊜ A. Girard, C. E. Rasmussen, J. Q. Candela, and R. Murray-Smith, "Gaussian Process Priors with Uncertain Inputs—Application to Multiple-Step Ahead Time Series Forecasting," *Advances in Neural Information Processing Systems (NIPS)*, 2003.

方差是

$$\mathrm{Var}_{z\sim p}[f]=|2\boldsymbol{W}^{-1}\boldsymbol{\Sigma}_z+\boldsymbol{I}|^{-1/2}-\boldsymbol{q}^{\top}\boldsymbol{K}^{-1}\boldsymbol{q} \tag{18.52}$$

即使当解析表达式不可用时，也存在许多问题，这些问题的期望值的数字评估足够简单，以至于高斯过程方法优于蒙特卡罗估计。

贝叶斯蒙特卡罗在算法 18.5 中实现，并在例 18.6 中进行计算。

算法 18.5 一种用于获得贝叶斯蒙特卡罗估计的方法，该方法具有权重为 w 的高斯内核的高斯过程 GP 下的函数期望值，其中变量是从均值为μz 和协方差为Σz 的正态分布中得出的

```
function bayesian_monte_carlo(GP, w, μz, Σz)
    W = Matrix(Diagonal(w.^2))
    invK = inv(K(GP.X, GP.X, GP.k))
    q = [exp(-((z-μz)⋅(inv(W+Σz)*(z-μz)))/2) for z in GP.X]
    q .*= (det(W\Σz + I))^(-0.5)
    μ = q'*invK*GP.y
    ν = (det(2W\Σz + I))^(-0.5) - (q'*invK*q)[1]
    return (μ, ν)
end
```

例 18.6 使用贝叶斯蒙特卡罗估计函数期望值和变量的一个示例。图中比较贝叶斯蒙特卡罗方法和样本均值，以估计函数的期望值。将为每个所评估的 x 生成的相同随机抽样 z 值输入每种方法 335

再次考虑估计 $f(x,z)=\sin(x+z_1)\cos(x+z_2)$ 的期望值和方差，其中 z_1 和 z_2 是零均值高斯噪声，其方差分别为 1 和 1/2，$\boldsymbol{\mu}_z=[0,\ 0]$ 并且 $\boldsymbol{\Sigma}_z=\mathrm{diag}([1,\ 1/2])$。

将贝叶斯蒙特卡罗（Bayesian Monte Carlo）与高斯内核一起使用，其中 $x=0$ 的单位权重为 $\boldsymbol{w}=[1,\ 1]$，样本 $Z=\{[0,0],[1,0],[-1,0],[0,1],[0,-1]\}$。

计算：

$$\boldsymbol{W}=\begin{bmatrix}1 & 0\\ 0 & 1\end{bmatrix}$$

$$\boldsymbol{K}=\begin{bmatrix}1 & 0.607 & 0.607 & 0.607 & 0.607\\ 0.607 & 1 & 0.135 & 0.368 & 0.368\\ 0.607 & 0.135 & 1 & 0.368 & 0.368\\ 0.607 & 0.368 & 0.368 & 1 & 0.135\\ 0.607 & 0.368 & 0.368 & 0.135 & 1\end{bmatrix}$$

$$\boldsymbol{q}=[0.577, 0.450, 0.450, 0.417, 0.417]$$

$$\mathbb{E}_{z\sim p}[f]=0.0$$

$$\mathrm{Var}_{z\sim p}[f]=0.327$$

下面使用相同的方法在每个点上随机抽取 10 个 z 的样本，将期望值绘制为 x 的函数（见彩插）。

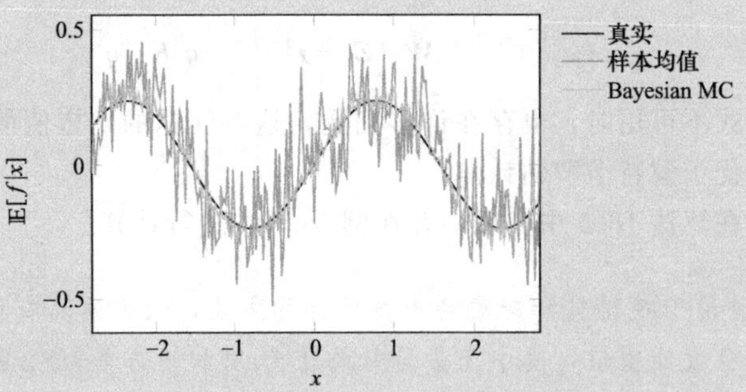

336

18.5 小结

- 当优化问题涉及不确定性时，目标函数的期望值和方差很有用，但精准地计算这些数值可能会很困难。
- 最简单的方法之一是在蒙特卡罗积分过程中使用采样来估计力矩。
- 其他方法（例如泰勒逼近法）使用目标函数偏导数的知识。
- 多项式混沌是一种基于正交多项式的强大的不确定性传播技术。
- 贝叶斯蒙特卡罗使用高斯过程来高效地获得高斯内核的解析结果。

18.6 练习

练习 18.1 假设从一元高斯分布中抽取样本。样本落在均值的一个标准偏差（$x\in[\mu-\sigma,\mu+\sigma]$）中的概率是多少？样本比均值（$x<\mu+\sigma$）低一个标准偏差的概率是多少？

练习 18.2 $x^{(1)}$，$x^{(2)}$，…，$x^{(m)}$是一个独立随机样本，还是均值为 μ 和方差为 v 的分布中大小为 m 的均等分布值。证明样本均值的方差 Var（$\hat{\mu}$）为 v/m。

练习 18.3 推导所有正交多项式都满足的递归关系方程式(18.29)。

练习 18.4 假设使用 $\boldsymbol{z}^{(1)}$，…，$\boldsymbol{z}^{(m)}$ 的 m 个评估为特定设计点 $\boldsymbol{x}$ 拟合目标函数 $f(\boldsymbol{x},\boldsymbol{z})$ 的多项
337 式混沌模型。推导用于估计相对于设计分量 x_i 的多项式混沌系数的偏导数的表达式。

练习 18.5 考虑具有设计变量 $\boldsymbol{x}$ 和随机变量 $\boldsymbol{z}$ 的目标函数 $f(\boldsymbol{x},\boldsymbol{z})$。如第 17 章所述，不确定性下的优化通常涉及最小化估计均值和方差的线性组合：

$$f_{\text{mod}}(\boldsymbol{x},\boldsymbol{z})=\alpha\hat{\mu}(\boldsymbol{x})+(1-\alpha)\hat{v}(\boldsymbol{x})$$

338 如何使用多项式混沌来估计 f_{mod} 相对于设计变量 $\boldsymbol{x}$ 的梯度？

离散优化

前几章集中讨论了涉及连续设计变量的优化问题。但是，许多问题具有自然离散的设计变量，例如涉及固定尺寸的机械零件的制造问题或涉及离散路径选择的导航问题。离散优化问题的约束条件是设计变量必须从离散集中选取。一些离散优化问题具有无限的设计空间，而另一些则是有限的[1]。即使对于有限的问题，我们在理论上可以列举出每一个可能的解决方案，但实际这样做通常在计算上是不可行的。本章将讨论解决避免枚举的离散优化问题的精确方法和近似方法。前面介绍的许多方法，例如模拟退火和遗传算法，都可以用于离散优化问题，但本章的重点放在尚未讨论的技术上。

19.1 整数规划

整数规划是具有整数约束的线性规划[2]。整数约束是指其设计变量必须来自整数集[3]。整数规划有时也被称为整数线性规划，以强调目标函数和约束为线性的假设。

标准形式的整数规划表示为：

$$
\begin{aligned}
\underset{x}{\text{minimize}} \quad & \boldsymbol{c}^{\top} \boldsymbol{x} \\
\text{s. t.} \quad & \boldsymbol{A}\boldsymbol{x} \leqslant \boldsymbol{b} \\
& \boldsymbol{x} \geqslant 0 \\
& \boldsymbol{x} \in \mathbb{Z}^n
\end{aligned}
\tag{19.1}
$$

其中，$\mathbb{Z}^n$ 是 n 维整数向量的集合。

像线性规划一样，整数规划通常以等式形式求解。将整数规划转换为等式形式通常需要添加其他额外的松弛变量 $\boldsymbol{s}$，这些变量不需要是整数。因此，整数规划的等式形式为：

$$
\begin{aligned}
\underset{x}{\text{minimize}} \quad & \boldsymbol{c}^{\top} \boldsymbol{x} \\
\text{s. t.} \quad & \boldsymbol{A}\boldsymbol{x} + \boldsymbol{s} = \boldsymbol{b} \\
& \boldsymbol{x} \geqslant 0 \\
& \boldsymbol{s} \geqslant 0 \\
& \boldsymbol{x} \in \mathbb{Z}^n
\end{aligned}
\tag{19.2}
$$

更一般地，混合整数规划（算法 19.1）包括连续和离散设计组件。这种问题以等式形式表示为：

---

[1] 具有有限设计空间的离散优化有时被称为组合优化。有关综述请参见：
B. Korte and J. Vygen, *Combinatorial Optimization: Theory and Algorithms*, 5th ed. Springer, 2012.

[2] 见第 11 章。

[3] 整数规划是一个非常成熟的领域，在运筹学、通信网络、任务调度等学科中有着广泛的应用。现代的解算器，如 Gurobi 和 CPLEX，可以处理有数百万变量的问题。Julia 包提供对 Gurobi、CPLEX 和各种其他解算器的访问入口。

$$
\begin{aligned}
\underset{x}{\text{minimize}} \quad & \boldsymbol{c}^{\top} \boldsymbol{x} \\
\text{s. t.} \quad & \boldsymbol{A}\boldsymbol{x}=\boldsymbol{b} \\
& \boldsymbol{x} \geqslant 0 \\
& \boldsymbol{x}_{\mathcal{D}} \in \mathbb{Z}^{\|\mathcal{D}\|}
\end{aligned} \tag{19.3}
$$

339~340 其中，$\mathcal{D}$ 是设计变量的一组索引，这些索引被约束为离散的。这里，$\boldsymbol{x}=[\boldsymbol{x}_{\mathcal{D}}, \boldsymbol{x}_{\mathcal{C}}]$，其中 $\boldsymbol{x}_{\mathcal{D}}$ 代表离散设计变量的向量，$\boldsymbol{x}_{\mathcal{C}}$ 代表连续设计变量的向量。

算法 19.1 反映方程式 (19.3) 的混合整数线性规划类型。其中，D 是约束为离散的设计索引集

```
mutable struct MixedIntegerProgram
    A
    b
    c
    D
end
```

19.2 四舍五入

离散优化的一种常用方法是*放宽*设计点必须来自离散集这一约束。放宽的优点是我们可以使用诸如梯度下降或线性规划之类的技术，这些技术利用目标函数的连续性质来引导搜索。找到连续解后，将设计变量*四舍五入*为最接近的可行离散点。

四舍五入存在潜在的问题，即这一操作可能导致不可行的设计点，如图 19.1 所示。即使舍入导致可行的点，也可能远非最优点，如图 19.2 所示。如例 19.1 所示，添加离散约束通常会使目标值变差，但是，对于某些问题，我们可以证明被放宽的解接近于最优离散解。

可以通过四舍五入来求解整数规划，方法是去除整数约束，求解相应的线性规划或 LP，然后将求解结果四舍五入到最接近的整数。该方法在算法 19.2 中实现。

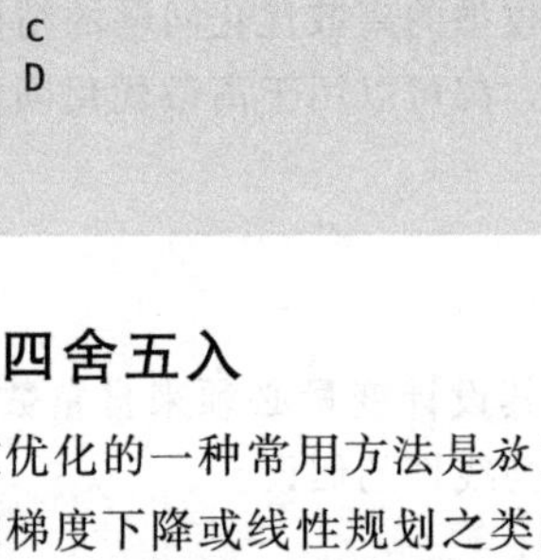

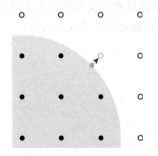

图 19.1 四舍五入可能会产生不可行的设计点

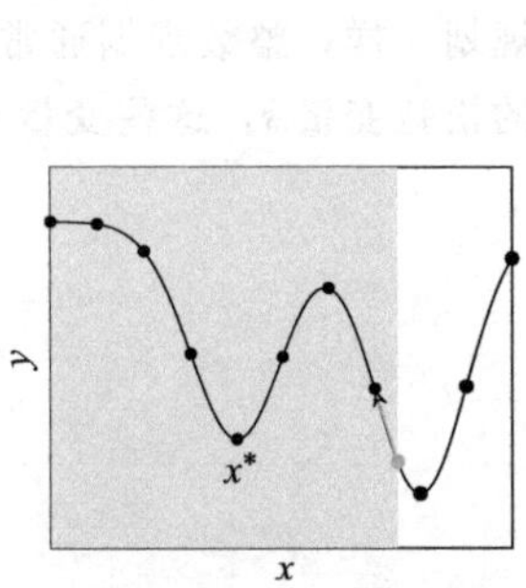

图 19.2 最接近可行的离散设计可能比最可行的离散设计差得多

例 19.1 离散问题约束了问题的解，该解往往比连续问题的解更差

离散优化将设计约束为整数。考虑问题：

$$\underset{x}{\text{minimize}} \quad x_1 + x_2$$

$$\text{s. t.} \quad \|\boldsymbol{x}\| \leqslant 2$$
$$\boldsymbol{x} \text{ 为整数}$$

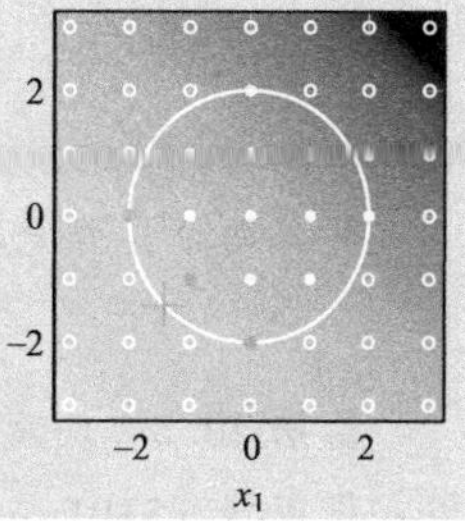

连续情况下的最优值是 $\boldsymbol{x}^* = [-\sqrt{2}, -\sqrt{2}]$，这时 $y=-2\sqrt{2}\approx-2.828$。如果 x_1 和 x_2 被约束为整数值，那么我们最好在 $\boldsymbol{x}^* \in \{[-2, 0], [-1, -1], [0, -2]\}$ 时，令 $y=-2$。

算法 19.2　将混合整数线性规划放宽为线性规划，并通过四舍五入求解混合整数线性规划的方法。两种方法都接受混合整数线性规划 **MIP**。通过四舍五入获得的解可能不是最佳选择或不可行

```
relax(MIP) = LinearProgram(MIP.A, MIP.b, MIP.c)
function round_ip(MIP)
    x = minimize_lp(relax(MIP))
    for i in MIP.D
        x[i] = round(Int, x[i])
    end
    return x
end
```

可以证明，当 $\boldsymbol{A}$ 为整数时，对约束 $\boldsymbol{Ax}\leqslant\boldsymbol{b}$ 的连续解进行四舍五入永远不会偏离最优整数解[⊖]。如果 $\boldsymbol{x}_c^*$ 是具有 $m\times n$ 矩阵 $\boldsymbol{A}$ 的 LP 的最优解，则存在一个最优离散解 $\boldsymbol{x}_d^*$，其中 $\|\boldsymbol{x}_c^*-\boldsymbol{x}_d^*\|$ 小于或等于 $\boldsymbol{A}$ 的子矩阵行列式的最大绝对值的 n 倍。 341

实际上 $\boldsymbol{c}$ 不需要是整数就可以得到最优整数解，因为可行域完全由 $\boldsymbol{A}$ 和 $\boldsymbol{B}$ 决定。一些方法对 LP 使用对偶公式，该对偶公式有取决于 $\boldsymbol{c}$ 的可行区域，在这种情况下，还需要有整数 $\boldsymbol{c}$。

在完全单模整数规划的特殊情况下，其中 $\boldsymbol{A}$、$\boldsymbol{b}$ 和 $\boldsymbol{c}$ 具有所有整数项，而 $\boldsymbol{A}$ 是完全单模的，保证单纯形算法返回整数解。如果每个子矩阵[⊖]的行列式都为 0、1 或 −1，则矩阵是完全单模的，完全单模矩阵的逆也是整数。实际上，一个完全单模整数规划的每个顶点解都是整数。因此，对于单模 $\boldsymbol{A}$ 和整数 $\boldsymbol{b}$，每个 $\boldsymbol{Ax}=\boldsymbol{b}$ 都有一个整数解。

例 19.2 中讨论了几种矩阵及其完全单模性。算法 19.3 给出了确定矩阵或整数线性规划是否为完全单模的方法。

例 19.2　完全单模矩阵。

请考虑以下矩阵：

$$\begin{bmatrix} 1 & 0 & 1 \\ 0 & 0 & 0 \\ 1 & 0 & -1 \end{bmatrix} \qquad \begin{bmatrix} 1 & 0 & 1 \\ 0 & 0 & 0 \\ 1 & 0 & 0 \end{bmatrix} \qquad \begin{bmatrix} -1 & -1 & 0 & 0 & 0 \\ 1 & 0 & -1 & -1 & 0 \\ 0 & 1 & 1 & 1 & 0 \end{bmatrix}$$

左矩阵不是完全单模的，因为

⊖ W. Cook, A. M. Gerards, A. Schrijver, and É. Tardos, "Sensitivity Theorems in Integer Linear Programming," *Mathematical Programming*, vol. 34, no. 3, pp. 251-264, 1986.

⊖ 子矩阵是通过删除另一个矩阵的行和/或列而获得的矩阵。

$$\begin{vmatrix} 1 & 1 \\ 1 & -1 \end{vmatrix} = -2$$

另外两个矩阵是完全单模的。

算法 19.3　确定矩阵 A 或混合整数规划 MIP 是否是完全单模的方法。如果给定值是整数，则方法 isint 返回 true

```
isint(x, ϵ=1e-10) = abs(round(x) - x) ≤ ϵ
function is_totally_unimodular(A::Matrix)
    # all entries must be in [0,1,-1]
    if any(a ∉ (0,-1,1) for a in A)
        return false
    end
    # brute force check every subdeterminant
    r,c = size(A)
    for i in 1 : min(r,c)
        for a in subsets(1:r, i)
            for b in subsets(1:c, i)
                B = A[a,b]
                if det(B) ∉ (0,-1,1)
                    return false
                end
            end
        end
    end
    return true
end
function is_totally_unimodular(MIP)
    return is_totally_unimodular(MIP.A) &&
           all(isint, MIP.b) && all(isint, MIP.c)
end
```

19.3 切割平面

342～343 当 $\boldsymbol{A}$ 不是完全单模时，*切割平面法*是求解混合整数规划的精确方法[⊖]。用于求解整数规划的现代实用方法使用了*分支剪切法*[⊖]，这种方法结合了切割平面方法和下一节将讨论的*分支限界法*。切割平面法的工作原理是求解被放宽的 LP，然后添加线性约束以得出最优解。

从被放宽的 LP 的解 $\boldsymbol{x}_c^*$ 开始切割法，被放宽的 LP 必须是 $\boldsymbol{Ax}=\boldsymbol{b}$ 的顶点。如果 $\boldsymbol{x}_c^*$ 中的分量 $\mathcal{D}$ 是整数，那么它也是原始混合整数规划的最优解，算法完成。只要 $\boldsymbol{x}_c^*$ 中的 $\mathcal{D}$ 分量不是整数，就能找到一侧为 $\boldsymbol{x}_c^*$ 且另一侧为所有可行离散解的超平面。该*切割平面*是排除 $\boldsymbol{x}_c^*$ 的附加线性约束。然后针对新的 $\boldsymbol{x}_c^*$ 求解增强的 LP。

算法 19.4 的每次迭代都引入了使 $\boldsymbol{x}_c^*$ 的非整数分量不可行的切割平面，同时保留了最接近整数解和其余可行集的可行性。解决了用这些切割平面约束修改的整数规划，以获得新的放宽的解决方案。图 19.3 说明了此过程。

⊖ R. E. Gomory, "An Algorithm for Integer Solutions to Linear Programs," *Recent Advances in Mathematical Programming*, *vol.* 64, *pp*269-302, 1963

⊖ M. Padberg and G. Rinaldi, "A Branch-and-Cut Algorithm for the Resolution of Large-Scale Symmetric Traveling Salesman Problems," *SIAM Review*, vol. 33, no. 1, pp. 60-100, 1991

算法 19.4 切割平面法求解给定的混合整数规划 MIP，并返回最佳设计向量。如果没有可行的解，则会引发错误。辅助函数 frac 返回数字的小数部分，并调整算法 11.5 中minimum lp 的实现，以返回基本索引 b_inds、非基本索引 v_inds 以及最优设计 x

```
frac(x) = modf(x)[1]
function cutting_plane(MIP)
    LP = relax(MIP)
    x, b_inds, v_inds = minimize_lp(LP)
    n_orig = length(x)
    D = copy(MIP.D)
    while !all(isint(x[i]) for i in D)
        AB, AV = LP.A[:,b_inds], LP.A[:,v_inds]
        Abar = AB\AV
        b = 0
        for i in D
            if !isint(x[i])
                b += 1
                A2 = [LP.A zeros(size(LP.A,1));
                      zeros(1,size(LP.A,2)+1)]
                A2[end,end] = 1
                A2[end,v_inds] = (x->floor(x) - x).(Abar[b,:])
                b2 = vcat(LP.b, -frac(x[i]))
                c2 = vcat(LP.c, 0)
                LP = LinearProgram(A2,b2,c2)
            end
        end
        x, b_inds, v_inds = minimize_lp(LP)
    end
    return x[1:n_orig]
end
```

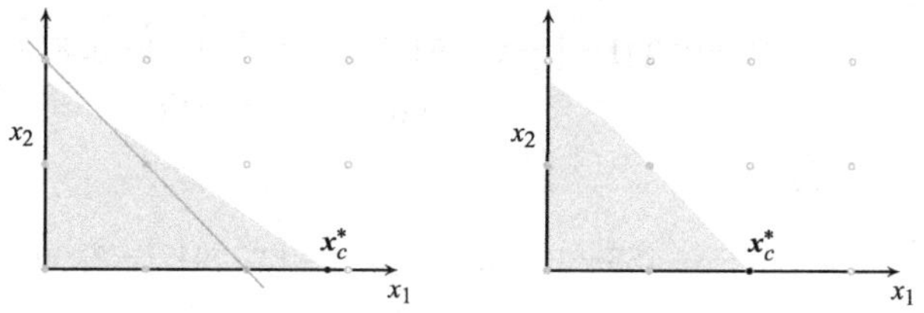

图 19.3 切割平面法引入了约束，直到 LP 的解是整数。切割平面在左侧显示为灰线。增强型 LP 的可行区域在右侧

我们希望添加约束，以排除 $\boldsymbol{x}_c^*$ 的非整数分量。对于约束为 $\boldsymbol{Ax}=\boldsymbol{b}$ 的等式形式的 LP，请回想 11.2.1 节，可以对顶点解 $\boldsymbol{x}_c^*$ 进行分区以得出

$$\boldsymbol{A}_{\mathcal{B}}\boldsymbol{x}_{\mathcal{B}}^* + \boldsymbol{A}_{\mathcal{V}}\boldsymbol{x}_{\mathcal{V}}^* = \boldsymbol{b} \tag{19.4}$$

其中，$\boldsymbol{x}_{\mathcal{V}}^* = \boldsymbol{0}$。因此，$\boldsymbol{x}_c^*$ 的非整数分量只会出现在 $\boldsymbol{x}_{\mathcal{B}}^*$ 中。

可以为每个 $b \in \mathcal{B}$ 引入一个额外的不等式约束，使得 $\boldsymbol{x}_b^*$ 是非整数的[⊖]：

$$x_b^* - \lfloor x_b^* \rfloor - \sum_{v \in \mathcal{V}} (\bar{A}_{bv} - \lfloor \bar{A}_{bv} \rfloor) x_v \leqslant 0 \tag{19.5}$$

其中，$\bar{\boldsymbol{A}} = \boldsymbol{A}_{\mathcal{B}}^{-1}\boldsymbol{A}_{\mathcal{V}}$。这些切割平面仅使用 $\mathcal{V}$ 分量来切除 $\boldsymbol{x}_c^*$ 的非整数分量。

344~345

⊖ 请注意，$\lfloor x \rfloor$ 或 x 的下界将 x 向下舍入到最接近的整数。

引入切割平面约束会切除被放宽的解 $\boldsymbol{x}_c^*$，因为所有的 x_v 均为零：

$$\underbrace{x_b^* - \lfloor x_b^* \rfloor}_{>0} - \underbrace{\sum_{v\in\mathcal{V}} (\bar{A}_{bv} - \lfloor \bar{A}_{bv} \rfloor) x_v}_{0} > 0 \tag{19.6}$$

使用附加的整数松弛变量 x_k 以等式形式表示切割平面：

$$x_k + \sum_{v\in\mathcal{V}} (\lfloor \bar{A}_{bv} \rfloor - \bar{A}_{bv}) x_v = \lfloor x_b^* \rfloor - x_b^* \tag{19.7}$$

因此，算法 19.4 的每次迭代都会增加约束的数量和变量的数量，直到求解 LP 产生整数解。仅返回与原始设计变量相对应的分量。

在例 19.3 中，使用切割平面法求解简单的整数线性规划。

例 19.3　用于求解整数规划的切割平面法

考虑整数规划：

$$\begin{aligned} \underset{x}{\text{minimize}} \quad & 2x_1 + x_2 + 3x_3 \\ \text{s. t.} \quad & \begin{bmatrix} 0.5 & -0.5 & 1.0 \\ 2.0 & 0.5 & -1.5 \end{bmatrix} \boldsymbol{x} = \begin{bmatrix} 2.5 \\ -1.5 \end{bmatrix} \\ & \boldsymbol{x} \geqslant 0 \\ & \boldsymbol{x} \in \mathbb{Z}^3 \end{aligned}$$

被放宽的解为 $\boldsymbol{x}^* \approx [0.818, 0, 2.091]$，得出：

$$\boldsymbol{A}_{\mathcal{B}} = \begin{bmatrix} 0.5 & 1 \\ 2 & -1.5 \end{bmatrix} \quad \boldsymbol{A}_{\mathcal{V}} = \begin{bmatrix} -0.5 \\ 0.5 \end{bmatrix} \quad \bar{\boldsymbol{A}} = \begin{bmatrix} -0.091 \\ -0.455 \end{bmatrix}$$

从式 (19.7) 可得，对带有松弛变量 x_4 的 x_1 的约束是：

$$\begin{aligned} x_4 + (-0.091 - \lfloor -0.091 \rfloor) x_2 &= \lfloor 0.818 \rfloor - 0.818 \\ x_4 - 0.909 x_2 &= -0.818 \end{aligned}$$

带有松弛变量 x_5 的 x_3 的约束为：

$$\begin{aligned} x_5 + (-0.455 - \lfloor -0.455 \rfloor) x_2 &= \lfloor 2.091 \rfloor - 2.091 \\ x_5 - 0.545 x_2 &= -0.091 \end{aligned}$$

修改后的整数规划为：

$$\boldsymbol{A} = \begin{bmatrix} 0.5 & -0.5 & 1 & 0 & 0 \\ 2 & 0.5 & -1.5 & 0 & 0 \\ 0 & -0.909 & 0 & 1 & 0 \\ 0 & -0.545 & 0 & 0 & 1 \end{bmatrix} \quad \boldsymbol{b} = \begin{bmatrix} 2.5 \\ -1.5 \\ -0.818 \\ -0.091 \end{bmatrix} \quad \boldsymbol{c} = \begin{bmatrix} 2 \\ 1 \\ 3 \\ 0 \\ 0 \end{bmatrix}$$

求解修改后的 LP，得到 $\boldsymbol{x}^* \approx [0.9, 0.9, 2.5, 0.0, 0.4]$。因为这个点不是整数，在约束条件下重复该过程：

$$x_6 - 0.9x_4 = -0.9 \qquad x_7 - 0.9x_4 = -0.9$$
$$x_8 - 0.5x_4 = -0.5 \qquad x_9 - 0.4x_4 = -0.4$$

并求解第三个 LP 以获得 $\boldsymbol{x}^* = [1, 2, 3, 1, 1, 0, 0, 0, 0]$，最终可得 $\boldsymbol{x}_i^* = [1, 2, 3]$。

19.4 分支限界法

查找离散问题的全局最优值的一种方法，例如整数规划，是枚举所有可能的解。分支限界法[⊖]保证在不用求所有可能解的情况下找到最优解。许多商业整数规划求解都使用切割平面法和分支限界法中的思想。该方法的名称来自对解空间进行分区的分支操作和计算分区下界的限界操作[⊖]。

分支限界是一种通用方法，可应用于许多离散优化问题，但我们将在此处重点介绍如何将其用于整数规划。算法 19.5 提供了一种使用优先级队列的实现，该队列是将优先级与集合中的元素相关联的数据结构。可以使用 enqueue! 操作将元素及其优先级值添加到优先级队列中。可以使用 dequeue! 操作删除具有最低优先级值的元素。 346~347

算法 19.5 用于求解混合整数规划 MIP 的分支限界算法。辅助方法 minimize_lp_and_y 求解 LP 并返回解及其值。不可行的 LP 会产生 NaN 解和 Inf 值。更复杂的实现将删除解已知的变量，以加快计算速度。PriorityQueue 类型由 DataStructures.jl 包提供

```
function minimize_lp_and_y(LP)
    try
        x = minimize_lp(LP)
        return (x, x⋅LP.c)
    catch
        return (fill(NaN, length(LP.c)), Inf)
    end
end
function branch_and_bound(MIP)
    LP = relax(MIP)
    x, y = minimize_lp_and_y(LP)
    n = length(x)
    x_best, y_best, Q = deepcopy(x), Inf, PriorityQueue()
    enqueue!(Q, (LP,x,y), y)
    while !isempty(Q)
        LP, x, y = dequeue!(Q)
        if any(isnan.(x)) || all(isint(x[i]) for i in MIP.D)
            if y < y_best
                x_best, y_best = x[1:n], y
            end
        else
            i = argmax([abs(x[i] - round(x[i])) for i in MIP.D])
            # x_i ≤ floor(x_i)
            A, b, c = LP.A, LP.b, LP.c
            A2 = [A zeros(size(A,1));
                  [j==i for j in 1:size(A,2)]' 1]
            b2, c2 = vcat(b, floor(x[i])), vcat(c, 0)
            LP2 = LinearProgram(A2,b2,c2)
            x2, y2 = minimize_lp_and_y(LP2)
            if y2 ≤ y_best
```

⊖ A. H. Land and A. G. Doig, "An Automatic Method of Solving Discrete Programming Problems," *Econometrica*, vol. 28, no. 3, pp. 497-520, 1960.

⊖ 子集通常不相交，但这不是必需的。为了使分支限界法有效，至少有一个子集必须有一个最优解。见：D. A. Bader, W. E. Hartand C. A. Phillips, "Parallel Algorithm Design for Branch and Bound," *Tutorials on Emerging Methodologies and Applications in Operations Research*, H. J. Greenberg, ed., Kluwer Academic Press, 2004.

```
                enqueue!(Q, (LP2,x2,y2), y2)
            end
            # x_i ≥ ceil(x_i)
            A2 = [A zeros(size(A,1));
                  [j==i for j in 1:size(A,2)]' -1]
            b2, c2 = vcat(b, ceil(x[i])), vcat(c, 0)
            LP2 = LinearProgram(A2,b2,c2)
            x2, y2 = minimize_lp_and_y(LP2)
            if y2 ≤ y_best
                enqueue!(Q, (LP2,x2,y2), y2)
            end
        end
    end
    return x_best
end
```

该算法从包含原始混合整数规划的单个 LP 放宽的优先级队列开始。与该 LP 关联的是解 $\boldsymbol{x}_c^*$ 和目标值 $y_c=\boldsymbol{c}^\top\boldsymbol{x}_c^*$。目标值用作解的下界，也因此用作优先级队列中 LP 的优先级。在算法的每次迭代中，检查优先级队列是否为空。如果不为空，则令具有最低优先级值的 LP 出队。如果与该元素关联的解有必要的整数分量，那么跟踪它是否是迄今为止找到的最优整数解。

如果出队解在 $\mathcal{D}$ 中具有一个或多个非整数分量，则从 $\boldsymbol{x}_c^*$ 中选择一个距离整数值最远的分量。假设这个分量对应于第 i 个设计变量。通过考虑两个新的 LP 进行分支，通过向出队的 LP 添加以下约束之一来创建新的 LP[⊖]：

$$x_i \leqslant \lfloor x_{i,c}^* \rfloor \text{ 或 } x_i \geqslant \lceil x_{i,c}^* \rceil \tag{19.8}$$

如图 19.4 所示。例 19.4 演示了这个过程。

例 19.4 分支限界中分支步骤的单个应用示例

考虑对于 $\boldsymbol{c}=[-1, -2, -3, -4]$ 的整数规划的放宽解 $\boldsymbol{x}_c^*=[3, 2.4, 1.2, 5.8]$。下界是

$$y \geqslant \boldsymbol{c}^\top\boldsymbol{x}_c^* = -34.6$$

在 $\boldsymbol{x}_c^*$ 的非整数坐标上分支，通常是距离整数值最远的坐标。在这种情况下，选择第一个非整数坐标 $\boldsymbol{x}_{2,c}^*$，它是从最接近的整数值开始的 0.4。然后，考虑两个新的 LP，一个将 $x_2\leqslant 2$ 作为附加约束，另一个将 $x_2\geqslant 3$ 作为附加约束。

计算与这两个 LP 关联的解，这为原始混合整数规划的值提供了下界。如果与迄今为止得到的最优整数解相比，任何一个解均降低了目标值，则将其放入优先级队列。已知没有放置的解不比目前为止得到的最优整数解差，因此允许分支限界缩小搜索空间。该过程将继续进行，直到优先级队列为空，然后将返回最优可行的整数解。例 19.5 展示了如何将分支限界应用于小的整数规划。

⊖ 请注意，$\lceil x \rceil$或 x 的上界将 x 向上舍入到最接近的整数。

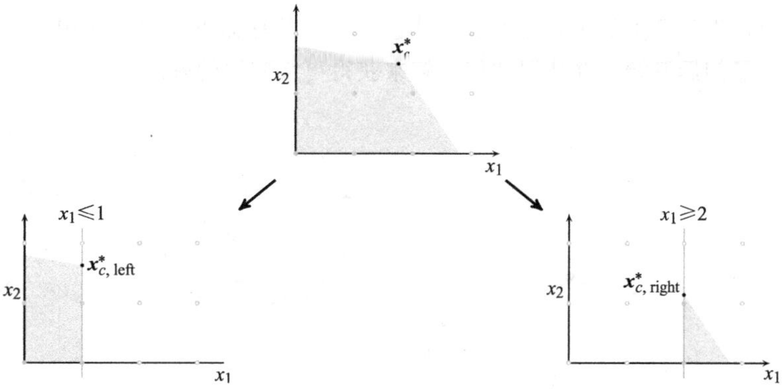

图 19.4　分支将可行集拆分为具有附加整数不等式约束的子集 348~350

例 19.5　应用分支限界以解决整数规划问题

在例 19.3 中，可以使用分支限界法求解整数规划。如前所述，被放宽的解为 $\boldsymbol{x}_c^* = [0.818, 0, 2.09]$，其值为 7.909。在第一个分量上分支，得到两个整数规划，一个有 $x_1 \leqslant 0$，另一个有 $x_1 \geqslant 1$：

$$\boldsymbol{A}_{\text{left}} = \begin{bmatrix} 0.5 & -0.5 & 1 & 0 \\ 2 & 0.5 & -1.5 & 0 \\ 1 & 0 & 0 & 1 \end{bmatrix} \quad \boldsymbol{b}_{\text{left}} = \begin{bmatrix} 2.5 \\ -1.5 \\ 0 \end{bmatrix} \quad \boldsymbol{c}_{\text{left}} = \begin{bmatrix} 2 \\ 1 \\ 3 \\ 0 \end{bmatrix}$$

$$\boldsymbol{A}_{\text{right}} = \begin{bmatrix} 0.5 & -0.5 & 1 & 0 \\ 2 & 0.5 & -1.5 & 0 \\ 1 & 0 & 0 & -1 \end{bmatrix} \quad \boldsymbol{b}_{\text{right}} = \begin{bmatrix} 2.5 \\ -1.5 \\ 1 \end{bmatrix} \quad \boldsymbol{c}_{\text{right}} = \begin{bmatrix} 2 \\ 1 \\ 3 \\ 0 \end{bmatrix}$$

$x_1 \leqslant 0$ 的左 LP 是不可行的，$x_1 \geqslant 1$ 的右 LP 有一个被放宽的解 $\boldsymbol{x}_c^* = [1, 2, 3, 0]$，以及一个值 13。由此获得整数解 $\boldsymbol{x}_i^* = [1, 2, 3]$。

19.5　动态规划

动态规划⊖是一种可以应用于有最优子结构和重叠子问题的问题的技术。如果一个问题的最优解可以由其子问题的最优解构成，则该问题具有最优子结构。图 19.5 显示了一个示例。

递归求解重叠子问题将多次遇到相同的子问题。动态规划不是以指数形式枚举许多可能解，而是存储子问题解，从而避免重新计算它们，或者在一次传递中递归地构建最优解。递归关系问题通常具有重叠的子问题。图 19.6给出了一个示例。

动态规划可以自顶向下或自底向上实现，如算法 19.6 所示。自顶向下的方法从所需的问

⊖ 理查德·贝尔曼（Richard Bellman）选择动态规划来反映他所应用的问题的时变方面，并避免诸如研究和数学之类的有时带有负面含义的词。他写道，“我认为动态规划是个好名字。连国会议员都无法反对。因此，我将它用作我的活动的名字。”参见：

R. Bellman, *Eye of the Hurricane: An Autobiography*. World Scientific, 1984, p159. 351

题开始，然后递归到越来越小的子问题。子问题解被存储起来，这样当得到一个新的子问题时，我们既可以检索计算出的解，也可以对其进行求解并存储以备将来使用㊀。自底向上的方法从解决较小的子问题开始，并使用它们的解来获得更大问题的解。

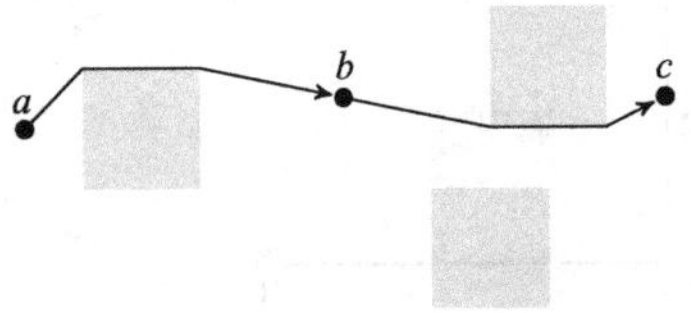

图 19.5 最短路径问题具有最佳子结构，因为如果从任何一个 a 到 c 的最短路径都通过 b，则子路径 $a\to b$ 和 $b\to c$ 都是最短路径

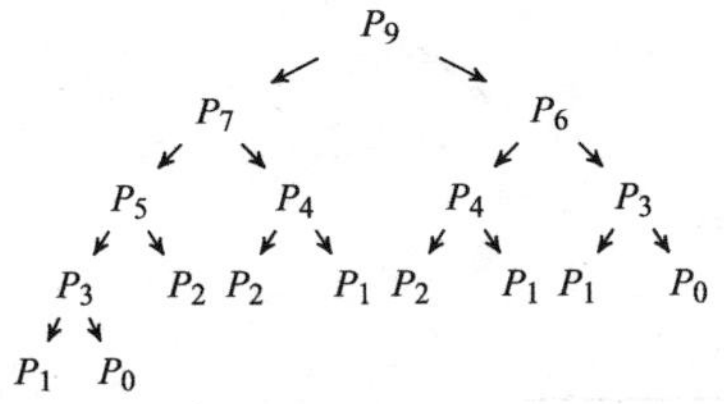

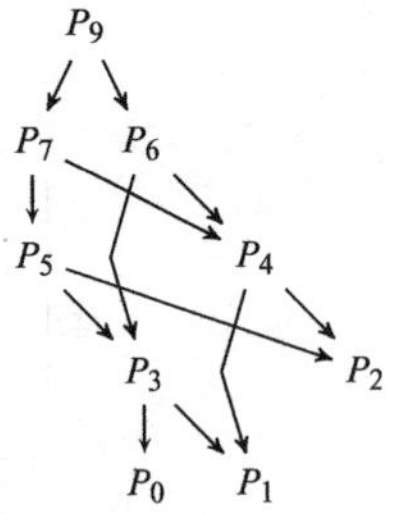

图 19.6 可以通过递归所有子项（左）来计算 Padovan 序列的第 n 项，序列为 $P_n=P_{n-2}+P_{n-3}$，其中 $P_0=P_1=P_2=1$。一种更有效的方法是只计算一次子项，然后利用问题的重叠子结构（右）在后续计算中重用它们的值

算法 19.6 自顶向下和自底向上地使用动态规划计算 Padovan 序列

352

```
function padovan_topdown(n, P=Dict())
    if !haskey(P, n)
        P[n] = n < 3 ? 1 :
                padovan_topdown(n-2,P) + padovan_topdown(n-3,P)
    end
    return P[n]
end
function padovan_bottomup(n)
    P = Dict(0=>1,1=>1,2=>1)
    for i in 3 : n
        P[i] = P[i-2] + P[i-3]
    end
    return P[n]
end
```

背包问题是众所周知的组合优化问题，通常在资源分配中出现㊁。假设我们正在打包旅行背包，但空间有限，我们想打包最有用的东西。背包问题有多种变体。在 0－1 背包问题中，有以下优化问题：

$$\begin{aligned}\underset{x}{\text{minimize}} \quad & -\sum_{i=1}^{n} v_i x_i \\ \text{s. t.} \quad & \sum_{i=1}^{n} w_i x_i \leqslant w_{\max} \\ & \text{对于所有 } i \in \{1,\cdots,n\}\text{，都有 } x_i \in \{0,1\}\end{aligned} \tag{19.9}$$

我们有 n 个物品，第 i 个物品的整数权重 $w_i>0$ 且值为 v_i。设计向量 $\boldsymbol{x}$ 由指示物品是否打包的二进制值组成。总重量不能超过总容量 $w_{\max}$，我们力求使打包物品的总价值最大化。

㊀ 以这种方式存储子问题解称为备忘录。

㊁ 背包问题是一个具有单一约束的整数规划问题，但利用动态规划方法可以有效地求解背包问题。

有 2^n 个可能的设计向量，这使得直接枚举大量的 n 个难处理对象变得困难。但是，我们可以使用动态规划。0-1 背包问题具有最佳子结构和重叠子问题。考虑解决有 n 个项目的背包问题，容量最多达到 w_{max}。一个更大的背包问题增加了权重为 w_{n+1} 并且容量为 w_{max} 的附加物品，其解决方案是否应包括新物品：

- 如果不值得添加新物品，则该解的值与具有 $n-1$ 个项目且容量为 w_{max} 的背包相同。
- 如果值得添加新物品，则解的值为具有 $n-1$ 个物品且容量为 $w_{max}-w_{n+1}$ 的背包的值加上新物品的值。

递归关系为：

$$\text{knapsack}(i, w_{max}) = \begin{cases} 0 & \text{如果 } i=0 \\ \text{knapsack}(i-1, w_{max}) & \text{如果 } w_i > w_{max} \\ \max\begin{cases} \text{knapsack}(i-1, w_{max}) & \text{(不包括新物品)} \\ \text{knapsack}(i-1, w_{max}-w_i)+v_i & \text{(包括新物品)} \end{cases} & \text{其他} \end{cases} \tag{19.10}$$

353

可以使用算法 19.7 中的程序解决 0-1 背包问题。

算法 19.7 一种解决 0-1 背包问题的方法，其中物品值为 v，物品的总重量为 w，总容量为 w_max。从缓存的解中重新获得设计向量需要进行额外的迭代

```
function knapsack(v, w, w_max)
    n = length(v)
    y = Dict((0,j) => 0.0 for j in 0:w_max)
    for i in 1 : n
        for j in 0 : w_max
            y[i,j] = w[i] > j ? y[i-1,j] :
                     max(y[i-1,j],
                         y[i-1,j-w[i]] + v[i])
        end
    end

    # recover solution
    x, j = falses(n), w_max
    for i in n: -1 : 1
        if w[i] ≤ j && y[i,j] - y[i-1, j-w[i]] == v[i]
            # the ith element is in the knapsack
            x[i] = true
            j -= w[i]
        end
    end
    return x
end
```

19.6 蚁群优化

蚁群优化[⊖]是一种通过图来优化路径的随机方法。这种方法的灵感来自一些蚂蚁种群，它们为寻找食物随机游荡，留下信息素踪迹。偶然发现信息素踪迹的其他蚂蚁可能会开始追随

⊖ M. Dorigo, V. Maniezzo, and A. Colorni, "Ant System: Optimization by a Colony of Cooperating Agents," *IEEE Transactions on Systems, Man, and Cybernetics, Part B (Cybernetics)*, vol. 26, no. 1, pp. 29-41, 1996.

它，从而增强踪迹的气味。随着时间的流逝，信息素会慢慢蒸发，从而导致未使用的踪迹消失。具有更强信息素的短路被走得更频繁，因此会吸引更多的蚂蚁。因此，短路径会产生积极的反馈，从而导致其他蚂蚁跟随并进一步加强短路径。

354 基本的最短路径问题，例如蚂蚁在蚁丘和食物来源之间发现的最短路径，可以使用动态规划有效解决。蚁群优化已被用于寻找旅行商问题的最佳解决方案，这是一个更加困难的问题，在该问题中，我们希望找到一条每个节点都能穿过一次的最短路径。蚁群优化也被用于路由多个车辆、找到工厂的最佳位置以及折叠蛋白质[1]。该算法本质上是随机的，因此问题不会随着时间的推移而改变，例如流量延迟更改图形中的有效边长或完全消除某条边的网络问题。

蚂蚁根据其可用边的吸引力随机移动。路径从 $i \to j$ 变化的吸引力取决于信息素水平和一个可选的先验因子：

$$A(i \to j) = \tau(i \to j)^{\alpha} \eta(i \to j)^{\beta} \tag{19.11}$$

其中 α 和 β 分别是信息素水平 τ 和先验因子 η 的指数[2]。对于包含最短路径的问题，可以将先验因子设置为逆边长 $\ell(i \to j)$ 来鼓励较短路径的遍历：$\eta(i \to j) = 1/\ell(i \to j)$。算法 19.8 给出了一种计算边缘吸引力的方法。

算法 19.8　一种计算给定图形 graph、信息素水平τ、先验边权重η、信息素指数α和先验指数β的边吸引力表的方法

```
function edge_attractiveness(graph, τ, η; α=1, β=5)
    A = Dict()
    for i in 1 : nv(graph)
        neighbors = outneighbors(graph, i)
        for j in neighbors
            v = τ[(i,j)]^α * η[(i,j)]^β
            A[(i,j)] = v
        end
    end
    return A
end
```

假设蚂蚁在节点 i 处并且可以移动到任何一个节点 $j \in \mathcal{J}$。后继节点集合 $\mathcal{J}$ 包含所有有效传出邻域[3]。有时边会被排除，例如在旅行商问题中，蚂蚁被阻止访问同一个节点两次。因此，

355 $\mathcal{J}$ 既依赖于 i 也依赖于蚂蚁的历史足迹。

边从 $i \to j$ 过渡的概率为：

$$P(i \to j) = \frac{A(i \to j)}{\sum_{j' \in \mathcal{J}} A(i \to j')} \tag{19.12}$$

[1] M. Manfrin, "Ant Colony Optimization for the Vehicle Routing Problem," PhD thesis, Université Libre de Bruxelles, 2004.
T. Stützle, "MAX-MIN Ant System for Quadratic Assignment Problems," Technical University Darmstadt, Tech. Rep., 1997.
A. Shmygelska, R. Aguirre-Hernández, and H. H. Hoos, "An Ant Colony Algorithm for the 2D HP Protein Folding Problem," *International Workshop on Ant Algorithms* (*ANTS*), 2002.

[2] Dorigo、Maniezzo 和 Colorhi 建议令 $\alpha=1$，$\beta=5$。

[3] 节点 i 的传出邻域都是节点 j，因此 $i \to j$ 在图中。在无向图中，邻域和传出邻域是相同的。

蚂蚁通过释放信息素影响后来的蚂蚁。有几种模拟信息素释放的方法。一种常见的方法是在建立一条完整路径后释放信息素[⊖]。找不到路的蚂蚁不会释放信息素。对于最短路径问题，已成功建立长度为 ℓ 的路径的蚂蚁在它所遍历的每个边上释放 $1/\ell$ 的信息素。

蚁群优化还可以模拟信息素蒸发，这在现实世界中会自然发生。对蒸发进行建模有助于防止算法过早收敛到孤立的可能不理想的解。在所有蚂蚁模拟完成后，在每次迭代结束时执行信息素蒸发。蒸发会使每次过路的信息素水平降低 $1-\rho$，其中 $\rho\in[0, 1]$[⊜]。

对于第 k 次迭代的 m 个蚂蚁，有效信息素更新为：

$$\tau(i \to j)^{(k+1)} = (1-\rho)\tau(i \to j)^{(k)} + \sum_{a=1}^{m} \frac{1}{\ell^{(a)}}((i \to j) \in \mathcal{P}^{(a)}) \tag{19.13}$$

其中，$\ell^{(a)}$ 是路径长度，$\mathcal{P}^{(a)}$ 是蚂蚁 a 遍历的一组边。

蚁群优化在算法 19.10 中实现，使用算法 19.9 对单个蚂蚁进行模拟。图 19.7 演示了用于解决旅行商问题的蚁群优化。

算法 19.9 一种模拟旅行商问题上的单个蚂蚁的方法，其中，蚂蚁从第一个节点开始，然后尝试每个节点都访问一次。成功游览结束后，信息素水平会提高。参数是图形 G、边长 lengths、信息素水平τ、边吸引力 A、迄今为止找到的最优解 x_best 及其值 y_best

```julia
import StatsBase: Weights, sample
function run_ant(G, lengths, τ, A, x_best, y_best)
    x = [1]
    while length(x) < nv(G)
        i = x[end]
        neighbors = setdiff(outneighbors(G, i), x)
        if isempty(neighbors) # ant got stuck
            return (x_best, y_best)
        end

        as = [A[(i,j)] for j in neighbors]
        push!(x, neighbors[sample(Weights(as))])
    end

    l = sum(lengths[(x[i-1],x[i])] for i in 2:length(x))
    for i in 2 : length(x)
        τ[(x[i-1],x[i])] += 1/l
    end
    if l < y_best
        return (x, l)
    else
        return (x_best, y_best)
    end
end
```

算法 19.10 蚁群优化从 LightGraphs.jl 中获取一个有向图或无向图 G，并从路径长度 lengths 中获取边元组目录。蚂蚁从图中的第一个节点开始。可选参数包括每次迭代中的蚂蚁数 m、迭代数 k_max、信息素指数α、先验指数β、蒸发标量ρ以及先验边缘权重η的目录

⊖ M. Dorigo, G. DiCaro, and L. M. Gambardella, "Ant Algorithms for Discrete Optimization," *Artificial Life*, vol. 5, no. 2, pp. 137-172, 1999.

⊜ 通常使用 $\rho=1/2$。

```
function ant_colony_optimization(G, lengths;
    m = 1000, k_max=100, α=1.0, β=5.0, ρ=0.5,
    η = Dict((e.src,e.dst)=>1/lengths[(e.src,e.dst)]
             for e in edges(G)))
    τ = Dict((e.src,e.dst)=>1.0 for e in edges(G))
    x_best, y_best = [], Inf
    for k in 1 : k_max
        A = edge_attractiveness(G, τ, η, α=α, β=β)
        for (e,v) in τ
            τ[e] = (1-ρ)*v
        end
        for ant in 1 : m
            x_best,y_best = run_ant(G,lengths,τ,A,x_best,y_best)
        end
    end
    return x_best
end
```

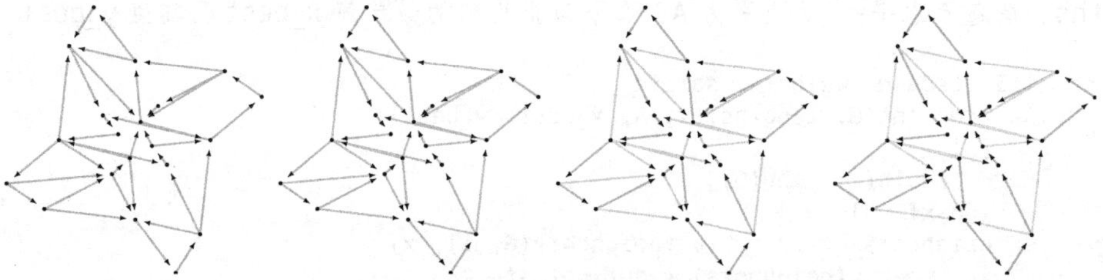

356 ~ 357 图 19.7 蚁群优化用于解决有向图上的旅行商问题，每次迭代使用 50 只蚂蚁。路径长度是欧几里得距离。颜色不透明度对应于信息素水平

19.7 小结

- 离散优化问题要求从离散集中选择设计变量。
- 放宽法，即把离散问题放宽到连续解，本身是寻找最佳离散解的不可靠技术，但它是更复杂算法的核心。
- 许多组合优化问题可以被构造为整数规划，它是一个具有整数约束的线性规划。
- 切割平面法和分支限界法均可用于高效准确地求解整数规划。分支限界法非常通用，可以应用于各种各样的离散优化问题。
- 动态规划是一种强大的技术，它可以在某些问题中利用最佳重叠子结构。
- 蚁群优化是一种受自然启发的算法，可用于优化图中的路径。

19.8 练习

练习 19.1 布尔可满足性问题（通常缩写为 SAT）要求确定是否存在导致布尔值目标函数输出`true`的布尔设计。SAT 问题是第一个被证明属于 NP-完全问题的难题⊖。

⊖ S. Cook, "The Complexity of Theorem-Proving Procedures," *ACM Symposium on Theory of Computing*, 1971.

这意味着 SAT 和所有其他问题一样困难，因为所有其他问题的解都可以在多项式级别的时间内得到验证。

考虑布尔目标函数：

$$f(\boldsymbol{x})=x_1 \wedge (x_2 \vee \neg x_3) \wedge (\neg x_1 \vee \neg x_2)$$

使用枚举查找最优解。在最坏的情况下，一个 n 维设计向量必须考虑多少种情况？

练习 19.2　将练习 19.1 中的问题描述为整数线性规划。是否可以将布尔可满足性问题描述为整数线性规划？ 358

练习 19.3　我们为什么对完全单模矩阵感兴趣？此外，为什么每个完全单模矩阵都只包含 0、1 或 −1 的项？

练习 19.4　本章使用动态规划解决了 0-1 背包问题。演示如何应用分支限界法解决 0-1 背包问题，并使用你的方法来解决背包问题，其值 $\boldsymbol{v}=[9, 4, 2, 3, 5, 3]$，权重 $\boldsymbol{w}=[7, 8, 4, 5, 9, 4]$，容量 $w_{\max}=20$。 359～360

第 20 章
Algorithms for Optimization

表达式优化

前面的章节讨论了对一组固定设计变量的优化。对于许多问题，例如在图形结构或计算机程序的优化中，变量的数量是未知的。这些上下文中的设计可以由使用某种语法的表达式表示。本章将讨论通过考虑设计空间的语法结构来更有效地搜索最佳设计的方法。

20.1 语法

表达式可以由符号树表示。例如，数学表达式 $x+\ln 2$ 可以使用图 20.1 中的树来表示，该树由符号 +、x、ln 和 2 组成。语法指定可能表达式的空间上的约束。

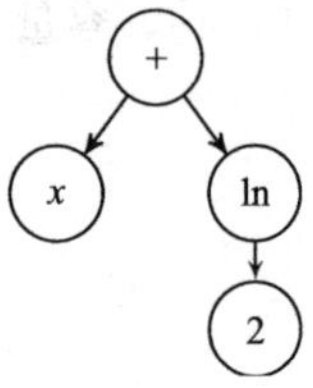

图 20.1 将表达式 $x+\ln 2$ 表示为树

语法由一组生产规则表示。这些规则涉及符号和类型。类型可以被解释为一组表达式树。生产规则代表涉及符号或类型的表达式的可能类型扩展。如果规则仅扩展为符号，则称其为终结符，因为它无法进一步扩展。非终结符规则的一个例子是 $\mathbb{R}\mapsto\mathbb{R}+\mathbb{R}$，这意味着类型 $\mathbb{R}$ 可以包含添加到集合 $\mathbb{R}$⊖ 中元素的集合 $\mathbb{R}$ 的元素。

可以由语法生成表达式，从开始类型开始，然后递归地应用不同的生产规则。当树只包含符号时，则停止。图 20.2说明了表达式 $x+\ln 2$ 的这个过程。例 20.1 显示了自然语言表达式的应用。

语法允许的可能表达式的数量可以是无限的。例 20.2 显示了一个允许无限个有效表达式
361 的语法。

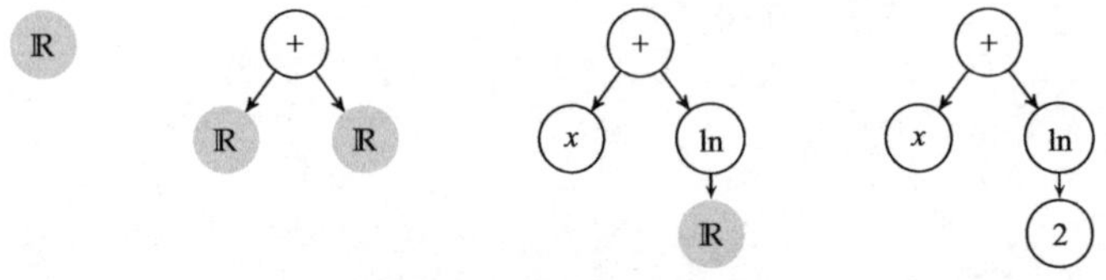

图 20.2 使用生成规则：

$$\mathbb{R}\mapsto\mathbb{R}+\mathbb{R}$$
$$\mathbb{R}\mapsto x$$
$$\mathbb{R}\mapsto\ln(\mathbb{R})$$
$$\mathbb{R}\mapsto 2$$

生成 $x+\ln 2$。灰色节点是未扩展类型

⊖ 本章重点介绍上下文无关语法，但也存在其他形式。参见：
L. Kallmeyer, *Parsing Beyond Context-Free Grammars*. Springer, 2010.

例 20.1　用于生成简单英语语句的语法。在表达式的右侧使用|是或的缩写。因此，规则$\mathbb{A} \mapsto$ rapidly | efficiently 等于两条规则$\mathbb{A} \mapsto$ rapidly 和$\mathbb{A} \mapsto$ efficiently

考虑一种允许生成简单英语语句的语法：

$$\mathbb{S} \mapsto \mathbb{N}\mathbb{V}$$
$$\mathbb{V} \mapsto \mathbb{V}\mathbb{A}$$
$$\mathbb{A} \mapsto \text{rapidly} \mid \text{efficiently}$$
$$\mathbb{N} \mapsto \text{Alice} \mid \text{Bob} \mid \text{Mykel} \mid \text{Tim}$$
$$\mathbb{V} \mapsto \text{runs} \mid \text{reads} \mid \text{writes}$$

类型$\mathbb{S}$、$\mathbb{N}$、$\mathbb{V}$和$\mathbb{A}$分别对应于语句、名词、动词和副词。通过从类型$\mathbb{S}$开始并迭代替换类型来生成表达式：

$$\mathbb{S}$$
$$\mathbb{N}\mathbb{V}$$
$$\text{Mykel } \mathbb{V}\mathbb{A}$$
$$\text{Mykel writes rapidly}$$ 362

并非所有终结等类别都必须使用。例如，也可以生成“Alice runs”语句。

例 20.2　与语法相关的一些挑战，如四则运算计算器语法所示

考虑一个四则运算计算器语法，它将加法、减法、乘法和除法应用于十位数：

$$\mathbb{R} \mapsto \mathbb{R} + \mathbb{R}$$
$$\mathbb{R} \mapsto \mathbb{R} - \mathbb{R}$$
$$\mathbb{R} \mapsto \mathbb{R} \times \mathbb{R}$$
$$\mathbb{R} \mapsto \mathbb{R} / \mathbb{R}$$
$$\mathbb{R} \mapsto 0 \mid 1 \mid 2 \mid 3 \mid 4 \mid 5 \mid 6 \mid 7 \mid 8 \mid 9$$

可以生成无限数量的表达式，因为非终结符号$\mathbb{R}$总是可以扩展为计算器操作之一。

许多表达式将产生相同的值。加法和乘法运算符是可交换的，这意味着顺序无关紧要。例如，$a+b$ 与 $b+a$ 相同。这些运算是相关联的，意味着同一类型乘法运算中的顺序无关紧要。例如，$a \times b \times c$ 与 $b \times a \times c$ 相同。其他运算保留值，例如添加 0 或乘以 1。

并非所有此语法下的表达式在数学上都是有效的。例如，除以 0 是未定义的。删除 0 作为终结符不足以防止此错误，因为可以使用其他运算构造 0，例如 1−1。此类异常通常由目标函数处理，它可以捕获异常并惩罚它们。

表达式优化通常将表达式约束到最大深度，或者根据表达式的深度或节点数来惩罚表达式。即使语法允许有限数量的表达式，也常常因为空间太大而无法进行穷举搜索。因此，需要有效地搜索可能表达式空间的算法，以优化目标函数。

本章中介绍的表达式优化例程使用 `ExprRules.jl`。通过列出生产规则，可以使用 `grammar` 宏来定义语法，如例 20.3 所示。 363

例 20.3　使用 `ExprRules.jl` 包定义语法的示例

可以使用 grammar 宏来定义语法。非终结符位于等号的左侧，带有终结符和非终结符的表达式位于右侧。该软件包包含一些可以更紧凑地表示语法的句法。

```
using ExprRules
grammar = @grammar begin
    R = x          # reference a variable
    R = R * A      # multiple children
    R = f(R)       # call a function
    R = _(randn()) # random variable generated on node creation
    R = 1 | 2 | 3  # equivalent to R = 1, R = 2, and R = 3
    R = |(4:6)     # equivalent to R = 4, R = 5, and R = 6
    A = 7          # rules for different return types
end;
```

许多表达式优化算法涉及以保留类型扩展方式的方式操纵表达式树的组件。RuleNode 对象跟踪执行扩展时应用的生产规则。使用指定的起始类型调用 rand 将生成由 RuleNode 表示的随机表达式，调用 Sample 将从现有 RuleNode 树中选择随机 RuleNode，使用 eval 评估节点。

return_type 方法将节点的返回类型作为符号返回，isterminal 返回符号是否为终结符，child_types 返回与节点的生成规则关联的非终结符号列表，nchildren 返回子节点数。这四种方法都将语法和节点作为输入。使用 length(node) 获得表达式树中的节点数，并使用 depth(node) 获得深度。

第三种类型 NodeLoc 用于引用表达式树中节点的位置。子树操作通常需要 NodeLocs。

```
loc = sample(NodeLoc, node); # uniformly sample a node loc
loc = sample(NodeLoc, node, :R, grammar); # sample a node loc of type R
subtree = get(node, loc);
```

20.2 遗传编程

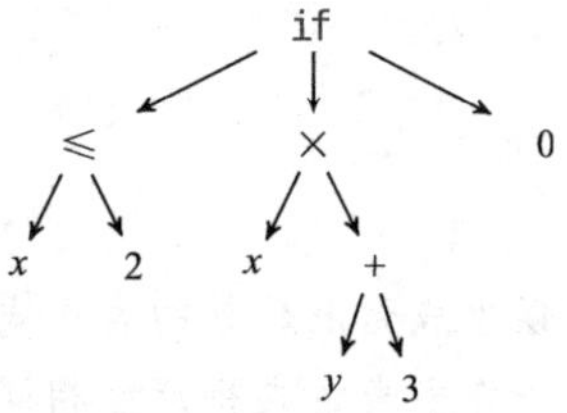

图 20.3　Julia 方法的树表示：x≤2? x*(y+3)：0

遗传算法（见第 9 章）使用以顺序格式编码设计点的染色体。遗传编程[⊖]使用树代表个体（图 20.3），它能更好地表示数
364 学函数、程序、决策树和其他层次结构。

与遗传算法类似，遗传编程随机初始化并支持交叉和突变。在树交叉（图 20.4）中，两个父树混合形成子树。在每个父节点中选择随机节点，并且用第二父节点所选节点处的子树替换第一父节点所选节点处的子树。树交叉适用于具有不同大小和形状的父树，并允许任意树的混合。在某些情况下，必须确保替换节点具有特定类型，例如输入到 if 语句的条件中的布尔值[⊖]。树交叉在算法 20.1 中实现。

算法 20.1　从 ExprRules.jl 为 RuleNode 类型的 a 和 b 实现树交叉。TreeCrossover 结构包含规则集 grammar 和最大深度 max_depth

⊖ J. R. Koza, *Genetic Programming: On the Programming of Computersby Means of Natural Selection*. MIT Press, 1992.

⊖ 本书只关注符合语法约束的遗传操作。有时，具有这种限制的遗传编程被称为**强类型遗传编程**，见：D. J. Montana, "Strongly Typed Genetic Programming," *Evolutionary Computation*, vol. 3, no. 2, pp. 199-230, 1995.

```
struct TreeCrossover <: CrossoverMethod
    grammar
    max_depth
end
function crossover(C::TreeCrossover, a, b)
    child = deepcopy(a)
    crosspoint = sample(b)
    typ = return_type(C.grammar, crosspoint.ind)
    d_subtree = depth(crosspoint)
    d_max = C.max_depth + 1 - d_subtree
    if d_max > 0 && contains_returntype(child,C.grammar,typ,d_max)
        loc = sample(NodeLoc, child, typ, C.grammar, d_max)
        insert!(child, loc, deepcopy(crosspoint))
    end
    child
end
```

树交叉倾向于产生比父树更深的树。每一代都会增加复杂度，这通常会造成解决方案过于复杂且运行时间较慢。在树的深度或节点数量的基础上，通过在目标函数值中引入一个小偏差来鼓励解决方案中的简约性或简单性。

应用树突变（图 20.5）首先需要在树中选择一个随机节点。删除以该节点为根的子树，并生成一个新的随机子树来替换旧的子树。与二元染色体中的突变相反，树突变通常最多可发生一次，具有约 1%的低概率。树突变在算法 20.2 中实现。

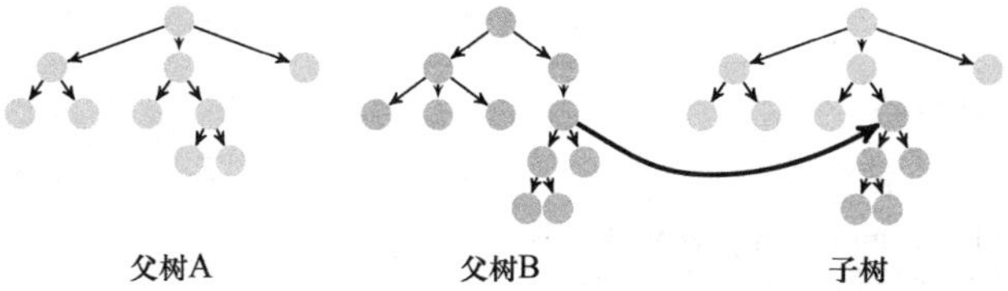

图 20.4 树交叉用于组合两个父树以生成子树（见彩插）

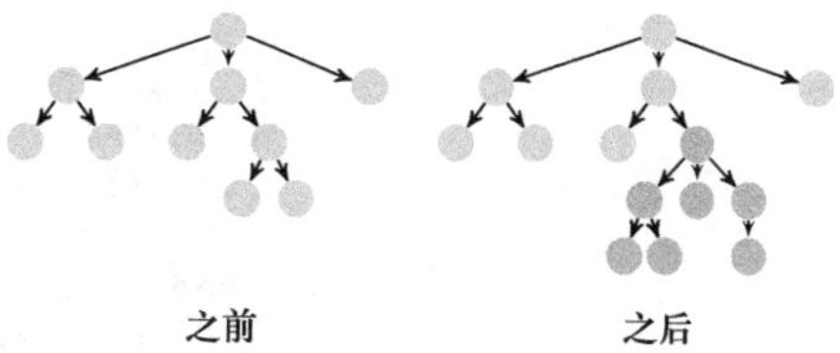

图 20.5 树突变删除随机子树并生成一个新的替换子树（见彩插） 365~366

算法 20.2 从 ExprRules.jl 为 Rule-Node 类型的 a 实现树突变。TreeMutation 结构包含规则集 grammar 和突变概率 p

```
struct TreeMutation <: MutationMethod
    grammar
    p
end
function mutate(M::TreeMutation, a)
    child = deepcopy(a)
    if rand() < M.p
        loc = sample(NodeLoc, child)
        typ = return_type(M.grammar, get(child, loc).ind)
        subtree = rand(RuleNode, M.grammar, typ)
        insert!(child, loc, subtree)
    end
    return child
end
```

树排列（图 20.6）是基因突变的第二种形式。这里，随机选择的节点的子节点被随机排列。单独的树排列通常不足以将新的遗传物质引入种群中，并且它通常与树突变组合。树排列在算法 20.3 中实现。

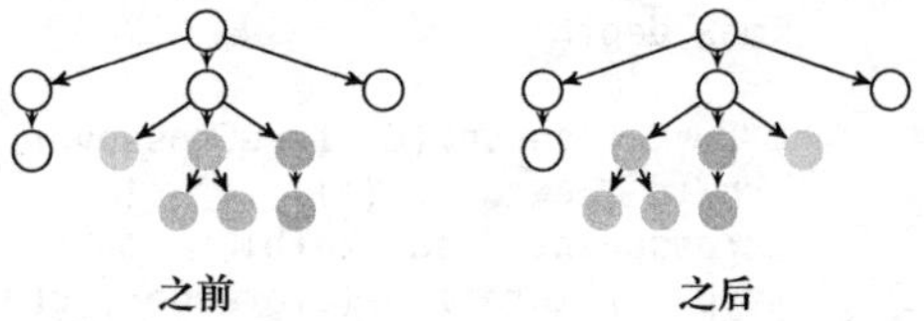

图 20.6 树排列改变随机选择的节点的子节点的顺序（见彩插）

遗传编程的实现在其他方面与遗传算法的实现相同。实现交叉和突变程序时通常必须更加注意，特别是在确定可以生成哪种节点并且仅生成语法正确的树时。遗传编程用于生成例

367 20.4 中近似 π 的表达式。

算法 20.3 从 ExprRules.jl 为 RuleNode 类型的个体 a 实现树排列，其中 p 是突变概率

```
struct TreePermutation <: MutationMethod
    grammar
    p
end
function mutate(M::TreePermutation, a)
    child = deepcopy(a)
    if rand() < M.p
        node = sample(child)
        n = length(node.children)
        types = child_types(M.grammar, node)
        for i in 1 : n-1
            c = 1
            for k in i+1 : n
                if types[k] == types[i] &&
                    rand() < 1/(c+=1)

                    node.children[i], node.children[k] =
                        node.children[k], node.children[i]
                end
            end
        end
    end
    return child
end
```

368

例 20.4 仅使用数字和四个主要算术运算来使用遗传编程估计 π

考虑仅使用四则运算计算器上的运算来逼近 π。可以使用遗传编程来解决这个问题，其中节点可以是任何基本操作：加、减、乘和除，以及数字 1～9。

使用 ExprRules.jl 来指定语法：

```
grammar = @grammar begin
    R = |(1:9)
    R = R + R
    R = R - R
    R = R / R
    R = R * R
end
```

构建一个目标函数并惩罚大的树结构：

```
function f(node)
    value = eval(node, grammar)
    if isinf(value) || isnan(value)
        return Inf
    end
    Δ = abs(value - π)
    return log(Δ) + length(node)/1e3
end
```

最后使用 9.2 节中的 genetic-algorithm 函数调用遗传编程：

```
srand(0)
population = [rand(RuleNode, grammar, :R) for i in 1:1000]
best_tree = genetic_algorithm(f, population, 30,
                              TruncationSelection(50),
                              TreeCrossover(grammar, 10),
                              TreeMutation(grammar, 0.25))
```

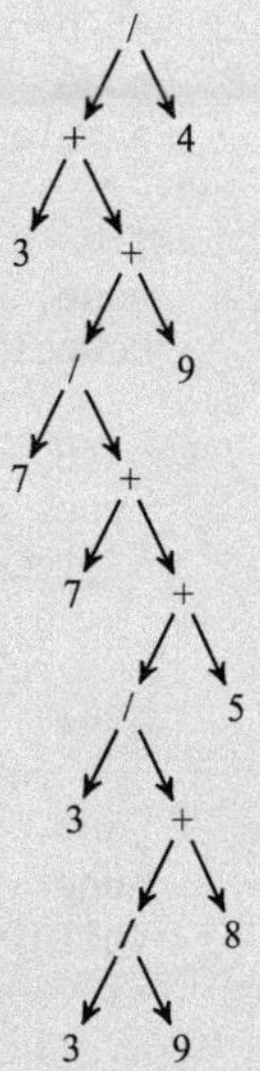

表现最佳的树显示在右侧。它的计算结果为 3.141586，将 π 与小数点后四位相匹配。

369

20.3 语法进化

语法进化[㊀]在整数数组而不是树上运行，允许应用用于遗传算法的相同技术。与遗传算法不同，语法进化中的染色体基于语法编码表达式。语法进化受到遗传物质的启发，遗传物质本质上与遗传算法中使用的染色体一样连续[㊁]。

在语法进化中，设计是整数数组，非常类似于遗传算法中使用的染色体。每个整数都是无界的，因为索引是使用模运算执行的。可以通过从左到右解析整数数组将其转换为表达式树。

从一个起始符号和语法开始。假设语法中的 n 个规则可以应用于起始符。应用第 j 条规则，其中 $j=i \bmod_1 n$，i 是整数数组中的第一个整数[㊂]。

然后，考虑适用于结果表达式的规则，并使用基于数组中第二个整数的类似模运算来选择要应用的规则。重复该过程直到不能应用任何规则并且表型完整[㊃]。解码过程在算法 20.4 中实现并且在例 20.5 中进行。

算法 20.4 一种对整数设计向量进行解码以产生表达式的方法，其中 x 是整数向量，grammar 是语法，sym 是根符号。计数器 c 在递归过程中使用，参数 c_max 是规则应用程序最大数量的上界，以防止无限循环。该方法返回一个 DecodedExpression，它包含表达式树和在解码期间应用的规则数

㊀ C. Ryan, J. J. Collins, and M. O. Neill, "Grammatical Evolution: Evolving Programs for an Arbitrary Language," *European Conference on Genetic Programming*, 1998.

㊁ 系列 DNA 被读取并用于构建复杂的蛋白质结构。DNA 通常被称为基因型——进行遗传操作的对象。蛋白质结构是表型——被评估性能的基因型编码的对象。语法进化文献通常将整数设计向量体称为基因型，并将所得表达式称为表型。

㊂ 使用 $x \bmod_1 n$ 来指代 1—指数模数：

$$((x-1) \bmod n)+1$$

这种类型的模量适用于基于 1 的索引。相应的 Julia 函数是 mod1。

㊃ 当只有一个应用规则时，不会读取遗传信息。

```
struct DecodedExpression
    node
    n_rules_applied
end
function decode(x, grammar, sym, c_max=1000, c=0)
    node, c = _decode(x, grammar, sym, c_max, c)
    DecodedExpression(node, c)
end
function _decode(x, grammar, typ, c_max, c)
    types = grammar[typ]
    if length(types) > 1
        g = x[mod1(c+=1, length(x))]
        rule = types[mod1(g, length(types))]
    else
        rule = types[1]
    end
    node = RuleNode(rule)
    childtypes = child_types(grammar, node)
    if !isempty(childtypes) && c < c_max
        for ctyp in childtypes
            cnode, c = _decode(x, grammar, ctyp, c_max, c)
            push!(node.children, cnode)
        end
    end
    return (node, c)
end
```

例 20.5 将语法进化中的整数设计向量解码为表达式的过程

实现是深度优先的。如果用 52 代替 51，则应用规则$\mathbb{D}'\mapsto\mathbb{D}\mathbb{D}'$，然后为新的$\mathbb{D}$选择规则，最终得到 43 950.950$E$+8。

考虑实值字符串的语法：

$$
\begin{aligned}
&\mathbb{R} \mapsto \mathbb{D}\,\mathbb{D}'\,\mathbb{P}\mathbb{E}\\
&\mathbb{D}' \mapsto \mathbb{D}\,\mathbb{D}'\,|\,\varepsilon\\
&\mathbb{P} \mapsto .\,\mathbb{D}\,\mathbb{D}'\,|\,\varepsilon\\
&\mathbb{E} \mapsto \mathrm{E}\,\mathbb{S}\mathbb{D}\mathbb{D}'\,|\,\varepsilon\\
&\mathbb{S} \mapsto +\,|\,-\,|\,\varepsilon\\
&\mathbb{D} \mapsto 0|1|2|3|4|5|6|7|8|9
\end{aligned}
$$

其中$\mathbb{R}$是实数值，$\mathbb{D}$是终结符小数，$\mathbb{D}'$是非终结符小数，$\mathbb{P}$是小数部分，$\mathbb{E}$是指数，$\mathbb{S}$是符号。任何 ε 值都会产生空字符串。

假设我们的设计是［205，52，4，27，10，59，6］，并且有起始符号。只有一个适用规则，所以我们不使用任何遗传信息，并用$\mathbb{D}\mathbb{D}'\mathbb{P}\mathbb{E}$代替$\mathbb{R}$。

接下来必须更换$\mathbb{D}$，有 10 个选项。选择 205 mod_1 10＝5，从而获得 4 $\mathbb{D}'\mathbb{P}\mathbb{E}$。

接下来替换$\mathbb{D}'$，有 2 个选项。选择索引 52 mod_1 2＝2，它对应于 ε。

继续以这种方式产生字符串 4 $\mathbb{E}$+8。

上述语法可以使用以下命令在 ExprRules 中实现：

```
grammar = @grammar begin
    R  =  D * De * P * E
    De  =  D * De | ""
    P  =  "." * D * De | ""
    E  =  "E" * S * D * De | ""
    S  =  "+"|"-"|""
    D  =  "0"|"1"|"2"|"3"|"4"|"5"|"6"|"7"|"8"|"9"
end
```

并可以使用以下方法评估：

```
x = [205, 52, 4, 27, 10, 59, 6]
str = eval(decode(x, grammar, :R).node, grammar)
```

整数数组可能太短，从而导致转换过程超过数组长度。该进程将其环绕到数组的开头，而不是生成无效的个体并在目标函数中对其进行惩罚。这种环绕效应意味着在转录过程中可以多次读取相同的决定。转录可能会导致无限循环，可以通过约束最大深度来防止这种问题出现。

遗传操作直接在整数设计数组上工作。我们可以采用实值染色体上使用的操作并将它们应用于整数值染色体。唯一的变化是变异必须保留真实值。在算法 20.5 中实现了使用零均值高斯扰动的整数值染色体突变方法。 370~372

算法 20.5 修改高斯变异方法以保留整数值染色体的整数值。每个值都被具有标准偏差σ的零均值高斯随机值扰动，然后四舍五入到最接近的整数

```
struct IntegerGaussianMutation <: MutationMethod
    σ
end
function mutate(M::IntegerGaussianMutation, child)
    return child + round.(Int, randn(length(child)).*M.σ)
end
```

语法进化使用另外两个遗传算子。第一个是*基因复制*，它在 DNA 复制和修复发生错误时自然发生。基因复制可以产生新的遗传物质，并且可以存储有用基因的第二副本，以减少致死突变从基因库中去除基因的机会。基因复制选择染色体中基因的随机区间进行复制。所选间隔的副本附加到染色体的背面。复制在算法 20.6 中实现。

算法 20.6 用于语法进化的基因复制方法

```
struct GeneDuplication <: MutationMethod
end
function mutate(M::GeneDuplication, child)
    n = length(child)
    i, j = rand(1:n), rand(1:n)
    interval = min(i,j) : max(i,j)
    return vcat(child, deepcopy(child[interval]))
end
```

第二个遗传操作为修剪，它解决了交叉期间遇到的问题。如图 20.7 所示，交叉将在每个染色体中随机选择交叉点，并使用第一染色体的左侧和第二染色体的右侧构建新的染色体。与遗传算法不同，语法进化的染色体中的尾随条目可能不被使用。在解析期间，一旦树完成，其

余条目将被忽略。未使用的条目越多，交叉点位于非活动区域的可能性越大，因此不提供新的有益材料。以特定的概率修剪个体，并且如果修剪，则将其染色体截短，仅保留活性基因。修剪在算法 20.7 中实现，并在图 20.8 中可视化。

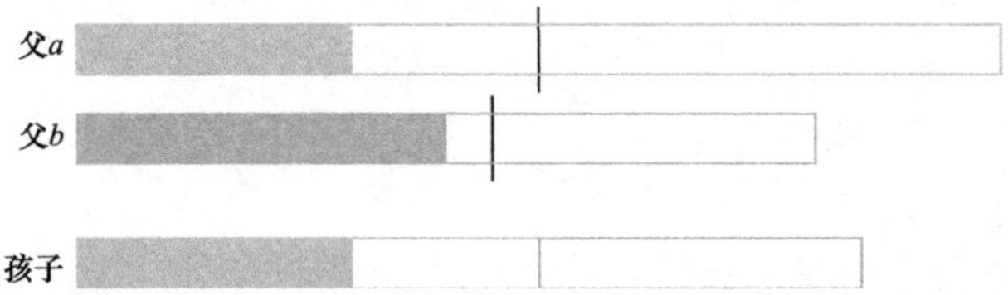

图 20.7 在语法进化中应用于染色体的交叉可能不会影响染色体前面的活性基因。这里显示的孩子继承了来自父 a 的所有活跃阴影基因，因此它将有效地作为相同的表达式。开发修剪就是为了解决这个问题（见彩插）

算法 20.7 用于语法进化的基因修剪方法

```
struct GenePruning <: MutationMethod
    p
    grammar
    typ
end
function mutate(M::GenePruning, child)
    if rand() < M.p
        c = decode(child, M.grammar, M.typ).n_rules_applied
        if c < length(child)
            child = child[1:c]
        end
    end
    return child
end
```

像遗传编程一样，语法进化可以使用遗传算法[⊖]。我们可以构建一个应用多种突变方法的 MutationMethod，以便串联使用修剪、复制和标准突变方法。这种方法在算法 20.8 中实现。

图 20.8 修剪截断染色体，使其仅保留活性基因

算法 20.8 MutationMethod 用于应用存储在向量 Ms 中的所有突变方法

```
struct MultiMutate <: MutationMethod
    Ms
end
function mutate(M::MultiMutate, child)
    for m in M.Ms
        child = mutate(m, child)
    end
    return child
end
```

373
~
374

⊖ 基因型到表现型的映射将发生在目标函数中。

语法进化有两个主要缺点。首先，如果不将染色体解码成表达式，很难判断染色体是否可行。其次，染色体的微小变化可能会在相应的表达式中产生很大的变化。

20.4 概率语法

概率语法[⊖]为遗传编程语法中的每个规则增加权重。当从给定节点的所有适用规则中抽样时，我们根据相对权重随机选择规则。表达式概率是每个规则的抽样概率的乘积。算法 20.9 实现了概率计算。例 20.6 演示了从概率语法中采样表达式并计算其可能性。

算法 20.9 一种基于概率语法计算表达式概率的方法，其中 probgram 是一种概率语法，由语法 grammar 和所有适用规则 ws 的类型到权重的映射组成，node 是 RuleNode 表达式

```
struct ProbabilisticGrammar
    grammar
    ws
end
function probability(probgram, node)
    typ = return_type(probgram.grammar, node)
    i = findfirst(isequal(node.ind), probgram.grammar[typ])
    prob = probgram.ws[typ][i] / sum(probgram.ws[typ])
    for (i,c) in enumerate(node.children)
        prob *= probability(probgram, c)
    end
    return prob
end
```

例 20.6 从概率语法中抽取表达式并计算表达式的可能性

考虑一个完全由“a”组成的字符串的概率语法：

$$
\begin{aligned}
\mathbb{A} &\mapsto a\mathbb{A} & w_1^{\mathbb{A}} &= 1 \\
&\mapsto a\mathbb{B}a\mathbb{A} & w_2^{\mathbb{A}} &= 3 \\
&\mapsto \varepsilon & w_3^{\mathbb{A}} &= 2 \\
\mathbb{B} &\mapsto a\mathbb{B} & w_1^{\mathbb{B}} &= 4 \\
&\mapsto \varepsilon & w_1^{\mathbb{B}} &= 1
\end{aligned}
$$

其中有一组每个父类型的权重 $\boldsymbol{w}$，ε 是一个空字符串。

假设生成一个以类型$\mathbb{A}$开头的表达式。三个可能规则的概率分布是：

$$
\begin{aligned}
P(\mathbb{A} \mapsto a\mathbb{A}) &= 1/(1+3+2) = 1/6 \\
P(\mathbb{A} \mapsto a\mathbb{B}a\mathbb{A}) &= 3/(1+3+2) = 1/2 \\
P(\mathbb{A} \mapsto \varepsilon) &= 2/(1+3+2) = 1/3
\end{aligned}
$$

假设采样第二条规则并获得 a$\mathbb{B}$a$\mathbb{A}$。

接下来，对一个规则进行抽样以应用于$\mathbb{B}$。两个可能规则的概率分布是：

⊖ T. L. Booth and R. A. Thompson, “Applying Probability Measures to Abstract Languages,” *IEEE Transactions on Computers*, vol. C-22, no. 5, pp. 442-450, 1973.

$$P(\mathbb{B}\mapsto a\mathbb{B})=4/(4+1)=4/5$$
$$P(\mathbb{B}\mapsto \varepsilon)=1/(4+1)=1/5$$

假设对第二条规则进行抽样并得到 aεa$\mathbb{A}$。

接下来采样一个规则以应用于$\mathbb{A}$。假设采样$\mathbb{A}\mapsto\varepsilon$ 来获得一个 aεaε，产生“a”字符串“aa”。用于在概率语法下产生“aa”的规则序列的概率是：

$$P(\mathbb{A}\mapsto a\ \mathbb{B}\ a\ \mathbb{A})P(\mathbb{B}\mapsto\varepsilon)P(\mathbb{A}\mapsto\varepsilon)=\frac{1}{2}\cdot\frac{1}{5}\cdot\frac{1}{3}=\frac{1}{30}$$

请注意，这与获得“aa”的概率不同，因为其他生产规则序列也可能产生它。

使用概率语法的优化使用来自种群的精英样本的每次迭代来提高其权重。在每次迭代中，对一组表达式进行采样，并计算它们的目标函数值。一些最佳表达式被认为是精英样本，可用于更新权重。为概率语法生成一组新的权重，其中将适用于返回类型$\mathbb{T}$的第 i 个生产规则的权重 $w_i^{\mathbb{T}}$ 设置为生成精英样本所使用生成规则的次数。该更新过程在算法 20.10 中实现。

375
~
376

算法 20.10 一种基于表达式 Xs 的精英样本将学习更新应用于概率语法 probgram 的方法

```
function _update!(probgram, x)
    grammar = probgram.grammar
    typ = return_type(grammar, x)
    i = findfirst(isequal(x.ind), grammar[typ])
    probgram.ws[typ][i] += 1
    for c in x.children
        _update!(probgram, c)
    end
    return probgram
end
function update!(probgram, Xs)
    for w in values(probgram.ws)
        fill!(w,0)
    end
    for x in Xs
        _update!(probgram, x)
    end
    return probgram
end
```

上面的概率语法可以扩展到考虑其他因素的更复杂的概率分布，例如表达式的深度或子树中兄弟之间的局部依赖性。一种方法是使用贝叶斯网络[⊖]。

20.5 概率原型树

概率原型树[⊖]是另一种对于表达式树中的每个节点学习分布的方法。概率原型树中的每个节点包含表示语法生成规则上的分类分布的概率向量。更新概率向量以反映从连续几代表达式

⊖ P. K. Wong, L. Y. Lo, M. L. Wong, and K. S. Leung, “Grammar-Based Genetic Programming with Bayesian Network,” *IEEE Congress on Evolutionary Computation* (CEC), 2014.

⊖ R. Salustowicz and J. Schmidhuber, “Probabilistic Incremental Program Evolution,” *Evolutionary Computation*, vol. 5, no. 2, pp. 123-141, 1997.

中获得的知识。节点的最大子节点数是语法的规则中的最大非终结符节点数[1]。

在创建节点时随机初始化概率向量。随机概率向量可以从 Dirichlet 分布中得出[2]。原始实现将终结符初始化为标量值 0.6，将非终结符初始化为标量值 0.4。为了处理强类型语法，我们为每个父类型保留适用规则的概率向量。算法 20.11 定义了节点类型并实现该初始化方法。

算法 20.11　概率原型树节点类型和关联的初始化函数，其中 ps 是将对应于返回类型的符号映射到适用规则上的概率向量的字典，并且 children 是 PPTNodes 的列表。尝试访问不存在的子进程时，get_child 方法将自动展开树

```
struct PPTNode
    ps
    children
end
function PPTNode(grammar;
    w_terminal = 0.6,
    w_nonterm = 1-w_terminal,
    )

    ps = Dict(typ => normalize!([isterminal(grammar, i) ?
                        w_terminal : w_nonterm
                        for i in grammar[typ]], 1)
              for typ in nonterminals(grammar))
    PPTNode(ps, PPTNode[])
end
function get_child(ppt::PPTNode, grammar, i)
    if i > length(ppt.children)
        push!(ppt.children, PPTNode(grammar))
    end
    return ppt.children[i]
end
```

使用概率原型树中的概率向量对表达式进行采样。节点中的规则是从分类分布中提取的，该分布由所需返回类型的节点概率向量定义，归一化相关的概率向量值以获得有效的概率分布。树按照深度优先遍历。该采样程序在算法 20.12 中实现，并在图 20.9 中可视化。

算法 20.12　一种从概率原型树中采样表达式的方法。根据需要对树进行扩展

```
function rand(ppt, grammar, typ)
    rules = grammar[typ]
    rule_index = sample(rules, Weights(ppt.ps[typ]))
    ctypes = child_types(grammar, rule_index)

    arr = Vector{RuleNode}(undef, length(ctypes))
    node = iseval(grammar, rule_index) ?
        RuleNode(rule_index, eval(grammar, rule_index), arr) :
        RuleNode(rule_index, arr)

    for (i,typ) in enumerate(ctypes)
        node.children[i] =
```

---

[1] 函数的数量是参数的数量。语法规则的数量可以被视为一个函数，是规则中非终结符的数量。

[2] Dirichlet 分布通常用于表示离散分布上的分布。参见：
D. Barber, *Bayesian Reasoning and Machine Learning*. Cambridge University Press, 2012.

```
            rand(get_child(ppt, grammar, i), grammar, typ)
        end
        return node
    end
```

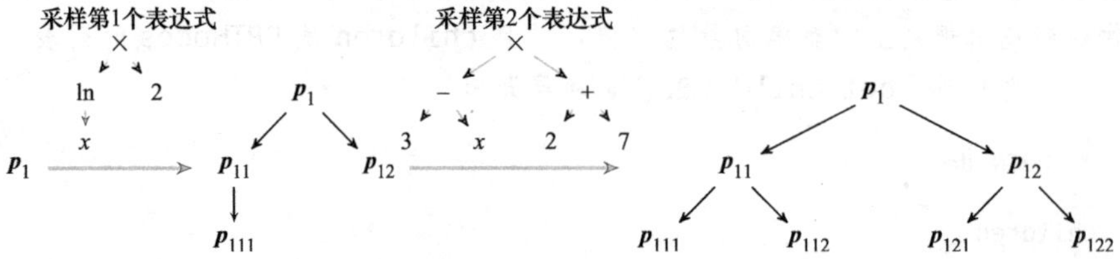

图 20.9 概率原型树最初仅包含根节点，但在表达式生成期间因需要附加节点而扩展

学习可以使用来自整个抽样种群或精英样本的信息。当前一代中的最佳表达式为 x_{best}，到目前为止发现的最佳表达式是 x_{elite}。更新节点概率以增加生成 x_{best} 的可能性[⊖]。

生成 x_{best} 的概率是遍历概率原型树时在 x_{best} 中选择每个规则的概率的乘积。计算 $P(x_{\text{best}})$ 的目标概率：

$$P_{\text{target}}=P(x_{\text{best}})+(1-P(x_{\text{best}}))\cdot\alpha\cdot\frac{\varepsilon-y_{\text{elite}}}{\varepsilon-y_{\text{best}}} \tag{20.1}$$

其中 α 和 ε 是正常数。右侧的分数对具有更好目标函数值的表达式产生更大的步长。可以使用算法 20.13 计算目标概率。

算法 20.13 计算表达概率和目标概率的方法，其中 ppt 是概率原型树的根节点，grammer是语法，expr 和 x_best 是 RuleNode 表达式，y_best 和 y_elite 是标量目标函数值，α和ϵ是标量参数

377
~
379

```
function probability(ppt, grammar, expr)
    typ = return_type(grammar, expr)
    i = findfirst(isequal(expr.ind), grammar[typ])
    p = ppt.ps[typ][i]
    for (i,c) in enumerate(expr.children)
        p *= probability(get_child(ppt, grammar, i), grammar, c)
    end
    return p
end
function p_target(ppt, grammar, x_best, y_best, y_elite, α, ϵ)
    p_best = probability(ppt, grammar, x_best)
    return p_best + (1-p_best)*α*(ϵ - y_elite)/(ϵ - y_best)
end
```

目标概率用于调整概率原型树中的概率向量。与所选节点相关的概率迭代增加，直到超过目标概率：

$$P(x_{\text{best}}^{(i)})\leftarrow P(x_{\text{best}}^{(i)})+c\cdot\alpha\cdot(1-P(x_{\text{best}}^{(i)}))\text{，其中所有 } i\in\{1,2,\cdots\} \tag{20.2}$$

[⊖] 实现原始概率原型树将周期性地增加生成 x_{elite} 的可能性。

[⊜] 推荐值是 $c=0.1$。

其中 $x_{\text{best}}^{(i)}$ 是表达式 x_{best} 中应用的第 i 个规则，c 是标量[⊖]。

然后通过缩减所有与当前值成比例的非增量向量分量的值，将所述自适应概率向量重新归一化为 1。第 i 个分量增加的概率向量 $\boldsymbol{p}$ 根据以下公式调整：

$$p_j \leftarrow p_j \frac{1-p_i}{\|\boldsymbol{p}\|_1 - p_i},\text{其中 } j \neq i \tag{20.3}$$

学习更新在算法 20.14 中实现。

算法 20.14 一种将学习更新应用于概率原型树的方法，其中有根 ppt、语法 grammar、具有目标函数值 y_best 的最佳表达式 x_best、精英目标函数值 y_elite、学习率α、学习率乘数 c 和参数ϵ

```
function _update!(ppt, grammar, x, c, α)
    typ = return_type(grammar, x)
    i = findfirst(isequal(x.ind), grammar[typ])
    p = ppt.ps[typ]
    p[i] += c*α*(1-p[i])
    psum = sum(p)
    for j in 1 : length(p)
        if j != i
            p[j] *= (1- p[i])/(psum - p[i])
        end
    end
    for (pptchild,xchild) in zip(ppt.children, x.children)
        _update!(pptchild, grammar, xchild, c, α)
    end
    return ppt
end
function update!(ppt, grammar, x_best, y_best, y_elite, α, c, ϵ)
    p_targ = p_target(ppt, grammar, x_best, y_best, y_elite, α, ϵ)
    while probability(ppt, grammar, x_best) < p_targ
        _update!(ppt, grammar, x_best, c, α)
    end
    return ppt
end
```

除了基于种群的学习外，概率原型树还可以通过突变探索设计空间。树突变以探索 $\boldsymbol{x}_{\text{best}}$ 周围的区域。设 $\boldsymbol{p}$ 是生成 $\boldsymbol{x}_{\text{best}}$ 时访问的节点中的概率向量。$\boldsymbol{p}$ 中的每个分量都以与问题大小成比例的概率进行突变： 380

$$\frac{p_{\text{mutation}}}{\#\boldsymbol{p}\sqrt{\#\boldsymbol{x}_{\text{best}}}} \tag{20.4}$$

其中 p_{mutation} 是一个突变参数，$\#\boldsymbol{p}$ 是 $\boldsymbol{p}$ 中的分量数，$\#\boldsymbol{x}_{\text{best}}$ 是 $\boldsymbol{x}_{\text{best}}$ 中应用的规则数。用于突变的分量 i 根据以下因素进行调整：

$$p_i \leftarrow p_i + \beta \cdot (1-p_i) \tag{20.5}$$

其中 β 控制突变量。与较大的概率相比，小概率会经历更大的突变。所有突变概率向量必须重新归一化。突变在算法 20.15 中实现并在图 20.10 中可视化。

算法 20.15 一种突变概率原型树的方法，其中有根 ppt、语法 grammar、最佳表达式 x_best、突变参数 p_mutation 和突变率β

```
function mutate!(ppt, grammar, x_best, p_mutation, β;
    sqrtlen = sqrt(length(x_best)),
    )
    typ = return_type(grammar, x_best)
    p = ppt.ps[typ]
    prob = p_mutation/(length(p)*sqrtlen)
    for i in 1 : length(p)
        if rand() < prob
            p[i] += β*(1-p[i])
        end
    end
    normalize!(p, 1)
    for (pptchild,xchild) in zip(ppt.children, x_best.children)
        mutate!(pptchild, grammar, xchild, p_mutation, β,
                sqrtlen=sqrtlen)
    end
    return ppt
end
```

381

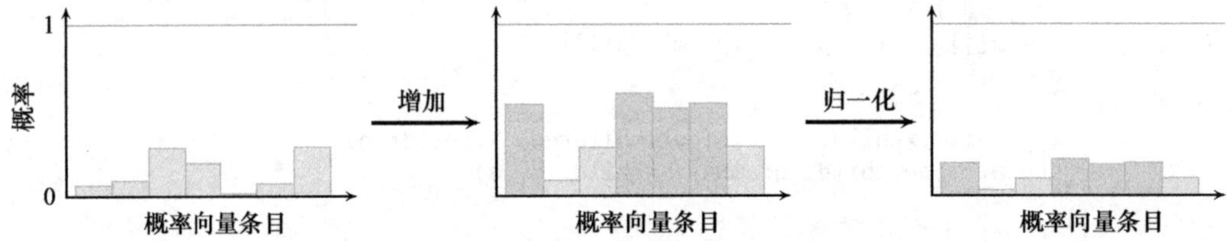

图 20.10 在 $\beta=0.5$ 的概率原型树中对概率向量进行变换。根据公式（20.5）增加突变分量，并将得到的概率向量重新归一化。注意小概率如何获得更大地增加分量

最后，修剪概率原型树中的子树以便去除树的陈旧部分。如果子节点的父节点包含高于指定阈值的概率分量，当被选中时，子节点无关，此时应将子节点移除。对于终结符来说总是如此，也可能适用于非终结符的情况。修剪在算法 20.16 中实现，并在例 20.7 中演示。

20.6 小结

- 表达式优化考虑到优化树结构，该树结构在语法下可以表达复杂的程序、结构和非固定大小的其他设计。
- 语法定义用于构造表达式的规则。
- 遗传编程应用遗传算法在表达树上进行突变和交叉。
- 语法进化在整数数组上运行，该数组可以解码为表达式树。
- 概率语法学习哪些规则最好生成，概率原型树学习表达式规则生成过程的每次迭代的
382 概率。

算法 20.16 一种用根 ppt、语法 grammar 和修剪概率阈值 p_treshold 修剪概率原型树的方法

```
function prune!(ppt, grammar; p_threshold=0.99)
    kmax, pmax = :None, 0.0
    for (k, p) in ppt.ps
        pmax′ = maximum(p)
        if pmax′ > pmax
            kmax, pmax = k, pmax′
        end
    end
    if pmax > p_threshold
        i = argmax(ppt.ps[kmax])
        if isterminal(grammar, i)
            empty!(ppt.children[kmax])
        else
            max_arity_for_rule = maximum(nchildren(grammar, r) for
                                        r in grammar[kmax])
            while length(ppt.children) > max_arity_for_rule
                pop!(ppt.children)
            end
        end
    end
    return ppt
end
```

例 20.7 何时应用修剪概率原型树的示例

考虑具有规则集上概率向量的节点：

$$\mathbb{R} \mapsto \mathbb{R} + \mathbb{R}$$
$$\mathbb{R} \mapsto \ln(\mathbb{R})$$
$$\mathbb{R} \mapsto 2 \mid x$$
$$\mathbb{R} \mapsto \mathbb{S}$$

如果选择 2 或 x 的概率变大，那么概率原型树中的任何子树都不太可能被需要并且可以被修剪。类似地，如果选择$\mathbb{S}$的概率变大，则任何具有返回类型$\mathbb{R}$的子树都不被需要并且可以被修剪。 383

20.7 练习

练习 20.1 使用以下语法和起始集 $\{\mathbb{R}, \mathbb{I}, \mathbb{F}\}$ 可以生成多少个表达式树？

$$\mathbb{R} \mapsto \mathbb{I} \mid \mathbb{F}$$
$$\mathbb{I} \mapsto 1 \mid 2$$
$$\mathbb{F} \mapsto \pi$$

练习 20.2 可以在语法下生成的高度为 h 的表达式树的数量以指数方式增长。作为参考，计算可以使用以下语法生成的高度 h 的表达式的数量[⊖]：

$$\mathbb{N} \mapsto \{\mathbb{N}, \mathbb{N}\} \mid \{\mathbb{N},\} \mid \{,\mathbb{N}\} \mid \{\} \tag{20.6}$$

练习 20.3 定义一个可以生成任何非负整数的语法。

练习 20.4 表达式优化方法如何处理在生成随机子树时遇到的除零值或其他异常？

⊖ 一个空表达式高度为 0，表达式 {} 高度为 1，以此类推。

练习 20.5 考虑一个算术语法，例如：

$$\mathbb{R} \mapsto x \mid y \mid z \mid \mathbb{R}+\mathbb{R} \mid \mathbb{R}-\mathbb{R} \mid \mathbb{R}\times\mathbb{R} \mid \mathbb{R}/\mathbb{R} \mid \ln \mathbb{R} \mid \sin \mathbb{R} \mid \cos \mathbb{R}$$

假设变量 x、y 和 z 各自具有单位，并且期望输出的单位为特定单位。如何修改这样的语法来符合各自的单位？

练习 20.6 考虑语法

$$\begin{aligned}
\mathbb{S} &\mapsto \mathbb{NP}\,\mathbb{VP} \\
\mathbb{NP} &\mapsto \mathbb{ADJ}\ \mathbb{NP} \mid \mathbb{ADJ}\,\mathbb{N} \\
\mathbb{VP} &\mapsto \mathbb{V}\,\mathbb{ADV} \\
\mathbb{ADJ} &\mapsto \text{a} \mid \text{the} \mid \text{big} \mid \text{little} \mid \text{blue} \mid \text{red} \\
\mathbb{N} &\mapsto \text{mouse} \mid \text{cat} \mid \text{dog} \mid \text{pony} \\
\mathbb{V} &\mapsto \text{ran} \mid \text{sat} \mid \text{slept} \mid \text{ate} \\
\mathbb{ADV} &\mapsto \text{quietly} \mid \text{quickly} \mid \text{soundly} \mid \text{happily}
\end{aligned}$$

对应于基因型 [2，10，19，0，6] 和起始符号$\mathbb{S}$的
384 表型是什么？

练习 20.7 使用遗传编程改变时钟的齿轮比。假设所有齿轮都从$\mathbb{R}=\{10，25，30，50，60，100\}$中选择半径。每个齿轮都可以连接到其母轴，从而共享相同的旋转周期，或者在其母齿轮轮辋上互锁，从而得到取决于母齿轮旋转周期和齿轮比的旋转周期，如图 20.11 所示。

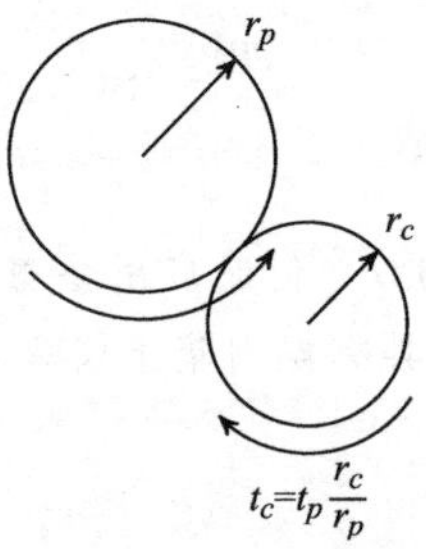

图 20.11 附接到母齿轮轮辋的子齿轮旋转周期 t_c 取决于母齿轮旋转周期 t_p 和齿轮半径的比率

时钟还可以包含指针，其安装在母齿轮的轴上。假设根齿轮转动的周期为 $t_{\text{root}}=0.1\text{s}$，且半径为 25。目的是制作一个带有秒针、分针和时针的钟。根据以下内容对每个个体进行评分：

$$\left(\underset{\text{hands}}{\text{minimize}}(1-t_{\text{hand}})^2\right)+\left(\underset{\text{hands}}{\text{minimize}}(60-t_{\text{hand}})^2\right)+\left(\underset{\text{hands}}{\text{minimize}}(3600-t_{\text{hand}})^2\right)+\#\text{nodes}\cdot 10^{-3}$$

其中 t_{hand}是特定指针的旋转周期，以秒为单位，# nodes 是表达式树中节点的数量。忽略旋转方向。

练习 20.8 四个 4s 难题[⊖]是一个数学挑战，使用四个 4 位数字和数学运算，为 0 到 100 之间的每个整数生成表达式。例如，前两个整数可分别由 4+4−4−4 和 44/44 生成。完成四个 4s 难题。

练习 20.9 考虑概率语法

$$\begin{aligned}
\mathbb{R} &\mapsto \mathbb{R}+\mathbb{R} \mid \mathbb{R}\times\mathbb{R} \mid \mathbb{F} \mid \mathbb{I} && w_{\mathbb{R}}=[1,1,5,5] \\
\mathbb{F} &\mapsto 1.5 \mid \infty && p_{\mathbb{F}}=[4,3] \\
\mathbb{I} &\mapsto 1 \mid 2 \mid 3 && p_{\mathbb{I}}=[1,1,1]
\end{aligned}$$

表达式 1.5+2 的生成概率是多少？

练习 20.10 清除计数并在 1.5+2 上应用学习更新后，上一个问题的概率语法是什么？

385~386

⊖ W. W. R. Ball, *Mathematical Recreations and Essays*. Macmillan, 1892.

第 21 章
Algorithms for Optimization

多学科设计优化

多学科设计优化（Multidisciplinary Design Optimization，MDO）涉及解决跨学科的优化问题。许多现实问题涉及多个学科之间复杂的相互作用，单独优化学科可能无法得到最优解。本章将讨论各种利用 MDO 问题结构的技术，以寻找良好设计更加容易[⊖]。

21.1 学科分析

有许多不同的学科分析可能会影响设计。例如，火箭的设计可能涉及对结构、空气动力学和控制等学科的分析。不同的学科有自己的分析工具，如有限元分析。通常，这些学科分析往往非常复杂且计算成本高昂。此外，学科分析通常彼此紧密结合，其中一门学科可能需要另一门学科分析的输出。解决这些相互依赖性非常重要。

在 MDO 设置中，仍然像以前一样有一组设计变量，但还会跟踪每个学科分析的输出或响应变量[⊜]。学科分析可以将第 i 个学科分析的响应变量写为 $\boldsymbol{y}^{(i)}$。一般来说，第 i 个学科分析 F_i 可以取决于设计变量或来自任何其他学科的响应变量：

$$\boldsymbol{y}^{(i)} \leftarrow F_i(\boldsymbol{x}, \boldsymbol{y}^{(1)}, \cdots, \boldsymbol{y}^{(i-1)}, \boldsymbol{y}^{(i+1)}, \cdots, \boldsymbol{y}^{(m)}) \tag{21.1}$$

其中 m 是学科总数。飞机的计算流体动力学分析的输入可以包括机翼的变形，它来自需要计算流体动力学的力的结构分析。制定 MDO 问题的一个重要部分是考虑到分析之间的这种依赖关系。 387

为了便于推理学科分析，我们将介绍任务的概念。任务 $\mathcal{A}$ 是一组变量名称及其与多学科设计优化问题相关的对应值。要访问变量 v，写作 $\mathcal{A}[v]$。

学科分析是一个函数，它接受一个赋值并使用来自其他分析的设计点和响应变量来覆盖自身学科的响应变量：

$$\mathcal{A}' \leftarrow F_i(\mathcal{A}) \tag{21.2}$$

其中 $F_i(\mathcal{A})$ 更新 $\mathcal{A}$ 中的 $\boldsymbol{y}(i)$ 以产生 $\mathcal{A}'$。

可以使用字典[⊜]在代码中表示任务。每个变量都被赋予 `String` 类型的名称。变量不限于浮点数，也可以包含其他对象，例如向量。例 21.1 实现了字典的使用。

⊖ J. R. R. A. Martins and A. B. Lambe,"Multidisciplinary Design Optimization: A Survey of Architectures," *AIAA Journal*, vol. 51, no. 9, pp. 2049-2075, 2013.
更多讨论可参见：
J. Sobieszczanski-Sobieski、A. Morris and M. van Tooren, *Multidisciplinary Design Optimization Supported by Knowledge Based Engineering* Wiley, 2015.
N. M. Alexandrov and M. Y. Hussaini, eds., *Multidisciplinary Design Optimization: State of the Art*. SIAM, 1997.

⊜ 学科分析可以为其他学科提供输入、目标函数或约束。此外，它还可以为优化程序提供梯度信息。

⊜ 字典，也称为关联数组，是一种常见的数据结构，它允许通过键而不是整数索引。参见附录 A. 1. 7 节。

例 21.1 基于任务的多学科设计优化问题表示的基本代码语法

考虑使用一个设计变量 x 和两个学科进行优化。假设第一学科分析 F_1 计算响应变量 $y^{(1)}=f_1(x, y^{(2)})$，第二学科分析 F_2 计算响应变量 $y^{(2)}=f_2(x, y^{(1)})$。

这个问题可以实现为：

```
function F1(A)
    A["y1"] = f1(A["x"], A["y2"])
    return A
end
function F2(A)
    A["y2"] = f2(A["x"], A["y1"])
    return A
end
```

可以使用 $y^{(1)}$ 和 $y^{(2)}$ 的猜测以及 x 的已知输入来初始化任务。例如：

```
A = Dict("x"=>1, "y1"=>2, "y2"=>3)
```

388

21.2 跨学科兼容性

评估设计点 $\boldsymbol{x}$ 的目标函数值和可行性需要获得满足**跨学科兼容性**的响应变量的值，这意味着响应变量必须与学科分析一致。如果在所有学科分析中任务不变，则跨学科兼容性适用于特定任务：

$$F_i(\mathcal{A})=\mathcal{A}, \ i\in\{1,\cdots,m\} \tag{21.3}$$

运行任何分析都会产生相同的值。找到满足跨学科兼容性的任务称为**多学科分析**。

单学科系统优化需要优化器选择设计变量并查询学科分析，以评估约束和目标函数，如图 21.1所示。单学科优化不要求考虑学科耦合。

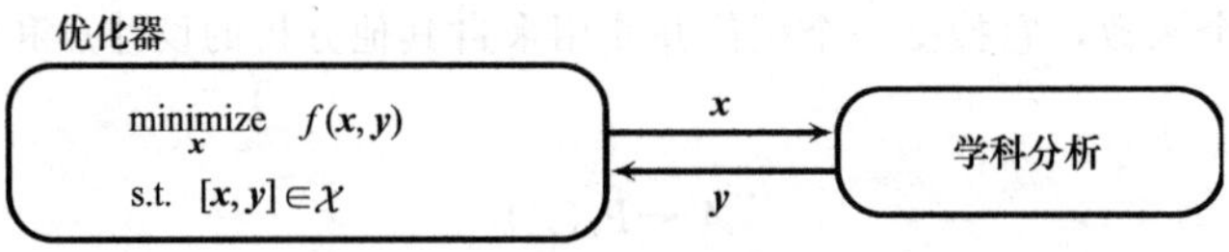

图 21.1 单学科的优化图。可以计算梯度，也可以不计算梯度

多学科系统优化可能会引入依赖关系，在这种情况下，耦合会成为一个问题。图 21.2 给出了两个耦合学科的图表。对这个问题应用传统的优化就不那么简单了，因为这必须建立跨学科兼容性。

如果多学科分析没有**依赖循环**⊖，那么解决跨学科兼容性就很简单了。如果学科 i 需要学科 j 的任何输出，就称 i 依赖于 j。该依赖关系可以用于形成**依赖图**，其中每个节点对应于一个学科，并且如果学科 i 依赖于 j，则包括边 $j\rightarrow i$。图 21.3 显示了涉及两个具有循环和不具有循环的学科的依赖图示例。

⊖ 当各学科相互依赖时，就会出现依赖循环。

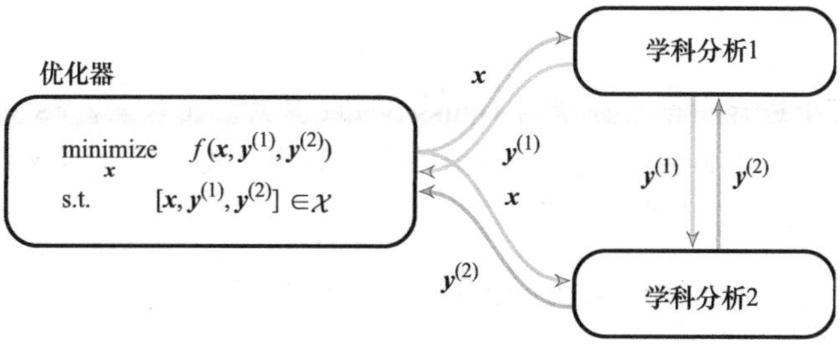

图 21.2　具有跨学科耦合的两学科分析优化图

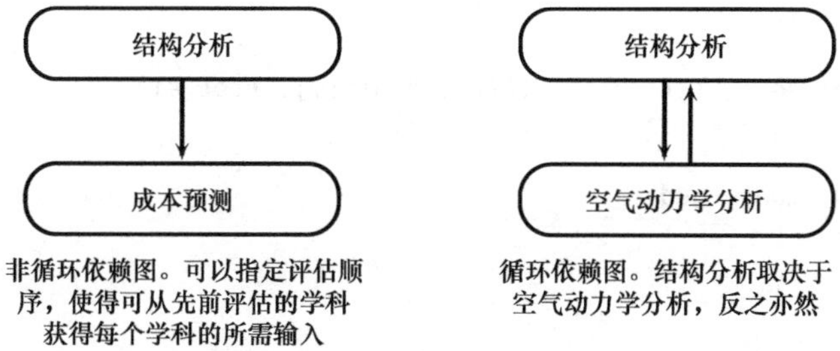

图 21.3　循环和非循环依赖图

如果依赖图没有循环，那么将一直存在评估顺序。如果遵循顺序，则可以确保在依赖它们的学科分析开始之前评估必要的学科分析。这种排序称为*拓扑排序*，可以使用拓扑排序方法（如*卡恩算法*）找到它们⊖，分析的重新排序如图 21.4 所示。

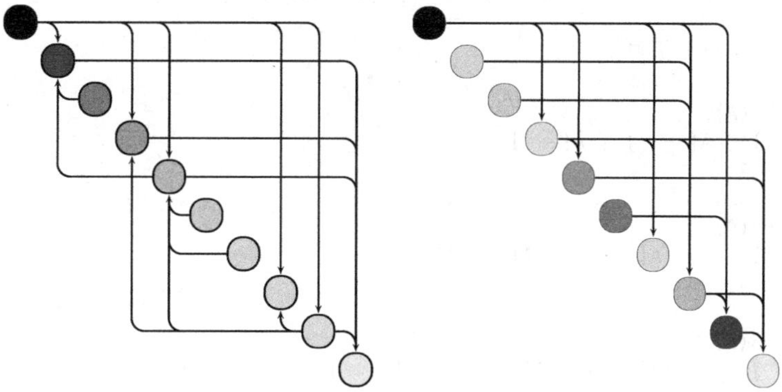

图 21.4　拓扑排序可用于重新排序学科分析以消除反馈连接

如果依赖图具有循环，则不存在拓扑排序。为了解决周期问题，可以使用 Gauss-Seidel *方法*（算法 21.1），该方法试图通过迭代直到收敛⊖来解决多学科分析。Gauss-Seidel 算法对学科排序十分敏感，如例 21.2 所示。不好的排序会阻碍或减缓收敛。最好的排序是反馈连接最少

⊖ A. B. Kahn, "Topological Sorting of Large Networks," *Communicaltions of the ACM*, vol. 5, no. 11, pp. 558-562, 1962.

⊖ Gauss-Seidel 算法也可以编写成并行执行分析。

的那些排序⊖。

算法 21.1 用于进行多学科分析的 Gauss-Seidel 算法。在这里，Fs 是一个学科分析函数的向量，它采用和修改任务 A。有两个可选参数：最大迭代次数 k_max 和相对误差容差ϵ。该方法返回修改后的任务以及它是否收敛

```
function gauss_seidel!(Fs, A; k_max=100, ϵ=1e-4)
    k, converged = 0, false
    while !converged && k ≤ k_max
        k += 1
        A_old = deepcopy(A)
        for F in Fs
            F(A)
        end
        converged = all(isapprox(A[v], A_old[v], rtol=ϵ)
                        for v in keys(A))
    end
    return (A, converged)
end
```

例 21.2 这个例子说明了在进行多学科分析时选择合适排序的重要性

考虑一个多学科设计优化问题，其中包含一个设计变量 x 和三个学科，每个学科都有一个响应变量：

$$y^{(1)} \leftarrow F_1(x, y^{(2)}, y^{(3)}) = y^{(2)} - x$$

$$y^{(2)} \leftarrow F_2(x, y^{(1)}, y^{(3)}) = \sin(y^{(1)} + y^{(3)})$$

$$y^{(3)} \leftarrow F_3(x, y^{(1)}, y^{(2)}) = \cos(x + y^{(1)} + y^{(2)})$$

学科分析可以如下实现：

```
function F1(A)
    A["y1"] = A["y2"] - A["x"]
    return A
end
function F2(A)
    A["y2"] = sin(A["y1"] + A["y3"])
    return A
end
function F3(A)
    A["y3"] = cos(A["x"] + A["y2"] + A["y1"])
    return A
end
```

考虑对 $x=1$ 运行多学科分析，用所有 1 来初始化我们的任务：

```
A = Dict("x"=>1, "y1"=>1, "y2"=>1, "y3"=>1)
```

以 F_1、F_2、F_3 的排序运行 Gauss-Seidel 算法会使其收敛，但以 F_1、F_3、F_2 的排序运行则不会。

⊖ 在某些情况下，学科可以分成相互独立的不同集群。每个连接集群都可以使用自己的更小多学科分析来解决。

下图见彩插。

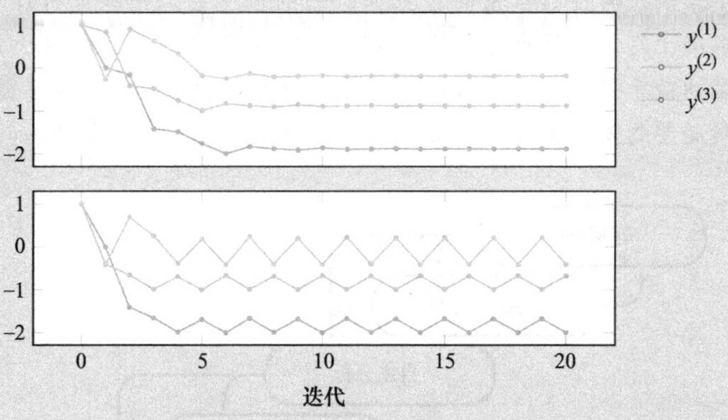

在某些情况下，将学科合并到新的学科分析中可能是有利的——将概念相关的分析分组，同时评估紧密耦合的分析，或更有效地应用本章中讨论的一些架构。可以合并学科分析以形成新的分析，其响应变量由合并的学科的响应变量组成。新分析的形式取决于学科的相互依赖性。如果合并的学科是非循环的，则存在可以连续执行分析的排序。如果合并的学科是循环的，则新分析必须在内部进行多学科分析以实现兼容性。 389~392

21.3　架构

多学科设计优化问题可以写成如下形式：

$$\begin{aligned} \underset{x}{\text{minimize}} \quad & f(\mathcal{A}) \\ \text{s.t.} \quad & \mathcal{A} \in \mathcal{X} \\ & \text{对每个学科 } i \in \{1, \cdots, m\}\text{，都有 } F_i(\mathcal{A}) = \mathcal{A} \end{aligned} \tag{21.4}$$

其中目标函数 f 和可行集 $\mathcal{X}$ 取决于设计和响应变量。任务中的设计变量由优化器指定。条件 $F_i(\mathcal{A}) = \mathcal{A}$ 确保第 i 个学科与 $\mathcal{A}$ 中的值一致。最后一个条件强制实施跨学科兼容性。

优化多学科问题有几个挑战。学科分析的相互依赖性导致分析的顺序变得重要，并且经常使并行化变得困难或不可行。在直接控制所有变量的优化器和纳入子优化器[⊖]之间进行权衡，这些优化器利用学科专业知识局部优化值。此外，在运行学科分析的费用与全局优化太多变量的费用之间进行权衡。最后，每个架构都必须在最终解中实施跨学科兼容性。

本章的其余部分将讨论各种不同的优化架构，以应对这些挑战。使用例 21.3 中引入的假设乘车共享问题演示这些架构。

例 21.3　用本章中使用的乘车共享问题演示优化架构

考虑一个开发自动驾驶车队的乘车共享公司。这家虚拟公司正在同时设计车辆、传感器包、路径策略和定价方案。设计的这些部分分别称为 v、s、r 和 p，每个部分包含许多设计变量。例如，车辆可能包括控制结构几何形状、发动机和传动系、电池容量和乘客容量的参数。

⊖　子优化器是在另一个优化例程中调用的优化例程。

乘车共享公司的目标是最大化利润。利润取决于路线算法和乘客需求的大规模模拟，而乘客需求又取决于车辆及其传感器包的自主分析的响应变量。一些分析提取了额外的信息。路径算法的性能取决于定价方案产生的需求，定价方案产生的需求取决于路径算法的性能。车辆行驶里程和燃油效率取决于传感器包的重量、阻力和功耗。传感器包需要车辆几何形状和性能信息以满足必要的安全要求。下面给出了一个依赖关系（见彩插）。

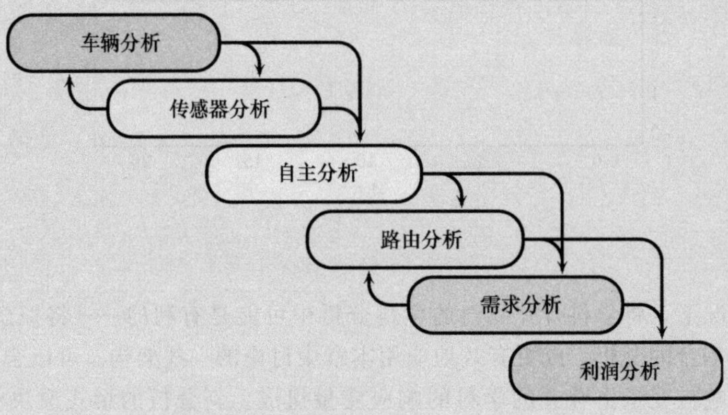

21.4　多学科设计可行性

393~394 多学科设计可行架构构建了 MDO 问题，使得可以直接应用标准优化算法来优化设计变量。对任何给定的设计点运行多学科设计分析，以获得兼容的响应值。

架构图如图 21.5 所示。它由两个块组成，即优化器和多学科分析。优化器是用于选择设计点的方法，其目标是最小化目标函数。优化器通过将设计点 x 传递给多学科分析块并接收兼容任务 $\mathcal{A}$ 来调用它。如果无法实现跨学科兼容性，则多学科分析块会通知优化器，并且此类设计点被视为不可行的。图 21.6 显示了如何使用多学科设计分析将 MDO 问题转换为典型的优化问题。

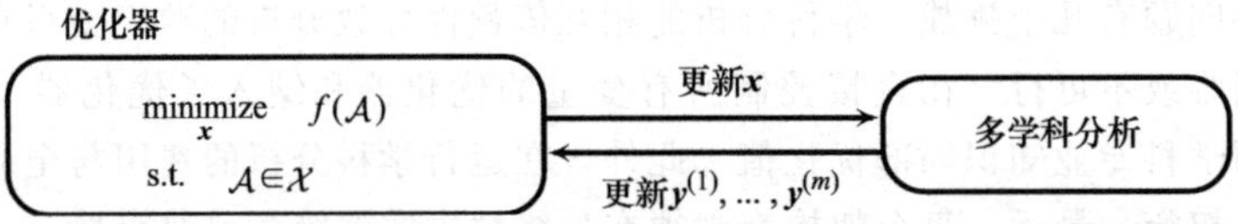

图 21.5　多学科设计可行架构。优化器选择设计点 $\boldsymbol{x}$，多学科分析计算一致的任务 $\mathcal{A}$。结构类似于单学科优化

$$\begin{aligned}\underset{\boldsymbol{x}}{\text{minimize}}\quad & f(\boldsymbol{x}, \boldsymbol{y}^{(1)}, \ldots, \boldsymbol{y}^{(m)}) \\ \text{s.t.}\quad & [\boldsymbol{x}, \boldsymbol{y}^{(1)}, \ldots, \boldsymbol{y}^{(m)}] \in \mathcal{X}\end{aligned} \quad \longrightarrow \quad \begin{aligned}\underset{\boldsymbol{x}}{\text{minimize}}\quad & f(\text{MDA}(\boldsymbol{x})) \\ \text{s.t.}\quad & \text{MDA}(\boldsymbol{x}) \in \mathcal{X}\end{aligned}$$

图 21.6　使用多学科设计分析将 MDO 问题制定为典型的优化问题，其中 MDA($\boldsymbol{x}$) 返回多学科兼容任务

多学科设计可行架构的主要优点是概念简单，并保证在优化的每个步骤保持跨学科兼容性。它的名称反映了在每次设计评估中都运行多学科设计分析的事实，确保系统级优化器仅考

虑可行的设计。

主要缺点是多学科设计分析非常昂贵，通常需要对所有分析进行多次迭代。根据响应变量的初始化和学科分析的排序，迭代 Gauss Seidel 方法可能收敛缓慢或根本不收敛。

将分析集中在一起使得所有局部变量——通常仅与特定学科相关——必须由所有分析考虑。许多实际问题有很多局部设计变量，例如空气动力学中的网格控制点、架构中的元素尺 395
寸、电气工程中的元件放置以及机器学习中的神经网络权重。多学科设计可行优化要求系统优化器在满足所有约束的同时在所有学科中指定这些值。

多学科设计可行架构应用于例 21.4 中的乘车共享问题。

例 21.4 多学科设计可行架构适用于乘车共享问题。必须针对每个候选设计点完成对所有响应变量的多学科分析。这往往是计算密集型的

多学科设计可行架构可应用于乘车共享问题，其架构图如下所示。

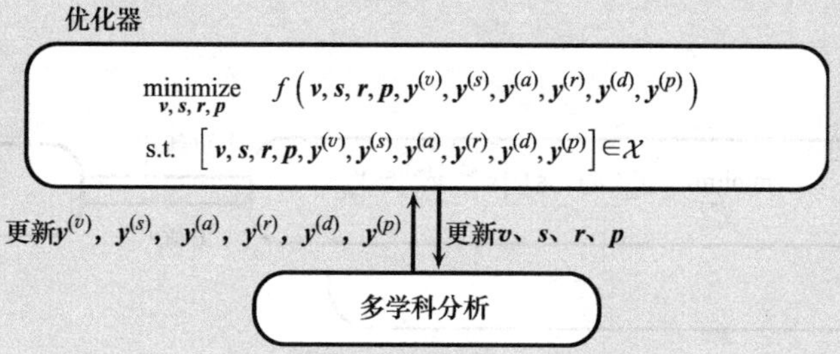

21.5 顺序优化

顺序优化架构（图 21.7）是一种可以利用特定于学科的工具和经验来优化子问题的架构，但可能生成次优解。包含此架构是为了演示天真方法的局限性，并作为可与其他架构进行比较的基线。

子问题是在每次迭代时进行的总体优化过程。有时设计变量可以从外部优化过程（系统级优化器）中删除，并且可以在子问题中更有效地进行优化。

第 i 个学科的设计变量可以根据 $\boldsymbol{x}^{(i)}=[\boldsymbol{x}_g^{(i)}, \boldsymbol{x}_l^{(i)}]$ 进行划分，其中 $\boldsymbol{x}_g^{(i)}$ 是与其他学科共享的全局设计变量，$\boldsymbol{x}_l^{(i)}$ 是仅由相关学科子问题使用的局部设计变量㊀。响应变量可以类似地分为全局响应变量 $\boldsymbol{y}_g^{(i)}$ 和局部响应变量 $\boldsymbol{y}_l^{(i)}$。通过在它们自己的学科优化器中优化局部变量来实现学 396
科自治。必须选择局部目标函数 f_i，优化它也有利于实现全局目标。顶级优化器负责相对于原始目标函数优化全局设计变量 $\boldsymbol{x}_g$。通过顺序优化来评估 $\boldsymbol{x}_g$ 的实例化。每个子问题一个接一个地优化，将其结果传递给下一个子问题，直到所有子问题都被评估。

顺序优化利用学科的局部性，许多变量对于特定学科是唯一的，并且不需要跨学科边界共享。顺序优化利用每个学科在解决其学科特定问题方面的熟练程度。子问题优化器可以完全控制其特定于学科的设计变量，以满足局部设计目标和约束。

除特殊情况外，顺序优化不能得到原始问题的最优解，原因与 Gauss-Seidel 不能保证收敛

㊀ 乘车共享问题中的车辆子问题可包括全局设计变量，如影响其他学科的车辆容量和范围，但也可能包括局部设计变量，如不影响其他学科的座位配置。

的原因相同。该解对局部目标函数敏感，并且找到合适的局部目标函数通常是一个挑战。顺序优化不支持并行执行，跨学科兼容性通过迭代强制执行，并且不总是收敛。

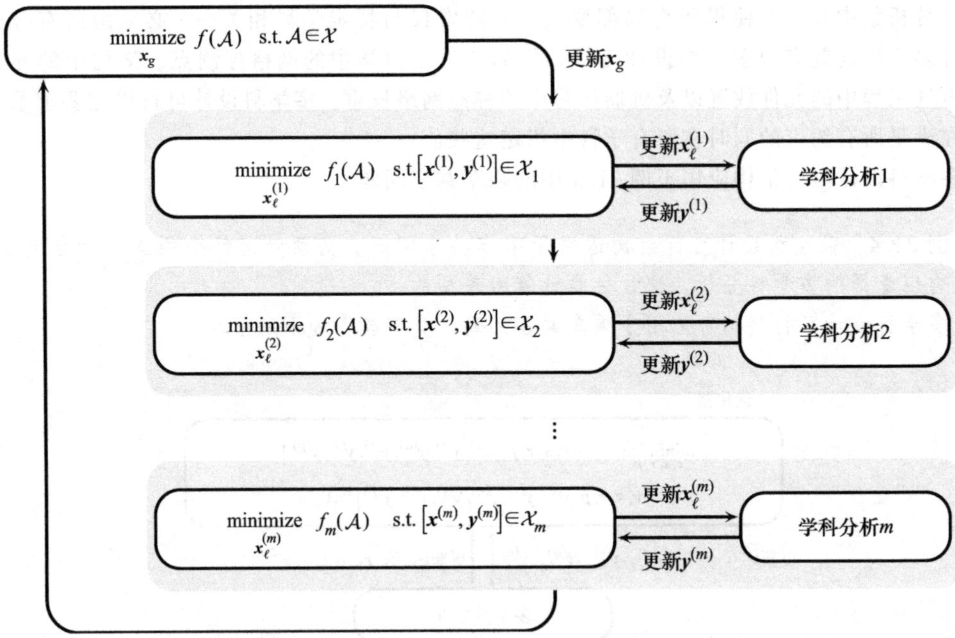

图 21.7 顺序优化架构。每个子问题由灰色块表示，并优化局部目标函数上的特定学科

例 21.5 将顺序优化应用于乘车共享问题。

例 21.5 乘车共享问题的顺序优化

顺序优化架构可以局部优化一些变量。图 21.8 显示了将顺序优化应用于乘车共享问题的结果。

车辆、传感器系统、路径算法和定价方案的设计变量分为局部学科特定变量和顶级全局变量。例如，车辆子问题可以优化局部车辆参数 v_ℓ，例如传动系部件，而像其他分析所使用的车辆容量一样的参数在全局范围 v_g 内受到控制。

车辆和传感器系统之间的紧密耦合很少受到顺序优化架构的影响。虽然传感器子问题所做的更改会立即由传感器子问题解决，但传感器子问题对车辆子问题的影响直到下一次迭代才会得到解决。

并非所有分析都需要自己的子问题。假设利润分析没有任何局部设计变量，因此可以在不需要子问题块的情况下执行。

21.6 单学科可行性

单学科可行（Individual Discipline Feasibel，IDF）架构不再需要进行昂贵的多学科设计分析，并允许并行执行学科分析。它不再保证在整个执行过程中保持跨学科兼容性，最终协议通过优化器中的等式约束来实施。兼容性不在多学科分析中强制执行，而是由优化器本身强制执行。

IDF 将耦合变量引入设计空间。对于每个学科，将额外的向量 $\boldsymbol{c}^{(i)}$ 添加到优化问题中以充当响应变量 $\boldsymbol{y}^{(i)}$ 的别名。响应变量是未知的，直到它们通过各自的域分析计算出来，包含耦合变量允许优化器在并行运行分析的同时向多个学科提供这些估计。通常通过迭代来达到耦合和响应变量之间的平等。对于每个学科，平等是一个优化约束，即 $\boldsymbol{c}^{(i)}=\boldsymbol{y}^{(i)}$。 397~399

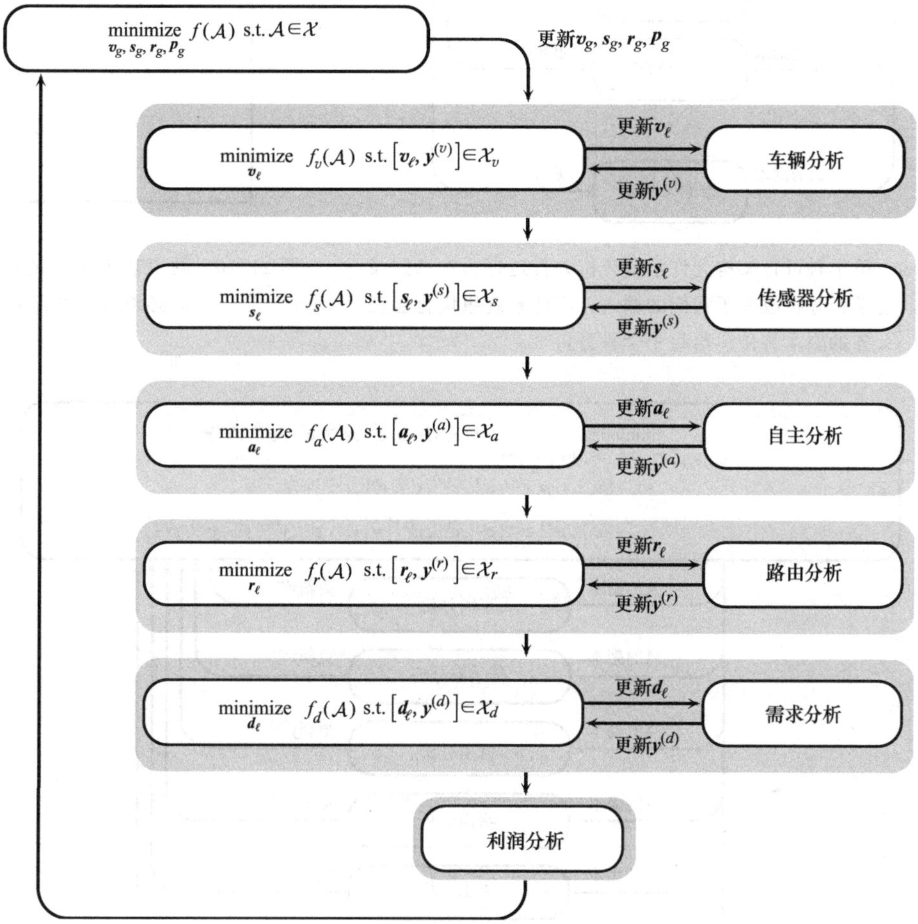

图 21.8　适用于乘车共享问题的顺序优化架构（见彩插） 400

图 21.9 显示了一般的 IDF 架构。系统级优化器对耦合变量进行操作，并使用这些变量填充在每次迭代中复制到学科分析的任务：

$$\mathcal{A}[\boldsymbol{x},\boldsymbol{y}^{(1)},\cdots,\boldsymbol{y}^{(m)}]\leftarrow[\boldsymbol{x},\boldsymbol{c}^{(1)},\cdots,\boldsymbol{c}^{(m)}] \tag{21.5}$$

尽管增加了允许并行执行分析的特性，IDF 的缺点在于它不能像顺序优化一样利用领域特定的优化程序，因为优化只是顶级的。此外，优化器必须满足其他等式约束，并且需要优化更多变量。IDF 可能难以进行基于梯度的优化，因为所选择的搜索方向必须考虑约束，如图 21.10所示。设计变量的变化不得导致耦合变量在学科分析方面变得不可行。当学科分析昂贵时，评估目标和约束函数的梯度也是非常昂贵的。

单学科可行架构适用于乘车共享问题，如图 21.11 所示。

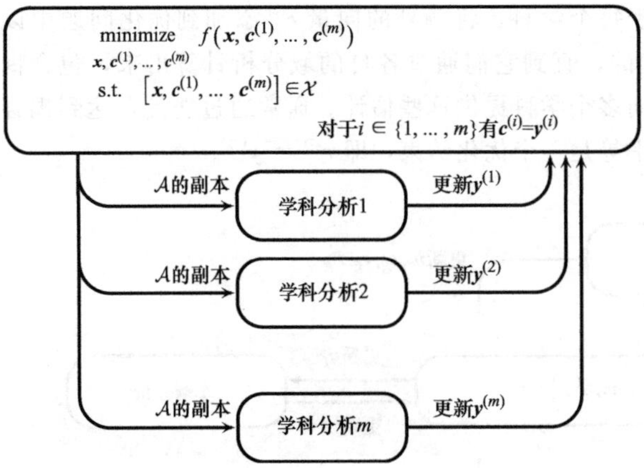

图 21.9 单学科可行架构允许学科分析并行运行。本章假设学科分析改变了它们的输入，因此系统级优化器任务的副本将传递给每个学科分析

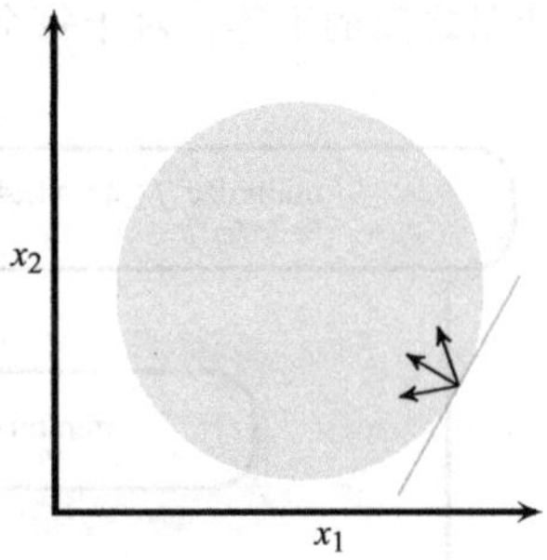

图 21.10 约束边界上点的搜索方向必须导入可行集

401

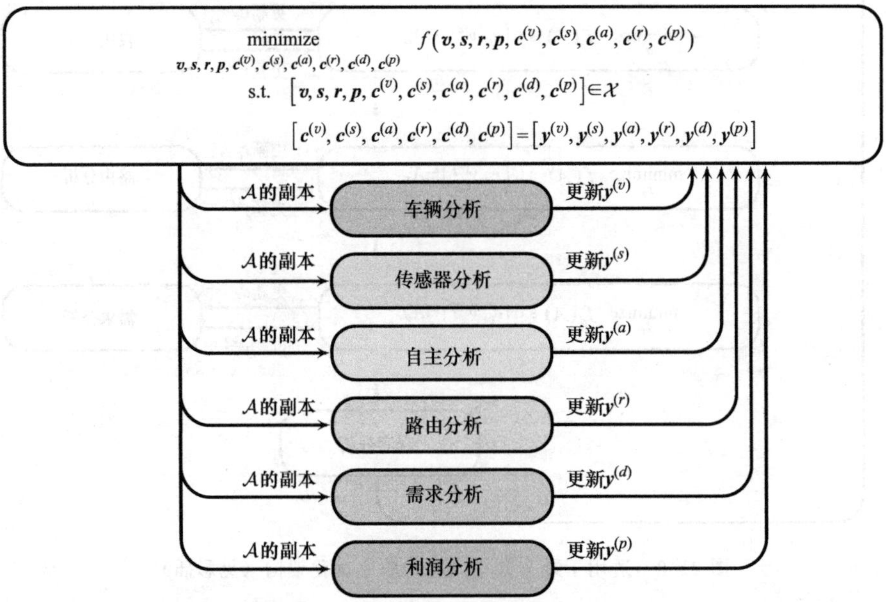

图 21.11 单学科可行的架构适用于乘车共享问题。单个设计可行架构允许并行执行分析，
402 但系统级优化器必须优化大量变量（见彩插）

21.7 协同优化

协同优化架构（图 21.12）将问题分解为可完全控制其局部设计变量和特定于学科的约束的学科子问题。可以使用特定于学科的工具来解决子问题，并且可以并行优化。

第 i 个子问题的形式如下：

$$\begin{aligned} \underset{x^{(i)}}{\text{minimize}} \quad & f_i(x^{(i)}, y^{(i)}) \\ \text{s. t.} \quad & [x^{(i)}, y^{(i)}] \in \mathcal{X}_i \end{aligned} \tag{21.6}$$

其中 $\boldsymbol{x}^{(i)}$ 包含设计变量 $\boldsymbol{x}$ 和响应变量 $\boldsymbol{y}^{(i)}$ 的子集。约束确保解满足特定于学科的约束。

跨学科兼容性要求所有学科之间的全局变量 $\boldsymbol{x}_g^{(i)}$ 和 $\boldsymbol{y}_g^{(i)}$ 一致。定义一组耦合变量 $\mathcal{A}_g$，其中包括对应于至少一个子问题中的所有全局设计向量和响应变量的变量。通过约束每个 $\boldsymbol{x}_g^{(i)}$ 和 $\boldsymbol{y}_g^{(i)}$ 来强制执行协议，以匹配其相应的耦合变量：

$$\boldsymbol{x}_g^{(i)} = \mathcal{A}_g[\boldsymbol{x}_g^{(i)}] \quad 和 \quad \boldsymbol{y}_g^{(i)} = \mathcal{A}_g[\boldsymbol{y}_g^{(i)}] \tag{21.7}$$

其中 $\mathcal{A}_g[\boldsymbol{x}_g^{(i)}]$ 和 $\mathcal{A}_g[\boldsymbol{y}_g^{(i)}]$ 是对应于全局设计的耦合变量，以及第 i 个学科中的响应变量。

使用子问题目标函数强制执行此约束：

$$f_i = \| \boldsymbol{x}_g^{(i)} - \mathcal{A}_g[\boldsymbol{x}_g^{(i)}] \|_2^2 + \| \boldsymbol{y}_g^{(i)} - \mathcal{A}_g[\boldsymbol{y}_g^{(i)}] \|_2^2 \tag{21.8}$$

因此，每个子问题寻求最小程度偏离耦合变量的可行解。

子问题由负责优化耦合变量 $\mathcal{A}_g$ 以最小化目标函数的系统级优化器管理。评估耦合变量的实例需要运行每个学科子问题，它们通常并行运行。

在优化过程中，学科子问题可能会偏离耦合变量。当两个或多个学科的变量不一致或子问题约束阻止匹配由系统级优化器设置的目标值时，就会出现这种差异。对于每个学科的顶级约束，会确保最终实现耦合。 403

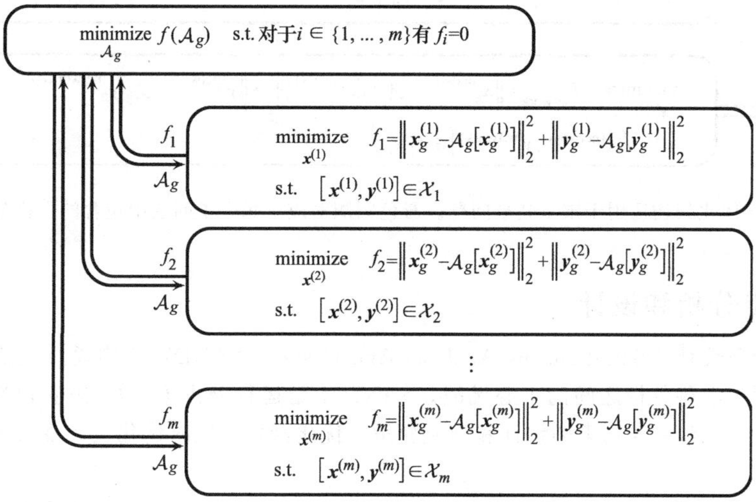

图 21.12　协同优化的设计架构

协同优化的主要优势源于其将一些设计变量隔离到学科子问题中的能力。协同优化十分适用于解决现实世界的多学科问题，因为每个学科通常都被很好地隔离，因此各学科在很大程度上不受其他学科的小决策的影响。分散式公式允许应用传统的学科优化方法，允许问题设计者利用现有的工具和方法。

协同优化需要优化耦合变量，包括设计变量和响应变量。协同优化在高耦合问题中表现不佳，因为额外的耦合变量可能超过局部优化的优势范围。

协同优化是一种将单一的优化问题转化为一组较小的优化问题的分布式架构，这些问题在解组合时具有相同的解。分布式架构具有减少求解时间的优点，因为子问题可以并行优化。

协同优化应用于例 21.6 中的乘车共享问题。 404

例 21.6　将协同优化应用于乘车共享问题

通过产生六个不同的学科子问题，协同优化架构可以应用于车辆路径问题。不幸的是，有六个不同的子问题需要在全局范围内优化跨学科共享的任何变量。

图 21.13 显示了通过将车辆、传感器和自治学科分类为运输子问题，以及将路径、需求和利润学科分组到网络子问题中而获得的两个学科子问题。分组到每个子问题的学科紧密耦合。只有两个子问题会显著减少系统级优化器所考虑的全局变量的数量，因为传输和网络子问题很少直接使用设计变量。

子问题是每个多学科优化问题，它们本身可以使用本章介绍的技术进行优化。例如，可以在传输子问题中使用顺序优化。还可以在网络子问题中添加另一个协作优化实例。

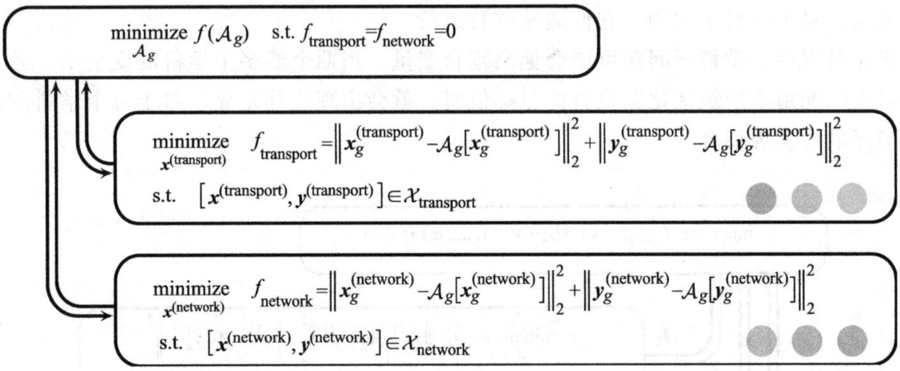

405　图 21.13　协同优化架构适用于乘车共享问题。彩色圆圈对应于每个子问题中包含的学科分析（见彩插）

21.8　同步分析和设计

同步分析和设计（Simultaneous Analysis And Design，SAND）架构通过让优化器进行分析避免了协调多学科分析之间的中心挑战。SAND 不是运行分析 $F_i(\mathcal{A})$ 来获得残差，而是优化受约束条件 $F_i(\mathcal{A})=\mathcal{A}$ 约束的设计和响应变量。优化器负责同时优化设计变量并找到相应的响应变量。

任何学科分析都可以转化为残差形式。残差 $r_i(\mathcal{A})$ 用于表示任务 $\mathcal{A}$ 是否与第 i 个学科兼容。如果 $F_i(\mathcal{A})=\mathcal{A}$，则 $r_i(\mathcal{A})=0$；否则，$r_i(\mathcal{A})\neq 0$。我们可以使用学科分析获得残差形式：

$$r_i(\mathcal{A})=\|F_i(\mathcal{A})-\mathcal{A}[\boldsymbol{y}^{(i)}]\| \tag{21.9}$$

虽然这通常很低效，如例 21.7 所示。

例 21.7　评估残差中的学科分析通常会适得其反。分析通常必须执行额外的工作来解决问题，而清晰的残差形式可以更有效地验证输入是否兼容

考虑一个求解方程式 $\boldsymbol{Ay}=\boldsymbol{x}$ 的学科分析。分析是 $F(\boldsymbol{x})=\boldsymbol{A}^{-1}\boldsymbol{x}$，这需要大量的矩阵求逆。可以使用等式（21.9）构造残差形式：

$$r_1(\boldsymbol{x},\boldsymbol{y})=\|F(\boldsymbol{x})-\boldsymbol{y}\|=\|\boldsymbol{A}^{-1}\boldsymbol{x}-\boldsymbol{y}\|$$

或者，可以使用原始约束来构造更有效的残差形式：

$$r_2(\boldsymbol{x},\boldsymbol{y}) = \|\boldsymbol{A}\boldsymbol{y} - \boldsymbol{x}\|$$

学科的残差形式包括由学科分析解决的一组学科方程。⊖ 评估残差通常比进行学科分析容易得多。在 SAND 中，如图 21.14 所示，分析工作是优化器的责任。

$$\underset{\mathcal{A}}{\text{minimize}}\ f(\mathcal{A}) \quad \text{s.t. 对于每个学科，有} \mathcal{A} \in \mathcal{X}, r_i(\mathcal{A}) = 0$$

图 21.14　同时进行分析和设计会给优化器带来全部负担。它使用学科残差而非学科分析 406

SAND 可以探索设计空间中相对于残差方程不可行的区域，如图 21.15 所示。探索不可行区域可以让我们更容易地遍历设计空间，并在可行区域找到与起始设计点的可行区域断开的解。SAND 不得不同时优化大量变量，这些变量不具备衍生工具和其他学科专业知识。此外，SAND 从残差中获得大部分值，残差可以比学科分析更有效地进行计算。在实际应用中使用 SAND 通常受限于无法修改现有的学科分析代码以生成有效残差形式。

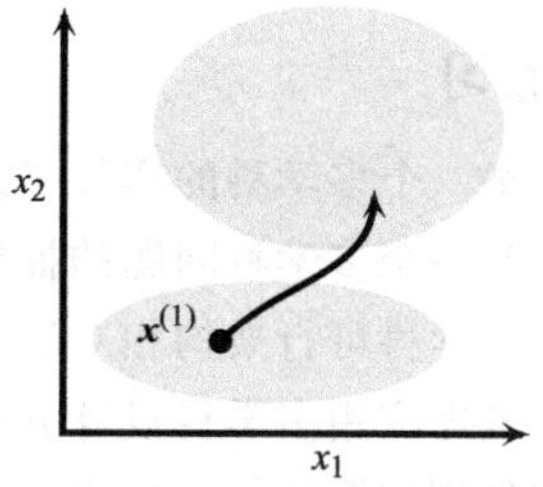

图 21.15　SAND 可以探索不可行的设计空间区域，并可能弥合可行子集之间的差距

将 SAND 应用于例 21.8 中的乘车共享问题。

例 21.8　将同步分析和设计架构应用于乘车共享问题

将同步分析和设计架构应用于乘车共享问题需要学科残差。这些可能取决于所有设计和响应变量。该架构要求优化器优化所有设计变量和响应变量。

$$\begin{aligned}
\underset{\boldsymbol{v},\boldsymbol{s},\boldsymbol{r},\boldsymbol{p},\boldsymbol{y}^{(v)},\boldsymbol{y}^{(s)},\boldsymbol{y}^{(a)},\boldsymbol{y}^{(r)},\boldsymbol{y}^{(d)},\boldsymbol{y}^{(p)}}{\text{minimize}} \quad & f\left(\boldsymbol{v},\boldsymbol{s},\boldsymbol{r},\boldsymbol{p},\boldsymbol{y}^{(v)},\boldsymbol{y}^{(s)},\boldsymbol{y}^{(a)},\boldsymbol{y}^{(r)},\boldsymbol{y}^{(d)},\boldsymbol{y}^{(p)}\right) \\
\text{s.t.} \quad & \left[\boldsymbol{v},\boldsymbol{s},\boldsymbol{r},\boldsymbol{p},\boldsymbol{y}^{(v)},\boldsymbol{y}^{(s)},\boldsymbol{y}^{(a)},\boldsymbol{y}^{(r)},\boldsymbol{y}^{(d)},\boldsymbol{y}^{(p)}\right] \in \mathcal{X} \\
& r_v\left(\boldsymbol{v},\boldsymbol{s},\boldsymbol{r},\boldsymbol{p},\boldsymbol{y}^{(v)},\boldsymbol{y}^{(s)},\boldsymbol{y}^{(a)},\boldsymbol{y}^{(r)},\boldsymbol{y}^{(d)},\boldsymbol{y}^{(p)}\right) = 0 \\
& r_s\left(\boldsymbol{v},\boldsymbol{s},\boldsymbol{r},\boldsymbol{p},\boldsymbol{y}^{(v)},\boldsymbol{y}^{(s)},\boldsymbol{y}^{(a)},\boldsymbol{y}^{(r)},\boldsymbol{y}^{(d)},\boldsymbol{y}^{(p)}\right) = 0 \\
& r_a\left(\boldsymbol{v},\boldsymbol{s},\boldsymbol{r},\boldsymbol{p},\boldsymbol{y}^{(v)},\boldsymbol{y}^{(s)},\boldsymbol{y}^{(a)},\boldsymbol{y}^{(r)},\boldsymbol{y}^{(d)},\boldsymbol{y}^{(p)}\right) = 0 \\
& r_r\left(\boldsymbol{v},\boldsymbol{s},\boldsymbol{r},\boldsymbol{p},\boldsymbol{y}^{(v)},\boldsymbol{y}^{(s)},\boldsymbol{y}^{(a)},\boldsymbol{y}^{(r)},\boldsymbol{y}^{(d)},\boldsymbol{y}^{(p)}\right) = 0 \\
& r_d\left(\boldsymbol{v},\boldsymbol{s},\boldsymbol{r},\boldsymbol{p},\boldsymbol{y}^{(v)},\boldsymbol{y}^{(s)},\boldsymbol{y}^{(a)},\boldsymbol{y}^{(r)},\boldsymbol{y}^{(d)},\boldsymbol{y}^{(p)}\right) = 0 \\
& r_p\left(\boldsymbol{v},\boldsymbol{s},\boldsymbol{r},\boldsymbol{p},\boldsymbol{y}^{(v)},\boldsymbol{y}^{(s)},\boldsymbol{y}^{(a)},\boldsymbol{y}^{(r)},\boldsymbol{y}^{(d)},\boldsymbol{y}^{(p)}\right) = 0
\end{aligned}$$

⊖ 在空气动力学中，这些可能包括 Navier-Stokes 方程。在结构工程中，这些可能包括弹性方程。在电气工程中，这些可能包括电流的微分方程。 407

21.9 小结

- 多学科设计优化需要对多个学科进行推理，并在耦合变量之间达成一致。
- 通常可以对学科分析排序以最小化依赖循环。
- 多学科优化可以在不同的架构中构建多学科设计问题，这些架构利用问题特征来改进优化过程。
- 多学科设计可行架构通过使用缓慢和潜在的非收敛多学科设计分析来保持可行性和兼容性。
- 顺序优化允许每个学科优化其学科特定变量，但并不是总能得到最佳设计。
- 单学科可行架构允许并行执行分析，但代价是将耦合变量添加到全局优化器。
- 协同优化包含可以利用领域专业化知识局部优化某些变量的子优化器。
- 同步分析和设计架构将设计分析替换为残差，允许优化器找到兼容的解，但不能直接使用学科解技术。

21.10 练习

练习 21.1 举一个多学科的实际工程问题的例子。

练习 21.2 举一个多学科问题的抽象示例，其中分析的顺序很重要。

练习 21.3 单学科可行架构相对于多学科设计可行和顺序优化架构的一个优势是什么？

练习 21.4 考虑应用多学科设计分析来最小化机翼的重量，其变形和载荷由不同的学科计算。

408 我们将使用问题的简化版本，将机翼表示为由扭转弹簧支撑的水平安装的摆锤。

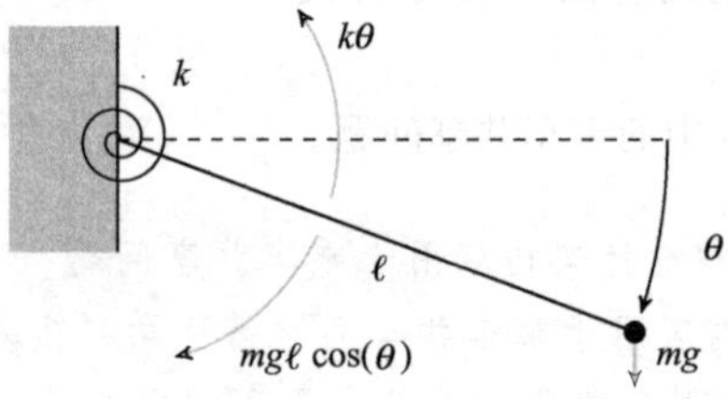

目标是使弹簧刚度 k 最小化，使得摆的位移不超过目标阈值。摆锤长度 l、摆点质量 m 和重力常数 g 是固定的。

我们使用两个简化的分析来代替用于计算飞机机翼变形和载荷的更复杂的分析。假设摆是刚性的，加载力矩 M 等于 $mg\ell\cos(\theta)$。扭转弹簧抵抗变形，使得摆的角位移 θ 为 M/k。

在多学科设计可行的架构下制定弹簧摆问题，然后根据该架构解决问题：

$$m=1\text{kg},\ \ell=1\text{m},\ g=9.81\text{ms}^{-2},\ \theta_{\max}=10\text{rad}$$

409~410 **练习 21.5** 在单设计可行架构下制定弹簧摆问题。

练习 21.6 在协同优化架构下制定弹簧摆。介绍两个学科优化问题和系统级优化问题。

Julia

Julia是一种免费开源的科学编程语言[⊖]。它是一种借鉴了 Python、MATLAB 和 R 语言的较新的语言。本书之所以选择使用它，是因为它具有足够高的层级[⊖]，使得算法表达简洁、可读性高，同时也有很高的执行速度。本书使用 Julia 的 1.0 版本。此附录介绍必要的概念，用于理解本书包含的代码。

A.1 类型

Julia有多种基本数据类型，例如真值、数字、字符串、数组、元组和字典。用户还可以定义自己的类型。本节说明如何使用基本类型以及如何定义新类型。

A.1.1 布尔类型

Julia中的布尔类型，写为 `Bool`，包含值 `true` 和 `false`。我们可以将它们赋值给变量。变量名可以是包含 Unicode 的任意字符串，但除此之外变量名仍旧有一些其他限制。

```
done = false
α = false
```

等号左侧是变量名，右侧是值。

可以在 Julia 控制台中进行分配。控制台将对正在计算的表达式做出响应。 411

```
julia> x = true
true
julia> y = false
false
julia> typeof(x)
Bool
```

支持标准布尔运算符。

```
julia> !x      # not
false
julia> x && y # and
false
julia> x || y # or
true
```

#符号表示该行的其余部分为注释，因此不参与计算。

⊖ 可以从以下网站下载 Julia：http://julialang.org。

⊖ 与C++类的语言相反，程序员使用 Julia 时不需要担心内存管理或其他底层细节。

A.1.2　数字

Julia 支持整数和浮点数，如下所示：

```
julia> typeof(42)
Int64
julia> typeof(42.0)
Float64
```

这里，`Int64` 表示 64 位整数，`Float64` 表示 64 位浮点值[⊖]。我们还可以执行标准的数学运算：

```
julia> x = 4
4
julia> y = 2
2
julia> x + y
6
julia> x - y
2
julia> x * y
8
julia> x / y
2.0
julia> x ^ y
16
julia> x % y # x modulo y
0
```

412

请注意，即使 `x` 和 `y` 都是整数，`x/y` 的类型也是 `Float64`。我们还可以在赋值的同时执行计算操作。例如，`x+ = 1` 是 `x= x+1` 的简写。

我们还可以进行比较：

```
julia> 3 > 4
false
julia> 3 >= 4
false
julia> 3 ≥ 4   # unicode also works
false
julia> 3 < 4
true
julia> 3 <= 4
true
julia> 3 ≤ 4   # unicode also works
true
julia> 3 == 4
false
julia> 3 < 4 < 5
true
```

A.1.3　字符串

字符串是字符数组。除了报告某些错误外，本书中字符串使用的不多。可以使用字符构造

⊖ 在 32 位的机器上，像 42 这样的数字被解释为 `Int32`。

String 类型的对象。比如：

```
julia> x = "optimal"
"optimal"
julia> typeof(x)
String
```

A.1.4 向量

向量是存储数值序列的一维数组。我们可以使用方括号构造向量，并使用逗号将其分隔开。示例中的分号会消除输出。 413

```
julia> x = [];                     # empty vector
julia> x = trues(3);               # Boolean vector containing three trues
julia> x = ones(3);                # vector of three ones
julia> x = zeros(3);               # vector of three zeros
julia> x = rand(3);                # vector of three random numbers between 0 and 1
julia> x = [3, 1, 4];              # vector of integers
julia> x = [3.1415, 1.618, 2.7182]; # vector of floats
```

数组推导可以用来创建向量。下面使用 print 函数，以便在水平方向上打印输出。

```
julia> print([sin(x) for x = 1:5])
[0.841471, 0.909297, 0.14112, -0.756802, -0.958924]
```

还可以获取向量的类型：

```
julia> typeof([3, 1, 4])              # 1-dimensional array of Int64s
Array{Int64,1}
julia> typeof([3.1415, 1.618, 2.7182]) # 1-dimensional array of Float64s
Array{Float64,1}
```

使用方括号索引向量。

```
julia> x[1]       # first element is indexed by 1
3.1415
julia> x[3]       # third element
2.7182
julia> x[end]     # use end to reference the end of the array
2.7182
julia> x[end - 1] # this returns the second to last element
1.618
```

可以从数组中提取一系列元素。使用冒号指定范围。

```
julia> x = [1, 1, 2, 3, 5, 8, 13];
julia> print(x[1:3])       # pull out the first three elements
[1, 1, 2]
julia> print(x[1:2:end])   # pull out every other element
[1, 2, 5, 13]
julia> print(x[end:-1:1]) # pull out all the elements in reverse order
[13, 8, 5, 3, 2, 1, 1]
```

可以对数组执行各种不同的操作。函数名称末尾的感叹号通常用于特指改变了输入的函数。 414

```
julia> print([x, x])             # concatenation
Array{Int64,1}[[1, 1, 2, 3, 5, 8, 13], [1, 1, 2, 3, 5, 8, 13]]
julia> length(x)
7
julia> print(push!(x, -1))       # add an element to the end
[1, 1, 2, 3, 5, 8, 13, -1]
julia> pop!(x)                   # remove an element from the end
-1
julia> print(append!(x, [2, 3])) # append y to the end of x
[1, 1, 2, 3, 5, 8, 13, 2, 3]
julia> print(sort!(x))           # sort the elements in the vector
[1, 1, 2, 2, 3, 3, 5, 8, 13]
julia> x[1] = 2; print(x)        # change the first element to 2
[2, 1, 2, 2, 3, 3, 5, 8, 13]
julia> x = [1, 2];
julia> y = [3, 4];
julia> print(x + y)              # add vectors
[4, 6]
julia> print(3x - [1, 2])        # multiply by a scalar and subtract
[2, 4]
julia> print(dot(x, y))          # dot product
11
julia> print(x·y)                # dot product using unicode character
11
```

在向量中使用各种函数元素是一种常见的做法。

```
julia> print(x .* y)   # elementwise multiplication
[3, 8]
julia> print(x .^ 2)   # elementwise squaring
[1, 4]
julia> print(sin.(x))  # elementwise application of sin
[0.841471, 0.909297]
julia> print(sqrt.(x)) # elementwise application of sqrt
[1.0, 1.41421]
```

A.1.5 矩阵

矩阵是二维数组。同向量一样，它使用方括号构造。使用空格分隔同一行中的元素，并使
415 用分号分隔行。可以获取矩阵索引并输出指定范围的子矩阵。

```
julia> X = [1 2 3; 4 5 6; 7 8 9; 10 11 12];
julia> typeof(X)             # a 2-dimensional array of Int64s
Array{Int64,2}
julia> X[2]                  # second element using column-major ordering
4
julia> X[3,2]                # element in third row and second column
8
julia> print(X[1,:])         # extract the first row
[1, 2, 3]
julia> print(X[:,2])         # extract the second column
[2, 5, 8, 11]
julia> print(X[:,1:2])       # extract the first two columns
[1 2; 4 5; 7 8; 10 11]
julia> print(X[1:2,1:2])     # extract a 2x2 matrix from the top left of x
[1 2; 4 5]
```

还可以构造各种特殊矩阵并使用数组推导：

```
julia> print(Matrix(1.0I, 3, 3))          # 3x3 identity matrix
[1.0 0.0 0.0; 0.0 1.0 0.0; 0.0 0.0 1.0]
julia> print(Matrix(Diagonal([3, 2, 1]))) # 3x3 diagonal matrix with 3, 2, 1 on diagonal
[3 0 0; 0 2 0; 0 0 1]
julia> print(rand(3,2))                   # 3x2 random matrix
[0.000281914 0.388884; 0.543776 0.263469; 0.337295 0.0481282]
julia> print(zeros(3,2))                  # 3x2 matrix of zeros
[0.0 0.0; 0.0 0.0; 0.0 0.0]
julia> print([sin(x + y) for x = 1:3, y = 1:2]) # array comprehension
[0.909297 0.14112; 0.14112 -0.756802; -0.756802 -0.958924]
```

矩阵运算包括以下内容：

```
julia> print(X')        # complex conjugate transpose
[1 4 7 10; 2 5 8 11; 3 6 9 12]
julia> print(3X .+ 2)   # multiplying by scalar and adding scalar
[5 8 11; 14 17 20; 23 26 29; 32 35 38]
julia> X = [1 3; 3 1]; # create an invertible matrix
julia> print(inv(X))    # inversion
[-0.125 0.375; 0.375 -0.125]
julia> det(X)           # determinant
-8.0
julia> print([X X])     # horizontal concatenation
[1 3 1 3; 3 1 3 1]
julia> print([X; X])    # vertical concatenation
[1 3; 3 1; 1 3; 3 1]
julia> print(sin.(X))   # elementwise application of sin
[0.841471 0.14112; 0.14112 0.841471]
```

416

A. 1. 6 元组

元组是值的有序列表，其中可能含有不同类型的值。它们由括号构建，与数组相似，但不能更改。

```
julia> x = (1,) # a single element tuple indicated by the trailing comma
(1,)
julia> x = (1, 0, [1, 2],  2.5029, 4.6692) # third element is a vector
(1, 0, [1, 2], 2.5029, 4.6692)
julia> x[2]
0
julia> x[end]
4.6692
julia> x[4:end]
(2.5029, 4.6692)
julia> length(x)
5
```

A. 1. 7 字典

字典是键值对的集合。键值对用双箭头运算符表示。我们可以像数组和元组一样使用方括号索引字典。

```
julia> x = Dict(); # empty dictionary
julia> x[3] = 4 # associate value 4 with key 3
4
julia> x = Dict(3=>4, 5=>1) # create a dictionary with two key-value pairs
Dict{Int64,Int64} with 2 entries:
```

```
  3 => 4
  5 => 1
julia> x[5]          # return value associated with key 5
1
julia> haskey(x, 3) # check whether dictionary has key 3
true
julia> haskey(x, 4) # check whether dictionary has key 4
417 false
```

A.1.8 复合型

复合型是命名字段的集合。默认情况下，复合型的实例是不可变的（即它不能更改）。使用struct关键字，然后为新类型指定名称并列出字段名称。

```
struct A
    a
    b
end
```

添加关键字 mutable 使得实例可以更改。

```
mutable struct B
    a
    b
end
```

复合型使用括号构建，在括号之间传递不同字段的值。比如，

```
x = A(1.414, 1.732)
```

双冒号运算符可用于注释字段的类型。

```
struct A
    a::Int64
    b::Float64
end
```

此注释要求在第一个字段中传入 Int64，在第二个字段中传入 Float64。为了紧凑起见，本书中不使用类型注释，但这会牺牲性能。类型注释可以提高 Julia 的运行性能，因为编译器可以针对特定类型优化基础代码。

A.1.9 抽象类型

到目前为止，我们已经讨论了具体类型，即可以构建的实体类。但是实体类只是类型层次结构中的一部分。其中还有抽象类，它们是实体类和其他抽象类的超类。

可以使用 supertype 和 subtype 函数探索图 A.1 中所示的 Float64 类型的类型层次结构。

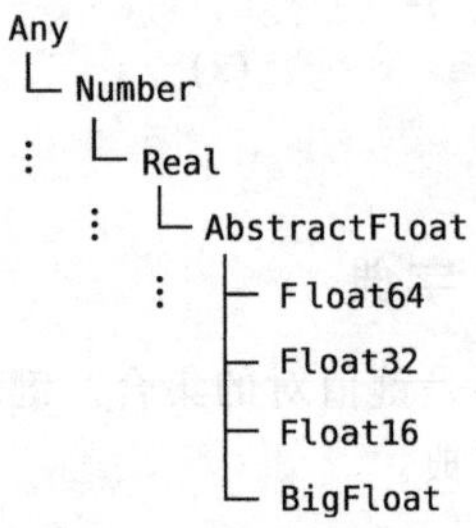

图 A.1 Float64 类型的类型层次结构

```
julia> supertype(Float64)
AbstractFloat
julia> supertype(AbstractFloat)
418 Real
```

```
julia> supertype(Real)
Number
julia> supertype(Number)
Any
julia> supertype(Any)          # Any is at the top of the hierarchy
Any
julia> subtypes(AbstractFloat) # different types of AbstractFloats
4-element Array{Any,1}:
 BigFloat
 Float16
 Float32
 Float64
julia> subtypes(Float64)       # Float64 does not have any subtypes
0-element Array{Type,1}
```

可以定义我们自己的抽象类：

```
abstract type C end
abstract type D <: C end # D is an abstract subtype of C
struct E <: D # E is composite type that is a subtype of D
    a
end
```

A.1.10　参数类型

Julia 支持参数类型，这些参数类型带有参数。我们在字典示例中已经看到了参数类型。

```
julia> x = Dict(3=>4, 5=>1)
Dict{Int64,Int64} with 2 entries:
  3 => 4
  5 => 1
```

构造一个 Dict{Int64，Int64}。参数及其类型在括号内列出，并以逗号分隔。对于字典类型，第一个参数指定键类型，第二个参数指定值类型。Julia 能够通过输入推断出这一点，但我们可以明确指定它。 419

```
julia> x = Dict{Int64,Int64}(3=>4, 5=>1)
Dict{Int64,Int64} with 2 entries:
  3 => 4
  5 => 1
```

可以定义我们自己的参数类型，但是我们在本书中不这样做。

A.2　函数

函数是将参数值的元组映射到返回值的对象。本节讨论如何定义和使用函数。

A.2.1　命名函数

定义命名函数的一种方法是使用 function 关键字，后跟函数名称和参数名称元组。

```
function f(x, y)
    return x + y
end
```

我们还可以用赋值形式简洁地定义函数。

```
julia> f(x, y) = x + y;
julia> f(3, 0.1415)
3.1415
```

A.2.2 匿名函数

尽管匿名函数没有指定函数名，但可以将匿名函数分配给已命名的变量。定义匿名函数的一种方法是使用箭头运算符。

```
julia> h = x -> x^2 + 1 # assign anonymous function to a variable
#1 (generic function with 1 method)
julia> g(f, a, b) = [f(a), f(b)]; # applies function f to a and b and returns array
julia> g(h, 5, 10)
2-element Array{Int64,1}:
  26
 101
julia> g(x->sin(x)+1, 10, 20)
2-element Array{Float64,1}:
 0.4559788891106302
420 1.9129452507276277
```

A.2.3 可选参数

我们可以通过设置默认值来指定可选参数。

```
julia> f(x = 10) = x^2;
julia> f()
100
julia> f(3)
9
julia> f(x, y, z = 1) = x*y + z;
julia> f(1, 2, 3)
5
julia> f(1, 2)
3
```

A.2.4 关键字参数

带有关键字参数的函数使用分号定义。

```
julia> f(; x = 0) = x + 1;
julia> f()
1
julia> f(x = 10)
11
julia> f(x, y = 10; z = 2) = (x + y)*z;
julia> f(1)
22
julia> f(2, z = 3)
36
julia> f(2, 3)
10
julia> f(2, 3, z = 1)
5
```

A.2.5 函数重载

可以使用双冒号运算符指定传递给函数的参数类型。如果提供了多个同名函数，Julia 将执行最恰当的函数。 421

```
julia> f(x::Int64) = x + 10;
julia> f(x::Float64) = x + 3.1415;
julia> f(1)
11
julia> f(1.0)
4.141500000000001
julia> f(1.3)
4.4415000000000004
```

定义最明确的函数会被优先使用。

```
julia> f(x) = 5;
julia> f(x::Float64) = 3.1415;
julia> f([3, 2, 1])
5
julia> f(0.00787499699)
3.1415
```

A.3 控制流程

可以使用条件评估和循环来控制程序的流程。本节提供本书中使用的一些语法。

A.3.1 条件评估

条件评估将检查布尔表达式的值，然后执行适当的代码块。最常见的用法之一是使用 `if` 语句。

```
if x < y
    # run this if x < y
elseif x > y
    # run this if x > y
else
    # run this if x == y
end
```

还可以将三元运算符及问号、冒号语法一起使用。它将检查问号之前的布尔表达式。如果表达式的计算结果为真，则返回冒号之前的内容；否则返回冒号之后的内容。 422

```
julia> f(x) = x > 0 ? x : 0;
julia> f(-10)
0
julia> f(10)
10
```

A.3.2 循环

循环允许表达式的重复计算。一种循环类型是 while 循环。它反复计算一个表达式块，直到满足 `while` 关键字之后的指定条件为止。以下示例将对数组 `x` 中的值求和。

```
x = [1, 2, 3, 4, 6, 8, 11, 13, 16, 18]
s = 0
while x != []
    s += pop!(x)
end
```

循环的另外一种类型是 for 循环，它使用 for 关键字。以下示例还将对数组 x 中的值求和，但不会修改 x。

```
x = [1, 2, 3, 4, 6, 8, 11, 13, 16, 18]
s = 0
for i = 1:length(x)
    s += x[i]
end
```

= 可以替换为 in 或者∈。以下代码块是等效的。

```
x = [1, 2, 3, 4, 6, 8, 11, 13, 16, 18]
s = 0
for y in x
    s += y
end
```

A. 4　包

包是 Julia 代码和其他外部库的集合，可以将其外部库导入以提供附加功能。Julia 有一个内置的包管理器。可以在 https://pkg.julialang.org 找到已注册的软件包列表。要添加诸如
423 Distributions.jl 之类的注册软件包，我们可以运行：

```
Pkg.add("Distributions")
```

更新下载包，使用以下代码：

```
Pkg.update()
```

使用包时，使用关键字 using：

```
using Distributions
```

本书中的几个代码块可以使用 using 导入所需软件包。一些函数中使用的代码没有明确的导入函数。例如，var 函数由 Statistics.jl 提供，黄金比例 φ 在 Base.MathConstants.jl 中定义。除此之外，我们使用的包还有 InteractiveUtils.jl、
424 Iterators.jl、LinearAlgebra.jl、QuadGK.jl、Random.jl 和 StatsBase.jl。

测试函数

进行优化工作的研究人员使用多种测试函数来评估优化算法。本节涵盖本书中使用的几种测试函数。

B.1 Ackley 函数

Ackley 函数（图 B.1）是用于测试一种方法是否容易陷入局部极小值的函数。它由两个主要部分组成，分别是产生大量局部极小值的正弦曲线部分和以原点为中心的指数钟形曲线，这两部分共同确定了函数的全局极小值。

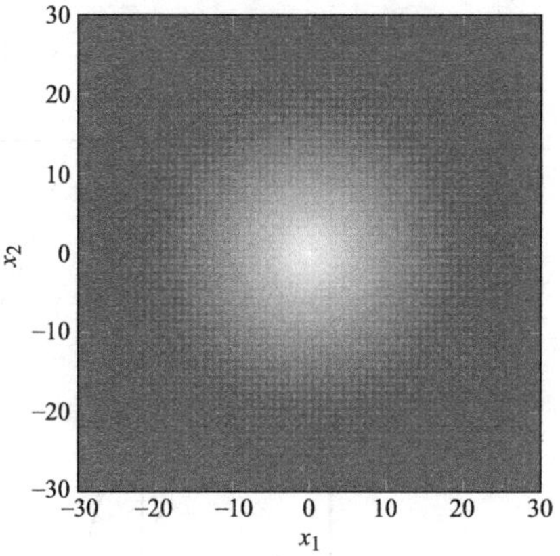

图 B.1 Ackley 函数的二维形式。全局极小值在原点处（见彩插） 425

Ackley 函数是针对任意维度 d 定义的：

$$f(\boldsymbol{x}) = -a\exp\left(-b\sqrt{\frac{1}{d}\sum_{i=1}^{d}x_i^2}\right) - \exp\left(\frac{1}{d}\sum_{i=1}^{d}\cos(cx_i)\right) + a + \exp(1) \tag{B.1}$$

其在原点具有全局极小值，最优值为零。通常情况下，$a=20$，$b=0.2$，$c=2\pi$。算法 B.1 是 Ackley 函数的实现。

算法 B.1 Ackley 函数具有 d 维的输入向量 x 和三个可选参数

```
function ackley(x, a=20, b=0.2, c=2π)
    d = length(x)
    return -a*exp(-b*sqrt(sum(x.^2)/d)) -
              exp(sum(cos.(c*xi) for xi in x)/d) + a +
end
```

B.2 Booth 函数

Booth 函数（图 B.2）是一个二维的二次函数。

其方程式为

$$f(\boldsymbol{x})=(x_1+2x_2-7)^2+(2x_1+x_2-5)^2 \tag{B.2}$$

其在区间［1，3］上具有全局极小值，最优值为零。算法 B.2 是 Booth 函数的实现。

算法 B.2 Booth 函数具有二维的输入向量 x

```
booth(x) = (x[1]+2x[2]-7)^2 + (2x[1]+x[2]-5)^2
```

B.3 Branin 函数

Branin 函数（图 B.3）是一个二维函数：

$$f(\boldsymbol{x})=a(x_2-bx_1^2+cx_1-r)^2+s(1-t)\cos(x_1)+s \tag{B.3}$$

其参数的建议值为 $a=1$，$b=5.1/(4\pi^2)$，$c=5/\pi$，$r=6$，$s=10$ 和 $t=1/(8\pi)$。

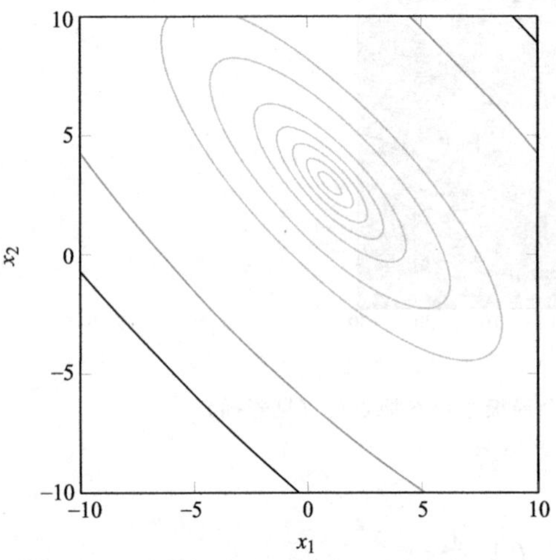

图 B.2 Booth 函数的全局极小值在区间［1，3］上（见彩插）

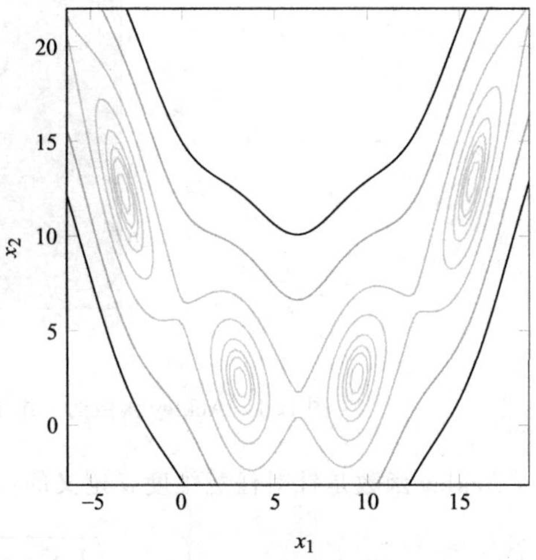

图 B.3 Branin 函数具有 4 个全局极小值（见彩插）

426
~
427

除了 $x_1=\pi+2\pi m$（其中 m 为整数）这个全局极小值，它没有局部极小值。其中 4 个极小值是：

$$\left\{\begin{bmatrix}-\pi\\12.275\end{bmatrix},\begin{bmatrix}\pi\\2.275\end{bmatrix},\begin{bmatrix}3\pi\\2.475\end{bmatrix},\begin{bmatrix}5\pi\\12.875\end{bmatrix}\right\} \tag{B.4}$$

其中 $f(\boldsymbol{x}^*)\approx 0.397\,887$。算法 B.3 是 Branin 函数的实现。

算法 B.3 Branin 函数具有二维输入向量 x 和 6 个可选参数

```
function branin(x; a=1, b=5.1/(4π^2), c=5/π, r=6, s=10, t=1/(8π))
    return a*(x[2]-b*x[1]^2+c*x[1]-r)^2 + s*(1-t)*cos(x[1]) + s
end
```

B.4 flower 函数

flower 函数（图 B.4）是一个二维测试函数，其轮廓函数仿佛起自原点的花瓣形状。

其方程式为

$$f(\boldsymbol{x})=a\|\boldsymbol{x}\|+b\sin(c\tan^{-1}(x_2,x_1)) \tag{B.5}$$ 428

该式参数通常设置为 $a=1$，$b=1$，$c=4$。

flower 函数在原点附近被最小化，但是由于反函数未在区间［0，0］上定义，因此没有全局极小值。算法 B.4 是 flower 函数的实现。

算法 B.4 flower 函数有二维的输入向量 x 和 3 个可选参数

```
function flower(x; a=1, b=1, c=4)
    return a*norm(x) + b*sin(c*atan(x[2], x[1]))
end
```

B.5 Michalewicz 函数

Michalewicz 函数（图 B.5）是具有多个斜谷的 d 维优化函数。

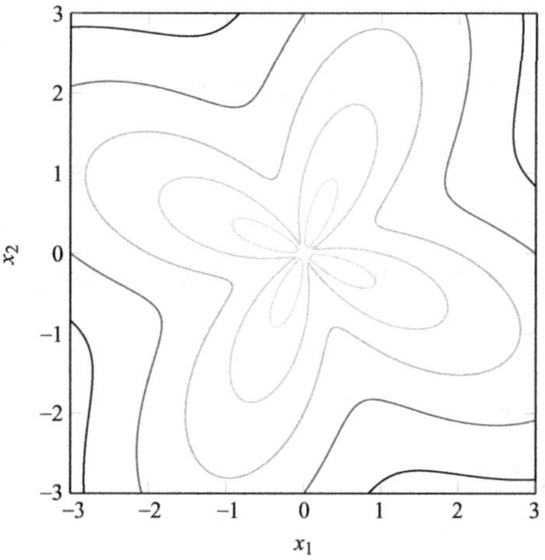

图 B.4 flower 函数（见彩插）

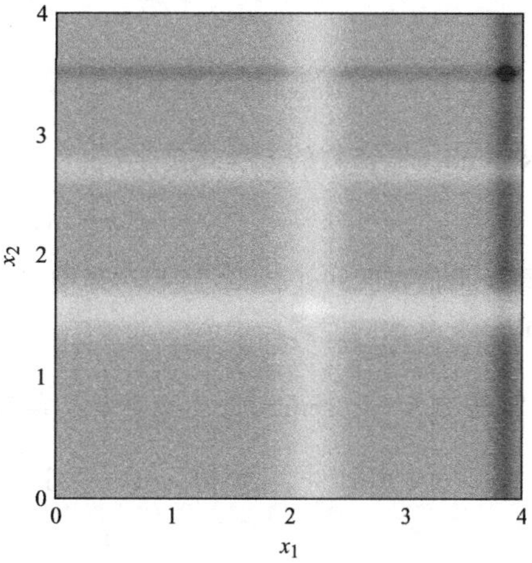

图 B.5 Michalewicz 函数（见彩插）

其方程式是：

$$f(\boldsymbol{x})=-\sum_{i=1}^{d}\sin(x_i)\sin^{2m}\left(\frac{ix_i^2}{\pi}\right) \tag{B.6}$$ 429

其中参数 m（通常为 10）控制陡度。全局极小值的大小取决于维数。在二维中，极小值约为

[2.20, 1.57]，其中 $f(\boldsymbol{x}^*)=-1.8011$。算法 B.5 是该函数的实现。

算法 B.5　Michalewicz 函数具有输入向量 x 和可选的陡度参数 m

```
function michalewicz(x; m=10)
    return -sum(sin(v)*sin(i*v^2/π)^(2m) for
                (i,v) in enumerate(x))
end
```

B.6　Rosenbrock 香蕉函数

Rosenbrock 函数（图 B.6）也称为 Rosenbrock 谷函数或 Rosenbrock 香蕉函数，是有名的不受约束的测试函数，由 Rosenbrock 在 1960 年提出[⊖]。它在一个狭长弯曲的谷内具有全局极小值。大多数优化算法在寻找谷时都没有问题，但是很难沿着谷遍历到全局极小值。

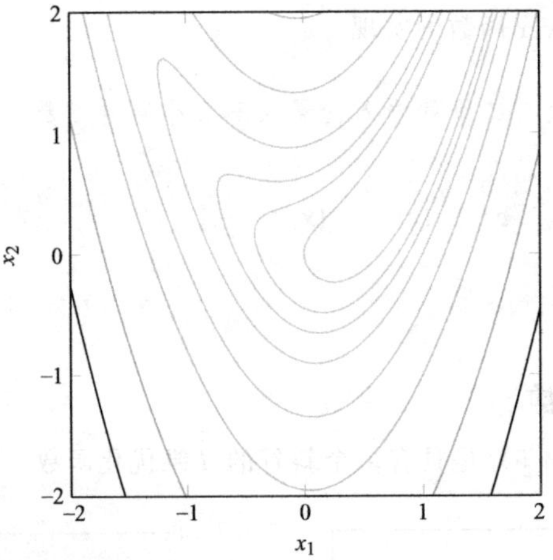

430 图 B.6　在 Rosenbrock 函数中，$a=1$，$b=5$。全局极小值在区间 [1, 1] 内（见彩插）

Rosenbrock 函数的方程式是

$$f(\boldsymbol{x})=(a-x_1)^2+b(x_2-x_1^2)^2 \tag{B.7}$$

其全局极小值在区间 $[a, a^2]$ 上，其中 $f(\boldsymbol{x}^*)=0$。在本书中，令 $a=1$，$b=5$。算法 B.6 是 Rosenbrock 函数的实现。

算法 B.6　Rosenbrock 函数具有二维输入向量 x 和 2 个可选参数

```
rosenbrock(x; a=1, b=5) = (a-x[1])^2 + b*(x[2] - x[1]^2)^2
```

B.7　Wheeler 岭

Wheeler 岭（图 B.7）是一个二维函数，它在一个深而弯曲的峰中具有单个全局极小值。

⊖ H. H. Rosenbrock, "An Automatic Method for Finding the Greatest or least Value of a Function," *The Computer Journal*, vol. 3, no. 3, pp. 175-184, 1960.

该函数有两个岭，一个沿着正坐标轴，一个沿着负坐标轴。梯度下降法将沿负轴岭线发散。该函数在最优值和岭之间非常平坦。

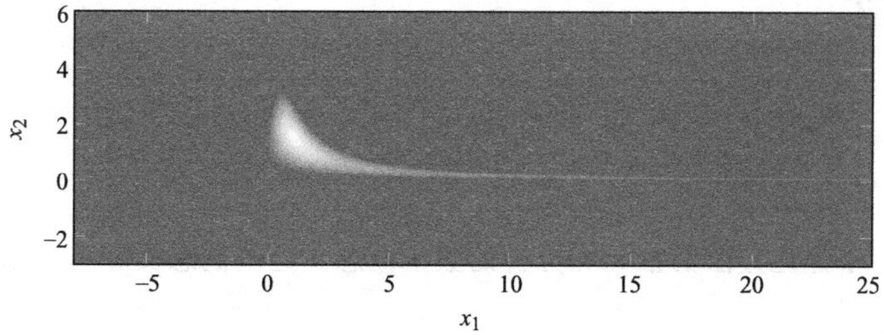

图 B.7 Wheeler 岭显示出两个岭和包含全局极小值的峰（见彩插）

函数由下式给出

$$f(\boldsymbol{x})=-\exp(-(x_1x_2-a)^2-(x_2-a)^2) \tag{B.8}$$

其中，a 通常等于 1.5，它的全局最优值为−1，位于区间 [1，3/2] 上。

算法 B.7 Wheeler 岭有 1 个二维设计点 x 和 1 个可选标量参数 a

```
wheeler(x, a=1.5) = -exp(-(x[1]*x[2] - a)^2 -(x[2]-a)^2)
```

当对 $x_1\in[0，3]$ 和 $x_2\in[0，3]$ 求值时，Wheeler 岭具有平滑的等高线图（图 B.8）。算法 B.7 是该函数的实现。 431

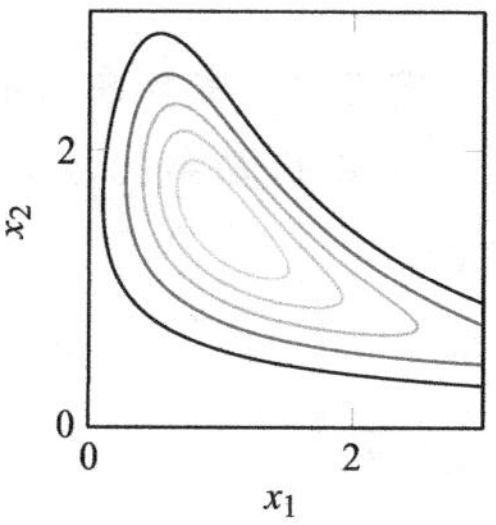

图 B.8 Wheeler 岭最小区域的等高线图（见彩插）

B.8 圆函数

圆函数（算法 B.8）是一个简单的多目标测试函数，公式如下：

$$f(\boldsymbol{x})=\begin{bmatrix}1-r\cos(\theta)\\1-r\sin(\theta)\end{bmatrix} \tag{B.9}$$

其中 $\theta=x_1$，而 r 是通过将 x_2 传递给下式得到的：

$$r=\frac{1}{2}+\frac{1}{2}\left(\frac{2x_2}{1+x_2^2}\right) \tag{B.10}$$

帕累托前沿的参数 $r=1$，且 mod（θ，2π）$\in$ [0，$\pi/2$]，或 $r=-1$ 且 mod（θ，2π）$\in$ [π，$3\pi/2$]。

算法 B.8 圆函数具有二维设计点 x 并产生二维目标值

```
function circle(x)
    θ = x[1]
    r = 0.5 + 0.5*(2x[2]/(1+x[2]^2))
    y1 = 1 - r*cos(θ)
    y2 = 1 - r*sin(θ)
    return [y1, y2]
end
```

432

附录 C

Algorithms for Optimization

数学概念

本附录涵盖用于优化方法的推导和分析的数学概念。这些概念贯穿本书始终。

C.1 渐近符号

渐近符号常用于描述函数的增长。这个符号有时被称为大 O 记号，使用字母 O 是因为一个函数的增长率通常被称为它的阶数。这个符号可以用来描述与数值方法或算法的时间或空间复杂度相关的误差。它在函数的实参接近某个值时提供函数的上界。

从数学上讲，当 $x \to a$ 时，如果 $f(x)=O(g(x))$，那么 $f(x)$ 的绝对值以 $g(x)$ 乘以某个正的有限的 c 的绝对值为界，c 的取值与 a 足够接近：

$$|f(x)| \leqslant c|g(x)|, \quad x \to a \tag{C.1}$$

$f(x)=O(g(x))$是等号的一种常见用法。例如，$x^2=O(x^2)$ 和 $2x^2=O(x^2)$ 其中 $x^2 \neq 2x^2$。在一些数学文本中，$O(g(x))$表示增长速度不超过 $g(x)$ 的所有函数的集合。例如，可以写成

433 $5x^2 \in O(x^2)$。例 C.1 给出了渐近表示法的一个例子。

例 C.1 常数乘以函数的渐近表示法

考虑 $f(x)=10^6 e^x$，$x \to \infty$。这里 f 由常数 10^6 和 e^x 产生。常数可以简单地并入边界常数 c：

$$\begin{aligned} |f(x)| &\leqslant c|g(x)| \\ 10^6|e^x| &\leqslant c|g(x)| \\ |e^x| &\leqslant c|g(x)| \end{aligned}$$

因此，当 $x \to \infty$ 时，$f=O(e^x)$。

如果 $f(x)$是项的线性组合[⊖]，那么 $O(f)$ 对应于增长最快的项的阶。例 C.2 比较了几个项的阶。

例 C.2 寻找项的线性组合的阶的例子

考虑 $f(x)=\cos(x)+x+10x^{3/2}+3x^2$。这里函数 f 是各项的线性组合。项 $\cos(x)$、x、$x^{3/2}$、x^2 是按照 x 的阶由低到高的顺序排列的。我们画出了 $f(x)$ 以及 $c|g(x)|$，其中 c 对于每一项来说都有 $c|g(x=2)|$ 大于 $f(x=2)$。下图见彩插。

当 x 的值足够大的时候，没有一个常数 c 能够使得 $f(x)$ 永远小于 $c|x^{3/2}|$。对于$\cos(x)$和 x 也是同理。

⊖ 线性组合是项的加权总和。如果项在向量 $\boldsymbol{x}$ 中，则线性组合为 $w_1x_1+w_2x_2+\cdots=\boldsymbol{w}^\top\boldsymbol{x}$。

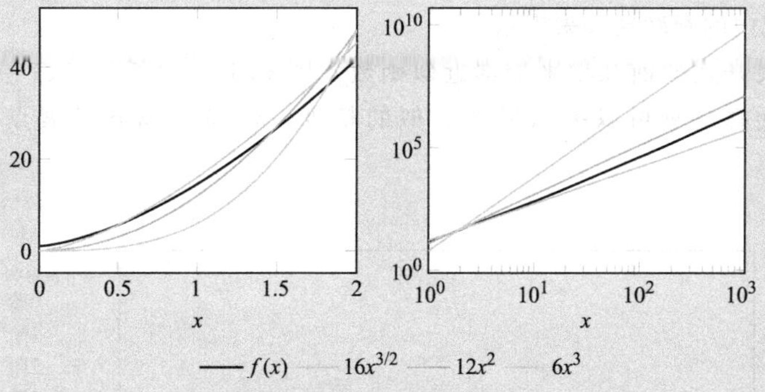

我们发现 $f(x)=O(x^3)$，一般对于 $m\geqslant 2$ 以及其他类似 $f(x)=e^x$ 的函数，有 $f(x)=O(x^m)$。我们一般讨论最接近上界的阶，因此当 $x\to\infty$ 时，$f(x)=O(x^2)$。

434

C.2 泰勒展开式

函数的泰勒展开式，也称为泰勒级数，对于理解本书中介绍的许多优化方法至关重要，因此下面给出它的推导过程。

根据微积分第一基本定理[⊖]，我们知道

$$f(x+h)=f(x)+\int_0^h f'(x+a)\,\mathrm{d}a \tag{C.2}$$

嵌套这个定义产生 f 关于 x 的泰勒展开式：

$$f(x+h)=f(x)+\int_0^h\left(f'(x)+\int_0^a f''(x+b)\,\mathrm{d}b\right)\mathrm{d}a \tag{C.3}$$

$$=f(x)+f'(x)h+\int_0^h\int_0^a f''(x+b)\,\mathrm{d}b\,\mathrm{d}a \tag{C.4}$$

$$=f(x)+f'(x)h+\int_0^h\int_0^a\left(f''(x)+\int_0^b f'''(x+c)\,\mathrm{d}c\right)\mathrm{d}b\,\mathrm{d}a \tag{C.5}$$

$$=f(x)+f'(x)h+\frac{f''(x)}{2!}h^2+\int_0^h\int_0^a\int_0^b f'''(x+c)\,\mathrm{d}c\,\mathrm{d}b\,\mathrm{d}a \tag{C.6}$$

$$\vdots \tag{C.7}$$

$$=f(x)+\frac{f'(x)}{1!}h+\frac{f''(x)}{2!}h^2+\frac{f'''(x)}{3!}h^3+\cdots \tag{C.8}$$

$$=\sum_{n=0}^{\infty}\frac{f^{(n)}(x)}{n!}h^n \tag{C.9}$$

在上面的公式中，x 通常是固定的，函数根据 h 来计算。将 $f(x)$ 关于 a 点的泰勒展开式写成关于 x 的函数通常更方便：

$$f(x)=\sum_{n=0}^{\infty}\frac{f^{(n)}(a)}{n!}(x-a)^n \tag{C.10}$$

⊖ 微积分第一定理将函数与其导数的积分联系起来：$f(b)-f(a)=\int_a^b f'(x)\,\mathrm{d}x$

泰勒展开式将函数表示为基于单点重复导数的多项式项的无穷整数和。任何解析函数都可以用它在局部邻域内的泰勒展开来表示。

可以用泰勒展开式的前几项来局部近似函数。图 C.1 显示了 $\cos(x)$ 关于 $x=1$ 逐渐精确的近似。包含更多的项可以提高局部近似的精度，但是当离开扩展点时，误差仍然会
435 累积。

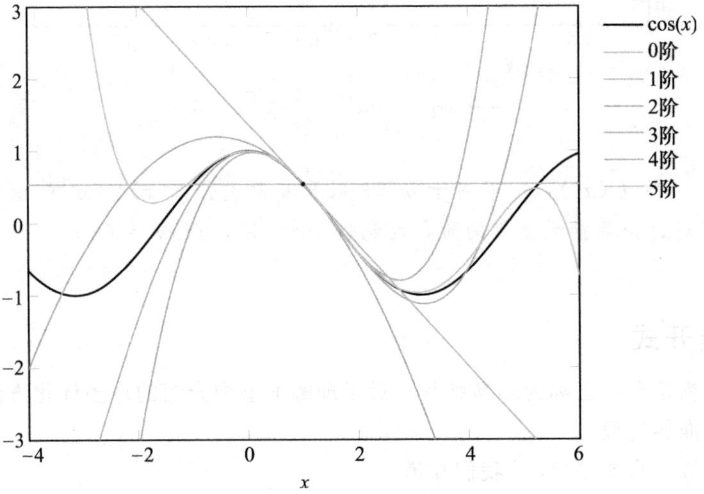

图 C.1　根据泰勒展开式的前 n 项，逐次关于 $x=1$ 近似 $\cos(x)$（见彩插）

线性泰勒近似使用泰勒展开的第一项和第二项：

$$f(x)\approx f(a)+f'(a)(x-a) \tag{C.11}$$

二次泰勒近似使用前三项：

$$f(x)\approx f(a)+f'(a)(x-a)+\frac{1}{2}f''(a)(x-a)^2 \tag{C.12}$$

等。

在多维空间中，关于 a 的泰勒展开式推广到

$$f(\boldsymbol{x})=f(\boldsymbol{a})+\nabla f(\boldsymbol{a})^\top(\boldsymbol{x}-\boldsymbol{a})+\frac{1}{2}(\boldsymbol{x}-\boldsymbol{a})^\top\nabla^2 f(\boldsymbol{a})(\boldsymbol{x}-\boldsymbol{a})+\cdots \tag{C.13}$$

前两项构成了 $\boldsymbol{a}$ 处的切平面，第三项包含局部曲率。本章将只使用这里展示的前三个术语。

C.3　凸性

两个向量 $\boldsymbol{x}$ 和 $\boldsymbol{y}$ 的凸组合是

436

$$\alpha\boldsymbol{x}+(1-\alpha)\boldsymbol{y} \tag{C.14}$$

其中 $\alpha\in[0,1]$。凸组合可以由如下 m 个向量构成：

$$w_1\boldsymbol{v}^{(1)}+w_2\boldsymbol{v}^{(2)}+\cdots+w_m\boldsymbol{v}^{(m)} \tag{C.15}$$

非负权重 $\boldsymbol{w}$ 的和为 1。

凸集是这样一种集合，它任意两点之间的直线完全位于集合内。从数学上来说，如果满足以下条件，则集合 $\mathcal{S}$ 是凸的：

$$\alpha\boldsymbol{x}+(1-\alpha)\boldsymbol{y}\in\mathcal{S} \tag{C.16}$$

其中 $\boldsymbol{x}$、$\boldsymbol{y}$ 全部含于 $\mathcal{S}$，所有 α 均位于 $[0,1]$ 内。凸集和非凸集如图 C.2 所示。

凸函数是其域为凸集的碗形函数。碗形的意思是其域内两点之间的任何一条线都不位于函数下方。对于 $\mathcal{S}$ 中的所有 $\boldsymbol{x}$ 和 $\boldsymbol{y}$，并且所有 α 都位于区间 $[0,1]$ 内，函数 f 是凸集 $\mathcal{S}$ 上的凸函数，

$$f(\alpha\boldsymbol{x}+(1-\alpha)\boldsymbol{y})\leqslant\alpha f(\boldsymbol{x})+(1-\alpha)f(\boldsymbol{y}) \tag{C.17}$$

函数的凹凸区域如图 C.3 所示。

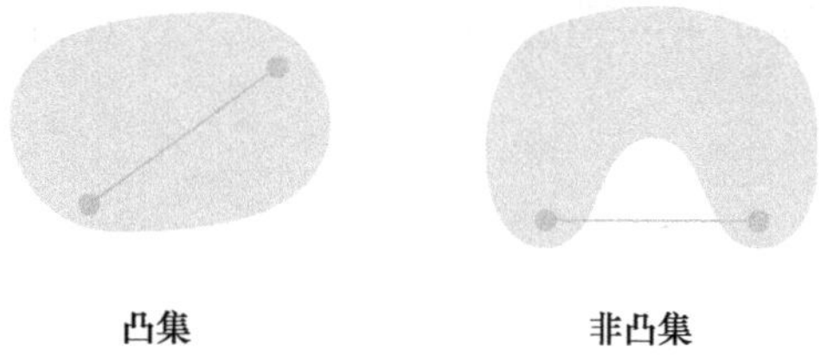

图 C.2 凸集和非凸集

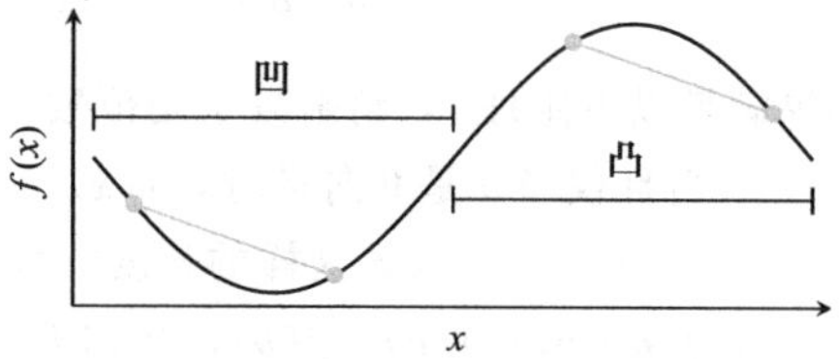

图 C.3 函数的凹凸区域

对于 $\mathcal{S}$ 中的所有 $\boldsymbol{x}$ 和 $\boldsymbol{y}$，并且所有 α 都位于区间 $[0,1]$ 内，函数 f 是凸集 $\mathcal{S}$ 上的严格凸函数，

$$f(\alpha\boldsymbol{x}+(1-\alpha)\boldsymbol{y})<\alpha f(\boldsymbol{x})+(1-\alpha)f(\boldsymbol{y}) \tag{C.18}$$ 437

严格凸函数最多有一个最小值，而凸函数可以有平坦区域⊖。严格凸性和非严格凸性的 3 个例子如图 C.4 所示。

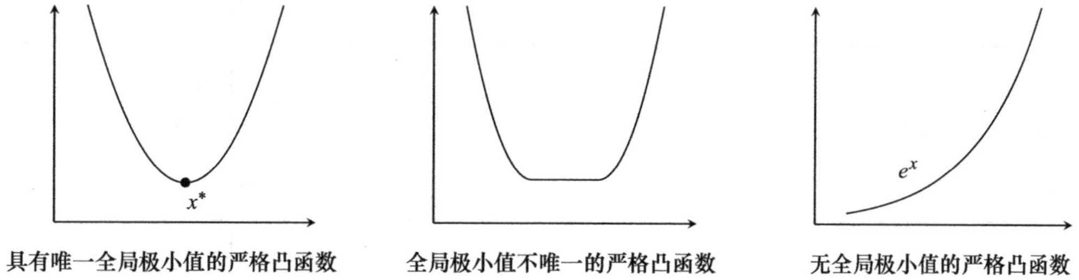

图 C.4 不是所有的凸函数都有唯一的全局极小值

如果 $-f$ 是凸的，那么函数 f 是凹的。进一步说，如果 $-f$ 是严格凸的，那么 f 是严格凹的。不是所有凸函数都是单模的，也不是所有单模函数都是凸的，如图 C.5 所示。

⊖ 凸函数的优化见：
S. Boyd and L. Vandenberghe, *Convex Optimization*. Cambridge University Press, 2004.

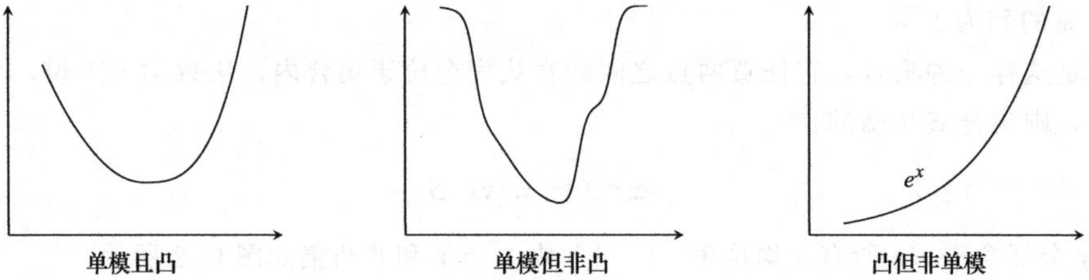

438 图 C.5　凸性和单模性不是一回事

C.4　规范范数

范数是赋值给向量指定长度的函数。为了计算两个向量之间的距离，我们计算这两个向量之差的模。例如，使用欧几里得范数的点 $\boldsymbol{a}$ 和 $\boldsymbol{b}$ 之间的距离为

$$\|\boldsymbol{a}-\boldsymbol{b}\|_2=\sqrt{(a_1-b_1)^2+(a_2-b_2)^2+\cdots+(a_n-b_n)^2} \tag{C.19}$$

如果满足以下定理⊖，则函数 f 是范数：

1. 当且仅当 a 是 $\mathbf{0}$ 向量时，$f(\boldsymbol{x})=0$。
2. $f(a\boldsymbol{x})=|a|f(\boldsymbol{x})$这样的长度标度。
3. $f(\boldsymbol{a}+\boldsymbol{b})\leqslant f(\boldsymbol{a})+f(\boldsymbol{b})$，又称为三角不等式。

L_p 范数是一组常用的由标量 $p\geqslant 1$ 参数化的范数。方程式（C.19）中的欧几里得范数是 L_2 范数。几个 L_p 范数如表 C.1 所示。

表 C.1　通用的 L_p 范数。这些插图在二维上显示了范数等高线的形状。在该范数下，等高线上的所有点都与原点等距

L_p 范数	范数等高线形状
L_1：$\|\boldsymbol{x}\|_1=\|x_1\|+\|x_2\|+\cdots+\|x_n\|$	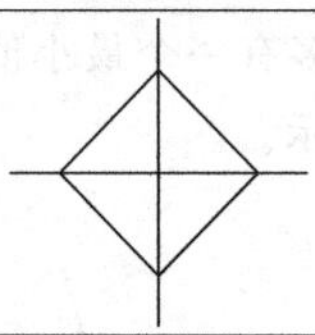
L_2：$\|\boldsymbol{x}\|_2=\sqrt{x_1^2+x_2^2+\cdots+x_n^2}$	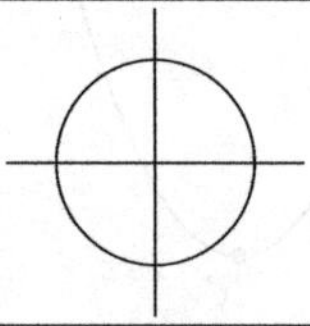
L_∞：$\|\boldsymbol{x}\|_\infty=\max(\|x_1\|,\|x_2\|,\cdots,\|x_n\|)$	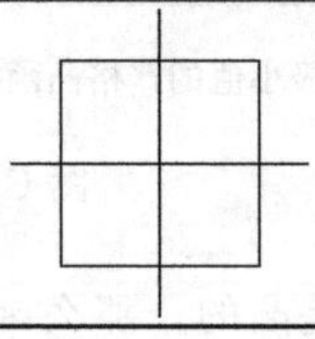

⊖　这些定理遵循的某些属性包括：

$$f(-\boldsymbol{x})=f(\boldsymbol{x})$$
$$f(\boldsymbol{x})\geqslant 0$$

L_p 范数根据以下条件定义：

$$\|\boldsymbol{x}\|_p=\lim_{\rho\to p}(|x_1|^\rho+|x_2|^\rho+\cdots+|x_n|^\rho)^{\frac{1}{\rho}} \tag{C.20}$$

定义无穷范数 L_∞ [⊖]时，极限是必需的。

C.5 矩阵微积分

本节得出两个常见的的梯度：$\nabla_x\boldsymbol{b}^\top\boldsymbol{x}$ 和 $\nabla_x\boldsymbol{x}^\top\boldsymbol{A}\boldsymbol{x}$。

要获得 $\nabla_x\boldsymbol{b}^\top\boldsymbol{x}$，首先展开点积：

$$\boldsymbol{b}^\top\boldsymbol{x}=[b_1x_1+b_2x_2+\cdots+b_nx_n] \tag{C.21}$$

对单个坐标的偏导数为：

$$\frac{\partial}{\partial x_i}\boldsymbol{b}^\top\boldsymbol{x}=b_i \tag{C.22}$$

因此，梯度为：

$$\nabla_x\boldsymbol{b}^\top\boldsymbol{x}=\nabla_x\boldsymbol{x}^\top\boldsymbol{b}=\boldsymbol{b} \tag{C.23}$$ 439~440

为获得方阵 $\boldsymbol{A}$ 的 $\nabla_x\boldsymbol{x}^\top\boldsymbol{A}\boldsymbol{x}$，首先展开 $\boldsymbol{x}^\top\boldsymbol{A}\boldsymbol{x}$：

$$\boldsymbol{x}^\top\boldsymbol{A}\boldsymbol{x}=\begin{bmatrix}x_1\\x_2\\\cdots\\x_n\end{bmatrix}^\top\begin{bmatrix}a_{11}&a_{12}&\cdots&a_{1n}\\a_{21}&a_{22}&\cdots&a_{2n}\\\vdots&\vdots&&\vdots\\a_{n1}&a_{n2}&\cdots&a_{nn}\end{bmatrix}\begin{bmatrix}x_1\\x_2\\\cdots\\x_n\end{bmatrix} \tag{C.24}$$

$$=\begin{bmatrix}x_1\\x_2\\\cdots\\x_n\end{bmatrix}^\top\begin{bmatrix}x_1a_{11}+x_2a_{12}+\cdots+x_na_{1n}\\x_1a_{21}+x_2a_{22}+\cdots+x_na_{2n}\\\vdots\\x_1a_{n1}+x_2a_{n2}+\cdots+x_na_{nn}\end{bmatrix} \tag{C.25}$$

$$=\begin{matrix}x_1^2a_{11}+x_1x_2a_{12}+\cdots+x_1x_na_{1n}+\\x_1x_2a_{21}+x_2^2a_{22}+\cdots+x_2x_na_{2n}+\\\vdots\\x_1x_na_{n1}+x_2x_na_{n2}+\cdots+x_n^2a_{nn}\end{matrix} \tag{C.26}$$

对第 i 个分量的偏导数为：

$$\frac{\partial}{\partial x_i}\boldsymbol{x}^\top\boldsymbol{A}\boldsymbol{x}=\sum_{j=1}^{n}x_j(a_{ij}+a_{ji}) \tag{C.27}$$

梯度由下式给出：

⊖ L_∞ 范数也称为最大范数、切比雪夫距离或棋盘距离。最后一个名称来自国际象棋中国王在两个象棋方块之间移动的最小移动次数。

$$\nabla_x \boldsymbol{x}^\top \boldsymbol{A}\boldsymbol{x} = \begin{bmatrix} \sum_{j=1}^{n} x_j(a_{1j}+a_{j1}) \\ \sum_{j=1}^{n} x_j(a_{2j}+a_{j2}) \\ \vdots \\ \sum_{j=1}^{n} x_j(a_{nj}+a_{jn}) \end{bmatrix} \tag{C.28}$$

$$= \begin{bmatrix} a_{11}+a_{11} & a_{21}+a_{12} & \cdots & a_{n1}+a_{1n} \\ a_{12}+a_{21} & a_{22}+a_{22} & \cdots & a_{n2}+a_{2n} \\ \vdots & \vdots & & \vdots \\ a_{1n}+a_{n1} & a_{2n}+a_{n2} & \cdots & a_{nn}+a_{nn} \end{bmatrix} \begin{bmatrix} x_1 \\ x_2 \\ \vdots \\ x_n \end{bmatrix} \tag{C.29}$$

441

$$= (\boldsymbol{A}+\boldsymbol{A}^\top)\boldsymbol{x} \tag{C.30}$$

C.6 正定性

矩阵是正定或半正定的概念经常出现在线性代数和最优化中，原因有很多种。例如，如果矩阵 $\boldsymbol{A}$ 在函数 $f(\boldsymbol{x}) = \boldsymbol{x}^\top \boldsymbol{A}\boldsymbol{x}$ 上正定，那么 f 有唯一全局极小值。

回想一下，二次可微函数 f 在 $\boldsymbol{x}_0$ 处的二阶近似是：

$$f(\boldsymbol{x}) \approx f(\boldsymbol{x}_0) + \nabla f(\boldsymbol{x}_0)^\top(\boldsymbol{x}-\boldsymbol{x}_0) + \frac{1}{2}(\boldsymbol{x}-\boldsymbol{x}_0)^\top \boldsymbol{H}_0(\boldsymbol{x}-\boldsymbol{x}_0) \tag{C.31}$$

其中 $\boldsymbol{H}_0$ 是 f 在 $\boldsymbol{x}_0$ 处的黑塞矩阵。知道 $(\boldsymbol{x}-\boldsymbol{x}_0)^\top \boldsymbol{H}_0(\boldsymbol{x}-\boldsymbol{x}_0)$ 有唯一全局极小值足以确定整个二阶近似是否有唯一全局极小值[⊖]。

如果 $\boldsymbol{x}^\top \boldsymbol{A}\boldsymbol{x}$ 对于其他所有点都是正定的，即对于所有 $\boldsymbol{x} \neq 0$，都有 $\boldsymbol{x}^\top \boldsymbol{A}\boldsymbol{x} > 0$，则对称矩阵 $\boldsymbol{A}$ 是正定的。

如果 $\boldsymbol{x}^\top \boldsymbol{A}\boldsymbol{x}$ 总是非负的，即对于所有 $\boldsymbol{x}$，都有 $\boldsymbol{x}^\top \boldsymbol{A}\boldsymbol{x} \geqslant 0$，则对称矩阵 $\boldsymbol{A}$ 是半正定的。

C.7 高斯分布

一元高斯分布[⊜]（也称为正态分布）的概率密度函数为：

$$\mathcal{N}(x \mid \mu, v) = \frac{1}{\sqrt{2\pi v}} \mathrm{e}^{-\frac{(x-\mu)^2}{2v}} \tag{C.32}$$

其中 μ 是均值，v 是方差[⊜]。此分布在图 C.6 中给出。

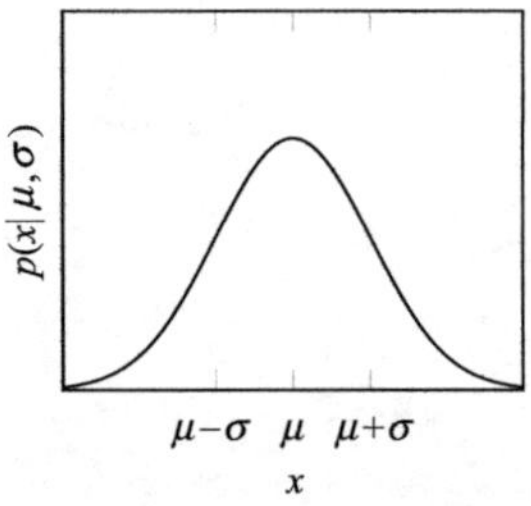

图 C.6 一个一元高斯分布 $\mathcal{N}(\mu, v)$

分布的累积分布函数将 x 映射到从该分布中提取值的概率中，将产生小于或等于 x 的值。对于一元高斯分布，其累积分布函数为

$$\Phi(x) \equiv \frac{1}{2} + \frac{1}{2}\operatorname{erf}\left(\frac{x-\mu}{\sigma\sqrt{2}}\right) \tag{C.33}$$

⊖ 分量 $f(\boldsymbol{x}_0)$ 仅垂直移动函数。分量 $\nabla f(\boldsymbol{x}_0)^\top(\boldsymbol{x}-\boldsymbol{x}_0)$ 是由二次项支配的线性项。

⊜ 多元高斯分布在第 8 章和第 15 章中讨论。本书全程使用一元高斯分布。

⊜ 方差是标准差的平方。

其中 erf 为误差函数：

$$\operatorname{erf}(x)\equiv\frac{2}{\sqrt{\pi}}\int_{0}^{x}e^{-\tau^{2}}\mathrm{d}\tau \tag{C.34}$$ 442

C.8 高斯求积

高斯求积是一种利用函数值的加权和逼近积分的方法[1]。近似的一般形式是

$$\int_{a}^{b}p(x)f(x)\mathrm{d}x\approx\sum_{i=1}^{m}w_{i}f(x_{i}) \tag{C.35}$$

其中 $p(x)$是有限或无限区间 $[a, b]$ 上已知的非负权函数[2]。

对于 $i\in\{1,\cdots,m\}$，m 点积分规则是点 $x_i\in(a, b)$ 和权值 $w_i>0$ 的唯一选择，它定义了高斯求积近似，使得 $2m-1$ 或更低阶的多项式与给定的权函数在$[a, b]$上精确地积分。

给定一个定义域和一个权函数，可以计算一类正交多项式。我们将用 $b_i(x)$ 表示一个 i 次正交多项式[3]。任何 m 次多项式都可以表示为 m 次以下的正交多项式的线性组合。我们通过选择 m 个点 x_i 作为正交多项式 p_m 的零点来形成求积规则，通过求解方程组得到权值：

$$\sum_{i=1}^{m}b_{k}(x_{i})w_{i}=\begin{cases}\int_{a}^{b}p(x)b_{0}(x)^{2}\mathrm{d}x & k=0\\ 0 & k=1,\cdots,m-1\end{cases} \tag{C.36}$$

高斯求积对区间 $[-1, 1]$ 和权函数 $p(x)=1$ 求解方程（C.36）。这种情况下的正交多项式是 Legendre（勒让德）多项式。算法 C.1 对勒让德多项式进行高斯求积，例 C.3 对 $[-1, 1]$ 求积分的积分规则。

可以用这个变换把区间$[a, b]$上的任意积分变换成 $[-1, 1]$ 上的积分

$$\int_{a}^{b}f(x)\mathrm{d}x=\frac{b-a}{2}\int_{-1}^{1}f\left(\frac{b-a}{2}x+\frac{a+b}{2}\right)\mathrm{d}x \tag{C.37}$$ 443

算法 C.1 在 [−1, 1] 上构造 m 点勒让德积分规则的方法。结果类型包含节点 xs 和权值 ws

```
struct Quadrule
    ws
    xs
end
function quadrule_legendre(m)
    bs = [legendre(i) for i in 1 : m+1]
    xs = roots(bs[end])
    A = [bs[k](xs[i]) for k in 1 : m, i in 1 : m]
    b = zeros(m)
    b[1] = 2
    ws = A\b
    return Quadrule(ws, xs)
end
```

[1] 关于高斯求积的详细概述，见：
J. Stoer and R. Bulirsch, *Introduction to Numerical Analysis*, 3rd ed. Springer, 2002.

[2] 权函数在实际中往往是概率密度函数。

[3] 第 18 章介绍了正交多项式。

例 C.3 获得 3 项积分规则，精确地对多项式积分到 5 阶

考虑 [−1，1] 上的勒让德多项式，其权函数 $p(x)=1$。假设函数是用 5 次多项式逼近的。构建一个 3 点积分规则，它给出了 5 阶多项式的精确结果。

阶数为 3 的勒让德多项式是 $\mathrm{Le}_3(x)=\frac{5}{2}x^3-\frac{3}{2}x$，根为 $x_1=-\sqrt{3/5}$，$x_2=0$，$x_3=\sqrt{3/5}$。低阶勒让德多项式是 $\mathrm{Le}_0(x)=1$，$\mathrm{Le}_1(x)=x$，$\mathrm{Le}_2(x)=\frac{3}{2}x^2-\frac{1}{2}$。解下面的等式获得权重。

$$\begin{bmatrix}\mathrm{Le}_0(-\sqrt{3/5}) & \mathrm{Le}_0(0) & \mathrm{Le}_0(\sqrt{3/5})\\ \mathrm{Le}_1(-\sqrt{3/5}) & \mathrm{Le}_1(0) & \mathrm{Le}_1(\sqrt{3/5})\\ \mathrm{Le}_2(-\sqrt{3/5}) & \mathrm{Le}_2(0) & \mathrm{Le}_2(\sqrt{3/5})\end{bmatrix}\begin{bmatrix}w_1\\ w_2\\ w_3\end{bmatrix}=\begin{bmatrix}\int_{-1}^{1}\mathrm{Le}_0(x)^2\,\mathrm{d}x\\ 0\\ 0\end{bmatrix}$$

$$\begin{bmatrix}1 & 1 & 1\\ -\sqrt{3/5} & 0 & \sqrt{3/5}\\ 4/10 & -1/2 & 4/10\end{bmatrix}\begin{bmatrix}w_1\\ w_2\\ w_3\end{bmatrix}=\begin{bmatrix}2\\ 0\\ 0\end{bmatrix}$$

得到 $w_1=w_3=5/9$，$w_2=8/9$。

考虑 5 阶多项式 $f(x)=x^5-2x^4+3x^3+5x^2-x+4$。精确值为 $\int_{-1}^{1}p(x)f(x)\,\mathrm{d}x=158/15\approx 10.533$。勒让德规则产生相同的值：

$$\sum_{i=1}^{3}w_i f(x_i)=\frac{5}{9}f\left(-\sqrt{\frac{3}{5}}\right)+\frac{8}{9}f(0)+\frac{5}{9}f\left(\sqrt{\frac{3}{5}}\right)\approx 10.533$$

因此，勒让德多项式可以预先计算积分规则，然后将其应用于任意有限区间上的积分[⊖]。例 C.4 应用了这种变换，算法 C.2 对有限域采用高斯求积方法的积分变换。

例 C.4 可以将有限区域上的积分转化为 [−1，1] 上的积分，利用积分规则求解勒让德多项式

考虑 $f(x)=x^5-2x^4+3x^3+5x^2-x+4$ 在 [−3，5] 上的积分，使用式 (C.37) 将其转换为 [−1，1] 上的积分。

$$\int_{-3}^{5}f(x)\,\mathrm{d}x=\frac{5+3}{2}\int_{-1}^{1}f\left(\frac{5+3}{2}x+\frac{5-3}{2}\right)\mathrm{d}x=4\int_{-1}^{1}f(4x+1)\,\mathrm{d}x$$

使用由例 C.3 得到的三阶勒让德规则，在[−1,1]上积分 $g(x)=4f(4x+1)=4096x^5+3072x^4+1280y^3+768y^2+240y+40$：

$$\int_{-1}^{1}p(x)g(x)\,\mathrm{d}x=\frac{5}{9}g\left(-\sqrt{\frac{3}{5}}\right)+\frac{8}{9}g(0)+\frac{5}{9}g\left(\sqrt{\frac{3}{5}}\right)=1820.8$$

⊖ 类似的技术可以应用于无穷区间上的积分，如 [0，∞) 使用拉盖尔多项式，(−∞，∞) 使用埃尔米特多项式。

算法 C.2 在有限区域 $[a, b]$ 上，将一元函数 **f** 与给定的求积规则 **quadrule** 积分的函数 **quadint**

```
quadint(f, quadrule) =
    sum(w*f(x) for (w,x) in zip(quadrule.ws, quadrule.xs))
function quadint(f, quadrule, a, b)
    α = (b-a)/2
    β = (a+b)/2
    g = x -> α*f(α*x+β)
    return quadint(g, quadrule)
end
```

444~446

练习参考答案

练习 1.1 $x=1$ 处的函数 $f(x)=x^3/3-x$。

练习 1.2 这个函数没有极小值，也就是说函数无下界。

练习 1.3 不成立，如最小化，服从 $x\geqslant 1$。$f(x)=x$。

练习 1.4 函数 f 可以分解为两个单独的函数，这两个函数只依赖于它们的特定坐标：

$$f(x,y)=g(x)+h(y)$$

其中 $g(x)=x^2$，$h(y)=y$。当 x、$y\geqslant 1$ 时，g 和 h 严格递增。h 在 $y=1$ 时取得最小值，但是由于严格不等式 $x>y$，我们只能让 x 接近 1。因此 f 没有极小值。

练习 1.5 拐点是曲线上曲率符号变化的点。x 是拐点的一个必要条件是二阶导数为零。二阶导数为 $f''(x)=6x$，仅在 $x=0$ 处为零。

x 是拐点的一个充分条件是二阶导数在 x 附近变号。也就是说，对于 $\varepsilon\ll 1$，$f''(x+\varepsilon)$ 和 $f''(x+\varepsilon)$ 有相反的符号。这适用于 $x=0$，所以它是拐点。

因此函数 x^3-10 有且仅有一个拐点。

练习 2.1 可以用前向差分法计算黑塞矩阵：

$$H_{ij}=\frac{\partial^2 f(\boldsymbol{x})}{\partial x_i\,\partial x_j}\approx\frac{\nabla f(\boldsymbol{x}+h\boldsymbol{e}_j)_i-\nabla f(x)_i}{h}$$

其中，$\boldsymbol{e}_i$ 是第 i 个基向量，其中 $\boldsymbol{e}_i=1$，其他项为零。

447 因此我们可以使用以下公式估算黑塞矩阵的第 j 列：

$$\boldsymbol{H}_{\cdot j}\approx\frac{\nabla f(\boldsymbol{x}+h\boldsymbol{e}_j)-\nabla f(x)}{h}$$

这个公式可以用于计算黑塞矩阵的每一列。

练习 2.2 它需要对目标函数进行两次评估。

练习 2.3 $f'(x)=\frac{1}{x}+e^x-\frac{1}{x^2}$。当 x 趋近于零时，我们发现 $x<1$。

因此 $\frac{1}{x}>1$，并且有 $\frac{1}{x^2}>\frac{1}{x}>0$，所以 $-\frac{1}{x^2}$ 占主导地位。

练习 2.4 用复数步长法得到：$f'(x)\approx \mathrm{Im}(2+4ih)/h=4h/h=4$。

练习 2.5 见下图：

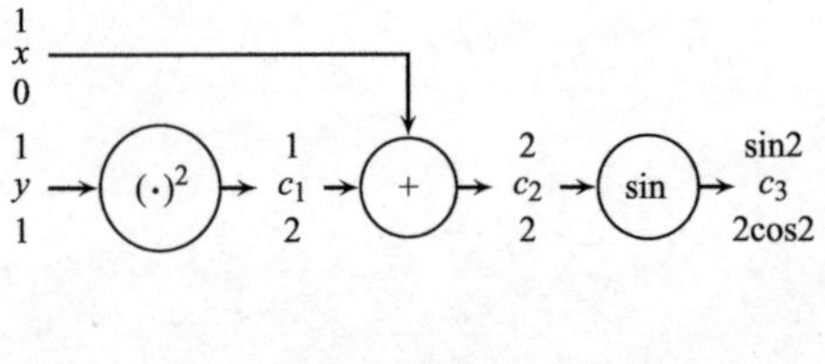

练习 2.6　二阶导数可以用一阶导数的中心差分来近似：

$$f''(x)\approx\frac{f'(x+h/2)-f'(x-h/2)}{h}$$

其中 h 较小。

代入前向差分 $f'(x+h/2)$ 和后向差分 $f'(x-h/2)$，得到：

$$\begin{aligned}f''(x)&\approx\frac{\frac{f(x+h/2+h/2)-f(x+h/2-h/2)}{h}-\frac{f(x-h/2+h/2)-f(x-h/2-h/2)}{h}}{h}\\&=\frac{f(x+h)-f(x)}{h^2}-\frac{f(x)-f(x-h)}{h^2}\\&=\frac{f(x+h)-2f(x)+f(x-h)}{h^2}\end{aligned}$$

练习 3.1　当导数不可得时，斐波那契搜索是更优的包围搜索方法。

练习 3.2　Shubert-Piyavskii 方法需要 Lipschitz 常数，该常数可能是未知的。

练习 3.3　$f(x)=x^2$。由于该函数是二次函数，在经过三次求值后，二次模型能够精确地表示该函数。 448

练习 3.4　可以使用二分法找到 $f'(x)=x-1$ 的根。第一次更新后，得到区间 [0，500]，然后是 [0，250]，最后是 [0，125]。

练习 3.5　不是，Lipschitz 常数必须在区间上处处约束导数，并且 $f'(1)=2*(1+2)=6$。

练习 3.6　不能，可以使用斐波那契搜索并将不确定性缩小 3 倍，即为 $(32-1)/3=10\frac{1}{3}$。

练习 4.1　考虑在 $f(x)=1/x$，$x>0$ 上运行下降法。最小值不存在，并且下降法将永远以递增的步长沿着 x 的正方向运行。因此，仅依赖步长终止条件将导致该方法永远运行。同样地，基于梯度大小的终止条件也会使算法异常终止。

应用于 $f(x)=-x$ 的下降法也将永远在 x 轴的正方向上运行，因为函数没有下界，所以无论是步长终止条件还是梯度大小终止条件都不会被触发。这种情况下我们通常添加一个附加终止条件来限制迭代次数。

练习 4.2　对目标函数应用第一个 Wolfe 条件得到 $6+(-1+\alpha)^2\leqslant 7-2\alpha\cdot 10^{-4}$，可简化为 $\alpha^2-2\alpha+2\cdot 10^{-4}\alpha\leqslant 0$。求解该方程可得 $\alpha\leqslant 2(1-10^{-4})$。因此最大步长为 $\alpha=1.999\,8$。

练习 5.1　$\nabla f(\boldsymbol{x})=2\boldsymbol{A}\boldsymbol{x}+\boldsymbol{b}$。

练习 5.2　导数为 $f'(x)=4x^3$。从 $x^{(1)}=1$ 开始：

$$f'(1)=4 \quad\rightarrow x^{(2)}=1-4=-3 \tag{D.1}$$

$$f'(-3)=4*(-27)=108 \quad\rightarrow x^{(3)}=-3+108=105 \tag{D.2}$$

练习 5.3　对于较大的 x，有 $f'(x)=e^x-e^{(-x)}\approx e^x$。因此 $f'(x^{(1)})\approx e^{10}$，$x^{(2)}\approx -e^{10}$。如果应用精确线搜索，则 $x^{(2)}=0$。因此，如果不进行线搜索，就不能保证可以降低目标函数的值。

练习 5.4　黑塞矩阵是 $2\boldsymbol{H}$，并且有

$$\nabla q(\boldsymbol{d})=\boldsymbol{d}^\top(\boldsymbol{H}+\boldsymbol{H}^\top)+\boldsymbol{b}=\boldsymbol{d}^\top(2\boldsymbol{H})+\boldsymbol{b}$$

$\boldsymbol{d}=\boldsymbol{0}$ 时的梯度是 $\boldsymbol{b}$。此时应用共轭梯度法可能会发散，因为不能保证 $\boldsymbol{H}$ 是正定的。

练习 5.5　Nesterov 动量着眼于更新后到达的点，以计算本次更新。 449

练习 5.6 共轭梯度法重用了关于函数的先前信息，因而在实际应用中可以有更好的收敛性。

练习 5.7 共轭梯度法最初遵循最速下降方向。梯度为：

$$\nabla f(x,y)=[2x+y,\ 2y+x] \tag{D.3}$$

$(x,\ y)=(1,\ 1)$ 时的梯度为 $[1/\sqrt{2},\ 1/\sqrt{2}]$。最速下降方向与梯度相反，$\boldsymbol{d}^{(1)}=[-1/\sqrt{2},\ -1/\sqrt{2}]$。

黑塞矩阵为

$$\begin{bmatrix}2 & 1\\ 1 & 2\end{bmatrix} \tag{D.4}$$

由于函数是二次函数，黑塞函数是正定的，共轭梯度法最多只需两步即可收敛。因此，两步后的结果点是最优的，即 $(x,\ y)=(0,\ 0)$，此点梯度为零。

练习 5.8 不可能，如果执行精确最小化，则每两步之间的下降方向是正交的，但 $[1,\ 2,\ 3]^{\mathrm{T}}[0,\ 0,\ -3]\neq 0$。

练习 6.1 二阶信息可以保证一个局部极小值，而梯度为 0 是必要的，但不足以保证局部最优。

练习 6.2 如果开始时离根足够近并且可以分析计算导数，则首选牛顿法，牛顿法收敛速度更快。

练习 6.3 $f'(x)=2x$，$f''(x)=2$。因此，$x^{(2)}=x^{(1)}-2x^{(1)}/2=0$；也就是说，可以从任何起点开始一步收敛。

练习 6.4 由于 $\nabla f(\boldsymbol{x})=\boldsymbol{H}\boldsymbol{x}$，$\nabla^2 f(\boldsymbol{x})=\boldsymbol{H}$，且 $\boldsymbol{H}$ 是非奇异的，所以有 $\boldsymbol{x}^{(2)}=\boldsymbol{x}^{(1)}-\boldsymbol{H}^{-1}\boldsymbol{H}\boldsymbol{x}^{(1)}=\boldsymbol{0}$。即牛顿法一步收敛。

梯度下降发散：

$$\boldsymbol{x}^{(2)}=[1,1]-[1,1000]=[0,-999] \tag{D.5}$$

$$\boldsymbol{x}^{(3)}=[0,-999]-[0,-1000\cdot 999]=[0,998\,001] \tag{D.6}$$

共轭梯度下降法采用与梯度法相同的初始搜索方向，由于优化目标为二次型，在第二步收敛到最小值。

练习 6.5 下面的左图（见彩插）显示了牛顿法在九次迭代中逼近浮点分辨率的收敛性。割线
450 法收敛速度较慢，因为它只能近似导数。

右图（见彩插）显示了每种方法相对于 f' 的精确和近似切线的投影。割线法的切线斜率较高，因此过早与 x 轴相交。

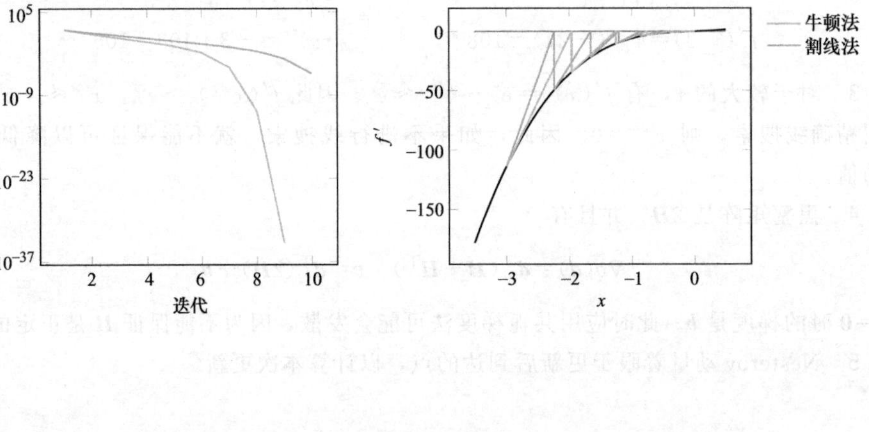

练习 6.6 考虑在函数 $f(x)=x^2-x$ 上，从 $x^{(1)}=-1$ 处开始收敛的序列 $x^{(k+1)}=x^{(k)}/2$ 。显然，该序列收敛到 $x=0$，此时 $f(x)$ 的值仍然在减小，但该序列没有收敛到最小值。

练习 6.7 它不需要计算或了解黑塞矩阵的输入项，因此不需要在每次迭代中求解线性规划。

练习 6.8 当 $\delta^\top\gamma\approx 0$ 时，BFGS 更新不存在。在这种情况下，只须跳过更新。

练习 6.9 目标函数是二次函数，因此可以一步将其最小化。梯度为 $\nabla f=[2(x_1+1),\ 2(x_2+3)]$，它在 $\boldsymbol{x}^*=[-1,\ -3]$ 处为零。黑塞矩阵是正定的，所以 $\boldsymbol{x}^*$ 是最小值。

练习 6.10 新的近似形式为：

$$f^{(k+1)}(\boldsymbol{x})=y^{(k+1)}+(\boldsymbol{g}^{(k+1)})^\top(\boldsymbol{x}-\boldsymbol{x}^{(k+1)})+\frac{1}{2}(\boldsymbol{x}-\boldsymbol{x}^{(k+1)})^\top\boldsymbol{H}^{(k+1)}(\boldsymbol{x}-\boldsymbol{x}^{(k+1)})$$

使用真实函数值和 $\boldsymbol{x}^{(k+1)}$ 处的梯度，但需要更新黑塞矩阵为 $\boldsymbol{H}^{(k+1)}$。此形式自动满足 $f^{(k+1)}(\boldsymbol{x}^{(k+1)})=y^{(k+1)}$ 和 $\nabla f^{(k+1)}(\boldsymbol{x}^{(k+1)})=\boldsymbol{g}^{(k+1)}$。我们必须选择新的黑塞矩阵来满足第三个条件： 451

$$\begin{aligned}\nabla f^{(k+1)}(\boldsymbol{x}^{(k)})&=\boldsymbol{g}^{(k+1)}+\boldsymbol{H}^{(k+1)}(\boldsymbol{x}^{(k)}-\boldsymbol{x}^{(k+1)})\\&=\boldsymbol{g}^{(k+1)}-\boldsymbol{H}^{(k+1)}(\boldsymbol{x}^{(k+1)}-\boldsymbol{x}^{(k)})\\&=\boldsymbol{g}^{(k+1)}-\boldsymbol{H}^{(k+1)}\boldsymbol{\delta}^{(k+1)}\\&=\boldsymbol{g}^{(k)}\end{aligned}$$

可以重新排列并替代以获得：

$$\boldsymbol{H}^{(k+1)}\boldsymbol{\delta}^{(k+1)}=\boldsymbol{\gamma}^{(k+1)}$$

回想一下，对于每个非零向量 $\boldsymbol{x}^\top\boldsymbol{A}\boldsymbol{x}>0$，矩阵 $\boldsymbol{A}$ 都是正定的。如果将割线方程乘以 $\boldsymbol{\delta}^{(k+1)}$，我们将获得曲率条件：

$$(\boldsymbol{\delta}^{(k+1)})^\top\boldsymbol{H}^{(k+1)}\boldsymbol{\delta}^{(k+1)}=(\boldsymbol{\delta}^{(k+1)})^\top\boldsymbol{\gamma}^{(k+1)}>0$$

我们寻求新的正定矩阵 $\boldsymbol{H}^{(k+1)}$。所有正定矩阵都是对称的，因此计算新的正定矩阵需要指定 $n(n+1)/2$ 个变量。割线方程对这些变量施加 n 个条件，得到无穷多个解。为了得到唯一解，我们选择最接近 $\boldsymbol{H}^{(k)}$ 的正定矩阵。这个目标导致了期望的优化问题。

练习 7.1 导数有 n 项，而黑塞矩阵有 n^2 项。当使用有限差分法时，每个导数项都需要进行两次求值：$f(\boldsymbol{x})$ 和 $f(\boldsymbol{x}+h\boldsymbol{e}^{(i)})$。

当使用有限差分法时，每个黑塞矩阵项都需要进行三次求值。因此，要逼近梯度，需要进行 $n+1$ 次求值，而要逼近黑塞矩阵，则需要进行大约 n^2 次求值。

对于较大的 n 值来说，逼近黑塞矩阵的代价太大。使用 n^2 函数求值，DIRECT 方法要采取相对更多的步骤，因为 DIRECT 方法不需要在每个步骤中估计导数或黑塞矩阵。

练习 7.2 考虑将 $f(x)=xy$ 和 $x_0=[0,\ 0]$ 最小化。在任一标准方向上进行都不会降低目标函数，但 x_0 显然不是最小解。 452

练习 7.3 在每次迭代中，胡可-吉夫斯搜索法均以步长 a 沿坐标方向采样 $2n$ 个点。当没有一个点能提供改进，且步长不超过给定的容差 ϵ 时，搜索将停止。然而这通常会导致胡可-吉夫斯搜索法在收敛到局部极小值的 ϵ 以内时停止，因此这不是必需的。例如，在达到局部极小值之前，谷可以在两个坐标方向之间下降超过 ϵ 的距离，而胡可-吉夫斯搜索法却无法检测到它。

练习 7.4 根据最小厚度将机翼的阻力最小化（以保持结构完整性）。使用计算流体力学评估机翼性能，这就需要求解偏微分方程。由于该函数在求解上是未知的，因此不太可能有该导数的解析表达式。

练习 7.5 分割矩形法在区间的中心进行采样，而不是从已知 Lipschitz 常数得出的边界最低的位置进行采样。

练习 7.6 由于有多个分量在变化，因此不可能是循环坐标搜索。这可能是鲍威尔方法。

练习 8.1 交叉熵方法必须使分布参数与每次迭代拟合。但不存在用于拟合多元正态分布的已知解析解。相反，通常使用迭代期望最大化算法收敛于一个解。

练习 8.2 如果精英样本的数量接近样本总数，那么结果分布将与种群紧密匹配，最小值的最佳位置不会有明显的偏差，因此收敛将很慢。

练习 8.3 关于 v 的对数似然的导数为：

$$\frac{\partial}{\partial v}\ell(x|\mu,v)=\frac{\partial}{\partial v}\left(-\frac{1}{2}\ln 2\pi-\frac{1}{2}\ln v-\frac{(x-\mu)^2}{2v}\right)$$
$$=-\frac{1}{2v}+\frac{(x-\mu)^2}{2v^2}$$

如果均值已经是最佳值，则第二项为零，因此，导数为 $-1/2v$，减小 v 将增加抽取到精英样本的机率。但通过任意接近零进行优化 v，梯度更新中接近零的渐近线需要较大的步

453 长，由于 v 必须保持为正值，因此无法采用较大步长。

练习 8.4 设计 $\boldsymbol{x}$ 在均值 $\boldsymbol{\mu}$ 和协方差 $\boldsymbol{\Sigma}$ 的多元正态分布下的概率密度为：

$$p(\boldsymbol{x}|\boldsymbol{\sigma},\boldsymbol{\Sigma})=\frac{1}{(2\pi|\boldsymbol{\Sigma}|)^{1/2}}\exp\left(-\frac{1}{2}(\boldsymbol{x}-\boldsymbol{\mu})^{\top}\boldsymbol{\Sigma}^{-1}(\boldsymbol{x}-\boldsymbol{\mu})\right)$$

通过最大化对数似然来简化问题[⊖]，对数似然是：

$$\ln p(\boldsymbol{x}|\boldsymbol{\sigma},\boldsymbol{\Sigma})=-\frac{1}{2}\ln(2\pi|\boldsymbol{\Sigma}|)-\frac{1}{2}(\boldsymbol{x}-\boldsymbol{\mu})^{\top}\boldsymbol{\Sigma}^{-1}(\boldsymbol{x}-\boldsymbol{\mu})$$
$$=-\frac{1}{2}\ln(2\pi|\boldsymbol{\Sigma}|)-\frac{1}{2}(\boldsymbol{x}^{\top}\boldsymbol{\Sigma}^{-1}\boldsymbol{x}-2\boldsymbol{x}^{\top}\boldsymbol{\Sigma}^{-1}\boldsymbol{\mu}+\boldsymbol{\mu}^{\top}\boldsymbol{\Sigma}^{-1}\boldsymbol{\mu})$$

首先针对均值最大化 m 个个体的对数似然：

$$\ell(\boldsymbol{\mu}\mid \boldsymbol{x}^{(1)},\cdots,\boldsymbol{x}^{(m)})=\sum_{i=1}^{m}\ln p(\boldsymbol{x}^{(i)}|\boldsymbol{\mu},\boldsymbol{\Sigma})$$
$$=\sum_{i=1}^{m}-\frac{1}{2}\ln(2\pi|\boldsymbol{\Sigma}|)-\frac{1}{2}((\boldsymbol{x}^{(i)})^{\top}\boldsymbol{\Sigma}^{-1}\boldsymbol{x}^{(i)}-2(\boldsymbol{x}^{(i)})^{\top}\boldsymbol{\Sigma}^{-1}\boldsymbol{\mu}+\boldsymbol{\mu}^{\top}\boldsymbol{\Sigma}^{-1}\boldsymbol{\mu})$$

使用 $\nabla_z \boldsymbol{z}^{\top}\boldsymbol{A}\boldsymbol{z}=(\boldsymbol{A}+\boldsymbol{A}^{\top})\boldsymbol{z}$，$\nabla_z \boldsymbol{a}^{\top}\boldsymbol{z}=\boldsymbol{a}$，以及 $\boldsymbol{\Sigma}$ 对称且正定来计算梯度，因此 $\boldsymbol{\Sigma}^{-1}$ 是对称的：

$$\nabla_{\mu}\ell(\boldsymbol{\mu}|\boldsymbol{x}^{(1)},\cdots,\boldsymbol{x}^{(m)})=\sum_{i=1}^{m}-\frac{1}{2}(\nabla_{\mu}(-2(\boldsymbol{x}^{(i)})^{\top}\boldsymbol{\Sigma}^{-1}\boldsymbol{\mu})+\nabla_{\mu}(\boldsymbol{\mu}^{\top}\boldsymbol{\Sigma}^{-1}\boldsymbol{\mu}))$$
$$=\sum_{i=1}^{m}(\nabla_{\mu}((\boldsymbol{x}^{(i)})^{\top}\boldsymbol{\Sigma}^{-1}\boldsymbol{\mu})-\frac{1}{2}\nabla_{\mu}(\boldsymbol{\mu}^{\top}\boldsymbol{\Sigma}^{-1}\boldsymbol{\mu}))$$
$$=\sum_{i=1}^{m}\boldsymbol{\Sigma}^{-1}\boldsymbol{x}^{(i)}-\boldsymbol{\Sigma}^{-1}\boldsymbol{\mu}$$

454 ⊖ 对于正输入，对数函数是凹的，因此最大化 $\log f(x)$ 也会使严格正 $f(x)$ 最大值。

将梯度设置为零：

$$
\begin{aligned}
\mathbf{0} &= \sum_{i=1}^{m} \boldsymbol{\Sigma}^{-1}\boldsymbol{x}^{(i)} - \boldsymbol{\Sigma}^{-1}\boldsymbol{\mu} \\
\sum_{i=1}^{m}\boldsymbol{\mu} &= \sum_{i=1}^{m}\boldsymbol{x}^{(i)} \\
m\boldsymbol{\mu} &= \sum_{i=1}^{m}\boldsymbol{x}^{(i)} \\
\boldsymbol{\mu} &= \frac{1}{m}\sum_{i=1}^{m}\boldsymbol{x}^{(i)}
\end{aligned}
$$

然后利用 $|\boldsymbol{A}^{-1}|=1/|\boldsymbol{A}|$ 与 $\boldsymbol{b}^{(i)}=\boldsymbol{x}^{(i)}-\boldsymbol{\mu}$，使逆协方差 $\boldsymbol{A}=\boldsymbol{\Sigma}^{-1}$ 最大化：

$$
\begin{aligned}
\ell(\boldsymbol{\Lambda}\mid\boldsymbol{\mu},\boldsymbol{x}^{(1)},\cdots,\boldsymbol{x}^{(m)}) &= \sum_{i=1}^{m} -\frac{1}{2}\ln(2\pi\,|\boldsymbol{\Lambda}|^{-1}) - \frac{1}{2}((\boldsymbol{x}^{(i)}-\boldsymbol{\mu})^{\top}\boldsymbol{\Lambda}(\boldsymbol{x}^{(i)}-\boldsymbol{\mu})) \\
&= \sum_{i=1}^{m} \frac{1}{2}\ln(|\boldsymbol{\Lambda}|) - \frac{1}{2}(\boldsymbol{b}^{(i)})^{\top}\boldsymbol{\Lambda}\boldsymbol{b}^{(i)}
\end{aligned}
$$

使用 $\nabla_{\boldsymbol{A}}|\boldsymbol{A}| = |\boldsymbol{A}|\boldsymbol{A}^{-\top}$ 和 $\nabla_{\boldsymbol{A}}\boldsymbol{z}^{\top}\boldsymbol{A}\boldsymbol{z}=\boldsymbol{z}\boldsymbol{z}^{\top}$ 计算梯度：

$$
\begin{aligned}
\nabla_{\boldsymbol{\Lambda}}\ell(\boldsymbol{\Lambda}\mid\boldsymbol{\mu},\boldsymbol{x}^{(1)},\cdots,\boldsymbol{x}^{(m)}) &= \sum_{i=1}^{m} \nabla_{\boldsymbol{\Lambda}}\left(\frac{1}{2}\ln(|\boldsymbol{\Lambda}|) - \frac{1}{2}(\boldsymbol{b}^{(i)})^{\top}\boldsymbol{\Lambda}\boldsymbol{b}^{(i)}\right) \\
&= \sum_{i=1}^{m} \frac{1}{2|\boldsymbol{\Lambda}|}\nabla_{\boldsymbol{\Lambda}}|\boldsymbol{\Lambda}| - \frac{1}{2}\boldsymbol{b}^{(i)}(\boldsymbol{b}^{(i)})^{\top} \\
&= \sum_{i=1}^{m} \frac{1}{2|\boldsymbol{\Lambda}|}|\boldsymbol{\Lambda}|\boldsymbol{\Lambda}^{-\top} - \frac{1}{2}\boldsymbol{b}^{(i)}(\boldsymbol{b}^{(i)})^{\top} \\
&= \frac{1}{2}\sum_{i=1}^{m}\boldsymbol{\Lambda}^{-\top} - \boldsymbol{b}^{(i)}(\boldsymbol{b}^{(i)})^{\top} \\
&= \frac{1}{2}\sum_{i=1}^{m}\boldsymbol{\Sigma} - \boldsymbol{b}^{(i)}(\boldsymbol{b}^{(i)})^{\top}
\end{aligned}
$$

455

将梯度设置为零：

$$
\begin{aligned}
\mathbf{0} &= \frac{1}{2}\sum_{i=1}^{m}\boldsymbol{\Sigma} - \boldsymbol{b}^{(i)}(\boldsymbol{b}^{(i)})^{\top} \\
\sum_{i=1}^{m}\boldsymbol{\Sigma} &= \sum_{i=1}^{m}\boldsymbol{b}^{(i)}(\boldsymbol{b}^{(i)})^{\top} \\
\boldsymbol{\Sigma} &= \frac{1}{m}\sum_{i=1}^{m}(\boldsymbol{x}^{(i)}-\boldsymbol{\mu})(\boldsymbol{x}^{(i)}-\boldsymbol{\mu})^{\top}
\end{aligned}
$$

练习 9.1　通过将选择偏向具有更好目标函数值的个体，进行优胜劣汰。

练习 9.2　变异利用随机性驱动探索，必须避免局部极小值。如果有更好的解决方案，则需要提高变异率，让算法有时间找到它。

练习 9.3　增加种群中个体的数量或增加使搜索偏向个体最小值的系数。

练习 10.1　首先将问题重写为 $f(x)=x+\rho\max(-x,0)^2$，其导数为：

$$
f'(x)=\begin{cases}1+2\rho x & \text{如果 } x<0 \\ 1 & \text{其他}\end{cases} \tag{D.7}
$$

这个无约束目标函数可以通过设置 $f'(x)=0$ 来求解，得到解为 $x^*=-\frac{1}{2\rho}$。因此，当$\rho\to\infty$ 时，有 $x^*\to 0$。

练习 10.2　将问题转化为 $f(x)=x+\rho(x<0)$。只要 ρ 是有限的，且 x 接近负无穷大，则该无约束目标函数是无下界的。没有找到正确的解，而二次惩罚法能够逼近正确解。

练习 10.3　可以试着增大惩罚参数 ρ。有可能 ρ 太小，惩罚项会无效。在下述情况下，迭代可能到达一个不可行区域，在该区域中函数的下降速度比惩罚项更快，从而导致方法收敛到不可行解上。

456 **练习 10.4**　设 x_p^* 为无约束问题的解，注意 $x_p^*\not>0$，否则，惩罚项将是 $(\min(x_p^*,0))^2=0$，这意味着 x_p^* 是原始问题的解。现在假设 $x_p^*=0$，一阶最优性条件表明 $f'(x_p^*)+\mu x_p^*=0$，这意味着 $f'(x_p^*)=0$，这又是矛盾的。因此，如果最小值存在，则必不可行。

练习 10.5　它不需要很大的惩罚 ρ 来产生精确的解。

练习 10.6　迭代应该保持可行。

练习 10.7　考虑下述问题：

$$\begin{aligned}\underset{x}{\text{minimize}}\quad & x^3 \\ \text{s.t.}\quad & x\geqslant 0\end{aligned} \tag{D.8}$$

当 $x^*=0$ 时最小。用惩罚法可以把它改写成

$$\underset{x}{\text{minimize}}\quad x^3+\rho(\min(x,0))^2 \tag{D.9}$$

对于有限的 ρ，当 x 为负无穷时，函数无下界。换句话说，如果最速下降法开始时离左边太远，会有 $x^3+\rho x^2\approx x^3$，惩罚将无效，最速下降法将发散。

练习 10.8　可以将寻找可行点定义为一个具有恒定目标函数和强制可行性约束的优化问题：

$$\begin{aligned}\underset{x}{\text{minimize}}\quad & 0 \\ \text{s.t.}\quad & \boldsymbol{h}(\boldsymbol{x})=\boldsymbol{0} \\ & \boldsymbol{g}(\boldsymbol{x})\leqslant\boldsymbol{0}\end{aligned} \tag{D.10}$$

这样的问题通常可以用惩罚法来解决。二次惩罚是一种常见的选择，因为它们沿着可行方向下降。

练习 10.9　问题在 $x^*=1$ 处（也就是约束的边界处）最小。用 t 变换求解得到无约束目标函数：

$$f_t(\hat{x})=\sin\left(\frac{4}{5.5+4.5\dfrac{2\hat{x}}{1+\hat{x}^2}}\right) \tag{D.11}$$

在 $\hat{x}=-1$ 处有一个全局极小值，与 x^* 对应。

sigmoid 变换有一个无约束目标函数：

$$f_s(\hat{x})=\sin\left(\frac{4}{1+\dfrac{9}{1+e^{-\hat{x}}}}\right) \tag{D.12}$$

457

但在 $x=1$ 的情况下，只有当 $\hat{x}$ 接近负无穷大时才能达到下界 a。用 sigmoid 变换得到的无约束优化问题没有解，且该方法无法正确定义原问题的解。

下图见彩插。

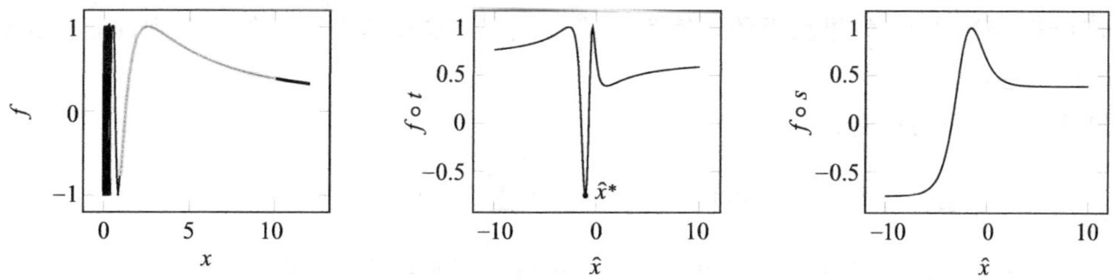

练习 10.10　最小化 $x_1^2+x_2^2$，其中 $x_1\geqslant 1$。

练习 10.11　可以根据 x_1 重写约束：

$$x_1=6-2x_2-3x_3 \tag{D.13}$$

并将上述关系代入目标函数：

$$\underset{x_2,x_3}{\text{minimize}}\ x_2^2+x_3-(2x_2+3x_3-6)^3 \tag{D.14}$$

练习 10.12　约束必须与目标函数一致。目标函数的方向是 $[-1,\ -2]$，约束的方向是 $[a,\ 1]$。a 的唯一值为 $a=0.5$。

练习 10.13　转换后的目标函数为 $f(x)=1-x^2+\rho p(x)$，其中 p 是计数惩罚项或者二次惩罚项：

$$p_{\text{count}}(x)=(|x|>2)\qquad p_{\text{quadratic}}(x)=\max(|x|-2,0)^2 \tag{D.15}$$

计数惩罚法不向优化过程提供任何梯度信息。在可行集外初始化的优化算法将远离可行域，因为 $1-x^2$ 通过从原点无限远地向左或向右移动而最小化。惩罚项过大并不是主要问题；惩罚项较小可能导致类似问题。

二次惩罚法为优化过程提供梯度信息，将搜索引向可行区域。对于非常大的惩罚，二次惩罚法将在不可行区域产生较大的梯度值。在这个问题中，偏导数是： 458

$$\frac{\partial f}{\partial x}=-2x+\rho\begin{cases}2(x-2) & \text{如果 } x>2\\ 2(x+2) & \text{如果 } x<-2\\ 0 & \text{其他}\end{cases} \tag{D.16}$$

对于非常大的 ρ，不可行区域的偏导数也很大，这会给优化方法带来问题。如果 ρ 不大，则不可行点可能没有得到充分的惩罚，从而导致不可行解。

练习 11.1　我们选择通过计算由约束形成的凸多面体中的每个顶点来最小化线性规划。因此，每个顶点都是一个潜在最小值。顶点由积极约束的交点定义。由于每个不等式约束既可以是积极的也可以是非积极的，并且假设存在 n 个不等式约束，不需要检查超过 $2n$ 个约束组合。

这种方法不能正确地将无界线性约束优化问题识别为无界问题。

练习 11.2　单纯形法可以保证每一步都对目标函数进行改进，或者保持目标函数的当前值。任何线性规划都有有限数量的顶点。只要采用启发式方法，如 Bland 规则，使循环不发生，则单纯形法必收敛于一个解。

练习 11.3　可以添加一个松弛变量 x_3 并且最小化 $6x_1+5x_2+x_3$，约束条件为 $-3x_1+2x_2+x_3=$

-5 且 $x_3 \geqslant 0$。

练习 11.4 如果当前迭代 $\boldsymbol{x}$ 可行，则 $\boldsymbol{w}^\top \boldsymbol{x} = b \geqslant 0$。我们希望下一个点保持可行性，因此要求 $\boldsymbol{w}^\top(\boldsymbol{x}+\alpha \boldsymbol{d}) \geqslant 0$。如果获得的 α 值为正值，则 α 是步长的上界。如果得到的 α 值为负值，则可以忽略。

练习 11.5 可以重写问题：

$$\underset{\boldsymbol{x}}{\text{minimize}} \quad \boldsymbol{c}^\top \boldsymbol{x} - \mu \sum_i \ln(\boldsymbol{A}_{\{i\}}^\top \boldsymbol{x}) \tag{D. 17}$$

459 **练习 12.1** 加权和法不能在帕累托边界的非凸区域找到帕累托最优点

练习 12.2 非群体方法只能识别帕累托边界上的一个点。帕累托边界可以帮助设计者在一组非常好的解决方案之间进行权衡。群体方法可以扩展到帕累托边界，并被用作帕累托边界的近似。

练习 12.3 唯一的帕累托最优点是 [1，1]。[1，2] 和 [2，1] 都是弱帕累托最优。

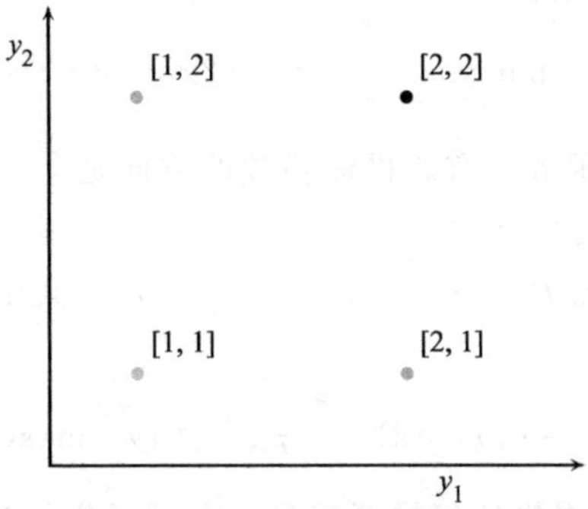

练习 12.4 向量的“梯度”是一个矩阵。二阶导数需要使用张量，求解一个搜索方向的张量方程通常计算量很大。

460 **练习 12.5** 唯一的帕累托最优点是 $\boldsymbol{y}=[0，0]$。左下边界的其余点是弱帕累托最优。

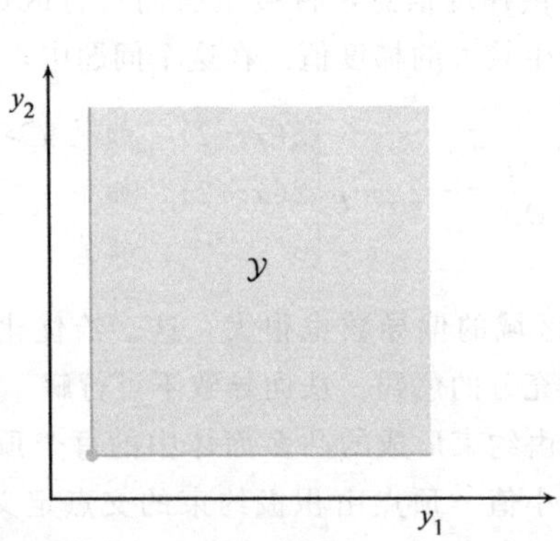

练习 12.6 考虑上一题中的平方标准空间。使用 $\boldsymbol{w}=[0，1]$ 将零值赋给第一个目标，使标准空间的整个底边具有相等的值。如前所述，只有 $\boldsymbol{y}=[0，0]$ 是帕累托最优，其余都是弱帕累托最优。

练习 12.7 例如，如果 $\boldsymbol{y}^{\text{goal}}$ 在标准集中，则通过 $\boldsymbol{y}^{\text{goal}}$ 最小化目标规划目标。如果 $\boldsymbol{y}^{\text{goal}}$ 不是帕累托最优的，那么解就不是帕累托最优的。

练习 12.8 约束方法约束除一个目标外的所有目标。通过改变约束条件可以生成帕累托曲线。如果约束第一个目标，每个优化问题的形式为：

$$\underset{x}{\text{minimize}} \quad (x-2)^2 \tag{D.18}$$

$$\text{s. t.} \quad x^2 \leqslant c \tag{D.19}$$

约束条件只能满足 $c \geqslant 0$。这允许 x 在 $\pm\sqrt{c}$ 内变化。第一个目标通过最小化 x 与 2 的偏差进行优化。因此，对于给定的 c 值，我们得到：

$$x^* = \begin{cases} 2 & \text{如果 } c \geqslant 4 \\ \sqrt{c} & \text{如果 } c \in [0,4) \\ \text{未定义} & \text{其他} \end{cases} \tag{D.20}$$

得到的帕累托曲线为： 461

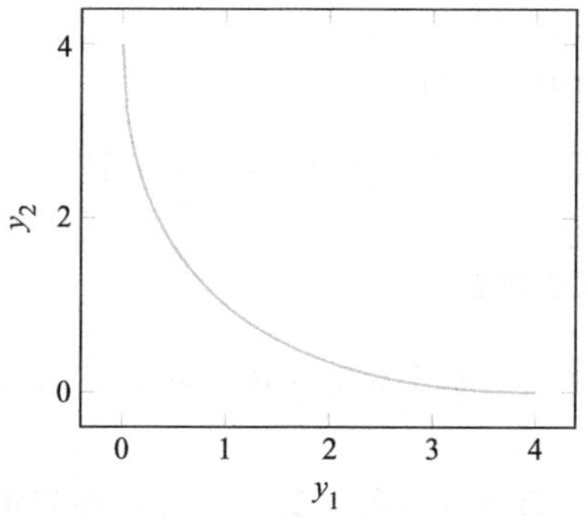

练习 12.9 标准空间是目标函数值的空间。结果图是：

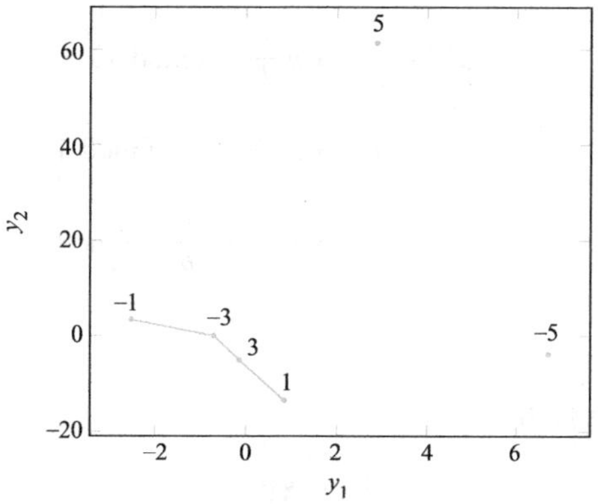

我们发现在对应于我们的六个样本点的近似帕累托边界上有四个点。相应的设计点是 $x=\{-1, -3, 3, 1\}$。

练习 13.1 一维单位超立方体是 $x \in [0, 1]$，其体积为 1。在这种情况下所需的边长 ℓ 是 0.5。对于 $i \in \{1, 2\}$，二维单位超立方体是单位平方 $x_i \in [0, 1]$，其二维体积或面积为 1。一个边长为 l 的正方形的面积是 ℓ^2，所以我们得到：

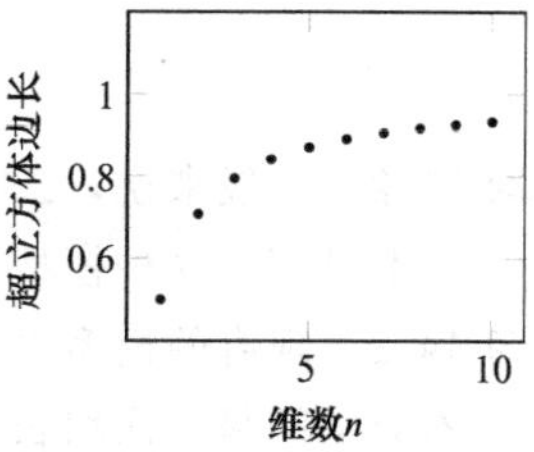

$$\ell^2 = \frac{1}{2} \quad \Rightarrow \quad \ell = \frac{\sqrt{2}}{2} \approx 0.707 \tag{D.21}$$

462

$$\text{一个 } n \text{ 维超立方体的体积为 } \ell^n\text{。求解：} \ell^n = \frac{1}{2} \Rightarrow \ell = 2^{-1/n} \tag{D. 22}$$

边长趋近于1。

练习 13.2　随机抽样点在表面的 ϵ 距离为只是量的比值。因此：

$$P(\|x\|_2 > 1-\epsilon) = 1 - P(\|x\|_2 < 1-\epsilon) = 1-(1-\epsilon)^n \to 0 \tag{D. 23}$$

其中 $n \to \infty$。

练习 13.3

```
function pairwise_distances(X, p=2)
    m = length(X)
    [norm(X[i]-X[j], p) for i in 1:(m-1) for j in (i+1):m]
end
function phiq(X, q=1, p=2)
    dists = pairwise_distances(X, p)
    return sum(dists.^(-q))^(1/q)
end
X = [[cos(2π*i/10), sin(2π*i/10)] for i in 1 : 10]
@show phiq(X, 2)

phiq(X, 2) = 6.422616289332565
```

不会，Morris-Mitchell 标准完全基于成对距离。转移相同数量的点不改变成对距离，从而不会改变 Φ_2 (X)。

练习 13.4　有理数可以写成两个整数 a/b 的分数。因此，序列重复每 b 次迭代：

$$x^{(k+1)} = x^{(k)} + \frac{a}{b} \pmod 1$$

$$\begin{aligned} x^{(k)} &= x^{(0)} + k\frac{a}{b} \pmod 1 \\ &= x^{(0)} + k\frac{a}{b} + a \pmod 1 \\ &= x^{(0)} + (k+b)\frac{a}{b} \pmod 1 \\ &= x^{(k+b)} \end{aligned}$$

463

练习 14.1　线性回归目标函数为：

$$\|\boldsymbol{y} - \boldsymbol{X\theta}\|_2^2$$

将梯度设为零：

$$\nabla(\boldsymbol{y}-\boldsymbol{X\theta})^\top(\boldsymbol{y}-\boldsymbol{X\theta}) = -2\boldsymbol{X}^\top(\boldsymbol{y}-\boldsymbol{X\theta}) = \boldsymbol{0}$$

得到正则化方程：

$$\boldsymbol{X}^\top\boldsymbol{X\theta} = \boldsymbol{X}^\top\boldsymbol{y}$$

练习 14.2　一般来说，当有更多的数据可用时，应该使用更多的描述性模型。如果只有少数样本可用，这种模型容易过拟合，所以应该使用更简单的模型（自由度更低）。

练习 14.3　现有的模型可能有很多参数。在这种情况下，得到的线性系统太大，并且需要与参数空间呈二次增长的内存空间。像随机梯度下降这样需要参数空间大小保持线性的迭代过程，可能是唯一可行的方案。

练习 14.4 留一法交叉验证估计由 k 运行 k 次交叉验证得到，k 为 x 中的样本数，也就是说每个多项式需要运行 4 次交叉验证。 464

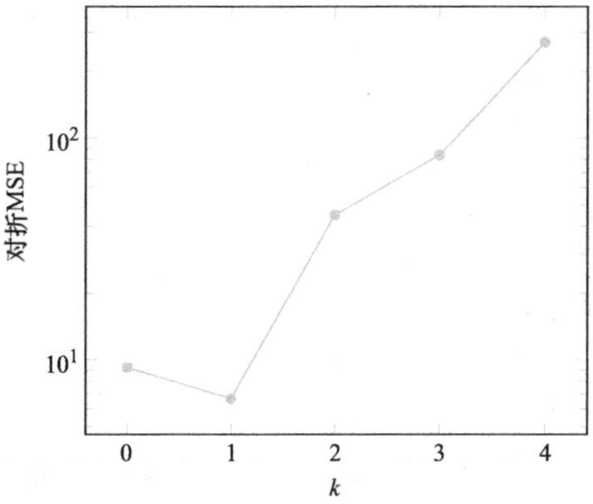

得到线性模型的最小均方误差 $k=1$。得到完整数据集上拟合的新线性模型参数：

```
X = [[1],[2],[3],[4]]
y = [0,5,4,6]
bases = polynomial_bases(1, 1)
B = [b(x) for x in X, b in bases]
θ = pinv(B)*y
@show θ

θ = [-0.5, 1.7]
```

练习 15.1 高斯过程是非参数的，而线性回归模型是参数的。这意味着模型的自由度会随着数据量的增加而增加，从而使高斯过程能够在优化过程中保持偏差和方差之间的平衡。

练习 15.2 要获得高斯过程的条件分布，需要求解方程（15.13）。最复杂的操作是将 $m\times m$ 矩阵 $\boldsymbol{K}(X, X)$ 求逆，复杂度为 $O(m^3)$。

练习 15.3 f 的导数为：

$$\frac{(x^2+1)\cos(x)-2x\sin(x)}{(x^2+1)^2}$$

下面，我们绘制了带有导数信息和不带有导数信息的高斯过程的预测分布（见彩插）。$x\approx\pm3.8$ 时，带有导数信息的高斯过程在 $[-5, 5]$ 上的预测分布中的最大标准偏差约为 0.377。 465

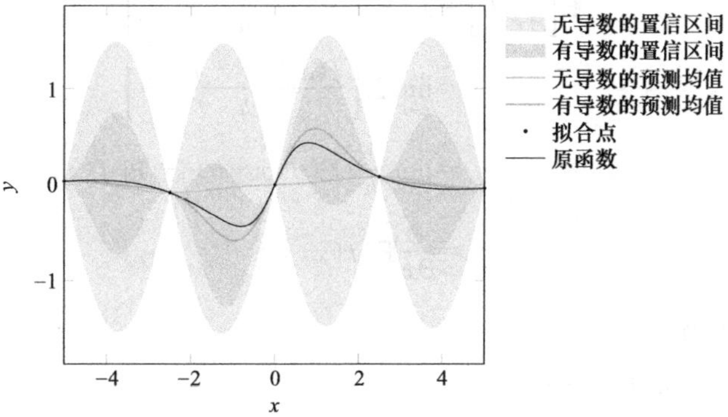

合并导数信息会大大减小置信区间，因为有更多信息可用于预测。下面我们绘制了高斯过程在［－5，5］上的预测分布中的最大标准偏差，该过程没有导数信息，且均等空间估计的变化不定。至少需要八个点，才能在导数信息上优于高斯过程。

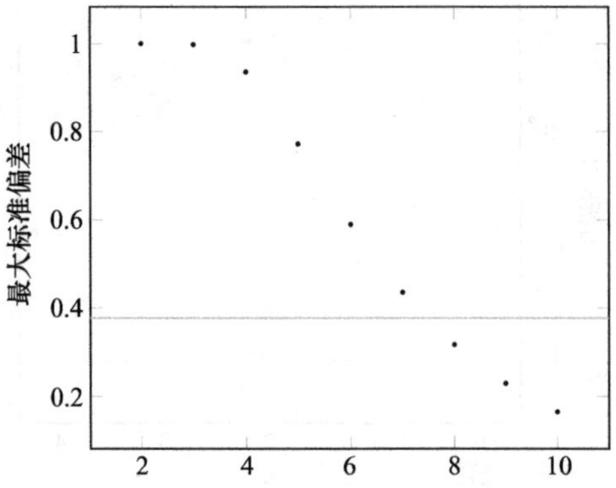

466

练习 15.4 可以根据以下公式得出：

$$
\begin{aligned}
k_{f\nabla}(\boldsymbol{x},\boldsymbol{x}')_i &= \operatorname{cov}\left(f(\boldsymbol{x}),\frac{\partial}{\partial x'_i}f(\boldsymbol{x}')\right)\\
&=\mathbb{E}\left[(f(\boldsymbol{x})-\mathbb{E}[f(\boldsymbol{x})])\left(\frac{\partial}{\partial x'_i}f(\boldsymbol{x}')-\mathbb{E}\left[\frac{\partial}{\partial x'_i}f(\boldsymbol{x}')\right]\right)\right]\\
&=\mathbb{E}\left[(f(\boldsymbol{x})-\mathbb{E}[f(\boldsymbol{x})])\left(\frac{\partial}{\partial x'_i}f(\boldsymbol{x}')-\frac{\partial}{\partial x'_i}\mathbb{E}[f(\boldsymbol{x}')]\right)\right]\\
&=\mathbb{E}\left[(f(\boldsymbol{x})-\mathbb{E}[f(\boldsymbol{x})])\frac{\partial}{\partial x'_i}(f(\boldsymbol{x}')-\mathbb{E}[f(\boldsymbol{x}')])\right]\\
&=\frac{\partial}{\partial x'_i}\mathbb{E}[(f(\boldsymbol{x})-\mathbb{E}[f(\boldsymbol{x})])(f(\boldsymbol{x}')-\mathbb{E}[f(\boldsymbol{x}')])]\\
&=\frac{\partial}{\partial x'_i}\operatorname{cov}(f(\boldsymbol{x}),f(\boldsymbol{x}'))\\
&=\frac{\partial}{\partial x'_i}k_{ff}(\boldsymbol{x},\boldsymbol{x}')
\end{aligned}
$$

对于以上使用的$\mathbb{E}\left[\frac{\partial}{\partial x}f\right]=\frac{\partial}{\partial x}\mathbb{E}[f]$，我们可以证明其为真：

$$
\begin{aligned}
\mathbb{E}\left[\frac{\partial}{\partial x}f\right]&=\mathbb{E}\left[\lim_{h\to 0}\frac{f(x+h)-f(x)}{h}\right]\\
&=\lim_{h\to 0}\mathbb{E}\left[\frac{f(x+h)-f(x)}{h}\right]\\
&=\lim_{h\to 0}\frac{1}{h}(\mathbb{E}[f(x+h)]-\mathbb{E}[f(x)])\\
&=\frac{\partial}{\partial x}\mathbb{E}[f(x)]
\end{aligned}
$$

只要目标函数可微。

练习 15.5 将联合高斯分布写为：

$$\begin{bmatrix} a \\ b \end{bmatrix} \sim \mathcal{N}\left(\begin{bmatrix} \mu_a \\ \mu_b \end{bmatrix}, \begin{bmatrix} v_a & v_c \\ v_c & v_b \end{bmatrix}\right) \tag{D. 24}$$

a 上的边缘分布为 $\mathcal{N}(\mu_a, v_a)$，其方差为 v_a。a 的条件分布具有方差 $v_a - v_c^2/v_b$。我们知道 v_b 必须为正，以使原始协方差矩阵为正定。因此，v_c^2/v_b 为正，且 $v_a - v_c^2/v_b \leqslant v_a$。 467

直观的是，条件分布没有比边缘分布大的方差，因为条件分布包含更多有关 a 的信息。如果 a 和 b 是相关的，那么知道 b 的值则会知道 a 的值，并减少不确定性。

练习 15.6 可以使用泛化误差估计或最大化观察到的数据可能性来将参数调整到内核函数或切换内核函数。

练习 15.7 最大化似然乘积等于最大化对数似然和。给定使用每个内核的其他点，这是第三点的对数似然：

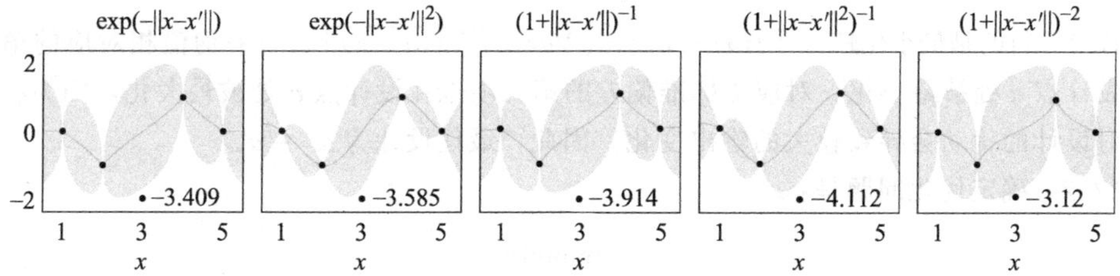

计算所有的值将得出总对数似然：

$$\exp(-\|x-x'\|) \rightarrow -8.688$$
$$\exp(-\|x-x'\|^2) \rightarrow -9.010$$
$$(1+\|x-x'\|)^{-1} \rightarrow -9.579$$
$$(1+\|x-x'\|^2)^{-1} \rightarrow -10.195$$
$$(1+\|x-x'\|)^{-2} \rightarrow -8.088$$

由此得出，最大化留一法交叉验证似然的内核是有理二次内核 $(1+\|x-x'\|)^{-2}$。

练习 16.1 基于预测的高斯过程优化会对同一点重复采样。假设一个零均值高斯过程，从单个点 $\boldsymbol{x}^{(1)}$ 开始，得到某个 $y^{(1)}$。预测均值在 $\boldsymbol{x}^{(1)}$ 处有一个全局极小值。基于预测的优化将持续重复地对 $\boldsymbol{x}^{(1)}$ 采样。

练习 16.2 基于错误的探索致力于降低方差，并不致力于找到最小化函数。 468

练习 16.3 见如下高斯过程：

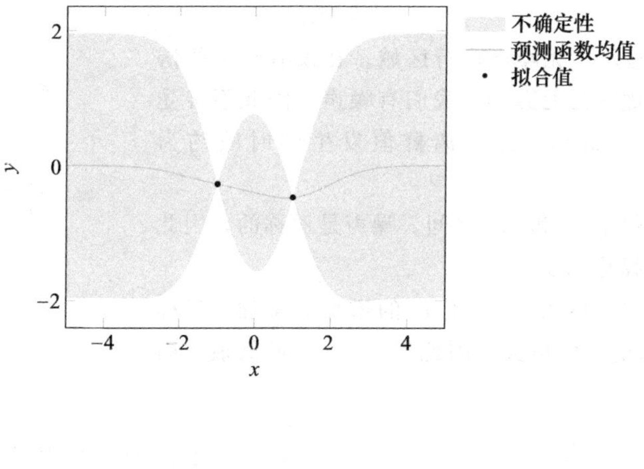

改进概率和预期改进效果如下：

最大的改进概率为 $x=0.98$，$P=0.523$。

最大的预期改进为 $x=2.36$，$E=0.236$。

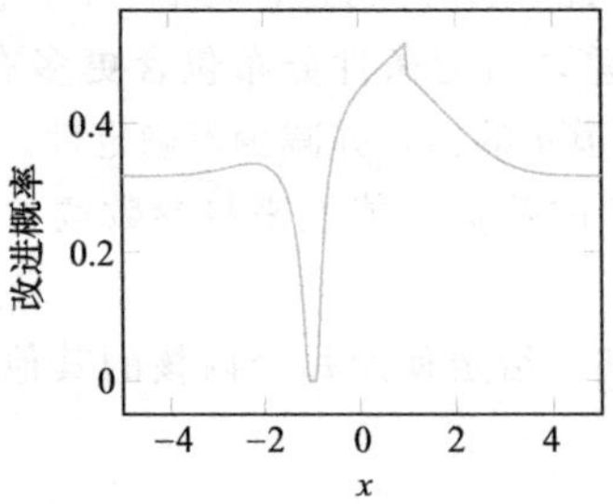

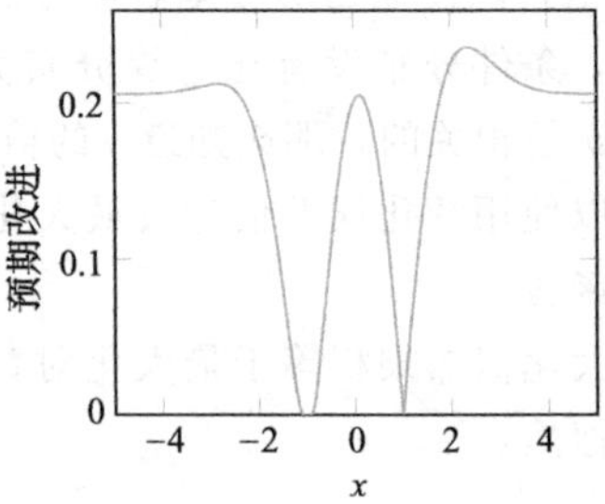

练习 17.1　目的是最小化$\mathbb{E}_{z\sim N}[f(x+z)]-\sqrt{Var_{z\sim N}[f(x+z)]}$。与平均值相对应的第一项在设计点 a 处被最小化。对应于标准偏差的第二项也在设计点 a 处被最大化，因为在该位置对设计的扰动会导致较大的输出变化。因此，最佳设计为 $x^*=a$。

练习 17.2　确定优化问题是：

$$\underset{x}{\text{minimize}} \quad x^2$$

469

$$\text{s. t.} \quad \gamma x^{-2}\leqslant 1$$

作为安全系数的函数的最佳横截面长度为 $x=\sqrt{\gamma}$。因此，我们可以用$\sqrt{\gamma}$代替每种不确定性公式中的横截面长度，并评估设计成功的可能性。请注意，由于正态分布的对称性，当安全系数为 1 时，所有设计都有 50％的失败机率。下图见彩插。

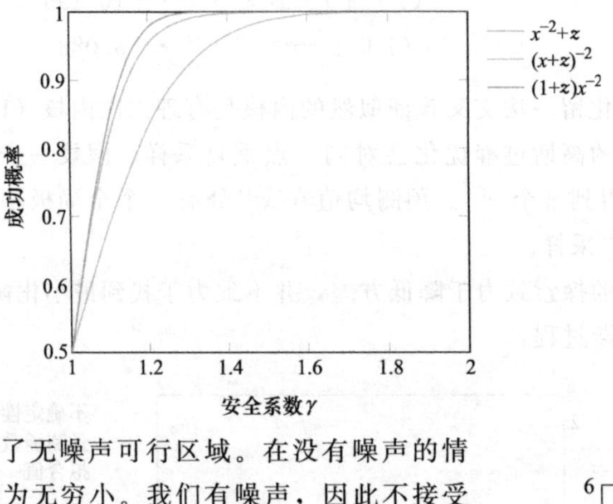

练习 17.3　图 D.1 显示了无噪声可行区域。在没有噪声的情况下，x_1 的最优解为无穷小。我们有噪声，因此不接受任何大于 6 的离群值。此类离群值发生的时间约为 $1.973\times10^{-7}\%$。

x_2 的可行区域位于 e^{x_1} 和 $2e^{x_1}$ 之间。噪声是对称的，因此 x_2 的最可靠选择是 $1.5e^{x_1}$。

x_2 的可行区域的宽度为 e^{x_1}，随 x_1 的增加而增加。目标函数也随 x_1 的增大而增大，因此最佳 x_1 为最低值，因

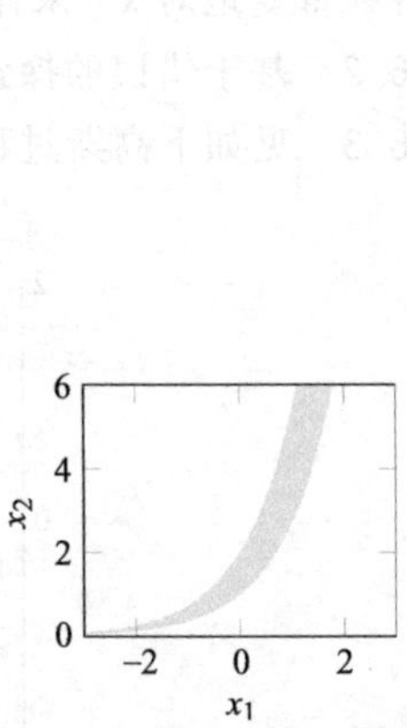

图 D.1　无噪声可行区域

此可行区域的宽度至少为 12。得到 $x_1=\ln 12\approx 2.485$ 和 $x_2=18$。

练习 18.1 累计分布函数可用于计算以下值：

```
julia> using Distributions
julia> N = Normal(0,1);
julia> cdf(N, 1) - cdf(N, -1)
0.6826894921370861
julia> cdf(N, 1)
0.841344746068543
```

470

因此，我们的样本处于大约 68.3%的时间平均值的一个标准偏差之内，而在 84.1%的时间平均值之上均小于一个标准偏差。

练习 18.2 首先用样本均值的定义代替：

$$\begin{aligned}\mathrm{Var}(\hat{\mu})&=\mathrm{Var}\left(\frac{x^{(1)}+x^{(2)}+\cdots+x^{(m)}}{m}\right)\\&=\mathrm{Var}\left(\frac{1}{m}x^{(1)}+\frac{1}{m}x^{(2)}+\cdots+\frac{1}{m}x^{(m)}\right)\end{aligned}$$

两个自变量之和的方差是两个变量的方差之和。它遵循：

$$\begin{aligned}\mathrm{Var}(\hat{\mu})&=\mathrm{Var}\left(\frac{1}{m}x^{(1)}\right)+\mathrm{Var}\left(\frac{1}{m}x^{(2)}\right)+\cdots+\mathrm{Var}\left(\frac{1}{m}x^{(m)}\right)\\&=\frac{1}{m^2}\mathrm{Var}\left(x^{(1)}\right)+\frac{1}{m^2}\mathrm{Var}\left(x^{(2)}\right)+\cdots+\frac{1}{m^2}\mathrm{Var}\left(x^{(m)}\right)\\&=\frac{1}{m^2}(v+v+\cdots+v)\\&=\frac{1}{m^2}(mv)\\&=\frac{v}{m}\end{aligned}$$

练习 18.3 正交多项式的三项递归关系对其构建和使用都至关重要。推导的关键是注意到 z 的倍数可以从一个基移到另一个基：

$$\int_z (zb_i(z))b_j(z)p(z)\mathrm{d}z=\int_z b_i(z)(zb_j(z))p(z)\mathrm{d}z$$

给出：

$$b_{i+1}(z)=\begin{cases}(z-\alpha_i)b_i(z) & \text{对于 } i=1\\(z-\alpha_i)b_i(z)-\beta_i b_{i-1}(z) & \text{对于 } i>1\end{cases}$$

从而产生正交多项式。 471

我们注意到 $b_{i+1}-zbi$ 最多是度为 i 的多项式，因此可以将其写为前 i 个正交多项式的线性组合，对于常数 α_i，β_i 和 γ_{ij}，有：

$$b_{i+1}(z)-zb_i(z)=-\alpha_i b_i(z)-\beta_i b_{i-1}(z)+\sum_{j=0}^{i-2}\gamma_{ij}b_j(z)$$

在两边分别乘以 b_i 和 p，然后积分得到：

$$\int_Z (b_{i+1}(z) - zb_i(z))b_i(z)p(z)\mathrm{d}z = \int_Z \Big(-\alpha_i b_i(z) - \beta_i b_{i-1}(z) + \sum_{j=0}^{i-2}\gamma_{ij}b_j(z)\Big)b_i(z)p(z)\mathrm{d}z$$

$$\begin{aligned}
&\int_Z b_{i+1}(z)b_i(z)p(z)\mathrm{d}z - \int_Z zb_i(z)b_i(z)p(z)\mathrm{d}z \\
&= -\int_Z \alpha_i b_i(z)b_i(z)p(z)\mathrm{d}z - \int_Z \beta_i b_{i-1}(z)b_i(z)p(z)\mathrm{d}z + \sum_{j=0}^{i-2}\int_Z \gamma_{ij}b_j(z)b_i(z)p(z)\mathrm{d}z \\
&\quad - \int_Z zb_i^2(z)p(z)\mathrm{d}z \\
&= -\alpha_i\int_Z b_i^2(z)p(z)\mathrm{d}z
\end{aligned}$$

得到 α_i 的表达式：

$$\alpha_i = \frac{\int_Z zb_i^2(z)p(z)\mathrm{d}z}{\int_Z b_i^2(z)p(z)\mathrm{d}z}$$

取 $i \geqslant 1$ 的 β_i 表达式，而不是将两边分别乘以 b_{i-1} 和 p，然后积分。

当 $k < i-1$ 时，两侧乘以 b_k 同样可以得到：

$$-\int_Z zb_i(z)b_k(z)p(z)\mathrm{d}z = \gamma_{ik}\int_Z b_k^2(z)p(z)\mathrm{d}z$$

移动可得：

$$\int_Z zb_i(z)b_k(z)p(z)\mathrm{d}z = \int_Z b_i(z)(zb_k(z))p(z)\mathrm{d}z = 0$$

472

因为 $zb_k(z)$ 是至多为 $i-1$ 阶的多项式，并且通过正交性可得，其积分为零。因此，所有 γ_{ik} 均为零，并建立了三项递归关系。

练习 18.4 可以使用 f 的偏导数相对于设计分量 x_i 得出梯度近似：

$$\frac{\partial}{\partial x_i}f(\boldsymbol{x},z) \approx b_1(z)\frac{\partial}{\partial x_i}\theta_1(\boldsymbol{x}) + \cdots + b_k(z)\frac{\partial}{\partial x_i}\theta_k(\boldsymbol{x})$$

如果有 m 个样本，我们可以用矩阵形式写这些偏导数：

$$\begin{bmatrix} \frac{\partial}{\partial x_i}f(\boldsymbol{x},\boldsymbol{z}^{(1)}) \\ \vdots \\ \frac{\partial}{\partial x_i}f(\boldsymbol{x},\boldsymbol{z}^{(m)}) \end{bmatrix} \approx \begin{bmatrix} b_1(\boldsymbol{z}^{(1)}) & \cdots & b_k(\boldsymbol{z}^{(1)}) \\ \vdots & & \vdots \\ b_1(\boldsymbol{z}^{(m)}) & \cdots & b_k(\boldsymbol{z}^{(m)}) \end{bmatrix} \begin{bmatrix} \frac{\partial}{\partial x_i}\theta_1(\boldsymbol{x}) \\ \vdots \\ \frac{\partial}{\partial x_i}\theta_k(\boldsymbol{x}) \end{bmatrix}$$

可以使用伪逆矩阵解出 $\frac{\partial}{\partial x_i}\theta_1(\boldsymbol{x})$，…，$\frac{\partial}{\partial x_i}\theta_k(\boldsymbol{x})$ 的近似值：

$$\begin{bmatrix} \frac{\partial}{\partial x_i}\theta_1(\boldsymbol{x}) \\ \vdots \\ \frac{\partial}{\partial x_i}\theta_k(\boldsymbol{x}) \end{bmatrix} \approx \begin{bmatrix} b_1(\boldsymbol{z}^{(1)}) & \cdots & b_k(\boldsymbol{z}^{(1)}) \\ \vdots & & \vdots \\ b_1(\boldsymbol{z}^{(m)}) & \cdots & b_k(\boldsymbol{z}^{(m)}) \end{bmatrix}^{+} \begin{bmatrix} \frac{\partial}{\partial x_i}f(\boldsymbol{x},\boldsymbol{z}^{(1)}) \\ \vdots \\ \frac{\partial}{\partial x_i}f(\boldsymbol{x},\boldsymbol{z}^{(m)}) \end{bmatrix}$$

练习 18.5 估计的均值和方差的系数取决于设计变量：

$$\begin{aligned}\hat{\mu}(\boldsymbol{x}) &= \theta_1(\boldsymbol{x}) \\ \hat{v}(\boldsymbol{x}) &= \sum_{i=2}^{k} \theta_i^2(\boldsymbol{x}) \int_{\mathcal{Z}} b_i(\boldsymbol{z})^2 p(\boldsymbol{z}) \mathrm{d}\boldsymbol{z}\end{aligned} \tag{D.25}$$

f_{mod}关于第 i 个设计分量的偏导数为：

$$\frac{\partial}{\partial x_i} f_{\text{mod}}(\boldsymbol{x}) = \alpha \frac{\partial \theta_1(\boldsymbol{x})}{\partial x_i} + 2(1-\alpha) \sum_{i=2}^{k} \theta_i(\boldsymbol{x}) \frac{\partial \theta_i(\boldsymbol{x})}{x_i} \int_{\mathcal{Z}} b_i(\boldsymbol{z})^2 p(\boldsymbol{z}) \mathrm{d}\boldsymbol{z} \tag{D.26}$$

计算公式（D.26）需要系数相对于 $\boldsymbol{x}$ 的梯度，这在练习 18.4 中进行了估算。

练习 19.1 枚举尝试所有设计。每个分支都可以是真或假，因此在最坏的情况下可能生成 2^n 个可能的设计。所以这个问题有 $2^3=8$ 个可能的设计。 473

```
f(x) = (!x[1] || x[3]) && (x[2] || !x[3]) && (!x[1] || !x[2])
using IterTools
for x in IterTools.product([true,false], [true,false], [true,false])
    if f(x)
        @show(x)
        break
    end
end

x = (false, true, true)
```

练习 19.2 布尔可满足性问题仅是寻找有效的解。因此，我们将 $\boldsymbol{c}$ 设置为 0。

约束会变得更加有趣。与所有整数线性规划一样，$\boldsymbol{x}$ 被约束为非负整数。此外，使 1 对应于 `true`，0 对应于 `false`，并引入约束 $\boldsymbol{x} \leqslant \mathbf{1}$。

接下来，我们看一下目标函数并观察 ∧"and" 语句，将 f 分成单独的布尔表达式，每个布尔表达式必须为 true。将表达式转换为线性约束：

$$\begin{aligned} x_1 &\Rightarrow x_1 \geqslant 1 \\ x_2 \vee \neg x_3 &\Rightarrow x_2 + (1-x_3) \geqslant 1 \\ \neg x_1 \vee \neg x_2 &\Rightarrow (1-x_1) + (1-x_2) \geqslant 1 \end{aligned}$$

其中必须满足每个表达式（$\geqslant 1$），并且逆变量$\neg x_i$只是 $1-x_i$。

生成的整数线性规划为：

$$\begin{aligned} \underset{\boldsymbol{x}}{\text{minimize}} \quad & 0 \\ \text{s.t.} \quad & x_1 \geqslant 1 \\ & x_2 - x_3 \geqslant 0 \\ & -x_1 - x_2 \geqslant -1 \\ & \boldsymbol{x} \in \mathbb{N}^3 \end{aligned}$$

这种方法是通用的，可用于将任何布尔可满足性问题转换为整数线性规划问题。

练习 19.3 完全单模矩阵的逆也是整数矩阵。可以使用单纯形法精确求解 $\boldsymbol{A}$ 完全单模且 $\boldsymbol{b}$ 为整数的整数规划。 474

如果每个正方形非奇异子矩阵都是单模的，则矩阵是完全单模的。单个矩阵项是一个正方形子矩阵。1×1 矩阵的行列式是其单个条目的绝对值。单项子矩阵只有在行列式为±1 的情况下才是单模的，这仅在为±1 的项中才会发生。单项子矩阵也可以是非奇异的，允许其为 0。不允许其他项，因此每个完全单模矩阵仅包含 0、1 或−1 的项。

练习 19.4　分支限界法规定可以在设计上执行分支和限界操作[⊖]。在 0-1 背包中所做的决定是否包括每个物品。因此，每个项代表一个分支；要么包含该项，要么排除它。

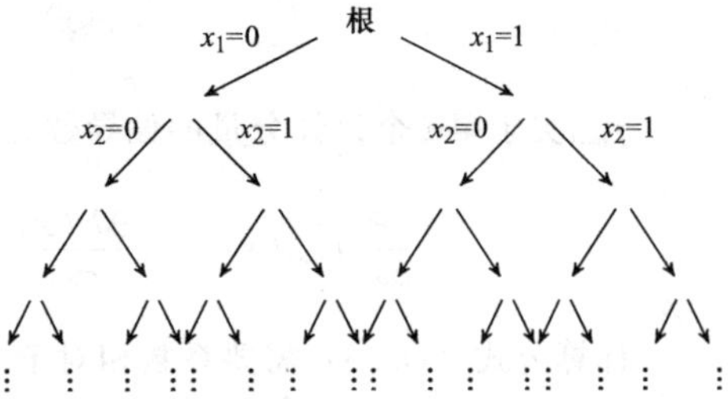

根据以下条件为每个此类枚举构造一棵树：

每个节点代表一个子问题，其中某些项已被包含或排除。子问题已删除了相关的决策变量、值和权重，并且所包含项目的总权重有效地降低了容量。

分支限界法避免使用限界操作中的信息构造整个树。可以通过解决背包子问题的放宽形式来构造边界。这个分数背包问题允许分配项的分数值，$0\leqslant x_i\leqslant 1$。

放宽的背包问题可以通过贪婪方法有效地解决。通过选择价值与重量之比最大的下一个项目，一次添加一个项目。如果有足够的剩余容量，则项目已完全分配，即 $x_i=1$，如果不
475 这样做，则分配一个分数，以使剩余容量达到饱和，并且所有剩余项的 $x_i=0$。

我们从分支第一项开始。$x_1=0$ 的子树具有以下子问题：

$$\underset{x_{2:6}}{\text{minimize}} \quad -\sum_{i=2}^{6} v_i x_i$$
$$\text{s.t.} \quad \sum_{i=2}^{6} w_i x_i \leqslant 20$$

而 $x_1=1$ 的子树有以下子问题：

$$\underset{x_{2:6}}{\text{minimize}} \quad -9-\sum_{i=2}^{6} v_i x_i$$
$$\text{s.t.} \quad \sum_{i=2}^{6} w_i x_i \leqslant 13$$

我们可以使用贪婪方法为两个子树构造一个下界。按值对其余项进行权重排序，

项：	6	4	5	3	2
比率：	3/4	3/5	5/9	2/4	4/8
	0.75	0.6	0.556	0.5	0.5

对于 $x_1=0$ 的子树，完全分配项 6、4 和 5。然后，由于有剩余容量 2，部分分配项 3，因此设置 $x_3=2/4=0.5$。因此，下界为$-(3+5+3+0.5\cdot 2)=-12$。

对于 $x_1=1$ 的子树，我们分配项 6 和 4，并将 5 部分分配给 $x_5=4/9$。因此，下界为$-(3+5+(4/9)\cdot 3)\approx -18.333$。

$x_1=1$ 的子树具有更好的下界，因此该算法通过拆分该子问题继续进行。最终解为 $\boldsymbol{x}=[1, 0, 0, 0, 1, 1]$。

⊖　P. J. Kolesar, "A Branch and BoundAlgorithmfortheKnap-sackProblem," *Management Science*, vol. 13, no. 9, pp. 723-735, 1967.

练习 20.1　可以生成六个表达式树：

$$
\begin{array}{cccccc}
\mathbb{I} & \mathbb{I} & \mathbb{F} & \mathbb{R} & \mathbb{R} & \mathbb{R}\\
\downarrow & \downarrow & \downarrow & \downarrow & \downarrow & \downarrow\\
1 & 2 & \pi & \mathbb{I} & \mathbb{I} & \mathbb{F}\\
 & & & \downarrow & \downarrow & \downarrow\\
 & & & 1 & 2 & \pi
\end{array}
$$

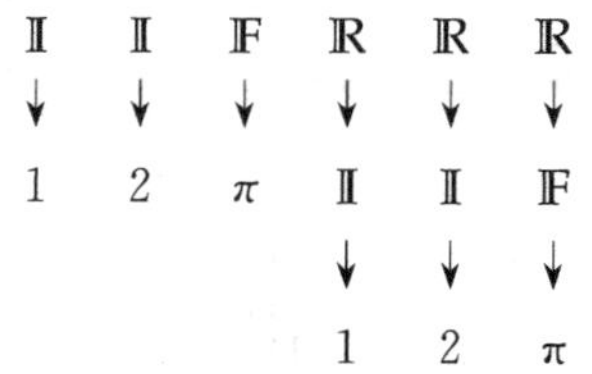

476

练习 20.2　仅存在一个高度为 0 的表达式，即空表达式。将其表示为 $a_0=1$。类似地，仅存在一个高度为 1 的表达式，即 {} 表达式。将其表示为 $a_1=1$。对于深度 2，存在三个表达式，对于深度 3，存在 21 个表达式，依此类推。

假设我们已经构建了所有高度为 h 的表达式。可以使用根节点构造所有高度为 $h+1$ 的表达式，并根据以下条件选择左、右子表达式：

1. 一个高度为 h 的左表达式和一个高度不到 h 的右表达式，

2. 一个高度为 h 的右表达式和一个高度不到 h 的左表达式，

3. 高度为 h 的左右表达式。

接下来得到的是高度为 $h+1$ 的表达式的数量[⊖]：

$$
a_{h+1}=2a_h(a_0+\cdots+a_{h-1})+a_h^2
$$

练习 20.3　可以使用以下语法和起始符号 $\mathbb{I}$：

$$
\mathbb{I}\mapsto\mathbb{D}+10\times\mathbb{I}
$$
$$
\mathbb{D}\mapsto 0\mid 1\mid 2\mid 3\mid 4\mid 5\mid 6\mid 7\mid 8\mid 9
$$

练习 20.4　构造无异常的语法可能具有挑战性。通过捕获目标函数中的异常并适当地对其进行惩罚，可以避免此类问题。

练习 20.5　必须限制在表达式优化过程中操作的变量类型有很多原因。许多运算符仅在某些输入上有效[⊖]，并且矩阵乘法要求输入的维兼容。变量的物理维是另一个问题。语法必须说明输入值的单位以及可以对它们进行的有效操作。

例如，$x\times y$（其中 x 的单位为 $\mathrm{kg}^a\mathrm{m}^b\mathrm{s}^c$，而 y 的单位为 $\mathrm{kg}^d\mathrm{m}^e\mathrm{s}^f$）将产生一个值，单位为 $\mathrm{kg}^{a+d}\mathrm{m}^{b+e}\mathrm{s}^{c+f}$。取 x 的平方根将产生一个单位为 $\mathrm{kg}^{a/2}\mathrm{m}^{b/2}\mathrm{s}^{c/2}$ 的值。此外，诸如 sin 之类的操作只能应用于无单位输入。

477

处理物理单元的一种方法是将一个 n 元组与表达式树中的每个节点相关联。元组记录有关用户指定的允许基本单位的指数。如果涉及的基本单位是质量、长度和时间，则每个节点将具有 3 个元组 (a, b, c) 来表示单位 $\mathrm{kg}^a\mathrm{m}^b\mathrm{s}^c$。分配生产规则时，相关的语法必须考虑这些单位[⊖]。

练习 20.6　可以使用应用字符串分量的 `ExprRules.jl` 对语法进行编码：

⊖　这对应于 OEIS 序列 A001699。

⊖　通常不采用负数的平方根。

⊖　更全面的概述请参见：

　　A. Ratle 和 M. Sebag 的 "Genetic Programming and Domain Knowledge：Beyond the Limitations ofGrammar-Guided Machine Discovery," *International Conference on Parallel Problem Solving from Nature* 2000.

```
grammar = @grammar begin
    S = NP * " " * VP
    NP = ADJ * " " * NP
    NP = ADJ * " " * N
    VP = V  * " " * ADV
    ADJ = |(["a", "the", "big", "little", "blue", "red"])
    N = |(["mouse", "cat", "dog", "pony"])
    V = |(["ran", "sat", "slept", "ate"])
    ADV = |(["quietly", "quickly", "soundly", "happily"])
end
```

我们可以使用表型方法获得解。

```
eval(phenotype([2,10,19,0,6], grammar, :S)[1], grammar)
```

该表型是“little dog ate quickly”。

练习 20.7 为时钟问题定义一种语法。令$\mathbb{G}_r$为半径r的齿轮的符号，令$\mathbb{A}$为轴，$\mathbb{R}$为轮辋，$\mathbb{H}$为指针。语法是：

$$
\begin{aligned}
\mathbb{G}_r &\mapsto \mathbb{R}\mathbb{A} \mid \varepsilon \\
\mathbb{R} &\mapsto \mathbb{R}\mathbb{R} \mid \mathbb{G}_r \mid \varepsilon \\
\mathbb{A} &\mapsto \mathbb{A}\mathbb{A} \mid \mathbb{G}_r \mid \mathbb{H} \mid \varepsilon
\end{aligned}
$$

这样每个齿轮都可以具有任意数量的轮辋和车轴子代。ε表示一个空终端，可以根据以下
478 条件构造有一只秒针的时钟：

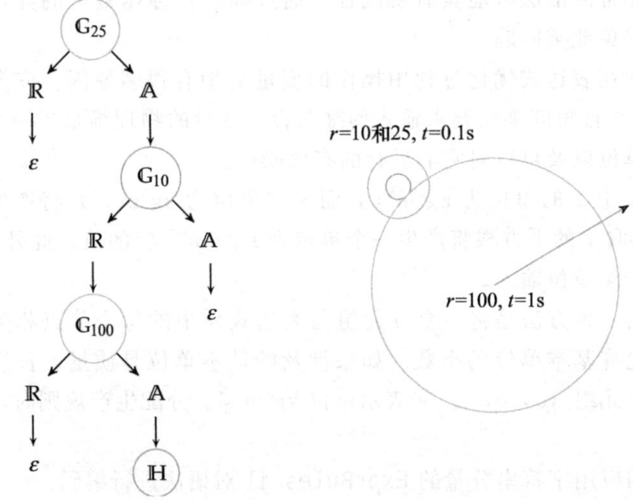

请注意，语法不会计算齿轮的旋转周期，这由目标函数处理。可以编写一个递归过程以返回所有指针的旋转周期。旋转周期列表随后用于计算目标函数值。

练习20.8 本章介绍的任何方法均可用于完成四个4s难题。一种简单的方法是在适当的语法上使用蒙特卡罗采样。对具有四个4s的采样表达式进行评估，并在适当的情况下进行记录。重复此过程，直到找到每个整数的表达式。

一种合适的语法是[⊖]：

$$\mathbb{R} \mapsto 4 \mid 44 \mid 444 \mid 4444 \mid \mathbb{R}+\mathbb{R} \mid \mathbb{R}-\mathbb{R} \mid \mathbb{R}\times\mathbb{R} \mid \mathbb{R}/\mathbb{R} \mid$$
$$\mathbb{R}^{\mathbb{R}} \mid \lfloor \mathbb{R} \rfloor \mid \lceil \mathbb{R} \rceil \mid \sqrt{\mathbb{R}} \mid \mathbb{R}! \mid \Gamma(\mathbb{R})$$

将求值表达式四舍五入到最接近的整数。向上舍入的表达式可以包含在上界操作中，而向下舍入的表达式可以包含在下界操作中，因此所有这些表达式都是有效的。 479

练习 20.9 该表达式是通过应用生产规则获得的：

$$\begin{aligned}
&\mathbb{R}\mapsto\mathbb{R}+\mathbb{R} && P=1/12\\
&\mathbb{R}\mapsto\mathbb{F} && P=5/12\\
&\mathbb{F}\mapsto 1.5 && P=4/7\\
&\mathbb{R}\mapsto\mathbb{I} && P=5/12\\
&\mathbb{I}\mapsto && P=1/3
\end{aligned}$$

其中一种可能性为

$$\frac{1}{12}\ \frac{5}{12}\ \frac{4}{7}\ \frac{5}{12}\ \frac{1}{3}=\frac{25}{9072}\approx 0.002\,76$$

练习 20.10 学习更新清空所有计数，并增加其每次应用的生成规则。5 个应用规则都增加一次，结果如下：

$$\begin{aligned}
&\mathbb{R}\mapsto\mathbb{R}+\mathbb{R}\mid\mathbb{R}\times\mathbb{R}\mid\mathbb{F}\mid\mathbb{I} && w_{\mathbb{R}}=[1,0,1,1]\\
&\mathbb{F}\mapsto 1.5\mid\infty && p_{\mathbb{F}}=[1,0]\\
&\mathbb{I}\mapsto 1\mid 2\mid 3 && p_{\mathbb{I}}=[0,1,0]
\end{aligned}$$

练习 21.1 受到翼型结构稳定性约束的情况下，最大化翼型形状的升阻比。

练习 21.2 考虑一个问题，其中学科依赖图是一棵（有向的）树：如果优化从根开始并按照拓扑顺序进行，那么在遍历一棵树之后就会发生收敛。

练习 21.3 它可以并行执行学科分析。

练习 21.4 在多学科设计可行架构下的弹簧摆问题是：

$$\begin{aligned}
\underset{k}{\text{minimize}}\quad & f(\text{MDA}(k))\\
\text{s.t.}\quad & k>0\\
& \theta\leqslant\theta_{\max}\\
& \text{MDA}(k)\text{收敛}
\end{aligned}$$

MDA（k）在以下两个学科分析中执行多学科分析：计算 $\mathcal{A}[M]=mgl\cos(\mathcal{A}[\theta])$ 的载荷分析和 $\mathcal{A}[\theta]=\mathcal{A}[M]/\mathcal{A}[k]$ 的位移分析。为了加强收敛性，是否将收敛的多学科设计分析作为附加响应变量。

解决优化问题结果为 $k\approx 55.353$ /N。

练习 21.5 个别设计可行架构下的弹簧摆问题为：

⊖ 伽马函数 $\Gamma(x)$ 是阶乘函数的扩展，该阶乘函数接受实数和复数值输入。对于正整数 x，它将产生$(x-1)!$。 480

$$
\begin{aligned}
\underset{k,\theta_c,M_c}{\text{minimize}} \quad & k \\
\text{s. t.} \quad & k>0 \\
& \theta_c=F_{\text{displacement}}(k,M_c) \\
& M_c=F_{\text{loads}}(\theta_c) \\
& \theta\leqslant\theta_{\max}
\end{aligned}
$$

其中 θ_c 和 M_c 是在优化器控制下的附加耦合变量。这两个学科分析可以并行执行。

练习 21.6 协作优化构架下的弹簧摆问题的两个学科优化问题是：

$$
\begin{aligned}
\underset{k,M}{\text{minimize}} \quad & J_{\text{displacement}}=(k_g-\mathcal{A}[k_g])^2+(M_g-\mathcal{A}[M_g])^2+(F_{\text{displacement}}(k_g,M_g)-\theta)^2 \\
\text{s. t.}\ & \theta_g\leqslant\theta_{\max} \\
& k>0
\end{aligned}
$$

以及

$$
\underset{\theta_g}{\text{minimize}} \quad J_{\text{loads}}=(\theta_g-\theta)^2+(F_{\text{loads}}(\theta_g)-M)^2
$$

下标 g 表示一个全局变量。全局变量为 $\mathcal{A}_g=\{k_g,\theta_g,M_g\}$。

系统级优化问题是：

$$
\begin{aligned}
\underset{k_g,\theta_g,M_g}{\text{minimize}} \quad & k_g \\
\text{s. t.} \quad & J_{\text{structures}}=0 \\
& J_{\text{loads}}=0
\end{aligned}
$$

481

参考文献

1. N. M. Alexandrov and M. Y. Hussaini, eds., *Multidisciplinary Design Optimization: State of the Art*. SIAM, 1997 (cit. on p. 387).
2. S. Amari, "Natural Gradient Works Efficiently in Learning," *Neural Computation*, vol. 10, no. 2, pp. 251–276, 1998 (cit. on p. 90).
3. Aristotle, *Metaphysics*, trans. by W. D. Ross. 350 BCE, Book I, Part 5 (cit. on p. 2).
4. L. Armijo, "Minimization of Functions Having Lipschitz Continuous First Partial Derivatives," *Pacific Journal of Mathematics*, vol. 16, no. 1, pp. 1–3, 1966 (cit. on p. 56).
5. J. Arora, *Introduction to Optimum Design*, 4th ed. Academic Press, 2016 (cit. on p. 4).
6. R. K. Arora, *Optimization: Algorithms and Applications*. Chapman and Hall/CRC, 2015 (cit. on p. 6).
7. T. W. Athan and P. Y. Papalambros, "A Note on Weighted Criteria Methods for Compromise Solutions in Multi-Objective Optimization," *Engineering Optimization*, vol. 27, no. 2, pp. 155–176, 1996 (cit. on p. 221).
8. C. Audet and J. E. Dennis Jr., "Mesh Adaptive Direct Search Algorithms for Constrained Optimization," *SIAM Journal on Optimization*, vol. 17, no. 1, pp. 188–217, 2006 (cit. on pp. 105, 126).
9. D. A. Bader, W. E. Hart, and C. A. Phillips, "Parallel Algorithm Design for Branch and Bound," in *Tutorials on Emerging Methodologies and Applications in Operations Research*, H. J. Greenberg, ed., Kluwer Academic Press, 2004 (cit. on p. 346).
10. W. W. R. Ball, *Mathematical Recreations and Essays*. Macmillan, 1892 (cit. on p. 385).
11. D. Barber, *Bayesian Reasoning and Machine Learning*. Cambridge University Press, 2012 (cit. on p. 377).
12. A. G. Baydin, R. Cornish, D. M. Rubio, M. Schmidt, and F. Wood, "Online Learning Rate Adaptation with Hypergradient Descent," in *International Conference on Learning Representations (ICLR)*, 2018 (cit. on p. 82).
13. A. D. Belegundu and T. R. Chandrupatla, *Optimization Concepts and Applications in Engineering*, 2nd ed. Cambridge University Press, 2011 (cit. on p. 6).
14. R. Bellman, "On the Theory of Dynamic Programming," *Proceedings of the National Academy of Sciences of the United States of America*, vol. 38, no. 8, pp. 716–719, 1952 (cit. on p. 3).
15. R. Bellman, *Eye of the Hurricane: An Autobiography*. World Scientific, 1984 (cit. on p. 351).
16. H. Benaroya and S. M. Han, *Probability Models in Engineering and Science*. Taylor & Francis, 2005 (cit. on p. 322).

17. F. Berkenkamp, A. P. Schoellig, and A. Krause, "Safe Controller Optimization for Quadrotors with Gaussian Processes," in *IEEE International Conference on Robotics and Automation (ICRA)*, 2016 (cit. on p. 297).

18. H.-G. Beyer and B. Sendhoff, "Robust OptimOverview–A Comprehensive Survey," *Computer Methods in Applied Mechanics and Engineering*, vol. 196, no. 33, pp. 3190–3218, 2007 (cit. on p. 307).

19. T. L. Booth and R. A. Thompson, "Applying Probability Measures to Abstract Languages," *IEEE Transactions on Computers*, vol. C-22, no. 5, pp. 442–450, 1973 (cit. on p. 375).

20. C. Boutilier, R. Patrascu, P. Poupart, and D. Schuurmans, "Constraint-Based Optimization and Utility Elicitation Using the Minimax Decision Criterion," *Artificial Intelligence*, vol. 170, no. 8-9, pp. 686–713, 2006 (cit. on p. 231).

21. G. E. P. Box, W. G. Hunter, and J. S. Hunter, *Statistics for Experimenters: An Introduction to Design, Data Analysis, and Model Building*, 2nd ed. Wiley, 2005 (cit. on pp. 235, 307).

22. S. Boyd and L. Vandenberghe, *Convex Optimization*. Cambridge University Press, 2004 (cit. on pp. 6, 178, 438).

23. D. Braziunas and C. Boutilier, "Minimax Regret-Based Elicitation of Generalized Additive Utilities," in *Conference on Uncertainty in Artificial Intelligence (UAI)*, 2007 (cit. on p. 231).

24. D. Braziunas and C. Boutilier, "Elicitation of Factored Utilities," *AI Magazine*, vol. 29, no. 4, pp. 79–92, 2009 (cit. on p. 230).

25. R. P. Brent, *Algorithms for Minimization Without Derivatives*. Prentice Hall, 1973 (cit. on p. 51).

26. S. J. Colley, *Vector Calculus*, 4th ed. Pearson, 2011 (cit. on p. 19).

27. V. Conitzer, "Eliciting Single-Peaked Preferences Using Comparison Queries," *Journal of Artificial Intelligence Research*, vol. 35, pp. 161–191, 2009 (cit. on p. 228).

28. S. Cook, "The Complexity of Theorem-Proving Procedures," in *ACM Symposium on Theory of Computing*, 1971 (cit. on p. 358).

29. W. Cook, A. M. Gerards, A. Schrijver, and É. Tardos, "Sensitivity Theorems in Integer Linear Programming," *Mathematical Programming*, vol. 34, no. 3, pp. 251–264, 1986 (cit. on p. 341).

30. A. Corana, M. Marchesi, C. Martini, and S. Ridella, "Minimizing Multimodal Functions of Continuous Variables with the 'Simulated Annealing' Algorithm," *ACM Transactions on Mathematical Software*, vol. 13, no. 3, pp. 262–280, 1987 (cit. on pp. 130, 132).

31. G. B. Dantzig, "Origins of the Simplex Method," in *A History of Scientific Computing*, S. G. Nash, ed., ACM, 1990, pp. 141–151 (cit. on p. 195).

32. S. Das and P. N. Suganthan, "Differential Evolution: A Survey of the State-of-the-Art," *IEEE Transactions on Evolutionary Computation*, vol. 15, no. 1, pp. 4–31, 2011 (cit. on p. 157).

33. W. C. Davidon, "Variable Metric Method for Minimization," Argonne National Laboratory, Tech. Rep. ANL-5990, 1959 (cit. on p. 92).

34. W. C. Davidon, "Variable Metric Method for Minimization," *SIAM Journal on Optimization*, vol. 1, no. 1, pp. 1–17, 1991 (cit. on p. 92).

35. A. Dean, D. Voss, and D. Draguljić, *Design and Analysis of Experiments*, 2nd ed. Springer, 2017 (cit. on p. 235).

36. K. Deb, A. Pratap, S. Agarwal, and T. Meyarivan, "A Fast and Elitist Multiobjective Genetic Algorithm: NSGA-II," *IEEE Transactions on Evolutionary Computation*, vol. 6, no. 2, pp. 182–197, 2002 (cit. on p. 223).

37. T. J. Dekker, "Finding a Zero by Means of Successive Linear Interpolation," in *Constructive Aspects of the Fundamental Theorem of Algebra*, B. Dejon and P. Henrici, eds., Interscience, 1969 (cit. on p. 51).

38. R. Descartes, "La Géométrie," in *Discours de la Méthode*. 1637 (cit. on p. 2).

39. E. D. Dolan, R. M. Lewis, and V. Torczon, "On the Local Convergence of Pattern Search," *SIAM Journal on Optimization*, vol. 14, no. 2, pp. 567–583, 2003 (cit. on p. 103).

40. M. Dorigo, G. Di Caro, and L. M. Gambardella, "Ant Algorithms for Discrete Optimization," *Artificial Life*, vol. 5, no. 2, pp. 137–172, 1999 (cit. on p. 356).

41. M. Dorigo, V. Maniezzo, and A. Colorni, "Ant System: Optimization by a Colony of Cooperating Agents," *IEEE Transactions on Systems, Man, and Cybernetics, Part B (Cybernetics)*, vol. 26, no. 1, pp. 29–41, 1996 (cit. on pp. 354, 355).

42. J. Duchi, E. Hazan, and Y. Singer, "Adaptive Subgradient Methods for Online Learning and Stochastic Optimization," *Journal of Machine Learning Research*, vol. 12, pp. 2121–2159, 2011 (cit. on p. 77).

43. R. Eberhart and J. Kennedy, "A New Optimizer Using Particle Swarm Theory," in *International Symposium on Micro Machine and Human Science*, 1995 (cit. on p. 159).

44. B. Efron, "Bootstrap Methods: Another Look at the Jackknife," *The Annals of Statistics*, vol. 7, pp. 1–26, 1979 (cit. on p. 270).

45. B. Efron, "Estimating the Error Rate of a Prediction Rule: Improvement on Cross-Validation," *Journal of the American Statistical Association*, vol. 78, no. 382, pp. 316–331, 1983 (cit. on p. 273).

46. B. Efron and R. Tibshirani, "Improvements on Cross-Validation: The .632+ Bootstrap Method," *Journal of the American Statistical Association*, vol. 92, no. 438, pp. 548–560, 1997 (cit. on p. 273).

47. Euclid, *The Elements*, trans. by D. E. Joyce. 300 BCE (cit. on p. 2).

48. R. Fletcher, *Practical Methods of Optimization*, 2nd ed. Wiley, 1987 (cit. on p. 92).

49. R. Fletcher and M. J. D. Powell, "A Rapidly Convergent Descent Method for Minimization," *The Computer Journal*, vol. 6, no. 2, pp. 163–168, 1963 (cit. on p. 92).

50. R. Fletcher and C. M. Reeves, "Function Minimization by Conjugate Gradients," *The Computer Journal*, vol. 7, no. 2, pp. 149–154, 1964 (cit. on p. 73).

51. J. J. Forrest and D. Goldfarb, "Steepest-Edge Simplex Algorithms for Linear Programming," *Mathematical Programming*, vol. 57, no. 1, pp. 341–374, 1992 (cit. on p. 201).

52. A. I. J. Forrester, A. Sóbester, and A. J. Keane, "Multi-Fidelity Optimization via Surrogate Modelling," *Proceedings of the Royal Society of London A: Mathematical, Physical and Engineering Sciences*, vol. 463, no. 2088, pp. 3251–3269, 2007 (cit. on p. 244).

53. A. Forrester, A. Sobester, and A. Keane, *Engineering Design via Surrogate Modelling: A Practical Guide*. Wiley, 2008 (cit. on p. 291).

54. J. H. Friedman, "Exploratory Projection Pursuit," *Journal of the American Statistical Association*, vol. 82, no. 397, pp. 249–266, 1987 (cit. on p. 323).

55. W. Gautschi, *Orthogonal Polynomials: Computation and Approximation*. Oxford University Press, 2004 (cit. on p. 328).

56. A. Girard, C. E. Rasmussen, J. Q. Candela, and R. Murray-Smith, "Gaussian Process Priors with Uncertain Inputs—Application to Multiple-Step Ahead Time Series Forecasting," in *Advances in Neural Information Processing Systems (NIPS)*, 2003 (cit. on p. 335).

57. D. E. Goldberg, *Genetic Algorithms in Search, Optimization, and Machine Learning*. Addison-Wesley, 1989 (cit. on p. 148).

58. D. E. Goldberg and J. Richardson, "Genetic Algorithms with Sharing for Multimodal Function Optimization," in *International Conference on Genetic Algorithms*, 1987 (cit. on p. 227).

59. G. H. Golub and J. H. Welsch, "Calculation of Gauss Quadrature Rules," *Mathematics of Computation*, vol. 23, no. 106, pp. 221–230, 1969 (cit. on p. 331).

60. R. E. Gomory, "An Algorithm for Integer Solutions to Linear Programs," *Recent Advances in Mathematical Programming*, vol. 64, pp. 269–302, 1963 (cit. on p. 342).

61. I. Goodfellow, Y. Bengio, and A. Courville, *Deep Learning*. MIT Press, 2016 (cit. on p. 4).

62. A. Griewank and A. Walther, *Evaluating Derivatives: Principles and Techniques of Algorithmic Differentiation*, 2nd ed. SIAM, 2008 (cit. on p. 23).

63. S. Guo and S. Sanner, "Real-Time Multiattribute Bayesian Preference Elicitation with Pairwise Comparison Queries," in *International Conference on Artificial Intelligence and Statistics (AISTATS)*, 2010 (cit. on p. 228).

64. B. Hajek, "Cooling Schedules for Optimal Annealing," *Mathematics of Operations Research*, vol. 13, no. 2, pp. 311–329, 1988 (cit. on p. 130).

65. T. C. Hales, "The Honeycomb Conjecture," *Discrete & Computational Geometry*, vol. 25, pp. 1–22, 2001 (cit. on p. 2).

66. J. H. Halton, "Algorithm 247: Radical-Inverse Quasi-Random Point Sequence," *Communications of the ACM*, vol. 7, no. 12, pp. 701–702, 1964 (cit. on p. 248).

67. N. Hansen, "The CMA Evolution Strategy: A Tutorial," *ArXiv*, no. 1604.00772, 2016 (cit. on p. 138).

68. N. Hansen and A. Ostermeier, "Adapting Arbitrary Normal Mutation Distributions in Evolution Strategies: The Covariance Matrix Adaptation," in *IEEE International Conference on Evolutionary Computation*, 1996 (cit. on p. 140).

69. F. M. Hemez and Y. Ben-Haim, "Info-Gap Robustness for the Correlation of Tests and Simulations of a Non-Linear Transient," *Mechanical Systems and Signal Processing*, vol. 18, no. 6, pp. 1443–1467, 2004 (cit. on p. 312).

70. G. Hinton and S. Roweis, "Stochastic Neighbor Embedding," in *Advances in Neural Information Processing Systems (NIPS)*, 2003 (cit. on p. 125).

71. R. Hooke and T. A. Jeeves, "Direct Search Solution of Numerical and Statistical Problems," *Journal of the ACM (JACM)*, vol. 8, no. 2, pp. 212–229, 1961 (cit. on p. 102).

72. H. Ishibuchi and T. Murata, "A Multi-Objective Genetic Local Search Algorithm and Its Application to Flowshop Scheduling," *IEEE Transactions on Systems, Man, and Cybernetics*, vol. 28, no. 3, pp. 392–403, 1998 (cit. on p. 225).

73. V. S. Iyengar, J. Lee, and M. Campbell, "Q-EVAL: Evaluating Multiple Attribute Items Using Queries," in *ACM Conference on Electronic Commerce*, 2001 (cit. on p. 229).

74. D. R. Jones, C. D. Perttunen, and B. E. Stuckman, "Lipschitzian Optimization Without the Lipschitz Constant," *Journal of Optimization Theory and Application*, vol. 79, no. 1, pp. 157–181, 1993 (cit. on p. 108).

75. D. Jones and M. Tamiz, *Practical Goal Programming*. Springer, 2010 (cit. on p. 219).

76. A. B. Kahn, "Topological Sorting of Large Networks," *Communications of the ACM*, vol. 5, no. 11, pp. 558–562, 1962 (cit. on p. 390).

77. L. Kallmeyer, *Parsing Beyond Context-Free Grammars*. Springer, 2010 (cit. on p. 361).

78. L. V. Kantorovich, "A New Method of Solving Some Classes of Extremal Problems," in *Proceedings of the USSR Academy of Sciences*, vol. 28, 1940 (cit. on p. 3).

79. A. F. Kaupe Jr, "Algorithm 178: Direct Search," *Communications of the ACM*, vol. 6, no. 6, pp. 313–314, 1963 (cit. on p. 104).

80. A. Keane and P. Nair, *Computational Approaches for Aerospace Design*. Wiley, 2005 (cit. on p. 6).

81. J. Kennedy, R. C. Eberhart, and Y. Shi, *Swarm Intelligence*. Morgan Kaufmann, 2001 (cit. on p. 158).

82. D. Kingma and J. Ba, "Adam: A Method for Stochastic Optimization," in *International Conference on Learning Representations (ICLR)*, 2015 (cit. on p. 79).

83. S. Kiranyaz, T. Ince, and M. Gabbouj, *Multidimensional Particle Swarm Optimization for Machine Learning and Pattern Recognition*. Springer, 2014, Section 2.1 (cit. on p. 2).

84. S. Kirkpatrick, C. D. Gelatt Jr., and M. P. Vecchi, "Optimization by Simulated Annealing," *Science*, vol. 220, no. 4598, pp. 671–680, 1983 (cit. on p. 128).

85. T. H. Kjeldsen, "A Contextualized Historical Analysis of the Kuhn-Tucker Theorem in Nonlinear Programming: The Impact of World War II," *Historia Mathematica*, vol. 27, no. 4, pp. 331–361, 2000 (cit. on p. 176).

86. L. Kocis and W. J. Whiten, "Computational Investigations of Low-Discrepancy Sequences," *ACM Transactions on Mathematical Software*, vol. 23, no. 2, pp. 266–294, 1997 (cit. on p. 249).

87. P. J. Kolesar, "A Branch and Bound Algorithm for the Knapsack Problem," *Management Science*, vol. 13, no. 9, pp. 723–735, 1967 (cit. on p. 475).

88. B. Korte and J. Vygen, *Combinatorial Optimization: Theory and Algorithms*, 5th ed. Springer, 2012 (cit. on p. 339).

89. J. R. Koza, *Genetic Programming: On the Programming of Computers by Means of Natural Selection*. MIT Press, 1992 (cit. on p. 364).

90. K. W. C. Ku and M.-W. Mak, "Exploring the Effects of Lamarckian and Baldwinian Learning in Evolving Recurrent Neural Networks," in *IEEE Congress on Evolutionary Computation (CEC)*, 1997 (cit. on p. 162).

91. L. Kuipers and H. Niederreiter, *Uniform Distribution of Sequences*. Dover, 2012 (cit. on p. 239).

92. J. C. Lagarias, J. A. Reeds, M. H. Wright, and P. E. Wright, "Convergence Properties of the Nelder–Mead Simplex Method in Low Dimensions," *SIAM Journal on Optimization*, vol. 9, no. 1, pp. 112–147, 1998 (cit. on p. 105).

93. R. Lam, K. Willcox, and D. H. Wolpert, "Bayesian Optimization with a Finite Budget: An Approximate Dynamic Programming Approach," in *Advances in Neural Information Processing Systems (NIPS)*, 2016 (cit. on p. 291).

94. A. H. Land and A. G. Doig, "An Automatic Method of Solving Discrete Programming Problems," *Econometrica*, vol. 28, no. 3, pp. 497–520, 1960 (cit. on p. 346).

95. C. Lemieux, *Monte Carlo and Quasi-Monte Carlo Sampling*. Springer, 2009 (cit. on p. 245).

96. J. R. Lepird, M. P. Owen, and M. J. Kochenderfer, "Bayesian Preference Elicitation for Multiobjective Engineering Design Optimization," *Journal of Aerospace Information Systems*, vol. 12, no. 10, pp. 634–645, 2015 (cit. on p. 228).

97. K. Levenberg, "A Method for the Solution of Certain Non-Linear Problems in Least Squares," *Quarterly of Applied Mathematics*, vol. 2, no. 2, pp. 164–168, 1944 (cit. on p. 61).

98. S. Linnainmaa, "The Representation of the Cumulative Rounding Error of an Algorithm as a Taylor Expansion of the Local Rounding Errors," Master's thesis, University of Helsinki, 1970 (cit. on p. 30).

99. M. Manfrin, "Ant Colony Optimization for the Vehicle Routing Problem," PhD thesis, Université Libre de Bruxelles, 2004 (cit. on p. 355).

100. R. T. Marler and J. S. Arora, "Survey of Multi-Objective Optimization Methods for Engineering," *Structural and Multidisciplinary Optimization*, vol. 26, no. 6, pp. 369–395, 2004 (cit. on p. 211).

101. J. R. R. A. Martins and A. B. Lambe, "Multidisciplinary Design Optimization: A Survey of Architectures," *AIAA Journal*, vol. 51, no. 9, pp. 2049–2075, 2013 (cit. on p. 387).

102. J. R. R. A. Martins, P. Sturdza, and J. J. Alonso, "The Complex-Step Derivative Approximation," *ACM Transactions on Mathematical Software*, vol. 29, no. 3, pp. 245–262, 2003 (cit. on p. 25).

103. J. H. Mathews and K. D. Fink, *Numerical Methods Using MATLAB*, 4th ed. Pearson, 2004 (cit. on p. 24).

104. K. Miettinen, *Nonlinear Multiobjective Optimization*. Kluwer Academic Publishers, 1999 (cit. on p. 211).

105. D. J. Montana, "Strongly Typed Genetic Programming," *Evolutionary Computation*, vol. 3, no. 2, pp. 199–230, 1995 (cit. on p. 365).

106. D. C. Montgomery, *Design and Analysis of Experiments*. Wiley, 2017 (cit. on p. 235).

107. M. D. Morris and T. J. Mitchell, "Exploratory Designs for Computational Experiments," *Journal of Statistical Planning and Inference*, vol. 43, no. 3, pp. 381–402, 1995 (cit. on p. 242).

108. K. P. Murphy, *Machine Learning: A Probabilistic Perspective*. MIT Press, 2012 (cit. on pp. 254, 265).

109. S. Narayanan and S. Azarm, "On Improving Multiobjective Genetic Algorithms for Design Optimization," *Structural Optimization*, vol. 18, no. 2-3, pp. 146–155, 1999 (cit. on p. 227).

110. S. Nash and A. Sofer, *Linear and Nonlinear Programming*. McGraw-Hill, 1996 (cit. on p. 178).

111. J. A. Nelder and R. Mead, "A Simplex Method for Function Minimization," *The Computer Journal*, vol. 7, no. 4, pp. 308–313, 1965 (cit. on p. 105).

112. Y. Nesterov, "A Method of Solving a Convex Programming Problem with Conver-

gence Rate $O(1/k_2)$," *Soviet Mathematics Doklady*, vol. 27, no. 2, pp. 543–547, 1983 (cit. on p. 76).

113. J. Nocedal, "Updating Quasi-Newton Matrices with Limited Storage," *Mathematics of Computation*, vol. 35, no. 151, pp. 773–782, 1980 (cit. on p. 94).

114. J. Nocedal and S. J. Wright, *Numerical Optimization*, 2nd ed. Springer, 2006 (cit. on pp. 57, 189).

115. J. Nocedal and S. J. Wright, "Trust-Region Methods," in *Numerical Optimization*. Springer, 2006, pp. 66–100 (cit. on p. 65).

116. A. O'Hagan, "Some Bayesian Numerical Analysis," *Bayesian Statistics*, vol. 4, J. M. Bernardo, J. O. Berger, A. P. Dawid, and A. F. M. Smith, eds., pp. 345–363, 1992 (cit. on p. 282).

117. M. Padberg and G. Rinaldi, "A Branch-and-Cut Algorithm for the Resolution of Large-Scale Symmetric Traveling Salesman Problems," *SIAM Review*, vol. 33, no. 1, pp. 60–100, 1991 (cit. on p. 342).

118. P. Y. Papalambros and D. J. Wilde, *Principles of Optimal Design*. Cambridge University Press, 2017 (cit. on p. 6).

119. G.-J. Park, T.-H. Lee, K. H. Lee, and K.-H. Hwang, "Robust Design: An Overview," *AIAA Journal*, vol. 44, no. 1, pp. 181–191, 2006 (cit. on p. 307).

120. G. C. Pflug, "Some Remarks on the Value-at-Risk and the Conditional Value-at-Risk," in *Probabilistic Constrained Optimization: Methodology and Applications*, S. P. Uryasev, ed. Springer, 2000, pp. 272–281 (cit. on p. 318).

121. S. Piyavskii, "An Algorithm for Finding the Absolute Extremum of a Function," *USSR Computational Mathematics and Mathematical Physics*, vol. 12, no. 4, pp. 57–67, 1972 (cit. on p. 45).

122. E. Polak and G. Ribière, "Note sur la Convergence de Méthodes de Directions Conjuguées," *Revue Française d'informatique et de Recherche Opérationnelle, Série Rouge*, vol. 3, no. 1, pp. 35–43, 1969 (cit. on p. 73).

123. M. J. D. Powell, "An Efficient Method for Finding the Minimum of a Function of Several Variables Without Calculating Derivatives," *Computer Journal*, vol. 7, no. 2, pp. 155–162, 1964 (cit. on p. 100).

124. W. H. Press, S. A. Teukolsky, W. T. Vetterling, and B. P. Flannery, *Numerical Recipes in C: The Art of Scientific Computing*. Cambridge University Press, 1982, vol. 2 (cit. on p. 100).

125. C. E. Rasmussen and Z. Ghahramani, "Bayesian Monte Carlo," in *Advances in Neural Information Processing Systems (NIPS)*, 2003 (cit. on p. 335).

126. C. E. Rasmussen and C. K. I. Williams, *Gaussian Processes for Machine Learning*. MIT Press, 2006 (cit. on pp. 277, 278, 287).

127. A. Ratle and M. Sebag, "Genetic Programming and Domain Knowledge: Beyond the Limitations of Grammar-Guided Machine Discovery," in *International Conference on Parallel Problem Solving from Nature*, 2000 (cit. on p. 478).

128. I. Rechenberg, *Evolutionsstrategie Optimierung technischer Systeme nach Prinzipien der biologischen Evolution*. Frommann-Holzboog, 1973 (cit. on p. 137).

129. R. G. Regis, "On the Properties of Positive Spanning Sets and Positive Bases," *Optimization and Engineering*, vol. 17, no. 1, pp. 229–262, 2016 (cit. on p. 103).

130. A. M. Reynolds and M. A. Frye, "Free-Flight Odor Tracking in Drosophila is Consistent with an Optimal Intermittent Scale-Free Search," *PLoS ONE*, vol. 2, no. 4, e354, 2007 (cit. on p. 162).

131. R. T. Rockafellar and S. Uryasev, "Optimization of Conditional Value-at-Risk," *Journal of Risk*, vol. 2, pp. 21–42, 2000 (cit. on p. 316).

132. R. T. Rockafellar and S. Uryasev, "Conditional Value-at-Risk for General Loss Distributions," *Journal of Banking and Finance*, vol. 26, pp. 1443–1471, 2002 (cit. on p. 318).

133. H. H. Rosenbrock, "An Automatic Method for Finding the Greatest or Least Value of a Function," *The Computer Journal*, vol. 3, no. 3, pp. 175–184, 1960 (cit. on p. 430).

134. R. Y. Rubinstein and D. P. Kroese, *The Cross-Entropy Method: A Unified Approach to Combinatorial Optimization, Monte-Carlo Simulation, and Machine Learning*. Springer, 2004 (cit. on p. 133).

135. D. E. Rumelhart, G. E. Hinton, and R. J. Williams, "Learning Representations by Back-Propagating Errors," *Nature*, vol. 323, pp. 533–536, 1986 (cit. on p. 30).

136. C. Ryan, J. J. Collins, and M. O. Neill, "Grammatical Evolution: Evolving Programs for an Arbitrary Language," in *European Conference on Genetic Programming*, 1998 (cit. on p. 370).

137. T. Salimans, J. Ho, X. Chen, and I. Sutskever, "Evolution Strategies as a Scalable Alternative to Reinforcement Learning," *ArXiv*, no. 1703.03864, 2017 (cit. on p. 137).

138. R. Salustowicz and J. Schmidhuber, "Probabilistic Incremental Program Evolution," *Evolutionary Computation*, vol. 5, no. 2, pp. 123–141, 1997 (cit. on p. 377).

139. J. D. Schaffer, "Multiple Objective Optimization with Vector Evaluated Genetic Algorithms," in *International Conference on Genetic Algorithms and Their Applications*, 1985 (cit. on p. 221).

140. C. Schretter, L. Kobbelt, and P.-O. Dehaye, "Golden Ratio Sequences for Low-Discrepancy Sampling," *Journal of Graphics Tools*, vol. 16, no. 2, pp. 95–104, 2016 (cit. on p. 247).

141. A. Shapiro, D. Dentcheva, and A. Ruszczyński, *Lectures on Stochastic Programming: Modeling and Theory*, 2nd ed. SIAM, 2014 (cit. on p. 314).

142. A. Shmygelska, R. Aguirre-Hernández, and H. H. Hoos, "An Ant Colony Algorithm for the 2D HP Protein Folding Problem," in *International Workshop on Ant Algorithms (ANTS)*, 2002 (cit. on p. 355).

143. B. O. Shubert, "A Sequential Method Seeking the Global Maximum of a Function," *SIAM Journal on Numerical Analysis*, vol. 9, no. 3, pp. 379–388, 1972 (cit. on p. 45).

144. D. Simon, *Evolutionary Optimization Algorithms*. Wiley, 2013 (cit. on p. 162).

145. J. Sobieszczanski-Sobieski, A. Morris, and M. van Tooren, *Multidisciplinary Design Optimization Supported by Knowledge Based Engineering*. Wiley, 2015 (cit. on p. 387).

146. I. M. Sobol, "On the Distribution of Points in a Cube and the Approximate Evaluation of Integrals," *USSR Computational Mathematics and Mathematical Physics*, vol. 7, no. 4, pp. 86–112, 1967 (cit. on p. 249).

147. D. C. Sorensen, "Newton's Method with a Model Trust Region Modification," *SIAM Journal on Numerical Analysis*, vol. 19, no. 2, pp. 409–426, 1982 (cit. on p. 61).

148. K. Sörensen, "Metaheuristics—the Metaphor Exposed," *International Transactions in Operational Research*, vol. 22, no. 1, pp. 3–18, 2015 (cit. on p. 162).

149. T. J. Stieltjes, "Quelques Recherches sur la Théorie des Quadratures Dites Mécaniques," *Annales Scientifiques de l'École Normale Supérieure*, vol. 1, pp. 409–426, 1884 (cit. on p. 328).

150. J. Stoer and R. Bulirsch, *Introduction to Numerical Analysis*, 3rd ed. Springer, 2002 (cit. on pp. 89, 443).

151. M. Stone, "Cross-Validatory Choice and Assessment of Statistical Predictions," *Journal of the Royal Statistical Society*, vol. 36, no. 2, pp. 111–147, 1974 (cit. on p. 269).

152. T. Stützle, "MAX-MIN Ant System for Quadratic Assignment Problems," Technical University Darmstadt, Tech. Rep., 1997 (cit. on p. 355).

153. Y. Sui, A. Gotovos, J. Burdick, and A. Krause, "Safe Exploration for Optimization with Gaussian Processes," in *International Conference on Machine Learning (ICML)*, vol. 37, 2015 (cit. on p. 296).

154. H. Szu and R. Hartley, "Fast Simulated Annealing," *Physics Letters A*, vol. 122, no. 3-4, pp. 157–162, 1987 (cit. on p. 130).

155. G. B. Thomas, *Calculus and Analytic Geometry*, 9th ed. Addison-Wesley, 1968 (cit. on p. 22).

156. V. Torczon, "On the Convergence of Pattern Search Algorithms," *SIAM Journal of Optimization*, vol. 7, no. 1, pp. 1–25, 1997 (cit. on p. 103).

157. M. Toussaint, "The Bayesian Search Game," in *Theory and Principled Methods for the Design of Metaheuristics*, Y. Borenstein and A. Moraglio, eds. Springer, 2014, pp. 129–144 (cit. on p. 291).

158. R. J. Vanderbei, *Linear Programming: Foundations and Extensions*, 4th ed. Springer, 2014 (cit. on p. 189).

159. D. Wierstra, T. Schaul, T. Glasmachers, Y. Sun, and J. Schmidhuber, "Natural Evolution Strategies," *ArXiv*, no. 1106.4487, 2011 (cit. on p. 139).

160. H. P. Williams, *Model Building in Mathematical Programming*, 5th ed. Wiley, 2013 (cit. on p. 189).

161. D. H. Wolpert and W. G. Macready, "No Free Lunch Theorems for Optimization," *IEEE Transactions on Evolutionary Computation*, vol. 1, no. 1, pp. 67–82, 1997 (cit. on p. 6).

162. P. K. Wong, L. Y. Lo, M. L. Wong, and K. S. Leung, "Grammar-Based Genetic Programming with Bayesian Network," in *IEEE Congress on Evolutionary Computation (CEC)*, 2014 (cit. on p. 375).

163. X.-S. Yang, *Nature-Inspired Metaheuristic Algorithms*. Luniver Press, 2008 (cit. on pp. 159, 160).

164. X.-S. Yang, "A Brief History of Optimization," in *Engineering Optimization*. Wiley, 2010, pp. 1–13 (cit. on p. 2).

165. X.-S. Yang and S. Deb, "Cuckoo Search via Lévy Flights," in *World Congress on Nature & Biologically Inspired Computing (NaBIC)*, 2009 (cit. on p. 161).

166. P. L. Yu, "Cone Convexity, Cone Extreme Points, and Nondominated Solutions in Decision Problems with Multiobjectives," *Journal of Optimization Theory and Applications*, vol. 14, no. 3, pp. 319–377, 1974 (cit. on p. 219).

167. Y. X. Yuan, "Recent Advances in Trust Region Algorithms," *Mathematical Programming*, vol. 151, no. 1, pp. 249–281, 2015 (cit. on p. 61).

168. L. Zadeh, "Optimality and Non-Scalar-Valued Performance Criteria," *IEEE Transactions on Automatic Control*, vol. 8, no. 1, pp. 59–60, 1963 (cit. on p. 218).

169. M. D. Zeiler, "ADADELTA: An Adaptive Learning Rate Method," *ArXiv*, no. 1212.5701, 2012 (cit. on p. 78).

索　引

索引中的页码为英文原书页码，与书中页边标注的页码一致。

E

F

G

H

I

K

L

M

N

O

P

T

U

V

W

Z

推荐阅读

因果论：模型、推理和推断（原书第2版）

作者：[美] 朱迪亚·珀尔 译者：刘礼 杨矫云 廖军 李廉 书号：7-111-70139-2 定价：219.00元

图灵奖得主朱迪亚·珀尔代表作，全面阐述现代因果关系分析，展示了因果关系如何从一个模糊的概念发展成为一套数学理论，并广泛用于统计学、人工智能、经济学、哲学、认知科学、卫生科学和社会学等领域。

朱迪亚·珀尔的书在没有超出基本概论的前提下，提供了关于因果模型和因果推断的引人入胜的导览，这些新的研究工作是以他为核心的。由于他与其他一些人的努力，因果概念思想和应用的“文艺复兴”已经开始。

——Patrick Suppes 斯坦福大学语言与信息研究中心教授，美国国家科学院院士，曾任美国哲学学会主席

朱迪亚·珀尔对统计学和因果关系的研究充满热情和创造力。他的作品总是发人深省，值得仔细研究。这本书说明了珀尔对于统计文献以及对于因果推断模型的共同理解所做出的巨大贡献。

——Stephen Fienber 卡内基·梅隆大学统计学和社会科学系教授，美国国家科学院院士
曾任国际数理统计学会主席

朱迪亚·珀尔的这本书对于人工智能、统计学、经济学、流行病学、哲学的研究者，以及所有对于因果性基本概念感兴趣的人来说都是十分珍贵的，它将会被证明是未来十年最具影响力的书之一。

——Joseph Halper 康奈尔大学计算机科学系教授，美国国家工程院院士

知其然且知其所以然是人类智能重要体现，本书从模型、算法和推理等方面讲解因果，是一本不可多得的好书。

——吴飞 浙江大学教授，浙江大学人工智能研究所所长，国家杰出青年科学基金获得者

本书是图灵奖获得者朱迪亚·珀尔教授关于因果网络模型的开创性著作，它影响了人工智能、统计学乃至哲学等自然科学和社会科学的各个领域。刘礼教授等精心翻译了这本因果推断的巨著，相信将对我国因果推断的研究起到重要的推动作用。

———耿直 北京大学教授，国家杰出青年科学基金获得者

本书凝聚了结构因果图的创始人、图灵奖得主珀尔珀尔多年来在因果领域的研究心血，也是他对自己研究成果的一次较为全面的总结。珀尔提出的方法论和演算模型将对人工智能产生革命性的跃迁，为强人工智能的实现提供一条可能的路径，彻底改变人工智能最初基于规则和逻辑的方向，并把它应用于人工智能的挑战和变革中。

——姚新 南方科技大学计算机科学与工程系讲席教授、系主任